微生物农药研发与管理

Development and Management of Microbial Pesticides

◎ 农向群　王以燕　袁善奎　李　梅　主编

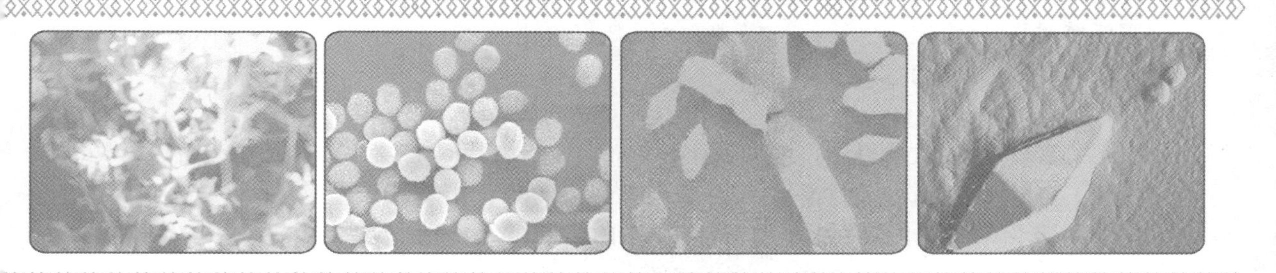

中国农业科学技术出版社

图书在版编目（CIP）数据

微生物农药研发与管理 / 农向群等主编 . --北京：中国农业科学技术出版社，2021. 6

ISBN 978-7-5116-5340-6

Ⅰ. ①微…　Ⅱ. ①农…　Ⅲ. ①微生物农药-研究　Ⅳ. ①S482. 1

中国版本图书馆 CIP 数据核字（2021）第 108540 号

责任编辑　姚　欢
责任校对　贾海霞
责任印制　姜义伟　王思文

出 版 者　中国农业科学技术出版社
北京市中关村南大街 12 号　邮编：100081
电　　话　（010）82106631（编辑室）（010）82109702（发行部）
（010）82109709（读者服务部）
传　　真　（010）82106650
网　　址　http://www.castp.cn
经 销 者　各地新华书店
印 刷 者　北京科信印刷有限公司
开　　本　185 mm×260 mm　1/16
印　　张　25. 125　　彩插　4 面
字　　数　600 千字
版　　次　2021 年 6 月第 1 版　2021 年 6 月第 1 次印刷
定　　价　168. 00 元

《微生物农药研发与管理》编委会

主　编：农向群　王以燕　袁善奎　李　梅

副主编：王广君

参编人员（按姓氏笔画排序）：

田　莹　刘　蓉　闫多子　张泽华

涂雄兵　梁　瑶　蒋细良　蔡　霓

前　言

据文献报道，世界范围内有至少10 000种害虫、50 000种病原菌、15 000种线虫、1 800种杂草等威胁着农业生产。我国是农业有害生物灾害频发的农业大国，据统计，常见农业害虫有739种、病害775种、杂草109种、鼠害42种，这些灾害分布广、为害重、突发性强，2019年暴发的草地贪夜蛾更是引发了全国范围内对农作物有害生物的关注。为了挽回病虫害给农业生产造成的损失，以DDT的发明和应用为标志，化学农药在消灭农业有害生物方面做出了重要贡献。1962年《寂静的春天》的出版使全世界开始重视化学农药使用对生态环境的负面影响，之后DDT和六六六等长残留高风险农药陆续退出历史舞台，几百种农药新化合物又陆续被开发出来并应用到农业生产，这些化合物尽管在毒性和残留期方面有了显著改善，但作为一种生物活性物质，不可避免地对生态环境会有不同程度的影响。人类过度依赖化学农药导致农药残留、病虫草产生抗药性而再增猖獗为害。目前，世界上抗性害虫已发展到700多种，我国主要农业害虫几乎都产生了抗药性，田间防效下降，药剂应用量越来越大。同时，由于化学农药活性高、作用谱广，致使大量非靶标有益生物伤亡，害虫发生为害有增无减，造成不断使用化学农药的恶性循环。农药残留造成的农产品国际贸易损失、人畜安全事故和生态环境影响事件时有发生，成为全社会对化学农药关注的焦点。

党的十八大以来，生态环境保护已成为各项工作的重中之重，党中央提出了“五位一体”战略布局和“绿色发展、高质量发展”理念。面对农业的可持续发展，减少化学农药使用势在必行。但为了把“粮食饭碗”牢牢端在中国人自己手中，实现虫口夺粮，必须寻求化学农药的替代和减量措施。而生物农药作为源于自然界的一类天然农药，来于环境、用于环境、服务于环境，无疑是较为理想的病虫害防控手段。典型的生物农药包括微生物农药、植物源农药和生物化学农药等，其中微生物农药是目前应用范围最广，产量和市场占有率相对较高的生物农药，这还不包括微生物农药代谢产物类产品（如井冈霉素、阿维菌素等）。微生物农药具有生产工艺较为简单、不易产生抗性、专化性强、环境友好、登记成本低等优点，近年来迅速发展，而化学农药新化合物的筛选越来越难、登记门槛不断提高，尽管市场占有率居高不下，但增速较慢。据2019年国外统计，世界化学农药市场年增长率在1%~2%，而微生物农药的年增长率在10%左右，部分品种甚至达到20%。

微生物农药在农药生产上的应用源于对昆虫病原菌的认识。我国早在公元前2700年就记载了家蚕病害，国外在农业生产上的正式试验和应用可追溯到150多年前，其中里程碑式的发现为Berliner于1911年从德国苏云金省一家面粉厂的地中海粉螟上分离到一种有很强杀虫力的细菌，并正式定名为苏云金芽孢杆菌（Bt）。Bt从20世纪60年代起在世界范围内被广泛使用，在害虫防治中发挥了巨大的作用。我国于20世纪50年代末引进Bt杀虫剂，1965年在武汉建成国内第一家Bt杀虫剂生产企业。目前，我国自主筛选分离的Bt菌株有几万株，240多个产品获得登记，涉及10种剂型和100多家生产企业，技术和产量均位居世界前列，并批量出口到美国、欧洲、非洲和东南亚等国家和地区。我国过去微生物农药登记品种单一，1986年第一个微生物农药Bt产品获得登记后，到21世纪初也只增加了棉铃虫核型多角体病毒等6种病毒、1种木霉及蜡质芽孢杆菌的登记。最近20年，我国微生物农药登记品种快速增长到47个，目前已涉及细菌、真菌、病毒等不同类别，门类齐全、工艺先进、应用广泛。

我国微生物农药资源丰富，近年来已建立了不同规模和不同领域的菌种资源库，广大科研工作者也发表了大量有关微生物农药的科研论文、专利等成果。为了加快微生物农药科研成果的转化和应用，推动解决微生物农药科研成果从实验室到田间使用的“最后一公里”难题，我们总结了细菌、真菌、病毒等不同类别微生物农药的特点特性、作用机理、生产与应用方面的进展和新趋势，汇总了微生物农药质量、有效性和安全性评价相关的标准和准则，介绍了2017年新版《农药管理条例》和《农药登记资料要求》发布实施后对微生物农药登记的资料要求，以及国际微生物农药管理模式和登记现状，还归纳了微生物农药的检测方法、含量单位表示、常用剂型要点及其科学表述。鉴于微生物鉴定方法的进步，本书写作中注重说明微生物农药登记品种的新旧分类地位变化和名称规范，尽可能采用最新分类名称，必要时标注其原名，并在附录中汇总了当前登记的微生物农药品种名单，便于读者查询。期待此书能为微生物农药的科研、教学、生产、技术推广和政府管理提供参考资料，共同推动微生物农药产业发展，为农业可持续性和高质量发展加油助力。

由于学识水平有限，时间仓促，书中难免存在不妥之处，敬请广大读者和相关专家批评指正。

编　者

2020年10月

目　录

第一章　概　述

第一节　微生物农药的定义与范围

微生物农药（microbial pesticide）专指用于防治农、林、仓储和卫生等场所的病、虫、草、鼠害的微生物体及以这些微生物体为有效组分构成的制剂，可以兼有促进植物生长的作用。目前，用于防治植物病、虫、草害的微生物农药占绝大部分，用于仓储和卫生的较少。本书中若非特指，一般就以这些防治植物病、虫、草害的微生物农药为叙述对象。

在 2017 年 11 月 1 日施行的《农药登记资料要求》（农业部 2569 号公告）中，按照来源将农药分为化学农药、生物化学农药、微生物农药、植物源农药，并对后三类生物源农药做了明确定义：①生物化学农药，是指同时满足下列两个条件的农药，一是对防治对象没有直接毒性，而只有调节生长、干扰交配或引诱等特殊作用；二是天然化合物，如果是人工合成的，其结构应与天然化合物相同（允许异构体比例的差异）。②微生物农药，是指以细菌、真菌、病毒和原生动物或基因修饰的微生物等活体为有效成分的农药。③植物源农药，是指有效成分直接来源于植物体的农药。

微生物农药一般是通过生物培养方法增殖得到大量活体，为了保护和提高微生物生命力和贮存性能，或为了田间便利应用，可加入适当的助剂而形成产品。有时候，由微生物代谢产物（如农用抗生素）、微生物产生的激活蛋白等及以这些代谢产物或蛋白为有效组分构成的制剂也广义地纳入微生物农药中。这类产品虽然来源于微生物，但其有效成分主要是代谢产物（化学组分），抗生素对防治对象有直接毒性，在登记资料要求方面基本等同于化学农药。因此本书中微生物农药仅指以活体微生物为有效成分的类型，其作用机制是通过对防控靶标的侵染，干扰宿主（寄主）的正常生理功能，导致宿主（寄主）罹病死亡或不能正常生长繁殖，或通过与防控对象相拮抗使之不能或减小对植物的损害。

第二节　微生物农药资源与种类

微生物农药资源包括各类天然微生物或人工改良的微生物。根据生物系统分类学，主要包括细菌类、真菌类、病毒类等。本书还包括生物系统分类学上虽然不属于微生物，但个体微小、以活体为有效成分的生物农药种类，如昆虫寄生线虫、原生动物微孢子虫（新分类为真菌微孢子）等。传统的微生物分类和鉴定方法是根据显微形态及生理生化特性。大多数已知的微生物都建立了门纲目科属种的分类系统，可供检索鉴定。但由于微生物个体小，形态分化相对简单，形态学分类通常在普通显微镜下只能辨别到属或种级别，有的属或种之间难以鉴别，存在争议。种内存在不同品系，而尚未有普遍接受的种下分类系统。随着分子生物学的不断发展和完善，根据核苷酸指纹图谱的分子系统分类方法已经逐渐成为微生物的属、种级和种以下级别分类及鉴定的重要手段。

根据种类不同，微生物农药可分为细菌类微生物农药（bacterial pesticide）、真菌类微生物农药（fungal pesticide）、病毒类微生物农药（viral pesticide）等。各类微生物农药多数是由相应的微生物种或亚种/株系的培养物组成，其中细菌类和真菌类微生物大多可以采用人工培养基进行发酵生产，易于规模化生产和应用。病毒类微生物需要依赖活细胞或宿主来大量增殖。根据用途和防治对象的不同，微生物农药还可分为微生物杀虫剂、微生物杀菌剂或抑菌剂、微生物杀线虫剂、微生物抗病毒剂、微生物除草剂等，其中细菌类微生物杀虫剂、杀菌剂/抑菌剂（如苏云金芽孢杆菌①制剂、枯草芽孢杆菌制剂），真菌类微生物杀虫剂、杀菌剂/抑菌剂（如金龟子绿僵菌制剂、哈茨木霉制剂）和病毒类微生物杀虫剂（如棉铃虫核型多角体病毒制剂、松毛虫质型多角体病毒制剂）已被广泛应用。目前国内外研究和推广细菌、真菌这两类微生物农药的机构最多，近年病毒杀虫剂的研究和应用得到快速发展，微生物除草剂异军突起，不断有新产品出现。

第三节　微生物农药发展概况

微生物农药是利用微生物对植物的病原、害虫或杂草等有害生物的制约关系来控制靶标的扩张和为害。其资源丰富，选择余地大，是生物农药的重要组成部分，用途包括感染或杀死害虫、拮抗植物病菌、杀死或抑制线虫、遏制病毒增殖、侵染致病杂草等，以及可以兼有促进植物生长的功能。微生物农药的优点在于低风险和易规模化，表现在：①具有较强的宿主（寄主）专化性，对天敌和有益生物安全，利于维护生物多样性；②不侵染脊椎动物，对人畜高度安全；③与环境兼容，不会污染生态环境；④以多种因素和成分发挥作用，使病虫难以产生抗药性；⑤易于在人工控制条件下发酵或扩繁增殖，可实现大规模工业化生产。因此，微生物农药已发展成为生物农药产业的主体。但微生物农药也有一些不足之处，如较化学农药见效慢，某些微生物在自然环境中稳定性相对较差等。

微生物农药品种和数量在生物农药中占有绝对优势。据不完全统计，至 2019 年 12

① 作者注：目前文献中“芽孢杆菌”或“芽胞杆菌”均有使用。本书根据《农药中文通用名称》GB 4839—2009 的中文名称，同时遵循多数文献和出版物中的用法，采用“芽孢”。对已发布的登记产品、标准等则沿用其所发布的名称，必要时以括号形式加注说明。

月，全球（自美国、欧盟、澳大利亚、日本、韩国、中国的公布数据）登记的细菌、真菌、病毒三大类微生物农药达到 121 个物种、341 个株系数千个产品。三类微生物农药涉及的物种、株系数量及占比如图 1-1 和表 1-1 所示，具体信息见第八、第九章。微生物农药作为目前产量大、应用范围广的生物农药被用于各种植物病、虫、草害的防治中。细菌类微生物农药中的苏云金芽孢杆菌［*Bacillus thuringiensis*（Bt）］制剂是使用最广泛的细菌杀虫剂，占微生物杀虫剂总量的 90%以上，登记的在册产品有 78 个，占细菌产品的 38. 3%，主要用于防治鳞翅目害虫；枯草芽孢杆菌（*B. subtilis*）和解淀粉芽孢杆菌（*B. amyloliquefaciens*）等是主要的细菌类杀菌剂，分别占细菌产品 11. 1%和 10. 9%。真菌类微生物农药中，球孢白僵菌（*Beauveria bassiana*）和金龟子绿僵菌（*Metarhizium anisopliae*）是应用范围最广的杀虫剂，现分别有 20 个和 10 个产品登记在册，白僵菌防治松毛虫（*Dendrolimus* spp.）和绿僵菌防治沙漠蝗（*Schistocerca gregaria*）的成功应用堪称范例；哈茨木霉（*Trichoderma harzianum*）、棘孢木霉（*T. aspellerum*）等木霉属的 10 多个种被研发用于防治多种植物病害，登记的产品有 45 个，占真菌微生物农药总量的 25. 6%。病毒类微生物农药主要是昆虫病毒杀虫剂，在 20 世纪 90 年代获得突破性发展，目前登记的昆虫病毒种类和株系（有效成分）数量分别为 26 种和 40 株，多数为夜蛾科害虫的核型多角体杆状病毒，还有颗粒体病毒、质型多角体病毒和痘病毒等。

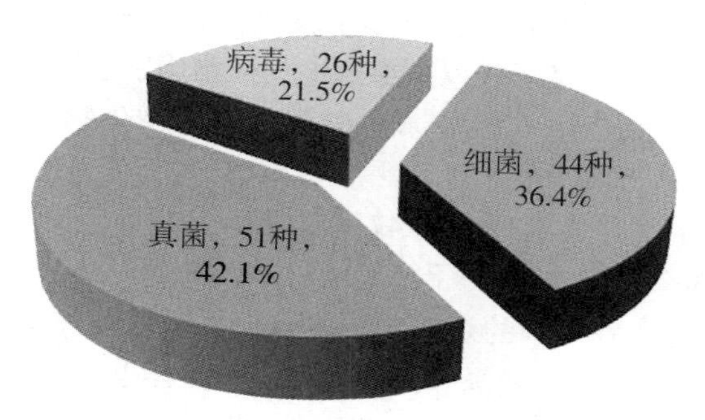

图 1-1　各类微生物农药注册数量占比概况

表 1-1　各类微生物农药注册数量占比概况

类别	物种		株系	
	数量	占比（%）	数量	占比（%）
细菌	44	36. 4	168	49. 3
真菌	51	42. 1	133	39. 0
病毒	26	21. 5	40	11. 7
合计	121	100	341	100

从区域发展水平上看，美国的生物农药在全球处于领先地位，在生物农药监管方

面，美国环保署开创了生物农药登记简化的先河，推动了生物农药的登记管理和市场化。20 世纪 80 年代以来，美国推出了多种类生物农药，包括有益微生物、昆虫天敌、昆虫行为干扰素等，在全球生物农药市场位列第一，并占据全球市场总额的 1/3，其中微生物制品占主导地位并占据 2/3 的市场份额，全球名列前茅。截至 2020 年 8 月，美国登记注册了 146 种微生物农药有效成分（按物种株系统计，以下同），占生物农药总数的 34.7%。

欧洲非常重视推动微生物农药的发展，由英联邦国际生物防治研究所（IIBC）主导，国际热带农业所（IITA）、植物保护培训中心（DFPV）等多国机构参与的蝗虫生物防治国际合作项目（LUBILOSA）始于 20 世纪 90 年代初期至 2003 年，核心内容是开发利用绿僵菌防治非洲沙漠蝗，是微生物农药领域最成功的研发和应用范例。截至 2019 年 2 月，欧盟登记注册的微生物农药有效成分达到 50 个株系。

澳大利亚积极倡导研究利用微生物等各种生物农药，联邦科学与工业研究组织（CSIRO）、农药兽药管理局（APVMA）推出项目或政策鼓励微生物农药发展。截至 2019 年 12 月，澳大利亚登记的微生物农药品种有 31 个。

在亚洲，截至 2019 年 7 月，日本登记微生物农药有效成分有 11 个杀虫剂和 13 个杀菌剂；截至 2019 年，韩国登记了 9 个种共 20 个株系的微生物农药有效成分；截至 2018 年 1 月，中国台湾已取得注册登记的 20 个生物农药中含有 17 种是微生物农药，涉及 34 个产品。

我国（大陆）的微生物农药研究虽然起步较晚，但近 30 年发展较快，众多科研院所和生产企业参与和投入，已经形成以昆虫病原、植物病害生防菌、农用抗生素、微生物源激活蛋白（生物化学农药）为活性成分的较完备的微生物及微生物源农药研发体系，不同类别的产品已达到规模化生产水平。截至 2019 年 12 月，已取得登记的活体微生物有效组分包括 38 个种（含亚种）的 47 个株系，包括细菌 16 个种 22 个株系 391 个产品、真菌 10 个种 13 个株系 73 个产品、病毒 12 个种 74 个产品（详见第八章，第三节）。综合以上数据，微生物农药的杀虫株系占 46.8%、杀菌株系占 53.2%；杀虫产品占 67.1%、杀菌产品占 32.9%。我国登记的主导品种大体上与国际相似。

微生物农药已广泛应用于农田、森林、园林、草原、仓储、卫生等环境中，并在农业上粮、棉、油、果、蔬、茶等重大病虫害的防治中发挥了重要作用。例如，苏云金杆菌防治棉铃虫、二化螟、小菜蛾；枯草芽孢杆菌防治水稻纹枯病、稻曲病；解淀粉芽孢杆菌、木霉防治设施蔬菜土传病害；球孢白僵菌防治松毛虫、玉米螟；金龟子绿僵菌、蝗绿僵菌防治沙漠飞蝗和草原蝗虫；棉铃虫核型多角体病毒、甜菜夜蛾核型多角体病毒等都有大面积的防治应用。微生物农药技术与产品的研发，极大地丰富了生物农药群体，为我国农业的绿色防控体系提供了重要的技术保障。

第四节　微生物农药的登记与管理

实施农药登记注册是国际通行做法，是监管农药产品安全性和有效性的重要管理手段。美国是世界上最早实行农药登记管理制度的国家，1947 年就制定了《联邦杀虫剂、杀菌剂、杀鼠剂法》，1995 年美国国家环保局（US EPA）成立了生物农药分类委员会，随后陆续出台《生物农药登记资料规定》等一系列政策，确定生物农药属低风险农药，并简化登记流程，从而加速了生物农药研发和应用进程，使美国生物农药走向全球领先地位。欧洲、加拿大、澳大利亚、新西兰、日本等也先后制定了针对生物农药（或微生物农药）的管理办法、登记资料要求和评价试验准则。基于美国、国际经合组织（OECD）和欧盟（EU）等对微生物农药的基本定义，并参考他们制定相关准则，2017 年联合国粮食与农业组织（FAO）与世界卫生组织（WHO）联合发布了《用于植物保护和公共卫生的微生物、植物源和化学信息素类的生物农药登记指南》，成为生物农药管理的国际准则。FAO/WHO 还发布了微生物农药的 7 项关于质量的基础标准和 WHO 的 3 项产品标准（见第九章），使微生物农药更加规范，显示出行业发展的巨大潜力。

我国于 1982 年颁布《农药登记规定》，正式实施农药登记管理制度。1997 年颁布《农药管理条例》，建立了以农药登记管理为主体，生产、经营、标准管理并存的农药管理体系，逐步完善了农药法制化管理。在实施登记制度初期，微生物、植物源和生物化学就被列入生物农药，以区别于化学农药。随着对微生物农药的进一步认识和农药登记管理水平的提高，微生物农药的管理尤其是登记资料要求方面更加规范、更加科学。近年来，我国已陆续制定了有关微生物农药的产品质量、药效评价和使用技术规程、毒理学试验准则、环境安全试验、残留及相关标准约 100 项，有效促进了微生物农药的科学管理和健康发展（见第七章第五节）。2017 年颁布实施了新修订的《农药管理条例》《农药登记资料要求》等配套规章，借助登记政策的导向作用，以提高农药产品的质量和安全性，突出绿色发展理念，鼓励高效低风险农药发展。其中在微生物农药的登记资料要求方面，针对同一种微生物不同菌株间存在活性差异的情况，提出了微生物农药登记需要标注菌株代号以区分同种不同菌株微生物农药有效成分的要求，对不同微生物农药的有效成分单位及含量表示方法进行了规范；微生物农药大多数可以豁免农药残留试验资料；在毒理学和环境影响试验资料要求方面需要按照新的试验准则开展相关安全性测试。

从生物农药登记品种和数量看，截至 2019 年 12 月 31 日，我国生物农药（包括微生物农药、生化农药和植物源农药）共有 121 个有效成分（图 1-2），占登记有效成分的 21.3%，共涉及 1 650 多种产品，占登记产品总数的 4.01%（李友顺，2020）。微生物农药占生物农药有效成分和产品总数的比例分别为 39% 和 33%。涉及近 240 家微生物农药生产企业（含 3 家境外企业）。在登记的 47 个微生物农药有效成分的 500 多个产品中，苏云金芽孢杆菌产品数量最多，约占微生物农药产品的 42%，其次是枯草芽孢杆菌占 15%，还有棉铃虫核型多角体病毒、蜡质芽孢杆菌、球孢白僵菌、木霉（属）、苏云金芽孢杆菌以色列亚种、金龟子绿僵菌和多粘类芽孢杆菌各占 2%~5%，其余的均低于 2%（详见第六章）。2020 年登记的有效成分新增 1 个、过期 1 个，总数不变，登记的产品增加 10 个。

随着人们对化学农药负面效应认识的加强，保护作物高产同时应保障农产品和生态环境安全逐渐成了全社会的共识和强烈追求。党的十八大提出了绿色发展理念和生态文明战略，2015 年中央一号文件对农药生产与使用提出了新的要求，农业部 2015 年 1 月审议通过了《到 2020 年农药使用零增长行动方案》来控制农药的使用量，生物农药的研发利用迎来了新的发展机遇。到 2019 年，我国的化学农药使用量已总体实现了零增长，并达到负增长，而生物农药却在快速发展、乘势而上，尤其是微生物农药在有害生物的绿色防控中凸显出越来越重要的作用，微生物农药产业，正在国内大循环、国内国际双循环格局下展开新局、孕育新机，具有广阔的发展和应用前景。

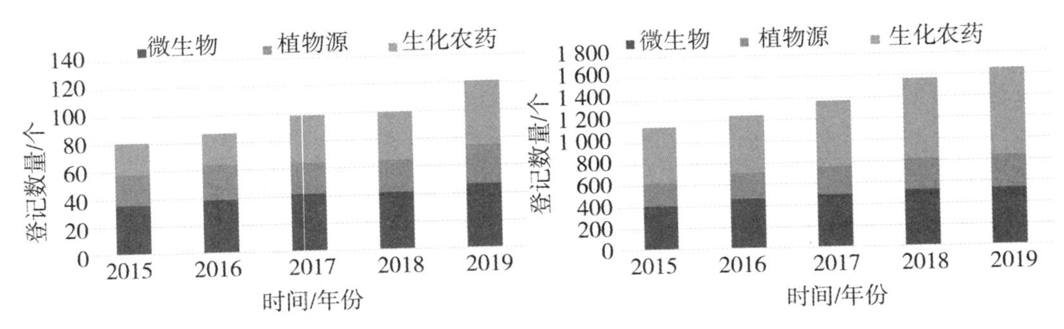

图 1-2　2015—2019 年各类生物农药有效成分（左）和产品（右）登记数量

第二章　细菌类微生物农药

第一节　细菌类微生物农药概述

细菌类微生物农药是指以细菌活体为主要活性成分的用于防控病、虫、杂草等有害生物的一类微生物农药，在植物保护中应用最为广泛，在全国的累计应用面积已超过亿亩。根据防治作用对象，细菌类微生物农药主要有细菌杀虫剂、细菌杀菌/抑菌剂、细菌杀线虫剂、细菌除草剂等类别。细菌类微生物农药中，枯草芽孢杆菌（*Bacillus subtilis*）、解淀粉芽孢杆菌（*B. amyloliquefaciens*）、苏云金芽孢杆菌（*B. thuringiersis*）等产品已得到大规模生产和田间应用。其中，苏云金芽孢杆菌（简称 Bt）是目前世界上用途最广、应用最成功的生物杀虫剂，占微生物杀虫剂总量的 90%以上。

从现有资料统计（截至 2019 年 12 月），国内外涉及病、虫、草等控害研究的细菌种类已有 168 种，其中我国共有 22 种细菌有效成分。登记数量最多的产品是苏云金芽孢杆菌、枯草芽孢杆菌和蜡质芽孢杆菌三大类，占产品总数的 73%。

一、细菌概述

细菌为单细胞原核生物（Prokaryote）。1683 年，荷兰人列文虎克（Antonie van Leeuwemhoek）最先使用自己设计的单透镜显微镜观察到了细菌，大概放大 200 倍。1828 年，德国科学家埃伦伯格（Christian Gottfried Ehrenberg）首次提出细菌这个名词。19 世纪 60 年代，巴斯德发明了“巴氏消毒法”，他被后人誉为“微生物之父”。1878 年，法国外科医生塞迪悦（Charles Emmanuel Sedillot）提出“微生物”的概念。

细菌种类多，分布广，但细菌域下所有门中，只有约一半是能在实验室培养的种类，科学家研究过并命名的种类只占其中的小部分。细菌的营养方式有自养及异养，其中异养的腐生细菌是生态系统中重要的分解者，使碳循环能顺利进行。部分细菌会进行固氮作用，使氮元素得以转换为生物能利用的形式。细菌对人类活动有很大的影响，是许多疾病的病原体，如引发肺结核、淋病、炭疽病、梅毒、鼠疫、沙眼等疾病，同时，细菌也常被用于食品及饲料生产、抗生素的制造及生态环境治理等。在农业领域，细菌是土壤微生态环境的重要组成部分，能够与植物发生有益或有害的相互作用，利用细菌制备的生物农药在植物病虫害防控过程中发挥重要的作用。

细菌主要由细胞壁、细胞膜、细胞质、核质体等部分构成（图 2-1）（图版 I）。

细胞壁包被于细菌细胞最外层，是具有坚韧性和弹性的复杂结构。细胞膜是一层具有半渗透性的生物膜，位于细胞壁内侧，紧包在细胞质外面。细胞质基本成分是水、蛋白质、脂类、核酸及少量糖和无机盐等。胞质内核糖核酸含量高，易被碱性染料着色。细胞质是细菌蛋白质和酶类合成的重要场所。用光学显微镜和电镜观察，可见到细胞质中含有多种颗粒，如核蛋白体、核质、质粒、胞质颗粒等。核蛋白质体又称核糖体，是蛋白质的合成场所。细菌的核质是由一条双股环状的DNA分子组成，无核膜、核仁，与细胞质界限不明显，DNA分子反复回旋盘绕成超螺旋结构，控制细菌的各种遗传性状，亦称为细菌染色体。质粒是染色体以外的遗传物质，为双链闭环DNA分子，携带遗传信息，控制细菌某些特定的遗传性状。

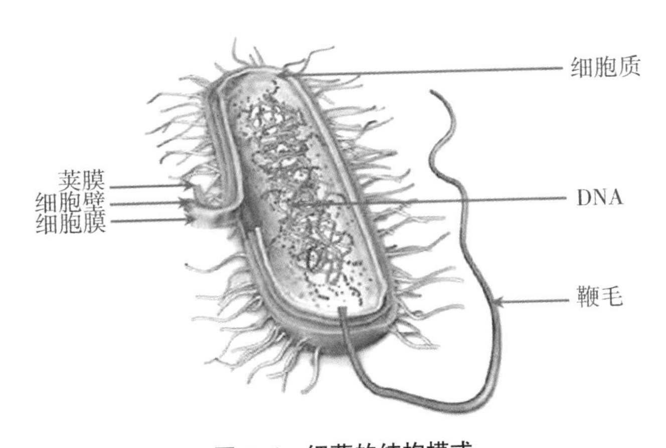

图 2-1　细菌的结构模式

（自 https：//wenku. baidu. com/view/efe7aadae97101f69e3143323968011ca 200f72e.html）

细菌的个体微小，未经染色的细菌，由于其与周围环境折光率差别甚小，在显微镜下极难观察。1884年由丹麦医师Gram创立了革兰氏染色法，是细菌学中广泛使用的一种鉴别染色法，染色后细菌与环境形成鲜明对比，可以清楚地观察到细菌的形态、排列及某些结构特征，而用以分类鉴定。根据革兰氏染色，将细菌分为阳性和阴性两大类。革兰氏阳性菌呈蓝紫色，革兰氏阴性菌呈红色。细菌虽然种类繁多，但基本形态只有3种：球菌（葡萄球菌、双球菌、链球菌、四联球菌、八叠球菌）、杆菌、螺旋菌（弧菌和螺菌）（图2-2）（图版Ⅱ）。芽孢杆菌和绝大多数球菌以及所有的放线菌和真菌都呈革兰氏阳性反应，而常见的革兰氏阴性菌包括大肠杆菌、沙门氏菌、弧菌、假单孢菌、螺旋菌等。

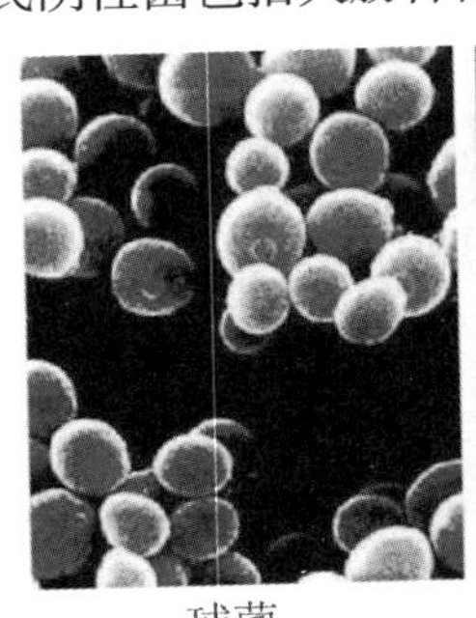

球菌

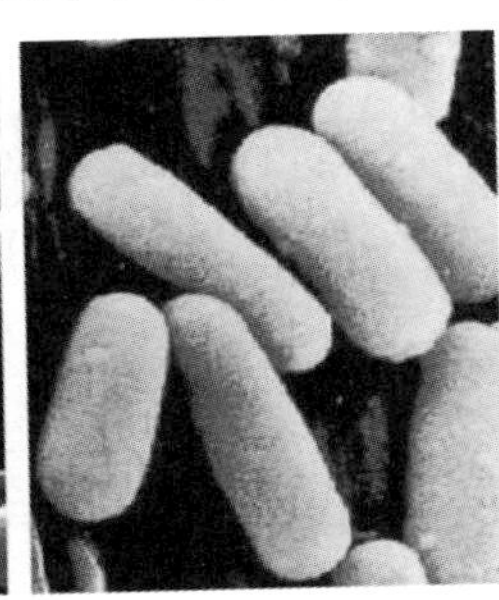

杆菌

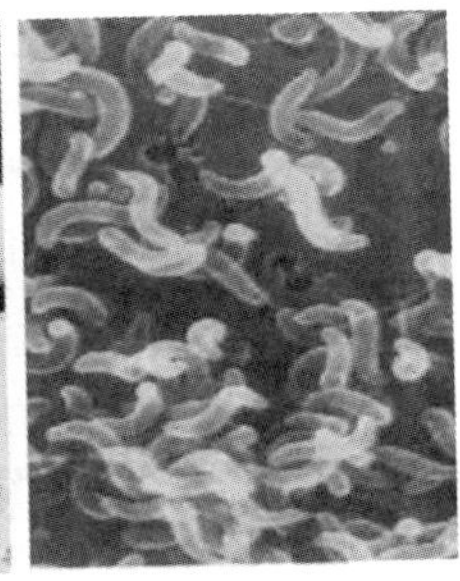

螺旋菌

图 2-2　细菌的3种基本形态

（自 http：//www. lddoc. cn）

革兰氏染色的原理：通过结晶紫初染和碘液媒染后，在细胞壁内形成了不溶于水的结晶紫与碘的复合物，革兰氏阳性菌由于其细胞壁较厚、肽聚糖网层次较多且交联致密，故遇乙醇或丙酮脱色处理时，因失水反而使网孔缩小，再加上它不含类脂，故乙醇处理不会出现缝隙，因此能把结晶紫与碘复合物牢牢留在壁内，使其仍呈紫色；而革兰氏阴性菌因其细胞壁薄、外膜层类脂含量高、肽聚糖层薄且交联度差，在遇脱色剂后，以类脂为主的外膜迅速溶解，薄而松散的肽聚糖网不能阻挡结晶紫与碘复合物的溶出，因此通过乙醇脱色后仍呈无色，再经沙黄等红色染料复染，就使革兰氏阴性菌呈红色（图 2-3）（图版Ⅲ）。

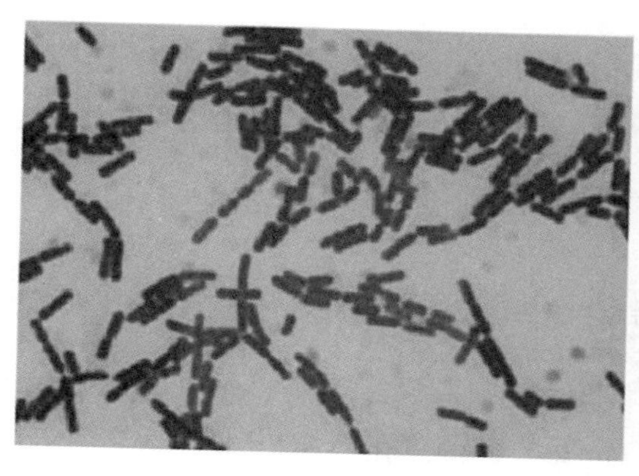

革兰氏阳性菌

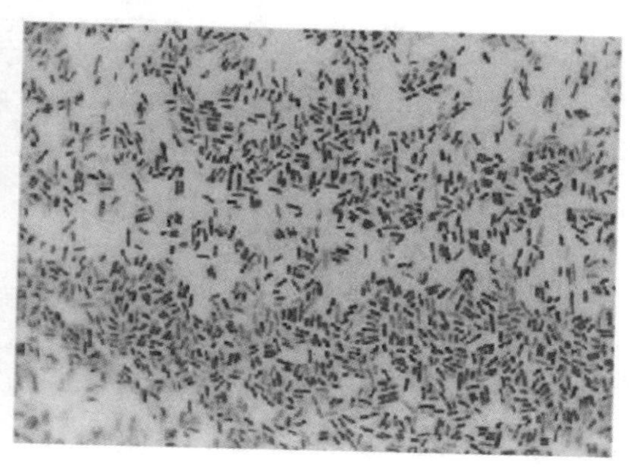

革兰氏阴性菌

图 2-3　革兰氏阳性菌和革兰氏阴性菌

（自 https：//www. wendangwang. com/doc/16215e8c225ce332f8ca699f/8）

二、芽孢杆菌

芽孢杆菌属（*Bacillus*）是一类革兰氏阳性细菌，好氧或兼性厌氧生活，产生具有抗逆性球形或椭圆形芽孢，广泛存在于土壤湖泊、海洋和动植物表面，自身没有致病性，只具有单层细胞外膜，能直接将许多蛋白分泌到培养基中。在营养缺乏的条件下，枯草芽孢杆菌停止生长，同时加快代谢作用，产生多种大分子的水解酶和抗生素，并诱导自身的能动性和趋化性，从而恢复生长。在极端的条件下，还可以诱导产生抗逆性很强的内源孢子（图 2-4）。具有广泛的用途。对这类细菌，过去一直使用“芽孢”和“芽孢杆菌”。也有学者认为，“孢”有繁殖之意，建议改用“芽胞”和“芽胞杆菌”，《微生物学名词（2012）》（第 2 版）中收录“芽孢”为规范词条，又称“芽胞”。这两种写法目前仍处于混用状态。本文主要沿用“芽孢”和“芽孢杆菌”，部分根据引用文献记为“芽胞”。

（一）芽孢杆菌的分类

芽孢杆菌的发现较早，艾伦伯格（Ehrenberg）于 1835 年发现并命名了枯草芽孢杆菌（*Vibrio subtilis*）。1872 年，德国植物学家科恩（Cohn）建立了第一个细菌分类系统，

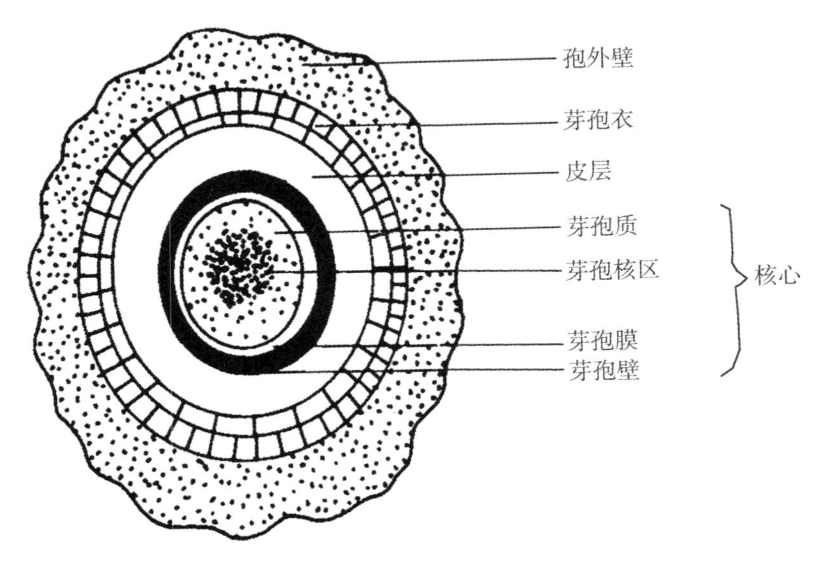

图 2-4 细菌芽孢构造模式图

（自 https：//power. baidu. com/question/4957810. html？qbl=relate_ question_ 4）

他根据细菌的形态特征命名了芽孢杆菌属（*Bacillus*），并将枯草芽孢杆菌重命名为 *Bacillus subtilis*。随着分类研究方法的发展，有越来越多的芽孢杆菌新种被发现。2004 年出版的第 9 版《伯杰氏细菌系统学手册》原核生物分类纲要中，将芽孢杆菌类细菌分为 35 个属；2005 年核准种名目录（*Approved Lists*）收集的芽孢杆菌种名有 175 个；2006 年 NCBI 数据库上收集的芽孢杆菌种名有 182 个；2006 年德国菌种保存中心种名目录（DASZ）收集的芽孢杆菌种名有 187 个，目前的报道的芽孢杆菌涉及 21 个相关属的 212 种芽孢杆菌。目前芽孢杆菌的分类主要是采用多相分类技术。多相分类（polyphasic taxonomy）的概念是 Colwell 于 1968 年提出的，原理是利用微生物多种不同的信息，包括表型、基因型和系统发育的信息，综合起来研究微生物分类和系统进化的过程。概括地讲，多相分类是传统的表型分类、数值分类和分子分类等方法的综合应用，因而可以更客观地反映生物间的系统进化关系（李晶等，2008）。

1. 芽孢杆菌的经典分类

芽孢杆菌菌体杆状，直或近直，大小（0.3~2.2）μm×（2.1~7.0）μm，多数运动，鞭毛典型侧生，形成抗热内生孢子，严格好氧或兼性厌氧。由于实验条件的限制，传统芽孢杆菌的分类主要是根据形态学特征即好氧或厌氧和有无芽孢形成。Gibson 和 Gorden 依据芽孢的形状（卵形或球形）以及它们在菌体或芽孢囊中的位置（图 2-5），提出芽孢形态群体概念，将芽孢杆菌分为 3 个类群。由于这个种的分离方法是以群体来划分的，它对芽孢杆菌分类鉴定有着非常重要的作用，如下为芽孢杆菌类群表（刘国红，2009）。

群 1　孢囊不显著膨大，芽孢椭圆或柱形，中生到端生，革兰氏阳性

A. 生长在葡萄糖洋菜上的淡染细胞的原生质中有不着色的球状体

1. 严格好氧；不产生乙酰甲基甲醇 …………… 巨大芽孢杆菌（*B. megaterium*）

2. 兼性厌氧；产生乙酰甲基甲醇 ………… 蜡样（蜡质）芽孢杆菌（*B. cereus*）

B. 生长在葡萄糖洋菜上的淡染细胞的原生质中没有不着色的球状体

1. 7%氯化钠中生长；石蕊牛奶不产酸

a. 在 pH 值= 5.7 生长；产生乙酰甲基甲醇

（1）水解淀粉；硝酸盐还原到亚硝酸盐

（a）兼性厌氧；利用丙二酸盐 ………… 地衣芽孢杆菌（*B. licheniformus*）

（b）好氧；不利用丙二酸盐 ………………… 枯草芽孢杆菌（*B. subtilis*）

（2）不水解淀粉；硝酸盐不还原到亚硝酸盐 … 短小芽孢杆菌（*B. pumilus*）

b. 在 pH 值=5.7 不生长；不产生乙酰甲基甲醇 … 坚强芽孢杆菌（*B. firmus*）

2. 7%氯化钠中生长；石蕊牛奶产酸 ……………… 凝结芽孢杆菌（*B. coagulans*）

群 2　椭圆形芽孢使孢囊膨大，芽孢中生到端生，革兰氏阳性、阴性或可变

A. 从碳水化合物产气

1. 产生乙酰甲基甲醇；从甘油形成二羟基丙酮 … 多粘芽孢杆菌（*B. polymyxa*）

2. 不产生乙酰甲基甲醇；不形成二羟基丙酮 …… 浸麻芽孢杆菌（*B. macerans*）

B. 不从碳水化合物产气

1. 水解淀粉

a. 不形成吲哚

（1）65℃不生长 ………………………………… 环状芽孢杆菌（*B. circulans*）

（2）65℃生长 ………………… 嗜热脂肪酸芽孢杆菌（*B. stearothermophilus*）

b. 形成吲哚 ……………………………………………… 蜂房芽孢杆菌（*B. alvei*）

2. 不水解淀粉

a. 接触酶阳性；连续转接在营养肉汤中存活

（1）兼性厌氧；葡萄糖培养液中培养物 pH 值<8.0 ………………………………………………………… 侧孢芽孢杆菌（*B. laterosporus*）

（2）好氧；葡萄糖培养液中培养物的 pH 值为 8.0 以上 ………………………………………………………… 短芽孢杆菌（*B. brevis*）

b. 接触酶阴性；连续转接不能在营养肉汤中存活

（1）硝酸盐还原到亚硝酸盐；分解酪朊 ………… 幼虫芽孢杆菌（*B. larvae*）

（2）硝酸盐不还原到亚硝酸盐；不分解酪朊

（a）孢囊含有伴孢体；2%氯化钠中生长… 日本甲虫芽孢杆菌（*B. popilliae*）

（b）孢囊不含伴孢体；2%氯化钠中生长 … 缓病芽孢杆菌（*B. lentimorbus*）

群 3　孢囊膨大；芽孢通常球形，端生到亚端生；革兰氏阳性、阴性或可变

不水解淀粉；生长不需要尿素或碱性环境 ………… 球形芽孢杆菌（*B. sphaericus*）

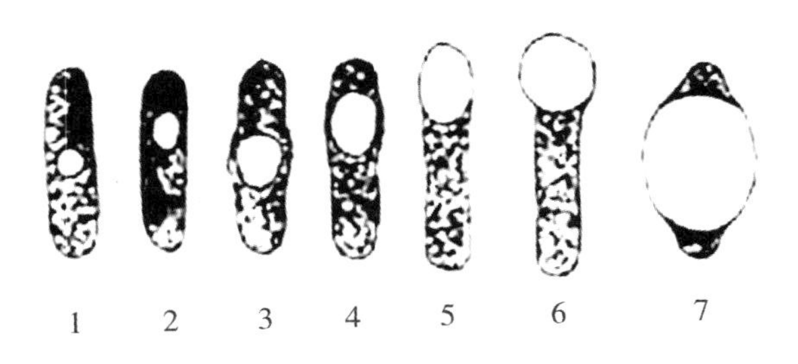

1. 芽孢球形，在菌体中心；2. 卵形，偏离中心不膨大；3. 卵形，近中心，膨大；
4. 卵形，偏离中心，稍膨大；5. 卵形，在菌体极端，不膨大；
6. 球形，在极端，膨大；7. 球形，在中心，特别膨大

图 2-5　芽孢杆菌芽孢的形态和位置

（自 https://doc.wendoc.com/b69de974421772fe0be62a4fd.html）

2. 芽孢杆菌的分子分类

《伯杰氏系统细菌学手册》指出：DNA-DNA 同源性在 60%以上通常认为是同一种；同源性在 20%~60%认为是同一属中的不同菌种；同源性 20%以下的应考虑是不同属的菌种。随着分子生物学技术的发展，芽孢杆菌的分类逐渐由传统的表型分类转化为分子分类，如 G+C mol%、DNA 重组试验、DNA-DNA 杂交、PCR 技术、16S rDNA 序列测序等。

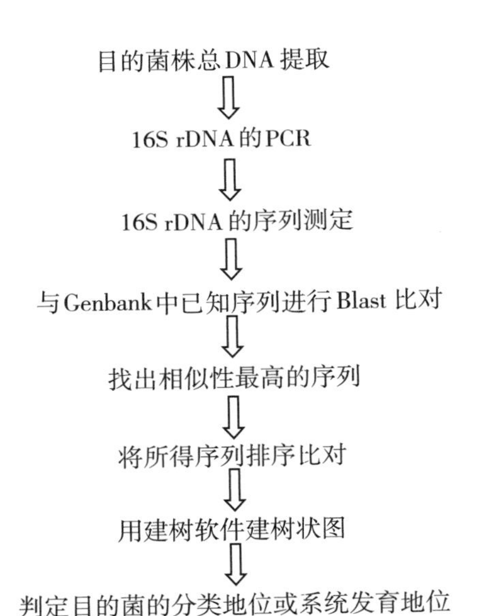

图 2-6　微生物分子鉴定及分类流程

由于 16S rDNA 基因序列的保守性和存在的普遍性，应用 16S rDNA 作为分子指标已逐渐成为微生物检测和分类鉴定的一种强有力工具。里美（Satomi）等（2006）从宇宙飞船设备上分离到一种细菌，16S rDNA 序列系统发育分析表明是属于芽孢杆菌属，与 *Bacillus pumilus* 相近但又有很多表型不同之处，DNA-DNA、rep-PCR 表明为芽孢杆菌的一个新种，命名为 *B. safensis*。全（Jeon）等（2005）根据 16S rRNA 序列分析、DNA-DNA 杂交等方法，将 *B. haloalkaliphilus* 从芽孢杆菌属中分出重建一个新属碱杆菌属（*Alkalibacillus* spp.），*B. haloalkaliphilus* 命名为 *A. haloalkaliphilus*。艾伯拉姆（Ibrahim）等（2004）对 *B. pallidus* 进行 16S rRNA 测序构建系统发育树，分析得出 *B. pallidus* 与芽孢杆菌属有很大的区别而和 *Geobacillus* 很相近，故将它归入 *Geobacillus* 属。所以利用分子技术对菌株的基因序列进行比较分析，可提高芽孢杆菌的分类地位划分的准确性。微生物的分类地位进行初步判断流程如图 2-6 所示。

3. 芽孢杆菌的化学分类

微生物中含有一些化学物质，其含量或结构具有种属特征或与其分类地位密切相关，能够标志某一类或某种微生物的存在，称为生物标志物（biomarker）。这些具有分类学意义的化学物质的存在状态可以作为鉴定微生物的标志。这些化学成分包括脂肪酸、醌、磷酸类脂、全细胞蛋白等。脂肪酸对于不同生物有不同的成分特征，是细菌分类的重要指标和依据。通过脂肪酸成分分析可以将未知菌快速鉴定到种属，是芽孢杆菌分类鉴定的一种新手段。宋亚军等（2001）对 300 余株需氧芽孢杆菌的芽孢脂肪酸成分进行了系统分析，并探讨了其在分类学上的意义，为需氧芽孢杆菌的分类研究提供了依据。全细胞蛋白 SDS-PAGE 分析是一种通过分析蛋白电泳图谱来获取分类信息的技术，在高度标准化的培养条件下是一种分群和大量比较相近菌株的较好方法。该方法的一个优点是它与 DNA 杂交分析结果有很好的相关性，适用于种水平上的区别。

（二）芽孢杆菌的抗菌机制

芽孢杆菌的生防作用机制主要包括竞争作用、产生抗菌物质和诱导植物抗性等，产生抗菌物质是芽孢杆菌抗菌防病的主要机制之一。此外，芽孢杆菌还产生耐热、耐旱、抗紫外线和有机溶剂的内生孢子，使芽孢杆菌的抗逆性高于其他病菌，从而能够高效发挥生防作用。芽孢杆菌的抑菌范围很广，包括根部病害、枝干病害、花、叶部病害和收获后果品病害等。已报道的生防芽孢杆菌有枯草芽孢杆菌（*B. subtilis*）、蜡质芽孢杆菌（*B. cereus*）、多粘芽孢杆菌（*B. polymyxa*）、巨大芽孢杆菌（*B. megaterium*）、短小芽孢杆菌（*B. pumilus*）等。许多性状优良的天然分离株已成功应用于植物病虫害的生物防治。

至今发现的芽孢杆菌属细菌能产生 100 多种抗菌物质，大多是脂肽类抗生素，包括小分子的抗生素和大分子的拮抗蛋白或细胞壁降解酶类，由核糖体合成和非核糖体合成。核糖体合成小分子量抗菌多肽——细菌素；非核糖体合成的抗生素包括脂肽抗生素（Lipopeptin）、多肽抗生素和次生代谢产生的其他抗菌活性物质。①Iturin 家族的脂肽抗生素，一般对真菌具有强烈拮抗作用，目前报道的有 *B. subtilis* 合成的 Iturin A、C，杆菌抗霉素（Bacillomycin）L、D、F 和抗霉枯草菌素（Mycosubtilin）等。②芽孢杆菌多肽抗生素有线状、环状和分支环状三类，短杆菌肽（Gramicidin）和伊短菌素（Edeine）是 *B. brevis* 产生的线状抗真菌短肽，Gramicidin S 和短杆菌酪素（Tyrocidine）是 *B. brevis* 产生的环状短肽抗生素，分支的环肽抗生素包括多粘菌素（Polymyxin）、八肽菌素（Octapeptins）和杆菌肽素（Bactracin），它们主要作用于细菌。近年来多肽类抗生素的研究日益受到重视，研究的进一步发展可通过基因定点突变技术对其分子结构进行修饰，以提高其活性。如 Chen 等（1998）采用该技术修饰抗菌肽 Magalnin，使其活性提高了 100 倍，与其他抗生素化学或半合成修饰相比，既方便，又经济。③其他抗生素如 Zwittermicin A 是线状聚酰胺类物质，在 *B. cereus* 和 *B. thuringiensis* 的很多菌株中都存在。Zwittermicin A（ZwA）对原核生物和真菌具有广谱抑菌活性，对 *Phytophthora* 和 *Pythium* 属病原真菌活性极强，并对 Bt 杀虫晶体蛋白具有协同增效作用（何亮，2007）。

芽孢杆菌分泌产生的蛋白类抗菌物质主要有细菌素、细胞壁降解酶如几丁质酶和葡聚糖酶，以及一些未鉴定的拮抗蛋白。①细菌素是细菌合成的对其他微生物具有抗生作用的小分子量蛋白质。芽孢杆菌能产生多种细菌素，枯草芽孢杆菌产生的枯草菌素（Subtilin）和枯草芽孢杆菌素（Subtilosin）及巨大芽孢杆菌产生的巨杆菌素（Megacins）对 G^+细菌具有很强的活性，枯草芽孢杆菌产生的杀葡孢菌素（Botrycidin）AJI316、Alirin B-1 和 6.9kDa 小肽及 *B. licheniformis* M-4 产生的 M-4 Amoebicidal 同时具有抗细菌和抗真菌作用。②几丁质酶和葡聚糖酶。许多病原真菌细胞壁含有几丁质和β-1,3-葡聚糖。几丁质酶（chitinase）和β-1,3-葡聚糖酶（glucanase）是植物病程相关蛋白，它们通过破坏病原真菌的细胞壁而具有抗菌防病作用。多种芽孢杆菌具有几丁质酶活性，如 *B. chitinovrous*、*B. subtilis*、*B. coagulans*、*B. megaterium*、*B. licheniformis*、*B. thuringiensis*、*B. cereus*、*B. circulans*、*B. stearothermophilus*、*B. pabuli* 等。③其他拮抗蛋白。枯草芽孢杆菌 PY79 菌株分离的抗菌蛋白 Tas A，对 G^+和 G^-细菌具有广谱抗菌活性。抗水稻白叶枯病的芽孢杆菌 A014，枯草芽孢杆菌 B034、A30、XM16、B0113、BS-98、TG26、B-916、B3，抗青枯病的芽孢杆菌 B130，芽孢杆菌属的 XA1、XF1 等菌株均能产生拮抗蛋白或多肽。枯草芽孢杆菌 B-903 产生一种耐高温抗菌物质，能够抑制包括土传镰刀菌、气传植物病原菌如苹果轮纹病、番茄早疫病和韧皮部病等多种病菌（孔建等，1999）。刘颖等（1999）从枯草芽孢杆菌中分离出一种广谱抗真菌小肽 LP-1，对水稻稻梨孢（*Pyriculoria oryzae*）等有很强的抑制作用。童蕴慧等（2004）发现，地衣芽孢杆菌和多粘芽孢杆菌培养液存在一种蛋白或多肽类拮抗物质，能抑制灰霉病菌等多种病原真菌。

近来，国内外学者还利用体外合成的多肽物质对病原微生物进行拮抗试验，也得到了很好的效果。如 Gul 和 Reday（2000）发现一种环肽能广泛抑制植物病原真菌和细菌。Belen L G 等（2000）报道了一种具有 Ac-Arg-Lys-Thr-Trp-Phe-Trp-NH2 氨基酸序列的六肽具有对引起水果采后病害的真菌具有抑制作用。Rajasekaran 等（2001）在体外合成的多肽 D4E1 对子囊菌类、担子菌类、半知菌类、卵菌类以及细菌都有很好的抑制效果。

其他的抗菌物质还包括大环内酯类、酚类物质、异构香豆素、多烯类物质、含双糖的氨基糖苷等物质。

（三）芽孢杆菌的应用

芽孢杆菌包含许多特殊功能菌株，是一类重要的资源微生物，与人类社会关系密切。在工业、农业、医学等科学领域均有广泛的研究和应用价值。在农业与环保领域，可用于植物病虫害防治，降解土壤中难溶的含磷、含钾化合物，分解原油等。

1. 芽孢杆菌在工业上的应用

芽孢杆菌能够大量产生淀粉酶和蛋白酶等，已有很多芽孢杆菌用于工业生产。其中淀粉酶在工业生产上应用最早，迄今仍是用途最广、产量最大的酶制剂产品之一。工业上应用的大部分耐高温的α-淀粉酶是由地衣芽孢杆菌产生的。嗜碱芽孢杆菌是生产碱性纤维素酶的主要菌种。洗涤剂中加入碱性纤维素酶可以增强洗涤效果，除去衣物上的污渍，软化衣物和增加衣物的鲜艳度。

2. 芽孢杆菌在农业上的应用

许多芽孢杆菌是病原昆虫的杀虫剂，苏云金芽孢杆菌即 Bt 是世界上应用最多、产量最大的生物农药有效成分。常见的具有杀虫活性的芽孢杆菌见表 2-1（刘国红，2009）。

表 2-1　常见的有杀虫活性的芽孢杆菌

菌种	目标昆虫
蜂房芽孢杆菌（*B. alvei*）	蜜蜂、蚊幼虫
蜡质芽孢杆菌（*B. cereus*）	鳞翅目、鞘翅目
幼虫芽孢杆菌（*B. larvae*）	蜜蜂等
侧孢芽孢杆菌（*B. laterosporus*）	双翅目
日本金龟子芽孢杆菌（*B. popilliae*）	蛴螬
缓病芽孢杆菌（*B. lentimorbus*）	蛴螬
森田芽孢杆菌（*B. mortai*）	蝇幼虫
巨大芽孢杆菌（*B. megaterium*）	家蚕、鳃角金龟
尘埃芽孢杆菌（*B. pulvifacricus*）	烟草甲虫、果蝇
球形芽孢杆菌（*B. sphaericus*）	蚊幼虫
苏云金芽孢杆菌（*B. thuringiensis*）	鳞翅目、鞘翅目、双翅目等

芽孢杆菌产生的活性物质对病原菌生长有抑制作用，有些芽孢杆菌还具有促进植物生长和增产的作用，已有多种芽孢杆菌被开发为微生物杀菌剂，包括枯草芽孢杆菌、多粘芽孢杆菌、蜡质芽孢杆菌、巨大芽孢杆菌和短小芽孢杆菌等，用于防治多种植物病害，在替代或减少化学农药的使用和残留、减轻环境污染中发挥重要的作用。目前仍不断有新的抗病菌株被发现和利用，为研制防治不同植物病害的高效生防制剂提供重要基础材料。

芽孢杆菌除了可以作为杀菌剂和杀虫剂外，还具有固氮、降解有机磷等作用。土壤中含有丰富的芽孢杆菌资源，对土壤的物质循环起着重要作用。如一些多粘芽孢杆菌、球形芽孢杆菌、短芽孢杆菌、枯草芽孢杆菌等具有固氮效果。一些地衣芽孢杆菌（*B. licheniformis*）、巨大芽孢杆菌、短小芽孢杆菌、侧孢芽孢杆菌（*B. laterosporus*）等具有降解有机磷的作用，能增加土壤的营养，促进农作物吸收土壤的磷元素，是生物有机肥的重要菌种。

芽孢杆菌在环境污水处理中也发挥重要的作用。芽孢杆菌产生的酶类可以降解水中的污染物，以达到净化水体的目的。据报道，以盾叶薯蓣淀粉为唯一碳源时，淀粉浓度与污染地分离的枯草芽孢杆菌 α-淀粉酶活性呈正相关，显示其有望用于解决淀粉导致的水污染问题（金志雄等，2004）。

此外，有些芽孢杆菌制剂被应用到养殖业和医学领域，如饲用微生物制剂、医用微生态制剂，用于治疗肠道菌群失调等疾病。

三、假单胞菌

假单胞菌属（*Pseudomonas*）是薄壁菌门属薄壁细菌门（Gracilicutes）假单胞菌科（Pseudomonaceae）的模式属，假单胞菌为直或稍弯的革兰氏阴性杆菌，是无核细菌，以极生鞭毛运动，不形成芽孢，化能有机营养，严格好氧，呼吸代谢，从不发酵。有些菌株产生荧光色素或（和）红、蓝、黄、绿等水溶性色素。氧化酶和触酶均为阳性（除少数菌株外）。蓝绿色或荧光色菌落，有生姜味。假单胞菌分布广泛，种类繁多。一些假单胞菌可作为人类的致病菌，要进行防控，而一些假单胞菌具有降解污染物、防病的功能，在工农业领域和生物医药领域有重要的应用价值。与人类感染有关的主要有铜绿假单胞菌（*P. aruginosa*）、类鼻疽假单胞菌（*P. pseudomallei*）、荧光假单胞菌（*P. fluorescens*）等。铜绿假单胞菌是常见条件致病菌，是奶类、蛋类在低温条件下保存导致腐败变质的主要细菌之一。在临床上最常见的是血液及血制品被荧光假单胞菌污染，当病人输入了被荧光假单胞菌污染的血液及血制品后，可导致败血症或休克；类鼻疽假单胞菌可引起局部地区（东南亚）人和动物的类鼻疽病等。

假单胞菌对营养要求不高，种类多，是植物根际土壤中起生物防治功能的主要细菌类群之一。活跃在植物根际的这些假单胞菌酶系很丰富，如几丁质酶、溶菌酶、壳聚糖酶、木聚糖酶、乙酰辅酶 A 合成酶、脱氨酶等，这些酶能够降解多种有机物，对农药污染的土壤有较好的修复作用，有利于土壤微生物群落正常功能的恢复和维持，既可给植物提供营养，又可减少植物病害的发生。目前，世界各地对假单胞菌的研究有大量的报道，用于植物病害防治、植物生长调节、环境保护和医药开发等。

（一）假单胞菌的生防机制

假单胞菌可通过产生活性物质或改善矿质营养直接促进植物生长，或通过竞争作用、产生抗生物质等方式，抑制或阻碍根区病原微生物的发展，间接促进植物的生长。其对植物病害的生防作用机理主要包括抗生作用、有效的根部定殖、根际营养竞争（特别是对 Fe 的竞争）、诱导植物抗性和分泌降解微生物的酶等（杨海君，2004）。

1. 抗生作用

假单胞菌能产生多种抗生物质。荧光假单胞菌产生藤黄绿脓菌素（Pyoluteorin Plt）、卵霉素 A、假单胞杆菌素、环庚三烯酚酮、脓青素、2-acetamidophenol（AAP）等，能够抑制 *P. ultimum*、*R. solani*、*Helminthosporum cynodontis* 等病原菌的生长及其引发的病害。假单胞菌产生的抗生素硝吡咯菌素（PRN）已被开发用于农用杀真菌剂。假单胞菌产生的吩嗪抗生素有 1-羧基吩嗪和 1-羟基吩嗪等，吩嗪酸（PCA）和2,4-二乙酰藤黄酚（Ph1），对防治由小麦全蚀病菌 Ggt（*Gaeamuuomyces graminis* var. *tritici*）引起的小麦全蚀病有防治作用。芸薹假单胞菌 11K1 可能产生 43 种次生代谢产物，其中的三种脂肽类化合物可能是主要抑菌活性物质（赵辉等，2018）。铜绿假单胞菌 SU8 产生的抑菌物质对多种植物病原真菌有较强的抑制作用，其中对稻瘟菌的抑菌带宽度达

4.53cm，辣椒炭疽病菌次之，其余从强到弱依次为烟草赤星病菌、水稻纹枯病菌和小麦赤霉病菌；SU8 乙酸乙酯提取物对烟草赤星病菌的抑制效果最好，抑菌带宽度为 3.92cm，对水稻纹枯病的抑菌带宽度为 2.34cm，对其他植物病原菌的抑菌效果从大到小依次为稻瘟病菌、辣椒炭疽病菌和小麦赤霉病菌（凌璐，2014）。多种荧光假单胞菌生物防治菌株能产生氢氰酸 HCN，作为生物杀菌剂（生物农药）有助于抑制烟草根黑腐病。铜绿假单胞菌 K-187 能产生几丁质酶和溶菌酶，抑制 36 株真菌的生长（Wang，1995）。根际假单胞菌株 B8，具有 1-氨基环丙烷-1-羧酸（ACC）脱氨酶活性和拮抗瓜类枯萎病菌双重功能（许煜泉和石荣，1999）。有的假单胞菌能分泌乙酰辅酶 A 合成酶，利用二羧基脂肪酸合成乙酰辅酶 A（Kenneth 等，2001）。

目前，*P. fluorescens*、*P. putida* 和 *P. chlororaphis* 中一些可用作植物根际生物防治的微生物菌株已可以通过商业途径获取，这些细菌可以以干粉、细胞悬液或种子涂层的形式使用。

2. 根际营养竞争与定殖

微生物在根际成功定殖才能真正发挥生物防治作用。微生物之间的竞争包括营养竞争和位点竞争，假单胞菌的强竞争能力是其发挥生物防治作用的关键。如分离自韭菜根内的荧光假单胞菌 DE1，其利福平抗性的自发突变株 P. f. NKDAE2 能定殖于韭菜根表、根内和根围（刘国奇等，1999）。恶臭假单胞菌 P861（Gus）可在油菜根部定殖，且接种 3~6d 后定殖密度达最大值，之后减少并保持稳定水平（胡小加等，1999）。

嗜铁素是一种能与高铁离子特异性结合的化合物，如假单胞菌素、水杨酸等。病原菌本身不能产生或仅能产生极少量嗜铁素，而假单胞菌自身能产生嗜铁素并且不能被病原微生物所利用，这样病原微生物便由于缺铁而不能生长。如假单胞菌 JKDA-2 在无 Fe 环境下能分泌高亲和力的 Fe 载体，在低 Fe 环境下 Fe 载体的分泌量减少，而在富 Fe 环境下则不能分泌，因此菌株 JKDA-2 在无 Fe 环境下分泌的 Fe 载体，能在低 Fe 环境下抑制稻瘟病菌（*Piricularia orzae*）的生长（许煜泉等，1999）。

3. 改善植物营养

微生物在土壤物质转化中发挥重要的作用，包括对一些难溶性无机物质的转化和分解有机质为植物提供养分。植物根际土壤解磷细菌种类较多，而非根际土壤解磷细菌种类较少。根际土壤有机磷细菌主要为假单胞菌属，无机磷细菌主要为假单胞菌属和欧文氏菌属。国内外学者已将一些假单胞菌研制成无机磷细菌肥料施于土壤，转化难溶性无机磷。研究发现，某些恶臭假单胞菌（*P. putida*）培养物中低分子量提取物能促进丛枝菌根真菌（*Glomus fistulosum*）的生长和磷酸酯酶产生，假单胞菌可明显促进玉米生长和提高根际磷酸酯酶活性，其培养物能促进马铃薯和玉米生长，减少病害发生（Miroslav Vosátka 等，1999）。

4. 消除植物根际有毒物质积累

土壤中有毒物质的积累特别是农药残留将影响植物的生长，甚至产生毒害。利用微生物去除这些有毒物质可调节植物生长微环境，对植物具有间接的促生和防病作用。一些假单胞菌株如铜绿假单胞菌、恶臭假单胞菌、荧光假单胞菌具有突出的重金属耐性或抗性，以及污染物降解能力，从而减轻或消除根际有毒物质积累对植物的伤害。利用等级分类分析法，将铜绿假单胞菌分为 4 个群：C1（L1 和 L2 phage types，对 Hg 有耐性或抗性，S2 血清型），C2（P2 绿脓杆菌素型，对 Cd 有耐性或抗性，S1 血清型），C3（对 Co 和 Cr 有耐性或抗性）和 C4（P1 绿脓杆菌素型，对 Ni、Zn 和 Cu 有耐性或抗性）（Hassen et al.，2001）。

恶臭假单胞菌（*P. putida*）具有很强的分解烃类化合物能力，被原油污染的土壤接种恶臭假单胞菌后土壤中的原油被完全降解，并显著加速对 PO_3^{-4} 和 NO^{-3} 的利用（Nwachukwu，2001）。沼泽红假单胞菌（*Rhodopseudomonas palustris*）在厌氧条件下通过苯甲酰辅酶 A 途径代谢芳香烃化合物，使芳香环逐个脱落，最终使环完全裂解（Larimer et al.，2004）。从污泥中分离的假单胞菌 PCB2 对蒽和菲的混合体系 TOC 去除率最高可达 73.7%（聂麦茜等，2002）。假单胞菌 AD1 对阿特拉津（atrazine）污染土地有良好的修复作用，向每克土壤含 1mg 阿特拉津的模拟污染土壤中接种假单胞菌 AD1 菌株，补加适量碳源和磷源，30℃ 培养 4 周后，96% 的阿特拉津被去除（王松文等，2001）。菌株 AEBL3 对克百威污染土壤中克百威的去除率最高可达 90%；菌株DLL-1对土壤中残留的农药甲基对硫磷（M-1605）有明显的降解作用，接种 DLL-1 的土壤在 2d 后已检测不到 M-1605 的残留，而对照土壤 12d 后才达到同样效果（沈标等，2002）。

5. 诱导植物系统抗性

一些根部定殖的假单胞菌能诱导黄瓜、烟草、拟南芥等植物对病毒、细菌和真菌叶部病原的系统抗性，其中水杨酸的积累被认为是引发植物抗病基因表达的重要因素。在铜绿假单胞菌中，水杨酸生物合成基因 *pchA* 和 *pchB* 均为 pchDCB 操纵子的一部分，分别编码邻-香豆酸合成酶和邻-香豆酸-丙酮酸裂解酶，这 2 种酶在离体状态或在原位均能催化邻-香豆酸转变为水杨酸（Serino et al.，1995）。另外，脂多糖（Lipo-polysaccharide，Lps）和嗜铁素也是重要的诱导物质，其诱导系统抗性（Induced systemic resistance，ISR）的可能机制为产生抗微生物的低分子量化学物质，如植保素、叶面的双萜积累、多聚物（可形成保护层）、木质素和富含羟脯氨酸的糖蛋白；诱导一些水解酶和氧化酶类，如几丁质酶、β-1,3-葡聚糖酶和过氧化物酶；诱导病程相关蛋白的产生等。有报道表明先用荧光假单胞菌 WSC417 处理康乃馨，然后再接种病原菌镰刀菌，可明显提高寄主植物植保素水平。Sarvanan 等（2004）报道一株荧光假单胞杆菌，能高效拮抗香蕉枯萎病菌，还能诱导香蕉体内酚类物质和一些酶类的增加，以及香蕉防卫基因的表达。一株来自烟草根际土壤的蒙氏假单胞菌（*P. monteilii*），对烟草花叶病毒（Tobacco mosaic virus，TMV）和马铃薯 Y 病毒（Potato virus Y，PVY）具有抑制作用。其发酵液对烟草 TMV、PVY 抑制率分别达到 91.4%~100%和 93.1%~100%。大田试验中，该菌可有效抑制大部分病毒侵染，发病情况都远远低于其他处理（翟熙伦等，2012）。

（二）假单胞菌研究存在的问题与展望

假单胞菌具有抗病、杀虫、降解有毒物质、产生抗生素和植物生长调节物质、改善植物营养、改善植物微环境和诱导系统抗性等多重生物防治作用，其产品开发对象包括微生物活菌制剂、抗生素及其基因等。假单胞菌的商品化生产和田间应用并不像芽孢杆菌那样顺利，但是其对植物病原菌的作用不容忽视。

值得注意的是，假单胞菌在高细胞密度和生长速度慢时常常产生胞外酶和次生代谢产物，因此假单胞菌在根际要显示出生物防治活性，需达到相对较高水平的种群密度，这就要求产品的活菌数必须达到一定数量标准。另外，假单胞菌菌剂使用过程中，应注意环境因素如温度、湿度、光照、土壤环境等对其作用效果可能产生的影响。随着分子生物学向不同学科领域的广泛渗入，对假单胞菌生防作用机制的遗传性状进行深入分析，进而采用遗传工程对菌株加以改良，有助于推动生防假单胞菌的开发和应用。

四、放线菌

（一）放线菌概述

放线菌（Actinomycetes）是一类介于细菌与丝状真菌之间而又接近于细菌的原核生物，因其气生菌丝呈放射状故得此名。放线菌 G+C mol%含量在 55%以上，革兰氏染色呈阳性。大多放线菌具有好气性，异养型，它生长所需的温度为 23~37℃，耐热放线菌生长的适宜温度一般在 50~65℃。放线菌没有有性态，只能通过形成无性孢子的方式进行增殖，或通过菌丝体的伸长和分枝进行扩张，在《伯杰氏系统细菌学手册》中，将高 GC 含量的革兰氏阳性细菌归为放线菌门。已报道的放线菌主要包括：链霉菌属（*Streptomyces*）、诺卡氏菌属（*Nocardia*）、小单胞菌属（*Micromonospora*）、游动放线菌属（*Actinoplanes*）、马杜拉放线菌属（*Actinomadura*）、高温放线菌属（*Thermoactinomyces*）、孢囊菌属（*Dactylosporangium*）和放线菌属（*Actinomyces*）。

放线菌是一类具有巨大实用价值的微生物资源，大多数种类的放线菌可产生抗菌物质，降解病菌细胞壁和酶。从微生物中发现的上万种微生物活性物质中，有近 70%是放线菌产生的。然而，人们分离到的放线菌仅占土壤中所有放线菌的 10%左右，因此筛选有生防潜力的放线菌菌株及其活性成分受到广泛的关注。

（二）放线菌的分离培养

到目前为止，约有 2 000 余种放线菌已被详细描述，其中数量最多的是链霉菌属，有 500 多种，尽管如此，仍有大量的放线菌至今还未被成功培养。

稀释涂布法是目前分离放线菌经常使用的方法，操作简单方便、成本较低，但是真菌和细菌污染在分离中比较严重，并且随着稀释倍数的增加，非链霉属的数量逐渐降低，从而使分离出的放线菌种类变少。因此，为了抑制杂菌污染，需对原有的方法进行改进。目前，实验室中较常用的改进处理方法如下：① 土壤自然阴干 14d 左右，土壤水分含量大大降低，细菌的生长环境遭到破坏，其数量显著降低；② 在培养基中加入 100mg/L 的放线菌酮和 50mg/L 的重铬酸钾都能明显抑制土壤中的细菌和真菌的生长，提高放线菌的分离数量；③ 120℃下处理约 60min，可有效获得马杜拉放线菌属、游动放线菌属、孢囊链霉菌属、小单孢菌属等高温耐热放线菌；④ 在土壤悬液中加入想要去除菌所对应的噬菌体，使噬菌体裂解宿主菌；⑤ 重新设计分离培养基，如增加十二烷基磺酸钠、酵母浸膏、多聚蛋白胨等对土壤悬液进行处理，可以增加分离菌的种类和数量；⑥电脉冲法、微波辐射法、高频辐射法（EHF）、差速离心法等方法应用于稀有放线菌的分离。例如，应用极高频辐射法，抑制原核生物、藻类及单细胞生物的生长，筛选耐受 EHF 或受到 EHF 激活的放线菌菌株。利用差速离心处理可去除样品中的链霉菌及其他非可动放线菌，从而有效分离可动放线菌等。

（三）放线菌生防机制

放线菌的生防机制多种多样，归纳为拮抗作用、重寄生作用、竞争作用、促生作用和诱导抗性等。生防放线菌通过一种或多种机制协同作用，达到防治植物病害的目的。

1. 拮抗作用

拮抗作用一般指微生物通过次级代谢产物中的活性物质抑制或杀死病原菌。次级代谢产物中的活性物质主要为抗生素、细菌素、嗜铁素等。放线菌能通过拮抗作用抑制其他植物病原微生物，即通过其次生代谢产物中的抑菌活性物质达到防治植物病害的目的。如白色链霉菌（*S. albus*）NB8 的活体菌株及发酵液对致病疫霉的抑菌活性分别为 97.33%与 92%。利用该菌株发酵液处理马铃薯块茎和离体叶片，结果显示对晚疫病具显著预防作用（王岩等，2009）。橄榄色链霉菌（*S. olivaceus* 115）对马铃薯黑痣病有防控作用（Shahrokhi et al.，2005）。放线菌 IPS-54 菌株代谢产物具有杀菌活性，对马铃薯干腐病菌（*F. solani*）、玉米大斑病菌（*Exserohilum turcicum*）、油菜菌核病菌（*Sclerotinia sclerotiorum*）等植物病原真菌的菌丝生长抑制率超过 80%，盆栽试验结果显示对小麦白粉病（*Blumeria graminis*）防效亦在 70%以上，对番茄灰霉病（*Botrytis cinerea*）的田间防效在 50%以上（陈华保，2005）。

生防放线菌的抗生物质主要通过以下方式抑制和拮抗病原菌：①抑制病原微生物细胞壁的形成，导致病原微生物破裂而死亡；②改变病原菌细胞膜的通透性，进而使电解质平衡失调；③影响病原菌的代谢；④影响病原菌体内的蛋白质及核酸的合成。

2. 竞争作用

放线菌通过和病原菌竞争生长空间、营养成分来抑制病原菌对农作物的侵染。营养竞争是指生防菌通过与病原菌竞争营养成分，使病原菌得不到足够的营养，从而抑制病原菌的生长繁殖。三价铁离子（Fe^{3+}）的利用度是土壤环境对微生物生长的一个限制因子，链霉菌分泌嗜铁素（siderophore）能够结合铁离子，从而更多地利用铁离子，并限制病原微生物对铁离子的利用，达到抑制病原菌的目的。

空间位点的竞争在植物病害生物防治中极其重要，只有当生防菌占领包括植物表面、自然孔口等可能受到病原菌侵染的空间，才能有效阻止病原物的入侵，发挥竞争作用。如将大隔孢伏革菌（*Peniophora gigantea*）接种在松树植株伤口处，*P. gigantea* 可迅速在伤口处长满，防止多年层孔菌的侵入。1989 年，芬兰研究者 Kenica 推出放线菌杀菌剂 *S. griseovirdis*，商品名 Mycostop，是由灰绿链霉菌（*S. griseovidis*）的菌丝和孢子制成的活体制剂，能够迅速在寄主根部定殖、快速繁殖，既可产生生长激素促进寄主生长，又能阻止病原菌的侵入，该菌剂主要用来防治一些常见的土传病害和设施蔬菜病害，如枯萎病、灰霉病等。

3. 重寄生作用

重寄生作用是生防菌对病原菌发挥生防作用、防治土传真菌病害的重要机制之一。

生防菌可有效识别病原菌特定位点，缠绕或吸附于病原菌上或者穿透病原菌的细胞壁，深入到菌丝内部，利用病原菌的营养物质生长繁殖，使病原菌裂解。这一过程也被称为溶菌作用。其中很大一部分的重寄生作用是由水解酶类介导的。植物病原真菌的细胞壁以几丁质或纤维素为骨架，β-1,3-葡聚糖为主要填充物。处于生长过程中的病原真菌菌丝尖端的几丁质多呈裸露状态，容易被生防菌产生的水解酶攻击，导致细胞壁畸形、穿孔甚至将病原菌的细胞壁溶解掉，细胞质发生凝聚，细胞中内容物消解；有时这些酶还可使病原菌的孢子畸形或发生溶解，从而抑制孢子萌发、生长受阻、细胞破裂甚至死亡，控制病害的发生与流行。据报道，大约7%的放线菌可产生几丁质酶、β-1,3-葡聚糖酶、纤维素酶等胞外水解酶。当链霉菌在以疫霉菌破碎菌丝为底物生长时，有多株链霉菌菌株产生β-1,3-葡聚糖酶、β-1,4-葡聚糖酶和β-1,6-葡聚糖酶，能水解病菌细胞壁，从而抑制树莓疫霉根腐病菌的生长（Valois et al.，1996）。链霉菌F46和PR对番茄、草莓、苹果灰霉病均具有不同程度的防治效果，其中F46能够通过缠绕灰葡萄孢菌丝或产生附着胞，使病菌菌丝畸形（乔宏萍等，2004）。

4. 促生作用

放线菌通过固氮作用、产生植物激素和生长促进剂等直接促进寄主生长。某些植物土壤根际放线菌具有显著固氮作用，与植物共生形成根瘤。利迪链霉菌（*S. lydicus*）WYEC108可促进豆类植物根瘤菌的增生，使根部结瘤数量增加且变大，促进植物对铁离子的吸收，从而促进植物生长。另外，放线菌还可通过固氮作用，产生植物激素和生长促进剂直接促进寄主生长，表现在寄主干重和叶绿素含量增加，根系多且粗壮等。利用链霉菌属和小单孢菌属的放线菌处理小麦，能够增加小麦植株体内的氮磷含量，增加植株重量和须根数，促进植株分蘖，显著促进小麦植株生长，同时有效降低腐霉菌（*Pythium ultimum*）对小麦种子的侵染（Hamdali等，2008）。链霉菌CMU-H009是从柠檬草（*Cymbopogon citratus*）根系土壤中分离获得，能够产生高活性吲哚-3-乙酸（IAA），对玉米根系的伸长及豇豆种子的萌发都有明显促进作用（Khamna et al.，2010）。此外，有些放线菌还能诱导菌根中真菌的孢子萌发，促进菌根—真菌—植物互惠共生体的生长。

5. 诱导抗性

许多生防放线菌自身及其代谢产物能诱导植物启动防御酶体系，主要表现在刺激寄主植物多酚氧化酶（PPO）、苯丙氨酸解氨酶（PAL）、过氧化物酶（POD）等活性增加，这些酶可以参与植保素（如木质素、类黄酮等）合成，参与特定氧化反应，抵抗病原菌的侵染。链霉菌能够诱导番茄植株水杨酸等6种酚类物质的积累，从而增加对立枯丝核菌（*R. soloni*）等病原菌的抗性（Hemant和Alok，2010）。分子生物学研究显示，链霉菌组成型表达载体pIB139携带红霉素强启动子，参与目的基因的优化及生物合成，可直接与植物相互作用，诱导植物产生抗病性，协同抗生素抗病，上述相关研究将在链霉菌遗传改良和应用中发挥重要的作用。

（四）放线菌的代谢产物

生防放线菌在土壤中广泛存在，是最早应用于植物病害生物防治的微生物之一，其中以链霉菌最有研究和利用价值。放线菌能产生多种抗生性代谢产物，具有多种不同的功能，可以抗真菌、病毒、昆虫、螨类、农田杂草等，因此具备开发多种生物农药的潜力，包括杀菌剂、杀虫剂、除草剂等。

1. 农用抗生素

农用抗生素发展至今仅有几十年的历史，是在医用抗生素的应用基础上兴起的一门新学科。据统计，已发现的抗生素中有 61.7%由放线菌产生，仅链霉菌产生的抗生素就有 1 700 多种，其中在农业上有应用价值的约数十种。

近年来，国内外不断有来自放线菌特别是链霉菌的抗生素被提取纯化，并作为农用抗生素使用。如农抗 120、井冈霉素、武夷菌素等，用于防治多种病害（表 2-2）（梁春浩，2016）。此外，放线菌还产生具有抗病毒作用的抗生素，能够破坏病毒结构，抑制其在寄主体内增殖，并诱导植物产生抗性。

表 2-2　放线菌产生的用于防治植物病害的农用抗生素

抗生素名称	产生菌	防治植物病害的种类
井冈霉素 Jinggangensis	吸水链霉菌井冈变种 *S. hygroscopicus* var. *jinggangensis*	水稻纹枯病、稻曲病、小麦纹枯病、棉花立枯病等
春雷霉素 Kasugamycin	春日链霉菌 *S. kasugaensis* M338-M1	稻瘟病、西瓜细菌性角斑病、番茄叶霉病、桃树疮痂病等
武夷霉素 Wuyiencin	小白链霉菌武夷变种 *S. albulus* var. *wuyiensis* strain CK-15	黄瓜白粉病、水稻纹枯病、小麦赤霉病、番茄叶霉病、棉花枯萎病等
金真菌素 Aureofungin	肉桂色链霉菌 *cinnamoneus*	苹果白粉病
灭瘟素-S Blasticidin	灰色产色链霉菌 *S. griseochromogenes*	稻瘟病、稻胡麻斑病、水稻菌核病
宁南霉素 Ningnanmycin	诺尔斯链霉菌西昌变种 *S. norsei* var. *xichanysis*	大豆根腐病、病毒病、水稻立枯病、黄瓜白粉病、苹果斑点落叶病
农抗 120	吸水刺孢链霉菌北京变种 *S. hygrospinosus* var. *beijingensis*	辣椒炭疽病、白粉病、枯萎病
多抗霉素 Polyoxin	可可链霉菌阿索变种 *S. cacaoi* var. *asoeinsis*	梨黑斑病、黄瓜霜霉病、苹果斑点落叶病
庆丰霉素 Qingfengmycin	庆丰链霉菌海南变种 *S. qingfengmyceticus*	稻瘟病、白粉病等
中生菌素 Zhongshengmycin	淡紫灰链霉菌海南变种 *S. kavebdykae* var. *hainanensis*	水稻白叶枯病、水稻恶苗病、小麦赤霉病、大白菜软腐病、青枯病、果树炭疽病等
As1A	黎巴嫩链霉菌 *S. libani*	番茄灰霉病、黄瓜叶霉病、黄瓜炭疽病等

2. 杀虫素

放线菌产生对昆虫和螨类具有致病和毒杀作用的抗生素被称为杀虫素。至今报道的杀虫素有抗霉素 A（Antimycin A）、卟啉霉素（Porfiromycin）、密旋霉素（Pactamycin）和稀疏霉素（Aparosomycin）等，这些杀虫素主要通过影响昆虫的细胞代谢或改变细胞膜通透性而起到杀虫作用。其中阿维菌素（Avermectin）是抗生素用于农业生产的里程碑，其作用机理是干扰昆虫体内的神经信息传递。

3. 杀草素

自 1976 年报道了相模湾链霉菌（*S. saganonensis*）产生的触杀型除草剂杀草素（Herbicidin）以来，已发现十多个由链霉菌产生的除草性物质。上海农药研究所发现两类由放线菌产生的环己酰亚胺物质具有很强的杀草活性，其发酵液对野苋和春蓼的苗后防治效果可达 100%，苗前处理防效分别为 78.6%和 64.9%。德国 Zohner 研究组从链霉菌发酵液中分离的双丙胺磷具有极强的杀草活性，用来防治一年生和多年生农田杂草，见效快且作用持久（刘兆良等，2017）。

（五）生防放线菌研究与应用中存在的问题

应用于植物病虫害防治的生防放线菌，不仅要低毒或无毒、无残留、专一性强，不伤害非靶标生物，而且对环境兼容性好，防效持久。研究放线菌资源是挖掘新的生物活性物质的重要途径，但是，在实际操作中依然存在许多问题：① 放线菌种类多，在不同生态环境中普遍存在，怎样从不同环境及微生物群落中分离得到有效的拮抗放线菌是研究人员当前研究的关键所在；② 实验室筛选的拮抗放线菌发酵液的生产、加工及应用效果不甚明确，不同田间应用条件下的防效不稳定，对自然环境的适应范围狭窄等。如有些放线菌在实验室条件下的生防效果较好，但是在大田试验中效果却不理想等；③放线菌代谢产物的大量且单一使用，会破坏目前自然界中微生物的生态平衡，引起自然选择压力，使病原菌产生抗性，同时也会给人类健康带来威胁，成为人体致病菌（Levin et al.，2000）。

第二节　细菌杀虫剂

与昆虫有关的细菌已发现的有数百种，其中被描述的昆虫病原细菌约有 90 种。自然界中能够引发昆虫疾病的病原细菌广泛存在，但并不是所有菌都可以作为微生物杀虫剂。能作为微生物杀虫剂的病原细菌，应具备下列基本属性：毒力高；稳定性强；残效期长，在害虫种群中有自然传播能力；作用迅速；有选择性，即对防治对象剧毒，而对植物、益虫以及哺乳动物等无毒；可以大规模生产，经济安全。

我国自 1986 年第一个细菌杀虫剂产品 100 亿 IU/g 苏云金杆菌可湿性粉剂登记以来，已经有近 20 多种的细菌杀虫剂先后登记入市。效果最好且已得到广泛应用的是芽孢杆菌属中的苏云金芽孢杆菌和日本甲虫芽孢杆菌，另有假单胞菌、变形杆菌、肠杆菌属和粘质沙雷氏菌等。

细菌杀虫剂的作用方式有很多种，主要的是毒杀作用，还有触杀、胃毒和熏蒸作用；忌避和拒食作用；生长发育抑制作用等。昆虫摄入病原细菌制剂后，通过肠细胞吸收，进而破坏肠道壁细胞的胶黏物质，使中肠的透性失去控制，之后细菌大量侵入体腔和血液，虫体发生败血症而导致最后死亡。昆虫感染细菌后的主要表现为取食量减少甚至停食，行动迟钝，数天后死亡，虫体死亡后虫尸会软化变黑，腐烂发臭。

一、苏云金芽孢杆菌 *Bacillus thuringiensis*

（一）苏云金芽孢杆菌概述

苏云金芽孢杆菌是一类广泛存在于土壤中的革兰氏阳性细菌，在《伯杰氏细菌鉴定手册》（第9版）中属于细菌域（bacteria）硬壁菌门（Firmicutes）芽孢杆菌纲芽孢杆菌目（Bacillales）芽孢杆菌科（Bacillaceae）芽孢杆菌属（*Bacillus*）。苏云金芽孢杆菌与蜡质芽孢杆菌（*B. cereus*，Bc）、炭疽芽孢杆菌（*B. anthracis*，Ba）一起归属于蜡质芽孢杆菌类群（*B. cereus* group）。传统上，蜡质芽孢杆菌类群内菌种的分类是基于表型特征，包括致病性，但研究证明它们具有很高的遗传相关性，推测可能属于同一物种——*B. ceresulate*。蜡质芽孢杆菌类群还包括蕈状芽孢杆菌（*B. mycoides*）、假蕈状芽孢杆菌（*B. pseudomycoides*）和韦氏芽孢杆菌（*B. weihenstephanensis*）。目前，全世界收集保存的苏云金芽孢杆菌已超过40 000株，已报道的血清型共有82种。

1901年日本生物学家Shigetane Ishiwatari首先从患猝倒病的家蚕中分离到Bt后，1911年Ernst Berliner又从德国苏云金省患病的地中海粉螟（*Ephestia kuehniella*）幼虫体内分离到另一株与之相似的细菌，并于1915年正式将此昆虫病原细菌命名为*Bacillus thuringiensis*即苏云金芽孢杆菌。苏云金芽孢杆菌伴孢晶体的杀虫活性第一次是在飞蛾幼虫中发现的，飞蛾幼虫在喂食覆盖有芽孢和晶体的叶子时会拒食并死亡。在意识到苏云金芽孢杆菌杀虫活性的潜能后，Mattes（1927）对Ernst发现的Bt菌株进行了分离，并喂食欧洲玉米螟（*Ostrinia nubilalis*）得到了预期的结果，这个工作使第一个商品化的杀虫剂于1938年问世，目前已成为世界上产量最大的生物杀虫剂。

Bt的营养体细胞为杆形、钝圆形，大小（1.2~1.8）μm×（3.0~5.0）μm，营养体往往多个串连成链状排列，孢子囊较营养体粗大，孢子囊后期裂开后形成芽孢和伴孢晶体。芽孢卵圆形，是一种休眠状态，拥有对高温、高压等不良环境条件的抵抗能力。Bt与其他芽孢杆菌的区别在于其芽孢产生的同时，菌体的一头或两头会释放不定量的伴孢晶体（parasporal crystal），伴孢晶体的量能够达到芽孢获得期间菌体干重的20%~30%，而且形态各异，多数为长菱形、短菱形、方形，也有呈立方形、球形、椭球形、不规则形、三角形及镶嵌形等。这些晶体中含有一类或多类δ-内毒素蛋白（较为普遍的是Cry杀虫蛋白），这种杀虫晶体蛋白一般由cry或cyt等基因编码，分别具有不同的杀虫谱，对鳞翅目（Lepidoptera）、双翅目（Diptera）、鞘翅目（Coleoptera）、膜翅目（Hymenoptera）、同翅目（Homoptera）、直翅目（Orthoptera）、食毛目（Mallophaga）的害虫以及线虫（Nematodes）、螨类（Mites）、原生动物（Protozoa）和癌细胞等有较高的杀虫活性。此外，这种杀虫晶体蛋白对人畜、非靶标昆虫及环境无毒害作用，使用安全，其原料广泛，生产成本较低，这些特征都明显优于传统的化学农药，具有很好的环境生态和经济效益，受到了人们的密切关注，已被开发利用成为环境友好型杀虫剂，广泛应用于农田、果蔬、卫生害虫防治等领域。是目前使用面积最大的生物农药品种，与其他生物农药相比，它的研究最广泛、最深入，也是最有发展前途的一类微生物杀虫剂。

（二）杀虫晶体蛋白的作用机制

目前已提出杀虫晶体蛋白毒素的两种作用模式：膜穿孔模式和信号传导模式。膜穿孔模式是大家普遍接受的毒素的作用机制，毒素蛋白被昆虫喂食后，在昆虫中肠的碱性环境和蛋白酶作用下，分解成为具有杀虫活性的毒性肽段，活化的毒性肽与昆虫中肠道上皮细胞刷状缘膜上的毒素受体结合，形成寡聚体后，插入细胞膜而在细胞表面形成微孔，引起目标昆虫中肠上皮细胞渗透性溶解，昆虫死亡。毒素蛋白与受体位点的不同匹配范围决定了它的杀虫谱。近几年，提出了 3d-Cry 毒素的另一种作用模式——信号传导模式（Liliana et al.，2012）。在信号传导模式中，初始步骤即从毒素蛋白活化到钙粘蛋白结合与膜穿孔模式相同，但与钙粘蛋白结合后并不形成微孔，而是激活一个 Mg^{2+} 依赖的级联信号通路促使细胞死亡。活化毒性肽与钙粘蛋白的结合首先激活了鸟嘌呤核苷酸结合蛋白（G 蛋白），G 蛋白随后激活腺苷酸环化酶（adenylyl cyclase），腺苷酸环化酶促使细胞内产生胞内 cAMP，胞内 cAMP 水平的增加进一步激活蛋白激酶 A（protein kinase A），蛋白激酶 A 最终激活细胞内途径导致细胞死亡。也有人提出，膜穿孔和信号传导两种模式都存在，毒性的产生是渗透裂解和信号传导共同作用的结果。

（三）苏云金芽孢杆菌产品研发与应用

我国苏云金芽孢杆菌制剂研制始于 20 世纪 60 年代，经过科技人员的多年努力，在菌株选育、发酵生产工艺、产品剂型和应用技术等方面均有突破，尤其在液体深层发酵技术方面，噬菌体倒罐率从 10%以上降到 1%以下，这两项指标均达国际先进水平。

目前苏云金芽孢杆菌的研究开发正向改善工艺流程、提高产品质量和扩大防治对象的方向发展。我国现有通过国家农药行政主管部门注册的 Bt 生产厂家近 70 家，年产量超过 3 万 t，产品剂型主要为可湿性粉剂和悬浮剂，在 20 多个省市用于防治粮、棉、果、蔬、林等作物上的 20 多种害虫，使用面积达 300 万 hm^2 以上。大量的试验和实际应用表明，苏云金杆菌对多种农业害虫有不同程度的毒杀作用，这些害虫包括棉铃虫、烟青虫、银纹夜蛾、斜纹夜蛾、甜菜夜蛾、小地老虎、稻纵卷叶螟、玉米螟、小菜蛾和茶毛虫等，对森林害虫松毛虫有较好效果。另外，还可用于防治蚊类幼虫和储粮蛾类害虫。

一般认为，苏云金芽孢杆菌特异性的伴孢晶体，作用于害虫中肠上皮细胞的特定受体，从而使感病害虫患败血症而死，因而对靶标害虫高效而对非靶标昆虫安全。多年来，Bt 作为安全的手段，在保护作物和防治媒介昆虫方面起到了很大的作用，而转基因抗虫作物的问世，更给人类带来了福音。然而 Bt 对天敌昆虫的直接或间接不良影响却时有发生，Bt 的生态安全问题因而也成为人们关注的焦点。目前，研究 Bt 对寄生蜂影响的试验方法很多，主要分为四类：一是利用含 Bt 毒素的商品药直接进行研究，二是利用加入 Bt 毒素的人工饲料饲喂寄主进行研究，三是研究转 Bt 基因植物对寄生蜂的影响，四是转 Bt 基因植物田间物种的种群研究等。

（四）苏云金芽孢杆菌工程菌 G033A

国内外对苏云金芽孢杆菌杀虫晶体蛋白编码基因 *Cry* 的研究有许多突破，中国农业科学院植物保护研究所将对鞘翅目叶甲科害虫高毒力的 cry3Aa7 通过电击转化的方法，导入 Bt 野生菌 G033 中，筛选出双价基因工程菌 G033A。于 2003 年申请国家发明专利，于 2007 年 5 月获得授权（ZL200310100197.8）。与野生 Bt 菌株相比，G033A 同时对小菜蛾、甜菜夜蛾、马铃薯甲虫等重要农业害虫都表现出很高的毒力和防治效果，并具有良好的稳定性和生物安全性。转基因生物安全性评价结果表明，G033A 的安全等级为Ⅰ级，于 2014 年 12 月被农业转基因生物安全委员会批准，获得 Bt 工程菌 G033A 的“农业转基因生物安全证书（生产应用）”，使用有效区域、规模为全国范围均可。2017 年 7 月，经农业部农药检定所批准，该菌株产品获得农药登记证书（PD20171726）。这是我国获批的第一个转基因抗虫工程菌，也是我国第一个正式登记的防治鞘翅目害虫的 Bt 产品。2020 年 Bt 工程菌 G033A 可湿性粉剂（登记证号为 PD20171726，商品名称“禁卫军”）获批扩作登记，新增了对玉米草地贪夜蛾的防治对象，是我国获批的第二个用于草地贪夜蛾防治的 Bt 产品，也是国内获批防治草地贪夜蛾的第四个微生物农药。该产品将在草地贪夜蛾等重大害虫的绿色防控和化学农药的合理减替方面发挥重要作用，缓解草地贪夜蛾入侵我国后无生物农药可用的窘境。

32 000IU/mg 苏云金杆菌 G033A 可湿性粉剂外观为灰白色至棕褐色粉末，毒素蛋白（130kDa）≥4.0%，毒素蛋白（65kDa）≥1.0%，毒力效价（Ha）≥32 000IU/mg，水分≤8%，pH 值范围为 4~6，细度（通过 75μm 试验筛）>98%；悬浮率≥70%；润湿时间≤180s。不易燃，对包装无腐蚀，无热爆炸性，产品在常温 2 年内贮存均稳定。

毒性：32 000IU/mg 苏云金杆菌 G033A 可湿性粉剂对大鼠急性经口经皮 LD_{50}>5 000mg/kg、经皮 LD_{50}>5 000mg/kg，急性吸入 LC_{50}>2 000mg/m^3；对兔皮肤无刺激性，眼睛有轻度刺激性；豚鼠皮肤变态反应（致敏性）试验结果为无致敏性；原药大鼠 90d 亚慢性喂养毒性试验最大无作用剂量：雄性为1 188mg/kg，雌性为 1 526mg/kg；无致突变性，无致畸性，无致癌性，无致病性（经口、肺、注射途径）。32 000IU/mg 苏云金杆菌 G033A 可湿性粉剂为低毒杀虫剂。

环境生物安全性评价：32 000IU/mg 苏云金杆菌 G033A 可湿性粉剂对斑马鱼急性毒性 LC_{50}（96h）>100mg/L（该制剂在水中的最大溶解度为 3.18mg/L）；日本鹌鹑 LD_{50}>1 000mg/kg BW；对蜜蜂急性摄入毒性 LD_{50}（48h）>2 000mg/L，接触毒性 LD_{50}（48h）>100μg/蜂；家蚕 LC_{50}（食下毒叶法，96h）为 2.72mg/L。对鱼、鸟和蜜蜂低毒，对家蚕高毒。禁止在蚕室及桑园附近使用。对斜生栅列藻 EC_{50}（72h）=92.3mg a.i./L，为低毒；对大型溞 EC_{50}（48h）=22.6mg a.i./L，为低毒。在环境中最终转化为复杂、无毒的有机物，无生物积累性，对土壤微生物群落结构没有显著影响。

产品作用机理：苏云金杆菌 G033A 作用方式为胃毒。当昆虫摄食 Bt 伴孢晶体后，在中肠肠液碱性条件下打开二硫键溶解成原毒素（protoxin），进而在肠道胰蛋白酶的作用下激活成毒素核心片段，与昆虫中肠细胞壁上刷状缘上特异性受体高亲和性地结合，快速而不可逆地插入细胞质膜，形成孔或病灶，并破坏钾、钠离子梯度，引起膜的非极性化，通过胶体渗透裂解将细胞膨胀并裂解。最后导致昆虫由于碱性、高渗压含物进入血腔，影响血淋巴 pH 值升高，幼虫麻痹死亡；或芽孢通过伴孢晶体毒素损伤部位进入血腔，引起败血症死亡。

应用：田间药效试验表明，32 000IU/mg 苏云金杆菌 G033A 可湿性粉剂，制剂用药量 75～100g/亩（1 亩≈667m^2），在小菜蛾低龄幼虫和马铃薯甲虫低龄幼虫始发期施药，喷雾施药 1 次，均匀地将药液喷到叶片正反面，防效分别可达到 82.91%～85.19%和 85.28%～90.17%。在虫口密度不大、点片发生时，使用低剂量喷药即可；当普遍发生、为害扩散、存在世代重叠等情况时，应使用推荐的高剂量。

二、粘质沙雷氏菌 *Serratia marcescens*

（一）粘质沙雷氏菌杀虫剂研究概况

粘质沙雷氏菌（*Serratia marcescens*）又称灵杆菌，为革兰氏阴性兼厌氧性杆菌，属于肠杆菌科（Enterobacteriaceae）、沙雷氏菌属（*Serratia*），菌体形态多样，近球形短杆菌，大小范围（1～1.3）μm×（0.7～1.0）μm，为细菌中最小者。周生鞭毛，有动力，无荚膜，无芽孢。粘质沙雷氏菌广泛分布于自然界，是水和土壤中的常居菌群，亦是临床上常见的条件致病菌，在机体免疫功能降低时可引起肺部和尿道感染以及败血症。

粘质沙雷氏菌具有广谱的杀虫作用，还被发现具有杀菌和杀线虫的作用，此外有些菌株能够耐受重金属如镉、钴等，还对木质素等物质具有降解作用。其中对杀虫作用的报道最多，包括侵染鳞翅目、鞘翅目、直翅目、双翅目、同翅目及半翅目等多种害虫，但对粘质沙雷氏菌的杀菌及杀线虫机制研究较少。表 2-3 列出了国内外关于粘质沙雷氏菌防治害虫的相关报道（赵晓峰，2016）。

表 2-3 粘质沙雷氏菌防治害虫的相关报道

报道范围	粘质沙雷氏菌菌株编号	寄主	杀虫活性物质	资料来源
国内	粘质沙雷氏菌	褐稻虱	菌液	李宏科，1982
	粘质沙雷氏菌	棉铃虫、甜菜夜蛾、菜青虫幼虫	菌液	陈秀为等，2001；2005
	HBZBS-1	黄胫小车蝗若虫	菌液	冯书亮等，2002
	粘质沙雷氏菌	棉铃虫	菌液	史应武等，2003
	粘质沙雷氏菌	蝗虫	与假单胞菌混剂	尹鸿翔等，2004
	S3	棉铃虫低龄幼虫	几丁质酶	徐红革等，2004
	QL-01、QL-09	甜菜夜蛾幼虫	菌液	齐放军等，2004
	HR-3	蝗虫幼虫	菌悬液	金虹等，2005

（续表）

报道范围	粘质沙雷氏菌菌株编号	寄主	杀虫活性物质	资料来源
国内	HR-3	草地蝗	金属蛋白	陶科等，2006
	BH-1	光肩星天牛幼虫、卵	菌液	邓彩萍等，2008
	KI-3	蚜虫	菌液	王磊等，2010
	粘质沙雷氏菌	狄斯瓦螨	菌液	Tu et al.，2010
	HN-1	红棕象甲幼虫、卵	菌液	张晶等，2011
	B30	甜菜夜蛾幼虫	菌体破碎液、上清液、胞内蛋白	杨琼等，2012
	PS-1	甜菜夜蛾幼虫、黄曲条跳甲	菌悬液	杨建云等，2014；杨建云等，2015
	SCQ1	家蚕	菌悬液	周围等，2014
	S-JS1	褐飞虱、甜菜夜蛾、斜纹夜蛾	菌液	牛洪涛等，2015
	BC-hn	瓜实蝇	菌液	马晓燕等，2015
	PS1	甜菜夜蛾	菌体	赵晓峰，2016
	KH-001	亚洲柑橘木虱若虫	菌液、上清液、几丁质酶、灵菌红素	邝凡，2019
	SM1	白蚁	发酵液、灵菌红素	傅仁杰等，2019
国外	CCEB415	大蜡螟蛾幼虫	菌液	Kaska et al.，1976
	Bn10	棕尾毒蛾、美国白蛾、天幕毛虫等	几丁质酶	Sezen et al.，2001
	粘质沙雷氏菌	烟青虫	菌液	Sikorowski et al.，2001
	NMCC46	埃及伊蚊幼虫	灵菌红素的甘露醇粗提物	Patil et al.，2011
	SRM	棉铃虫	菌液	Mohan et al.，2011
	粘质沙雷氏菌	大蜡螟蛾幼虫	与小卷蛾斯氏线虫协同	Estrada et al.，2012

（二）粘质沙雷氏菌的杀虫机理

1. 产生杀虫活性物质

粘质沙雷氏菌能分泌多种胞外蛋白，包括核酸酶、磷脂酶、溶血素、含铁细胞、几丁质酶、蛋白酶、脂肪酶等，其中的一种或几种蛋白有可能是杀虫活力因子，包括杀虫蛋白、内毒素、外毒素等。其活菌本身以及多种分泌物都具有杀虫作用。粘质沙雷氏菌的杀虫机制已开始受到国内外研究者的重视。

粘质沙雷氏菌能产生大量的天然灵菌红素（Prodigiosin），灵菌红素（2-methyl-3-pentyl-6- methoxyprodiginine，Prodigiosin，PG）是 Prodiginin 的一种。它具有 Prodiginin 的基本结构，也就是三吡咯环，其中的一个吡咯环 C2 上带有一个甲基，C3 上则有一个戊基（图 2-7）。虽然灵菌红素对于产生菌自身的意义还不是彻底明了，但被发现有多种生物活性作用，如抗癌、抗微生物、抗疟疾、抗霉、免疫抑制的作用。其中抗癌方面，因为其具有癌组织的高针对性和对正常细胞表现的低毒害作用，而成为一种非常有潜力的抗癌物质。天然灵菌红素对生物的作用机制主要表现在引起细胞凋亡、DNA 的裂解作用及对丝裂原激活蛋白激酶家族相关信号分子的影响。如感染粘质沙雷氏菌 PS-1菌株而死亡的黄曲条跳甲和甜菜夜蛾幼虫全身发红，身体变软，体壁很容易破裂并流出红色的菌脓，这种能显示红色的代谢物质是灵菌红素。粘质沙雷氏菌 NMCC46 菌株中的灵菌红素甘露醇粗提物对埃及伊蚊和斯氏按蚊幼虫有杀虫活性。

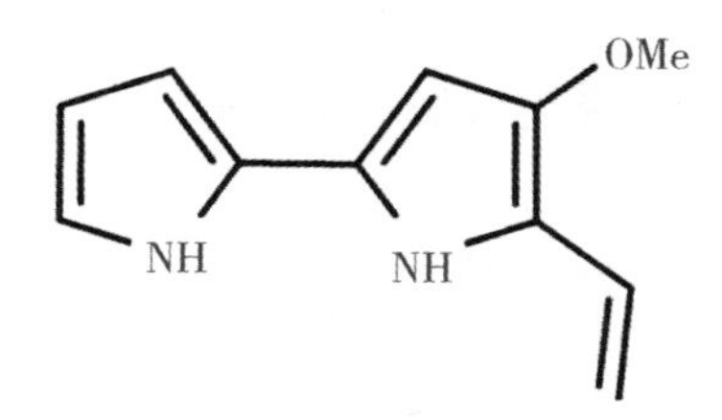

图 2-7 灵菌红素结构式

（自 https：//baike. baidu. com/pic/）

几丁质酶（chitinase）是粘质沙雷氏菌的代谢产物之一，它能水解昆虫幼虫体表和围食膜结构，通过体内和体表两条途径直接和间接破坏虫体天然屏障结构，最终造成昆虫感染死亡。通常几丁质酶在高 pH 的幼虫消化道内不能起作用，因为它的最适 pH 为 5. 5，然而当产生几丁质酶的细菌与非病原性细菌同时感染时能提高宿主的死亡率。

2. 引起昆虫抗逆性酶系活性的变化

粘质沙雷氏菌能引起昆虫抗逆性酶、消化酶等活性变化。据报道，灰飞虱取食经粘质沙雷氏菌处理的水稻后，其体内羧酸酯酶 CarE、谷胱甘肽-S-转移酶 GSTs、过氧化物酶 POD 和超氧化物歧化酶 SOD 活性均发生了不同程度的改变，其中 POD 和 SOD 活性一直低于对照组，这与高欢欢等发现细菌侵染韭菜迟眼蕈蚊 *Bradysia odoriphaga* 后，其体内 SOD 活性显著降低的结果类似（牛洪涛等，2015）。粘质沙雷氏菌对昆虫有胃毒作用，能够使昆虫消化酶活性受到抑制，造成昆虫中肠组织病变。如甜菜夜蛾感染了粘质沙雷氏菌 PS-1 菌株后，中肠蛋白酶和淀粉酶的比活力显著降低。中肠整个围食膜被破坏消失；细胞明显伸长，变形；细胞间隙增大，细胞脱落。进一步的透射电镜观察发现中肠细胞的微绒毛脱落，内质网消失，细胞质空泡化。

（三）粘质沙雷氏菌在生产上的应用

粘质沙雷氏菌具有非常广泛的用途，不仅作为模式菌种，用于基础微生物研究，同时还用作医疗上的抗癌剂、抗菌剂，作为环境修复菌株。有报道称粘质沙雷氏菌还能抗植物真菌和病毒。灵菌红素，作为粘质沙雷氏菌的代谢产物之一，由于其具有抗菌、抗癌、抗病毒、抗疟疾及免疫抑制等多种生物学活性，本身又作为红色色素，甚至可用作天然染料和食用色素，被广泛地运用到生产和工业中。但因为灵菌红素的价格昂贵，因此从土壤中分离能产生灵菌红素的粘质沙雷氏菌，优化其培养条件，制备高产灵菌红素的菌株成为研究热点。此外，粘质沙雷氏菌的另外一种产物是几丁质酶，具有广泛的应用价值，通过优化培养条件、菌种遗传改良等方法构建高产几丁质酶的菌株也是粘质沙雷氏菌的研究内容之一。

三、短稳杆菌 *Empedobacter brevis*

（一）短稳杆菌概述

短稳杆菌（*Empedobacter brevis*）旧称短黄杆菌（*Flavobacterium breve*），是一种革兰氏阴性需氧杆菌，属于非发酵菌黄杆菌属。本菌常存在于水、土壤、植物中，也可见于食品、乳制品和蔬菜中，可作为微生物杀虫剂使用。但某些菌株是条件致病菌，可以从健康人的皮肤、口腔黏膜、上呼吸道中检出。据报道，可引起婴儿败血症。因此利用该菌需首先进行安全性检测。

短稳杆菌 GXW15-4 由高小文于 2001 年发现，初定名为润州黄色杆菌 GXW15-4，2003 年，高小文发起设立镇江应用生物科技开发研究所，开始了该菌株杀虫剂的研究与开发，2005 年获得生物杀虫剂小试产品，2009 年由中国科学院微生物研究所正式定名为短稳杆菌（*Empedobacter brevis*）。该细菌源杀虫剂拥有我国全部自主知识产权。已获登记的有短稳杆菌 300 亿孢子/g 母药（登记证号：PD20130367）和短稳杆菌 100 亿孢子/mL 悬浮剂（登记证号：PD20130365）。产品的毒理学检测显示，母药对斑马鱼、大型藻、小球藻、蜜蜂、家蚕和鹌鹑均为低风险。悬浮剂对鱼和鸟低毒，对蜂和家蚕中毒。该药剂被农业部列入豁免制定食品中最大残留限量标准的农药名单。

（二）短稳杆菌杀虫剂的特点

根据近年来对短稳杆菌杀虫效果的研究报道，归纳出短稳杆菌杀虫剂的特点：①高致病力。害虫一接触到药即停止取食为害（1~4d 死亡，持效期 15d），保叶率高，低温阴雨天打药同样有效；②连用有累积效应，越用效果越好；③产品为纯活菌生物杀虫剂，无抗药性，微毒，对鱼类极为安全，不含任何隐性化学成分。可广泛用于多种农、林、果、蔬、茶和草坪等植物的鳞翅目类害虫幼虫的防治。其防治对象包括多种鳞翅目害虫的低龄幼虫，包括水稻害虫，如稻纵卷叶螟、稻苞虫、大螟、二化螟、三化螟等；蔬菜害虫，如小菜蛾、菜青虫、斜纹夜蛾、菜螟、马蹄白螟等；其他植物害虫，如黏虫、玉米螟、棉铃虫、棉红铃虫、大豆食心虫、大豆毒蛾、烟青虫、柑橘凤蝶、瓜绢螟、茶尺蠖、松毛虫、刺蛾、蔗螟、黄杨绢野螟、杨小舟蛾、早熟禾拟茎草螟、美国白蛾、果树食心虫等。

关于短稳杆菌的杀虫机制研究较少。使用透射电子显微镜（TEM）检测短稳杆菌对茶尺蠖中肠细胞结构的影响。利用酶标仪检测对茶尺蠖血淋巴解毒酶活性的影响。结果显示，短稳杆菌能够破坏 5 龄茶尺蠖幼虫中肠细胞结构及细胞器结构；用 LC_{50}浓度的短稳杆菌制剂处理 5 龄茶尺蠖，其血淋巴内解毒酶（AchE、CarE 和 GSTs）的酶活性呈现先升高（12h）后降低（24h）的趋势。推测短稳杆菌对茶尺蠖幼虫的毒杀作用可能与血淋巴解毒酶的活性及中肠细胞结构的破坏有关，需开展进一步研究（李良德等，2020）。

（三）短稳杆菌杀虫剂应用技术

短稳杆菌杀虫剂 100 亿孢子/mL 悬浮剂的应用技术要领：①防治适期：对暴露类害虫宜在 2 龄幼虫期前用药，对钻蛀类害虫宜在孵卵盛期用药，适当增加药量；② 用药剂量：小苗期 80mL/亩、大苗期 100mL/亩；③ 施药浓度：按 1：（500～700）倍液弥雾。

四、球形芽孢杆菌 *Bacillus sphaericus*

（一）球形芽孢杆菌概述

球形芽孢杆菌（*B. sphaericus*，简称 B. s）属于芽孢杆菌科（Bacillaceae）芽孢杆菌属（*Bacillus*），是能够形成亚末端膨大孢子囊和球形芽孢的一类好氧菌，普遍存在于土壤和水生环境中，是一种昆虫病原菌。1965 年，Kellen 首次分离到对蚊幼虫有毒力的球形芽孢杆菌。B. s 对库蚊、按蚊毒力高，对伊蚊低毒或无毒，杀虫谱相对较窄，但其芽孢在一定的野外环境中及死蚊幼虫体内能发生再循环，在蚊幼虫滋生地及污水中持效期长。有研究显示，B. s 只对敏感蚊幼虫有特异性毒杀作用，对其他生物毒性很低，不破坏生态平衡和污染环境。鉴于 B. s 的杀蚊特异性、持效性和安全性等优点，近几十年来，在中国、美国、巴西和法国等地被广泛用于蚊虫滋生地的控制，成为生物防治成功的例子。

目前，在已发现的球形芽孢杆菌 49 个鞭毛血清型中有 9 个血清型（H1、H2、H3、H6、H5、H9、H25、H26 和 H48）的菌株对蚊幼虫有一定的毒杀作用，其中大部分高毒力菌株属血清型 H5、H6 和 H25 型，毒力较高的 B. s 菌株包括 1593、2297、2362、C3-41 等，所有有毒菌株都具有较高的 DNA 同源性（>79%），属 DNA 同源型 nA 型。自 20 世纪 80 年代以来，我国开展了 B. s 的研究，并先后分离出高毒力菌株 Ts-1、BS-10和 C3-41，并将后两者研制成杀蚊制剂用于蚊幼滋生地的大面积控制，取得了良好的防治效果。与同样具有杀蚊活性的苏云金芽孢杆菌以色列亚种相比，具有更高的活性，但是对温度更敏感。

（二）球形芽孢杆菌的毒素蛋白

球形芽孢杆菌对不同蚊幼虫的毒杀作用主要由其产生的两类不同的毒素蛋白实现的，一类是二元毒素（Binary toxin，简称 Bin），它存在于所有的高毒力菌株和部分中毒力菌株（如 LP1-G）中，在芽孢形成的同时，在芽孢旁形成伴孢晶体。另一类是存在于低毒力菌株和部分高毒力菌株中的弱毒性杀蚊毒素蛋白（Mosquitocidal toxin，简称 Mtx），包括 Mtxl、Mtx2、Mtx3，它们分别以 SSII-1 菌株中的 100kDa、31. 8kDa、35. 8kDa 蛋白为代表，这些毒素蛋白合成于 B. s 的营养体生长阶段，与芽孢的形成无关，不能形成晶体，易被细菌生长过程中产生的蛋白酶降解成无活性的蛋白多肽。

1. 二元毒素

球形芽孢杆菌的二元毒素，由位于染色体上的二元毒素基因编码，产生分子量为 51. 4kDa 和 41. 9kDa 的两种毒素蛋白，当被蚊幼虫吞食时，毒素蛋白在蚊幼虫肠道中活化而成为毒素。P51 和 P42 合成于细菌芽孢形成期，并在芽孢形成Ⅲ期通过两蛋白的相互作用和折叠而组装形成晶体。P51 和 P42 的同时存在是形成伴孢晶体所必需的。一般认为 P51 蛋白负责同蚊幼虫中肠敏感位点的特异性结合，P42 则决定了毒素的杀蚊活性和特异性。只有当两者都存在并以 1：1 的比例出现时毒素蛋白才表现出最大的毒性。

当蚊幼虫取食胞晶混合物后，晶体在中肠碱性环境和蛋白酶作用下迅速溶解，释放出51.4kDa 和 41.9kDa 毒素蛋白，然后进一步降解形成 43kDa 和 39kDa 的活性蛋白多肽，并同蚊幼虫中肠上皮细胞微绒膜毒素结合位点特异性结合并发挥毒杀作用，导致蚊虫死亡。体外结合实验表明，二元毒素对尖音库蚊幼虫（*C. pipiens*）的毒性作用依赖于其与中肠上皮细胞膜上的特异受体的相互作用。尽管在目标库蚊幼虫的中肠分离到一个二元毒素特异性的受体蛋白（Cpm1），证明其是一个通过糖基化的磷脂酰肌醇锚定到细胞膜上的 60kDa 的葡萄糖苷酶，二元毒素可能是通过在细胞膜上形成孔，引起渗透性的增加，从而导致细胞的肿胀和幼虫的死亡。有关二元毒素的作用机制还有待于进一步的研究。

根据二元毒素杀蚊活性及其氨基酸的组成，将 B.s 晶体毒素分为 4 种类型，其中Ⅰ型（Bin1）对库蚊高毒、按蚊中毒、对伊蚊低毒；Ⅱ型（Bin2）对库蚊高毒、按蚊中毒、伊蚊低毒；Ⅲ型（Bin3）对库蚊、按蚊高毒，对伊蚊低毒或无毒；Ⅳ型（Bin4）对所测蚊幼虫低毒或无毒。不同型的 B.s，二元毒素的氨基酸差异见表 2-4（师永霞，2001）。

表 2-4　球形芽孢杆菌不同来源的二元毒素蛋白氨基酸序列的比较和分类

多肽	氨基酸位点	Type1	Type2	Type3	Type4
		LAB59，IAB881，9002	1593，2362，2317-3，BSE881，C3-41	2297	LP1-G
BinA（41.9kDa）		Bin1A	Bin2A	Bin3A	Bin4A
	93	Leu	Leu	Leu	Ser
	99	Val	Val	Phe	Val
	104	Glu	Ala	Ser	Ser
	125	His	His	Asn	Asn
	135	Tyr	Tyr	Phe	Phe
	267	Arg	Arg	Lys	Lys
BinB（51.4kDa）		Bin1B	Bin2B	Bin3B	Bin4B
	69	Ala	Ser	Ser	Ser
	70	Lys	Asn	Asn	Asn
	110	Ile	Thr	Thr	Ile
	314	His	Leu	Tyr	His
	317	Leu	Phe	Leu	Leu
	389	Leu	Leu	Met	Met

为评价二元毒素对蚊幼虫的毒性，研究其结构功能的关系，研究人员分别在几种不同的芽孢杆菌（包括 *B. subtilis*、微毒或无毒的 B.s、低毒的 B.s SSⅡ-1 菌株、*Bti* 野生型和无晶体突变株）和大肠杆菌中进行了不同毒力菌株杀蚊毒素的表达。例如，2362

菌株二元毒素基因能在 *B. subtilis* 中表达形成无晶体结构的包含物，其杀蚊毒力比 2362 高 2.5 倍；该菌株二元毒素在无毒的 B. s 718 菌株和 SSⅡ-1 中表达形成典型的晶体，前者毒力与野生型相当，后者毒力比 2362 低 10 倍。1593 菌株的二元毒素基因能在 *Bti* cry^- 4Q-81 和野生型 *Bti* 4Q-72 菌株中表达形成位于芽孢孢外膜的伴孢晶体，*Bti* 4Q-81重组子的杀蚊活性与 1593 相当，但对伊蚊的毒力却提高了 25 倍。C3-41 菌株的二元毒素能在 *Bti* cry^-中表达形成晶体，*B. t* 重组子的杀蚊毒力与 C3-41 相当。*B. s* SSⅡ-1 菌株的 Mtxl 基因在自身启动子的控制下在 *E. coli* 中表达，重组子对伊蚊和库蚊的毒力比SSⅡ-1 菌株低 10 倍（师永霞，2001）。

2. Mtx 毒素

Mtx 毒素合成于 B. s 的营养体生长阶段，表达量较低，与芽孢的形成无关，不能形成晶体，易被细菌生长过程中产生的蛋白酶降解成无活性的蛋白多肽，相对不稳定，热处理、反复冻融都会严重影响其杀蚊活性，DNA 杂交实验证明所有的 Mtx 毒素同晶体毒素都没有同源性。

Mtx 毒素最初是在球形芽孢杆菌 SSⅡ-1 中发现的。该菌株是在 1973 年从印度感染蚊幼虫中分离到的一株对蚊幼虫有特异性毒杀作用的病原细菌。早期的研究表明，该细菌的细胞毒性主要发生在芽孢期前的营养体期，并且冷冻或加热至 80°C 都能导致细胞毒性的消失。后来由于其他更高毒力菌株（如 1593、2362 和 2297 等）的发现使得对 SSⅡ-1 及其毒素的进一步研究搁浅了下来。1991 年，Thanabalu 等人从 SSⅡ-1 中分离到一种编码 100kDa 杀蚊毒素蛋白的基因，这一毒素便是 Mtx1 毒素。此后陆续从该菌中分离出两种毒素，命名为 Mtx2 和 Mtx3。Mtx2 和 Mtx3 毒素的分子量大小分别是 31.8kDa 和 35.8kDa。他们分别同产气荚膜羧菌（*Clostridium perfrigens*）33kDa 的 ε-毒素及绿脓杆菌（*Pseudomonas aeruginosa*）31.68kDa 的细胞毒素有同源性，在低毒力和部分高毒力菌株中均存在。由于 Mtx1 毒素具有相当高的毒力，因此对 Mtx 毒素的研究主要集中在 Mtx1 上。

Mtx 1 毒素是一种可溶性毒素（P100），由 870 个氨基酸组成，其 N-末端有一个 G^+ 细菌信号肽特征的序列，与 ADP-核糖基转移酶催化亚基同源，C-末端有 3 个约 90 个氨基酸的末端重复序列。P100 可以通过去除 N-末端信号肽形成 97kDa 蛋白，也可在胰蛋白酶和蚊幼虫的中肠蛋白酶的作用下降解为 27kDa 的 N-末端和 70kDa 的 C-末端两个片段。只有这两种蛋白片段同时存在时，才对蚊幼虫表现出毒性。

（三）球形芽孢杆菌产毒条件及毒素的稳定性

球形芽孢杆菌一般能在 5~45℃下生长，但根据菌株的不同，其生长的最适温度、pH 值、通气量和培养基组分影响菌株的生长及产毒能力。B. s 是严格好氧微生物，在一定范围内，B. s 的生物量和芽孢数量随通气量的增加而增加，但是过量通气会抑制生长，芽孢的生活能力下降，细胞提前溶解，并影响杀蚊活性。C_3-41 和 2332 菌株在 34~35℃下发酵液的毒力比在 28~29℃下的发酵毒力高 60%和 61%。1593 菌株的最适 pH 值为 6~9。Bs-1012 在 pH7.0~7.5、生长温度 28~33℃，培养基原料以棉籽饼粉为基础的液体振荡发酵的产毒能力强，而温度低于 28℃或高于 33℃，产毒能力下降（毛海兵等，1992）。

不同菌株来源的毒素的稳定性差异较大，受到温度、有机溶剂、pH 值等多种因素的影响。如从 1593 菌株中提取的毒素用蛋白酶和胰蛋白酶处理、8mol/L 尿素处理 30min、80℃热处理 12min、冷冻和冷藏、氯仿、Triton X－100 等处理均不影响毒性。C_3-41 和 *B. s*－10 菌株的毒素经 50℃、70℃、80℃处理 20min，其毒素活性分别损失 40. 3%、88. 6%和 100%。胰蛋白酶处理不降低毒性，而链霉蛋白酶可破坏这两种毒素。用 0. 05mol/L、0. 1mol/L、0. 2mol/L NaOH 处理 24 h，毒素分别失活 41. 8%、47. 8%和 77. 7%。而且不同缓冲液对毒素活性也有影响，分别用 0. 1mol/L pH 值为 9. 16、9. 9、10. 89 碳酸缓冲液处理 C_3-41 毒素 48h，结果显示，pH 值 9. 9 以下的缓冲液不影响毒素活性，pH 值 10. 89 的缓冲液处理使活性损失 17. 2%（杨允聪等，1992；蔡全信等，1995）。

（四）蚊虫对球形芽孢杆菌毒素的抗性

由于球形芽孢杆菌在蚊虫控制中具有一系列的优越性，使得近几十年来 B. s 制剂在世界各国得到广泛的应用。这些高毒力的 B. s 制剂主要是以二元毒素发挥作用的，而二元毒素是单位点作用毒素，很容易导致蚊虫抗性的产生。最近已有不少关于蚊虫对 B. s 制剂产生抗性的报道。在巴西的 Reeife 市郊区，两年内，致倦库蚊经 B. s 连续处理 37 次后抗性增加了 10 倍；印度的 Koehi 和 Madras，致倦库蚊分别经 B. s 处理 20～35 次后对 B. s 敏感性分别比对照种群下降了 150 倍；而在法国南部，8 年内，尖音库蚊经 B. s 2362 连续处理 18 次后产生了高达 10 000 倍的抗性水平；在中国的广东东莞市，蚊虫经 B. s C3-41 连续处理 10 年后抗性高达 24 500 倍（张小磊等，2019）。

研究表明，蚊虫抗性产生的原因至少有两种，一种可能是抗性蚊虫中肠上皮细胞上的二元毒素特异性受体发生了变化，失去了结合 Bin 毒素的功能，这一现象也存在于来自法国南部的 Teld 库蚊（BP）品系、来自中国和巴西的高抗性品系 RLCq1/C3－41（>144 000倍）和 Cq RL1/2362（>162 000倍），而来自法国南部的又一抗性品系 SPHAE（10 000倍）和来自突尼斯的高抗性品系 TUNI 所显示的抗性机制与毒素和中肠受体之间的结合并不相关。通过对抗性品系的遗传学特征测定可知，对于 GEO、SPHAE、BP、TUNIS、RLCq1/C3-41 和 Cq RL1/2362 品系，它们对 B. s 的抗性都是由一个单一的主要隐性基因决定的；而对于地中海品系 SPHAE、BP 和 TUNIS，抗性则是由一个性连锁的主要隐性基因决定的。而对于野外的库蚊种群，好像存在几个不同的基因分别诱导产生不同的抗性机制（魏素珍，2005）。因此减少基因突变的频率和隐性纯合个体的产生有助于抑制抗性的发展。值得注意的是，B. s 二元毒素与 *Bti* 多种毒素之间对库蚊种群没有交叉抗性。B. s 和 *Bti* 交替施用可明显降低蚊虫对 B. s 产生抗性，为寻找新的防治方法来抑制抗性蚊虫的产生提供了重要的线索和依据。

影响蚊虫对毒素产生抗性的因素很多，比如选择压力，选择压力越高抗性发展得越快；其次是毒素的种类及其作用方式，一般来说，单一毒素比混合毒素更容易导致抗性的产生。如关于蚊虫对 *Bti* 的抗性就很少有报道，并且其抗性水平也很低；此外，种群数量和抗性基因的起始频率也是抗性产生和发展的重要因素。在野外环境中，种群数量是不断变化的，由于敏感个体的不断迁入，使纯合抗性的选择较难实现，不易产生高水平抗性。

第三节　细菌杀菌剂

一、枯草芽孢杆菌 *Bacillus subtilis*

枯草芽孢杆菌（*B. subtilis*）是一类嗜温、好氧、产芽孢的革兰氏阳性杆状细菌，对人畜安全，环境友好。枯草芽孢杆菌不仅可以在土壤、植物根际体表等外界环境中广泛存在，也是植物体内常见内生细菌，尤其是在植物的根、茎部。通过成功定殖于植物根际、体表或体内与病原菌竞争植物周围营养，分泌抗菌物质抑制病原菌生长，诱导植物防御系统抵御病原菌入侵，同时促进植物生长，具有生长快、营养简单以及产生耐热、抗逆芽孢等突出特征，使其不仅有利于生防菌剂在生产、剂型加工及在环境中的存活、定殖与繁殖，并且批量生产工艺简单，成本较低，施用方便，储存期长，成为一种理想的生防细菌。目前，该菌已经在水稻、大豆、棉花、小麦、辣椒、番茄、玉米等农作物上显示出很好的病害防治效果（李晶，2008）。

（一）枯草芽孢杆菌的生防作用机制

1. 营养和空间位点的竞争

枯草芽孢杆菌多以位点竞争占优势，营养竞争只在少数菌株中发现。大多数枯草芽孢杆菌生长快速、定殖能力强，有些菌株可通过产生嗜铁素（Siderophores）与环境中的铁离子结合，使病原菌缺乏铁营养而不能生长繁殖，从而占据一定的生态位。如玉米内生 *B. subtilis* 与玉米病原真菌串珠镰孢菌（*F. moniliforme* Sheldon）有相同的生态位，但 *B. subtilis* 能在玉米体内迅速定殖和繁殖，有效降低了串珠镰孢菌及其毒素（Mycotoxin）的积累。Asaka 等（1996）研究表明，*B. subtilis* RB14 和 NB22 在土壤中以细胞存活一段时间后（大约 14d），主要以芽孢形式在土壤中长期存活。扫描电镜观察发现，*B. subtilis* BS-208 菌株在番茄叶面分布不均，大多定殖于伤口周围、叶面凹陷处和绒毛根部，且能够在自然土壤和灭菌土中成功定殖，自然土中菌量低于在灭菌土中的菌量（杜立新等，2005）。辣椒内生 *B. subtilis* BS-1 和 BS-2 菌株通过浸种、灌根和涂叶处理，不仅可在辣椒体内定殖，而且可在番茄、茄子、黄瓜等多种非自然宿主植物体内定殖（何红等，2002）。

2. 分泌抗菌物质

B. subtilis 能产生多种拮抗物质，作用范围广谱。自 1945 年 Johnson 等报道 *B. subtilis* 产生抗菌物质后，半个多世纪以来人们从 *B. subtilis* 的不同菌株中发现了 60 多种抗生素。如脂肽类抗生素、蛋白类抗生物质等。

非核糖体途径合成的脂肽类抗生素（lipopeptide antibiotic）根据其结构上的差异分为伊枯草菌素（iturin）家族、表面活性素（surfactin），以及丰原素（fengycin）A、B等。一般是由 1 个 β-羟基脂肪酸与 7~10 个氨基酸肽链以酰胺键连接而成的环肽。脂肽类化合物可用于防治水稻稻瘟病、水稻纹枯病、小麦白粉病、小麦赤霉病、辣椒炭疽病、辣椒病毒病、番茄早疫病、番茄青枯病、黄瓜灰霉病、黄瓜霜霉病等植物病害及蚜虫等虫害。

伊枯草菌素家族成员包括 Iturin A、B、C、D、E，芽孢菌素（bacillomycin）D、F、L 以及抗霉枯草菌素（mycosubtilin）等。Fengycin 在分子结构上含有一个由 10 个氨基酸所组成的环状部分及 1 个长链的脂肪酸支链。其合成基因由 *fenC*、*fenD*、*fenE*、*fenA*、*fenB* 组成。丰原素合成酶包含 10 个模块（Module），每个模块均能活化一种氨基酸。这些被活化的氨基酸再依次连接，形成脂肽链。Iturin 和 Fengycin 具有强抗真菌活性，能影响真菌细胞膜的表面张力，导致微孔的形成、K^+ 及其他重要离子渗漏，最后引起细胞死亡。

Surfactin 是已发现的最强的一类生物表面活性剂，在医药、化妆品、微生物采油、环境治理等领域都有较好的应用前景。Surfactin 为分子量约 1 000Da 的环脂肽类物质，具有抗菌、抗病毒和生物表面活性剂作用，作用机理是破坏病毒的脂膜。一般认为，由 *B. subtilis* 产生的生物表面活性素无直接抗真菌能力，但是可以加强伊枯草菌素的抗真菌能力。有研究报道，*B. subtilis* 分泌的 Surfactin 在土壤中的稳定性强于 Iturin。Surfactin 还能在植物的根部形成一层生物膜（biofilm）。该膜能保护植物根部免受病原菌的入侵。

不同的 *B. subtilis* 菌株可产生同一种拮抗物质，而同一 *B. subtilis* 菌株可以产生多种不同结构的拮抗物质。*B. subtilis* S499 菌株能同时产生 Iturin、Surfactin 和 Fengycin 三大类脂肽类抗生素。高学文等（2003）研究发现，*B. subtilis* B2 菌株产生 3 种抑菌物质，即脂肽类抗生素表面活性素、多烯类和一种分子量为 564kDa 的结构未知的新物质。*lpaB3* 基因转入 *B. subtilis* 168 菌株所构建的工程菌 GEB3 产生由 C13～C15 脂肪酸链构成的标准表面活性素变异体（standard surfactin isoforms），具有抑制小麦纹枯病菌和稻瘟病菌菌丝生长的作用。*B. subtilis* fmbR 菌株的抗菌物质由 C13～C15 的 3 种 SurfactinA 同系物和一种羊毛硫抗生素 Subti1osin 组成（别小妹等，2005）。

B. subtilis 还产生多种蛋白类拮抗物质，包括酶类、抗菌蛋白和多肽类。分泌的酶类包括几丁质酶（分解聚 N-乙酰氨基葡萄糖分子的糖苷酶），杆菌霉素 D 合成酶 A（448.21kDa）、合成 B（607.23kDa）、合成 C（309.04kDa），Putative sensor kinase（53.38kDa）、内切 β-1,4-葡聚糖酶（46.60kDa），内切 β-1,4-木聚糖酶（54.26kDa）等。

据报道，*B. subtilis* B3、B29、H110、A30、B-034、B9601、BS-2 等多个菌株能分泌抗菌蛋白，并对多种植物病原菌具有强烈抑制作用。其抗病机制包括抑制病原菌孢子产生和萌发，使菌丝畸形，细胞壁溶解，原生质泄露等。1993 年王雅平等从丝瓜根部分离到一株 *B. subtilis* TG26，该菌株可产生 14kDa 和 14.5kDa 两种拮抗蛋白，它们对玉蜀黍赤霉病菌多个生理小种、水稻稻梨孢、长柄链格孢、玉米小斑病菌及绿色木霉均具有强烈的抑制作用。*B. subtilis* BS-98 产生一种含糖和脂的抗菌蛋白 X98Ⅲ，分子量为 59kDa，等电点为 4.5，对苹果轮纹病、芦笋茎枯病都有很强的抑制作用（谢栋等，1998）。*B. subtilis* B-916 产生一种抑菌蛋白 Bacisubin，分子量为 41.9kDa，具有核糖核酸酶活性和使红血球凝聚的活性，不具蛋白酶活性和蛋白酶抑制剂活性，使 *R. solani* 菌丝顶端分枝、扭曲、肿大和破裂，对稻瘟病菌（*M. grisease*）、核盘菌（*S. sclerotiorum*）、立枯丝核病菌（*R. solani*）、甘蓝/花椰菜黑斑病菌（*Alternaria oleracea*）、灰霉病菌

(*B. cinerea*) 具有抑制作用 (刘永峰, 2006)。

3. 溶菌作用

许多 *B. subtilis* 具有溶菌作用, 它们产生的次生性代谢物质对病原菌的菌丝或孢子的细胞壁产生溶解作用, 致病菌细胞壁穿孔、畸形、菌丝断裂、原生质消解、外溢而丧失活力。来自甘蔗根围的 *B. subtilis* S9, 在与立枯丝核菌 (*R. solani*)、终极腐霉 (*P. ultimum*) 和西瓜枯萎病菌 (*F. oxysporm*) 的对峙培养过程中, 不形成抑菌圈, 但 S9 吸附在病原真菌的菌丝上, 产生溶菌物质消解菌丝体, 4d 后病原菌的菌丝溶解。扫描电镜观察发现, S9 菌株在待测的 *R. solani* 表面形成了溶菌斑 (林福呈等, 2003)。*B. subtilis* PRS5 菌株的代谢产物可使 *R. solani* 菌丝分隔增多、隔间变短、胞内原生质消解、胞壁大量穿孔/不规则消解、菌丝缩短/断裂、原生质外溢解体而失活 (杨佐忠, 2001)。

4. 诱导抗性

植物的诱导抗病性即各种胁迫、刺激引发的植物对病原物致病性的抵抗作用。这些诱导因子通过激活植物的天然防御机制, 使植物免受病原物为害或减轻为害。诱导植物抗病性机制十分复杂, 已知的抗病机制表现在以下几个方面: ①诱导木质素形成和伸展蛋白 (HRGP) 的积累; ②诱导植保素 (Phytoalexins) 积累; ③诱导病程相关蛋白 PRP 产生; ④诱导酚类物质的积累; ⑤诱导寄主防御酶活力。植物诱导抗性的产生是通过防御酶系活动而实现的, 这些酶活性与抗病性呈正相关。寄主防御酶系主要包括苯丙氨酸解氨酶 (PAL)、过氧化物酶 (PO)、多酚氧化酶 (PPO)、超氧化物歧化酶 (SOD)、β-1,3-葡聚糖酶、几丁质酶等。其中, PAL 是莽草酸代谢途径的限速酶, 是酚、植保素、木质素等抗菌物质合成过程中的关键酶。PO 及同工酶在上述抗菌物质合成过程中起重要作用。PO 与乙烯的合成、吲哚乙酸及酚的代谢有相关。PPO 的升高有利于酚类物质积累和醌的大量形成。酚为木质素的前体。醌能引起植株过敏抗性反应, 甚至 PPO 本身对植物病害也有抑制作用。

诱导植物抗性是枯草芽孢杆菌生防作用的重要机制之一。*B. subtilis* FZB24 (r) 产生与植物抗性蛋白合成基因表达相关的信号蛋白, 诱导植物抗性, 还能通过分泌相关蛋白如丝氨酸专性肽链内切酶 (serine specific endopeptidases) 直接诱导植物抗性。*B. subtilis* AF1 处理木豆种子能诱导木豆 PAL 活性增加。*B. subtilis* IN93 能诱导黄瓜产生对黄瓜萎蔫病菌嗜维管束欧文氏菌 (*Erwinia tracheiphila*) 的抗性。水稻纹枯病生防菌B-916 能诱导水稻叶鞘细胞 PAL、PO、PPO 和 SOD 活性增强, 且分别在 24h、48h、72h 和 24h 达到最高。内生 *B. subtilis* B6 与绿色木霉 T23 菌株复合处理对甜瓜枯萎病的相对防效达 82.22%, 比 B6 和 T23 的单独处理分别提高 32.8% 和 146.7%。研究表明, B6 和木霉 T23 复合接种, 其 PAL、PO、PPO 和 β-1,3-葡聚糖酶比活性比单独接种有不同程度的增强。这种变化在挑战接种甜瓜枯萎病菌之后更加明显 (庄敬华等, 2006)。

枯草芽孢杆菌微生物杀菌剂具有对人畜安全、对环境无污染、不易产生抗药性、高效广谱、促进作物生长等优点, 因而更符合现代社会对农业生产及有害生物综合防治的要求和农业的可持续发展战略目标。对 *B. subtilis* 抗菌物质的分离、纯化及作用机制、拮抗基因的克隆及其表达调控等研究已经积累了丰富的研究资料, 随着现代生物技术、基因组学和蛋白组学的发展及先进仪器设备的应用，将为 *B. subtilis* 生防菌的研发与应用带来新的发展机遇。

（二）枯草芽孢杆菌的组学研究

随着测序成本的降低，越来越多的芽孢杆菌，尤其是枯草芽孢杆菌，基因组序列信息逐渐被公布。截至 2020 年 2 月 14 日，NCBI 数据库中收录了 343 个 *B. subtilis* 基因组，其中组装到全基因组水平的有 147 个，染色体水平的有 21 个，存在 Scaffold 和 Contig 的菌株分别有 63 个和 112 个（https：//www. ncbi. nlm. nih. gov/genome/genomes/665?）。*B. subtilis* subsp. *subtilis* str. 168 是 *B. subtilis* 的模式菌种，其基因组亦是该物种中具有代表性的参考基因组。

随着 1997 年 *B. subtilis* 全基因组序列公布，研究者们陆续开始对该菌属进行转录组学研究，并陆续用于 *B. subtilis* 生防机理的研究（徐伟芳，2020）。根据 *B. subtilis* 基因组序列和生物活性物质预测，大多的生物活性物质（尤其是与生防相关的聚酮类和脂肽类化合物）具有非常保守的合成编码基因（簇），这也有利于从基因组层面上进一步剖析和预测可能的活性代谢产物。从丝瓜植株中分离的 *B. subtilis* SG6 具有田间防治小麦枯萎病的能力，基因组测序及次级代谢产物预测发现，该菌株有合成聚酮类和非核糖体合成肽等多种抑菌物质的能力（Zhao et al.，2015）。类似的生防作用及基因组水平上的代谢物预测亦用于其他 *B. subtilis* 菌株如 UD1022、BAB-1、Bsn5、ALBA01、BSD-2、UMX-103、Bs-916，以及 *B. thuringiensis* MYBT18247、*B. amyloliquefaciens* L-H15、*B. amyloliquefaciens* subsp. *plantarum* S499、*B. velezensis* G341、*B. velezensis* 9912D 等芽孢杆菌菌株中，对于芽孢杆菌的功能分析、代谢物预测、调控及应用研究均有重要的意义。

（三）国外枯草芽孢杆菌的应用状况

1945 年 Johnson 等报道了枯草芽孢杆菌具有防治植物病害的作用。此后，用 *B. subtilis* 制备生防制剂防治植物病害的研究成为国内外研究的热点。1980 年，Papavizas 报道了 *B. subtilis* 可以防治水稻等作物的多种土传真菌病害。1992 年 Hwang 等报道了 *B. subtilis* 可以防治豌豆根腐病。20 世纪 90 年代后，国外已有多种 *B. subtili* 菌制剂投放市场。

2001 年，美国有 4 株枯草芽孢杆菌 QST713、GBO3、MBI600 和 FZB24，得到了美国环保署（EPA）商品化或有限商品化生产应用许可。美国 Agraquest 公司用 *B. subtilis* QST713 和 QST2808 分别开发出活菌杀菌剂 Serenade 和 Sonata，在美国登记使用，叶面施用可防治蔬菜、樱桃、葡萄、葫芦和胡桃的白粉病、霜霉病、疫病、灰霉病等真菌和细菌病害。GBO3（商品名为 Kodiak）和 MBI600（商品名为 Sub-tilex）分别由美国 Gustafson 公司和 Microbio Ltd 公司开发，根部施用或拌种可防治镰刀菌属（*Fusarium* spp.）、曲霉属（*Aspergillus* spp.）、链格孢属（*Alternaria* spp.）和丝核菌属（*Rhizoctonia* spp.）病原菌引起的豆类、麦类、棉花和花生根部病害。2001 年 Gustafson 将解淀粉芽孢杆菌和 *B. subtilis* 制成复合药剂 BioYield™。FZB24 商品名 Taegro 或 Tae2 Technical，是 Taensa 公司产品，FZB24 菌株在液体培养基中可以产生脂肽类抗生素如伊枯草菌素

(iturin)，用于温室或室内栽培树苗、灌木和装饰植物根部，可防治镰刀菌、丝核菌引起的根腐病和枯萎病。美国 Alabama 州用 *B. subtilis* 处理多种作物种子，平均产量增加9%，根病明显减轻。

俄罗斯全俄植保所开发了 *B. subtilis* 可湿性粉剂 Alirine-B，用于防治多种作物真菌（*Fusarium*、*Rhizoctonia*、*Ascohyta*、*Colletotrichum*、*Sclerotinia*、*Botrytis* 等）病害，田间防效高达60%~95%，增产达25%~35%。另一个 *B. subtilis* 产品 Gamair 由活菌和代谢物组成，主要防治由马铃薯环腐病菌（*Clavibacter michiganense* subsp. *michiganense*）、欧氏杆菌属细菌（*Erwinia caratovora* subsp. *caratovora*）和皱纹假单胞菌（*P. corrugata*）引起的番茄细菌病害。

日本的 DB9011 菌株于 1990 年由 AHC Ltd 公司分离得到，单克隆抗体 MAb14D2 能够识别其鞭毛中产生的一种 34kDa 的鞭毛蛋白 flagellin，可用于菌株 DB9011 的检测。得到了日本、美国及欧洲等国家的专利认证。该菌株安全性好，投放市场多年以及作为家畜饲料 10 多年以来，没有毒害报道，得到了东京食品安全协会的认可。

韩国 Bio 公司将 *B. subtilis* 与链霉菌抗生素、植物抗真菌多糖混合制成生物杀菌剂 Mildewcide，叶面喷施可防治蔬菜和葡萄霜霉病、白粉病，也可防治花卉、水果和水稻真菌病害。

（四）国内枯草芽孢杆菌的研究与应用概况

国内关于生防枯草芽孢杆菌的研究，涉及菌株的筛选、防病促生机制、菌株的遗传改良、发酵条件、产品研发和应用技术等多方面的内容。不同菌株的抑菌谱、抑菌作用乃至抑菌机理等亦有较大差异。*B. subtilis* 在作物的根际土壤、根表、植株及叶片上广泛存在，从中筛选出大量的对不同作物的真菌和细菌病害具有拮抗作用的 *B. subtilis* 菌株，用于小麦赤霉病、棉花枯萎病、番茄叶霉病、烟草青枯病等多种病害的防治，取得了明显的防治效果，有些还具有增产效应。

在产品应用方面，国内已开发成功并投入生产的枯草芽孢杆菌商品制剂有多种。云南农业大学和中国农业大学共同研制的 10 亿 CFU/g *B. subtilis* B908 可湿性粉剂获得农业部登记注册，并大面积推广使用，主要防治水稻纹枯病、三七根腐病、烟草黑胫病等，对水稻纹枯病的大田防效达 70%以上。其抑菌机制为营养竞争、位点占领等。南京农业大学研发的由 *B. subtilis* B3 制成的活体生物杀菌剂，对小麦纹枯病田间防效50%~80%，其防病机制主要表现在产生抑制小麦纹枯病病菌菌丝生长、菌核形成和菌核萌发的抗菌物质。由 100 亿 CFU/mL *B. subtilis* 悬浮剂和 2. 5%井冈霉素的混合制剂产品，主要防治水稻纹枯病和稻曲病。*B. subtilis* BS-208 可湿性粉剂产品具有抗黄瓜、草莓白粉病，草莓、番茄灰霉病，棉花黄萎病、枯萎病和立枯病等功能，为细菌性植物保护剂，是多种植物病原菌的竞争性抑制剂（张凯，2007）。江苏省农业科学院植物保护研究所与国际水稻研究所合作研制的生物杀菌剂 Bs-916，对水稻纹枯病防效 75%~85%，对稻曲病防效 63. 8%~85. 7%，得到大面积推广和应用。

（五）枯草芽孢杆菌的定殖检测

生防菌被引入生态系统后，能否适应定殖、增殖及与相应病原物竞争决定着生物防治的成败。为便于检测生防菌在环境中的存活动态，多采用在定殖前对外源微生物进行标记，常用的标记方法是抗生素标记和外来基因标记。

抗生素标记简单易行，主要有抗利福平（Rif）、氨苄青霉素、卡那霉素等抗生素标记法。将 *B. subtilis* 野生菌株进行抗生素诱导后，产生的抗生素抗性生防菌可以很好地用于生防菌的定殖研究，以揭示生防菌的作用机理。其中利福平抗性标记应用最多，据报道，利福平抗性标记的多个 *B. subtilis* 菌株可成功定殖于辣椒、番茄、茄子、黄瓜、甜瓜、西瓜、丝瓜、小白菜、水稻、小麦、豇豆、甘蔗、苹果等多种植物的叶片、根系、茎组织中。

随着分子生物学技术的发展，分子标记技术日益成熟并用于根围生态学研究。现有的报告基因主要有β-半乳糖苷酶（LacZ）、β-葡萄糖苷酸酶（GUS）、分泌型碱性磷酸酯酶（SEAP）、萤火虫荧光素酶（LUC）等。但这些基因的检测都需要底物和辅助因子，因而在活体中的应用受到限制。近年来随着分子生物学和生化分析技术的发展，一些新技术、仪器被用于生防菌定殖和种群建立等竞争作用的研究。如扫描电镜观察、荧光标记、ELISA、PCR 等技术。绿色荧光蛋白（green fluorescent protein，GFP）是目前广泛应用的一种报告分子，能够自身催化形成发色结构，并在紫外或蓝光激发下发出绿色荧光，具有荧光强度高、不需要底物（或辅助因子）、无种属特异性、相对分子量小、易与其他蛋白融合、对细胞无伤害、检测方便、可在活细胞内实时观察等特点，优于其他的报告分子如 LacZ、GUS 和 LUC 等，因此在动物、植物和微生物学中广泛应用。已报道的 GFP 标记的生防 *B. subtilis* 菌株能定殖于油茶、甘蔗、番茄、白菜、香兰草、黄瓜等组织中，可通过荧光显微镜观察进行检测。

二、多粘芽孢杆菌 *Paenibacillus polymyxa*

多粘芽孢杆菌（*P. polymyxa*），早期被称为多粘芽孢杆菌（*B. polymyxa*），为兼性厌氧、革兰氏染色阳性细菌，菌体周围存在鞭毛，可以运动。1994 年，由 Ash 等人将 11 个种的类芽孢杆菌从芽孢杆菌中分出来，发展至今已有 22 个种归类为类芽孢杆菌属（*Paenibacillus*），包括解淀粉类芽孢杆菌（*B. amyloliquefacienss*）、固氮类芽孢杆菌（*P. azotofians*）、哥本类芽孢杆菌（*P. kobensis*）和解藻朊类芽孢杆菌（*P. alginolyticus*）等。模式种为多粘类芽孢杆菌（*P. polymyxa*）。目前（2020 年 10 月 22 日），已有 61 株多粘芽孢杆菌进行了基因组测序（https：//www. ncbi. nlm. nih. gov/genome/genomes/1386）。

（一）多粘芽孢杆菌的促生作用

多粘芽孢杆菌可以通过多种途径促进植物生长，包括合成激素类物质（如吲哚乙酸、细胞分裂素等）直接调节植物激素水平，或通过固氮、解钾和溶磷等作用活化土壤养分，促进植物对矿质养分的吸收和利用等。

1. 调节植物激素水平

生长素（吲哚乙酸，Indole-3-acetic acid，IAA）是一种具有包括促进根系发育、次生根产生、细胞分化、种子萌发等多种功能在内的植物激素，是目前研究最多的植物激素，也是植物体内最重要的激素之一，调控着植物生长发育过程中诸多重要的生命活动。细菌 IAA 的合成在植物-微生物互作过程中具有重要作用，且 IAA 被认为是植物根际促生菌（plant growth promoting rhizobacteria，PGPR）促进植物生长的关键因素。多粘芽孢杆菌可产生生长素及其他吲哚和酚类化合物；多粘芽孢杆菌 E681 具有吲哚-3-丙酮酸途径，说明其具有合成 IAA 的能力。多粘芽孢杆菌 B2 产生细胞分裂素（Cytokinins）。细胞分裂素可以促进细胞分裂，调控植物体内多个生长和发育环节，促进植物多种组织的生长和分化，并且与植物生长素存在协同作用。

2. 活化土壤养分

多粘芽孢杆菌可以通过自身作用或与其他有益微生物合作的方式发挥固氮、溶磷或解钾等作用，提高土壤中养分的有效性，为植物提供更多有效态的氮磷钾等营养元素，从而达到促进植物生长的目的。将两株多粘芽孢杆菌 B1 和 B2 接种至小麦幼苗根际，在半固体培养基上生长 8d 或 15d 后均测得较高的乙炔还原活性（acetylene reduction activity，ARA），显示它们能产生固氮酶，具有固氮功能。将多粘芽孢杆菌与大豆根瘤菌共接种至菜豆根际，与单独接种大豆根瘤菌相比，可明显提高菜豆根际根瘤菌的定殖数量，从而提高大豆根瘤菌的固氮效果。表明多粘芽孢杆菌可以通过直接或间接的方式提高植物对氮元素的吸收。

磷元素是植物生长的必需元素，尽管其在土壤中的绝对含量较高，但有效磷含量较低，多以不溶的无机磷（如磷酸钙）或有机磷（如植酸）状态存在，植物无法利用。多粘芽孢杆菌 SQR-21 能够产生植酸酶，在土壤中具有溶磷的潜力。有学者将 4 株多粘芽孢杆菌（B1-4）单独或与丛枝菌根真菌联合接种，研究对冬小麦生物量及根系磷吸收量的影响，发现接种低浓度的 4 株多粘芽孢杆菌均大大增加了小麦根系的生物量，并且联合接种显著提高低磷土壤中冬小麦植株对土壤磷的吸收量，其原因可能是 PGPR 提高了土壤中磷元素的有效性后，有利于菌根真菌将更多的磷通过菌丝输送到植物体内。多粘芽孢杆菌 BcP6 菌株在贫瘠土壤比在肥沃土壤中更能增加玉米的生物量和促进其对磷元素的吸收。

此外，多粘芽孢杆菌还可以通过增加作物糖分或降低硝酸盐含量等方式提高作物的品质，如在甜菜种植期间向其根际土壤中接种内生多粘芽孢杆菌株 S-7，可以显著提高甜菜叶片净光合速率，从而使甜菜含糖量显著增加。在种植油菜的基质中施加尿素后再施加多粘芽孢杆菌发酵液，油菜中硝酸盐的含量显著低于单独施用尿素处理，与不施尿素的对照相当，而将发酵液高温灭活后施加则作用消失。

多粘芽孢杆菌能利用包括化学农药在内的多种化学底物。安霞等（2009）筛选获得一株对真菌具有广谱拮抗效果的多粘芽孢杆菌 B3，并且能够以高效氯氰菊酯、毒死蜱、吡虫啉等为唯一碳源生长，降解率超过 50%，具有对污染土壤进行生物修复的潜能。

3. 产生挥发性有机物（VOCs）

挥发性有机物（volatile organic compounds，VOCs）是指一类具有促进植物生长作用的挥发性物质，其可在不直接接触作物的条件下发挥促生功能，这些挥发性有机物主要包括 2,3-丁二醇、乙偶姻等。多粘芽孢杆菌 E681 能够产生至少 30 种小分子挥发性有机物质，将 E681 和拟南芥幼苗在 24 孔板系统中共同培养 14d 后，距离 E681 2cm 处的拟南芥的叶片总面积相比于对照增加了60%，说明 E681 产生的挥发性物质具有促进拟南芥生长的作用。多粘芽孢杆菌 SQR-21 全基因组测序发现其基因组中含有与2,3-丁二醇和乙偶姻生物合成相关的基因，说明 SQR-21 具有合成挥发性有机物的潜力。

（二）多粘芽孢杆菌的生防作用

多粘芽孢杆菌可以防控多种由病原细菌、病原真菌、根结线虫和卵菌等引起的植物土传病害（沈怡斐，2016）。如菌株 GBR-1 能抑制根结线虫卵孵化和毒杀幼虫，从而有效减少番茄根结的形成。菌株 HKA-15 的代谢产物可有效拮抗黄单胞杆菌。菌株 E681 对多种作物病原菌均具有显著的抑菌性，该拮抗菌产生的多种抑菌物质在芝麻、小麦以及番茄等植物病虫害防治方面极具应用价值。如芝麻土传病原菌猝倒病菌、德巴利腐霉菌、尖孢镰刀菌、终极腐霉菌、灰葡萄孢菌和番茄叶霉病菌等。菌株 PKB1 在平板对峙试验中能够拮抗 9 株黄瓜根腐霉菌，在接种了黄瓜根腐霉菌的琼脂培养基上，PKB1 包衣的黄瓜种子与未包衣的种子相比具有更高的发芽率和存活率；此外在温室水培试验中，接种 PKB1 也可显著降低黄瓜发病率。

多粘芽孢杆菌的生防机制主要包括直接拮抗作用、与病原菌竞争空间与营养，以及诱导植物系统抗性这 3 个方面。

1. 拮抗作用

多粘芽孢杆菌可以产生多种拮抗物质，包括多肽抗生素类、拮抗蛋白类、核苷类和吡嗪类等。多粘芽孢杆菌不同菌株之间可能产生同种抑菌物质，而同一菌株也可能同时产生多种不同类型的抑菌物质，赋予其环境竞争优势。这些拮抗物质是其与土传病原菌“竞争”的有力武器。

多肽类抗生素是多粘芽孢杆菌产生的具有拮抗作用的一类主要物质。根据结构可分为三类，包括线状、环状和线环状。根据作用对象分为两类：一类是只对细菌（包括革兰氏阳性和阴性细菌）存在抑制作用的抑菌物质，目前研究较多的包括多粘菌素（polymyxin）、粘菌素（colistin）、环杆菌素（circulin）、paenibacillin、乔利肽菌素（jolipeptin）、gavaserin 和 saltavidin 等；另一类是对革兰氏阳性细菌和真菌具有抑制作用的抑菌物质，主要包括多肽菌素（polypeptins）、谷缬菌素（gatavalin）、杀镰孢菌素（fusaricidin）及一系列 LI-F 脂肽类物质等。

多粘菌素是由革兰氏阳性细菌产生的一类对多种革兰阴性菌具有显著拮抗作用的碱性环状阳离子多肽类抗生素，迄今已发现多种不同类型的衍生物，根据结构差异可分为多粘菌素 A、B、C、D 和 E 等组分，多粘菌素分子中的环状结构能够插入到细菌细胞膜中，改变细胞膜的渗透性，造成细菌细胞内含物流失而死亡。

多粘芽孢杆菌 OSY-DF 产生两种抑菌物质，一种是对革兰氏阴性细菌具有抗性的多粘菌素 E1，另一种为能够对革兰氏阳性细菌产生抑制作用的新型多肽类拮抗物质 Paenibacillin，为一种新型的羊毛硫抗生素（lantibiotic）。羊毛硫抗生素是一类通过核糖体途径合成的具有特殊氨基酸基团的多肽类抗生素，根据化学结构和抑菌活性，可以分为 A 型和 B 型：A 型 Lantibiotic 类抑菌肽是一些有正电荷的肽类物质，其通过渗透靶细胞膜而发挥活性；B 型是一些带较少量正电荷的球形小分子，其抑菌活性与抑制特异性酶有关。独特的环状结构使羊毛硫抗生素具有优良的热稳定性，抗蛋白酶降解活性以及高效的抑菌活性，比如其中的 paenibacillin 对革兰氏阳性细菌具较好的活性，能够拮抗包括芽孢杆菌、金黄色葡萄球菌、乳酸杆菌等在内的多种致病细菌，而且具有耐酸碱（酸碱耐受范围为 pH 值 2~9）、耐热性好和水溶性强等稳定的理化性状，是一类理想的抑菌剂。

杀镰孢菌素是一类能够对真菌和革兰氏阳性细菌均产生抑菌活性的环状多肽抗生素。按照结构可以分为 Fusaricidin A、B、C、D 四种。多粘芽孢杆菌 PKB1 可合成 Fusaricidin，拮抗黄瓜根腐霉菌和油菜茎基溃疡病菌，敲除 PKB1 中 Fusaricidin 生物合成相关 *fusA* 基因后，PKB1 突变体 A4、A6 丧失了对病原真菌的拮抗能力。

除多肽类抑菌物质以外，多粘芽孢杆菌还可以通过产生多种抑菌蛋白（主要为核糖体途径合成的细胞壁降解酶类），如 β-1,3-葡聚糖酶、几丁质酶和糖基水解酶等，此类拮抗蛋白能够有效降解真菌细胞壁的结构物质（如 β-1,3-葡聚糖多聚物、几丁质、纤维素和木聚糖等），从而达到杀死病原真菌的目的。从多粘芽孢杆菌 WY110 发酵液中分离纯化出分子量为 26kDa 的蛋白质 P2，对水稻的 3 种主要病原菌——稻瘟病菌、白叶枯病菌和纹枯病菌均表现出较好的拮抗效果。其抑菌蛋白 P2 具有 β-1,3-葡聚糖酶活性。几丁质也是绝大多数真菌细胞壁的结构物质，多粘芽孢杆菌可产生几丁质酶并催化水解几丁质的 β-1,4-糖苷键。内生多粘类芽孢杆菌 GS01 含有基因 *cel44C-man26A*，其编码的蛋白酶具有糖基水解酶活性，能有效水解包括纤维素、木聚糖、肽聚糖、甘露聚糖等在内的多种微生物细胞壁组分，在植物病虫害的防治方面都具有重要作用。

多粘芽孢杆菌还可产生核苷类抑菌活性物质，如多抗霉素（polyoxin），主要作用于真菌的细胞壁，引起真菌菌丝尖端形成膨胀泡而破裂死亡。多粘芽孢杆菌在缬氨酸的刺激作用下能够产生一类新型的吡嗪类拮抗物质 2,5-二异丙基吡嗪（2,5-Diiso-propyl-lpyrazine），也主要作用于真菌细胞壁。

近年来，随着对多粘芽孢杆菌拮抗机制的不断深入研究，科研人员发现多粘芽孢杆菌还可以通过产生具有抑菌能力的挥发性有机物质来发挥拮抗效果。如从温室黄瓜根际土壤中分离筛选的多粘芽孢杆菌 BMP-11，能产生的挥发性物质，对病原真菌、昆虫和杂草均具有良好的拮抗作用。

2. 竞争作用

多粘芽孢杆菌通过形成生物被膜（biofilm）的方式在宿主植物根表定殖，抢占生态位并消耗周围的营养物质，从而阻止病原菌侵染，发挥防病抑菌的作用。多粘芽孢杆菌 B1 和 B2 在拟南芥根部定殖时，菌株主要在拟南芥根系细胞间隙定殖，并在其表面形成生物保护膜，从而有效地防止土壤中病原菌的入侵。将多粘芽孢杆菌 HY96-2 与番茄青枯病菌同时灌根接种番茄幼苗后，HY96-2 能在番茄根际及植株内有效定殖，从而有效阻止青枯病菌入侵番茄植株。

3. 诱导植物系统抗性

多粘芽孢杆菌能够增加植物中防卫相关蛋白的活性，如过氧化物酶（POD）、脂氧合酶（LOX）、超氧化物歧化酶（SOD）、几丁质酶、β-1,3-葡聚糖酶、多酚氧化酶（PPO）和苯丙氨酸解氨酶（PAL）等，或增加植物中低分子量抑菌物质（如植保素等）的积累。用菌株 W3 菌悬液或其滤液处理番茄植株，其叶片中的 PAL、POD、PPO

及 SOD 的活性均明显提高，植株表现出对灰霉病菌的系统抗性。菌株 E681 产生的挥发性有机物质（包括十三烷、2,3-丁二醇等）能通过乙烯途径（ethylene，ET）促进拟南芥植株生长，同时通过诱导拟南芥中抗病相关基因的表达来诱导宿主植物的系统抗性，从而抵御病原微生物的侵染。菌株 B2 通过诱导拟南芥中水杨酸（salicylic acid，SA）途径和茉莉酸/乙烯（jasmonicacid/ethylene，JA/ET）途径的相关抗病基因的表达，诱导宿主植物系统抗性并有效降低软腐病发病率。

（三）多粘芽孢杆菌的应用

多粘类芽孢杆菌及其代谢产物广泛应用于农业、医学、工矿业及废水处理等方面，美国环境保护署（EPA）已将其列为可商业上应用的微生物种类之一，此外，我国农业农村部也将其列为免做安全鉴定的一级菌种，作为生防微生物菌剂被广泛应用。

多粘类芽孢杆菌能产生多种代谢产物，可用于洗涤剂、食品、饲料、纺织品、纸张、生物燃料和医疗保健中。如 NVIM2539 可分解黄铁矿和方铅矿中矿石的表面化学物质，分离出目的矿石。菌株 GA1 能够产生絮凝剂对高颗粒物浓度的废水有较好的处理效果，可用于厨余垃圾处理。菌株 A11 可制备成复合微生态制剂，对动物的生产性能具有显著促进作用，对细胞因子和抗氧化因子方面具有一定的促进作用（张宏福，2014）。多粘菌素 E 是一种医用抗生素，对人和动物的许多病原细菌都有抑制作用。

三、蜡质芽孢杆菌 *Bacillus cereus*

蜡质芽孢杆菌（*B. cereus*）是一种杆状、产内生芽孢的革兰氏阳性细菌，遗传上与苏云金芽孢杆菌最为接近，最主要的不同是缺少 Cry 质粒。*B. cereus* 的不同菌株按其功能可以分为生防菌、益生菌、致病菌。部分致病性 *B. cereus* 携带致病基因，存在于染色体和质粒上的致病基因在自然环境中会发生转移，有进入生防菌株或者益生菌菌株中的潜在危害，使有益菌变成致病菌，直接危及农业生产的安全性。部分 *B. cereus* 是条件致病菌，能导致人的眼部感染，严重感染时可致心内膜炎、脑膜炎和菌血症等疾病。一些 *B. cereus* 容易污染食品，引发食物中毒的临床状态分为呕吐型和腹泻型。部分 *B. cereus* 可作为生防菌用于制备生物农药，作为益生菌用于饲料添加剂，在农业生产中广泛使用（何亮，2007）。

（一）蜡质芽孢杆菌产生的生理活性物质

作为生防菌的蜡质芽孢杆菌菌体可制成微生物菌剂和微生物肥料被广泛使用，同时它能产生多种生理活性物质，包括细菌素、多肽抗生素、酶类、杀虫外毒素、激素、溶血素等，越来越受到关注。此外，一些蜡样芽孢杆菌产生外毒素，具有杀虫作用，引起人类肠道疾病。

1. 细菌素（cerein）

细菌素的成分一般是蛋白、多肽、核苷酸、生物碱类，常常对不同细菌或亲缘种的细菌有拮抗作用。Bizani 等（2010）从巴西南部森林土壤中分离纯化出一株产生细菌素 cerein 8A 的 *B. cereus* 8A，发现其不但可以保持面包新鲜光泽，可用于食物防腐，同时也对单核细胞增多性李斯特菌 *Listeria monocytogenes* 产生杀菌作用。Oscáriz 等（1999）

从土壤中分离纯化出一株产生细菌素 Cerein7 的 *B. cereus*，该细菌素分子量 3.9kDa，对蛋白酶敏感，对革兰氏阳性菌有效但是对革兰氏阴性菌无效。

2. 多肽抗生素

B. cereus 产生多种多肽抗生素，包括环状肽和线状肽，如一种来自 *B. cereus* 的抗真菌环状多肽 Mycocerin，其抗菌谱广、活性强，能抑制多种丝状真菌，而且耐热性和稳定性好（Wakayama et al.，1984）。从棉花维管束中分离出的 *B. cereus* S-1 菌株，产生的抗真菌多肽 APS-1 对蛋白酶有一定的忍受性，经紫外光和高压灭菌处理后，其抗真菌活性损失不大，对小麦赤霉病菌（*F. graminearum*）、稻瘟病菌（*Pyricularia grisea*）、棉花枯萎病（*F. oxysporum*）等引起的多种真菌病害有良好的防效（裴炎等，1999）。

蜡质芽孢杆菌产生的多肽抗生素中，研究最多并已开发应用的是 *B. cereus* UW85 菌株（Stabb et al.，1994），它可以产生两种抗生素：Zwittermicin 和 Kanosamine，化学结构见图 2-8。Zwittermicin 能强烈抑制卵菌及其相近属。在 pH 值 7~8 时对细菌和真菌抑制作用更强。当 Zwittermicin 与 Kanosamine 混合使用时，会抑制 *Escherichia*、*Phytophthora medicaginis* 和 Oomycete。

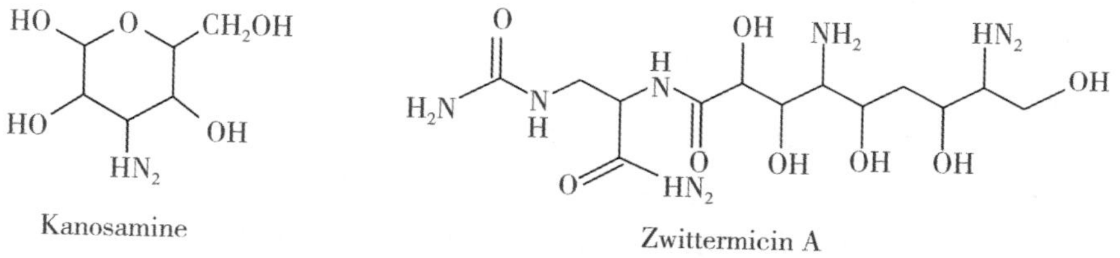

Kanosamine　　Zwittermicin A

图 2-8　*Bacillus cereus* UW85 产生的两种抗生素

（自 Milner J L，1996；Liu Z X，2007）

3. 几丁质酶

蜡质芽孢杆菌可产生多种抗真菌水解酶，如蛋白酶、几丁质酶、壳聚糖酶、溶菌酶等。当 *B. cereus* QQ308 生长在以角质素为底物的培养基时，其培养液对 *F. oxysporum*、*F. sola* 和 *Pythium ultimum* 等病原真菌的孢子萌发和菌丝延长有明显的抑制作用。除了具有抗菌活性，QQ308 还可以促进卷心菜的生长（Chang et al.，2007）。*B. cereus* E1 能产生几丁质酶 FB1，其分子量为 71kDa，等电点为 7.1，在 pH 值 7.0~10.0 表现稳定，最适 pH 值 9.0，耐受最高温度 70℃，最适作用温度 50℃。可被 Hg^{2+}强烈抑制，谷胱甘肽和 2- 巯基乙醇可导致失活（Wang et al.，2001）。*B. cereus* CH 能产生 4 种几丁质酶 A、B1、B2、B3，分子量分别为 35kDa、47kDa、58kDa、64kDa，最佳温度为 50~60℃，最适 pH 值 5.0~7.5（Mabuchi et al.，2001）。

4. 溶菌酶

B. cereus 能产生多种溶菌酶。来自东海海泥的 *B. cereus* S-12 菌株所产生的溶菌酶，对卵清溶菌酶不能作用的多种致病菌有较强的溶解活性，通过诱变获得高产、稳产溶菌酶的突变株 S-12-86，在自来水配制的培养基中就能够大量产酶（郝杰等，2004）。*B. cereus* N-14 菌株的发酵液对蓝藻有很强的细胞溶解活性，研究显示，其主要活性成

分为一种非蛋白物质，该活性物质有亲水性，热稳定性，分子量不超过 2kDa，在碱性条件下活性最高，由于一般的湖水的 pH 值偏碱性，因此该菌在控制蓝藻水华中有潜在应用价值（Nakamura et al.，2003）。一株分离自中国云南滇池的 *B. cereus* 菌株，对藻类细胞具有广谱的溶菌酶活性，包括水华束丝藻 *Aphanizomenon flos-aquaeg*、微囊藻 *Microcystis viridis*、*M. wesenbergi*、*M. aeruginosa*、椭圆小球藻 *Chlorella ellipsoidea*、颤藻 *Oscillatoria tenuis*、念珠藻 *Nostoc punctiforme*、极大螺旋藻 *Spirulina maxima* 和 *Selenastrum capricornutum* 等（Shi et al.，2006）。

5. 蛋白酶

B. cereus 还能产生多种蛋白酶，表现出多种不同的功能。渔业废水中分离到的 *B. cereus* BG1 菌株可产生耐有机溶剂包括甲醇、DMSO、乙腈、DMF 的碱性蛋白酶，推测是一种金属蛋白酶。该酶在 Ca^{2+} 存在时，对温度的耐受能力大大增加，在 60℃时，2mmol/L 的 Ca^{2+} 可以将酶活力提高 500%，因此该菌株及其蛋白酶在有机废水治理中有潜在的应用价值（Ghorbel et al.，2003）。Sela 等（1998）报道了一株 *B. cereus* 产生的胶原蛋白水解酶，分子量为 42. 8kDa，在 pH 值 5. 4~8. 2 范围内都有很好的活性，并在 4~40℃保持稳定。对爪哇根结线虫表皮有强烈的破坏作用，可用作害虫幼虫期的杀虫剂。

6. 其他酶类

B. cereus C71 菌株的代谢物中含有一种脂肪酶，分子量约为 42kDa，在 pH 值 8. 5~10. 0 范围内稳定，酶活在 33℃时最高，35℃保持 3 h 后活性保持 92%。该酶催化水解含有酰基链的 C4-C12 的氨基酸酯，具有对 2-芳基丙酸乙酯的异构体有很高的异构体特异选择性，可以用作视力系统药物的催化剂（Chen et al.，2007）。

7. 外毒素

在医学上，*B. cereus* 被认为是引起肠道疾病的罪魁祸首。研究发现某些 *B. cereus* 同苏云金芽孢杆菌一样，产生类似于 β-外毒素 Ⅰ 的杀虫外毒素。该毒素热稳定，具有水溶性，是一种通过摄食感染昆虫的高效、广谱杀虫毒素。Perchat 等（2005）发现 6 株蜡质芽孢杆菌 Bc 137-1、Bc 352-1、Bc 622-1、AH 682、Bc 544-1 和 Bc634-1，它们产生一种小分子量、非蛋白类杀虫外毒素，并且不同于 β-外毒素 Ⅰ 。

（二）蜡质芽孢杆菌的研发与应用

蜡质芽孢杆菌在植物保护、环境保护、藻类控制等领域均具有重要的开发应用价值，但研究最多的是其作为有害菌的检测和防控。*B. cereus* 作为生物农药的研究进展缓慢，我国登记的微生物农药有效菌株中，仅有一株 *B. cereus* 菌株，多数研究仍处于高效菌株筛选、活性物质分析等。如 *B. cereus* 0-9 菌株对引起小麦根腐病的致病菌尖孢镰刀菌、玉米弯孢霉叶斑病菌（*C. lunata* Boedijn）、尖镰孢菌黄瓜专化型等具有明显的抑制作用（黄秋斌等，2020）。*B. cereus* NJSZ-13 对松材线虫病具有一定的防治作用（尹艳楠等，2020）。因此，对生防 *B. cereus* 菌株资源的挖掘和利用还需更多的努力。

四、荧光假单胞菌 *Pseudomonas fluorescens*

荧光假单胞菌是一种重要的植物病害生防菌和根际促生菌（PGPR），能够产生

10多种抗生性次级代谢产物，具有繁殖速度快、适应能力强、易于人工培养、制剂稳定、使用方便、不污染环境、防治多种植物病害等优点。荧光假单胞菌属薄壁菌门假单胞菌科假单胞菌属，属于rDNAI群荧光假单胞菌DNA同源组。荧光假单胞菌DNA同源群包括荧光假单胞菌、铜绿假单胞菌（*P. aeruginosa*）和恶臭假单胞菌（*P. putida*）。依据菌落形态、色素、生理生化和营养特性等表型特征将荧光假单胞菌分为5个生物型：Ⅰ、Ⅱ、Ⅲ、Ⅳ、G。最早对荧光假单胞菌生防作用的研究，是1978年发现的*P. fluorescens*处理马铃薯种块能增加产量。19世纪70年代首次提出*P. fluorescens*产生的噬铁素促进植物生长并抑制植物病害，1986年克隆得到菌株*P. fluorescens* HV37a的抗生素基因。

（一）荧光假单胞菌的培养特征

荧光假单胞菌是典型的革兰氏阴性菌，菌体呈杆状，对数生长期时大小一般为（0.7~0.8）μm×（2.3~2.8）μm，呈单个或成对排列，具有极生鞭毛，运动活泼，不形成芽孢。DNA的G+C比例范围为59.4%~61.3%。该菌能液化明胶，葡萄糖发酵、蔗糖发酵、乳糖发酵均为阳性，并且能以多种醇类物质作为碳源，不能利用乙醇、L-鼠李糖等。甲基红试验、柠檬酸盐发酵、接触酶反应均为阳性，水解淀粉、酯酶反应阴性，该属其他种类的典型区别在于能产生水溶性的黄绿色素，即青脓素，在366 nm紫外光照射下呈黄绿色或蓝白色荧光。具有分解纤维素、蛋白质和结合Fe^{3+}的能力，但不能分解几丁质。有些菌株（生物型Ⅱ、Ⅲ和Ⅳ）能进行反硝化作用，生物型Ⅰ和Ⅲ在卵黄反应中为阳性，生物型Ⅰ一般可分解脂肪，生物型Ⅱ不分解脂肪。营专性好氧生活，可在pH值5.7和7% NaCl的环境中生长，最适生长温度约25~30℃。大多数菌株在4℃或4℃以下生长，在41℃不生长。荧光假单胞菌在普通培养基、麦康凯、沙门、志贺菌属琼脂培养基平板上均可生长。在PDA培养基上长势极弱或不生长，菌落深红色。荧光假单胞菌在KMB固体培养基上于28℃下培养2d后，生长良好，菌落微隆起，砖红色，边缘呈波浪花纹向外扩展，表面较湿润稍凸起不透明，易用接种针挑起，产生水溶性的黄绿色素（青脓素），紫外线（366nm）斜光照射下可见黄绿色荧光。

（二）生防荧光假单胞菌的分离筛选

目前通常采用平板稀释法分离筛选荧光假单胞菌。分离筛选的指标包括菌株的体外病原体抑制、生物表面活性剂的产生、磷酸盐溶解能力和参与抗生素合成的基因等方面，从而得到生防能力较强的菌株。分离筛选得到的菌株经过形态、生理生化试验以及16S rDNA基因序列分析，参考《伯杰氏细菌鉴定手册》鉴定此类生防菌是否为荧光假单胞菌。近些年，研究者从不同植物根际获得了一些有应用潜力的荧光假单胞菌菌株（表2-5）（孙广正，2015）。

表2-5 对植物病原菌具有拮抗作用的荧光假单胞菌

荧光假单胞菌株编号	来源	植物病原菌
VUPf5	小麦根际土壤	禾顶囊壳小麦变种 *Gaeumannomyces graminis* var. *tritici j*
JT716	生姜	黑曲霉 *Aspergillus niger*

（续表）

荧光假单胞菌株编号	来源	植物病原菌
XF-174	水稻根际土壤	立枯丝核菌 *Rhizoctonia solani*
TS30	番茄根际土壤	灰葡萄孢 *Botrytis cinerea*
AbIII745-6，AbIII763-1	番茄根际土壤	稻梨孢 *Pyricularia oryzae*
P-72-10	烟草根际土壤	烟草疫霉 *Phytophthora nicotianae*
G20-9	烟草根际土壤	烟草炭疽菌 *Colletorichum nicotiae*
W-25	草莓根际土壤	尖孢镰刀菌 *Fusarium oxysporun*
P13	油菜根际土壤	核盘菌 *Sclerotinia sclerotiorum*

（三）荧光假单胞菌防治植物病害的主要作用机制

荧光假单胞菌可产生抗生素、嗜铁素以及多种其他代谢产物，对病原微生物有拮抗作用，并诱导植物产生系统抗性。通过一种或多种联合的作用机制，达到防治植物病害的目的。

1. 抗生素介导的抑菌作用

荧光假单胞菌可产生多种抗生素，它们通常在很低的浓度下就可阻碍病原微生物的生长。如1-羧基吩嗪（phenazin-e-1-carboxylic acid，PCA）、2,4-二乙酰藤黄酚（2,4-diacetylphloroglucinol，DAPG）、藤黄绿脓菌素（pyoluteorin，Plt）、吡咯菌素（pyrrolnitrin，Prn）、绿脓菌素（pyocyanin）、卵菌素 A（oomycin A）等。吩嗪类物质PCA在细胞内作为电子载体传递电子到靶细胞，增加胞内超氧化物自由基，使靶细胞中毒死亡；聚酮类抗生素DAPG和Plt，具有广谱抗菌活性；Prn属于氨基糖苷类抗生素，在低浓度时破坏氧化磷酸化的偶联机制，而在高浓度时阻止参与呼吸作用的黄素蛋白和细胞色素C的电子运输。

2. 噬铁素介导的抑菌作用

荧光噬铁素是由荧光假单胞菌产生的胞外水溶性黄绿色素，是其特有的铁载体，可以螯合环境中微量的铁元素。其作用机制是通过配合基的螯合反应，形成铁-噬铁素螯合物，从而增加土壤中铁的生物有效性，并通过特异的转运系统将铁转移到体内，不仅可以满足自身的生长需要，还可以使环境中的铁浓度进一步降低，抑制病原微生物的生长繁殖，进而达到控制植物病害的目的。

3. 根部定殖

不同的荧光假单胞菌在不同植物根际有不同的定殖能力，并与其防病功能密切相关。定殖能力强的荧光假单胞菌能在幼根表面形成一层均匀的保护层，降低了病原菌的侵染机会，是荧光假单胞菌防病的关键因素之一。而没有防病作用的菌株不产生保护层。荧光假单胞菌在根部定殖能力的强弱也与土壤类型、土壤环境因素（如湿度、温度、pH值等）有关。

4. 抗性次生代谢物

荧光假单胞菌产生多种拮抗植物病原菌的次生代谢物，如一些荧光假单胞菌产生的氢氰酸（HCN）能抑制植物病原菌。荧光假单胞菌还产生几丁质酶、溶菌酶、木聚糖酶和胞外壳聚糖酶等降解相应物质，在给植物提供营养的同时还可减少植物病害的发生。

5. 诱导植物系统抗性

某些植物如烟草（*Nicotiana tabacum*）、黄瓜（*Cucumis sativus*）、拟南芥（*Arabidopsis thaliana*）等对病毒、细菌和真菌叶部病原的诱导抗性（induced systemic resistance，ISR）可能是由于一些荧光假单胞菌在根部的定殖而产生。荧光假单胞菌抑制病原菌的机理因植物种类、病害类型以及植物生长环境的不同而有所不同。其可能的作用机制是产生植保素、双萜、多聚物、木质素和糖蛋白，以及水解酶和氧化酶类等，有些菌株产生抗生素，可以改变病原菌细胞的通透性，降低细胞表面张力，从而使细胞破裂死亡。

1983 年，Scheffer 发现 *P. fluorescens* 对榆长喙壳菌（*Ophiostoma ulmi*）无抑制作用，却能高效防控榆科植物叶斑病，由此认为 *P. fluorescens* 能激活宿主的自身免疫系统，从而产生对病原菌的抗性。一般认为，*P. fluorescens* 对宿主的诱导作用可能产生以下两个方面的结果：①提高宿主氧化应激能力，诱导宿主相关防御酶基因的上调表达，提高防御酶的活性。如使用 *P. fluorescens* FP7 菌液浸泡姜黄根茎、淋洗土壤，显著提高了姜黄过氧化物酶、多酚氧化酶、苯丙氨酸解氨酶、过氧化氢酶、超氧化物歧化酶等防御酶活性，有效防治根茎腐烂病的发生并促进姜黄的生长和增产（Prabhukarthikeyan et al.，2018）；②影响宿主的次生代谢，调控抗病性次生代谢物合成相关基因的表达，产生植保素和酚类化合物等。如 *P. fluorescens* Sneb825 可以诱导番茄产生系统抗性（Zhao et al.，2018）。进一步研究发现，经 *Sneb825* 处理的番茄根系，活性氧合成相关基因 *RBOH1*、过氧化物酶基因 Ep5C 和木质素合成相关基因 *Tpx1* 上调，活性氧和木质素含量也显著提高（尤杨等，2018）；*P. fluorescens* OCK 能促进豌豆异三聚体 G 蛋白 Gα1 和 Gα2 亚基的转录积累，提高 POD 活性和酚类物质含量（Patel et al.，2016）。

荧光假单胞菌对植物病原菌的作用机制可以以一种为主，也可以同时依赖多种机制，对于不同病原菌的作用机制又表现不同。国内外一些学者研究了荧光假单胞菌产生的拮抗物质及其抑制病原菌的作用机理（表 2-6）（孙广正，2015）。

表 2-6　荧光假单胞菌生物防治的机理

荧光假单胞菌菌株	来源	植物病原菌	代谢产物	防治方法	拮抗机理
P. fluorescens	花生根际土壤	串珠镰孢菌 *F. moniliforme*	环二肽	抗性次生代谢物	环二肽粗提物可以显著对抗谷物霉菌
P. fluorescens	花生根际土壤	棉色二孢 *Diplodiagossypina*	2,4-DAPG	抗生素介导的抑制	产生 2,4-DAPG 防治花生茎腐病（抑菌率高达 75%）

（续表）

荧光假单胞菌菌株	来源	植物病原菌	代谢产物	防治方法	拮抗机理
Pf1	彩叶草根际土壤	菜豆壳球孢 *Macrophomina phaseolina*	HCN	次生抗性代谢物	HCN 显著降低室温下彩叶草根腐病的发病率，并增加根茎长
HC1-07	小麦叶面	禾顶囊壳小麦变种 *Gaeumannomyces graminis* var. *tritici*	CLP	抗性次生代谢物	CLP 体外抑制小麦全蚀病菌和水稻纹枯病菌的生长。诱变获得两个 CLP 突变体，它们对病菌的体外抑制作用下降
P. fluorescens	小麦根际土壤	禾顶囊壳小麦变种 *G. graminis* var. *tritici*	生物表面活性剂	抗性次生代谢物	降低了病原菌孢子的表面张力，在细胞膜内外膨压的作用下，使孢子细胞破裂而死亡
SS101	小麦根际土壤	致病疫霉 *Phytophthora infestans*	环脂肽	抗性次生代谢物	不产生环脂肽的突变株没有防病功能，纯化后的环脂肽可诱导植物局部和系统抗病性
LBUM223	马铃薯根际土壤	马铃薯疮痂链霉菌 *S. scabies*	PCA	抗生素介导的抑制	野生型的 LBUM223 产生的 PCA 能够促使 *txtA* 基因在疮痂病上表达
WCS374r	马铃薯根际土壤	灰葡萄孢 *B. cinerea*	噬铁素	噬铁素介导的抑制	铁载体是抑制桉树灰霉病菌的重要决定因素
F113	甜菜植物根毛	尖孢镰刀菌古巴专化型 *F.oxysporumf.* sp. *cubense*	噬铁素	根部定殖	根部定殖能力强，并产生嗜铁素
P13	油菜根际土壤	核盘菌 *S. sclerotiorum*	噬铁素	噬铁素介导的抑制	P13 通过大量分泌铁载体抑制油菜菌核病菌。随着铁离子浓度的提高，P13 分泌铁载体减少，对油菜菌核病菌的抑制作用相应减弱
CHA0	大豆根际土壤	立枯丝核菌 *Rhizoctonia solani*	HCN	抗性次生代谢物	产生 HCN 刺激 *hcnA*－*lacZ* 和 *phlA*-*lacZ* 两种基因的表达，从而对病害起到抑制作用
PfMDU	水稻根际土壤	立枯丝核菌 *R. solani*	乙二酸	抗性次生代谢物	产生乙二酸对植物病原菌产生的草酸具有解毒作用，从而抑制水稻纹枯病
P. fluorescens	—	芜菁花叶病毒 Turnip mosaic virus	过氧化氢酶	诱导植物系统抗性	接种荧光假单胞菌后，诱导植株过氧化氢酶活性升高，明显提高对芜菁花叶病毒的防御能力

（续表）

荧光假单胞菌菌株	来源	植物病原菌	代谢产物	防治方法	拮抗机理
AbIII745-6	—	稻梨孢 *Pyriculariaoryzae*	苯胺基甲基乙酸	抗性次生代谢物	苯胺基甲基乙酸是首次发现的拮抗病原菌的活性物质，拮抗效果较好，机理未知
2P24	—	茄科劳尔菌 *Ralstonia solanacearum*	2,4-DAPG	抗生素介导的抑制	2,4-DAPG 是菌株 2P24 防治番茄青枯病的主要因子

（四）荧光假单胞菌代谢产物的合成调控机制

双组分信号调控系统 GacS/GacA 广泛存在于革兰氏阴性细菌中，其中 GacS 编码一个信号感应激酶，GacA 编码转录调控因子。关于 GacS/GacA 功能的研究主要集中在肠道细菌和假单胞菌中。在菌株 Pf-5 中，GacS / GacA 控制抑制植物病原体的次级代谢产物和胞外酶的产生。Pf-5 至少产生 10 种次级代谢产物，包括氰化氢、硝吡咯菌素（Prn）、藤黄绿脓菌素（Plt）、2，4-二乙酰基藤黄酚（Phl）、嗜铁素、脂肽和 orfamide A等。

荧光假单胞菌 2P24 可产生抗生素 4-二乙酰基间苯三酚（2,4-DAPG）。与 2,4-DAPG 合成相关的基因簇 *phl* 包含 8 个基因，分别命名为 phl ACBDEFGH，该基因簇的表达受多种调控因子在不同水平的直接或间接调控。2P24 中的 RetS 是 2,4-DAPG 及未知红色素合成的负调控因子，并且 RetS 对 2,4-DAPG 及未知红色素合成的调控依赖于 Gac/Rsm 信号传递途径（刘九成等，2013）。Phl F 是影响 *phl A* 基因转录最主要的直接调控因子。阻遏蛋白 Rsm A/E 是重要的转录后调控因子。周质蛋白 Dsb A 在转录后水平负调控 *phl*4 基因的表达，并且通过同时在转录水平和转录后水平正调控小蛋白 RsmA 的表达实现（赵曌等，2012）。

研究发现，荧光假单胞菌 CHA0 通过调控 DAPG 合成的 *phl G* 基因来防治植物根部的病害，*phlG* 基因的表达受到 Plt 的影响（Bottiglieri 和 Kee，2006）。CHA0 中，小 RNA RsmX 与 RsmY 和 RsmZ 一起形成了依赖 GacA 的小 RNA 三联体，它们隔离了 RNA 结合蛋白 RsmA 和 RsmE，从而解除了后者对目标基因转录产物 mRNA 的翻译抑制。该小 RNA 三联体对于转录后抑制生物控制因子和保护黄瓜免受病菌的感染是充分和必要的。这 3 个小 RNA 还正调节群体运动和群体感应信号的合成，并自动诱导 Gac/Rsm 级联（Elisabeth et al.，2005）。

（五）荧光假单胞菌的生防效果

采用平板对峙法测定生防菌的抑菌活性，一般将病原菌接种于培养基平板中央，适温培养；将生防菌制备成发酵液，在平板上对峙三点放置含有生防菌发酵液的滤纸片，适温培养。未接发酵液处理设置为对照，待空白对照病原菌长满平板时，测量抑菌圈直径，计算抑制率。通过抑制率的大小分析其拮抗能力的强弱。

研究表明，荧光假单胞菌能够抑制病原菌的菌丝生长、菌丝发生畸形，抑制孢子囊的产生和孢子的萌发。生防菌能够提高植物种子的发芽率和活力指数，降低病害的发病程度，从而保证农作物的正常生长。生防菌能在植物根部定殖，也能通过叶面喷施来防治病害，对植物还具有促生作用（表2-7）（孙广正，2015）

表2-7　荧光假单胞菌的生防效果

荧光假单胞菌菌株	来源	病原微生物	防治效果	参考文献
CZ	烟草根际土壤	烟草花叶病毒 tobacco mosaic virus	采用49.8×10^{10} CFU/mL CZ抑制TMV感染，2年的田间试验抑制率分别为58.2%和47.6%	申莉莉等，2012
PF7-5	烟草根际土壤	丁香假单胞杆菌角斑致病变种 *Pseudomonas syringae* pv. *tabaci*	PF7-5代谢产物对烟草角斑病菌的抑菌效果为71%，PF7-5活菌对烟草角斑病的田间防效87.34%	Qing et al.，2009
G20-9	烟草根际土壤	链格孢菌 *Alternaria alternata*	G20-9可以在烟草叶面和根际定殖，其无菌发酵液对烟草赤星病菌丝生长抑制率82.1%	李洪林等，2008
RB-42，RB-89	烟草根际土壤	寄生疫霉烟草致病变种 *Phytophthoraparasitica* var. *nicotianae*	菌体及其发酵液抑制病原菌菌丝生长、游动孢子囊的产生和游动孢子的萌发	顾金刚等，2002
UTPF5	—	爪哇根结线虫 *Meloidogyne javanica*	UTPF5影响线虫幼虫的运动，其提取物几乎可以将孵化24h的幼虫100%杀死	Bagheri et al.，2014
CHA0	—	爪哇根结线虫 *M. javanica*	CHA0处理显著减少根结线虫，与木霉菌联合使用提高防治番茄根结线虫的效果	Norabadiet al.，2014；Saeedizadeh et al.，2016
PF9	水稻根际土壤	稻黄单胞菌 *Xanthomonas oryzae* pv. *oryzae*	PF9处理种子减少水稻白叶枯病的发生，发芽率达到91%，活力指数增加到1 837	Lingaiah et al.，2013
Ps. 8	辣椒根际土壤	尖孢镰刀菌辣椒专化型 *F. oxysporum* f. sp. *vasinfectum*	对病原的抑菌带宽最大的达到79.77mm，并能很好的抑制根结线虫	Agarwal et al.，2013
P60	黄瓜根际土壤	齐整小核菌 *Sclerotium rolfsii*	抑制黄瓜白绢病菌，对黄瓜有促生作用	Soesanto et al.，2013
P. fluorescens	中国农业微生物菌种保藏中心	板栗疫病菌 *Cryphoectri parasitica*	对栗疫菌和扩展青霉的抑菌圈宽度分别为13.70mm和18.36mm	Hua et al.，2013

（续表）

荧光假单胞菌菌株	来源	病原微生物	防治效果	参考文献
M15	马铃薯根际土壤	致病疫霉 *Phytophthora infestans*	活体、菌液和发酵液对病原菌的抑菌率分别为86.39%、88.23%和65.88%，菌液在马铃薯块茎切片上对晚疫病的预防效果为65.06%，可使致病疫霉菌丝体畸形	Jiang et al., 2013
Bak150	马铃薯根际土壤	致病疫霉 *Phytophthora infestans*	对致病疫霉菌丝生长的抑制率可达到88%，在叶片喷施菌悬液可有效防治马铃薯晚疫病	Zegeye et al., 2011
P13	油菜根际土壤	核盘菌 *Sclerotinia sclerotiorum*	P13对油菜菌核病的菌丝生长抑制达到84.4%，对菌核形成的抑制达到95.0%~100.0%	Li et al., 2011
1100-6	苹果根部	扩展青霉 *Penicillium expansium*	无细胞代谢产物对青霉菌株的繁殖减少17.3%~78.5%	Etebarianet al., 2005
P2-5	小麦根际土壤	禾顶囊壳小麦变种 *Gaeumannomyces graminis* var. *tritici j.*	致使病菌菌丝畸形，抑制效果和防治效果分别为67%和59%	Wang et al., 2004

研究发现假单胞菌PCL1606在根际土壤中有较高的持久性，在温室中对鳄梨根腐病有较为明显的防治效果（Gonzalez-Sanchez et al., 2013）。用假单胞菌A-4处理燕麦（*Avena sativa*）可以明显增加株高、植株鲜重、植株根长和根鲜重，说明A-4处理可有效地促进燕麦的生长并提高燕麦的盐碱抗性（刘佳莉等，2013）。有些假单胞菌可以作为微生物菌肥的优良菌株，如假单胞菌与半量磷肥配施可代替全量磷肥，能明显增加苜蓿的产量（韩华雯等，2013）。

（六）荧光假单胞菌与其他菌（或物质）的交互作用

研究发现，荧光假单胞菌与一些细菌（如枯草芽孢杆菌、固氮螺菌）交互使用拮抗病原菌，效果明显好于单独防治的效果（表2-8）（孙广正，2015）。荧光假单胞菌还可以和一些化学物质（如水杨酸、多菌灵）结合防治病原菌，结果表明结合使用比单独使用生防效果好，主要原因在于这些化学物质提高了荧光假单胞菌在植物根际和土壤的定殖存活量。荧光假单胞菌与其他细菌（或化学物质、金属离子）的交互作用可以提高其拮抗作用，但也有报道指出混配制剂并未促进生物防治效果的提高，其中一个重要的原因是拮抗菌间的不亲和性，因为生防制剂可以相互抑制。因此混配的拮抗菌间应具有亲和性，是菌剂混配需首先考虑的重要因素之一（张伟琼等，2007）。

表 2-8　荧光假单胞菌与其他菌（或物质）的交互作用

荧光假单胞菌菌株	来源	植物病原菌	协同微生物或物质	交互拮抗效果
YZS-Ph02	—	甘薯长喙壳 *Ceratocystis fimbriata*	枯草芽孢杆菌	对病原菌的抑制率超过 96%
YZS-Ph02	—	茄类镰孢菌 *F. solani*	枯草芽孢杆菌	枯草芽孢杆菌和荧光假单胞菌最佳组合比例为 1 : 9。对病原菌的抑菌率在 88%以上
P. fluorescens	籽棉根际土壤	立枯丝核菌 *R. solani*	固氮螺菌和 NPK	按 1 : 1 比例组合，协同增效，棉花根腐病的发病率降低到 3. 36%
BICC602	豇豆和番茄根际土壤	南方根结线虫 *Meloidogyne incognita*	水杨酸（SA）	荧光假单胞菌依赖 SA 拮抗根结线虫
WCS417r, 2-79	康乃馨根部和小麦根际土壤	茄拉尔氏菌 *Ralstonia solanacearum*	水杨酸（SA）	共同处理的发病率比对照分别低 54. 3%
P32	—	棉花黄萎病菌 *V. dahliae*	多菌灵	协同增效，多菌灵抑制土壤中与 P32 有竞争作用的微生物，使 P32 的群体数量增加
P13	—	核盘菌 *S. sclerotiorum*	金属离子	2mmol/L 的浓度下，Ag^{+}、Cr^{3+}、Ni^{+} 强烈抑制病菌生长；Ca^{2+}、Ti^{3+}、Fe^{3+} 有微弱的促生作用；Al^{3+} 强烈抑制 P13 抗生素合成；Ca^{2+} 和 Fe^{3+} 明显促进抗生素的合成；Ca^{2+} 和 Fe^{3+} 对 P13 抗真菌素合成有协同作用

（七）荧光假单胞菌的风险评估

在荧光假单胞菌研究与应用中，应首先对菌株进行安全性评价。其原因在于荧光假单胞菌有些菌株可以防治植物病害，但有些菌株本身是环境污染菌和有害菌。如荧光假单胞菌是奶类、蛋类在低温保存时导致腐败变质的主要细菌之一。对人类来说是一种罕见的机会致病菌。在临床上最多见的是血液及血制品被荧光假单胞菌污染，当病人输入了被荧光假单胞菌污染的血液及血制品后，可出现败血症、感染性休克和血管内凝血等严重后果。由于某些荧光假单胞菌对现有的许多抗生素都不敏感，所以一旦感染此菌，病死率很高。荧光假单胞菌还可以使一些动物体发生病变，产生相应的症状。在植物体中，荧光假单胞菌可以协同一些病虫害加重对植物体的危害，如松材线虫与有毒的荧光假单胞菌联合，能够提高对黑松的致病率（池树友等，2006）。

（八）荧光假单胞菌研究与应用中存在的问题与展望

荧光假单胞菌对多种病原物都具有很强的生防效力，还可与其他拮抗菌、物理杀菌技术、化学物质处理结合使用。分子生物学技术的广泛渗入使得荧光假单胞菌获得更诱人的生防效果。但实际应用中，仍有诸多问题亟待解决，比较突出的有以下几个难题。一是生防机制不够清晰；二是易受环境影响，生防效果不稳定；三是拮抗菌株及基因工程重组菌株的安全性。大多数拮抗菌株是从根际土壤或植物表面筛选得到的正常菌株，但拮抗菌株进入商业化生产之前必须经过严格的安全性评价。因此，未来应加强以下几方面的研究：①采用多种方法，尤其是运用分子生物学技术深入研究生防菌株的拮抗机制，进一步探讨和确定拮抗菌-病原物-宿主之间的互作模式；②继续筛选抑菌谱广、生防效力高、抗逆性强的菌株，并寻求适宜的处理方法，提高生防菌对环境变化的耐受能力；③联合使用多种防治技术，强化研究其相互协同的作用条件和机制，实现优势互补；④严格分析拮抗菌株，尤其是基因改良菌的生态安全性，以及毒理学评估等（梅小飞等，2019）。

五、解淀粉芽孢杆菌 *Bacillus amyloliquefaciens*

解淀粉芽孢杆菌是一类好氧产芽孢的革兰氏阳性菌，广泛存在于土壤、空气、水和动物的胃肠道中。该菌是美国食品安全管理局（FDA）公认的安全微生物（Generally Recognized as Safe，GRAS），其最适生长温度为30~40℃，在低于15℃或高于50℃条件下均不能生长。*B. amyloliquefaciens* 单细胞呈短杆状，大小为（0.7~0.9）μm×（1.8~3.0）μm，周身鞭毛，能运动。与芽孢杆菌属的其他菌以单细胞形式存在不同，解淀粉芽孢杆菌细胞通常是以串联的长链形式存在的。解淀粉芽孢杆菌也可以像其他芽孢杆菌一样在恶劣条件下形成椭圆形的内生孢子、大小约为（0.6~0.8）μm×（1.0~1.4）μm。一旦形成芽孢，细胞即进入休眠状态，在很长的一段时间内都可以稳定的存在。

解淀粉芽孢杆菌最早是由日本科学家Fukumoto在1943年从土壤中分离出来的，因其能够产生液化淀粉酶而得名。由于解淀粉芽孢杆菌和枯草芽孢杆菌（*B. subtilis*）的亲缘关系非常相近，在1940—1980年间，微生物学家对于解淀粉芽孢杆菌是属于枯草芽孢杆菌的一个亚种还是独立于枯草芽孢杆菌的一个新物种的界定一直存在着分歧。尽管早在1967年，Welker等通过DNA杂交、转导及转化技术从遗传特性和生化特征上确认了解淀粉芽孢杆菌和枯草芽孢杆菌是属于两种不同的菌株，但是在1980年出版的“被认可的细菌列表”名单上依然没有出现解淀粉芽孢杆菌的名字。解淀粉芽孢杆菌的独立分类地位最终是在1987年由Priest等确定下来的。

（一）解淀粉芽孢杆菌产生的抑菌活性物质

解淀粉芽孢杆菌能产生多种抑菌拮抗物质，主要包括抑菌蛋白、多肽类、脂肽类物质和聚酮化合物等。

1. 抑菌蛋白

也称抗菌蛋白（antibacterial protein）、天然抗生素，近年来，国内外不少学者从植

物体外不同来源的 *B. amyloliquefaciens* 菌株发酵液中分离得到蛋白类拮抗物质。*B. amyloliquefaciens K*1 的发酵液中分离纯化得到分子量为 55kDa 的抗菌蛋白，对灰霉病有很好的抑制作用（王晓辉等，2015）。从番茄根部分离筛选得到一株 *B. amyloliquefaciens*，从其发酵液中纯化得到分子量为 50kDa 的抑菌蛋白，该抑菌蛋白对温度变化和 pH 值变化不敏感、抑菌谱广、能引起真菌细胞膜通透性增加而使胞内物质外泄而死亡（Wong et al.，2008）。*B. amyloliquefaciens* X-278 菌株的抗菌蛋白对棉花黄萎病菌有抑制作用，蛋白液经 121℃处理 30min 后，仍保留有 72%的抗菌活性（黎波等，2013）。

2. 脂肽类物质

脂肽类化合物是一类由非核糖体途径合成的抗菌肽，如表面活性素、伊枯草菌素、丰产素等。脂肽类化合物能够抗真菌、细菌、病毒和支原体，在脂双层膜上能够形成离子通道，其抑菌机理就是通过改变细胞膜通透性来抑制病原菌的生长。*B. amyloliquefaciens* X030 产生的抑菌活性物为多肽类化合物，对金黄色葡萄球菌（*Staphylococcus aureus*）、白色念珠菌（*Candida albicans*）、酵母菌（*Saccharomycetes*）有较强的抑制效果，对水稻稻瘟病菌（*Pyricularia oryzae*）、辣椒尖胞炭疽病菌（*Chili pointed cell anthrax*）、枇杷炭疽病菌（*Gloeosporium eriobotryae* Speg）、烟草黑胫病菌（*Phytophthora parasitica*）有良好的拮抗活性（何浩等，2015）。*B. amyloliquefaciens* Lx-11 发酵液提取物中含有 surfactin、bacillomycin D 和 fengycin 等 3 种脂肽类抗生素，通过构建 surfactin 突变体菌株，平板和盆栽试验发现突变体菌株的抑制条斑病菌能力显著降低，说明 Lx-11 产生的 surfactin 对条斑病菌有很强的抑制作用（张荣胜等，2013）。分离自红树林的 *B. amyloliquefaciens* M1 具有对海洋病原菌的抑制作用，质谱分析发现其抑菌活性的物质 NQ 是一种表面活性剂（surfactin），由 Glu-Leu-Leu-Val-Asp-Leu-Leu 分别连接 C12、C13、C14 和 C15 的 β-羟基脂肪酸构成的环状脂肽，NQ 通过破坏鳗弧菌细胞使细胞内容物释放从而导致细胞死亡（徐红梅等，2014）。

3. 聚酮化合物

通过分析 *B. amyloliquefaciens* GA1 的基因组序列，发现有 8 个基因簇参与了聚酮化合物的合成，与 *B. amyloliquefaciens* FZB42 有关合成聚酮化合物的基因 *mln*、*bae* 及 *dfn* 序列一致（Chen et al.，2009；Arguelles-Arias et al.，2009）。

（二）解淀粉芽孢杆菌的抑菌机制

B. amyloliquefaciens 通过竞争营养和空间、产生抑菌物质、诱导植物产生抗病性等多种作用机制，达到防治植物病害的目的。*B. amyloliquefaciens* BP30 能够抑制灰葡萄孢菌的萌发和生长，并能够在梨伤口处快速生长并占据梨伤口表面的空间，从而发挥抑制致病菌的作用。此外，BP30 促进了梨抗病性相关酶活性的提高，包括引起梨的应激反应，提高梨自身多酚氧化酶（PPO）、过氧化物酶（POD）和苯丙氨酸解氨酶（PAL）活性，提高了水果对致病霉菌的抵抗能力（曲慧 2016）。促生菌 *B. amyloliquefaciens* SQR9 来自健康黄瓜根际，可产生脂肽类抗生素 Bacillomycin D 拮抗黄瓜病原菌 *F. oxysporum*，Bacillomycin D 既是拮抗物质又是其细胞群体行为的调控信号。SQR9 还能够产生植酸酶、挥发性促生物质（乙偶姻和 2，3-丁二醇）和植物生长激素吲哚乙酸

（IAA），从而增加根际养分和促进根系发育，增强植物的抗逆性（刘云鹏，2015）。

（三）解淀粉芽孢杆菌的应用

B. amyloliquefaciens 作为公认的安全菌株，在食品防腐保鲜中应用较多。如某些 *B. amyloliquefaciens* 的发酵液对引起冷鲜肉变质的主要病原菌假单胞菌和单增李斯特菌有良好的抑制效果，经 *B. amyloliquefaciens* 发酵液处理的冷鲜肉保质期可延长 6~9d（时威等，2012）。*B. amyloliquefaciens* NCPSJ7 的不同处理液（发酵液、发酵上清液、菌悬液）对引起梨青霉病的病原菌都有抑制作用，无菌胞外抗菌蛋白对梨采后青霉病的抑制效果良好，可用于梨采后青霉病的生物防治。*B. amyloliquefaciens* NCPSJ7 的胞外抗菌蛋白不仅对梨灰霉病有防治作用，对苹果采后轮纹病也有较好的防治效果，其效果与纳他霉素相当，有良好的应用价值（裘纪莹等，2014）。*B. amyloliquefaciens* Ba168 对多种病原菌有良好的拮抗活性，利用 Ba168 田间防治番茄灰霉病的效果不及化学药剂，但可以作为田间防治番茄灰霉病菌的一种辅助药剂（黄海，2014）。*B. amyloliquefaciens* HRH317 的发酵原液经过 64 倍稀释后仍对沙糖橘霉变有较好的抑制效果，且对小鼠无毒性。HRH317 发酵液与壳聚糖、吐温和 Na Cl 进行优化的混合制剂可作为沙糖橘防霉保鲜液，安全有效地延长了沙糖橘的防霉保鲜时间（杨宇等，2014）。利用 *B. amyloliquefaciens* 发酵液对鲜食核桃进行浸泡处理，再使用聚乙烯保鲜袋包装并保持相对湿度（RH）70% ~ 80%，4℃ 条件下贮藏，结果发现，在贮藏前期，*B. amyloliquefaciens* 对鲜食核桃有较好的抑菌效果，并能够有效抑制呼吸作用，保持水分，对鲜食核桃的生理及品质指标没有不良影响（耿阳阳等，2016）。

在环保领域，*B. amyloliquefaciens* 被用于抑制水中蓝藻生长，防止水体富营养化。李超等（2011）从滇池富营养化水体中筛选到一株有溶藻作用的 *B. amyloliquefaciens*，其对水华鱼腥藻有高效抑制作用且菌体浓度越大抑制效果越明显，研究发现，*B. amyloliquefaciens* 主要是通过分泌胞外非蛋白类物质起到溶藻作用。

（四）解淀粉芽孢杆菌高产菌株的选育

为提高 *B. amyloliquefaciens* 菌株在发酵过程中生产活性物质的能力，研究人员进行了大量的研究工作，早期主要集中在高效菌株诱变选育、发酵培养基和发酵条件的优化方面，之后渐渐发展到分子育种。通过增加基因拷贝数、调控代谢流等方式来增加目标产物的产量。如通过化学诱变和原生质体转化法使 *B. amyloliquefaciens* GR001 的鸟苷产量从 0. 82g/L 提高到了 20. 82g/L（吴飞等，2010）。*B. amyloliquefaciens* B12 能产生 N-乙酰-D-氨基葡萄糖（N-acetyl-D-glucosamine，NAG），通过等离子体和紫外诱变相结合的方式，获得一株遗传稳定的、较出发菌株产量提高 4. 1 倍的突变株 BH-3-2（黎恒等，2018）。*B. amyloliquefaciens* FMME088 具有产 3-羟基丁酮（Acetoin）的能力，3-羟基丁酮是一种被广泛应用于医药、食品等领域的重要食用香料，为提高 3-羟基丁酮的产生水平，采用常压室温等离子体（ARTP）和 $^{60}Co\gamma$ 射线对菌株 FMME088 进行复合诱变获得高产突变株，进而通过发酵工艺优化，3-羟基丁酮产量达到 85. 2g/L，较出发菌株提高了 26. 8%（王诗卉等，2018）。*B. amyloliquefaciens* JNU002 是一株凝乳酶高产菌株，通过对发酵培养基和发酵条件的优化，使 *B. amyloliquefaciens* 产凝乳酶活力达到

12 766SU/mL，比优化前提高了 3.5 倍（王楠等，2016）。*B. amyloliquefaciens* K11 是一株中性蛋白酶和角蛋白酶高产菌株，通过增加基因拷贝数，突变株的中性蛋白酶产量提高 3 倍，而通过基因工程手段使得角蛋白酶的产酶能力提高到原始菌株的 6 倍（王慧等，2018）。

（五）解淀粉芽孢杆菌制剂的生产

解淀粉芽孢杆菌作为安全的有益菌，在生物、医药、环保领域均有很好的应用前景，并作为制剂开发应用，但在生物农药生产和应用方面仍需要加大力度。

六、短小芽孢杆菌 *Bacillus pumilus*

短小芽孢杆菌（*B. pumilus*）属于芽孢杆菌属，革兰氏阳性菌，营养体杆状，以单个、线状或链状排列，具有运动的能力，其菌落形态呈现透明和不透明两种状态，不透明的菌落状态占绝大多数，菌落主要呈乳白色，菌落聚集且有黏性，表面湿润且光滑。半透明的菌落呈乳黄色，菌落较为分散，表面湿润且光滑。

B. pumilus 与其他芽孢杆菌一样，可产生能够抵抗恶劣环境的芽孢，因此在许多极端恶劣的环境中都可以分离得到 *B. pumilus*。*B. pumilus* 可以依附在农作物秸秆、叶片表面生长。短小芽孢杆菌与其他芽孢杆菌的特征非常相似，因此单靠形态学观察和生理生化鉴定很难区分，通常采用 16S rDNA 序列比对分析的技术进行菌种鉴定。

（一）短小芽孢杆菌的代谢产物

短小芽孢杆菌能够分泌多种酶类物质，如纤维素酶、脂肪酶、蛋白酶、α-淀粉酶、木聚糖酶、几丁质酶和果胶裂解酶等，另外 *B. pumilus* 还可以分泌抗菌素、抗菌肽和抗菌蛋白等抗菌物质，并且这些抗菌物质的抑菌范围非常广，对多种农作物的致病病原菌都有明显的抑制作用。*B. pumilus* 还可以产生芽孢，比营养细胞具有更高的抗逆性，可抵抗恶劣的生存环境，因此 *B. pumilus* 在实际应用中有很大的优势。如 *B. pumilus* WL-11 产生木聚糖，*B. pumilus* Col-J 菌株产生具有胶原酶活性的同工酶，具有明胶水解活性。*B. pumilus* BA06 可产生碱性蛋白酶，经诱变获得胞外碱性蛋白酶高产菌株 UN31-C-42，其蛋白酶产量比出发菌株高 7 倍，达到 4 000U/mL，由于该菌株发酵液脱毛效果很好，且胶原水解活性很低，在皮革工业中有很好的应用前景（潘皎等，2005）。*B. pumilus* JK-SX001 产生的拮抗物质为非蛋白类的邻苯二甲酸二辛酯（DOP），对杨树溃疡病菌具有较强的拮抗作用（颜爱勤等，2012）。

（二）短小芽孢杆菌的分离筛选

目前，多种具有生防潜力的短小芽孢杆菌被挖掘，显示出良好的开发应用前景。多功能菌株 *B. pumilus* NY97-1，不仅具有降解多菌灵的功效，而且对多种枯萎病菌具有拮抗效果，对番茄、青椒、西瓜、仙客来、一品红、黄瓜枯萎病菌的抑制率分别为 50.8%、50.8%、54.1%、37.5%、31.6%、42.5%，因此在病害防治及土壤生物修复方面有重要的应用价值（张丽珍等，2006）。豌豆内生菌 *B. pumilus* SE34 可保护豌豆抵抗真菌（*F. oxysporum* f. sp. *pisi*）的侵染，*B. pumilus* SE34 和 SE49 能诱导黄瓜木质化程度提高和 POD、PPO、SOD 等的活性增加，从而产生对 *F. oxysporum* 的抗性（焦文沁，

2005)。显微镜观察发现，接种内生菌 *B. pumilus* SE34 的豌豆根表面，*F. oxysporum* f. sp. *pisi* 菌丝和 *B. pumilus* SE34 相互接触，病原菌的生长能力没有改变且能进入根的外皮，但其菌丝的生长，被限制在表皮和外皮层。*B. pumilus* KJ-SX001 能够产生抑菌物质邻苯二甲酸二辛酯（DOP），其发酵液对杨树溃疡病菌金黄壳囊孢（*Cytospora chrysosperma*）、拟茎点霉（*Phomopsis* sp.）和七叶树壳梭孢（*Fusicoccum aesculi*）均具有较强的拮抗作用（颜爱勤，2011）。桂花内生菌 *B. pumilus* osm-1 对水稻纹枯病、稻瘟病、稻曲病菌等均有较强的抑菌活性。而且能够作为根际促生菌侵染根系，与植株共生长，促进植株的生长发育（姜凯等，2010）。*B. pumilus* NCIMB13374 能抑制草莓上的多种病原菌（Swadling et al.，1998）。从泡桐腐烂病斑中分离到的 *B. pumilus* A3，对泡桐腐烂病有较强的抑制作用，防治效果可达 97.8%（陆燕君，1993）。*B. pumilus* D82 对小麦根腐病菌有较强的拮抗作用（崔云龙等，1995）。*B. pumilus* 233 菌株对水稻纹枯病菌有较好的拮抗作用（程丹丹等，2008）。*B. pumilus* AR03 对烟草黑胫病、烟草赤星病、白粉病等均具有良好的防治效果，已发现该菌株胞外分泌 7 种组分挥发性物质，均为 $C_{15}H_{24}$ 结构的倍半萜烯类化合物，分别是二氢姜黄烯、(E)-β-金合欢烯、γ-姜黄烯、α-姜烯、π-红没药烯、β-倍半萜水芹烯和 γ-E-红没药烯，是有开发潜力的抗真菌代谢物和新药物的重要资源（王静等，2018）。

（三）短小芽孢杆菌的防病机制

短小芽孢杆菌防治病害的机制与其他芽孢杆菌相似，一般由抗生作用、竞争作用、重寄生作用和诱导抗性等多种作用机制共同发挥作用。

第四节 细菌杀线剂

一、植物寄生性线虫概述

线虫（nematode）是地球上最早出现的生物之一，是一类两侧对称的线形原腔动物，种类繁多，隶属于线形动物门的线虫纲（Class Nematoda）。在自然界中，线虫的种类繁多，据估计约有 50 万~100 万种。根据线虫的生活环境和生活周期的不同可将其分为三类：自由生活的线虫、植物寄生性线虫和动物寄生性线虫。其中，植物线虫约有 5 万~10 万种，但目前世界上已经记载的仅有 200 多属 5 000 余种。全世界十大最重要的植物寄生线虫属分别是：根结线虫属（*Meloidogyne*）、根腐线虫属（*Pratylenchus*）、矮化线虫属（*Tylenchorhynchus*）、孢囊线虫属（*Heterodera*）、球形孢囊线虫属（*Globodera*）、茎线虫属（*Ditylenchus*）、长针线虫属（*Longidorus*）、穿孔线虫属（*Radopholus*）、剑线虫属（*Xiphinema*）和滑刃线虫属（*Aphelenchoides*）。

植物寄生线虫是世界上多种农作物（如果树、树木、蔬菜、花卉及药材等）重要的病原物之一，是仅次于昆虫的第二大类群害虫。根据 1994 年的初步估计，全世界每年粮食和纤维作物因线虫为害造成的损失大约为 12%。

孢囊线虫属的某些种类是生产上主要害虫，如大豆孢囊线虫（*H. glycines*）、禾谷孢囊线虫（*H. avenae*）等。它们在大豆、小麦等作物上造成的损失可达50%～80%，严重地块几乎绝产。如我国东北大豆孢囊线虫病引起大豆产量剧减，对我国大豆产业造成巨大的冲击和损失。根结线虫属于垫刃目（Tylenchida）垫刃亚目（Tylenchina）垫刃总科（Tylenchoidea）异皮科（HeteroderiDAe）根结亚科（Meloidogyninae）根结线虫属（*Meloidogyne*），可在土壤中以卵或卵囊的形式长期存活，并且随植物种子进行人为传播，是一类极为重要的植物病原线虫，在全世界范围内均有分布。根结线虫（*Meloidogyne* spp.）对世界上重要经济作物造成的损失每年高达上千亿美元，我国每年的损失约为30亿美元。在热带和亚热带气候温和、雨量充沛的地区，根结线虫的为害比孢囊线虫还要严重。

二、杀线虫细菌

植物寄生性线虫病通常采用化学防治、轮作及抗病品种，但效果均不太理想，且存在较多的弊端。近年来线虫生物防治有很大进展。线虫天敌主要有细菌、放线菌、真菌、病毒、捕食性线虫和原生动物等。研究较多的杀线虫细菌主要有巴斯德杆菌（*Pasteruria* spp.）、假单胞杆菌（*Pseudomonas* spp.）、苏云金芽孢杆菌（*B. thuringiensis*）。放线菌主要为链霉菌属（*Streptomyces*）的某些菌株，如阿维链霉菌（*S. avermitilis*）。病毒主要是一些昆虫病毒及其毒性基因重组工程菌。利用土壤捕食线虫防治线虫也有研究。

对植物寄生性线虫有毒效作用的细菌很多，目前研究较多的主要有巴斯德菌、假单胞菌、苏云金芽孢杆菌、蜡质芽孢杆菌及其他一些土壤细菌。具有多重防治线虫机制，菌体繁殖快，拮抗性强，效果高且持久，防治周期长，易于应用，而且对环境、人畜及其他益虫安全，某些菌株还可以促进植物生长，抑制其他有害病原菌，适合绿色环保型农业发展的需要。

（一）巴斯德杆菌（*Pasteuris*）

也称巴氏杆菌，是寄生于植物寄生线虫和水蚤的专性寄生菌，是为人们所熟知的线虫天敌细菌，巴氏杆菌属的很多种类都展现出了很好的植物寄生线虫生防潜力。目前，已报道了4种常见的巴氏杆菌属，其中分支巴斯德氏菌（*Pasteuria ramosa*）分离自水蚤，其他3种为穿刺芽孢杆菌（*P. penetrans*）主要寄生于根结线虫；*P. thornei* 寄生于短体线虫；*P. nishizawae* 寄生于孢囊线虫、*Heterodera* spp. 和 *Globodera* spp. 。

穿刺巴斯德菌寄生于根结线虫的二龄幼虫，它以球形内生孢子黏附于线虫体表，进而侵入线虫体内。随着线虫的发育，细菌不断在其体内增殖，发育到成虫时，线虫体内也充满了细菌，从而导致线虫彻底被摧毁，释放出大量细菌于土壤中，进而再次侵染其他线虫，达到持续防治的效果。该细菌耐干旱，在干燥条件下可存活一年以上。美国、英国、澳大利亚等国对该菌进行了深入研究，并广泛用于根结线虫的生物防治，取得了良好防治效果。

（二）假单胞菌（*Pseudomonas*）

1962年，Adams和Eichmuller在美国西弗吉尼亚发现美洲剑线虫（*Xiphinema ameri-*

canum Cobb）的大多数种群可被脱氮假单胞菌（*P. dentrificans*）侵染，这种细菌在线虫肠细胞和卵巢内普遍存在，这种脱氮假单胞菌可能就是由线虫卵传染。Lizuka 报道了一种假单胞菌（*Pseudomonas* sp.）提取物能毒杀陆生小杆线虫（*Rhabditis terricola*）和一种未鉴定的根结线虫（*Meloidogyne* sp.），这种细菌后来被证实是解几丁质假单胞菌。在此基础上，以色列科学家开展了用假单胞菌防治植物寄生性线虫的研究，他们将感染了爪哇根结线虫（*M. javanica*）的番茄根围接种解几丁质假单胞菌，发现土壤中二龄幼虫数量显著降低。但这种细菌单独作用于根结线虫的虫卵时，几乎没有效果。尤杨（2018）报道了一株荧光假单胞菌 Sneb825，可诱导番茄根系活性氧和木质素的大量积累，有效防治番茄南方根结线虫病，具有潜在的应用价值。迄今为止，田间应用假单胞菌防治线虫的产品研发还相对落后，但它们显现出的杀线虫潜能不容忽视。

（三）芽孢杆菌

苏云金芽孢杆菌（Bt）的防治谱比较广泛，从发现之初的单一防治鳞翅目害虫扩展到鞘翅目和双翅目昆虫，以及软体动物、螨类、蚂蚁等。Prasad 等于 1972 年发现 Bt 的外毒素对植物寄生性线虫具有毒杀作用，从而使苏云金杆菌防治植物寄生线虫的研究进入了一个新阶段。迄今为止已报道的 Bt 外毒素对根结线虫的卵和虫体有杀灭活性的种类主要包括苏云金亚种、以色列亚种、库斯塔克亚种和莫里斯亚种等。但相关的公开报道较少，大部分成果以专利形式加以保护，专利中涉及的菌种也多使用编号，如 PS33F2、PS17 等，它们都能产生一种或多种杀线虫的晶体蛋白或外毒素，如 PS17、PS63B 和 PS33F2 产生 Cry5，PS69D1 和 PS52A1 产生 Cry6 等，它们被线虫吞入后与线虫肠道内膜结合，进而引起肠内膜渗透性增大，最终破坏线虫肠道组织使线虫致死。成飞雪等（2011）从烟草中分离出 1 株对根结线虫和孢囊线虫有较高生物活性的内生苏云金芽孢杆菌 YC-10。将该细菌发酵滤液原液及 5 倍、10 倍、20 倍和 40 倍稀释液处理南方根结线虫和大豆孢囊线虫，96h 后线虫死亡率分别为 100%和大于 90%，在植物线虫生物防治上显示出巨大的应用前景。

其他芽孢杆菌也表现出较强的抗线虫的作用。如万景旺等（2014）报道了一株蜡质芽孢杆菌 Jdm1、一株枯草芽孢杆菌 Jdm2 均对黄瓜根结线虫有很好的防治效果，Jdm2 与植物源农药苦参碱、印楝素和藜芦碱混合使用，可显著提高对黄瓜根结线虫的防治效果。侧孢芽孢杆菌 *Brevibacillus laterosporus* G4 和芽孢杆菌 *Bacillus* sp. B16 可以以线虫为食物源进行腐生生活，然而，他们也能够破坏线虫的表皮，入侵感染线虫，最终造成线虫死亡（Huang et al.，2005）。其他还有多种来自土壤的抗线虫菌株，分别属于固氮菌属、土壤农杆菌属、伯克氏菌属、节杆菌属、短小杆菌属、产碱杆菌属、拜叶林克氏菌属、金杆菌属、肠杆菌属、色杆菌属、叶杆菌属、梭状芽孢杆菌属、棒状杆菌属、甲基杆菌属、丛毛单胞菌属、葡萄杆菌属、克雷伯氏菌属、沙雷氏菌属等。

三、杀线虫放线菌

以线虫为防治对象的新型抗生素研究报道较多，研究和应用最多的主要有阿维菌素、尼可霉素和其他抗生素。

（一）阿维菌素（Avermectin）

阿维菌素是由阿维链霉菌（*S. avermitilis*）产生的广谱、高效、低毒大环内酯类抗生素，具有杀虫、杀螨、杀线虫的作用。在阿维链霉菌产生的 8 种杀虫成分中，B1 杀虫活性最高而且毒性最小，是剧毒、高毒农药的优秀替代品。阿维菌素的主要作用机理是破坏害虫的神经系统，使害虫迅速麻痹、拒食不动并死亡。阿维菌素 DI 成分衍生物——伊维菌素是 20 世纪 90 年代世界畅销的 10 种动物用药之一。

（二）尼可霉素（Nikkomycin）

尼可霉素是德国拜耳公司开发的一种杀虫抗生素。是一种链霉菌产生的天然核苷类抗生素，含有 20 多种组分，其中 X、Z、L 和 J 4 组分具有活性，可以竞争性的抑制几丁质酶合成，有效地防治真菌、昆虫、线虫、螨类等害虫，且对哺乳动物、蜜蜂、植物安全。但尼可霉素组分多、产量低，需要进行遗传、发酵工艺和提取技术的改造。

（三）其他抗生素

近年来，国外农用杀虫抗生素发展很迅速，Tetranacti 是日本第一个投产的杀虫抗生素，是从金色链霉菌（*S. aureus*）代谢产物中分离出来的，可有效杀死螨类等害虫。其他抗生素，如 Takahashi 等发现的 Alemicidin 也具有杀虫杀螨作用。在我国，杀虫抗生素也取得了较大发展，如杀蚜素（Aphidicide）、戒台霉素（Jietaicin）、梅岭霉素（Meilingmycin）、抗霉素 A（antimycin A）等，其中梅岭霉素属于新的大环内酯类抗生素，具有很好的发展前景。其他抗生素的筛选也相继被报道。近年来报道的新的杀虫抗生素大约有 150 多种，其中 90%是由链霉菌产生。

四、昆虫病原线虫共生细菌

在新一代的生防微生物中，线虫-共生菌复合体由于其杀虫能力强、杀虫谱广、对生态环境安全等诸多优点，逐渐成为引人注目的新型生物杀虫剂。昆虫病原线虫与共生菌是互惠共生的关系，二者联合可以侵染和杀死多种昆虫。

（一）昆虫病原线虫共生菌的发现及其生活史

1937 年 Bovien 首次报道了感染期的斯氏线虫肠道前段后存在共生细菌。1993 年 Boemare 根据 DNA-DNA 的同源性及表型特征，将现已发现的昆虫病原线虫共生细菌分为致病杆菌属（*Xenorhabdus*）和发光杆菌属（*Photohabdus*），它们分别与斯氏线虫属（*Steinernema*）和异小杆线虫属（*Heterorhabditidae*）的线虫共生。

昆虫病原线虫和共生细菌具有独特的生活史，昆虫病原线虫的发育分为 3 个阶段：卵、幼虫和成虫。幼虫有 4 个中间形态，3 期幼线虫可在宿主外面的土壤中存活并且具有侵染能力，即侵染期幼虫。在自然界中，共生菌存在于 3 龄感染期线虫的肠道内，此龄期的线虫虫态不取食，于土壤中能存活一段时间，能主动搜索并随时入侵可能存在的宿主昆虫。线虫通过自然孔口或节间膜进入昆虫体内，释放所携带的共生细菌。共生菌不能单独存活在土壤中，线虫作为载体携带共生菌进入靶标昆虫体内，同时将共生菌释放到寄主昆虫血腔中，线虫保护共生菌免受寄主免疫反应的识别，共生菌在昆虫血腔内大量繁殖，产生抑菌物质和毒素，一般在 48h 内使昆虫患败血症而亡；共生菌分解营养物质和抑制其他杂菌的生长，为线虫的生长、发育和繁殖提供理想的环境；经过若干代的繁殖后，侵染期线虫重新携带着共生菌从寄主昆虫尸体内钻出，再次寻找新的寄主。

（二）昆虫病原线虫共生菌的分类

昆虫病原线虫隶属于动物界线虫动物门（Nematoda）尾感器纲（Secernentea）小杆目（Rhabditida），主要包括斯氏线虫科（Steinernematidae）、异小杆线虫科（Heterorhabditidae）、索线虫科（Mermithidae）、新垫刃科（Neotylenchidae）、滑刃科（Aphelenchoididae）。昆虫病原线虫共生菌是存在于昆虫病原线虫肠道内的一类革兰氏阴性细菌，兼性厌氧，化能异养，属杆菌目、肠杆菌科（Enterobacteriaceae），但他们是一类特殊的肠杆菌科细菌。现已描述的线虫共生菌有 3 个属：致病杆菌属（*Xenorhabdus*）、发光杆菌属（*Photorhabdus*）和沙雷氏属（*Serratia*），其中致病杆菌属和斯氏线虫科线虫共生，发光杆菌属和异小杆线虫科线虫共生，沙雷氏属与拟异小杆线虫共生。

1. 致病杆菌属

根据生理生化及形态特征，嗜线虫致病杆菌属的菌株目前分成 5 个种：*X. nematophila*、*X. poinarii*、*X. bovienii*、*X. beddingii* 和 *X. luminescens*。致病杆菌属主要鉴定特征：菌体杆状，大小为（0.3~2）μm×（2~10）μm，不产生孢子，革兰氏染色阴性，厌氧性，代谢有呼吸和发酵两种类型。最适生长温度为 28℃ 或稍低，少数菌株可在 40℃ 生长。利用葡萄糖产酸，不产气，利用其他糖的能力较差，过氧化氢酶阴性，不能还原硝酸盐，用于肠杆菌科大多实验反应阴性。在培养基上培养发生不同程度型变。根据表型不同分为初生型（Ⅰ型）和次生型（Ⅱ型）。这种型变是可逆的，初生型向次生型转变后，在一定条件下可发生逆转，由次生型恢复为初生型。它们在形态、生理、结构和代谢等方面存有明显差异。如Ⅰ型菌在培养稳定期产生原生质结晶内含物，周生鞭毛可以在琼脂平板上集群运动，卵磷脂酶阳性。Ⅱ型菌不吸收染料，如在溴百里酚蓝琼脂培养基（NBTA）上，Ⅰ型菌菌株能吸收培养基中的溴百里酚蓝，形成蓝色或蓝绿色菌落，而Ⅱ型菌不能吸收溴百里酚蓝，但能氧化培养基中的红四氮唑，菌落呈红色；在麦康凯（MacConkey）琼脂培养基上，Ⅰ型菌能吸收培养基中的中性红，菌落为红色，而Ⅱ型菌不能吸中性红。Ⅱ型菌对于脂肪的分解要强于Ⅰ型。一些Ⅱ型菌具有Ⅰ型的运动性特性。大多数菌株 DNA 酶和蛋白酶活性阳性，只存在于昆虫病原线虫斯氏科的肠道内腔和线虫感染的昆虫体内。

2. 发光杆菌属

根据与 DNA 同源性相关的 ΔTm、16 SrDNA 序列分析以及表型特征，发光杆菌属（*Photorhabdus*）内菌株目前分为 3 个种：*P. luminescens*，*P. temperata* 和 *P. asymbiotica*，其中 *P. luminescens* 分为 3 个亚种 *P. luminescens* subsp. *luminescens*，*P. luminescens* subsp. *akhurstii* 和 *P. luminescens* subsp. *laumondii*。

发光杆菌属主要鉴定特征：菌体细胞不产生孢子，菌体杆状，大小为（0.5~2）μm×（1~10）μm，革兰氏阴性菌，周生鞭毛可以运动。厌氧性，代谢有呼吸和发酵两种类型。最适的生长温度为 28℃ 或稍低，一些菌株可以生长在 37~38℃。过氧化氢酶阳性，不还原硝酸盐。区别肠杆菌科的大多试验阴性。能水解明胶，大多数的菌株能够溶解马和羊血细胞，一些在 25℃ 的羊血平板上产生特别的溶解圈。所有菌株可水解 Tween-20，许多水解

Tween-40、Tween-60、Tween-80 和 Tween-85。从葡萄糖产酸，不产气。可利用果糖、甘露糖、麦芽糖、核糖、N-乙酚氨基葡萄糖产酸。对甘油微弱利用。利用延胡索酸盐、葡萄糖胺、L-谷氨酸盐、L-苹果酸盐、L-脯氨酸、琥珀酸盐和 L-酪氨酸作为唯一碳源和能源。在线虫体外的培养基上培养时自发发生型变，即出现Ⅱ型的菌体。共生菌Ⅰ型是从线虫肠道内分离，有很高比例的菌体细胞，培养到稳定期产生原生质结晶内含物，并且可以发光，黑暗条件下肉眼可以观察到发光。Ⅰ型菌产生光的强度大约是Ⅱ型菌的100 倍。不同菌株颜色亦有变化，在营养琼脂上菌落的颜色有粉红、红色、橘色、黄色或绿色。Ⅱ型菌产生的色素较少或产生不同的颜色，Ⅱ型菌的判断主要依据在麦康凯琼脂上吸收中性红，不产生抗生素。

3. 沙雷氏菌属

肠杆菌科沙雷氏菌属细菌约有十余种，分布于土壤、水、动植物体内，为能产生非水溶性黄、紫和红色素的革兰氏阴性小杆菌，有粘质沙雷氏菌、液化沙雷氏菌、深红沙雷氏菌等。其中某些种类对某些鳞翅目、鞘翅目、直翅目、双翅目和膜翅目害虫有致死作用。张崇星等（2009）利用被侵染期线虫侵染了 24~48h 的大蜡螟血淋巴涂平板的方法，从线虫肠道内分离到一株共生菌新种，通过对新分离菌株 16S rRNA 基因系统发育、形态学、细胞化学成分、生理生化等多相学指标分析，最终确定新分离菌株的分类学地位为肠杆菌科沙雷氏菌属中的一个新种，并将其命名为嗜线虫沙雷氏菌（*Serratia nematodiphila*）。

沙雷氏菌属主要鉴定特征：菌体直杆状，直径 0.5~0.8 μm，长 0.9~2.0 μm，端圆，符合肠杆菌科的一般描述。通常周生鞭毛运动，兼性厌氧，菌落大多数不透明，有些白色、粉红或红色。几乎所有的菌株能在 10~36℃，pH 值 5~9、含有 0%~4% 的 NaCl 的条件下生长。接触酶反应强阳性，发酵 D-葡萄糖和其他糖类产酸，有的产气。发酵并利用麦芽糖、甘露醇和海藻糖作为唯一碳源。利用 D-丙氨酸、L-丙氨酸、4-氨基丁酸盐、癸酸盐、柠檬酸盐、L-海藻糖、D-葡萄糖胺、L-脯氨酸、腐胺和酪氨酸作为唯一的碳源。卫矛醇和塔格糖既不发酵也不能被利用，不利用丁酸盐和 5-氨基-戊酸盐作为唯一碳源。胞外酶可以水解 DNA、脂肪和蛋白质，不水解淀粉（4d 以内）、聚半乳糖醛酸或果胶。大多数菌株水解 O-亚硝基苯-β-D-半乳糖吡喃糖苷。一般不要求生长因子（刘敬瑞，2011）。

（三）昆虫病原线虫共生菌的代谢产物

现在研究的所有的嗜线虫致病杆菌（*Xenorhabdus*）菌株及绝大多数发光杆菌（*Photorhabdus*）菌株都是从土壤中分离的线虫中获得的。*Xenorhabdus* spp. 和 *Photorhabdus* spp. 能在标准的实验室条件下离体生长，当共生菌进入稳定期后，它们产生多种具生物活性的代谢产物，包括杀虫活性、抑菌活性、杀线虫活性、抗癌活性等。近几年，国内外研究者分别从 *Xenorhabdus* 和 *Photorhabdus* 多种共生菌中发现多种毒素蛋白并克隆了这些毒素蛋白的基因，为开发新的杀虫蛋白和杀虫基因提供了新的途径。

共生菌被释放到昆虫血腔后会分泌多种物质，包括与昆虫的致死作用密切相关的蛋白类毒素，其中研究得比较深入的如 Tc 毒素（toxin complexes）、Xpt 毒素（Xenorhabdus protein toxins）、Mcf 毒素（the makes caterpillars floppy toxins）和 Txp40 毒素（A24tox）等。*P. luminescent* W14 能产生至少 4 种毒素蛋白（Tc）（分别称为 Tca、Tcb、Tcc、Tcd），每种 Tc 又由多个多肽组成。其中，Tca、Tcd 在杀死烟草天蛾（*Manduca sexta*）初孵幼虫中发挥主要作用。对毒素蛋白氨基酸序列源分析发现，Tcb 和 Tcd 的氨基酸序列与 *Clostridium*（梭状芽孢杆菌）毒素的 Ta 和 Tb 只有 17%的同源性。TcaC 和 TccC 分别与沙门氏菌（*Salmomella*）的 SpvA 和 SpvB 蛋白有 47%的同源性。从昆虫病原线虫共生菌中分离的毒素蛋白与另外一类重要的杀虫蛋白 Bt 内毒素有明显差异。但饲喂 Tc 后的烟草天蛾幼虫中肠的组织变化发现，其病理特征与 Bt 杀虫晶体蛋白相似，即首先会在前中肠上皮组织出现空洞，在肠腔中出现细胞碎片，在 48h 时，空洞出现在整个中肠并逐渐变大，柱状细胞消失，整个中肠充满着细胞碎片。结果幼虫停止取食，最后停止发育或死亡。

线虫共生菌在代谢过程中能产生多种抑菌物质，以阻止来自肠道和土壤中的微生物对虫尸的二次感染，保证线虫的生长和繁殖。共生菌的这一特性可能在线虫完成生活史方面起重要作用。

产生抑菌物质是致病杆菌属和发光杆菌属共生菌的普遍特征。共生菌不同种或同种不同菌株产生的抑菌物质是不同的。据报道，共生菌产生的抑菌物质主要有 6 种类型：①二硫吡咯类抑菌物；②水溶性的苯并芘类；③羟化二苯乙烯类；④吲哚类；⑤细菌素，共生菌的Ⅰ型、Ⅱ型菌均能产生，其主要功能是抑制亲缘关系较近的其他共生细菌的生长；⑥几丁质酶，昆虫病原线虫共生菌能分泌产生几丁质酶，该酶能抑制真菌菌丝体的生长和分生孢子的萌发。

此外，昆虫病原线虫共生菌还能产生抗癌物质、胞外酶如蛋白酶、脂酶、磷酸酯酶和 DNA 酶等，所有发光杆菌及部分嗜线虫致病杆菌能产生色素，多为蒽酮类物质；发光杆菌分泌产生荧光素，推测共生菌所产生的荧光素和色素可能均有吸引昆虫到已被侵染的昆虫尸体处的作用，从而更利于线虫的入侵；然而，在土壤中，这两个因素作为吸引昆虫的因素，其发挥的作用是十分有限的。关于荧光素在共生菌中所起到的作用，现在尚不明了。

第五节　细菌除草剂

一、微生物除草剂概述

在过去的半个世纪里，化学除草剂被大量使用以防除杂草，部分杂草的抗药性逐渐增强，同时也产生了环境污染、土壤退化以及农药残留等一系列问题。在这种形势下，生物除草剂因其具有选择性高、对生态环境无污染且不容易产生抗药性等多种优点应运而生，展现出了广阔的应用前景和经济效益。

生物除草剂是指利用生物活体或其代谢产物对杂草进行防除的一类农药制剂，主要指微生物农药。微生物除草剂主要包括活体微生物除草剂和微生物源除草剂。活体微生物除草剂是指由杂草病原菌的繁殖体和适宜的助剂组成的微生物制剂。该类除草剂具有高度的选择性和安全性，能够在不影响农作物生长的前提下有效防除田间杂草，且对人、畜、天敌和非靶标生物安全。

国内外对一些活体微生物除草剂已有研究，目前登记的微生物除草剂产品多以真菌制剂为主。而细菌类除草剂的研究多处于研发阶段。如粘质沙雷氏菌 Ha1 菌株及其代谢产物最初被发现对马唐有除草活性，Ha1 颗粒剂对单子叶杂草马唐和稗草、双子叶杂草反枝苋和苘麻都有一定的除草活性。当颗粒剂的施用量为 110g/m^2 时，对马唐、稗草鲜重抑制率分别为 57.56%和 63.12%，IC_{50}分别为 76.035g/m^2 和 87.076g/m^2；对双子叶杂草反枝苋、苘麻的抑制率稍差，当颗粒剂的施用量为 110g/m^2 时，对反枝苋、苘麻鲜重抑制率分别为 48.76%和 48.46%，IC_{50}分别为 107.369g/m^2 和 106.969g/m^2。此外，Ha1 颗粒剂对小麦、玉米和高粱的生长均无抑制作用，显示出良好的应用前景（郭冉，2019）。一种分离自月见草的内生性肺炎克雷伯氏菌 YNA12，该菌株培养滤液显著抑制月见草种子的发芽，导致幼苗长度和生物量显著减少，可用作控制杂草生长和发育的有效生物除草剂（Kang et al.，2020）。

二、微生物除草制剂的研发

在微生物除草剂开发过程中，为增加其稳定性，人们通常将具有除草活性的微生物菌株与微生物助剂搭配，制成微生物除草剂的制剂使用。常用微生物除草制剂的助剂大致可以分为两种：一种是为病原菌提供营养的助剂，能够使病原菌不断繁殖发挥活性；另一种是作为微生物除草制剂在田间使用时，能够抵挡不良环境条件的保护剂。因此，在微生物制剂研究过程中需要考虑助剂与微生物除草剂的相容性，保证微生物除草制剂中的微生物菌株活性不受影响。

尽管微生物除草制剂与化学除草剂具有不同的特性，但人们对于微生物除草剂制剂的研究还是模仿化学除草剂的制剂来研究的。制剂的剂型主要包括：粉剂、颗粒剂和悬浮剂等。颗粒剂作为本试验研究的一个制剂剂型，是通过添加面粉作为营养物质、高岭土作为黏着性物质和发酵的微生物菌悬液制成的。由于其颗粒状的物理性状，只能通过土壤填埋的方法来发挥其除草活性。而在微生物除草制剂剂型的研究上我们仍需做出更大努力，如通过添加助剂等物质来提高微生物除草制剂的贮藏期和货架期，寻找价格低廉的添加材料，从而降低微生物除草制剂的成本等。

利用微生物所产生的对植物具有毒性的代谢产物进行杂草防治，这种毒性代谢产物叫作微生物源除草剂，也叫作农用抗生素类除草剂。第一个开发成商品除草剂的微生物源产物为双丙氨膦（bilanafos），它是由从土壤中分离的绿色产色链霉菌（*S. viridochromogenes*）产生的，使用双丙氨膦喷施双子叶和单子叶杂草，7~10d 后植株全部死亡，对双子叶和单子叶杂草都表现出良好的除草活性。

三、微生物除草剂研究与利用中存在的问题

微生物除草剂研究与利用中存在的问题：①尽管国内有科研机构或厂家拥有了微生物除草剂的专利技术，但尚未取得登记，大规模生产技术尚不成熟；②生物除草剂的目标选择性极强，作用靶标单一，实际生产应用中受到极大限制；③微生物除草剂对环境

的要求极高。需要很高的湿度（湿度80%以上）和适宜的温度（20~30℃），微生物才可以大量繁殖，达到除草活性。

因此，我们要针对微生物除草剂在研发过程存在的寄主单一、发酵与制剂加工困难、防治效果受环境条件制约等问题进行改进。加强候选微生物菌种和筛选微生物代谢产物，同时也对微生物与除草剂复配进行研究，以达到扩大杀草谱的目的；改进发酵工艺，提高产品效价，改善其剂型和配方，尽量减少环境对微生物除草剂的影响；积极开展除草作用靶标、除草抗性基因的发掘等研究工作，以期发现新的除草作用靶标和解决杂草抗药性问题。

第三章　真菌类微生物农药

真菌类微生物农药，又简称真菌农药（fungal pesticides），是最早研发并应用的一类微生物农药。生物学家梅契尼科夫于 1879 年探索出用啤酒酵母大量培养绿僵菌的方法，并成功应用于田间防治金龟子，开创了真菌类微生物农药研究与应用的先河。140 年来，科技工作者不断研究，已发现了有杀虫、防病、除草等植保潜力的真菌上万种，开展了对病、虫、草害作用机理探讨，以及适用产品研制和防控技术研究，并积极付诸田间防控应用实践，致力于利用各类真菌对昆虫致病性或对植物病原菌的拮抗性，以及对杂草、毒害草的特异抑制性等，研发出高效、实用的病虫草害生物防控技术和产品。

第一节　真菌类微生物农药资源

一、资源种类

自然界的真菌能够采取多种策略来获取外界的营养，例如腐生（主要生存在土壤中，靠分解土壤中的有机质来获得营养）、寄生（直接从动物、植物甚至人类体内获取营养）和共生（与其他微生物、植物或动物共同生存获取营养）等，多样化的生存方式使真菌能够占领广阔的栖息地。世界上已知的真菌大约有 1 万属 12 万余种，真菌学家戴芳澜院士估计中国大约有 4 万种，其中约 10% 对植物的病虫草害有一定控制作用，分布在各个不同目、科或属中，是研发真菌类微生物农药的基本资源。根据其功能特点和利用目标，人为地分为杀虫真菌、防病真菌、除草真菌等几大类，尽管它们各自还可能有多方面作用如诱导抗性、促进营养元素吸收等。国内外涉及防控病、虫、草害等研究的真菌约有 3 000 种，目前登记注册的真菌农药含 51 个物种、133 个株系（详细参见第八、第九章）。根据防治作用对象，真菌农药主要分为真菌杀虫剂、真菌杀菌/抑菌剂、真菌杀线剂、真菌除草剂等类别。其中一些真菌种类已经积累了大量研究资料，相关产品已大规模生产和大面积田间应用，例如用于害虫防治的绿僵菌、白僵菌，用于防治病害的木霉菌等。在产品注册管理方面，我国与国际组织和其他国家（如 FAO/WHO、美国、欧洲等）均采用真菌系统分类的物种名称及株系编号来标识产品的有效组分。

二、资源分类与鉴定

科学的分类系统和准确鉴定是研发真菌农药的基础，确定真菌农药产品中有效成分的物种也是微生物农药注册登记的必要条件。

（一）真菌的分类系统

人类认识和利用真菌已有3 000~6 000年的历史，但真菌分类学的产生和发展至今只有不到300年。1729年，意大利著名植物学家米凯利（Pier Antonio Micheli）首次用显微镜观察研究真菌，在《植物新属》（*Nova Plantarum Genera*）一书中记载了许多真菌的属，提出了真菌分类检索表。1735年，瑞典著名生物分类学家林奈（Carl Linnaeus）在《自然系统》（*Systema Naturae*）书中将真菌分为10属，当时设置的一些属名至今仍沿用。并且，他于1772年提出的物种命名“双名法”被采用至今，对真菌分类和鉴定起到了巨大的推动作用。

真菌的分类和鉴定主要根据显微形态观察，历史上的学者们根据各自不同的观点建立了许多分类系统。产生多系统的原因主要是在分析确定真菌的亲缘关系时，对采用的一些标准评价不一。随着显微技术的不断发展和新种的不断发现，真菌分类系统也在不断完善。相对来说，安斯沃思系统（Ainsworth et al.，1973）较为全面近于合理，被越来越多的人所接受。该系统将真菌门分为5亚门，18纲，68目。在分类和鉴定真菌时还可以辅助参考一些其他系统或文献，例如“*Introductory Mycology*”（Alexopoulos et al.，1996）、《真菌鉴定手册》（魏景超，1979）、《真菌分类学》（邵力平等，1988）、《菌物学大全》（裘维蕃，1998）等。

近30年来，分子生物学和分子检测技术快速发展，对真菌分类和鉴定产生巨大推动作用，不仅支持确认原有系统大部分的合理性，还纠正了原先模糊的或错误的类别。目前，按照系统发育学，真菌大类分为7门和4个单列亚门（图3-1），其中子囊菌门（Ascomycota）和担子菌门（Basidiomycota）为高级进化类群；接合孢菌（*Zygosporic fungi*）和游动孢子菌（*Zoosporic fungi*）进化相对初级，且不是单系进化，形态学上显示多样化；而微孢子菌门（Microsporidia）为低等真菌，最初认为是散发的胞内寄生物，归为原生动物（Protozoa），现根据多基因座测序和基因组学的证据表明应属于真菌类（Hirt et al.，1999；Lee et al.，2010）。

很多真菌的生活史具有无性世代和有性世代双重循环（图3-2），但在早期（主要20世纪70年代以前），一些真菌包括许多用于病虫害防控的真菌，常常只见其无性循环的过程形态，如菌丝、分生孢子等，但未见或未知其有性循环过程，因此为了便于研究暂且归为半知真菌类（亚门或纲），并根据无性世代发育特征，制定了分级分类系统。随着研究的深入和分子系统学的发展，现在半知真菌类的属种多数都能够鉴定到相应的有性型，重新归入分类系统的适当地位，一些特定条件下的“神秘种”通过核酸分子序列比对得到验证或纠正，“半知菌（Fungi imperfecti）”“不完全菌纲（Deuteromycetes）”等名称已经被放弃（Taylor，1995；Blackwell et al.，2006）。

（二）真菌物种的鉴定

对真菌种类的鉴定，一般采用经典的形态学分类方法，根据普遍认可的检索系统和

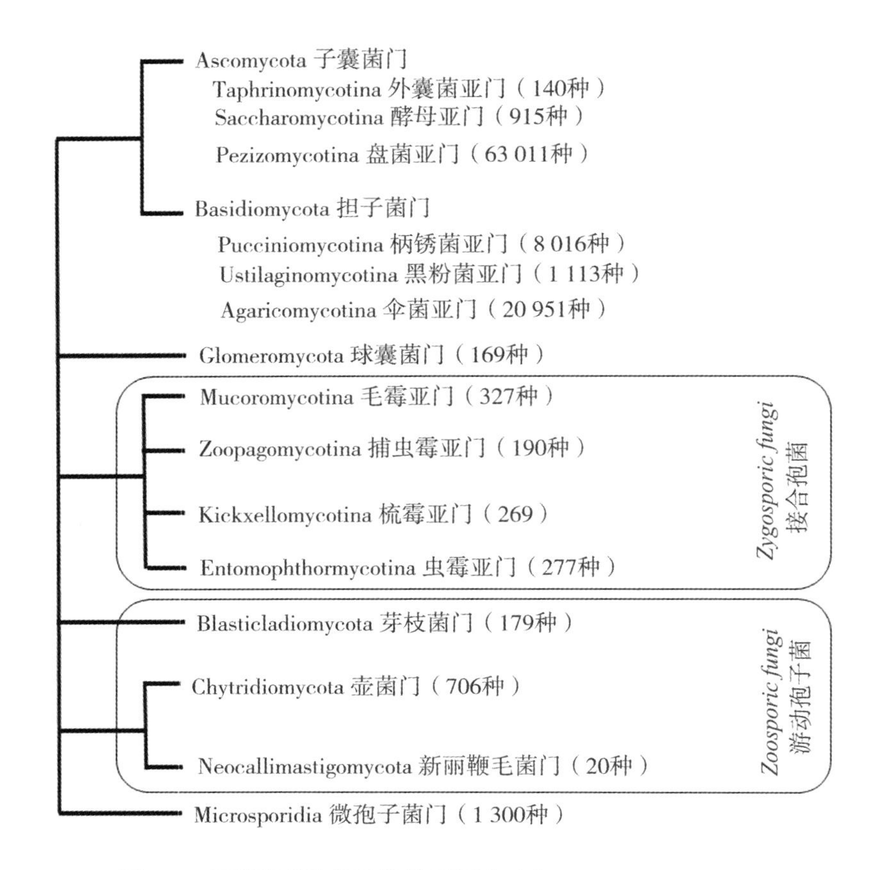

图 3-1　真菌门类和物种数关系图示（自 Vega et al.，2012）

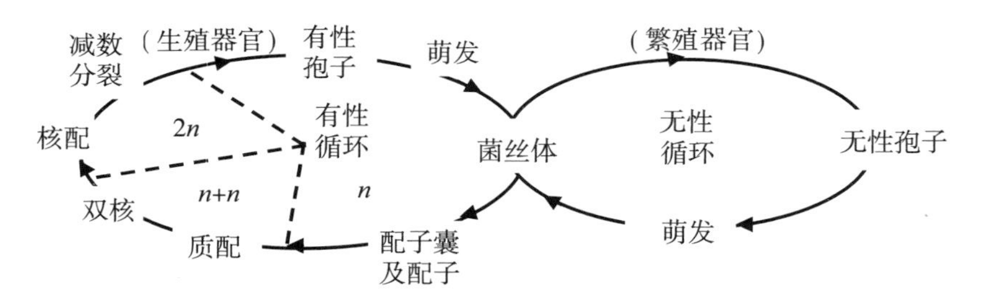

图 3-2　真菌典型生活史

新近研究进展，常见种类可鉴定到属或种级水平。目前很多种类都进行了种群和菌株的分子标记检测和分析，获得大量重要的分类鉴定信息。根据分子系统发育学，一些原先有争议的物种已经得到了定位，有的物种还进一步延伸了更细化的分类和鉴定，例如从含混的物种分辨出不同物种单元或重新定名，有的物种还能够鉴定到亚种或品系。

根据基因的流动性，核糖体 DNA（rDNA）在物种内通常保持着很高的同源性，而在种间则表现出各种程度的变异。变异的多少能够反映生物进化上属内种间亲缘关系的远近。rDNA 中的 18S、5. 8S 和 28S 序列比较保守，而转录间隔区（internal transcribed spacer，ITS）ITS1 和 ITS2 相对变化较大，通常在若干位点的单碱基（少见 2~3 碱基）被替换、插入或缺失，在种间表现出较高的差异，这些可检测的遗传信息差异十分丰富，成为真菌分类鉴定的重要依据。Gonzalea 于 1990 年提出了利用 ITS 作为全新的物种分子标记，同年 White 等首先设计了对真菌 rRNA 基因扩增的 ITS 引物，该分子标记技术具有快捷、准确、灵敏等优点，被广泛用于真菌的分类和鉴定。进一步研究表明，ITS 对区分所有真菌的成功率高达 72%，2011 年被正式确定为区分真菌的条形码（Schoch et al.，2012）。

研究还发现了一些能够体现种间或种内差异的基因如 β 微管蛋白（beta-tubulin）、RNA 聚合酶Ⅱ大亚基（RPB1）、RNA 聚合酶Ⅱ第二大亚基（RPB2）和翻译延伸因子（EF-1α）等持家基因片段，以及新型鉴定技术如多位点序列分型技术、随机扩增微卫星技术等，在鉴定物种和划分亚种或种群中起重要的标记性作用。基本方法是通过 PCR 方法，扩增真菌的核糖体 DNA 转录间隔区（如 ITS1-4）和特定基因序列，并进行核苷酸序列测定，在 GenBank 数据库中比较同源性和构建系统发育树，鉴定菌株的进化地位。ITS 序列和多基因序列分子检测，弥补了传统鉴定和检测方法的不足。

在总体上，分子标记检测数据支持原有形态学分类系统的大部分结果，对一些物种定位提出了疑问，有的得到了纠正，有的被确定为新种，有的建立了种内的分化组群。在真菌微生物农药研究中，如果对于属内和种内的分类或对于新种鉴定存在异议，可采用分子标记检测方法，以进化上相对保守的核糖体 ITS 区域和特定标识片段的核苷酸序列进行辅助鉴定。目前，一些重要的微生物农药真菌资源如杀虫真菌绿僵菌和白僵菌、抗病真菌木霉、食线虫真菌节丛孢等都已提出了比形态分类系统更加细化的系统。相关内容请参见以下各类真菌的介绍。

第二节　真菌杀虫剂

真菌杀虫剂是以昆虫病原真菌为有效活性组分，用于农业、林业、卫生、仓储、畜禽等有害昆虫和螨虫防控的一类微生物农药。

一、昆虫病原真菌

真菌与昆虫在漫长的进化过程中，形成了多样化的相互关系，包括致病、寄生、腐生、共生、携播、噬菌、竞争、捕食等。这些关系使真菌能够适应不同生境、保存种质和继代繁衍。昆虫病原真菌（Entomopathogenic fungi）是指能够侵入健康昆虫（和其他节肢动物）寄主，在其体内增殖并引起早期生理病变，影响发育、生殖和导致死亡的一类真菌。这是功能性的类别而非系统发育学的分类，这类真菌主要体现了上述的致病和寄生关系，是研发真菌杀虫剂的基本资源。

（一）种类及分类

昆虫病原真菌通过昆虫的寄生和致病作用，获得种群的大量增殖。而在生态系统中，由于食物链和生态关系，致病真菌避免了昆虫种群的暴发，保持了天然环境中的生态平衡。在自然条件下病死的昆虫中，约60%起因于真菌感染罹病所致。全世界已报道的昆虫病原真菌有约1 000种，分属于不同的门、纲、目、科、属。许多种类早期只发现其无性型，被归为半知真菌类（门或纲），现在大多确定了有性型，已正常划归到分类系统中。例如，最为常见绿僵菌属，过去一直定位于半知菌亚门—丝孢纲—丛梗孢目—丛梗孢科，现已确定为子囊菌门—盘菌亚门—粪壳菌纲—肉座菌目—麦角菌科。

昆虫病原真菌多属于子囊菌门的肉座菌目（Hypocreales）和虫霉亚门的虫霉目（Entomophthorales），还有一些属于壶菌门（Chytridiomycota）、球囊菌门（Glomeromycota）、担子菌门（Basidiomycota）和微孢子菌门（Microsporidia）（Vega et al.，2012）。一般虫霉目真菌的寄主比较专一，而肉座菌目真菌多数有较宽泛的寄主范围（表3-1）。在传统的形态学分类系统中，有的物种可能是复合种或含有较复杂的种群类型，例如，最为常见和研究最多的球孢白僵菌（*Beauveria bassiana*）和金龟子绿僵菌（*Metarhizium anisopliae*）已积累众多菌株，具有高度的遗传多样性。近年分子系统研究已经可以较好地区分和细化白僵菌属和绿僵菌属内物种和种内不同类型（Bischoff，Humber.，2009；Oda et al.，2014）。即使同一物种，不同株系在寄主范围、侵染水平、萌发率等方面也有所差异，表现了株系种群对不同环境的适应性。总体上，昆虫病原真菌寄主范围涵盖了昆虫纲中的绝大多数目类。最常见的白僵菌属和绿僵菌属寄主分别有700多种和200多种，包括鳞翅目（Lepidoptera）、鞘翅目（Coleoptera）、直翅目（Orthoptera）、半翅目（Hemiptera，含同翅亚目Homoptera）等中的多种重要农林害虫（Lomer et al.，2001）。

表3-1　重要昆虫病原真菌属种的分类地位和寄主

<table>
<tr><th>序号</th><th>属和代表性种</th><th>分类地位（门/纲/目/科）</th><th>主要寄主</th></tr>
<tr><td>1</td><td>Metarhizium 绿僵菌属
M. anisopliae 金龟子绿僵菌
M. acridum 蝗绿僵菌
M. flavoviride 黄绿绿僵菌
M. rileyi 莱氏绿僵菌
（原名 Nomuraea rileyi 莱氏野村菌）</td><td rowspan="3">Ascomycota 子囊菌门/
Pezizomycotina 盘菌亚门/
Sordariomycetes 粪壳菌纲/
Hypocreales 肉座菌目/
Clavicipitaceae 麦角菌科</td><td>
广适寄主，甲虫等
蝗虫
蝗虫，蛾类，蜚蠊
鳞翅目夜蛾科</td></tr>
<tr><td>2</td><td>Spicaria 穗霉属
S. prasina 绿色穗霉
S. fumosorosea 赤色穗霉</td><td>
棉铃虫、螟虫
柞蚕饰腹寄蝇</td></tr>
<tr><td>3</td><td>Aschersonia 座壳孢属
A. duplex 双生座壳孢</td><td>
粉虱、蚧类</td></tr>
</table>

（续表）

<table>
<tr><th>序号</th><th>属和代表性种</th><th>分类地位（门/纲/目/科）</th><th>主要寄主</th></tr>
<tr><td>4</td><td>Beauveria 白僵菌属
B. bassiana 球孢白僵菌
B. brongniartii 布氏白僵菌</td><td rowspan="5">Ascomycota 子囊菌门/
Pezizomycotina 盘菌亚门/
Sordariomycetes 粪壳菌纲/
Hypocreales 肉座菌目/
Cordycipitaceae 虫草菌科</td><td>广适寄主
甲虫等</td></tr>
<tr><td>5</td><td>Lecanicillium 疥霉属（蜡蚧菌属）
L . lecanii 蜡蚧疥霉
（原名 Verticillium lecanii 蜡蚧轮枝菌）</td><td>蚜虫、粉虱、蚧虫、蓟马</td></tr>
<tr><td>6</td><td>Isaria 棒束孢属
I. fumosorosea 玫烟色棒束孢（异名 P. fumosoroseus 玫烟色拟青霉）
I. farinose 粉棒束孢（异名 Paecilomyces farinosus 粉拟青霉）</td><td>蚜虫、粉虱

木虱、菜螟、夜蛾</td></tr>
<tr><td>7</td><td>Paecilomyces 拟青霉属
P. cicadae 蝉拟青霉</td><td>蝉、飞虱</td></tr>
<tr><td>8</td><td>Cordyceps 虫草菌属
C. sinensis 冬虫夏草
C. brongniartii 布氏虫草
C. crinalis 毛虫草
C. cicadae 大蝉草</td><td>特异寄主
蝙蝠蛾科
甲虫
蚁类、毛虫等
蝉类</td></tr>
<tr><td>9</td><td>Hirsutella 被毛孢属
H. thompsonii 汤姆逊被毛孢</td><td>Ascomycota 子囊菌门/
Pezizomycotina 盘菌亚门/
Sordariomycetes 粪壳菌纲/
Hypocreales 肉座菌目/
Ophiocordycipitaceae 线形虫草科</td><td>粉虱，植食性螨类如锈螨等</td></tr>
<tr><td>10</td><td>Septobasidium 隔担菌属
S. pedicellatum 茶隔担耳</td><td>Basidiomycota 担子菌门/
Pucciniomycetes 柄锈菌纲/
Septobasidiales 隔担菌目/
Septobasidiaceae 隔担菌科</td><td>盾蚧科</td></tr>
</table>

（续表）

序号	属和代表性种	分类地位（门/纲/目/科）	主要寄主
11	*Entomophthora* 虫霉属 *E. grylli* 蝗霉 *E. muscae* 蝇霉 *E. aphidis* 蚜霉	Entomophthoromycotina 虫霉亚门/ Entomophthoromycetes 虫霉纲/ Entomophthorales 虫霉目/ Entomophthoraceae 虫霉科	蝗虫 家蝇 蚜虫
12	*Entomophaga* 噬虫霉属 *E. grylli* 蝗噬虫霉		舞毒蛾
13	*Erynia* 虫疫霉属 *E. curvispora* 弯孢虫疫霉		蚜虫、双翅目等 蚊
14	*Eryniopsis* 拟虫疫霉属 *E. lampyridarum* 萤拟虫疫霉		花萤等
15	*Furia* 虫瘴霉属 *F. fujiana* 福建虫瘴霉 *F. pieris* 粉蝶虫瘴霉		灯蛾 沫蝉
16	*Tarichium* 干尸霉属 *T. syrphis* 食蚜蝇干尸霉 *T. cleoni* 方喙象干尸霉		特定蝇类、蛾类 食蚜蝇 方喙象
17	*Massospora* 团孢霉属 *M. cicadina* 蝉团孢霉		蝉类
18	*Strongwellsea* 斯魏霉属 *S. magna* 大孢斯魏霉		蝇类
19	*Zoophthora* 虫瘟霉属 *Z. radicans* 根虫瘟霉		多种昆虫 蚜虫、小菜蛾
20	*Pandora* 虫疠霉属 *P. neoaphidis* 新蚜虫疠霉		蚜虫
21	*Conidiobolus* 耳霉属 *C. coronatus* 冠耳霉 *C. thrombiodes* 块状耳霉	Entomophthoromycotina 虫霉亚门/ Entomophthoromycetes 虫霉纲/ Entomophthorales 虫霉目/ Ancylistaceae 新月霉科	多种昆虫 蚜虫、蝇类、毛虫
22	*Neozygites* 新接霉属 *N. fresenii* 弗氏新接霉	Entomophthoromycotina 虫霉亚门/ Neozygitomycetes 新接霉纲/ Neozygitales 新接霉目/ Neozygitaceae 新接霉科	蚜虫、螨类
23	*Coelomomyces* 体腔菌属（雕蚀菌属） *C. stegomyiae* 复蚊体腔菌	Blastocladiomycota 芽枝菌门/ Blastocladiales 芽枝菌目/ Coelomomycetaceae 雕蚀菌科	蚊虫
24	*Coelomycidium* 腔壶菌属 *C. simulii* 蚊蚋腔壶菌		蚊虫
25	*Lagenidium* 链壶菌属 *L. giganteum* 大链壶菌	Chytridiomycota 壶菌门/ Mastigomycotina 鞭毛菌亚门/ Lagenidiales 链壶菌目/ Lagenidiaceae 链壶菌科	库蚊幼虫

（续表）

序号	属和代表性种	分类地位（门/纲/目/科）	主要寄主
26	*Paranosema*（原名 *Nosema*）微孢子（菌）属[*] *P. locustae* 蝗虫微孢子（菌） *P. bombycis* 家蚕微孢子（菌）	Microsporidia 微孢子菌门	蝗虫 家蚕

[*] 注：*Paranosema*（*Nosema*）原先归于原生动物，称为微孢子虫。本书将其放在其他种类介绍，以便于读者查阅回顾文献。

（二）杀虫机理

近年来，昆虫病原真菌对昆虫侵染和致病的组织学及分子机制取得了一定的进展。但总体来说，人们对真菌与昆虫互作机制的认识仍然十分有限。

昆虫病原真菌主要从表皮入侵，可直接穿透易感寄主的角质层侵入昆虫体内，因此不仅对咀嚼式口器害虫有效，对刺吸式口器害虫也有效。侵染过程包含分生孢子附着于寄主体表、孢子吸水后萌发、产生芽管、形成附着胞和侵染钉、菌丝穿透表皮、进入血体腔、引发病变的渐进过程。以金龟子绿僵菌为例的感染过程如图 3-3（图版 IV）所示。

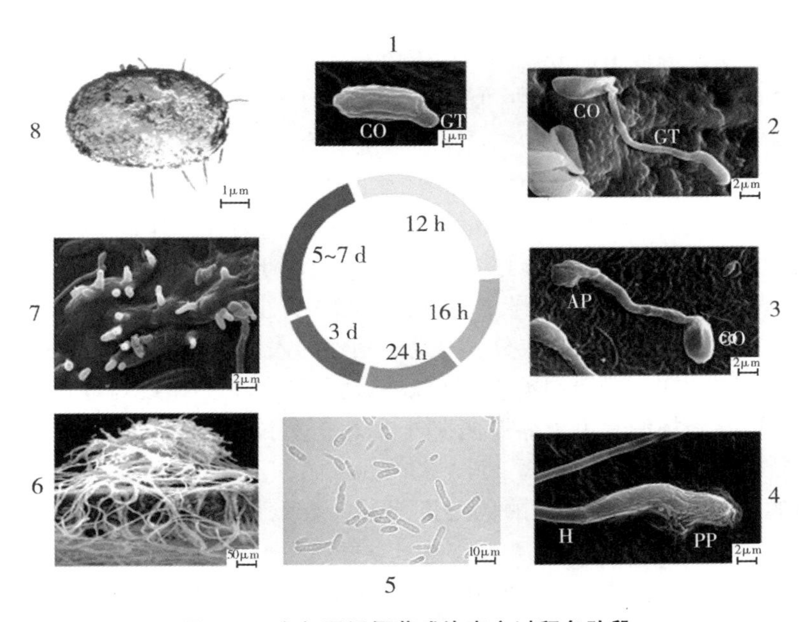

图 3-3　金龟子绿僵菌感染寄主过程各阶段

1. 分生孢子附着于宿主表皮，SEM；2. 分生孢子萌发，SEM；3. 胚管分化为附着胞，SEM；4. 菌丝穿透角质层；5. 菌丝分化成芽生孢子-虫菌体，光学显微镜；6. 定殖寄主，SEM；7. 穿出寄主尸体表面，SEM；8. 寄主尸体上的分生孢子（注：CO—分生孢子；GT—胚芽管；AP—appressorium；H—菌丝；SEM—扫描电子显微镜）（自 Schrank 和 Vainstein，2010）

附着胞是侵染的前提和关键，在侵染过程中附着胞和入侵菌丝都会分泌一系列胞外酶（如脂酶、几丁质酶、蛋白酶等）溶解昆虫皮层组分促进侵染。菌丝穿透昆虫表皮后突破血淋巴膜后进入血体腔，摄取昆虫营养继续生长扩展或以小的独立繁殖体快速扩繁，产生小分子毒素以麻痹寄主感应，产生效应蛋白以抵御寄主免疫，进而侵入机体的脂肪体、消化道、马氏管、神经节及气管等组织，造成物理性损害和病理性变化，最终使寄主罹病死亡（Wang et al.，2007）。从孢子附着到寄主发病死亡，一般需要 5~15d，整个感染致病过程是病原真菌与寄主相互作用，包括突破昆虫寄主体壁屏障和克服寄主免疫系统的过程。

1. 突破寄主体壁屏障

昆虫病原真菌通常直接穿透外表皮来感染寄主昆虫。体壁是昆虫抵抗感染的第一道屏障。真菌分生孢子首先特异性或非特异性地吸附于昆虫体壁，萌发后可分泌孢外蛋白酶及黏附因子使之牢固地附着在昆虫体壁上（Leger et al.，1991；Holder，2005）。研究发现了一些负责疏水性、黏附性和毒力的基因，例如，金龟子绿僵菌疏水基因 *ssgA* 编码的疏水蛋白可以帮助孢子附着于昆虫体表（St Leger et al.，1992）。绿僵菌在侵染寄主表皮时表达黏附蛋白 MAD1，促进真菌孢子稳定地吸附于寄主体表，如果缺失 mad1 基因，分生孢子的黏附能力与毒力都显著降低（Wang et al.，2007）。另外，其他细胞壁蛋白如 CWP10 和 CP15，它们参与了耐热和抗氧化胁迫反应，在黏附和应激反应中发挥关键作用（Ying et al.，2011）。

真菌孢子在昆虫表皮上萌发后，形成附着胞。附着胞经过一段时间的膨大并形成侵入钉，借助机械压力及蛋白酶、几丁质酶、脂酶等水解酶的多重作用来降解昆虫表皮，穿透寄主体壁（Wang et al.，2017）。蛋白酶主要有两大类，一类是对底物短肽 Sue-Ala-Ala-Pro-Phe-Nz 有活性的类枯草杆菌蛋白酶 Prl，另一类是对短肽 Ben-Phe-Val-Arg-NA 有活性的胰蛋白酶 Pr2（Charnley et al.，1991），它们的同工酶氨基酸序列中具有相同的活性区域，但其他部分序列变化较大（Joshi et al.，1997；Charnley et al.，1997）。类枯草杆菌蛋白酶 Pr1 在昆虫病原真菌侵入寄主和致病过程中是重要的毒力因子，能溶解昆虫表皮中的蛋白质成分，有助于菌丝的入侵，同时为菌丝的生长提供营养（Shah et al.，2005）。Pr1 类蛋白酶在昆虫病原真菌侵入寄主和致病过程中是重要毒力因子，*pr1a* 基因被破坏的金龟子绿僵菌菌株毒力显著下降，而 *pr1a* 高水平表达的菌株杀虫毒力明显提高，杀虫时间缩短 25%（St Leger et al.，1997）；昆虫血淋巴中高浓度的 Prla 蛋白酶可引起昆虫酚氧化酶的过度表达，导致昆虫中毒死亡（St Leger et al.，1996）。

几丁质是昆虫体壁屏障的主要成分，真菌几丁质酶是真菌突破寄主体壁的另一个重要的因子。用昆虫生长调节剂 Dimilin 处理烟草夜蛾幼虫，阻止其几丁质合成，结果试虫体壁很容易被金龟子绿僵菌降解。几丁质酶有多种类型，包括外切几丁质酶和内切几丁质酶，根据等电点分为酸性和碱性几丁质酶等。对多种几丁质同工酶的研究表明，DGIDVDWEYP 是底物结合酶（Processing enzymes）的推定作用位点，对真菌几丁质酶具有高度保守性（St Leger et al.，1993）。几丁质酶是诱导酶，在侵染寄主体壁过程的后期、蛋白酶作用后暴露于几丁质才被诱导产生（Charnley et al.，1997）。

病原真菌如果突破体壁失败，原因可能是体壁的某些成分抑制了真菌孢子的萌发，或是体壁的分子筛功能阻挡了真菌分泌物的渗透，还有昆虫表皮自身的推陈出新，排除了病原真菌及其分泌物。另外，昆虫已选择进化了抵抗病原的特异蛋白酶的抑制剂，例如 insect metalloprotease inhibitor（IMPI）（Qazi et al.，2007），而真菌分泌的酶种类虽多但分泌量有限，从而影响了其对表皮的降解程度（侯成香等，2012）。

群居昆虫还可以通过群体行为回避达到对真菌感染的有效防御。例如白蚁和蚂蚁，可利用嗅觉线索从远处探测到被污染个体上的有毒真菌。大型白蚁可通过真菌释放的挥发性有机化合物区分真菌的毒性高低，并采取相应的防御行为（Mburu et al.，2013）。对病原真菌的防御行为还包括自我修饰，以及摄入或产生具有抗病性的化合物，例如一些群居昆虫通过传播唾液腺或表皮后胸腺产生的抗真菌分泌物（如甲酸、抗菌肽和蛋白样液体），以保护自身及巢内同伴（Tragust et al.，2013）。还有研究表明沙漠蝗虫可以通过晒太阳来提高体温，以对抗绿僵菌感染（Blanford et al.，1999）。当种群密度高时，昆虫宿主通过预防性免疫的增强对抗真菌，如群居性蝗虫通过预防性免疫的增强来降低对真菌的易感性（Wang et al.，2013）。

2. 抑制寄主体液免疫

昆虫免疫系统由体液免疫（humoral immunity）和细胞免疫（cellular immunity）组成。体液免疫是指昆虫体内本身存在或受诱导由脂肪体和血细胞分泌的免疫因子，包括抗菌肽、抗菌蛋白、凝集素、溶菌酶、酚氧化酶等物质，对病原微生物产生免疫作用。昆虫体液免疫主要有 4 条信号通路，Toll、IMD 通路是昆虫抵御病原真菌的核心通路，而 JAK/STAT 信号通路则主要对病毒的侵染做出免疫应答，JNK 信号通路则是昆虫通过介导细胞凋亡抵御病毒侵扰。病原真菌的侵入，激发了昆虫体液免疫功能。Toll、IMD 通路包含多种蛋白因子介导的黑化反应、抗菌肽、溶菌酶、活性氧（ROS）、凝集素等产生的复杂免疫应答反应（Lemaitre et al.，2007）。Toll 的激活与反应如图 3-4（图版Ⅴ）中左侧所示，革兰氏阴性结合蛋白 3（GNBP3）是 β-1,3-葡聚糖识别蛋白家族（βGRP3）的成员，能识别并结合真菌细胞成分，级联反应启动 Toll 信号通路。Persephone 和 Späetzle 激活酶（SPE）引起半胱氨酸结合因子 Späetzle（Spz）的裂解。当蛋白水解的配体 Spz 与受体结合时，Toll 受体被激活。然后将信号传递到由 MyD88、Tube 和 Pelle 组成的细胞内信号转导级联中，最终通过有效的 NF-KB 转录因子 Dorsal 和 Dif 导致 AMPs 的表达。

酚氧化酶（Pheonloxidase，PO）及其相关酶类是重要的免疫激活因子。该酶平时以无活性的酚氧化酶原（Porpheonloxidase，PPO）形式存在，当外来生物入侵时，可通过特异性丝氨酸蛋白酶的级联反应（PPO 级联）而活化，产生黑化反应，清除病原体（Valanne et al.，2011；Palmer et al.，2015）。昆虫受到微生物感染或损伤后，脂肪体和血细胞会迅速合成一些抗菌肽（AMPs），分泌到血淋巴中消灭入侵的病原物。例如，在大蜡螟幼虫体内发现一种识别绿僵菌的抗真菌肽 gallerimycin（Schuhmann et al.，2003）。溶菌酶是由昆虫的脂肪体分泌并释放到血淋巴中的一种免疫因子，其通过攻击肽聚糖或水解微生物细胞壁上的 N-乙酰胞壁酸的糖苷位点，进入细胞内并破坏其结构，最终杀死病原物（侯成香等，2012）。从经免疫诱导过的大蜡螟、家蚕和甘薯天蛾（*Agrius convolvuli*）中纯化得到溶菌酶，对真菌和革兰氏阳性细菌均具有显著的抑制效

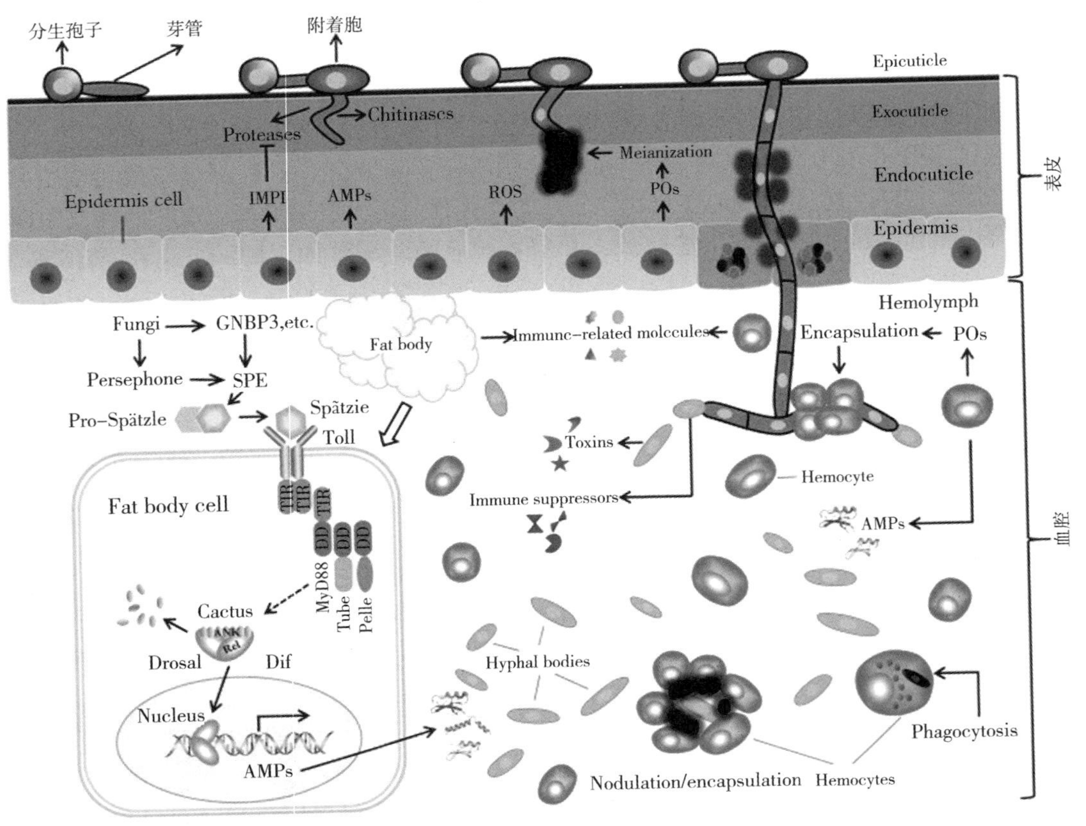

图 3-4　昆虫病原真菌与昆虫免疫反应之间相互作用的示意图

GNBP3—革兰氏阴性结合蛋白 3；IMPI—昆虫金属蛋白酶抑制剂；AMPs—抗菌肽；ROS—活性氧；PO—酚氧化酶；SPE—Spätzle 激活酶；TIR—Toll-IL1 受体域；DD—死亡域；ANK—锚蛋白重复（自 Qu et al.，2018）

果（Yu et al.，2002）。凝集素（Lectin）也是一种糖结合蛋白，通过改变真菌膜结构或渗透性直接抑制真菌生长，也可能连接到真菌细胞壁的糖蛋白上间接影响了菌丝的生长。

真菌通过多种方式躲避或抑制寄主免疫。真菌在穿过体壁后，在寄主血腔内要以原生质体、类似原生质体和囊孢子等酵母状形式存在，以短菌丝出芽方式繁殖，这种生长形式一方面有助于真菌在寄主体血腔中分散与群集，通过增加表面积获取更多的营养物质，快速繁殖，以数量优势“逃避”宿主的细胞免疫（Pendland et al.，1993），另一方面这类细胞表面的细胞壁多糖很少，可最大限度不激发或躲避寄主的免疫反应（Gillespie et al.，2000）。病原真菌通过分泌各种毒力因子对抗寄主体液免疫和导致寄主病变，例如，将金龟子绿僵菌破坏素 Destruxin A 注射到果蝇体内，可导致各类抗菌肽的表达量都下调（Pal et al.，2007）。金龟子绿僵菌在蝗虫血淋巴中分泌含锌的羧肽酶 MeCPA 和酸性磷酸酯酶，前者可消化寄主体内蛋白作为自己营养来源，后者则改变其寄主血淋巴中与信号转导相关的蛋白的磷酸化状态，进而干涉寄主体内免疫活动（Li et al., 2006)。绿僵菌分泌的海藻糖酶能够有效降解昆虫血淋巴中的海藻糖为葡萄糖，获取能量吸收，破坏昆虫的血液生理，从而对昆虫起着致命的作用（Luc et al., 2005）。真菌分泌的氨，作为一种毒力因子，改变血淋巴酸碱度，破坏昆虫组织和干扰昆虫的免疫系统，间接减弱寄主免疫反应（St Leger et al., 1998），而真菌通过酶的代谢产物改变环境酸碱度，使各种酶在最适宜的酸碱条件下产生并发挥有效功能（Screen et al., 1999）。

3. 躲避寄主细胞免疫

昆虫细胞免疫是由血细胞介导，完成对病原物或异物的吞噬、包囊和结节等一系列免疫应答反应。免疫细胞主要有血淋巴中的浆细胞和粒细胞，浆细胞具有吞噬功能，而粒细胞可包囊大分子物质并去核化形成结节（Strand. , 2008）。

当把绿僵菌孢子注射到金龟子幼虫体内，血淋巴中会形成典型的包囊体，孢子在包囊体内被黑化，丧失萌发能力（王海川等 1999）。当昆虫受伤时，血细胞会在伤口处迅速凝结，阻止血淋巴流失，防止病原微生物侵入（Pendland et al. 1993）。细胞免疫通常与体液免疫协同作用，图 3-4 中右侧 AMPs 由脂肪、表皮细胞和血细胞产生，血淋巴中血细胞识别真菌，并产生吞噬作用和包囊反应。

病原菌主要通过 3 种方式逃避昆虫的细胞免疫：①杀死血细胞及抑制细胞吞噬和结节形成；②利用体表的脂类成分来逃避昆虫血细胞的免疫识别和包裹；③分泌毒力因子。金龟子绿僵菌侵入烟草天蛾（*Manduca sexta*）血腔后，大量表达 MCL1 蛋白覆盖于菌体表面，以此来逃避烟草天蛾幼虫血细胞的免疫识别（Wang et al., 2006）。莱氏野村菌（*Nomuraea rileyi*）感染棉铃虫（*Helicoverpa armigera*）后，在寄主血淋巴中分泌毒蛋白或次生代谢物等毒力因子，通过破坏血细胞的细胞骨架，抑制其延展能力，阻遏了血细胞的免疫反应，从而能够成功地在棉铃虫血腔中生长和繁殖（钟可，2018）。

病原真菌分泌的毒素可抑制寄主细胞免疫反应。已知的毒素主要有白僵菌素（beauverolides）、环孢素（cyclosporin）和破坏素（destruxin）等。已知破坏素由 6 个氨基酸残基通过酯键首尾相连形成的环缩肽，环外加上不同类型羟基酸和氨基酸残，至少有 19 种类型。绿僵菌通过释放破坏素抑制沙漠蝗和美洲大蠊的酚氧化酶活性，破坏其参与体液免疫功能（尹飞等，2009），而白僵菌感染甜菜夜蛾后，能够抑制寄主酚氧化酶的激活，使酚氧化酶的活性和分布明显降低（Hung et al., 1993）。研究发现，破坏素通过改变寄主细胞的 Ca^{2+} 平衡和细胞内高分子蛋白的磷酸化来抑制吞噬细胞的黏附和扩散能力，并影响浆细胞的细胞骨架形成（Gillespie et al., 2000），破坏素还可引起昆虫细胞的程序性死亡，从而减弱寄主的免疫能力（Vilcinskas et al., 1997）。结合表型反应，破坏素可激活肌肉细胞的 Ca^{2+} 通道，引起昆虫痉挛后麻痹而死；有些破坏素可影响寄主蜕皮激素合成，从而影响昆虫的变态，例如抑制烟草夜蛾新生 4 龄幼虫向 5 龄的转化进程（Sloman et al., 1993）。生理和病理的多重作用导致寄主机体病变直至死亡。

（三）研发简述

真菌杀虫剂的有效成分是昆虫病原真菌活体，通过侵染使寄主罹病死亡。产品研发一般包括优良菌株选育、大量生产方法、适用剂型和田间应用技术等几方面。

获得具有高杀虫毒力、强抗逆活力、高发酵产率的菌株是研发产品和应用的前提。

尽管昆虫病原种类多，寄主覆盖了昆虫的绝大多数目类和几百个科、属类别，但每种真菌的寄主范围是相对有限的或专一的。同属、种的真菌菌株有相似的寄主范围或潜力，而不同地理或寄主来源的菌株对寄主致病力有差异，因此通常需要进行菌株筛选和人工改良，如采用诱变育种和遗传育种手段，以获得有实用价值的菌株。

为了获得足够的批量菌剂，还需要建立大量培养或规模化生产的方法。大多数昆虫病原真菌具有由分生孢子—萌发生长为菌丝体—产生分生孢子的无性繁殖过程。分生孢子是侵染昆虫的基本单元，因此，可利用营养生长和产孢两个阶段进行人工介入，通过发酵实现菌剂的规模化生产。菌株营养和环境条件是调控生长和产孢的关键因子。总体上，多数真菌或菌株均有一定适宜范围的碳源、氮源、无机离子和微量元素，温度、湿度、pH 和耗氧性，相关研究有共通性，但为了获得高产并降低成本，通常要根据菌株特点进行多因子优化，以达到最优效益。少数种类和菌株（如虫霉、莱氏野村菌）难以人工大量培养，则需要特殊条件的专项研究。

剂型研发主要是为了延长菌剂货架期和提高田间施用的便利性，前提是保持或提高真菌的生存活力，同时考虑不同环境结合应用技术，促进真菌的田间侵染效率和增殖循环。由于剂型构成有较大共通性，并且在农药登记中有一定的标准和要求，相关内容将专门在第六章、第七章中按不同剂型类别和登记要求进行讨论。

产品的防治对象由菌株毒力特性决定，不同剂型决定了田间应用方法。不同真菌种类的研发程度和进度差异较大，有的研究较为深入，实现了规模化生产和应用，有的研究较少但可能发现了一些特殊的性能。已经研发成功并规模化应用的有球孢白僵菌、布氏白僵菌、金龟子绿僵菌、蝗绿僵菌、蜡蚧轮枝菌、玫烟色棒束孢、莱氏野村菌、汤普森被毛孢等。以下按各个属、种分述。

二、白僵菌杀虫剂

白僵菌属（*Beauveria*）是一类发现最早、寄主最多、研究最深、应用最广的昆虫病原真菌，是杀虫真菌的典型代表之一，受到国内外生物防治界的高度关注。相关研发包括菌株分离、菌种鉴定、大量培养、制剂化和防治应用等技术过程，其研究进展较为深入，对其他杀虫真菌的研究有借鉴意义。

（一）白僵菌属

1. 定名与种类

早在 2000 多年前的《神农本草经》中就记载了白僵蚕，即受白僵菌感染而死亡的家蚕幼虫，这是人类对虫生真菌的最早记录。1835 年，意大利科学家 Agostino Bassi di Lodi 报道了家蚕“白僵病”的传染性，并命名这种病原为 *Botrytis bassiana* Bals. -Criv，首次提供了人工接种可导致家蚕发病的例证，定义了微生物引发昆虫病害的理论，这是利用昆虫病原真菌控制害虫的重要启示和理论基础。

白僵菌属（*Beauveria*）也称波氏菌属。1911 年，法国真菌学家 Beauverie 提出白僵菌应属于一个尚未被描述的新属；1912 年，Vuillemin 以 *Botrytis bassiana* 为模式标本定名了白僵菌属（Genus *Beauveria*）；1914 年，*Botrytis bassiana* 更名为 *Beauveria bassiana*，以认可 Beauverie 在该属上的重要贡献。

白僵菌属建立后，很多菌物学家通过培养特性和形态学特征对白僵菌属进行了属内分类研究。1926 年，Petch 通过研究孢子形态特征，将先前认为是白僵菌属的 8 个近似种归成 *B. bassiana* 和 *B. densa*（Link）F. Picard 2 个种。1954 年，MacLeod 通过培养特性和形态学特征研究，将白僵菌属的 16 个近似种确定 2 个种 *B. bassiana* 和 *B. tenella*，其中的 *B. tenella* 是对 Petch 命名 *B. densa* 的修订。1972 年，De Hoog 发表了研究成果，总结了白僵菌属内种间划分的关键识别特征，将白僵菌属内划分为 2 个种，即除 *B. bassiana* 外的另一个种是 *B. brongniartii*，它取代了 *B. densa* 和 *B. tenella*。这就是至今研究和应用最多的 2 个种，中文名为球孢白僵菌和布氏白僵菌。

随后，又新发现或澄清定名了一些种，例如，从智利火山灰分离出孢子形态为逗号状的 *B. vermiconia*（De Hoog et al.，1975）；从厄瓜多尔的鳞翅目幼虫上分离出孢子形状为椭圆形且孢子表面带有黏性胶质层的 *B. velata*；从巴西鞘翅目昆虫上分离出孢子形状为圆柱形的 *B. amorpha*（Samson et al.，1982）；从新西兰沼泽地土壤中分离出孢子形状为短圆柱状的 *B. caledonica*（Bisset et al.，1988）；从马拉维双斑弗天牛/桉嗜木天牛上分离出孢子形状为圆柱状的 *B. malawiensis*（Rehner，2006）。另外，*B. alba* 被增为新种后又被划分到 *Engyodontium* 属（De Hoog，1972）。

2. 形态特征和分类

真菌的形态尤其产孢结构的显微形态是传统分类和鉴定的基本依据。根据形态学特征可较容易地识别白僵菌属的物种，其特征是：分生孢子梗无隔膜，由轮生、致密、透明、细胞壁平滑的产孢细胞团簇组成；产孢细胞合轴分枝，短球状或长颈瓶状；轴顶为“人”字形，表面呈锯齿状，在上面可见一连串无色、透明，全分裂的分生孢子。在人工培养基如 PDA 上，白僵菌生长较缓慢，2~3d 可辨别菌落，表面可见绵毛状菌丝，松散，有时丛生，很少成束，白色或淡黄色，偶有粉红色，产生分生孢子后，表面呈粉状，大多松散，偶有黏结。一些种能分泌色素，使基质变为紫红色或黄色。显微镜下，气生菌丝透明，胞壁薄且光滑。分生孢子呈球形、近球形最为常见，有的物种为椭圆形、圆柱形等形状，少数物种有不一或可变形的分生孢子。

区分鉴别属内物种主要依据分生孢子形状、大小和分生孢子梗形态的差别，但通常这些特征差别很微小，甚至有交叉重叠，而已分离收集到的白僵菌菌株数量非常庞大，相似种之间的差别仍然难以区分鉴别，导致一些种的误判，甚至错判到更大范围的类群。以形态学特征为基础的分类方法已不足以评估白僵菌物种的生物多样性和进行分类鉴定。

3. 分子分类与鉴定

在早期（主要 20 世纪 70 年代前），未发现白僵菌的有性世代，其生物学分类地位一直是半知菌亚门（Deuteromycotina）丝孢纲（Hyphomycetaces）丛梗孢目（Moniliales）丛梗孢科（moniliaceae）。20 世纪 80—90 年代，随着分子生物学的发展，基因标记和 DNA 测序等技术有力地支持分子系统发育学的建立，对于白僵菌原先的分类用分子系统发育逐步重新划分，证明了球孢白僵菌与虫草属的 *Codyceps bassiana* 亚洲有性型有密切联系。加上白僵菌属有性型不断发现，现在的白僵菌属已被划分到子囊菌门（Ascomycota）子囊菌纲（Ascomycetes）肉座菌目（Ascomycota）虫草菌科（Cordycipitaceae）。

为了探讨白僵菌属、种多态性和更细致的分类，将 DNA 探针、RAPD、RFLPs、AFLPs、SSCP、SSR 等分子标记技术运用到白僵菌的多态性与鉴别分析中。经验证比较，rDNA-ITS 序列逐渐被认可为真菌鉴定和分子系统发育的主要遗传标记，近年还被研究形成 DNA 条码，用于真菌物种的快速分子鉴定（张宇等，2012）。

目前，普遍认同采取以 rDNA-ITS 序列为基础的综合多基因座的定界系统，来鉴定白僵菌密切相关的物种。为了加强分辨功能，其他基因包括转录延长因子 EF-1α、RNA 聚合酶Ⅱ第一大亚基基因 *RPB*1、第二大亚基基因 *RPB*2 和核基因间隔区 bloc 等序列也被用作白僵菌菌株分子鉴定的补充标记。实验显示，用上述 4 个基因位点对从不同地理位置、栖息地和寄主来源的 68 株白僵菌样本进行种的划分，能够很好地划分出 12 种白僵菌（Rehner et al.，2011）。新种的发现和界定也主要依赖于这 4 种核基因位点的联合分析，例如报道的中国青藏高原分离的 *B. medogensis* 和中国贵州分离的 *B. araneola*。

这种多基因位点分子系统发育比形态学传统分类更能反映白僵菌属的生物多样性，为白僵菌属物种分类和类似属种的鉴别提供重要参考依据。目前，白僵菌属总共建立了 18 个物种，分子发育谱系与形态分类系统的物种识别结果基本相符（表 3-2，图 3-5）。由此研发了多位点 DNA 条码识别，为鉴定白僵菌未知物种或菌株、仲裁微生物农药产品有效成分物种争议和知识产权权属争议等提供重要的技术支撑。

表 3-2　18 种白僵菌的主要形态学特征识别对比（自 Rehner et al.，2011）

序号	种	菌落	产孢细胞	分生孢子形态	寄主	地理分布
1	*B. bassiana*	白色，常呈黄白色	基部亚球形到安瓿形 3.0~6.0μm	球形，亚球形或椭圆形，很少椭圆形	土壤，广谱昆虫，植物叶面，植物组织	全球
2	*B. amorpha*	从白色变成黄白色	基部亚球形到安瓿形 3.0~6.0μm	圆柱形，椭圆形，经常一端变平或明显弯曲	同翅目，鞘翅目，膜翅目，鳞翅目昆虫	美国，澳大利亚，中国，印度尼西亚
3	*B. arancola*	白色到黄白色	基部圆柱形，偶尔亚球形（3.2~5.9）μm×（0.9~1.1）μm	椭圆形到球形	蜘蛛	中国
4	*B. calcdonica*	白色到乳白色到浅暗黄色	基部膨胀圆柱形到圆锥形（2.6~4.2）μm×（1.6~3.3）μm	椭圆形到球形	土壤，鞘翅目昆虫	欧洲，美国，澳大利亚
5	*B. asiatica*	白色变成黄白色	基部亚球形到安瓿形 3.0~6.0μm	椭圆形或近长方形	鞘翅日天牛科	中国
6	*B. australis*	菌落边缘白色中间黄白色	基部亚球形到安瓿形 3.0~6.0μm	亚球形，宽椭圆形或椭圆形，不常见的球形	金龟子科，土壤，直翅目蝗科	朝鲜，澳大利亚

（续表）

序号	种	菌落	产孢细胞	分生孢子形态	寄主	地理分布
7	*B. brongniartii*	白色常变浅黄至黄	基部亚球形到安瓿形 3.0~6.0μm	椭圆形到亚圆柱形	土壤，昆虫（主要鞘翅目）	亚洲，欧洲，北美
8	*B. kipukae*	菌落边缘白色中间白或变为黄白色	基部亚球形到安瓿形 3.0~6.0μm	球形、亚球形或宽椭圆形，很少椭圆形	同翅目	美国夏威夷
9	*B. malawiensis*	白色到浅粉色有明显环纹	基部球形到倒梨形 4.2~6.6μm	圆柱形	鞘翅目金龟子科	马拉维
10	*B. pseudobassiana*	白色或变为黄色至浅黄色	基部亚球形到安瓿形 3.0~6.0μm	亚球形，宽椭圆形，很少圆形	土壤，昆虫	全球
11	*B. sungi*	白色或变为黄白色	基部球形到倒梨形 4.2~6.6μm	椭圆形或近长方形	鞘翅目	日本，韩国
12	*B. varroae*	菌落边缘白色中间黄色或者淡黄色	基部亚球形到安瓿形 3.0~6.0μm	球形，亚球形或宽椭圆形	蜱螨目瓦螨科，鞘翅目象甲科	瑞士，法国
13	*B. vermiconia*	白色，中间变淡橘黄	基部椭圆形到长瓶颈形（4.0~5.0）μm×（2.0~2.5）μm	逗点状分生孢子	土壤	智利
14	*B. lii*	白色到乳白色	基部椭圆形到圆柱形（4.8 ~ 9.0）μm×（1.7~2.6）μm	椭圆形到圆柱形，偶尔卵球形	鞘翅目瓢甲科	中国
15	*B. sinensis*	白色到淡粉色	基部单生，轻微或无肿胀（8.2~20）μm×（1.6~30）μm	长椭圆形到圆柱形	鳞翅目蝼蛾科	中国
16	*B. hoplocheli*	白色到淡黄色	基部一般或加长长瓶颈状（4.5~7.5）μm×（1.0~1.5）μm	亚圆柱形到圆柱形	鞘翅目鳃角金龟科	留尼汪岛
17	*B. rudraprayagi*	白色到亮黄色	基部亚球形到安瓿形 3.0~6.0μm	球形，亚球形	蚕	印度
18	*B. medogensis*	白色，中央变亮黄色	基部椭圆形到长瓶颈形 3.0~6.0μm	球形，亚球形	土壤	中国

在白僵菌属的各物种中，球孢白僵菌、布氏白僵菌最为常见，已被成功研发作为真菌杀虫剂，并广泛应用于各种害虫的生物防治。

（二）球孢白僵菌 *Beauveria bassiana*

球孢白僵菌是白僵菌属最常见的种类，其寄主有 15 目 700 余种昆虫和 13 种螨类，包含了能造成农业和林业巨大经济损失的多种重要害虫，如松毛虫、玉米螟、草地贪夜

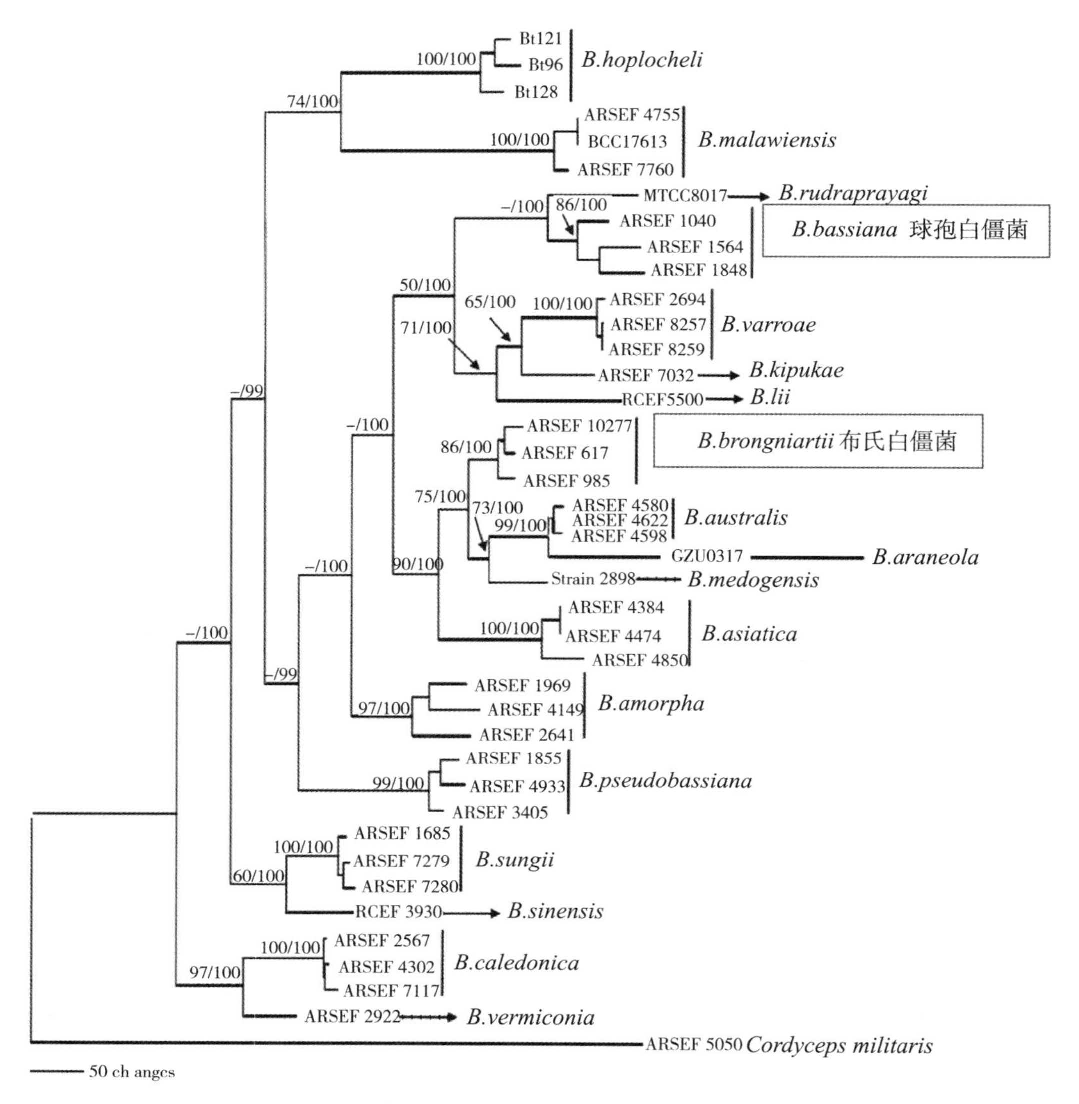

图 3-5 多基因（TEF1、RPB1、RPB2、Bloc）位点联合分析的白僵菌属系统发育树

（自 Rehner et al.，2011）

蛾、森林金龟子类甲虫等，还有一些重要病害媒介昆虫和螨类，如蟑螂、蜱和蜘蛛等。很多研究者保存着各自分离的菌株，各国微生物菌种保藏机构里保藏的菌株记录了广泛的地理和寄主来源。球孢白僵菌广泛的适应性显示其广阔应用前景。

1. 寄主范围和遗传多样性

我国学者对球孢白僵菌有广泛的采集和种群分析，多省区种群比较以及安徽大别山、广东鼎湖山自然保护区不同区域或季节种群的比较见表 3-3，显示球孢白僵菌寄主广泛，种内遗传多样性非常丰富，不同种群与地理分布、分离基质、寄主之间基本上没有相关性。也就说明球孢白僵菌是一个有庞大菌株类型群体，由形态定位的白僵菌物种，很可能种内还有隐含种即包含一些独立亲缘关系的种，或包含很多亚种、组群。特定种群可能经历了复杂多变环境或反复多次经历不同环境的适应进化，形成了相对于地理、基质或寄主等因素的多元交叉关系。这些特性是针对不同靶标和生态环境研发微生物农药的重要基础。

表 3-3　不同区域调查采集的球孢白僵菌 ISSR/SSR 种群结构与多样性分析

区域	菌株数	种群数	测定结果	分析结论	文献
北方13省	622	13个地理群（按省区）	遗传多样性和种群异质性：内蒙古种群最高，河南种群最低；种群间遗传距离：河南与辽宁种群间最大，宁夏与陕西种群间最小	平均遗传分化系数和遗传距离：按地理划分的亚种群高于按寄主目类划分亚种群间；亚种群遗传谱系与寄主来源和地理来源均无关系，菌株变异主要由各寄主目内的科间、属间变异以及不同采集地微生境间的差异造成	何玲敏等，2012
		9个寄主群（按昆虫目类）	遗传多样性和种群异质性：鳞翅目种群最高，蜘蛛目种群最低；种群间遗传距离：蜘蛛目与螳螂目间最大；鞘翅目与膜翅目间最小		
安徽大别山自然保护区	48	2个区域群，3个季节群，3个海拔群	多态位点比率81%，Nei's基因多样性（H）0.318 7，Shannon指数（I）为0.478 2；种群间基因分化系数0.102 8	种群遗传多样性较高，群间遗传变异较小，群内有较高水平的遗传分化	李旻等，2006
广东省鼎湖山自然保护区	81	土壤、不同寄主	多态位点比率100%，Nei's基因多样性指数（h）0.212 6，Shannon指数（I）0.348 7；土壤群遗传多样性水平（h=0.192 5，I=0.309 9）略高于寄主群（h=0.176 9，I=0.278 3），种群间遗传分化程度较弱（Nm=1.662 9，Gst=0.130 7）；不同寄主目类群间的遗传分化较小且基因流明显	遗传谱系与分离基质和寄主来源均无明显相关性，不同生态环境和寄主类型的影响共同维持了区域内种群内遗传变异的多样性	蔡悦等，2019

2. 菌株分离及菌种选育

自然环境下，球孢白僵菌以腐生菌丝或休眠的繁殖体（如分生孢子）存在于土壤或内生于植物中，直到它有机会黏附到合适的昆虫或螨类寄主上，侵入寄主并大量增殖。一般可以从罹病死亡的虫尸或通过昆虫诱饵法（如大蜡螟诱饵法、菜粉虫诱饵法等）从感病的虫体上分离获得白僵菌菌株，也可以从昆虫栖息环境中采集土壤，通过选择性培养基分离出来。放线菌酮、多果定、孟加拉红等能够有效抑制大部分腐生霉菌，对选择分离白僵菌、绿僵菌等虫生真菌十分有利（表3-4）。

表 3-4　选择性培养基举例

序号	营养组分 (g/1 000mL)	选择剂及浓度 (mg /1 000mL)	参考文献
1	蔗糖 20，酵母浸粉 10，琼脂 20	多果定 50~200，氯霉素 200	刘迅等，2014
2	葡萄糖 10，蛋白胨 10，干牛胆汁 1.5，琼脂 30	孟加拉红 66.7，放线菌酮 250，氯霉素 500	Veen et al.，1966
3	燕麦 20，琼脂 20	多果定 650	Vyrna et al.，1982
4	燕麦 20，琼脂 20	多果定 550，金霉素 5	Chase et al.，1986
5	蔗糖 20，琼脂 20，酵母粉 5 (PDAY 培养基)	氯霉素 500，噻菌灵 1，放线菌酮 250	Fernandes et al.，2010，

优良杀虫活性是菌株作为杀虫剂的先决条件。为了确定菌株毒力，通常需要进行生物测定，还可通过菌株改良提高菌株毒力、产量、抗逆性等性能以达到实用要求。常规的菌株改良方法有紫外诱变、化学诱变等。这些方法操作简单，但工作量大、效率较低。

细胞原生质体融合技术被应用到白僵菌育种中。原生质体融合是指人为地用酶降解法去除细胞壁，在渗透压稳定和 pH 值适宜条件下，通过电脉冲或化学助溶剂使细胞融合，细胞壁再生后获得新种细胞。这种方法可以克服菌丝不相容性，甚至能跨越种、属间的界限，实现远缘杂交。以原生质体进行紫外照射处理可获得较高的诱变效率。不同研究者制备原生质体的条件略有差异，例如以 0.5%~1.5%的纤维素酶或蜗牛酶，或二者混合酶液，在 0.6mol/L NH_4Cl 或 KCl 为渗透压稳定剂、pH 值 6.5 时 30℃ 处理菌丝，可从 1g 湿菌丝获得 5×10^7 个以上的原生质体（吴正铠等，1986）。另一实验制备球孢白僵菌原生质体的最佳条件是纤维素酶：蜗牛酶：溶菌酶混合酶（5：2.5：2.5，mg/mL），在 KCl 0.8mol/L 渗透压稳定液中 32℃下处理生长 78h 的菌丝体 3 h（李姝江等，2011）。以球孢白僵菌和金龟子绿僵菌为出发材料，进行相同物种不同菌株之间、不同属的物种之间的原生质体试验，以 β-葡萄糖醛酸苷酶和 KCl 作裂解酶和渗透压稳定剂，以聚乙二醇（PEG）为融合剂，获得了菌丝生长快和产孢量高的融合子，融合再生率达到 0.84%~1.08%，并发现由白僵菌和绿僵菌原生质体融合的重组菌株中，胞外蛋白酶 Pr1 和 Pr2 的活性比亲本增加了 2 倍（Sirisha et al.，2010）。将球孢白僵菌毒力高的菌株与耐热性强的菌株通过细胞电融合技术进行融合搭配，获得了一个同时具备高毒性和耐热性的融合株（Davari et al.，2018）。

遗传工程改良菌株是近年的主要方向，已发现了球孢白僵菌的毒力基因（如胞外蛋白酶基因、几丁质酶基因等）、抗逆（高温、紫外、干旱等）基因及其调控相关基因（表 3-5），外源基因的导入方法也日臻成熟，有农杆菌介导法、电脉冲法或原生质体融合法等。

表 3-5　球孢白僵菌用于菌株改良的基因

目标	基因	功能	参考文献
增强毒力的表皮降解酶	*BbCDEP-1*	Protease	Zhang et al., 2008
	Bbchitl	Chitinase	Fang et al., 2005
	BbCDEP-1-CBD fusion	Protease/chitin binding domain fusion	Fan et al., 2010
	BbCDEP1-chit1 fusion	Protease/chitinase fusion	Fang et al., 2009
	BbChit1-CBD	Chitinase/chitin binding domain	Fan et al., 2007
昆虫宿主蛋白	*MSDS*	Manduca sextadiuretic hormone	Fan et al., 2012
	TMOF	Trypsin modulating oostatic factor	Kamareddine et al., 2013
	PBAN	Pheromone biosynthesis activating neuropeptide	Fan et al., 2012
	Serpin	Serine proteinease inhibitor	Drosophila et al., 2014
病媒传播靶向	catalase	Antioxidant	Chantasingh et al., 2013
	trxA	Thioredoxin（E. coli）	Ying et al., 2011
	Superoxide dismutase	Antioxidant	Xie et al., 2012; Xie et al., 2010
菌株间转基因＊	*mtrA*	Methyltransferase	Qin et al., 2014
	Mad1	Adhesion	刘艳微，2015
	Vip3Aal	Stomach toxicity protein	史汉强，2016
	OFDH	Cholesterol oxidase	路杨，2015
	PacC	Conidia germination	翟素珍等，2016
	SPHvt	ω-hexatoxin-Hv1a	翟素珍等，2016
	tps1	Trehalose - 6-phosphate synthetase	谢翎，2017

（自 Ortiz-Urquiza et al., 2014. ＊为作者补充）

胞外蛋白酶或几丁质酶是重要的毒力因子，采用基因工程手段超量表达蛋白酶或几丁质酶基因，可提高重组菌株的毒力。扫描电镜观察显示，球孢白僵菌 Pr1 同源的蛋白酶 CDEP-1 与几丁质酶 Bbchit1 混合液对桃蚜体壁的分解比单独酶液处理作用更强。将球孢白僵菌 CDEP-1 分别与白僵菌和绿僵菌的几丁质酶基因 *Bbchit*1、*Machit*1 融合，通过电击转化法将融合基因导入球孢白僵菌，并在重组菌株中组成型转录和表达。对桃蚜的生物测定表明，超量表达 *CDEP*-1、*Bbchit*1 单价基因及二者融合基因 *CDEP*-1：：*Bbchit*1 均能提高重组菌株的毒力，以孢子浓度为 1×10^7 孢子/mL 测定的 LT_{50} 缩短了 8.8%～21.1%，且融合基因重组菌株的毒力提高幅度更大；*CDEP*-1：：*Bbchit*1 融合菌株 LC_{50} 降低了 67.4%。值得注意的是，球孢白僵菌单独超量表达绿僵菌几丁质酶 *Machit*1 基因并不能提高重组菌株的毒力（冯静，2006）。此外，仅在球孢白僵菌 CDEP1 蛋白酶中添加几丁质结合结构域也可使毒力提高大约 25%，达到单独组成型蛋白酶的表达水平以上（Fan et al., 2010）。海藻糖-6-磷酸合成酶（tps1）转基因菌株比原始出发株的菌丝生长速度更快（Xie et al., 2017）。还有甲基转移酶（mtrA）等一抗逆相关基因也被挖掘和尝试利用，可能涉及孢子的生存力和持久性（Qin et al.，2014）。

通过基因工程导入外源杀虫基因，能够增强菌株毒力。将玫烟色棒束孢（*Isaria fumosorosea*）胞外蛋白酶基因 *IFupr*1 转入白僵菌，得到的重组菌株比野生型菌株的蛋白酶活性增加了 2.65 倍，用 1×10^7 孢子/mL 浓度对马尾松毛虫进行生物测定，LT_{50}降低了 33.7%，致死率增加了 53.3%，野生型和转基因菌株的 LD_{50}分别为 4.55×10^6 孢子/mL 和 0.869×10^6 孢子/mL。将苏云金杆菌营养期杀虫蛋白基因 Vip3Aa 转化球孢白僵菌得到工程菌株，以 $0.1\sim200\times10^6$ 孢子/mL 的 5 个浓度喷雾处理马尾松毛虫，致死率均比原始菌株处理提高 30%以上；喂食处理的致死率高于喷雾处理，LT_{50}缩短 6.89d，说明 *Vip3Aa* 基因在转入白僵菌后，赋予白僵菌可观的胃毒作用（任小芳等，2011）。将苏云金芽孢杆菌 *Vip3Aa* 基因成功转入球孢白僵菌后，大幅提升了白僵菌毒力，创造出了白僵菌工程菌株既有体壁侵染优势又能利用 Vip3A 毒蛋白的新途径（史汉强，2016）。研究发现胆固醇氧化酶可使多种鳞翅目及鞘翅目昆虫内消化道的上皮细胞破裂，从而抑制昆虫的生长发育，链霉菌 769 胆固醇化氧化酶（OFDH），能显著提高球孢白僵菌毒力（路杨，2015）。澳大利亚漏斗网蜘蛛（*Hadronyche versuta*）产生的一种毒素 ω-hexatoxin-Hv1a（SPHvt），将 SPHvt/GNA 融合毒力蛋白基因转入球孢白僵菌菌株，该转基因菌株对蚊虫的毒力增强，能有效控制蚊虫及蚊媒传染病。

3. 大量培养和发酵工艺

球孢白僵菌的菌丝生长与产孢是两个不同的发育阶段，孢子萌发的条件与菌丝生长的要求基本相同，而最有利于菌丝生长与产孢的条件则不同。球孢白僵菌孢子一般在 5~35℃、相对湿度 80% 以上都可萌发，最适宜温度为 24~30℃，而对湿度要求比较严格；对孢子萌发和菌丝生长都有利的温度为 24℃，较低的相对湿度 25%~50% 有利于孢子的产生，但不利于孢子的萌发及菌丝的生长；充足的氧有利于孢子的萌发和菌丝的生长，而不利于孢子的产生；散射阳光利于白僵菌生长发育，萌发率比黑暗稍高，全光照的产孢量一般比全黑暗或室内常规光培养产孢量高，但黑暗培养一段时间转入全光照培养一般可增加孢子产量。有利于孢子产生的 pH 值为 6，而有利于孢子萌发与菌丝生长的 pH 值为 4~5。营养物质对白僵菌有很大的影响，在缺乏碳素与氮素的合成培养基上几乎不能产生分生孢子（邓庄，1962；殷凤鸣等，1986）。不同菌株的营养需求和最佳生长参数有所差异，在发酵生产上可做相应的条件控制。

球孢白僵菌的生产方式在早期采用固体或液体发酵，后来形成液-固两相发酵流程。液-固两相模式能够发挥液相和固相的优势，大幅提高产量，因而被普遍采用。我国早在 20 世纪 60 年代，采用密闭小瓶罐的试验性生产，产量较低。70 年代初，广东省林业科学研究所与新会白僵菌厂首先用农副产品为原料进行固体开放培养，成功获得高产分生孢子，原菌粉含孢量达 150 亿~250 亿孢子/g，这种生产方式在全国进行了推广。同时，一些研究者如黑龙江省应用微生物研究所和青冈县微生物厂、吉林省农业科学院、湖南省微生物研究所等，也开展了工业化液体深层发酵工艺生产芽生孢子的研究试验，并获得成功，可达到 25 亿~30 亿芽生孢子/mL，但由于芽生孢子难于长期保存，没有得到推广。80 年代后，在固相发酵培养的基础上，用改进的旋风分离机成功地将分生孢子从固相发酵基料中抽提分离出来，得到含孢量达 1 200 亿孢子/g 的高纯度孢子粉，为飞机或地面进行超低容量喷洒白僵菌打下了基础，也成为当今工艺流程的基本原型。至今发酵流程和工艺已经不断改进，技术参数更加精细，机械化程度和工业化程度更高。液-固两相发酵生产工艺的基本流程如图 3-6 所示。不同菌株的工艺参数略有不同，所示参数值仅供参考。

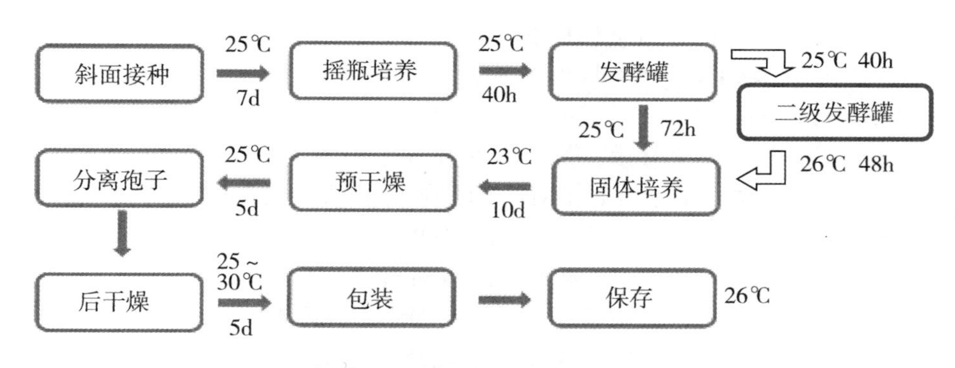

图 3-6　液-固两相发酵工艺流程图

4. 产品与制剂

发酵生产的菌剂可以直接用于害虫防治，但为了便于贮存运输、延长产品货架期和提高田间防治效果，通常需要加工成剂型，也是完成注册登记进入商业化的必要步骤。

作为生物活体，球孢白僵菌对环境因子（如温度、湿度、光照等）较为敏感，其活力在贮存期间或田间施用后可能衰减。研究制剂主要是为了保持产品中的菌体在贮存过程稳定“休眠”但不失活，而在贮存后能够适时“苏醒”回复活力，利于侵染寄主。制剂配方类型及其水分对产品贮藏稳定性和杀虫活性有重要影响。不同填充料的 pH 值及其缓冲能力、对化学抑制性物质的吸收能力及对微生境的优化能力都可能影响孢子存活率（Ward，1984）。对于球孢白僵菌，滑石粉、高岭土、凹凸棒土、硅藻土和铁红均是较好的填充料（汤坚等，1996）。生物聚合物海藻酸钠和半纤维素与球孢白僵菌和一些其他杀虫真菌都是相容的，并能够有利于孢子的贮存，配方中的孢子在 26.5℃条件下 12 个月内仍可保持稳定活性，而相对于纯分生孢子，在第 6 个月的存活率只有 46%（Rodrigues et al.，2017）。

太阳辐射是限制球孢白僵菌乃至各种昆虫病原真菌作为生防制剂在野外应用的主要因素。为了防止阳光紫外线对孢子的杀伤作用，制剂中加入抗紫外剂是必要的。腐殖酸对暴露于 UV-B（280～315nm）的分生孢子具有 90% 的保护作用；在田间条件下，10%的腐殖酸可使孢子在施用后 7d 的持久性提高到 87%。芝麻油和菜籽油在室内和田间检测中也提供了 >73% 和 >70% 抗紫外线作用（Kaiser et al.，2019）。白僵菌孢子对 280nm 紫外光最为敏感，抗紫外剂 Oxi-fe 对保护白僵菌有良好效果（黄长春等，1996）。荧光素钠、七叶灵和小檗碱等均可增加孢子在环境中的稳定性。

为了便于施用和提高应用效果，将分生孢子制成孢悬液或可悬浮的形式，如悬乳剂、油悬浮剂（早期文献中用乳剂、油剂）和可湿性粉剂，通过喷雾器械喷洒菌剂，有利于孢子的分散与附着。美国 Abbott 实验室于 20 世纪 80 年代集中研究了白僵菌的可湿性粉剂，但是其产品的填充料与稳定性都存在着一定的问题。球孢白僵菌可湿性粉剂“Boverol”被成功研发获得登记，其含孢量超过 10^{10}孢子/g，活孢率超过 70%，在 10℃下贮藏可保存 12 个月（Kybal et al.，1987）。在我国，1982 年就开始尝试应用白僵菌（悬）乳剂防治马尾松毛虫，并于 1985 年研制出一种适用于超低量喷雾的（悬）乳剂，在以每亩 100mL（悬）乳剂稀释液（60 亿~100 亿孢子/mL）超低量防治马尾松毛虫时，杀虫率达到 80.1%（潘务耀等，1985）。以白炭黑为填充料研制出的可湿性粉剂润湿性小于 3min，悬浮率和孢子萌发率均在 85% 以上，且具有较好的细度与贮藏稳定性，10~20℃室温贮存 8 个月后，孢子萌发率仍达 85% 左右（张爱文等，1992）。与（水）悬浮剂相比，油（悬浮）剂在相对湿度较低的环境下更有利于孢子的萌发，同时在高温下也能延长孢子的寿命（Prior et al.，1988）。油（悬浮）剂还有利于孢子对疏水基质，如昆虫体壁或植物表面的吸附（Johnson et al.，1993）。

为了延长菌丝或孢子暴露在环境中的存活时间，可制成颗粒剂。以微胶囊包埋形成的颗粒剂具有保护芯材物质免受环境影响的显著特点，能大大增强孢子的抗逆性，提高贮藏的稳定性与田间使用的持效性。经筛选，可溶性淀粉、预胶化淀粉、明胶、氯化钙和甲基纤维素钠等都可作为囊壁材料，包被菌丝或孢子。用复凝聚相法制备微胶囊，不同壁材所得的微胶囊化包囊率、平均粒径、贮存稳定性等指标均高于单凝聚相法、复凝聚相法、凝固浴法或预胶化淀粉包囊的方法。还可将微胶囊悬浮于水中形成微囊悬浮剂，例如，一个以明胶-阿拉伯胶为壁材，复凝聚相法工艺制备球孢白僵菌微囊悬浮剂的最佳制备工艺与配方是：体系温度 35℃，搅拌转速为 200 r/min，孢子粉 2%，明胶 3%，阿拉伯胶 3%，所得产品规格为：包囊率 81.5%±3.4%，平均粒径 11.6μm±1.3μm，平均包埋孢子数（3.25±0.35）个。将该微囊悬浮剂用 500 目的高岭土粉吸附后制成含微胶囊的球孢白僵菌可湿性粉剂，产品为白色粉末，含孢量≥5×10^{9}/g，含水量≤10%，细度（过 50μm 筛）≥85%（赵军，2009）。一种白僵菌微胶囊剂在贮藏 10 个月后孢子萌发率最高可达 80.3%，贮藏 12 个月后，对马尾松毛虫的校正死亡率仍达 66% 以上（伊可儿等，1992）。一种获得专利的白僵菌微胶囊（颗粒）剂是由白僵菌分生孢子、高岭土、水制成的菌悬液为囊心，由海藻酸钠为囊壁，在正十六烷、玉米油和卵磷脂不同比例分散剂中分散，通过钙离子进行交联，使微胶囊固化成粒径小于 100μm 的具有包膜的微小颗粒。白僵菌分生孢子萌发时芽管可穿破囊壁包膜。该微胶囊剂中还加入了分生孢子萌发营养液，提高了分生孢子的萌发率和萌发速度，还可有效阻隔外界紫外线、干旱等不良环境对分生孢子的影响（段立清等，2011）。利用白僵菌聚合凝胶微胶囊剂防治玉米螟（*Ostrinia nubilalis*），表明微胶囊剂能有效地延长孢子活力，在施药 2 个月后，仍有活性菌胶团粒存活，杀虫效率达 84% 以上（刘志强等，1994）。微胶囊剂是一种独特的真菌杀虫剂剂型，有待进一步研发。

5. 微菌核

微菌核（或菌核）是许多丝状真菌生活史中一种较常见的特化结构，是由菌丝紧密连接交织而形成的黑化、紧实的休眠体，形态多样、大小不一。菌核外面通常有一层由紧密相连的菌丝顶端构成的皮层，中间菌髓由松散的、宽大的菌丝构成，是微菌核的主要部分，菌髓的细胞中聚集了许多营养物质，使其能够应对不良环境。自然界中的微菌核，能抵御干旱或低温等刺激，以度过不良环境。当环境适宜时，能萌发产生新的营养菌丝或分生孢子等繁殖体。大多数菌核的细胞壁含有色素，使其能够抵抗环境中各种射线的破坏作用，这种结构的抗逆性和稳定性可能有助于其延长贮存和田间宿存时间，因而作为生防制剂具有十分诱人的开发潜力。

几乎所有白僵菌产品都是以分生孢子形式，近期有研究探索微菌核（microsclerotia，MS）及其贮存性和防治作用。研究发现，球孢白僵菌微菌核的诱导培养表明氮源和吐温-80对白僵菌微菌核的产生起着决定性作用，并证明用微菌核预混到土壤中使得西花蓟马土栖阶段的死亡率能够显著提高到81.1%~92.2%（宋漳，2005；王海鸿等，2010）。3种白僵菌在低碳氮比的液体培养基中都可形成微菌核，微菌核颗粒剂贮存后可恢复萌发并产生分生孢子，表明微菌核可作为一种缓释策略应用于土壤昆虫的防治（Villamizar et al.，2018）。微菌核产品从实验室到田间应用还需要进一步的研发。

6. 产品注册登记

苏联在20世纪70年代初首先登记注册了白僵菌制剂Boverin，到2007年时全球注册的白僵菌的产品有63个，几乎全是球孢白僵菌，在全部昆虫致病真菌171个注册产品中占到38%（Wraight，2007）。至今球孢白僵菌的仍然是真菌杀虫剂的主导产品，按登记的有效成分菌株有29株（次），占全部真菌生物农药的10.8%。

我国从20世纪50年代就开始系统地研究利用白僵菌防治大豆食心虫、松毛虫、玉米螟等害虫。广东省标准计量管理局于1985年1月就发布了《白僵菌粉剂企业标准》，但产品一直是在部门系统内应用，未有注册登记商品化。直到2010年，继绿僵菌产品登记之后，才有第一例登记的白僵菌产品问世，目前在册登记的白僵菌杀虫剂有24个产品，剂型包括母药、可湿性粉剂、悬浮剂、可分散油悬浮剂、颗粒剂、水分散粒剂（详见第六章）。

7. 球孢白僵菌防治害虫的应用

球孢白僵菌具有广泛的昆虫寄主和较强田间存活能力，从理论上，能够侵染绝大多数植物害虫，具有防控潜力，而且许多防治试验和示范应用也已公布于研究文献中。在此仅回顾一些重要的成功应用和菌剂施用技术，以示范事例提供给读者。

（1）球孢白僵菌防治松毛虫

我国从20世纪50年代就开始系统地研究利用白僵菌防治害虫。早期由于局限于生产技术，球孢白僵菌菌剂多含带培养基，原菌粉的含孢量为几十亿孢子/g。施用方法为直接投撒、机械喷粉、浸润兑水并过滤后喷雾等。后来研制有粉弹，可以用发炮弹的方法将菌粉轰击到林间深处。建立旋风分离的高孢粉收集技术后，高纯度孢子粉含量达到1 000亿孢子/g以上，有助于可喷雾和超低容量喷雾类型制剂如可湿性粉剂和油悬浮剂的研发和应用。

超低容量喷雾是20世纪60年代初发展起来的农药高效施用新技术，我国从70年代开始将这一技术应用到生物防治中。广东省林业科学研究所为了解决应用白僵菌粉剂治虫存在的菌粉运输量大、保存时间短、黏着力差、耗菌多等问题，1979—1981年开展了白僵菌超低容量防治松毛虫的技术研究。筛选得到一种矿物油“二线油”为适宜白僵菌孢子的稀释剂，并经过罩笼、林间地面超低容量喷雾和飞机超低量喷雾试验，检验了防治松毛虫的效果，表明总体杀虫效果达 85%以上。每亩施用孢子总量（1~2）×10^{12}，浓度 67 亿~100 亿孢子/mL，喷施量 150~200mL，防治成本比飞机喷粉降低 75%（殷凤鸣，1980）。

根据松毛虫的发育生活史和为害规律，因时制宜、因地制宜地采用施菌措施会获得更为良好的防治效果。黄山市林业局多年利用白僵菌防治松毛虫，总结了几种有效方法。一是带菌越冬：于 9—10 月对第 2、第 3 代越冬松毛虫幼虫群体布菌，使白僵病在松毛虫群体中传播、扩散，流行发展，造成松毛虫生长衰弱和大量死亡。该方法的有利条件是越冬松毛虫处于幼龄幼虫，不仅虫易感病，而且适合白僵菌传播、扩散。二是采用风力灭火机喷菌粉：该法是在风力灭火机风筒或进风口安装一粉盒即可使用，于雨后、清晨虫体表有水时喷粉最好，选山岗、高地顺风喷，每点喷 0.25kg 左右高孢菌粉。该法可解决大面积快速布菌及一些山高林密的松林布菌困难。三是释放带菌活虫：在林中配菌液，边捉虫边蘸上菌放回林内，每亩可按 20~100 条计算放虫数量。1981 年 3 月歙县岩寺林场 1 466hm^2 松林放虫 15 万余条，取得显著效果。该法特点是用菌粉少，防治费低，可解决大面积防治菌粉不足、经费不足的问题。四是菌、药混用：对于高虫口林地，特别是虫龄已较大时，为治虫保叶使用。该法是把白僵菌粉和化学农药混用进行喷雾，可发挥化学农药杀虫快、生物农药保持时间长，二者优势互补的效果。五是虫体繁菌：虫体繁菌包括用幼虫或蛹繁菌，可用活体或杀死后落地幼虫繁菌。1981 年，歙县岩寺林场把捉到的活虫用白僵菌液（>4 亿孢子/mL）浸死后捞起，于林缘搭棚架培养，虫体变白后再用作治虫，取得满意的效果（周学尚，1997）。

再以皖东马尾松毛虫防治为例，总结影响防效的因素和应用方法。首先是施菌季节和天气：白僵菌在 22~28℃、相对湿度 80% 的条件下生长、发育良好，为此皖东地区主要选择在 4 月份至越冬代幼虫期使用，以及第一代幼虫（6 月上旬）、第二代幼虫（9 月下旬）发生时使用。施菌时间一般在阴雨天后或早晨露水未干时或傍晚时分，微风有利于菌粉扩散、释放。其次是施菌方式和用量：白僵菌可重复扩散、感染、蔓延，施菌时，首先要摸清虫情，找准虫源地，根据虫口密度和虫株率大小，分别采取机械或人工全面喷洒、带状喷洒、点状喷洒，原粉用量 150~225g/hm^2，可稀释后使用。关于防治效果，根据滁州市的白僵菌高孢粉防治马尾松毛虫试验，松毛虫能持续、重复感染，造成不同虫龄的活体松毛虫大量死亡，并且安全、无污染，对人畜无害，防治效果一般可达 85% 以上，局部可达 100%，连续使用效果更佳。可用于长期防治大面积、低虫口密度马尾松林松毛虫为害，做到有虫不成灾（骆家玉，2015）。

20 世纪 70 年代以来，我国十余省区林场都采用了白僵菌防治松毛虫的技术，并形成了适于本地林场环境的适用方法和常规用量，至今每年白僵菌防治松毛虫达 70 万~100 万 hm^2。近年，江西、重庆等省（区、市）林业管理部门都发布了白僵菌防治松毛虫服务及药剂招标，球孢白僵菌成为林区稳定防控害虫的重要技术支撑。

（2）球孢白僵菌防治玉米螟

玉米螟是我国北方玉米产区最重要的害虫，应用球孢白僵菌防治玉米螟是我国在农业上一个有创新的生物防治成功样板。早在 1954 年，东北农业研究所就用球孢白僵菌防治大豆食心虫（*Grapholitha glycinivorella*）和玉米螟等多种害虫，防治玉米螟的成功方法在东北、河北、山西等玉米种植区域得到大面积示范推广，至今仍在广泛应用。

应用白僵菌防治玉米螟有 2 个关键时期，分别是在玉米收获后封垛防治秸秆内的越冬代老熟幼虫和在玉米心叶末期防治玉米螟第一代幼虫。在不同的地区，根据玉米螟田间发生、为害规律，筛选菌种和不同的剂型（粉剂、液剂或可湿性粉剂），采用供喷粉或喷雾操作。

吉林省应用白僵菌高孢粉防治玉米螟主要采用 3 种方法：①封垛（秸秆垛）防治法，主要是为了杀死玉米秸秆垛内的越冬代老熟幼虫，降低化蛹率。在冬末春初越冬幼虫刚刚复苏化蛹前（有越冬幼虫爬出洞口活动），逐垛喷撒高孢原粉，用量是每平方米垛面用含 1 000 亿孢子/g 孢子的菌粉 10~15g 喷一个点，方法是将喷粉管插入垛内，当垛面冒出菌粉即可。也可用含 1 000 亿孢子/g 的白僵菌粉加滑石粉或草木灰按 1∶100 充分混匀，每垛用量 2~3kg，用机动或手摇喷粉器喷粉。②心叶末期喷菌法，主要是为了防治一代期幼虫，在玉米生长心叶末期，应用高孢粉粉剂或可湿性粉剂向植株喷粉或喷雾，防治玉米螟第一代幼虫。③颗粒剂投放法，在田间玉米螟幼虫蛀茎为害前，将白僵菌颗粒剂投撒到玉米心叶内，以达到杀死田间玉米螟幼虫的目的（骆家玉，2016）。

河北地区主要把握春季封垛期和玉米心叶期进行防治。①封垛。当春季气温回暖，根据越冬幼虫醒蛰时间，在化蛹前 15~20d，由垛上至垛下、垛内至垛外的活动规律，采用喷雾或喷粉方法，将白僵菌菌液喷入玉米秸秆垛内，使越冬幼虫在活动初期就被感染寄生。喷雾方法：取 100 亿孢子/g 的白僵菌粉 0.5kg，与 50kg 水混合，并添加少许洗衣粉 0.025kg（或洗涤灵）进行搅拌，用纱布过滤杂质后将菌液装入喷雾器进行喷雾；每垛 10kg 菌液用量，垛中部和下部取点密度应适当加大，喷雾深度以 0.3m 为宜。喷粉方法：用木棍等将玉米秸秆撬起，将喷粉器喷嘴插入垛内 30~40cm，向垛内喷施白僵菌菌粉，待垛对面（或上部）冒出菌粉时即可停喷，每次菌粉喷施覆盖面积为 $1m^2$。每垛用孢子含量为 5 亿孢子/g 的白僵菌菌粉 0.5~1.0kg。②防一代幼虫。在玉米心叶期，采用喷雾法防治。将孢子含量为 100 亿孢子/g 的白僵菌悬乳剂与水按 1∶100（体积比）比例搅拌均匀，利用喷雾器对准玉米心叶内进行施药，菌悬液用量为 $75kg/hm^2$。此法可以增加玉米心叶内的湿度，同时在叶表面形成均匀的菌膜，加大玉米螟幼虫接触药剂的范围。菌悬液的保存和使用方法简单，兑水拌匀即可使用，随用随配，以最大限度地减少对孢子的损伤。田间使用时应在心叶末期追施 1 次菌悬液，以延长白僵菌药效，加大防虫力度。或将孢子含量为 1 000 亿孢子/g 的菌粉、洗衣粉和水按照质量比 1∶0.2∶100 的比例配成菌液，将菌液均匀喷洒在心叶内。另外，在喇叭口期投撒白僵菌颗粒剂，是一个有效的方法。因为玉米螟幼虫多集中在心叶内为害，可直接将颗粒剂接触幼虫虫体，由于该环境下的温度和湿度适宜白僵菌生长，颗粒剂法的防治效果可达到 85% 以上。具体方法：将孢子含量为 100 亿孢子/g 的白僵菌菌粉与细砂（或炉灰渣）按质量比 1∶20 的比例混合，充分搅拌均匀，在玉米螟孵化高峰期后，玉米叶片呈现排孔状时施药，菌粉用量≥$7.5kg/hm^2$ 投入玉米喇叭口和周边叶腋中，在心叶末期重复施药 1 次（陆晴等，2013）。

使用白僵菌防治玉米螟方法简单易行，防治效果可达 80% 以上。为了提高白僵菌起效速度和繁殖效率，可以选择与一些杀虫剂结合使用。例如，采用喷粉法时，将白僵菌菌粉与 2.5% 敌百虫粉剂混合均匀，使混合菌粉的白僵菌孢子含量 >10 亿孢子/g，在玉米心叶内喷粉，随后喷水 1 次，隔日再重喷水 1 次（骆家玉，2015）。

（3）球孢白僵菌防治其他多种农林害虫

应用球孢白僵菌防治害虫的实例很多，这里列举一些害虫对象，如鳞翅目的菜青虫、豆螟、三化螟、二化螟、大豆食心虫、黏虫、棉铃虫、地老虎、黄地老虎、松毒蛾、木麻黄毒蛾、甜菜夜蛾、小黄卷叶蛾、油菜尺蠖，鞘翅目的甘薯象甲、甜菜象甲、马铃薯甲虫、油菜象甲、稻水象甲、蚁象甲、二十八星瓢虫，还有蚜虫、粉虱、蓟马、叶蝉、飞虱、蝗虫、葱蝇、白蚁、叶螨等，防治不同害虫需要选用有针对性的高毒菌株，依据害虫生境选用适当剂型和采取相应的施菌方法，文献和报道很多，因此不再赘述。

防治松材线虫也是球孢白僵菌应用的重要成功案例，准确地说是防治线虫病的媒介昆虫。松材线虫（*Bursaphelenchus xylophilus*）可造成松树毁灭性流行病，一旦发生，传播快、致病力强、治理难度大，被称为是松树的“癌症”。松材线虫病主要借助羽化后的松褐天牛（*Monochamusal ternatus*）成虫补充营养和产卵时进行传播，球孢白僵菌侵染松褐天牛可遏制病害的传播。

由于林间害虫及其生境差异，应用球孢白僵菌防治松材线虫的方法有所不同。球孢白僵菌可与天牛寄生性天敌管氏肿腿蜂（*Scleroderma guani*）协同防治松墨天牛。在林间，单独施用白僵菌 7d 内未见有松墨天牛死亡，单独释放肿腿蜂导致 40.8%松墨天牛幼虫死亡，而携带白僵菌的肿腿蜂使松墨天牛幼虫死亡率上升到 61.1%。实验还显示，单头或成对松墨天牛在接种白僵菌后，其日进食量大幅度下降，寿命比不接菌的对照组缩短了近 50%（刘洪剑，2007）。另一林间实验采用了人工喷菌、撒菌和借助当地小蠹虫携传白僵菌的方法，技术要点是在松墨天牛产卵期初期，将含孢量为 1 000 亿孢子/g 的孢子粉稀释成 1 000 倍液，喷于死树枝干上，或用纱布袋将白僵菌粉剂撒施林间。在松墨天牛幼虫初期，在林间选择有小蠹虫的死树，将其伐倒，剥开树皮，把菌液喷洒在死树皮上，使小蠹成虫全部染菌后，自行迁移扩散到林间。于当年 9 月和 11 月调查发现，松墨天牛幼虫当代的校正寄生率达 41.5%，明显高于喷雾法的 26.7%，与人工撒菌法的 48.3%防效相近，证明小蠹虫能有效地携传白僵菌，达到了侵染松墨天牛幼虫、控制了虫口密度的目的，减轻了松材线虫病的为害（甘玉英等，2007）。

筛选特异性引诱剂与白僵菌联合控制松褐天牛可克服单用白僵菌起效慢、效果不稳定的问题。一种高活性引诱剂 Ma02 的有效引诱活性距离至少达到 50m，有效诱捕范围可达 0.78hm^2，而且能诱捕到携带线虫并处于补充营养期的天牛成虫。采用缓释器可使引诱剂持续作用期达 38d。采用白僵菌无纺布菌条单用、引诱剂+无纺布菌条（条剂）联合和诱木+引诱剂+无纺布菌条联合 3 种方式进行防治试验，结果显示诱木和无纺布菌条联合应用的天牛感染率显著提高（$P<0.01$），在防治松褐天牛过程中表现出明显的优势，充分发挥了引诱剂和白僵菌各自的优良特性，是持续控制松褐天牛的有效方法（王四宝，2006）。白僵菌防治松材线虫的效果得到广泛认可，球孢白僵菌粉炮等制剂已经成为政府采购的招标产品。

(4) 球孢白僵菌防治卫生害虫

蚊子、苍蝇、蟑螂等可携带和传播人畜疾病病原，引起严重的传染病。已报道很多关于球孢白僵菌防治卫生害虫的研究和应用实例。

蚊子是传播疟疾、登革热等重要病害的媒介昆虫。例如，埃及伊蚊（*Aedes aegypti*）的雌蚊是疟原虫的必经媒介。在用疟疾小鼠模型进行的实验中，球孢白僵菌处理后的蚊子不仅死亡率高，而且存活蚊子中唾液腺携带疟原虫的比例显著降低。此外，受白僵菌感染的蚊子再次吸血的概率比未受感染的蚊子明显减少（Blanford et al.，2005）。最新报道球孢白僵菌侵染作用可降低白纹伊蚊对寨卡病毒 ZIKV 的载毒能力，感染的蚊子中肠、头部和唾液腺中寨卡病毒分别显著降低了 3.6 倍、12.3 倍和 7.8 倍，潜在传播率分别降低了 26.8%、38.4%和 35.2%，且被感染蚊子的中位生存时间和繁殖力降低了 84.2%和 39.8%（Deng et al.，2019）。

在防治蟑螂方面，有报道白僵菌能够通过直接附着并有效感染德国小蠊（*Blattella germanica*）（农向群等，1996；Davari et al.，2015）与长鬚带蠊（*Supella longipalpa*）（Al-Salihi，2016）。白僵菌饵剂在实验室条件下分别于 6d 和 11d 导致德国小蠊和美洲大蠊（*Periplaneta americana*）100%的死亡率，现场应用 90d 后能够使试验场所蟑螂密度降低 90%（Wang et al.，2016）。在模拟现场条件下，球孢白僵菌剂对德国小蠊和美洲大蠊的杀灭率均可达到 100%，对血蜱、家蝇、蚊幼虫也有较高致死作用。

微小牛蜱（*Boophilusmicroplus*）是动物体表一种重要的吸血性寄生虫，威胁人畜健康。研究发现球孢白僵菌菌株 B. bAT25 对蜱产卵前期影响不大，随着供试菌株浓度的增大，蜱致死率逐渐升高，蜱生存期及产卵期受影响较大，尤其是在 1×10^9 孢子浓度下，蜱的产卵期及生存期相对于其他浓度差异显著（孙明等，2011）。

在对螨类的控制中，采用球孢白僵菌粉剂，4 种浓度孢浮液对绵羊痒螨（*Psoroptes ovis* var. *cuniculi*）进行离体试验，高浓度（4.26×10^9孢子/mL）效果最佳，在 3d 内对兔痒螨病的治疗效率达 100%，且 30d 内无复发。可见球孢白僵菌是一种潜在的防治痒螨病的生物防控药剂。

(5) 球孢白僵菌防治仓储害虫

白僵菌对仓储害虫也有一定的防控能力。烟草甲（*Lasioderma serricorne*）和烟草粉螟（*Ephestia elutella*）是世界性储烟害虫，并为害多种农作物。研究发现将 400 亿孢子/g 球孢白僵菌孢子粉喷施于有害虫的烟叶上，几天后在 5m 距离处设置的空白检测箱中亦检测到感染真菌而死亡的储烟害虫，表明感染带菌的害虫自由迁飞后能引发种群的感染。经显微镜检结果证实，白僵菌粉对烟草粉螟和烟草甲均具有较强的致病力，在处理 21d 后死亡率分别达 31%和 84.4%（刘爱英等，2015）。用 9 株白僵菌菌株对赤拟谷盗（*Tribolium castaneum*）进行生物测定，结果表明菌株 IRAN440C 的 LC_{50}最低（5.04×10^7 孢子/mL），IRAN187C 的 LC_{50}最高（5.05×10^7 孢子/mL）；菌株 DEB1005 的 LT_{50}最小（2.88d），DEB1014 的 LT_{50}最长（4.96d）。根据 LC_{50}和 LT_{50}值以及死亡率，IRAN 440C 是用于控制害虫的理想白僵菌菌株（Golshan et al.，2013）。

在试验室条件下，球孢白僵菌对仓储害虫米象（*Sitophilus oryzae*）、锈赤扁谷盗（*Cryptolestes ferrugineus*）、谷蠹（*Rhyzopertha dominica*）、杂拟谷盗（*Tribolium confusum*）

等都有较高毒力，在低湿度的仓储环境中，不利于白僵菌发挥作用。

（6）球孢白僵菌防治入侵害虫草地贪夜蛾

草地贪夜蛾（*Spodoptera frugiperda*）是原产于美洲热带和亚热带地区的杂食性害虫，近年入侵我国，最先传播至海南、广西、贵州、云南等地，之后一路向北扩展，逐步定殖。目前阻截防控形势十分严峻。

球孢白僵菌 300 亿芽生孢子/g 可湿性粉剂于 2019 年获批扩作登记（登记证号 PD20190002），入选农业农村部推荐的 2019 年和 2020 年草地贪夜蛾应急防治用药推荐名单。该产品防治对象为玉米草地贪夜蛾、韭菜韭蛆、林木美国白蛾（原登记作物和防治对象为玉米田玉米螟）。

8. 球孢白僵菌应用对家蚕的风险

长期以来对于释放球孢白僵菌防治害虫是否会导致或加重家蚕白僵病一直受到关注，也存在较大争议，影响白僵菌作为真菌杀虫剂的应用。对南方 8 省（区）的 64 株松毛虫分离株和 4 省（区）的 12 株家蚕分离株对 3 龄家蚕的致病性进行了评价，结果表明，除 1 株松毛虫分离株外，不管是松毛虫分离株还是家蚕分离株，对家蚕都有一定致病性，但差异较大。在 3×10^7 孢子/mL 的浓度下，30 株松毛虫分离株的平均侵染率 10.2%，极显著低于 8 株家蚕分离株的 89.6%；在 1.5×10^8 孢子/mL 的浓度下，34 株松毛虫分离株对家蚕的平均侵染率 36.4%，极显著低于 6 株家蚕分离株的 90.6%；松毛虫分离株在 1.5×10^8 孢子/mL 浓度下的侵染率极显著高于 3×10^7 孢子/mL 下的侵染率，而家蚕分离株在两种浓度下无显著性差异。在 1.5×10^8 孢子/mL 的浓度下 4 株对家蚕致病力较强的松毛虫分离株的 LT_{50} 为 7.45～8.20d，平均 7.83d，比 6 株家蚕分离株 LT_{50}（3.43～3.72d）的平均数 3.62d 多 4.21d。根据毒力较强的家蚕分离株 B1 和 B5 与毒力最弱和最强的松毛虫分离株 D26 和 D22 的致死浓度的比较，家蚕分离株对家蚕的毒力是松毛虫分离株的 132～15 733 倍；根据他们的致死剂量的比较，家蚕分离株的毒力是松毛虫分离株的 43～2 201 倍。这一对比数据充分表明，尽管不同的松毛虫分离株对家蚕的毒力不同，但所有的松毛虫分离株都具有明显的寄主专化性。综合分析表明，我国南方使用白僵菌杀虫剂防治松毛虫在家蚕中诱发流行病的风险很小（黄翠，2014）。

考虑到可能的风险，在研发和应用球孢白僵菌时，应评估对家蚕诱发流行病的风险，并提示回避在桑蚕区域应用。

（三）布氏白僵菌 *Beauveria brongniartii*

1. 物种特征与鉴定

布氏白僵菌也是很早认知和经常发现的白僵菌属物种之一。布氏白僵菌由法国人 Brongniart 于 1891 年从墨西哥黑蝗（*Melanoplus mexicanus*）上发现。早期有许多异名，1972 年 de Hood 重新修订白僵菌属时，确认了 Petch 1924 年的定名，即 *Beauveria brongniartii*（Sacc.）Petch。另外，文献中的 *Beauveria tenella* 即卵孢白僵菌后来也被认定是 *Beauveria brongniartii* 的同物异名。

布氏白僵菌形态特征与球孢白僵菌相似，菌落上难以辨别。在人工培养基上，菌落为白色、乳色至浅黄色，菌丝为絮状、茸状或粉状。一般在 PDA 培养基上培养 10d 左右开始产生分生孢子，有的产孢很少或不产孢。与球孢白僵菌的主要区别是全部或大部分分生孢子呈椭圆形或亚圆形，直径（2.0~6.0）μm×（1.5~3.0）μm。关于菌株鉴定，从形态特征可较容易地鉴定白僵菌属，采用分子标记可进一步地确定种级地位和区分种群，方法过程与上述球孢白僵菌相关部分相同。在分子标记选择上，通常用18S rDNA序列和ITS核酸序列分析，可将白僵菌鉴定到属，根据ITS序列可确定菌株归属的分支，相关鉴定实例可搜索到较多文献。但由于球孢白僵菌和布氏白僵菌相似性很高，有时难以区分，建议增加其他基因标识做辅助鉴定。

布氏白僵菌是“半知类真菌”中较早发现与虫草属的关联的真菌。《真菌学报》上“中国虫草属一新记录种”中，作者用一株分离自中突金龟（*Amomala costata*）的布氏白僵菌分生孢子悬液，室内感染大绿丽金龟（*Amomala cuprea*）幼虫，获得了虫草子实体，并命名为布氏虫草（*Cordyceps brongniartii* Shimazu），首次证明*B. brongniartii*便是*C. brongniartii*的无性型（刘爱英等，1993）。后来的分子鉴定进一步确证了布氏白僵菌与虫草的系统发育关系，可参阅“虫草属及其无性型关系研究”“安徽的虫草及其相关真菌Ⅱ”等文献报道（刘作易，1999；仇飞等，2012）。

在多种类型的森林中，布氏白僵菌是常见的昆虫病原真菌之一，但其出现概率仅为球孢白僵菌的1/10到1/20。例如，在西双版纳自然保护区的60个样方采集到207头白僵菌侵染罹病虫体，经过分离获得5种白僵菌，其中球孢白僵菌占91.3%，布氏白僵菌占6.3%（李亦菲等，2018）。在皖东琅琊山自然保护区考察的20个样方中，共采集672份虫生真菌标本，分属于4科8属20种，其中布氏白僵菌占5.4%（陈名君等，2007）。在皖南宣城市敬亭山马尾松林生态系统中，进行了从山脚至山顶共10个小区16个月的全面调查，结果布氏白僵菌占0.98%（张玉波等，2007）。广东省森林的昆虫病原真菌调查中发现有卵孢白僵菌（贾春生等，2010）。农田环境的调查中，例如粗放经营的茶园，也分离到布氏白僵菌（郭先见等，2014）。

已发现的布氏白僵菌寄主昆虫有几十种，曾有统计到37种，共6目（包括鞘翅目、双翅目、鳞翅目、同翅目、直翅目、膜翅目）、13科、26属（吕利华等，1995），未见最新的统计，预计应有所增加。文献中，鞘翅目的金龟类、天牛类和象甲类是布氏白僵菌的常见寄主。此外，茶大灰象甲（*Sympiezomias citri*）、柞栎象（*Curculio dentipes*）、楚雄腮扁叶蜂（*Cephalica chuxiongnica*）、大猿叶虫（*Colaphellus bowringe*）等和一些松叶蜂（Diprionidae）种类都有分离鉴定到布氏白僵菌。

2. 大量培养和规模化生产

（1）芽生孢子

布氏白僵菌的液体发酵可产生大量的芽生孢子。20世纪70年代初期，法国的布氏白僵菌芽生孢子（blastospore）研发已达到半商品化程度，产品含孢量为10^{10}芽生孢子/g。在瑞士等地也都采用相同或相似的方法。由于芽生孢子贮存期很短，后来研究者更为注重分生孢子的生产和剂型。

（2）分生孢子

布氏白僵菌在PDA培养基上可以正常生长和产生分生孢子，但通常产孢量较少，需要探索优化培养基和培养条件，以促进获得大量的分生孢子。根据对卵孢白僵菌

（布氏白僵菌的旧名）单-5 菌株的研究，表明其生长和产孢的最佳碳源是玉米粉，最佳氮源为酵母膏，加入微量元素铜、锌对生长和产孢有明显促进作用；最适 pH 值 5~6，最适培养温度 25℃。最高产孢量达到 3.27 亿孢子/cm^2（邓春生等，1996）。从工业生产的角度出发，通过采用单因素筛选方案，对布氏白僵菌 CGMCC2382 菌株进行了液体发酵条件优化，表明在以黄豆粉或玉米粉为氮源，可溶性淀粉为碳源，pH 值 5.0 的条件下培养 13d，菌种产孢量最高（樊金华等，2013）。

已采用的各种生产分生孢子的方法都离不开固相产孢阶段。固相产孢的载体有三类，即营养基质（如麦粒、米粒、稻壳加糠麸混合物）、非营养基质和无纺布。除了载体，分生孢子产量还取决于加水量和培养时间。国内一般采用液—固两相法生产布氏白僵菌分生孢子，方法是将浓营养培养的液体发酵物转移到稻壳与麦麸混合的固体基质上，培养 7~10d，干燥后经分离抽提可得到（3~5）$\times10^{10}$孢子/g 的高含量粉剂。以大米+稻壳+黄粉虫粪组合的固相基质产孢量较高，且在培养的第 5 天白僵菌产孢量即达到高峰。培养初期，应以黑暗环境为主，以增强菌丝生长，但后期应适当供给光照，以促进菌丝大量产孢（李茂业等，2009）。对于卵孢白僵菌 NEAU30503 菌株的固态培养条件优化，在单因素试验确定最适含水量、接种量、培养温度和培养时间的基础上，应用 Box-Behnken 试验设计和响应面分析方法进行优化，得出最佳条件为固态培养基含水量 55%，接种量 15mL/100g，培养温度 27℃，培养时间 7.5d。在此条件下培养物烘干前单位产孢量达到 36.7$\times10^8$ 孢子/g（宋龙腾，2016）。

（3）菌丝体

布氏白僵菌菌丝体制剂研究曾在 20 世纪 80—90 年代较为活跃，主要是为了解决布氏白僵菌在人工培养基上生长缓慢、菌丝体丰富、分生孢子产量低，造成生产周期长，费工费时等问题。布氏白僵菌的菌丝体在土壤中有很好的宿存能力，在田间施菌区发现菌丝在土表至土下 25cm 均能繁殖生长，并能产生适量分生孢子，因此以菌丝形式作为终产品用于防治地下害虫有较大的现实性和可行性（Coremans-Pelseneer，1991）。如布氏白僵菌菌丝体对一种切根鳃金龟（*Rhizotrogus majalis*）幼虫具有侵染力，还研究了土壤温度和含水量对侵染力的影响，认为菌丝制剂在防治地下害虫方面具有潜力（Kruger，1991）。实验室研制的一种菌丝干粉剂可在室温下贮存 6 个月后仍保持 70% 的存活力，在土壤中有较好的恢复生长能力（农向群等，1998）。

（4）微菌核

近年发现，布氏白僵菌在特定的营养条件下也能形成微菌核（microsclerotia，MS）。微菌核在之前的球孢白僵菌中已有介绍，它是一种由菌丝紧密连接交织而形成的黑化、紧实的休眠体，有较强的抗逆性和稳定性，可探讨大量生产以作为菌剂产品。研究报道，一株适用于地下害虫防治的布氏白僵菌产生微菌核，培养液中碳源 A、碳氮比 B 和接种量 C 是影响微菌核产量的主要因子，而装液量和转速影响不显著；在 A＝30.66g/L、B＝7.59∶1、C＝1.03%时，微菌核理论产量最高（8.24 $\times$ 10^3 MS/mL），MS 实验产量为（8.00~8.25）$\times10^3$微菌核/mL。优化的产量比初始试验时的最大值提高 21%~25%（杨欣等，2014）。

（5）制剂加工

发酵后菌剂的加工处理可能影响布氏白僵菌的贮存活力。一种公开的商品化剂型生产方法是将分生孢子以皂土包被后，在150℃喷雾干燥，得到活孢率50%~70%的分生孢子粉剂。此制剂在-5℃可保存18个月仍能有效侵染供试虫。芽生孢子不能用喷雾干燥的方法，但可采用添加甘油的奶粉混合后冷冻干燥，得到活孢率为89%的粉剂，在-5℃可保存8个月。在瑞士，有研究用脱脂牛奶作为布氏白僵菌芽生孢子的黏着剂和紫外保护剂，防治欧洲鳃角丽金龟（*Melolontha melolontha*），用量（2~4）× 10^{14}孢子/hm^2，雌虫子代的传染率达到85%，并可延续2代（Keller，1991）。

除了一般常规剂型，布氏白僵菌还被日本日东电工公司发明制成无纺布菌条。这种新剂型是利用无纺布为培养基的载体，让昆虫病原真菌在其上生长，应用时菌条可以悬挂或贴附在植物上，当害虫接触菌条后，感染其上的孢子而受到侵染，从而达到控制害虫的目的。

3. 布氏白僵菌防控治害虫的应用

尽管已经记录布氏白僵菌寄主有几十种，但目前进行防治害虫试验和应用的主要是几种鞘翅目的金龟子、天牛和象甲等。

（1）防治金龟子

布氏白僵菌具有对土壤中的金龟子幼虫（蛴螬）的侵染优势。池栽接虫试验表明，布氏白僵菌3种用菌量对1龄为71.1%~95.6%，2龄和3龄的感病率达82.2%~100%（伍椿年等，1984）。田间小区试验表明，卵孢白僵菌对花生蛴螬的田间防治的最佳时间为花生中耕期，最佳剂量为150万亿孢子/hm^2，防治大黑、暗黑金龟子效果达80%以上，在江苏、山东和河北的300hm^2防治示范，效果达60%~80%（邓春生等，1995）。在苗圃，春季虫卵孵化前或秋季幼虫越冬前将卵孢白僵菌与菌肥混合施用，可减少苗木被害率87%~97%，用菌后1个月害虫发病率为61%，2个月发病率为90%，3个月达到95%（藤下章男等，1980）。在我国东北苗圃，采用卵孢白僵菌防治蛴螬（*Holotrichia diomphalia*）效果达68.8%~86%（李兰珍等，1998；郭志红等，2001）。还有报道布氏白僵菌在大豆、大葱田间及在林间、苗圃、草地和甘蔗田中对蛴螬或金龟子成虫的应用方法和防治作用。

布氏白僵菌在土壤中适宜环境条件下可快速增殖种群，造成自然环境中的害虫流行病，达到自然平衡控制。2019年在波兰森林暴发了土壤中金龟子的白僵病自然流行。从病虫和土壤分离的菌株被鉴定为布氏白僵菌。据调查，该病原菌在41%的位点发生，虽然其密度一般低于感染阈值，且仅感染金龟子幼虫的1.3%，说明从森林土壤中定殖有感染金龟子的布氏白僵菌特定基因型，可能在该区域环境下迅速增殖了群体数量（Niemczyk et al.，2019）。

（2）防治天牛

对天牛类害虫，布氏白僵菌也凸显防控优势。在日本和中国都有报道布氏白僵菌对光肩星天牛（*Anoplophora glabripennis*）的高效感染。无纺布菌条不仅可广泛应用于各种天牛的防治，而且可以应用于众多具有越冬、越夏或具迁移习性害虫的防治。

在旱柳（*Salix matsudana*）林地内防治光肩星天牛实验中，在0.9m/s风速条件下，分生孢子的扩散距离达 40m 以上，而且分生孢子在野外自然林地内 19d 的萌发率达到 70%以上。在网箱内对成虫的感染率可达 61.1%，在林地间的感染率为 38%（张波等，1999）。比较悬挂布氏白僵菌无纺布菌条和喷雾两种不同放菌方式对光肩星天牛成虫的死亡率、产卵量和白僵菌活孢率，表明无纺布菌条放菌方式对成虫的杀伤力明显高于喷雾放菌，尤其是在放菌 3~7d 后；成虫产卵的刻槽数也明显低于喷雾组（徐金柱等，2003）。在林间采用塞孔方法施用卵孢白僵菌，处理 1~3 次，对光肩星天牛防效可达 90%以上（王素英等，1999）。

对青杨脊虎天牛（*Xylotrechus rusticus*）用 7 种白僵菌菌株制作的无纺布菌条进行了防效检测，其中布氏白僵菌 Bb CF327 的防治效果最佳（丁俊男等，2017）。

星天牛（*Anoplophora chinensis*）为亚洲本土的林木钻蛀性害虫，近年来已入侵到一些欧洲国家，被列为重要的国际检疫对象。在日本和中国都开发有布氏白僵菌无纺布菌条注册商品，可引起星天牛高致死率，有较好的应用前景（张宇凡，2019）。

对于桑树重要害虫黄星天牛（*Anoplophora chinensis*），将布氏白僵菌接种在无纺布上培养，然后把带菌的无纺布加工成 5cm×50cm 绷带，把它缠绕在桑树干和树枝上，通常 3~5 棵桑树只需缠一棵，可获得显著防控效果（陈东，1994）。

(3) 防治其他害虫

在东北林区多年一直应用卵孢白僵菌（布氏白僵菌的异名）防治害虫。在辽宁法库三尖泡林场，采用喷孔口方法防治杨干象（*Cryptorhynchus lapathi*）和蝙蝠蛾（*Phassus excrescens*），效果达 75%~83%。吉林省白城森防站采用带菌粉棉球塞虫洞或春秋喷菌液方法防治白杨透翅蛾（*Parathrene tabaniformis*），防治效果达 80%~90%（张海军等，2009）。吉林市林业科学院 2000—2004 年除对小齿短肛棒蝽（*Baculum minutidentatum*）有大面积的成功应用外，亦采用反复寄生驯化和复壮方法，分别获得了落叶松毛虫、舞毒蛾、女贞尺蛾等食叶害虫的高致病力卵孢白僵菌菌株，野外防治效果分别达 60.4%、80%、66.2%，还驯化出了对白杨透翅蛾、栗山天牛（*Massicus raddei*）等蛀干害虫幼虫高致病力的卵孢白僵菌菌株，用于防控隐藏在树干内的蛀干害虫幼虫。

还有针对其他害虫，如板栗象甲、柞栎象、甜菜夜蛾、舞毒蛾、斜纹夜蛾等，布氏白僵菌也显示出令人期待的应用潜力。

三、绿僵菌杀虫剂

（一）绿僵菌属

绿僵菌属（*Metarhizium*）由 Sorokin 于 1883 年建立，是一类广泛分布的常见昆虫病原菌，也是真菌杀虫剂的典型代表。其深入的杀虫机理和菌株改良研究以及生产与应用技术研究在昆虫病原真菌领域一直处于引领地位。在早期未明确其有性阶段前，绿僵菌被归入半知菌类（fungi imperfecti），生物学分类地位隶属于半知菌亚门（Deuteromycotina）丝孢纲（Hyphomycetes）丝孢目（Hyphomycetales）丛梗孢科（Moniliaceae），科级还有丝孢科（Hyphomycetaceae）、瘤座孢科（Tuberculariaceae）等不同的记载。直到首次报道戴氏虫草，诱发虫草次生子囊孢子和进行微循环产孢观察，获得并确定这种虫草的无性型为戴氏绿僵菌（Liang et al.，1991）。另外，从虫草 *Cordyceps brittlebananasides*

中也发现了其无性型绿僵菌，进一步证实了绿僵菌和虫草之间无性型和有性型的联系（Liu et al.，2001）。根据有性型优先的原则，绿僵菌系统分类地位应为子囊菌门（Ascomycota）盘菌亚门（Pezizomycotina）粪壳菌纲（Sordariomycetes）肉座菌目（Hypocreales）麦角菌科（Clavicipitaceae）。

根据形态学可识别绿僵菌属的物种，其特征是：在人工培养基如PDA或察氏培养基上，菌落生长较缓慢，2~3d可见白色菌落，表面菌丝松散绒毛状或絮状，一般5~7d可见孢子产生，颜色为绿色，常见橄榄色或偏褐绿色。在病虫上分生孢子梗常聚集形成分生孢子座，但在人工培养基上聚集不明显，通常单生。分生孢子梗上有柱状瓶梗，可单生、对生或轮生，彼此靠拢或离散。瓶梗上着生分生孢子，向基性发生排列成长链，单个孢子呈柱形至卵圆形，通常中部略细。

在自然界，绿僵菌主要进行无性繁殖，其有性生殖阶段被鉴定为*Metacordyceps*（异虫草属或广义虫草属）。自建属以来，根据与模式种金龟子绿僵菌比较的某些微小差异，曾先后命名过至少42个新种和变种，引起分类学上的混乱。Tulloch和Rombach等承认3个种：金龟子绿僵菌、黄绿绿僵菌（*M. flavoviride* Gams & Rozsypal）和白色绿僵菌（*M. ablum* Petch）。金龟子绿僵菌又分为2个变种，即小孢变种*M. anisopliae*（Metsch.）Sorokin var. *anisopliae* Tulloch和大孢变种*M. anisopliae*（Metsch.）Sorokin var. *majus* Tulloch。黄绿绿僵菌分为2个变种，即小孢变种（*M. flavoviride* Gams & Rozsypal var. *minus* Rombach）和大孢变种（*M. flavoviride* Gams & Rozsypal var. *flavoviride* Rombach）。此分类方法被大多数研究者接受采纳，不过仍有一些菌株难以归入其中。随着分类学研究的深入，一些同物异名或异物同名以及争议种得到澄清，保留的13个种分别是：金龟子绿僵菌*M. anisopliae*、黄绿绿僵菌*M. flavovirid*、白色绿僵菌*M. abulum*、棕色绿僵菌*M. brunumum*、贵州绿僵菌*M. guihouhouense*、平沙绿僵菌*M. pingshaens*、柱孢绿僵菌*M. cylindrosis*、翠绿绿僵菌*M. ideini*、蝗绿僵菌*M. acridum*，以及*M. frigidum*，*M. lepidiotae*、*M. majus*和*M. globosum*。其中，黄绿绿僵菌包括4个变种，分别是黄绿绿僵菌小孢子变种*M. flavoviride* var. *minus*、黄绿绿僵菌大孢变种*M. flavoviride* var. *flavoviride*以及*M. flavoviride* var. *pemphiqi*和*M. flavoviride* var. *novozealandicum*。

分子标记技术特别是核酸序列分析技术极大推进了绿僵菌系统分类学发展。采用多基因研究绿僵菌属分类和系统发育，除了ITS外，还有核编码蛋白，包括延伸因子*EF-1α*基因、RNA聚合酶Ⅱ大亚基*RPB1*基因、RNA聚合酶Ⅱ小亚基*RPB2*基因和β-微管蛋白*β-tubulin*基因的全长序列，构建了多基因系统发育树，澄清了种的分类地位，并描述了这些分类单元的形态特征，所构建的系统树由9个分支组成（*M. majus*、*M. guizhouense*、*M. brunenum*、*M. pinshaese*、*M. robertsii*、*M. anisopliae*、*M. lepidiotae*、*M. acridum*和*M. globosum*），使同一个种的菌株都很好聚在相应的分支上。这些分支几乎涵括了绿僵菌属的全部种，遗憾的是这个研究没有把在我国发表的分类地位仍有争议的2个种（柱孢绿僵菌和翠绿绿僵菌）包括在内（Bischoff et al.，2009，2011）。该系统是至今对绿僵菌属系统分析最为全面的系统，可作为绿僵菌菌株鉴定和鉴别的参照。以*β-tubulin*、*rpb1*、*rpb2*和*ef-1α*的多基因系统进化，可澄清绿僵菌属物种间以及与相关真菌之间的边界（Kepler，2014）。

为了鉴定或鉴别绿僵菌菌株，近年研究多采纳了 Bischoff 的方法及其分类系统作参照。例如以 *ef*-1α，*rpb*1，*rpb*2，β-*tubulin* 部分序列进行了 10 株绿僵菌菌株的多基因系统进化分析（王萌等，2014）；发现并鉴定了金龟子绿僵菌复合种的新成员（Lopes et al.，2018）。

绿僵菌属中最常见、研究和应用最多的代表种类为金龟子绿僵菌，还有蝗绿僵菌、罗伯茨绿僵菌等一些种类的菌株已被开发作为高效的真菌杀虫剂。

（二）金龟子绿僵菌 *Metarhizium anisopliae*

1. 对昆虫致病性

金龟子绿僵菌寄主非常广泛，记录有鳞翅目、直翅目、鞘翅目、同翅目等 13 目 200 多种昆虫和螨类，涵盖了重要的农林业害虫和卫生病媒害虫。一个株系或一个种群通常有寄主专一性，一般对某种或几种类似寄主的致病性相似。不同菌株或种群的寄主范围和致病能力有较大差别，因此针对不同害虫研发真菌杀虫剂首先需要评估菌株对目标害虫的致病性。

评估菌株的致病性一般直接采用生物测定方法，即检测菌株对目标害虫的致死率和致死速率，方法在前面已有介绍也很容易查阅到相关文献，因此不再赘述。在致病机理研究中，已发现一些与致病性相关的酶和基因，也可检测相关酶活力或基因表达量作为辅助评估。

关于致病机理，前面章节以金龟子绿僵菌为例介绍了昆虫病原真菌对昆虫致病的一般过程和共通的组织病理学，但相关致病机理至今仍远未能阐明，在此仅补充与金龟子绿僵菌相关的研究进展。

金龟子绿僵菌作为一种模式生物被用来研究虫生真菌与寄主昆虫的相互作用，能够很好表征昆虫（节肢动物）的病原特性。最早的疏水蛋白基因 *ssgA*、表皮降解酶基因 *PR1* 等都是首先从金龟子绿僵菌克隆得到的，金龟子绿僵菌的几丁质酶、蛋白酶在侵染寄主过程中发挥了重要作用（St. Leger et al.，1992）。昆虫表皮是病原入侵的第一个屏障，病原菌黏附表皮和早期的萌发生长是启动侵染的关键。黏附涉及孢子表面蛋白（如疏水蛋白）与昆虫外表皮脂质层的相互作用，穿透前在宿主表皮上的萌发生长与脂质降解有关（Fang et al.，2007；Jarrold et al.，2007）。金龟子绿僵菌分生孢子表面鉴定出了脂肪酶，其参与最初感染阶段脂质降解，并强化了入侵进程（Silva et al.，2005）。实际上，宿主脂质层的降解对于病原菌识别易感宿主以及为分生孢子的萌发提供早期营养非常重要（Silva et al.，2009）。同时，金龟子绿僵菌可以响应宿主表皮成分的诱导，调节自身脂肪或酯类分解酶的活性和分泌，从而增强酶在感染过程中的潜在作用（Da Silva，2010）。

金龟子绿僵菌黏附素蛋白 MAD1 被证明对分生孢子膨胀和附着于宿主表面起重要作用。在昆虫表皮或血淋巴的诱导下，MAD1 显著上调表达，可使分生孢子或芽生孢子表面产生黏性，利于附着昆虫表皮，此外，MAD1 还是附着孢子的细胞骨架定向和刺激细胞周期相关基因的表达所必需的。基因 *mad*1 的破坏，可延滞孢子的萌发，抑制芽孢形成，并大大降低了对毛虫（caterpillars）的毒力。因此认为，随着分生孢子的细胞壁变化，非特异性疏水蛋白被降解，取而代之的是主动参与附着的 MAD1 发挥更大的作用（Wang et al.，2007；Wyrebek et al.，2013）。

除了酶类，绿僵菌能够分泌一些次生代谢物的小分子毒素，与侵染昆虫并造成昆虫致死有密切关系。早在20世纪60年代初，研究者就从金龟子绿僵菌培养液中分离纯化出了破坏素（destruxin）（Kodaira，1961），至今已陆续有数10种毒素被分离纯化。破坏素典型的结构是有5个氨基酸和1个羧基酸残基组成的一类六元环缩肽化合物具有B丙氨酸-丙氨酸-缬氨酸-异亮氨酸-脯氨酸或六吡啶羧酸-α-羧基组成的分子骨架。根据α-羟基酸种类的不同分为A、B、C、D、E 5个基本序列，再根据与羟基酸相邻的是脯氨酸（Pro，$n=3$）还是六氢吡啶羧酸（Pip，$n=4$）及R侧链的区别进行编号（图3-7）。破坏素能引起致病效应并可加快昆虫的致死进程，其中破坏素A和E的杀虫活性最强。近期一项研究发现，牛豆（cowbea，*Vigna unguiculata*）接种罗伯茨绿僵菌12d后，检测到植株中的内生定殖的绿僵菌并有破坏素DTX产生（Golo et al.，2014），这是首个绿僵菌在植物中产生破坏素的例证，为利用昆虫病原真菌防治害虫提示了重要的新思路新方法。

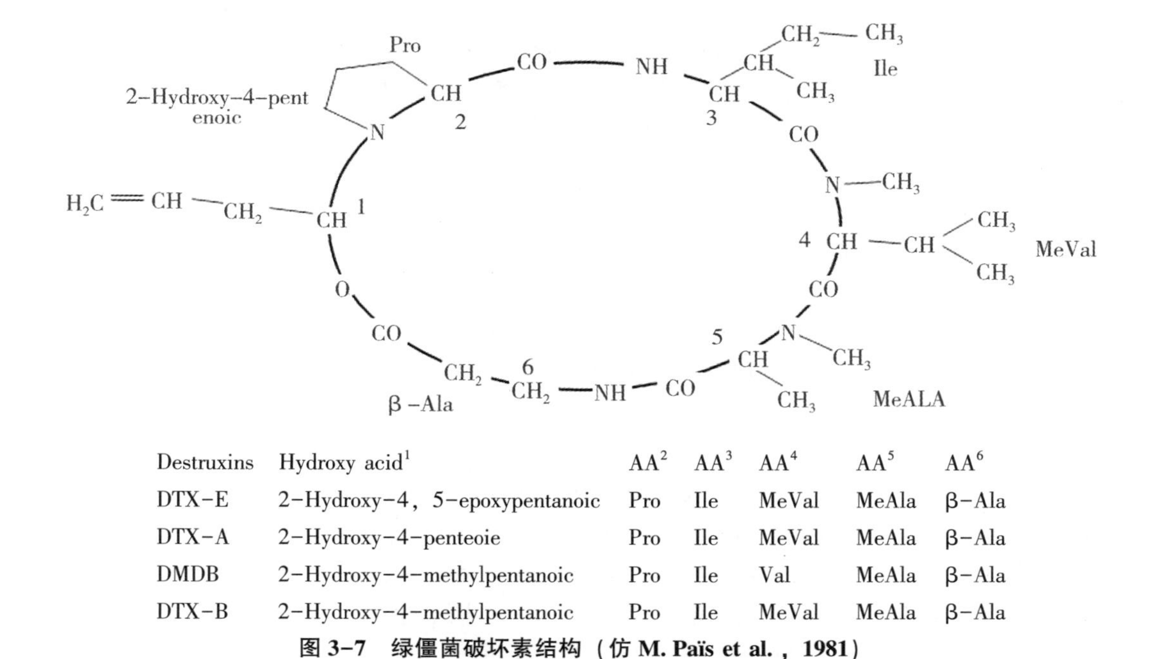

Destruxins	Hydroxy acid[1]	AA[2]	AA[3]	AA[4]	AA[5]	AA[6]
DTX-E	2-Hydroxy-4，5-epoxypentanoic	Pro	Ile	MeVal	MeAla	β-Ala
DTX-A	2-Hydroxy-4-penteoie	Pro	Ile	MeVal	MeAla	β-Ala
DMDB	2-Hydroxy-4-methylpentanoic	Pro	Ile	Val	MeAla	β-Ala
DTX-B	2-Hydroxy-4-methylpentanoic	Pro	Ile	MeVal	MeAla	β-Ala

图3-7　绿僵菌破坏素结构（仿M. Païs et al.，1981）

2. 优良菌株选育

近年来，多种绿僵菌毒力相关基因、抗逆生长相关基因和产孢调控基因被发现，可筛选其中优秀的基因，对绿僵菌进行遗传改良，利用基因工程技术构建选育高产率、高毒力、高抗性菌株。

虫生真菌抗性育种中，第一个利用基因转移技术的成功范例是将构巢曲霉（*Aspergillus nidulans*）的抗苯菌类基因*BenA3*导入金龟子绿僵菌的原生质体，转化菌株对苯菌灵的抗性比原菌株高10倍（车振明等，2004）。另一个突破性事例是以*MCL1*为启动子，利用GFP（绿色荧光蛋白）作为报告基因，首次将一种北非蝎的昆虫专化型神经毒素多肽AaIT（中性蝎毒）反编码成真菌基因，构建了带有抗性标记的替换质粒，转入绿僵菌原生质体，转化的工程菌株中AaIT在操纵子调节下高水平表达，显著提高了杀虫速率，对烟草天蛾（*Manduca sexta*）的毒力提高22倍，对埃及伊蚊（*Aedes aegypti*）的毒力提高9倍；与此同时，还显著减少了昆虫的活动性，降低了昆虫的取食率（Goettel et al.，1990）。此技术的突破，带动了绿僵菌不同种类菌株的遗传改良，例如，把来自一种钳蝎（*Buthotus judaicus*）的杀虫蝎毒素（Bj alpha IT）基因整合到蝗绿僵菌（*M. acridum*）中，增强了对东亚飞蝗（*Locusta migratoria manilensis*）的毒力，LC_{50}降低了18.2倍，局部接种和注射工程菌的LT_{50}分别减少了28.1%和30.4%（Wang et al.，2007）。将酯酶基因（*MestI*）从通常广谱寄主的罗伯氏绿僵菌（*M. robertsii*）转移到特定的蝗绿僵菌，扩大了其宿主范围（Peng et al.，2014）。黑色素酶（melanin）在金龟子绿僵菌中的表达使得菌株对紫外线和高温的抵抗力增强（Wang et al.，2011）。将高效的古细菌光解酶（photolyase）基因整合到罗伯氏绿僵菌基因组中，可以提高真菌的光修复能力，从而提高对阳光的抵抗力（Tseng et al.，2011）。黄绿绿僵菌（*M. flavoviride*）菌株用于防治巴西蚱蜢（*Rhammatocerus schistocercoides*），转化了苯菌灵抗性基因（beta-tubulin gene）后，高抗转化子对苯菌灵抗性提高了30倍，在非选择性培养基上连续转代20次后仍保持抗性稳定，而且某些转化子的糜蛋白酶（Chymoelastase，Pr1）分泌量比野生型更大，分生孢子萌发率更高，在生产和应用上更有潜力（Fang et al.，2012）。

3. 大量培养和规模化生产

金龟子绿僵菌的大量培养方法和规模生产的基本工艺流程与白僵菌的大致相同，有液体深层发酵、固体发酵和液-固双相发酵（参看前节），只是参数有所不同。对不同菌株通常需要优化参数以尽量提高产量降低成本。

（1）液体发酵参数

液体发酵能够快速增加菌丝体生物量。在金龟子绿僵菌IMI330189的液体发酵参数研究中，利用Sigmoid函数构建了该发酵过程中的菌体生长和底物消耗的动力学模型，较好地拟合了该菌株的液体发酵过程，并运用Origin7.5软件拟合求解出各模型参数，在优化参数条件下，比生长速率在发酵22.8h达到最大值，为0.084/h；总糖比消耗速率在9.6h达到最大值，为0.246/h；总氮比消耗速率在10.3h达到最大值，为0.007/h；菌体对总糖的得率系数在39.8h达到最高，为0.861g/g（王乔等，2012）。另一实验比较了金龟子绿僵菌2菌株的菌丝生长及次代产孢的环境因素，经过优化得到二者的最佳培养条件分别为：菌株1在28℃、pH值7、装液比为75mL/250mL、加入微量元素Mn、全光照培养；菌株2在28℃、pH值9、装液比为75mL/250mL、加入微量元素Cu、黑暗培养。可见不同菌株对光照、通气、微量元素的需求有明显差异（杨腊英等，2008）。

（2）固相产孢培养

绿僵菌通过固相培养阶段培养获得分生孢子产品。国内外研究者针对不同的菌株，对基质组成、培养条件和流程等开展了较为系统的研究，为绿僵菌规模化生产提供依据。例如，通过单因子和多因子正交设计，筛选得到了金龟子绿僵菌液相转固相的最适培养基配方为（%）：蔗糖 3、酵母 0.5、$NaNO_3$ 0.3、$MgSO_4$ 0.05、KCl 0.05、K_2HPO_4 0.1、$FeSO_4$ 0.001、$MnSO_4$ 0.001，平板产孢量达 $6.19\times10^7/cm^2$（卢忠燕等，2004）。一项金龟子绿僵菌的固体三级放大培养实验，是以 90%麦麸+10%玉米粉为发酵培养基，加水量 60%左右，经过优化，得到产孢的最佳培养条件为：培养温度 27℃、避光培养、培养基初始 pH 值 6.0，培养 6d 孢子产量可达 1.21×10^{10} 孢子/g 干培养基（吴振强等，2004）。对金龟子绿僵菌 R8-4 菌株液-固两相法固相阶段的培养条件研究表明，蛭石和稻壳均可为优良载体，玉米粉和麦麸组合是良好的营养源，与不同载体配合均可使产孢量达到 20×10^8 孢子/g 以上。液固接种比以 8：10 最佳；接种后适宜的基质含水量约为 55%，产孢量达 28.9×10^8 孢子/g；在培养过程中，恒温培养时以 25℃ 为宜；最佳温度调节方式是先在 25℃下培养 16d 后转移到 21℃下再培养 5d，可获得最高产孢量；光照调节对菌株生长和产孢有重要影响，培养前期在暗环境培养 14d，再于光照培养 7d 的产孢量最高；高通气量利于菌株生长和产孢，应保持容器通气口通畅，培养基厚度以小于 4cm 为宜（农向群等，2007）。研究报道，金龟子绿僵菌在 13 种谷物基质中，以小米、意大利非糯米、大麦、糯米和意大利糙米这 5 种底物产生分生孢子最多且耐热性较好；当这些基质与沸石、珍珠岩或蛭石等矿物质混合以减少谷粒用量时，蛭石的组合显示出相对高的分生孢子产量（Song，2019）。

（3）其他培养方式

金龟子绿僵菌的另一种分生孢子形成方式是微循环产孢，当孢子萌发后，培养条件适宜时可不经过营养菌丝生长阶段，或营养菌丝生长受到极大限制时，就直接重复产孢。理论上，如果能够控制好微循环产孢条件，将可以缩短发酵周期，降低生产成本，但这种产孢方式，只在少数菌株观察到。笔者在实验中注意到，常规培养的 IMI330189 菌株经常出现微循环产孢，而其他菌株只在刻意条件下诱导产生。推测微循环产孢与菌株遗传特性有关，也与培养条件密切相关，不易控制，产量有限。目前还难以用于规模化生产。

金龟子绿僵菌的微菌核（MS）发酵培养是第一例关于昆虫病原真菌形成微菌核的报道，由此提出以微菌核可能作为另一种产品形态。进一步研究表明，微菌核只在液体深层发酵后期生成，碳源浓度与碳氮比影响金龟子绿僵菌微菌核的产量，碳源浓度为 36 g/L、碳氮比在 30：1 和 50：1 时 MS 的产量最大，可分别达到 2.7×10^8 MS/L 和 2.9×10^8 MS/L，申请并获得了美国专利（US：WO/2009/035925）（Jaronski et al.，2008）。

绿僵菌产生的破坏素可作为杀虫剂或增效剂，有重要的应用潜力。对 20 个有杀虫毒力的绿僵菌菌株进行了液体深层培养，有 12 个菌株在培养 2~3d 后可检测破坏素 DTX A、B 或 E 产生，另 8 个菌株培养至 5d 也没有破坏素产生（Golo et al.，2014）。用响应面法优化了金龟子绿僵菌破坏素 A 生产培养条件，拟合模型给出的最佳培养条件：蔗糖 22.7g/L、蛋白胨 13.4g/L、发酵时间 9.70d，预测绿僵菌破坏素 A 最大质量浓度为 6.90μg/mL，实际测得质量浓度为 6.89μg/mL（张功营等，2018）。上述工作为绿僵菌大规模发酵获得绿僵菌破坏素产品提供技术支持。

4. 菌剂研发

金龟子绿僵菌产品有直接的发酵产物和经过加工的制剂。早期的绿僵菌田间应用都是直接采用发酵产品，并不做制剂加工，产品贮存和施菌方式均受到了限制。为了便于产品贮藏、田间施用和提高防治效果，需要将生产的菌体制剂化。制剂有利于产品标准化和登记管理，是产品商业化的重要前提。随着绿僵菌的生产技术和规模的发展，产品制剂化技术也逐渐成熟。尽管基于商业利益的保密，制剂关键技术很少公开，但仍可从产品数量、用量及有限的文献中获知绿僵菌杀虫剂的主要研究进展。

（1）菌剂的载体

绿僵菌制剂性能受配方组分中载体、助剂等化学因素及加工过程物理因素的影响。载体主要起两方面作用：一是作为绿僵菌菌体的承载介质或稀释剂，二是保护和恢复绿僵菌的活性，使之在贮存期间免受环境因子侵扰，在施用后能够恢复活力，有的还能提高菌体活力和侵染力。按物理形态可分为固体和液体载体；按其组成和结构可分为无机和有机载体。已用于研究试验的矿物类载体有硅酸盐类（凹凸棒土、高岭石和滑石等）、碳酸盐类（方解石、白云石等）、硫酸盐类（石膏）、氧化物类（生石灰、镁石灰和硅藻土等）和磷酸盐（磷块石）等；植物类有蔗渣、稻壳、秸粉、玉米芯和锯末粉等。制剂中载体比例通常占90%以上，最近的研究重点是在保障孢子活力和应用便利的前提下，尽量减少载体，以降低存储及运输成本。尽管矿物类载体多为惰性，但其酸碱性、吸附性等理化性状对绿僵菌等杀虫真菌的活性仍有影响，需要进行筛选。以基质 R 和贝脱石作载体，可有效保持金龟子绿僵菌（*M. anisopliae*）孢子的活力（Daoust et al.，1983）；钙质膨润土、高岭土、滑石粉、活性白土和轻质碳酸钙可提高绿僵菌孢子的贮存活性（张英财等，2012）；以硅藻土为载体的粉剂和以油基质配制的绿僵菌制剂均可显著增强其对染锥猎蝽（*Triatoma infestans*）的有效侵染（Luz et al.，2012）。

对于颗粒剂载体还兼有成型或保护作用，尤其经成囊得到的颗粒剂，其形成的微小囊状介质，对保护孢子在贮存期间免受环境因子侵扰和田间应用后恢复孢子活力有积极作用。例如，在绿僵菌微胶囊制剂研究中，以生物聚合物藻酸钠、羟丙基甲基纤维素和脱乙酰壳多糖作为囊材，以氯化钙作为交联剂，形成不溶性的囊壁。不同囊材及组分比例形成不同特性的胶囊颗粒，发现用羟丙基甲基纤维素形成粒径小于 30 μm 的微胶囊包封率最好，可达到78%，糊精次之；在 4℃ 贮存 6 个月后，微胶囊的孢子萌发率保持在 80% 左右，而对照裸孢子则只有 50%（Liu et al.，2009）。另外，一种利用海藻胶交联结构制备的海藻胶颗粒剂已获得专利，该颗粒剂中添加了保护与增活组分，促进了孢子“复活”和增殖（农向群等，2009）。

（2）菌剂的助剂

助剂在很大程度上决定了制剂理化性能的优劣。在菌剂中添加一些增强抗逆性的因子，有利于保持和促进孢子活力稳定性，延长制剂的贮存期并提高对害虫的田间防效。如海藻糖和酪氨酸能够促进孢子萌发，萌发率可提高 15%~29%（徐均焕等，2003；张英财等，2012）。海藻糖是由 2 个葡糖糖组成的非还原性双糖，非常稳定。当生物体处于高温、高寒、高渗、失水等恶劣环境时，体内海藻糖合成增加，可在细胞表面形成保护膜，有效保护生物分子结构不被破坏，维持生命过程（Birch，1963；Welsh et al.，

1999；李金花等，2011)。外源性海藻糖同样对生命体和生物大分子具有良好的非特异性保护作用（Crowe，2007)。固体制剂中添加蚯蚓粪、液体制剂中添加大豆卵磷脂或楝树油都能够促进绿僵菌的生长，增加其生物量（Bagwan，2011)。评估胶囊剂配伍对绿僵菌孢子的相容性，表明海藻酸钠与麦芽糊精、半纤维素是相容的，但二甲基亚砜在大于2.0%的较高浓度时对孢子有中等毒性（Rodrigues et al.，2017)。

对于在应用前需要加液体稀释的真菌制剂，例如可湿性粉剂、悬乳剂、油悬浮剂，除了要保护真菌生物活力外，助剂对悬浮稳定性尤其重要，其作用是使制剂稀释后达到均匀持久的悬浮，以便在施用过程中能够均匀喷洒或喷雾。羧甲基纤维素钠、木质素磺酸钠适宜作为绿僵菌等生防真菌制剂的分散和悬浮稳定剂（田大伟，2009)。

对用于地上喷施的真菌制剂，需要选择适当的稀释剂或稀释助剂。研究显示，食用油（如色拉油、玉米油)、矿物油（如煤油、液体石蜡）是较理想的喷施介质（施宠等，2006)。真菌通常对紫外线高度敏感，为了降低紫外线对孢子的杀伤作用，可在制剂中加入抗紫外剂。研究发现荧光素钠（fluorescein sodium)、七叶灵（esculin）和小檗碱（berberine）等均可增加孢子在环境中的稳定性（王滨等，2003；张礼生等，2006)。检测了17种紫外保护剂和4种组合对绿僵菌等3种昆虫病原真菌的保护作用，表明苯并三唑类2#对孢子的紫外保护作用最好，紫外灯照射30min条件下对孢子的保护效率达90%；苯并三唑类3#、苯甲酮类2#、荧光黄钠、刚果红的保护效率可达60%（农向群等，2005)。以橄榄油和2个市售防晒剂Everysun和E45制成油悬浮剂，可阻止紫外辐射对绿僵菌孢子的损害，而不会干扰对靶标害虫蜱的致病作用（Hedimbi et al.，2008)。

（3）菌剂的加工

真菌制剂加工过程的菌体干燥脱水以及应用后的菌体吸水，是真菌进入休眠和复苏的生理过程，活力极易受到损伤（Faria et al.，2009)，缓冲脱水和复水作用的助剂有利于真菌保持其生命活力。研究表明乳化制剂可以缓冲保护罗伯茨绿僵菌和平沙绿僵菌免受吸胀作用的损伤，但应用是要控制兑水稀释的水温和时间（Xavier-Santos et al.，2011)。

制剂加工过程的温度和干燥是影响绿僵菌生命活力的重要环节，但极少有加工过程的研究报道。孢子对温度敏感，在高温下容易失活，而加工混合及造型过程通常会产热升温，同时菌剂干燥过程易使细胞因快速或过度脱水而失活。研究发现，高温处理导致孢子萌发延滞和死亡；将经过硅胶干燥的孢子制成油（悬）剂，可大幅提高孢子的温度耐受能力，甚至能耐受极端温度，当暴露于60℃下90mim仍有大于80%的萌发率，甚至在55℃下存放8d和42d后仍有59%和20%的孢子存活率（McClatchie et al.，1994)。绿僵菌颗粒剂加工时，载体加水量对成粒性和造粒产热有显著影响，成粒率大于90%的适宜加水量和对应造粒温度分别是：钙质膨润土19.1%~25.0%和50.2~54.5℃，高岭土35.0%~40.0%和55.1~56.2℃，滑石粉27.2%~40.0%和50.4~51.1℃，活性白土18.3%~25.0%和51.3~53.6℃，轻质碳酸钙40.8%~45.0%和49.7~56.1℃（张英财等，2012)。未见对绿僵菌等真菌孢子干燥过程控制的详细报告，常用的喷雾干燥是快速脱水过程，然而进口及出口温度偏高使其应用受到限制。冷冻干燥法对绿僵菌等真菌制剂的加工虽然适宜（Toegel et al., 2010），但成本较高而不适合大规模生产。

（4）菌剂剂型

菌剂剂型的种类、特点和一般要求将在第六章、第七章介绍。2015 年全球注册的 83 个绿僵菌产品中，绝大多数的有效成分是金龟子绿僵菌的分生孢子，制剂形式除了绿僵菌孢子母药（technical concentrate, TK）外，已研制有粉剂（dustable powder, DP）、可湿性粉剂（wettable powder, WP）、乳油（emulsifiable concentrate, EC）、颗粒剂（granule, GR）、饵剂（bait, RB）、可分散油分散剂（oil dispersion, OD）、油悬浮剂（oil miscible flowable concentrate, OF）、悬浮剂（suspension concentrate, SC）、浸渍（种）剂（impregnated materials, IM）、超低容量剂（ultra low volume liquid, UL）等剂型（农向群等，2015）。

几种制剂在研发应用上有一定的特殊性，简要介绍如下。

种子处理悬浮剂（原名称“种衣剂”，分“拌种剂”和“浸种剂”）是适于播种施用、防治地下害虫的剂型。以金龟子绿僵菌为活性成分的种衣剂组分优化配伍，通过单因子和多因子组合筛选了溶剂油、成膜剂、抗氧化剂、植物生长调节剂，依据它们与绿僵菌分生孢子的进行长期相容性试验，得出最佳助剂为 B 溶剂油、JX、TBHQ、NAA（未公开具体名称）。该菌剂用于玉米种子包衣，以包衣浓度 1：25 防虫效果好且不影响出苗率（杨震元，2009）。

有的颗粒剂或悬浮剂中以微胶囊承载有效成分（原名称“胶囊缓释剂”），可能有利于施用后金龟子绿僵菌的长效存活和起作用。以金龟子绿僵菌大孢变种分生孢子粉为主要成分，与缓释载体 60%~70%、保护剂 8%~10%和增效剂 0.05%~0.1% 等混配制成了高效缓释剂，并用于甘蔗根部拌土施药，防治蔗根土栖天牛，防治效果达到 80%~85%（殷幼平等，2008）。

金龟子绿僵菌无纺布条剂适用于防治天牛类蛀干害虫，其生产工艺方法获得国家发明专利（CN200210038653.6）。该方法包括五道生产工序，即菌种的取得、一级斜面菌种培养、液体种子培养、液体发酵罐生产和菌条的接种培养。采用三级发酵获得含大量菌丝及液生孢子的黏稠发酵液，然后按一定比例将长 60cm、宽 5cm、厚 0.4cm 的无纺布条接（浸）入发酵液，在 20~28℃、RH 95%的培养室架上平铺培养 5d，待菌条上长满菌丝后，移入 20~28℃、RH95% 的培养室继续培养 3~5d，菌条上长满大量孢子，风干即可（李增智等，2002）。一种工业化生产工艺设计是以麸皮煮汁-蔗糖培养基，采用棉麻原料制成的可降解无纺布，在 25℃ 和 95%~100% 相对湿度下，培养金龟子绿僵菌产孢量达 2.77 亿/cm^2（夏成润，2005）。还有方法是以优化培养基（白砂糖 20g、黄豆粉 40g、蛋白胨 6g）培养绿僵菌液体种子，匀浆后浸透接种无纺布条（20cm×5cm×1cm），平铺于（25±1）℃ 培养箱的培养架上，相对湿度 RH95% 培养约 12d，使之产孢完全，产孢量可达（3.6~ 3.7）×10^8孢子/cm^2（徐金柱，2007）。

金龟子绿僵菌及其制剂毒理学方面，按照农药登记毒理学试验方法和要求，包括急性经口、经皮、吸入毒性及眼睛刺激和致敏性等，相关内容详见第八章。经测试，金龟子绿僵菌急性经口属微毒性、急性经皮属低毒性、急性吸入属微毒性，眼睛刺激试验为无刺激性，致敏试验属Ⅰ级弱致敏物（刘志勇，2004）。

5. 防治害虫应用

金龟子绿僵菌及其制剂已成功用于防治多种害虫。最早的大面积应用是防治奥地利鳃角金龟子 *Anisoplia austriaca*（Metchnikoff，1880），带动了各种昆虫病原真菌防控害虫的实践和应用。在 2015 年统计的国内外 83 个绿僵菌产品中，防治对象分属 12 目 33 科，其中同翅目最多，含 5 科，即沫蝉科、蚜科、飞虱科、粉虱科和蝉科，产品数占总数的 47.0%，大部分用于防治沫蝉；其次是鞘翅目，含金龟子科、象甲科、露尾甲科，产品数占总数的 26.5%，主要用于防治金龟科害虫；直翅目靶标有蝗科、飞蝗科和锥头蝗科，产品数占总数的 13.2%；另外分别是双翅目 5 科，等翅目 3 科，鳞翅目、半翅目、蜚蠊目和蜱螨目各 2 科，膜翅目、缨翅目和蚤目各 1 科（农向群等，2015）。国外应用金龟子绿僵菌防治害虫的面积超过白僵菌，我国研究开发绿僵菌起步相对较晚，应用面积也不及白僵菌，但近 30 年进步较快，防治技术和应用面积都有大幅提升。

（1）防治金龟子

金龟子绿僵菌在防治鞘翅目害虫如金龟子、天牛、椰心叶甲等凸显优势。金龟子种类繁多，全球记载有 3 万多种，我国有 1 800 多种，其幼虫即蛴螬是农林园艺最重要的地下害虫。早在 1978 年，南开大学就报告了金龟绿僵菌对阔胸犀金龟（*Pentodon patruelis*）幼虫的防效达 70%。轻工业部甘蔗糖业研究所与有关单位 1975—1978 年在甘蔗田间连续应用金龟子绿僵菌防治黑色蔗龟，用量为每亩 $3.5\times10^{12}\sim7\times10^{12}$孢子，防治效果为 50%~90%（邝乐生，1979）。应用金龟子绿僵菌防治大豆田间蛴螬，拌种施菌防效为 62.2%，中耕期施菌防效达 86.5%（程美珍等，1995）。在深圳高尔夫球场，应用金龟子绿僵菌防治草坪蛴螬，投撒、喷洒、铺埋等几种施菌方式均能达到有效防治，防治率达到 78.8%~90.7%，平均 86.0%（农向群等，2007）。应用金龟子绿僵菌微粒剂和乳粉剂防治花生田间蛴螬，微粒剂最适剂量 375kg/hm^2，施药后 30~40d，平均防效为 75.6%~80.0%；乳粉剂最适剂量 7.5kg/hm^2，施药后 15~20d，平均校正防效为 77.6%~86.5%。花生果荚收获期平均保果率达 85.8%~87.1%，花生果荚鲜重平均增产量达 832.5~916.4kg/hm^2，控害保产效果显著（殷幼平等，2012）。在国外，澳大利亚连续多年应用绿僵菌防治甘蔗蛴螬，成为了甘蔗蛴螬综合防治的主要方法之一（Samuels et al.，1990；Allsopp，2010）。在比利时，利用绿僵菌和昆虫病原线虫混合制剂防治草坪蛴螬，蛴螬死亡率高达 95% 以上（Ansari et al.，2006）。印度科学家在田间应用金龟子绿僵菌防治甘蔗、草坪蛴螬，取得了良好的控制效果（Mohiuddin et al.，2006；Manisegaran et al.，2011；Thamarai et al.，2011）。

（2）防治天牛

金龟子绿僵菌对天牛类害虫及其他林木害虫均有致病性和防治作用。林间应用的方法有树干喷雾、虫孔注射、划皮涂干和枝叶喷雾等方法，对青杨天牛、云斑天牛、桃杷天牛、黑肿角天牛 4 种天牛的防效为 77.4% 以上，其中对青杨天牛（*Saperda populnea*）防效最好，达 94.1%。金龟子绿僵菌还可以在感染虫体上宿存和在林间扩散，对天牛形成持续长效的控制（樊美珍等，1988）。将被金龟子绿僵菌感染后的松墨天牛（*Monochamus alternatus*）成虫僵虫放置于林地中进行了 2 年监测，发现僵虫体上孢子数量在初期 42d 显著下降，以后下降趋缓，84d 后至僵虫完全腐烂，每成虫上的孢子基本稳定在 10^5 数量级，林地僵虫体上的孢子在 126d 内萌发率均保持在 90% 以上，生物测定表明，不同时间僵虫体上的绿僵菌都保持了对松墨天牛成虫的致病力（何学友等，2009）。

应用绿僵菌无纺布菌条防治天牛等蛀干害虫十分方便而有效，安徽农业大学做了很多研究和应用。通过不同方式应用金龟子绿僵菌无纺布菌剂与引诱剂结合防治短角幽天牛（*Spondylis buprestoides*）。在有引诱剂的诱捕器中，接触无纺布菌条的天牛感染率达 70.0%；罩笼试验表明，每 0.67 hm^2用 60 条无纺布菌条和 90 条菌条的处理中，通过气传分生孢子的扩散所造成的感染率达 35%以上，显著高于对照，但二者无显著差异。将各处理诱捕回收的天牛在室内饲养，感染率均显著高于未处理的对照；其中，接触过菌条的天牛感染率达 63.3%，显著高于其他 2 个处理，而罩笼试验 2 个处理的天牛感染率分别为 48.7% 和 53.1%，无显著差异（夏成润，2005）。实验显示金龟子绿僵菌无纺布菌条对光肩星天牛（*Anoplophora glabripennis*）、松褐天牛、蔗锯根天牛等其他天牛也都具有应用潜力，同时可用于防治林间萧氏松茎象（*Hylobitelus xiaoi*）（童应华等，2008）。

（3）防治椰心叶甲

椰心叶甲（*Brontispa longissima*）是一种重大危险性外来有害生物，1999 年 3 月在大陆南海口岸被首次截获，由于本地缺少天敌，曾在海南及大陆南海沿岸快速蔓延扩张，猖獗为害椰子、槟榔等棕榈科植物。椰心叶甲成虫和幼虫栖息于未展开的心叶间隙中，均取食寄主心叶表皮薄壁组织，形成坏死条斑。严重时，心叶展开后叶片皱缩、卷曲、破碎枯萎，易感病易摧毁。由于椰心叶甲惧光，喜聚集在未展开的心叶基部活动，化学药剂难以施用到心叶内，无法达到杀虫效果。中国农业科学院植物保护研究所筛选了高效的金龟子绿僵菌菌株，与海南省林业局及相关部门机构合作，根据椰心叶甲生活习性和绿僵菌侵染可传播特性，采用间隔距离投撒绿僵菌可湿性粉剂的方法，进行了大面积防治试验和示范推广，有效控制了椰心叶甲的虫口发展与为害扩张。

（4）防治其他害虫

金龟子绿僵菌防控林区、农田、园林、仓储各种害虫的实例还有很多，如防治橡胶树材小蠹、稻水象甲、蚜虫、棉铃虫、地老虎等，不再一一赘述。

值得一提的是防治白蚁，与传统的化学药物不同，绿僵菌复合剂防治白蚁的应用试验的显示，绿僵菌能适用于室内外，在防治桉树白蚁方面具有用量少、成本低，每株桉树增加 2 分钱的成本（按 2002 年价格），就能使 95% 以上的桉树逃脱白蚁的摧残。作为国家重点推广应用项目，绿僵菌灭白蚁的方法被应用于农田、林木、桥梁等多个领域。

此外，相比其他杀虫真菌，金龟子绿僵菌在防控蚊虫和蟑螂等卫生病媒害虫也显现优势。如在美国，每平方米水面施放 300mg 和 600mg 绿僵菌分生孢子粉，防治尖音库蚊（*Culex pipiens*）幼虫，死亡率可达到 91% 和 94%；防治伊蚊（*Aedes sollicitans*）幼虫的效果为 85%、98%。在尼日利亚用每平方米 600mg 绿僵菌分生孢子粉杀死按蚊（*Anipheles gambiae*）100%。对淡色库蚊、黄胸散白蚁等也有报道。对于蟑螂，常见有德国小蠊、美洲大蠊、日本大蠊等。美国生态科学公司（EcoSciene Corporation）研制出一种以金龟子绿僵菌为杀虫剂的灭蟑螂盒（Bio-Path Cockroach Control Chamber），其结构和原理是一个高 38.1mm、边长 50.8mm 的六边形盒子，周边有 4 个出入口，绿僵菌孢子置于盒内。当蟑螂从盒内通过时，虫体上粘着大量绿僵菌的分生孢子，孢子在适宜条件下吸水萌发，芽管释放几丁质酶溶解几丁质，穿过蟑螂体壁，进入体腔，芽管在体内伸长为菌丝，吸取蟑螂体内营养，并大量繁殖，妨碍了蟑螂的血液循环，造成新陈代谢机能紊乱，加之绿僵菌分泌毒素的作用，约 5d 内使蟑螂死亡，尸体僵硬并长满了菌丝和孢子，被侵染的蟑螂，可将虫体上的孢子传给其他个体，引起重复侵染，最终达到长期控制蟑螂为害的目的。该盒剂使用方便、高效长效且环保安全，深受用户欢迎。在我国，中国农业科学院生物防治研究所研发了防治蟑螂的金龟子绿僵菌饵剂，于 2002 年由北京桑柏生物科技公司以“百澳克”的商品名登记注册（WL20021110），是我国首例注册的真菌杀虫剂。产品应用于城市餐馆、家居、医院、宾馆、货船等的蟑螂防控。

6. 研发应用新思路

随着绿僵菌对昆虫作用机制研究的不断深入，近年有研究者提出研发应用绿僵菌的新思路。例如，在明确绿僵菌的杀虫毒力蛋白的基础上，将携带有高毒力杀疟原虫蛋白的绿僵菌，释放到蚊子种群中，当绿僵菌侵入蚊子血腔，可分泌杀疟原虫蛋白，同时产生蛋白阻塞唾液腺门从而抑制唾液腺分泌。这样，疟原虫就在蚊虫体内被杀灭或无法进入蚊子唾液，即使被蚊子叮咬也不会传染疟原虫病。这项利用绿僵菌抑制蚊子传播疟疾病原的技术已经在非洲一些疟疾高发的地区进行田间试验。试验证明，经转蜘蛛神经毒素基因的平沙绿僵菌（*M. pingshaense*，金龟子绿僵菌的分支）杂合菌株（Met-Hybrid）比野生型菌株能更快、以更低的孢子剂量杀死蚊子。用 Met-Hybrid 杂合菌株处理从非洲西部布基纳法索（Burkina Faso）疟疾区收集的拟除虫菊酯抗性蚊子，3~5d 后蚊子的飞行能力显著降低，7d 后 Met-Hybrid 造成蚊子的平均死亡率为 94%，LT_{80}值分别为（5.32±0.199）d，而用拟除虫菊酯常规处理的蚊虫死亡率不到 20%（Bilgo et al., 2018）。在当地一个封闭的近自然环境中进行进一步的半田间试验，证实了杂合菌株特异性毒素的表达增强了菌株杀虫毒力，可消除田间抗杀虫剂的蚊子。另外，由于杂合的绿僵菌在极低的孢子剂量下有效，因此其功效能持续更长的时间。这种转基因的绿僵菌灭蚊剂即将在满足注册要求后部署应用控制疟疾病原蚊子种群，并可与现有的化学控制策略协同整合，避免对杀虫剂的抗药性（Lovett et al., 2019）。

近年来，绿僵菌还被用于植物抗病的生物诱导剂。龙岗果（*Aglaia dookkoo*）经常发生真菌腐烂病，采用贵州绿僵菌（*M. guizhouense*）PSUM04 菌株的 10^4 孢子/mL 孢子悬浮液浸泡龙岗果 5s 后，龙岗果在 24h 内果皮上出现小坏死斑，在果皮提取物中检测到 β-1,3-葡聚糖酶和几丁质酶，浓度分别为（1.33±0.09）U/mL 和（0.12±0.004）U/mL。果皮提取物能够抑制葡萄孢菌和镰刀菌的菌丝生长，抑制率分别为（34.9±3.1）% 和（29.3±5.0）%，使镰孢菌菌丝体出现扭曲和开裂，菌丝生长不密集。诱导植物抗病性是绿僵菌作为杀虫剂之外又一重要研究热点（Chairin et al., 2017）。

（三）蝗绿僵菌 *Metarhizium acridum*

1. 蝗绿僵菌的物种定名

如前所述，绿僵菌属物种间的形态学差异较难辨别，金龟子绿僵菌物种内包含不同组群，并可能有隐含种。早期研究从蝗虫或蚱蜢上分离的菌株，或经生物测定表明对蝗虫或蚱蜢有高致病力的菌株多鉴定为金龟子绿僵菌（*M. anisopliae*）和黄绿绿僵菌（*M. flavoviride*）。后来通过比较同工酶和基因序列，绿僵菌属内物种被进一步细化，在金龟子绿僵菌中确认了蝗变种（*M. anisopliae* var. *acridum*），其中包含了部分原来的黄绿绿僵菌菌株和金龟子绿僵菌菌株。根据 Bischoff 等（2009）对绿僵菌属物种的多基因序列和形态学比较研究，形成了以分子进化为主的分类系统，绿僵菌属共含 12 个种，分别为金龟子绿僵菌（*M. anisopliae*）、黄绿绿僵菌（*M. flavoviride*）、白色绿僵菌（*M. ablum*）、棕色绿僵菌（*M. brunneum*）、贵州绿僵菌（*M. guizhouense*）、平沙绿僵菌（*M. pingshaense*）、柱孢绿僵菌（*M. cylindrosporum*）、蝗绿僵菌（*M. acridum*）、大孢绿僵菌（*M. majus*）、耐寒绿僵菌（*M. frigidum*）、鳞翅目绿僵菌（*M. lepidiotae*）和球孢绿僵菌（*M. globosum*）。其中黄绿绿僵菌又包括 4 个变种，即黄绿绿僵菌小孢变种（*M. f. minus*）、黄绿绿僵菌大孢变种（*M. f. flavoviride*）、黄绿绿僵菌新西兰变种（*M. f. novazealandicum*）和黄绿绿僵菌瘿绵蚜变种（*M. f. pemphigum*）。此系统将金龟子绿僵菌蝗变种（*M. anisopliae* var. *acridum*）升级到种水平即蝗绿僵菌（*M. acridum*）。后来有报道金龟子绿僵菌和蝗绿僵菌作为模式种的基因组测序和转录组比较（Gao，2011）。下文提到的用于防治蝗虫的绿僵菌，仍沿用原作者认定的黄绿绿僵菌（*M. flavoviride*）、金龟子绿僵菌（*M. anisopliae*）或金龟子绿僵菌蝗变种（*M. anisopliae* var. *acridum*）菌株，是否真正属于蝗绿僵菌（*M. acridum*）待日后鉴定修正。

2. 蝗绿僵菌在蝗虫防治中研发和应用

利用绿僵菌防控蝗虫是近 30 年来真菌杀虫剂最成功的研发和应用范例。20 世纪 90 年代初期，由英联邦国际生防所（IIBC）主导，国际热带农业所（IITA）、植物保护培训中心（DFPV）等多国机构参与的 LUBILOSA 合作项目，核心内容是开发利用绿僵菌防治非洲沙漠蝗。调查发现，在西非、马达加斯加和非洲其他地方，当地蝗虫遭到黄绿绿僵菌（*M. flavoviride*）的攻击，出现流行病。将直翅目和非直翅目宿主来源的绿僵菌多菌株按毒力与无毒力特性分组筛选，结果显示，对沙漠蝗有毒力的菌株大多数来自黄绿绿僵菌且原寄主为蝗虫或蚱蜢。对高毒力菌株再评估非靶标安全性，选择对蜜蜂和寄生性膜翅目昆虫毒力很低、对其他几个测试的昆虫没有侵染性的尼日尔菌株。用该菌株的孢子与油的混合物配方进行了田间试验，采用超低量喷雾方法，在小区进行了大罩笼初步试验，并进行田间试验，施用量为每公顷 1~2 L 和（2~5）× 10^{12}分生孢子，结果显示 15d 后蝗虫虫口数量减少 90%。在贝宁北部茂密的草地上，虫种主要是达根蔗蝗（*Hieroglyphus daganensis*）和各种蝗虫，试验显示虫口减少了 70%。在尼日尔的开阔草地上使用车载超低量喷雾器进行的试验，混合种类的蝗虫死亡率超过 90%。在毛里塔尼亚，用尼日尔菌株对沙漠蝗虫若虫以条带施菌方式试验，在喷雾 9d 后罩笼中试虫的死亡率高达 90%；在无罩笼的处理带中蝗虫被捕食者完全摧毁，而未处理带的蝗虫则能够逐渐发育成熟。后来在马里分离到的 *M. flavoviride* 菌株比参照的尼日尔菌株毒力更强。在 1hm² 的地块中，这两个分离株均显著降低了塞内加尔草蝗（*Oedaleus senegalensis*）若虫的种群。在南非，以针对褐蝗（*Locustana pardalina*）的 *M. flavoviride* 模式菌株和在澳大利亚针对无翅蚱蜢的菌株，进行了成功的小规模田间试验。在多地的田间试验显示，以 *M. flavoviride* 油悬浮剂超低量喷雾能够在所有不同生境中引起蝗虫种群高死亡率，可作为蝗虫 IPM 策略的重要组成部分（Price et al.，1997；Lomer et al.，1997）。研发成熟后，该菌株 *M. anisopliae* var. *acridum* IMI 330189 被英国 CABI 授权企业 Biological Control Products SA（Pty）Ltd.，South Africa 在非洲注册，商品名为 Green Muscle™，注册菌株为 *M. anisopliae* var. *acridum* IMI 330189。该产品持续多年在非洲、欧洲及亚洲等国家示范和应用，例如在意大利防治严重发生并造成灾害的一种戟纹蝗（*Dociostaurus maroccanus*），在伊朗防治一种瘤蝗 *Dericorys albidula*，在埃及防治迁徙的沙漠蝗若虫、成虫以及本地林木蝗虫。

澳大利亚联邦科学与工业研究组织（CSIRO）也设立项目开展了绿僵菌生物治蝗技术研究和大面积应用。所用菌剂是金龟子绿僵菌（*M. anisopliae*）孢子粉。1998 年的使用面积为 670hm²，1999 年 1 400hm²，2000 年 3 300hm²，2001 年达到 23 000hm²。每公顷使用绿僵菌制剂 25g（以玉米油为载体的商品制剂，4×10^{10}孢子/g），加矿物油稀释 500mL，用飞机进行喷洒，施用 1 周后，蝗虫逐步死亡，10～14d 以后感病的蝗虫变为红色，防效可达 90%～95%（朱恩林，2001）。经许可，相关技术由澳大利亚贝克安德伍德公司（Becker Underwood Pty Ltd.）登记注册了绿僵菌防蝗制剂，商品名为 Green Guard™，有油悬浮剂和（水）悬浮剂型。其中油悬浮剂还曾进入我国注册和销售。国际上，还有墨西哥的公司 Agrobiologicos del Noroeste S. A. de C. V、哥伦比亚的公司 Centro de Sanidad Vegetal de Guanajuato 也曾经注册过防蝗绿僵菌的产品。

在我国，中国农业科学院生物防治研究所于 1992 年首先从英联邦国际生防所（IIBC）引进了 4 个绿僵菌菌株，包括 IMI330189，并对东亚飞蝗（*Locusta migratoria manilensis*）进行了室内毒力测定，表明在（0.75～3.0）$\times10^7$孢子/mL 浓度下，试虫死亡率达到 57.1%～100%。将绿僵菌孢子粉以植物油配制制成油悬浮剂，在天津北大港水库蝗区采用喷雾方法进行了防蝗试验，人工模拟小区试验的试虫在第 10 天全部死亡，田间试验在第 10 天校正死亡率为 81.5%，显示了绿僵菌油悬浮剂防治东亚飞蝗的良好效果（陆庆光等，1996）。在 2000—2003 年，国内多家研究机构先后报道了绿僵菌防治不同种蝗虫的效果试验，形成了研究和应用绿僵菌防治蝗虫的热潮，从杀虫机理、菌株改良到制剂完善，不断推出新技术新成果。国家发改委立项“杀蝗绿僵菌生物农药高技术产业化示范工程项目”于 2004 年在重庆沙坪坝井口工业园开始实施，2006 年正式投产。2007 年以来，我国先后登记注册了绿僵菌防蝗产品，剂型为油悬浮剂和可湿性粉剂。近年还开发了乳粉剂（例如，100 亿孢子/g，登记证号 LS20150199），便利于贮存和田间施用。防蝗产品已在国内十多个省份示范试验和推广应用，取得可喜成效。

（四）莱氏绿僵菌 *Metarhizium rileyi*

1. 分类地位与物种鉴定

绿僵菌属和野村菌属的形态非常相似。早期研究一直认定为“莱氏野村菌”。近年，分子标记研究提供了野村菌属基因型和系统学的新结果。根据莱氏野村菌分离株的ITS－5.8S 和 28S 区域的分析，表明该物种与绿僵菌 *Metarhizium anisopliae* 和 *M. flavoviride* 的关系比与野村菌 *N. atypicola* 和 *N. anemonoides* 的联系更紧密。该属的部分种群被重新确认，归属到绿僵菌属，物种更名为莱氏绿僵菌 *Metarhizium rileyi*。早期研究的“莱氏野村菌”，可能包含了这一部分菌株，近期研究有的还延用“莱氏野村菌”原名。本书为了便于表述研发进程，下文仍沿用原作者表述的“莱氏野村菌”名称。

已报道野村菌属（*Nomuraea*）有 3 个种，莱氏野村菌（*N. rileyi*）、灰绿野村菌（*N. anemonoides*）和紫色野村菌（*N. atypicola*）。莱氏野村菌曾经的中文名还有莱氏蛾霉或被鉴定为绿色穗霉（*Spicaria pracina*）。莱氏野村菌是世界性分布的一类昆虫病原真菌，具有寄主专一性高的特点，主要侵染鳞翅目昆虫，在记录的 60 种鳞翅目寄主中绝大多数为夜蛾科。而且其中许多易感寄主不在白僵菌或绿僵菌的广谱寄主名单中，使之成为高度期待开发的真菌杀虫剂重要资源。紫色野村菌主要寄主为蜘蛛，可引起蜘蛛流行病。

早期由于有性型不清楚，莱氏野村菌被归类到半知菌纲丝孢菌目淡色菌科野村菌属，现已确定其有性型为虫草属 *Cordyceps*。莱氏野村菌菌落颜色最初为淡黄色，逐渐变为橄榄绿色、孔雀绿色。无霉味和渗出物。背面无色或微黄色；直立的分生孢子梗从毡状的底部产生，通常聚集在一起。偶尔也会覆盖有絮状的气生菌丝，并且分生孢子常在局部区域形成且很快扩散至整个菌落。

对菌株的鉴定方法与之前其他种类真菌相同，一般是在形态特征的基础上，再根据真菌核糖体基因 ITS 区域设计引物进行 PCR 扩增，并将扩增的目的条带进行测序，通过 GenBank 中同源序列比对而做出判断。例如，先后报道鉴定了对稻纵卷叶螟和二化螟杀虫活性强的莱氏野村菌菌株（夏玉先等，2011，专利 CN201110133539.0）；从斜纹夜蛾分离的、从金银花尺蠖及棉铃虫分离、从家蚕分离的莱氏野村菌菌株（钟万芳等，2015；马维思等，2015；吕思行等，2015）。

分子标记还能够将莱氏野村菌物种的菌株做进一步的基因分型。例如，对采自南美梨豆毛虫（*Anticarsia gemmatalis*）的多个野村菌菌株进行了端粒指纹图谱、RAPD 和 AFLP 数据的基因型分析，表明非 *N. rileyi* 分离株（*N. monomonoides* 和 *N. atypicola*）似乎与 *N. rileyi* 无关。而对美洲的 *N. rileyi* 菌株可分为两类：佛罗里达州的分离株和南美分布的菌株，它们之间的遗传距离对应于地理隔离（Boucias et al.，2000）。

2. 寄主范围与致病性

莱氏野村菌有 60 多种昆虫寄主，主要是鳞翅目尤其夜蛾科（Noctuidae）。夜蛾科昆虫全球约 3.5 万种，我国约有 2 000 余种，其中有很多严重为害农作物的种类。已作为研发靶标的有甜菜夜蛾（*Spodoptera exigua*）、斜纹夜蛾（*Prodenia litura*）、银纹夜蛾（*Argyrogramma agnata*）、杜仲梦尼夜蛾（*Orthosia songi*）、粉纹夜蛾（*Trichoplusia ni*）、淡剑灰翅夜蛾（*Spodoptera depravata*）、金银花尺蠖（*Heterolocha jinyinhuaphaga*）、棉铃虫（*Helicoverpa arnigera*）、亚洲玉米螟等。另外，在广东化州发现了家蚕感染莱氏野村菌的案例。

通过对靶标害虫的生物测定，评估菌株致病性，以确定菌株作为生物杀虫剂的潜力。相关研究较多，方法类似于绿僵菌、白僵菌等前述真菌，在此仅列举代表性的靶标害虫，例如有甜菜夜蛾、斜纹夜蛾、草坪的淡剑灰翅夜蛾、棉铃虫、杜仲梦尼夜蛾、微小扇头蜱（*Rhipicephalus microplus*）等。

菌株致病性除了表现在致死作用，还可反映在昆虫的防御相关的抗氧化酶活性变化。研究发现，斜纹夜蛾 2 龄、3 龄幼虫感染莱氏野村菌后，超氧化物歧化酶（SOD）和过氧化氢酶（CAT）活性在 16h 左右达峰值后迅速降低，而 4、5 龄幼虫 SOD 和 CAT 活性自染菌初期增强后，变化较平缓，至 60~72h 后才接近对照（唐维媛等，2015）。

莱氏野村菌的致病性还表现在抑制昆虫的蜕皮和变态。体外试验，在莱氏野村菌的培养液中，蜕皮激素（E）和 20-羟基蜕皮酮（20E）可快速被修饰，其产物经 HPLC 纯化和 NMR 鉴定含有 22-脱氢蜕皮激素、22-脱氢-20-羟基蜕皮激素及其他 C22 位带有羟基修饰的其他蜕皮类固醇。将莱氏野村菌培养液注入家蚕 4 龄幼虫，可抑制蜕皮，注入 5 龄幼虫，可阻止蛹变态，而且在注射的幼虫血淋巴中发现 E 和 20E 消失而 22-脱氢蜕皮激素和 22-脱氢-20-羟基蜕皮激素积累。因此说明莱氏野村菌分泌了一种特定的酶，可氧化血淋巴蜕皮类固醇的 C22 位置的羟基，并阻止桑蚕幼虫蜕皮和化蛹（Kiuchi et al.，2003）。

3. 培养与发酵生产

（1）菌丝体及分生孢子培养

采用类似绿僵菌、白僵菌的培养基和培养方法，莱氏野村菌通常生长慢、产量低，还需要全程光照等特殊条件，因而制约了其产业化和应用的进展。

莱氏野村菌在液体或固体培养方式的产菌丝及产孢过程中，所需营养有很大不同。通过筛选试验，明确了无论是平板菌落生长、液体菌丝生长还是固相产孢，莱氏野村菌 Nr16 菌株的最佳碳、氮源都是葡萄糖和酵母膏，但它们最优碳氮比分别为 20：1、10：1 和 20：1。Zn^{2+}促进菌落生长；维生素 C 对液体菌丝生长有明显促进作用，而维生素 B1 与维生素 B2 有抑制作用；Cu^{2+}对产孢有一定的抑制作用，叶酸对产孢有显著抑制作用（彭小东等，2013）。对多种合成和半合成的培养基进行评估，表明萨氏麦芽糖琼脂（SMAY）培养基支持莱氏野村菌在短时间内生长量最大和产孢最多，其次是 SDA 和 BCY 培养基；最适合孢子萌发的碳、氮源是麦芽糖和硝酸钠，其次是葡萄糖和硝酸钾；七种谷物中粉碎的高粱和玉米加 1%酵母提取物更利于分生孢子的高产（Ingle，2014）。一项莱氏野村菌的液-固双相发酵研究表明，SMY 为最佳液相培养基，最适发酵条件为 150mL 培养基中接种 1.0×10^8 分生孢子，25℃、pH 值 6、全天光照、180r/min 振荡培养 7d，菌丝干重为 690.2mg。最佳固相培养基为单个容器中玉米 50g、葡萄糖 1.5g、水解酪蛋白 1.5g、抗坏血酸 0.5mg，接种量为 72.6×10^8孢子，加水量至 50mL，培养 10d，产孢量达 478×10^8孢子，即每 1g 干料可产生 8.39×10^8孢子（李姝江等，2017）。

一个优化后的莱氏野村菌固相培养条件为：大豆、麸皮以 85：15 比例混合，液体种子种龄 5d，接种量 15.0%，连续光照，相对湿度在前 3d 控制为 85%、之后降为

60%，分段控温培养温度 25℃ 2d 、28℃ 16d、25℃ 11d。此条件下产孢量比优化前提高近 2 倍，达到（6.045±0.061）$\times 10^9$孢子/g，活孢率可达 93.8%（唐维媛等，2016）。还有几个筛选优化的高产配方可供参考，例如：①以 1 000 g/L 玉米粒为基质，加入葡萄糖 30g/L、胰蛋白胨 30g/L、抗坏血酸 10mg/L 等微量元素的组合（彭娇洋，2017）；②葡萄糖 10g/L、牛肉蛋白胨 5g/L、酵母浸粉 5g/L、麦芽糖 10g/L 和维生素 B1 0.02g/L（杨新军，2007）；③60g 大豆为基质，加入 6%麦芽糖的组合（崔筱，2012）；④以 2%大麦提取物和 1%大豆提取物替代原标准培养基麦芽糖和大豆蛋白作为碳、氮源，载体用粉碎的高粱（Vimala Devi 等，2001）。

（2）微菌核培养

微菌核（Microsclerotia，MS）在莱氏野村菌的液体培养中时常出现，这种特化的致密菌丝体结构，具有休眠功能，有利于抵御干旱、高盐、低温、营养缺乏等不良环境，其萌发产生的菌丝和孢子可成为有效的侵染体，作为替代分生孢子生防制剂具有诱人的开发潜力。

近年，莱氏野村菌的微菌核诱导和培养形成机理研究取得新进展，这方面我国重庆大学研究团队已走在世界前列。采用包含特定盐离子成分的液体培养基进行诱导培养，通过调节碳氮比例和降低碳源浓度，成功诱导莱氏野村菌菌株 CQNr01 产生细胞结构分化、色素沉着的微菌核结构，在碳浓度 4g/L、碳氮比 5∶1 条件下，微菌核产量为 96.3×10^3/mL。掺加硅藻土制备的微菌核制剂经干燥处理后贮存 6 个月，仍能吸水后萌发生长，萌发率 99.0%，并产生分生孢子，产孢量 86.6×10^7/g 干菌剂。该诱导微菌核的培养基及诱导方法获得国家发明专利（CN201110303314.5）（殷幼平等，2012）。进一步调整碳、氮和基础盐，得到优化的培养基，即每 1 L 中含葡萄糖 32.0g、柠檬酸铵 2.0g 和硫酸亚铁 0.15g，微菌核产量最高可达 21.9×10^4 微菌核/mL。检测表明，微菌核表现出比分生孢子更强的毒性和耐热性，在室温下保存一年后可保持 86.4%的可发芽率（Song et al.，2013）。为实现微菌核的规模化生产，研究了不同类型的接种体、不同培养时间的接种体和不同接种量条件下对微菌核产量和生物量的影响，结果显示，将 1×10^8孢子/mL 的分生孢子悬浮母液按 10%接种到 SMAY 培养基，培养 24~48h 后，将菌液按 8%~15%的接种量接种到上述优化的培养基中，于 25℃、250 r/min 摇床培养 6d，微菌核产量和生物总量可达到 1.0×10^4微菌核/mL 和 30mg/mL。以发酵罐优化 30L 发酵工艺，产量达到 2.21×10^4微菌核/mL，产率达到 20%~30%，上述工作为莱氏野村菌微菌核的规模化生产打下基础（宋章永等，2014）。

在莱氏野村菌产生微菌核/分生孢子转化调控机制方面，通过建立莱氏野村菌的转录组文库，筛选微菌核/分生孢子形成相关基因，在液体摇瓶培养条件下，疏水蛋白 *Nrhyd* 基因的转录表达受抑制，呈逐渐降低的趋势，而固体培养条件下，该基因表达量随着分生孢子的产生而升高，在产孢量达到最大时对应的表达量最高，推测 *Nrhyd* 基因在分生孢子形成过程中起重要作用（黄姗等，2012）。通过基因敲除研究了 2 个与微菌核诱导形成相关基因 *Nrsod1*、*Nrsod2* 的功能，证明它们在调控产孢、生长发育、应对逆境胁迫、两型转换、微菌核形成等过程中发挥不同程度的作用，同时这两个基因之间存在功能的冗余和相互影响，并能通过调控 NOX 复合体和 CAT 家族相关基因的活性进而影响微菌核的形成，*Nrsod2* 影响了莱氏野村菌对斜纹夜蛾的毒力（郭守强，2017）。还有，NADPH 氧化酶基因家族的 *NoxA*、*NoxB*、*NoxR* 3 个基因在菌株形态建成、应对压力胁迫及微菌核形成发育过程中是必需的，它们通过互补协调参与微菌核形成的整个发育过程，并且在侵染斜纹夜蛾过程中发挥着重要作用（杜芳，2018）。

4. 产品制剂

通常将莱氏野村菌分生孢子粉配制成可湿性粉剂。一个筛选的配方：孢子粉 20%、润湿剂十二烷基硫酸钠 1%、分散剂亚甲基二萘磺酸钠 3%、紫外保护剂黄原胶 0.5%、甲基纤维素 0.5%，以硅藻土为载体补足 100%。以此配制的可湿性粉剂润湿时间为 47s，质量悬浮率为 73.1%，孢子悬浮率为 82.41%，含水量为 2.0%，孢子萌发率 86.2%，各项指标均符合要求（强奉群等，2017）。

将分生孢子粉配制成油悬浮剂有利于孢子储存和分散施用。试验表明莱氏野村菌分生孢子在供试的 8 种植物油中分散良好，并且在 10~30℃，孢子均能正常萌发，在大豆油中萌发率最高、芽管最长，在葵花籽油中萌发的芽管最短（杜广祖等，2015）。

实际应用中，莱氏野村菌与其他防治措施联合使用能够有效提高防治效果。与其他农药混用时，应优先考虑生物农药，例如，为了林间防治杜仲梦尼夜蛾，将莱氏野村菌与球孢白僵菌制成复合粉炮（朱天辉等，2017）。与化学农药或植物源农药混用前要进行相容性评估。植物源农药蛇床子素、印楝素、苦皮藤素高度抑制莱氏野村菌的孢子萌发、菌丝生长和产孢，而鱼藤酮、天然除虫菊素、苦参碱抑制作用较小，与莱氏野村菌有一定相容性（邬鑫等，2018）。化学杀虫剂如阿维菌素、高效氯氰菊酯、三氟氯氰菊酯和灭扫利与莱氏野村菌的相容性相对较好（郭亚力等，2011），有联合应用的潜力。一般生防菌株对杀菌剂都十分敏感，可通过人工诱变和筛选获得具有杀虫活力同时抗杀菌剂的菌株，才能够实现生防菌与杀菌剂的联合应用，例如，通过紫外诱变和多抗霉素胁迫筛选，获得了对斜纹夜蛾具有高毒力且耐多抗霉素的菌株（龙亚飞，2015）。

由于莱氏野村菌的生长特点，高效规模化生产还存在一定技术难度，商业化进程还需时日。

5. 防治害虫效果及应用

莱氏野村菌防治害虫的应用实践目前还局限于一定区域和较小范围，产品技术和应用技术有待突破。但是莱氏野村菌时常自然发生流行现象值得关注和利用。调查分析流行病发生因子，可为人工引入菌剂诱发流行提供依据和启示，增强对未来应用的信心。

首先，寄主种群是决定莱氏野村菌发生流行必要前提。在获得足够数量的孢子之前，一般需要几代寄主积累，才足以感染大量的寄主昆虫（Allen et al.，1971）。然而，某些情形下，小数量的寄主毛虫被莱氏野村菌感染就可产生足够的分生孢子并引起暴发。研究发现，每 5 个作物行中有 1 头感染的末龄幼虫，就足以使孢子的产量等于实验中的施菌量（10^{13}分生孢子/英亩）（Ignoffo et al.，1976）。田间环境中各种生物和非生物因子影响莱氏野村菌的种群数量，如环境温度和湿度以及环境中接种物数量或宿存量。在印度，莱氏野村菌发生流行条件需要约 25℃ 的温度和大于 70%~75%相对湿度（Allen et al.，1971；Edelstein et al.，2005；Gardner，1985；Getzin，1961）。分生孢子的散布与风速直接相关（Garcia 和 Ignoffo，1977）。并非必需都满足这些条件才能引发流行，例如在热带地区的巴西和非洲撒哈拉以南地区等，也是有利于莱氏野村菌流行的区域。此外，农药的使用及残留是影响莱氏野村菌繁殖和生长的重要因素，应当充分考虑其兼容性。杀菌剂可能杀死菌体或抑制其生长（Johnson，1976；Sosa-Gómez，2003），一些杀虫剂和除草剂也被证明对菌体是有害的，莱氏野村菌与杀虫剂噻虫嗪（thiamethoxan）有一定相容性（Filho，2001）。

对昆明市花椰菜上莱氏野村菌的发生动态调查发现，2012—2014 年每年 7—10 月，银纹夜蛾和甜菜夜蛾幼虫种群中都发生莱氏野村菌流行，其中 9 月为发生流行高峰期，二者的田间被感染症状相似，而银纹夜蛾自然感染率较高。3 年中银纹夜蛾在 4 个月平均感染率分别为 34.4%、62.5%、78.5% 和 33.7%，甜菜夜蛾的平均感染率分别为 8.4%、8.6%、24.5% 和 3.5%。该菌对同种害虫不同龄期幼虫的感染率不同，其中银纹夜蛾 1~3 龄幼虫的感染率高于 4~5 龄；而甜菜夜蛾 4~5 龄幼虫的感染率高于 1~3 龄（杜广祖等，2018）。在巴西的巴伊亚州棉花种植园中，2012—2013 年间自然发生了棉铃虫种群的莱氏野村菌感染流行，采集的死亡幼虫有 33.1% 被莱氏野村菌感染（Costa et al.，2015）。

田间应用莱氏野村菌防治斜纹夜蛾，以 1×10^8 孢子/mL 的莱氏野村菌孢悬液接菌，药后 7d 防治效果为 36.6%，药后 14d 防治效果达 44.4%，防治效果低于化学农药毒死蜱与生物农药“攻蛾”（昆虫杆状病毒与甲维盐），但高于布氏白僵菌的防效。施药后 8d，田间开始出现僵虫，至药后 14d 的累计僵虫率达 25.4%。接菌后 30d、60d 和 100d 处理区均出现斜纹夜蛾幼虫感染莱氏野村菌死亡的僵虫，表明该菌具有持续控制害虫虫口密度增长的作用（杨新军，2007）。

在实际防治中，经常会出现防效不佳或滞后的问题。考虑到真菌从感染宿主发展到宿主死亡所需的时间，还受宿主发育阶段的影响，建议在低密度、低虫龄时或在预期暴发前大约 14d 提前施菌（Ignoffo et al.，1976）。

四、蜡蚧疥霉 *Lecanicilium lecanii*

疥霉属（或称蜡蚧菌属）*Lecanicilium* 是近年从轮枝菌属 *Verticillium* 细分和转移出来的。蜡蚧疥霉 *Lecanicilium lecanii* 是原来的蜡蚧轮枝菌 *Verticillium lecanii*，至今仍常见使用“蜡蚧轮枝菌”名称。下文沿用原文中的名称，以便于读者查阅。

蜡蚧疥霉（蜡蚧轮枝菌）是一种重要的昆虫病原真菌，寄主范围较广，对同翅目蚜虫、粉虱和蚧类和缨翅目的蓟马等有寄生优势，还可寄生一些鳞翅目害虫、直翅目蝗虫、半翅目蝽象、双翅目潜叶蝇和伊蚊以及螨类、线虫等，还有较强的重寄生植物病菌能力，在害虫生物防治中有重要的应用价值。

（一）定名与分类鉴定

轮枝菌属（*Verticillium*）多数物种的有性世代还不太明了，可确定有性型的物种都属于虫草菌科（Cordycipitaceae）。目前报道的轮枝菌有 40 余种，均常见于土壤中。该菌的种间差异较大，鉴定主要由形态学和生长习性两个特征综合确定，也采用分子标记做辅助鉴定。轮枝菌属依据形态学指标被分为 5 个型（Gam et al.，1982），依据生物学特性可分为 3 类，即土源性腐生菌、为害农作物的病原菌、昆虫和（或）线虫的寄生菌。其中后者具有作为杀虫或杀线剂的潜力。

早在1861年Nietner报道了锡兰（斯里兰卡）寄生咖啡蜡蚧（*Lecanii coffeae*）的真菌，1889年Zimmermann将其定名为蜡蚧头霉（*Cephalosporium lecanii*），并做描述。以后Petch对此菌及其近似种又做详细描述。1939年Viegas根据形态，建立蜡蚧轮枝菌新组合。Gams（1971）将许多近似的虫生头孢霉都归入轮枝菌属匍匐组（Section prostrata），名为蜡蚧轮枝菌（*Verticillium lecanii*），其他种名则作同物异名。后来，Balazy（1973）将蜡蚧轮枝菌复合种中头孢特征占优势的种归入到*Cephalosporium lefrayi*。而一些学者则同意Gams对此菌的广义分类概念。

蜡蚧疥霉（蜡蚧轮枝菌）广泛分布于热带、亚热带和温带各个国家。1959年我国台湾省在榕圆蚧（*Aspidiotus ficus*）和黑点蚧（*Parlatoria ziziphus*）上发现了蜡蚧头孢霉。中国大陆直至1982年在贵州循潭茶角蜡蚧（*Ceroplastes cerifures*）、小卷叶蛾（*Adoxophyes privatana*）等几种虫体上发现该菌。1984年在广州、湖南也相继分离该菌。

在PDA和察氏培养基上，蜡蚧疥霉（蜡蚧轮枝菌）菌落圆形展开，白色气生菌丝绒毛至密絮状，厚2~3mm，有或无辐射皱褶，背面微黄、奶油黄至浅褐色。显微镜下，气生菌丝有隔，宽1.1~2.5μm。多数菌株自匍匐气生菌丝上伸出长锥形瓶梗，单生、对生或3~5根轮生。在菌丝末端，瓶梗数常较多，如米兰蚧菌株最多可达8根。瓶梗长度变化大，末端附着卵形、椭圆形或圆柱形孢子，两端圆或一端稍尖，单胞、透明，宽0.75~2.5μm，最宽为3.6μm，长一般2.3~7.6μm，几个至几十个孢子聚集成球团。有的菌株瓶梗及孢子大小、数量可能超出上述范围。

仅从形态上对轮枝菌进行分类往往不能区分相似物种，因此出现同物异名或存在复合种。随着分子生物学的发展，基于基因型的分类和物种鉴定被应用于蜡蚧疥霉（蜡蚧轮枝菌）。根据形态学观察和ITS区的PCR-RFLPs、mtDNA和β-tubulin分子标记分析，原来的蜡蚧轮枝菌逐步被确认转移和细分到蜡蚧菌属（*Lecanicilium*），相应的有蜡蚧轮枝菌*Lecanicilium*（=*Verticillium*）*lecanii*、毒蕈轮枝菌*L. muscarium*和长孢轮枝菌*L. longisporum*（Zare et al.，2001）。用基因间隔（IGS）区域和β-tubulin的DNA多态性可区分和表征蜡蚧菌种内不同分离株的变异（Sugimoto et al.，2004）。用线粒体基因NADH脱氢酶亚基1（NAD1）、β-tubulin和EF-1α的多基因座分型，表征了原定为蜡蚧轮枝菌复合种内42个菌株的系统发育关系，表明其中毒蕈轮枝菌*L. muscarium*是最常见的种，约占70%，主要分离自昆虫半翅目各种昆虫；基于*nad1*测序，揭示了4种主要的分子单倍型，一个单倍型表现出与某一地理区域的特定联系；基于3个基因组合分析建立的系统发育树，大多数菌株被证实到*L. muscarium*，*L. longisporum*，*L. psalliotae*，*L. pissodes* 4个物种分支上。只有5个单倍型C株和另外1个菌株不能明确识别，其位置仍然模糊不清（Mitina et al.，2017），表明多基因位点分析能够对蜡蚧轮枝菌复合种进行进一步鉴定。

（二）杀虫机理研究

蜡蚧疥霉（蜡蚧轮枝菌）对昆虫侵染致病的作用机理与白僵菌、绿僵菌等昆虫病原真菌相似（参见前述），主要通过与昆虫体壁接触侵入、感染致病，过程中包括机械作用和酶作用机制，并可代谢产生具有杀虫活性的毒素，导致寄主病患。1978年日本首次报道了从蜡蚧轮枝菌提取出对家蚕有毒杀作用的活性物质，并证明是与球孢白僵菌的环状缩羧肽——球孢白僵菌素（bassianolide）相同的毒素；1982 年英国学者报道了该菌的杀虫活性物质中含有吡啶二羧酸（pyridine-2,6-dicarboxylic acid）。研究了蜡蚧轮枝菌代谢产物粗提物对 3 种蚜虫的无翅成蚜的毒杀作用，结果显示毒力大小依次为：麦长管蚜（*Macrosiphum avenea*）>瓜蚜（*Aphis gossypii*）>桃蚜（*Myzus persicae*）（李国霞等，1995）。提取的蜡蚧轮枝菌毒素Ⅷ为吡啶二羧酸，该毒素毒性较低，对烟粉虱有取食和产卵忌避性，100mg/mL 毒素Ⅷ的忌避率与拒食率分别为 41% 和 23%，还对烟粉虱的自然种群增长有抑制作用，且对天敌类昆虫相对安全（王联德等，2007）。此外，研究者还从一些菌株中获得具有杀虫活性的 C_{25}化合物和磷酸酯类物质。

（三）蜡蚧疥霉的生产与剂型

蜡蚧疥霉（蜡蚧轮枝菌）的培养方法和条件与白僵菌、绿僵菌大致相仿，需要合理的碳氮源等营养元素、温湿度、pH 值等。研究显示，固态发酵适用于蜡蚧轮枝菌分生孢子的生产，但分生孢子产量一般不太高，离白僵菌、绿僵菌的产量水平有较大差距，需要研究获得更优化的参数。

不同载体影响蜡蚧轮枝菌发酵的分生孢子产生。蜡蚧轮枝菌可在甘蔗渣和 PU 软质泡沫等固态载体上进行固态发酵产生分生孢子，这种方法产出的分生孢子在几丁质酶和蛋白酶酶活指标上可以和麦麸固态发酵媲美；扫描电镜观察发现，PU 孔隙较大，有利于气生菌丝延伸生长，而疏松的甘蔗渣为菌丝延伸提供了大量的附着面，有利于分生孢子的产生。惰性载体发酵法为进一步的工业化生产提供基础（俞云峰，2010）。

蜡蚧疥霉（蜡蚧轮枝菌）能产生多种毒素，为进一步研发利用，首先要进行毒素提取和鉴定。提取和鉴定方法概要为：①有机溶剂多步萃取得到蜡蚧轮枝菌的 MY 粗毒素（胞内毒素）和 MO 粗毒素（胞外毒素）；②多种层析进一步分离 MY、MO 粗毒素，并经生物测定获得活性组分，如 Toxin-Ⅳ、Toxin-Ⅶ、Toxin-Ⅹ、Toxin-ⅩⅡ、Toxin-ⅧMO；③经红外光谱（IR）分析，Toxin-Ⅳ为含酰胺基和酮酯的环状化合物，Toxin-Ⅶ为苯基膦和酰胺基的环状化合物，Toxin-Ⅹ为磷酸酯类，Toxin-ⅩⅡ为含苯基膦的酮类化合物，Toxin-ⅧMO 为吡啶二羟酸（王联德，2003）。这些毒素是否可以直接用作杀虫剂或作为杀虫增效剂还需更进一步研究。

在产品方面，20 世纪 70 年代英国率先完成了蜡蚧轮枝菌的安全性评价和产品登记，并迅速进入了商业性生产。随后荷兰、美国、日本和苏联在 80 年代也注册了多种商品名。登记的产品剂型主要是分生孢子高含量母药和可湿性粉剂，也见有液体制剂的探讨，但未有大量产品和应用。我国相对落后，至今尚无注册的蜡蚧轮枝菌杀虫剂。

（四）菌剂安全性

蜡蚧轮枝菌应用安全性问题一度受到关注。2000 年德国科学家在检测加湿器风道中可引起敏感人群呼吸道炎症的真菌中发现有蜡蚧轮枝菌。后来巴基斯坦科学家用小白鼠做了细致的室内毒理学测试，结果显示供试小鼠无受损记录，在体重、食物、饮水及心跳速率等方面无明显异常，显微检查也未见肝脏和肾有组织学上的病变，与 20 世纪 70 年代英国科学家对蜡蚧轮枝菌做出的安全性评价结果一致，为蜡蚧轮枝菌的安全应用再度提供了依据。目前蜡蚧轮枝菌制剂在欧美国家依然广泛应用，防治温室害虫和地下害虫效果十分显著。

国内对蜡蚧轮枝菌杀虫高效菌株 VL17 进行的急性毒性及致敏试验表明，该菌对雄、雌性大鼠急性经口 LD_{50}>5 000mg/kg；对雄、雌性大鼠急性经皮 LD_{50}（4h）>2 500mg/kg；对试验兔急性眼刺激的平均指数为 0；对大鼠致敏（皮肤变态反应）试验致敏率为 0；对兔眼无刺激性，对皮肤无致敏性（黄溢等，2009）。从各国注册许可和国内试验表明，蜡蚧轮枝菌是属于低毒、对环境安全、对哺乳动物无致病性的微生物农药。

（五）防治害虫应用

蜡蚧疥霉（蜡蚧轮枝菌）在防治刺吸式口器害虫上最具有优势。巴西在 20 世纪 30 年代用蜡蚧轮枝菌控制咖啡绿蚧（*Lecanii coffeae*）是早期一项著名的应用。英国 70 年代完成产品注册后，很快实现了该真菌在欧洲温室系统中防控害虫的应用和推广。至 80 年代，欧洲多国、美国及亚洲国家也相继针对同翅目蚜虫、粉虱和蚧类、缨翅目的蓟马等优势侵染寄主，积极开发蜡蚧轮枝菌在设施作物和露地蔬菜、烟草等相关害虫的防治应用。

1. 防治蚜虫和温室白粉虱

蚜虫和温室白粉虱是温室中经常大量发生、同时为害的种类。二者均属半翅目的同翅亚目（原为同翅目 Homoptera）刺吸式口器害虫。蚜虫种类繁多，蚜总科（Aphidoidea）下 10 个科大约 4 400 种，其中约 250 种蚜虫是各种经济植物的重要害虫。粉虱科（Aleyrodidae）约有 1 450 种，在 20 世纪 70 年代前我国的粉虱发生为害一直较轻，80 年代快速蔓延，现几乎遍布全国，且时常暴发，可为害蔬菜、花卉及其他农作物 200 余种。蚜虫和粉虱不仅吸食叶茎汁液，掠夺养分，影响叶片光合作用，并可分泌蜜露引起煤污病，还可传播植物病毒，造成更大的为害。

欧洲在 20 世纪 80 年代，基于蜡蚧轮枝菌专门侵染蚜虫和粉虱的高效菌株，成功开发了两个商业产品“Vertalec”和“ Mycotal”（Gardner et al.，1984；Ramakers，1989）。菌剂首先在欧洲用于温室防治菊花蚜虫，对菊花小长管蚜（*Macrosphouiella sanbornii*）、杏圆尾蚜（*Brachycaudus helichrysi*）及桃蚜（*Myzus persicae*）均有防效，尤其对后两者效果稳定（Hall，1979；Hall et al.，1979）。蜡蚧轮枝菌在温室环境中经常能同时有效减少蚜虫和一些鳞翅目害虫种群，尽管防治率有不同，但对一些目标害虫死亡率达到 100%（Yadav et al.，2018）。比较 5 种虫生真菌对麦长管蚜（*M. avenea*）的 LT_{50}，发现蜡蚧轮枝菌的毒力最大，LT_{50}为 2.4d（Hayden，1992）。蜡蚧轮枝菌对露地其他植物蚜虫也有防效，在印度田间，以蜡蚧轮枝菌 2.7×10^6 孢子/mL 导致芥菜蚜虫（*Lipaphis erysim*）69.8% 的死亡率。还有防治茶蚜、枸杞蚜虫等的报道。

在防治温室白粉虱方面，美国在 20 世纪 90 年代新泽西州推广应用蜡蚧轮枝菌产品防治白粉虱，取得良好效果，湿度是防效的重要约束因子，防效随湿度下降而降低（Franse，1994）。蜡蚧轮枝菌发酵液提取物也有杀虫活性，试验用液体发酵 7d 的代谢产物粗提物稀释 10 倍，对温室白粉虱成虫处理 24h 的校正死亡率达到 50.18%，同时对各种蚜虫的防治效果略高于常规用量 7 768 mg/L 的氰戊菊酯（李国霞等，1995）。我国从俄罗斯引入的蜡蚧轮枝菌 Tri-BA81 菌株，其发酵液粗提物具有很高的杀虫活性，在 2%和 4% 的浓度下对温室白粉虱成虫的死亡率达 96.5% 和 100%；1% 和 2% 浓度对保护地成虫的防效为 81.8%和 84.2%，对若虫的防效也达 59% 以上（王克勤等，2000）。在西孟加拉邦农场的评估试验显示，蜡蚧轮枝菌 1.50% SC 剂型（文献中为“LF，Liquid Flowable”剂型，商品名 Bio-Catch）的 3 个剂量对番茄上白粉虱死亡率为 48.1%~55.0%，且显著提高了番茄的产量（Bala，2016）。

比较蜡蚧轮枝菌和球孢白僵菌，二者对粉虱和蚜虫都有很好防治效果，难分伯仲，施用分生孢子或发酵滤液均有显著防效（Humayun et al.，2019）。

在有害生物综合治理中常需要生物农药与某些化学农药搭配使用，因此应关注蜡蚧疥霉（蜡蚧轮枝菌）与化学农药施用的相容性问题。对 10 种常用农药制剂检测表明，在推荐使用浓度下，供试农药对蜡蚧轮枝菌孢子萌发、菌丝生长和产孢量均有显著抑制作用，其中只有 2.5% 高渗吡虫啉可湿性粉剂和 20% 中生菌素可湿性粉剂与蜡蚧轮枝菌有一定的相容性，吡虫啉对孢子萌发抑制率为 39.7%，中生菌素对菌丝生长和产孢量抑制率分别为 54.5% 和 34.8%。与其余 8 种完全不相容的农药是咪鲜胺、异菌脲、嘧霉胺、精喹禾灵、丙环唑、高效氟吡甲禾灵、2,4-滴丁酯和氟乐灵（翟晓曼等，2013）。另一试验的 11 种常用杀虫剂中，新烟碱类杀虫剂对菌株孢子萌发、产孢及菌丝生长的抑制较强；昆虫生长调节剂类和植物源类农药苦参碱对菌株抑制较弱，相容性较高，混合使用有增效作用，且在苦参碱与菌株体积比为 4∶1 时，增效作用最明显，共毒系数为 293（姜灵，2018）。比较 8 种杀菌剂、杀虫剂，它们对蜡蚧轮枝菌菌丝生长均有显著抑制，其中代森锰锌的抑菌率高达 100%，其次为代森锌、百菌清及敌敌畏，再次为氯氰菊酯和阿维菌素，链霉素和氟虫腈的抑菌率最低（周晓榕，2006）。

2. 防治蚧虫

蚧虫又名“介壳虫”，属于蚧总科（Coccoidea），是柑橘、柚子上的一类重要害虫，也经常为害花卉。蚧虫体型小，多数体表被有蜡质分泌物，可保护虫体，抵御外界不利因素侵袭，使化学防治难以奏效。雌成虫无翅，触角和足退化或消失，少活动或终生固着不动。成虫、若虫以刺吸式口器吸取植物汁液，并能诱发由煤炱菌引起的“煤污病”。蜡蚧轮枝菌是蚧虫病原菌记录中最重要的一类，是防治蚧虫最有潜力的微生物资源。

自 1861 年在咖啡蜡蚧上分离到蜡蚧轮枝菌至今已有 159 年，巴西在 20 世纪 30 年代利用蜡蚧轮枝菌控制咖啡绿蚧至今也有 80 多年，蜡蚧轮枝菌作为防治蚧虫的应用一直处于实验室和小规模的实验，而未能像防治蚜虫、粉虱那样推广，其原因还是由于释放的蜡蚧轮枝菌未能有效突破蚧虫体表的蜡质保护层以实现其侵染寄生作用。采用蜡蚧轮枝菌孢子加机油乳剂及添加剂的混合剂，能够突破疥虫蜡质保护层，实现对湿地松粉蚧（*Oracella acuta*）的越冬代成虫和第一代粉蚧的成虫及若虫的良好防效（殷凤明等，1996）。针对扶桑绵粉蚧（*Phenacoccus solenopsis*），筛选了高毒力且耐受紫外辐射的蜡蚧轮枝菌菌株，对扶桑绵粉蚧 3 龄若虫和雌成虫 9d 后累计校正死亡率分别为 81.67%和 66.67%，与杀虫剂印楝素能较好相容，混用处理有明显增效作用（方大琳，2015）。

3. 防治其他害虫

有很多蜡蚧疥霉（蜡蚧轮枝菌）对各种害虫防治的潜力评估和应用实例。如蜡蚧轮枝菌制剂在土壤中能够有效对抗西方花蓟马（*Frankliniella occidentalis*）的传播（Hirte et al.，1994；Sermann et al.，1994；Sermann et al.，1996；Beyer et al.，1997）。对蚊蝇类，已报道了对平菇厉眼蕈蚊（*Lycoriella pleuroti*）（袁盛勇等，2009）、库克斯库蚊（*Culex quinquefasciatus*）具有致病力的蜡蚧轮枝菌菌株（Hasan，2017）。从棕尾别麻蝇（*Boettcherisca peregrina*）感病尸体上分离到蜡蚧轮枝菌菌株，生物测定表明除了棕尾别麻蝇外，该菌株还对 4 种蝇（*Lucilia sericata*、*Musca domestica*、*Piophila casei* 和 *Drosophila melanogaster*）成虫具有杀虫活性（Wang et al.，2010）。

对于线虫，蜡蚧轮枝菌与孢囊线虫的性激素联合使用，降低了大豆田间孢囊线虫的数量，获得较高的大豆产量（Meyer，1997）。而对大豆的根部异皮线虫，在接种蜡蚧轮枝菌后 16h，菌丝就能够侵入凝胶化的线虫母体，对有些线虫，此蜡蚧轮枝菌可在一周内在线虫体内大量繁殖（Meyer，1998）。

（六）防治植物病害

蜡蚧疥霉（蜡蚧轮枝菌）的一个重要特点是不仅能够侵染杀灭害虫，还具有较强的重寄生植物病菌的能力，是具备杀虫防病双重功能的生防资源。已报道的蜡蚧轮枝菌能寄生的植物病原菌涉及 8 个属 20 余种。锈病菌是被蜡蚧轮枝菌重寄生的最常见的真菌，如单孢锈属（*Uromyces*）、柄锈属（*Puccinia*）及驼孢锈属（*Hemileia*），在适宜的温湿度下，蜡蚧轮枝菌的孢子在 5d 内就可完全侵染叶面上所有锈菌引起的脓疱（Whipps，1993）。此外，蜡蚧轮枝菌还可寄生白粉病菌（*Erysiphe sphaerotheca*）、立枯丝菌（*Rhizoctonia solani*）、多洼马鞍菌（*Helvella lacunose*）等。据报道蜡蚧轮枝菌对黄瓜一个抗性品种的白粉病菌有很好的控制作用，在施菌接种 9 周后，仍能保持黄瓜叶面的受害程度在 15% 以下（Verhaar，1996）。施用蜡蚧轮枝菌菌液，能有效抑制非洲菊白粉病（*Sphaerotheca fusca*）分生孢子的萌发，并有效地控制非洲菊白粉病（刘芳等，2010）。

五、玫烟色棒束孢 *Isaria fumosorosea*

玫烟色棒束孢曾被归入拟青霉属，后移入棒束孢属。因此有旧名玫烟色拟青霉（*Paecilomyces fumosotoseus*）或粉质拟青霉（*P. farinosus*）。

（一）分类学和遗传多样性

棒束孢属、拟青霉属和戴氏霉属的形态比较相近，物种分类鉴定中时有混淆。较早时，玫烟色拟青霉（粉拟青霉）没有确定其有性阶段生活史，被归属为半知菌纲（Fungi imperficti）壳霉目（Sphaeropsidales）杯霉科（Discellaceae）拟青霉属（*Paecilomyces*），也有归为半知菌纲亚门丝孢纲丝孢目丛梗孢科拟青霉属。该属由 Bainier 建立，主要特征是分生孢子梗呈瓶状或近球形（瓶梗），在菌丝端或短侧枝上轮生，分生孢子单胞链状。种间主要以分生孢子、分生孢子梗及产孢结构的形态差异进行区分。使用 β-微管蛋白基因和 ITS rDNA 对 Isarioidea 物种进行的分析表明，拟青霉属中

P. fumosotoseus 等多数物种的亲缘关系未构成自然分类学类群，而是棒束孢属 *Isaria* 的进化枝（Luangsa-ard et al.，2005）。

研究整理了 125 个已发表的拟青霉属菌株，根据系统学和致病性研究，它们可归为 64 个有效分类单元，寄生 34 种昆虫。还以微观特征和培养性状为主，建立了拟青霉属已知种 Access 检索数据库，可方便、快捷地初步鉴定待定菌株（韩燕峰，2007）。

玫烟色棒束孢不同菌株间存在丰富的遗传多态性，多基因分子标记能够很好地支持菌株的鉴定。对 11 个玫烟色棒束孢菌株研究表明，在不同光照条件下，不同菌落特征差别明显，分生孢子梗、瓶梗、分生孢子等显微形态以及产孢量、萌发率都显示极大差异。通过基因序列分析，所试菌株被分配到两个完全独立的支系Ⅰ-1 和Ⅱ-1，分支聚集的支持率达到 98% 和 81%。在 Genbank 上的同源比对分析表明，其遗传多样性在种水平或假定的种群水平上都较大，分化幅度超出了种的边界，分支Ⅰ-1 中的菌株是典型的玫烟色棒束孢，而Ⅱ-1 中的菌株可能是爪哇棒束孢（*Isaria javanicus*）（王成，2017）。在菌株鉴定上，利用 rDNA-ITS、EF1-α 和 β-tubulin 3 个分子标记基因联合分析，鉴定了一株分离自茶大灰象甲的菌株为玫烟色棒束孢 *Isaria fumosorosea*（王定锋等，2019）。

目前，对棒束孢类真菌的有性阶段还不完全了解。一些虫草蝉花（虫草菌科 Cordycipitaceae）已证明是棒束孢（拟青霉）的有性型，如蝉花（*Codyceps cicadae*）的无性型就是蝉棒束孢（*I. cicada*）（蝉拟青霉 *P. cicada*）。棒束孢的许多种是重要的昆虫病原真菌，可作为防控有害昆虫的真菌资源，而一些种是虫草的无性型，又可能在医药卫生、功能食品、环境污染治理等方面起重要作用。

（二）作为杀虫剂的研发

在 20 世纪 90 年代初期，美国南方粉虱暴发成灾，虫种主要是甘薯粉虱（*Bemisia tabaci*）和银叶粉虱（*B. argentifolii*），发现玫烟色拟青霉（棒束孢）是粉虱的主要病原微生物，因此备受关注。国外有很多关于其生物学、分类、生化和应用方面的研究报道，并将其开发成为真菌杀虫制剂。荷兰开发出玫烟色拟青霉的制剂 Biocon，专用于防治粉虱等刺吸式口器害虫，以及防治蚜虫的 Biobest 制剂。此后，墨西哥开发了防治粉虱的 Paesin，委内瑞拉开发了 Bemisin，美国开发了 PreFeRal/PFR97 等。我国从 80 年代开始，开展了“玫烟色拟青霉”或“粉状拟青霉”防治温室白粉虱和油松毛虫等的研究（方祺霞等，1986；武觐文等，1988），近年研究明显增多，目前还处于实验室和小规模试验阶段，未见产品注册登记。

1. 寄主范围与应用潜力

玫烟色棒束孢（拟青霉）地理分布广泛，是土壤分离的常见菌物，不同菌株的昆虫寄主多样，包括同翅目（粉虱科、蚜科、飞虱科、粉蚧科等）、鳞翅目（果蛀蛾科、夜蛾科、菜蛾科）、双翅目（蝇科、潜蝇科）、鞘翅目（叶甲科、小蠹科）、膜翅目（蚜小蜂科、茎蜂科、叶蜂科等）、脉翅目（草蛉科等）、缨尾目（蓟马科等）、等翅目（原白蚁科等）、蜚蠊目（蜚蠊科等）等昆虫的成虫、若虫和蛹，还可寄生其他动物如线虫、蜘蛛等。

早期对玫烟色棒束孢的研究包括分离菌株、评估菌株杀虫毒力和人工培养特性。报道了粉质拟青霉（玫烟色棒束孢的旧名）对菜螟幼虫感病死亡率达 90%，菌株可很好利用蔗糖、D-甘露糖、D-半乳糖、乳糖、甘油、赤藓糖、可溶性淀粉为碳源，以及利用谷氨酸、谷氨酰胺、丙氨酸为氮源生长和产孢，产孢高峰在 20d 前后（陈祝安等，1988）。从贵阳森林公园鳞翅目感病幼虫分离到一株玫烟色拟青霉，适宜在麦麸、米糠为主的培养基上生长，产孢量可达 2.83×10^{10}孢子/g（李忠等，2002）。一个玫烟色棒束孢菌株分离株对小菜蛾二龄幼虫致死率达 97.74%，产孢量达 2.7×10^{7} 孢子/mL，胞外蛋白酶水平为 1.16（雷妍圆等，2010）。从广州地区分离到 2 株玫烟色拟青霉菌株，其产孢量大，致病力强，对烟粉虱 2 龄若虫的致病力分别为 99.2% 和 97.8%（黄振等，2004）。以玫烟色棒束孢 IF-1106 菌株处理烟粉虱，对 2 龄若虫的致病力最强，在 1.0×10^{7}CFU/mL 孢子浓度下 7d 的累计校正死亡率达到 83.05%，LD_{50}对数剂量估计值为 4.37；随剂量增加，LT_{50}由 5.66d 降到 4.47d（田晶等，2017）。一株从罹病烟粉虱（*Bemisia tabaci*）上分离的玫烟色棒束孢菌株分生孢子 1.0×10^{7} CFU/mL 对烟粉虱的成虫 LT_{50}仅为 2.75d，接菌 4d 时 LC_{50}仅为 2.69×10^{4} CFU/mL（郑宇等，2019）。

2. 生产与产品技术

玫烟色棒束孢的菌剂生产研发与上述白僵菌等真菌大体相仿，近年来，在改进玫烟色棒束孢培养基基料和生产方法的可用性方面有一些研究报道。

对从美国引进的玫烟色拟青霉菌株 Pfr116，筛选得到适合于工业生产的发酵液配方（%），即食用蔗糖 2、马铃薯 20、蛋白胨 0.1、KH_2PO_4 0.05、$MgSO_4$ 0.025、$NaNO_3$ 0.01、KCl 0.01、$MnSO_4$ 0.005 及 $FeSO_4$ 0.005。深层发酵 48h 可获 >20mg/mL 的干菌丝产量，经优化的最佳的初始液体接种量 1.5~2.0mg/mL，初始 pH 值为 5~7（陈宜涛等，2003）。

对于分生孢子培养方式，浅表培养（superficial culture，SC）和固态培养（solid-state cultures，SSC）对玫烟色棒束孢分生孢子的产量、质量和氧化敏感性有显著的影响。用相同化学成分分别制成 SC 和 SSC 的培养基，各接种 2 个菌株（*I. fumosorosea* ARSEF3302 和 CNRCB1），在相同培养条件下培养产生分生孢子，检测评估结果见表 3-6（Muñiz-Paredes et al.，2016）。

表 3-6　浅表培养和固态培养对分生孢子的影响

培养方式	分生孢子		孢子存活率			大蜡螟感染性		加 O_2 脉冲		
	产量	萌发率	ARSEF3302 早期孢	ARSEF3302 后期孢	CNRCB1 早/后期孢	早期孢	后期孢	产孢量	敏感性	感染性
SC	较高	无显著差异	无显著差异	较高	均无显著差异	较低	无显著差异	减少	低	无显著差异
SSC	较低			较低		较高		减少	高	

注：差异显著性 α=0.05。

玫烟色棒束孢的液体培养发酵过程一般需要 6~8d，并且产生的细胞在干燥和储存后存活率很低。有学者研究了快速产生耐干燥芽孢的方法。一种方法是用含有酸水解酪蛋白或棉籽粉作为氮源的发酵培养基，能够提高玫烟色棒束孢液体发酵产芽孢的数量，

3d 时达 >1×10^9孢子/mL。风干芽孢的半衰期为 9.2~13.1 个月。与气生分生孢子相比，芽孢能更快地杀死烟粉虱，且所需浓度更低。因此采用液体培养发酵是一种利用玫烟色棒束孢的经济有效的方法，可研制芽生孢子的可喷雾制剂进行应用（Mascarin et al., 2015）。

玫烟色棒束孢耐热性低，采用不同基料和添加剂可改善分生孢子活力。利用聚乙烯袋生产玫烟色棒束孢分生孢子时，以玉米粉为基质产生的分生孢子的耐热性好于黄豆、红芸豆和大米，而提高分生孢子耐热性的效果最好的是玉米油。分析认为，玉米油的亚油酸和油酸等不饱和脂肪酸以剂量依赖的方式有效增加了分生孢子耐热性，玉米-玉米油混合物可用于产生高度耐热的玫烟色棒束孢菌株分生孢子（Kim, 2010）。当分生孢子暴露于 50℃ 2h 后，分生孢子在玉米油悬浮液中保持存活力最好，优于大豆油、棉籽油、石蜡油和油酸甲酯等其他油的悬浮剂。暴露于 50℃ 8h 后，玉米油悬浮剂中分生孢子的可萌发率为 91.6%，而粉剂中仅为 28.4%。在 25℃条件下，在玉米油悬浮剂储存 9 个月，分生孢子活力可保持 98.4% 以上，而粉剂储存 3 个月后存活力仅为 34%（Kim et al., 2011）。其他添加剂中，无机盐（KCl 和 NaCl）、碳水化合物（蔗糖和糊精）、糖醇（山梨糖醇）和植物油（大豆油和棉籽油）对提高分生孢子的活力均有不同程度的促进作用。

玫烟色棒束孢分生孢子含水量和植物油对储存后孢子萌发率有影响。将含水量为 18.83%、9.31% 和 3.13%的分生孢子粉分别和大豆油、调和油、花生油、葵花籽油和玉米油充分混合，在 25℃下储存，30d 后植物油处理的分生孢子萌发率> 66%，而对照只有 5% 左右，5 种植物油之间没有显著性差异；低含水量利于植物油贮存的分生孢子存活，储存 30d 后，含水量 3.13%孢子萌发率比含水量 18.83% 的高出 10% 以上。这些结果对分生孢子的剂型加工有指导意义（邹春华等, 2015）。

玫烟色棒束孢芽生孢子具有基本的单极性表面，并具有亲水性。在中性条件下，芽孢带负电，等电点为 3.4（Dunlap et al., 2005）。菌剂中适当的表面活性剂有助于孢子在水中分散均匀以及菌剂在植物表面持留。二异丁基萘磺酸钠（Nekal）和 PEG-12 聚二甲基硅氧烷（OFX-0193）的润湿性能好，在甘蓝和苹果叶面上持留量大，且对孢子萌发无抑制作用，可作为表面活性剂用于防治甘蓝、苹果类害虫（赵义涛等, 2019）。

毒理学方面，玫烟色棒束孢经急性经口、经皮、吸入毒性试验及眼刺激试验和致敏试验，对雌雄大鼠急性经口 LD_{50} >5 000mg/kg，为微毒性；急性经皮 LD_{50}（4h）> 2 000mg/kg，雌雄大鼠急性经皮 LC_{50}（2h）>2 000mg/m^3，属低毒性；对试验兔眼平均刺激指数为 0，无刺激性；试验兔皮肤斑贴部位未出现红斑、水肿，无刺激性；致敏率为 0%，属 Ⅰ 级弱致敏物（田晶等, 2013）。

3. 防治害虫效果及应用

在防效和应用方面，玫烟色棒束孢的分生孢子制剂对粉虱、菜青虫等表现出良好的防控效果。在云南呈贡蔬菜生产基地大棚，进行了用玫烟色拟青霉 Pfr116 防治生菜温室粉虱（*Trialeurodes yaporariorum*）的试验，使用孢子悬乳剂及其与亚致死用量的吡虫啉的混配剂，结果显示，首次施菌的各处理中在药后 10d 的相对防效和虫口减退率分别为 72%~90% 和 4%~79%，药后 23d 的相对防效和虫口减退率升至 86%~97% 和

71%~93%。总体防效高于球孢白僵菌，但相对防效及虫口减退率在各处理间的差异并不显著。第二次用菌显著提高了控虫效果并有效控制粉虱种群反弹直到生菜采收（陈斌等，2004）。应用玫烟色棒束孢田间防治菜青虫，处理后 12d，低浓度 1×10^7 孢子/mL 处理区中菜青虫死亡率为 82.7%，感染率为 64.8%，而高浓度 1×10^8 孢子/mL 处理区中菜青虫死亡率达到 90.7%，感染率为 76.3%（汤强等，2014）。

在玫烟色棒束孢田间应用中，一种以诱发害虫流行病为目的孢子自动散布器“dispenser”及其应用方法值得推荐。这种散布器的原型包括一个亮黄色折叠管，上面涂有玫烟色棒束孢与棉质粗粉组成的孢子制剂（图 3-8）（图版Ⅵ）。试验在有盆栽柑橘树苗的温室进行，将柑橘木虱成虫从一系列散布器中释放出来。24h 后从柑橘树叶上收集木虱，对其进行表面灭菌后培养观察。结果发现，平均有 55%的成虫被感染，表明散布器可能引起了原发性感染。水平传播试验中，用未被侵染的盆栽柑橘上的木虱幼虫，与曾经访问过散布器的成虫相接触，经检测发现，有 27%~35%的幼虫被感染。当将带有成熟分生孢子成虫尸体放在盆栽植物的木虱幼虫附近，超过 90%的幼虫被侵染，表明来自尸体的分生孢子具有高度的传染性。另外，散布器放置于温室中 21d，暴露于直射阳光下的芽生孢子感染力在 7d 后下降了 46%，20d 后下降了 60%，而在阴蔽的芽生孢子的传染性水平仍然很高。实验证实该散布器设计在吸引和诱发木虱感染方面是合理的，但应改进以避免孢子暴露在直射的阳光下。诱发害虫流行病的思路和设计有普遍意义，值得借鉴（Patt et al.，2015）。

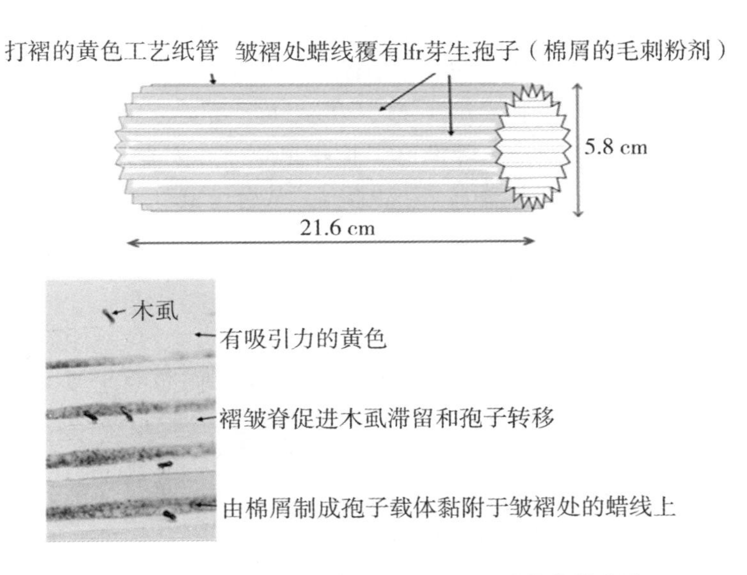

图 3-8　孢子自动散布器的示意图（Ifr：玫烟色棒束孢）

（自 Patt et al.，2015）

六、汤普森被毛孢 *Hirsutella thompsonii*

（一）被毛孢属

被毛孢属（*Hirsutella*）由 Patouillard 于 1892 年以嗜虫被毛孢（*Hirsutella entomophila* Pat）作为模式种建立。梁宗琦于 1990 年对该属的分类进行了归纳整理，并列出了 64 个种及变种的检索表。迄今已有报道记载被毛孢属物种有 90 多个种及变种（Ciancio et al.，2013）。以前不知其有性型，被归为半知菌亚门丛梗孢目束梗孢科，在现代分类系统中的分类地位尚未最终确定，但多数应归到子囊菌门（Ascomycota）肉座菌目（Hypocreales）线虫草科（Ophiocordycipitaceae）（Simmons et al.，2015）。被毛孢属真菌大部分以寄生昆虫、螨类为生，少数可寄生线虫，在害虫生物防治中起重要作用。

被毛孢属真菌的主要形态特征为：有或无孢梗束形成。菌丝无色、淡色、深褐色乃至黑色；光滑或微粗糙；在被覆虫体的菌丝体中或孢梗束上可形成菌核。孢梗束疣状、柱状、丝状，向上变细；简单或分枝，或多或少由平行的菌丝组成。瓶梗散生于菌丝体或子实层状着生于孢梗束外围菌丝上，具 A 和 B 两型。瓶梗表面光滑或粗糙，颈部简单或再育成 2 或多个小颈；颈部一般直，少数可呈螺旋状卷曲。分生孢子亦分为 A 和 B 两型，一般单孢，少数双细胞，光滑或粗糙，球形、椭圆形、梭形、橘瓣形乃至针状等，单个或多个埋于无色或有色的黏液层中，一些种或孢子可无黏液存在。少数种尚可形成二次分生孢子。

现已发现或通过核糖体 ITS 区序列确证了被毛孢属菌物与虫草相关，其中有 1/3 以上为虫草（*Cordyceps*）的无性型。梁宗琦总结了 27 种被毛孢与虫草的密切关系。最典型的为 1989 年首次报道的中国被毛孢（*Hirsutella sinensis*）为名贵中药冬虫夏草（*Cordyceps sinensis*）的无性型；此后报道了长座虫草（*C. longissima*）的无性型为长座被毛孢新种（*H. longissima*）（李春茹等，2001）。从台湾虫草（*C. formosana*）分离得到其无性型，经鉴定为黄山被毛孢（*H. huangshanensis*）。

（二）汤普森被毛孢的研发

1. 主要防治对象

汤普森被毛孢（*H. thompsonii*）是被毛孢属中常见的、被较早研究作为生物农药的几个昆虫病原菌之一。其寄主主要为螨类，为体外寄生，是各种螨类的重要天敌。

汤普森被毛孢由 Fisher 于 1950 年在美国佛罗里达州首次发现。1972 年在得克萨斯州也发现该菌可以侵染柑橘锈螨（*Eriophyes oleivora*）。此后在巴西的橡胶树上瘿螨科的 *Calacarus heveaer*，印度、斯里兰卡的椰瘿螨（*Aceria guerreronis*）和棉叶螨上也曾分离得到。2009 年，巴西圣保罗的卡萨布兰卡市荔枝园遭到荔枝螨（*Aceria litchii*）的严重侵害，发现在植株受伤瘿瘤处和死亡虫体上有许多白色菌丝体，经鉴定为汤普森被毛孢。该菌的腐生和兼性寄生作用有助于其生长及在植物上持久宿存，可用于相关害螨的控制。

2. 发酵生产

在发酵生产方面，汤普森被毛孢的 14 个单孢菌株在不同液体培养基中能够正常营养生长，并产生典型的瓶状分生孢子梗。只有来自象牙海岸的汤普森被毛孢变种（*H. thompsonii var. synnematosa*）HtIC 菌株在深层培养中产生了真正分生孢子。培养 3d 后开始产孢，在 6~11d 达到峰值，产量 6.8×10^5~9.7×10^7 孢子/mL。液体培养基中加 10g/L 玉米浆和 0.2%吐温-80 对于最大产孢量至关重要。深层的分生孢子壁光滑但略有皱纹，而气生分生孢子壁有明显疣状。深层的分生孢子有 5.2%~12.9%出现发芽。当以 1.2×10^9 分生孢子/mL 喷洒在柑橘叶子上时，导致柑橘锈螨感染率为 32.5%（Winkelhoff et al.，1984）。

另一项实验得到的适宜液体培养基是由 8%糙米粉、2%糖蜜和少量矿物盐组成，培养的菌丝中观察到许多节孢子（arthrospore），但不能产生分生孢子；而裹上糖蜜的磨碎玉米是最好的固体培养基，可收获大量的分生孢子。

（三）汤普森被毛孢防治害虫

1. 防治椰子瘿螨

在印度喀拉拉邦的椰子种植园，1998 年首次大规模出现椰瘿螨（*Aceria guerreronis*），之后快速向北方各州蔓延，成为印度半岛最严重的椰树害虫。研究人员从 4 个为害地区分离到 15 个菌株，经椰瘿螨毒力测定，筛选出高毒力汤普森被毛孢菌株 MF（Ag）5，并成功地研发了首例基于汤普森被毛孢的真菌杀螨剂，注册名为“Mycohit”。该菌剂为一种粉末制剂，在实验室中，在将未配制的真菌或配制的产品施用于被椰瘿螨感染的椰果，螨虫种群在 3d 内完全死亡。在田间，间隔 15d 喷施菌剂两次，对螨虫的控制率高达 80%。调查汤普森被毛孢在田间的自然种群丰度发展，证明能有效地刺激了螨虫种群疾病的暴发，从而控制螨虫的为害（Kumar et al.，2002）。

2. 防治其他植食螨的潜力

针对不同螨类，印度研究者从还用不同气候区采集到 6 株汤普森被毛孢，测定了对油橄榄叶螨（*Phyllocoptruta oleivora*）和番茄二斑叶螨（*Tetranychus urticae*）的毒力，分别得到了对这 2 种螨致死率达 83.33%和 88.85%的菌株 HtEMC 和 tCRMB。另外，有报道汤普森被毛孢对橡胶树瘿螨（*Calacarus heveae*）、柑橘锈螨（*Phyllocoptruta oleivora*）、木薯粉螨（*Mononychellus tanajoa*）等高效作用，具有开发潜力。

3. 防治蜜蜂寄生螨

应用上，除了对植食性害螨，汤普森被毛孢对于防治蜜蜂寄生螨显示特别潜力。狄斯瓦螨（*Varroa destructor*）是对世界养蜂业危害最严重的蜜蜂寄生物，由于这种螨虫已对蜂房中常用杀螨剂氟胺酸产生了抗药性，并且发现在蜂蜡中有氟胺酸残留，因此迫切需要找到抑制这种害虫的替代控制措施。

在实验室内，汤普森被毛孢 1.1×10^3 孢子/mm^2 处理下，导致狄斯瓦螨 90%死亡率（LT_{90}）所需的时间为 4.16（3.98~4.42）d，优于金龟子绿僵菌 LT_{90} 5.85（5.48~7.43）d。在与西方蜜蜂（*Apis mellifera*）群体蜂巢相似的温度（34±1）℃下，汤普森被毛孢处理后 7d 可使狄斯瓦螨死亡率达到 90%，LC_{90} 为 9.90（5.86~19.35）$\times10^1$ 孢子/mm^2，而相同条件下金龟子绿僵菌处理的 LC_{90} 为 7.13（2.80~23.45）$\times10^3$ 孢子/mm^2，显示出汤普森被毛孢对狄斯瓦螨的显著高毒力。在蜂箱试验中，汤普森被毛孢处理导致螨虫死亡并产生大量孢子，处理后 42d 时有 82.97（±0.6）%的螨虫被感染。在试验浓度下，汤普森被毛孢对蜜蜂无害，并且对蜂王的繁殖力没有任何有害影响（Kanga et al.，2002）。汤普森被毛孢控制狄斯瓦螨的可能成为蜜蜂工业害虫综合治理的有用组成部分。

（四）被毛孢属其他种类

除了汤普森被毛孢，1991 年报道的 2 个新种分别是多颈被毛孢（*Hirsutella polycolluta* Liang sp. nov.）和长白山被毛孢（*Hirsutella changbeisanensis* Liang sp. nov.）（梁宗琦，1991）。从神农架林区罹病蠼螋成虫标本上分离到一株被毛孢属真菌，并鉴定为新种，命名为神农架被毛孢（*Hirsutella shennongjiaensis*）（邹晓等，2016）。2017 年长白山被毛孢和雷州被毛孢（*H. leizhouensis*）在分子标记 tef1、ITS 和 28S rDNA 3 个基因序列鉴定的基础上被重新描述，它们的原寄主分别是同翅目沫蝉和鳞翅目松梢螟。此外，刺五加被毛孢（*H. eleutheratorum*）为咖啡果蛀虫（cbb）的病原，橘被毛孢（*H. citriformis*）抗姜黄叶盲蝽（*Udaspes folus*），均具有较高的开发应用潜力。

第三节　真菌杀菌剂

真菌中存在对植物病害具有杀灭、抑制或拮抗作用的类群，包括腐生性真菌和寄生性真菌，称之为防病真菌，可作为生防资源研发成为真菌微生物农药，用于防控相应的植物病害。

真菌杀菌剂是指某种真菌培养物及其由它们加工而成的具有杀灭或抑制有害病菌作用的微生物农药。其作用机理主要为竞争作用、拮抗作用、重寄生作用和诱导植物抗性或两种以上机制的协同作用。其作用过程可以是营养素、生态位的竞争，也可以是抗生、溶菌、免疫抑制等，其中包含可产生酶类或代谢物抑制病原菌的能量产生、干扰生物合成和破坏细胞结构，有的兼有刺激植物生长的作用，其结果是影响病原菌的定殖、转移或直接抑制病原菌的生长繁殖等，从而减小对植物的为害。

真菌杀菌剂的研究报道和应用中，木霉属（*Trichoderma*）真菌最多最广，其次是粘帚霉属（*Gliocladium*），还有小盾壳霉（*Conithyrium minitans*）、大隔孢伏革菌（*Peniophora gigantean*）、链霉菌属（*Streptomyces*）、无致病力尖孢镰刀菌（*Fusarium oxysporum*）等一些种类。本书介绍的真菌类杀菌剂不包括以代谢物、细胞提取物为有效成分的生物制剂。

一、木霉杀菌剂

（一）木霉属

1. 定名与形态学

木霉属（*Trichoderma*）最早由 Persoon（1794）引入名称和描述，当时以分生孢子的不同颜色描述了 4 个种，即 *T. aureum*、*T. nigrescens*、*T. roseum* 和 *T. viride*，现在已知

它们是彼此无关的种类，只有绿色类型、广泛分布的绿色木霉 *T. viride* 保留在 *Trichoderma* 中。

1969 年，Rifai 依据微观特征，界定了 *Trichoderma* 属，至今被普遍接受。以 *T. viride* 为模式种描述的木霉属典型形态是：分生孢子梗为多重分枝，常排列成规则的树状；最早的分枝较长，后续向顶分枝逐步变短；所有水平分枝和瓶梗均为二歧式；瓶梗为安瓿形至坛形，基部常常缢缩，中部略有膨大，近顶端突然变细呈近柱形颈部；瓶梗轮状排列于分生孢子梗分枝的终端，有时单生或者呈涡状排列，位于靠近分生孢子梗与其分枝分隔的下方。根据形态特征，木霉分为 9 个种：丝毛木霉（*T. piluliferum*）、多孢木霉（*T. polysporum*）、钩状木霉（*T. hamatum*）、康宁木霉（*T. koningii*）、黄绿木霉（*T. aureoviride*）、哈茨木霉（*T. harzianum*）、长枝木霉（*T. longibratum*）、拟康宁木霉（*T. pseudokoningii*）和绿色木霉（*T. viride*），这个分类系统被普遍接受并一直使用。Domshchetal 在 Rifai 的分类系统基础上，提出了增加李氏木霉（*T. reese*）和丰孢木霉（*T. saturnisporum*）的 11 个种的分类检索表，但没有系统描述和修订种类的相关性。

木霉菌在培养基上生长迅速，气生菌丝稀疏，产生典型的白色或绿色的产孢堆。木霉属中物种间的渐变形态很难区别。综合各种观察描述，木霉特征：分生孢子梗为多重分枝，常排列成规则的树状；最早的分枝较长，后续向顶分枝逐步变短；所有水平分枝和瓶梗均为二歧式，瓶梗透明，产生于外露的可育菌丝分枝或者分生孢子梗上，分生孢子一般光滑，很少有饰物，典型形状为椭圆形至近似柱形，很少为球形，大多数为绿色或者透明，很少为黄色。如果产生厚垣孢子，其典型形状为球形至亚球形，产生于菌丝中间或者菌丝尖端。

根据分生孢子形态和着生方式，Gams 和 Bissett（1998）将木霉属分为 4 个组：①Trichoderma组，菌株分生孢子梗细，锯齿状，分枝和瓶梗松散地聚集在一起，对生，很少有 3 个以上一起形成轮状排列；②Pachybasium 组，分生孢子梗粗大，复杂分枝，常常排列成紧密的疱状或者簇状，分枝以及瓶梗粗大或者呈肿胀状态，相对比较短，排列成密集的轮状；某些种类具有典型的分生孢子梗不育延长物，许多菌株有紧密聚集的产孢结构，疱状，相邻的分生孢子梗可以发生菌丝融合；③Longibrachiatum 组，分生孢子梗分枝少，排列不规则，瓶梗的排列也不规则，涡状或者轮状排列很少见。该组的种类常常产生典型的黄绿色色素，在培养基的反面明显可见；④Saturnisporum 组，具有与 *T. viride* 相似的分枝结构，分生孢子梗的分枝以及瓶梗对生而且稀疏，但是瓶梗粗大，产孢结构为疱状，类似 Pachybasium 中的情况。进一步的区别是其分生孢子具有疱状的隆起，或者称为翅状结构，可另参各组的物种检索表（张广志等，2011）。

2. 有性型与系统分类鉴定

木霉广泛存在于土壤、植物残体、根围、叶片及种子、球茎表面及动物粪便中。许多常见种类没有有性世代或有性型未知。木霉的早期分类属于半知菌亚门丝孢纲丛梗孢目丛梗孢科。现已知多数木霉种类或菌株的有性型为肉座菌属（*Hypocrea*），有的在肉棒菌（*Podostroma*）或相近的一些属中。因此，木霉物种的分类地位为子囊菌亚门（Ascomycota）粪壳菌纲（Sordariomycetes）肉座菌亚纲（Hypocreomycetidae）肉座菌目（Hypocreales），或球壳菌目（Sphaeriales）肉座菌科（Hypocreaceae）木霉属（*Tri-*

choderma）/肉座菌属（*Hypocrea*）。无性型木霉属的每个集合种通常不是与单一的有性型相联系，而可能与不同的有性世代物种相关联；反之，相应的有性世代的物种可能还关联除木霉以外的其他物种。

木霉菌的形态学分类鉴定，一般可参照 Gams 和 Bissett（1998）及 Kullnig-Gradinger 等（2002）的方法，根据分生孢子形态和着生方式进行。例如，对从中国河北、浙江、云南及西藏分离的 72 个木霉菌株，鉴定出木霉属的 12 个种，包括深绿木霉（*T. atroviride*）、橘绿木霉（*T. citrinoviride*）、哈茨木霉（*T. harzianum*）、康宁木霉（*T. koningii*）、长枝木霉（*T. longibrachiatum*）、中国木霉（*T. sinensis*）、绿木霉（*T. virens*）、绿色木霉（*T. viride*）、棘孢木霉（*T. asperellum*）、淡黄木霉（*T. cerinum*）、螺旋木霉（*T. spirale*）和茸状木霉（*T. velulinum*）（章初龙等，2005）。

分子标记技术在真菌分类中的应用，使基于形态学的木霉分类系统以及有性世代与无性世代的对应得到重新审视。现在一般采用将形态学特征结合多基因联合分析的方法，对木霉属真菌进行分种、分组或鉴定。分子标记主要包括含有内转录间隔区（ITS 区）、转录延伸因子 Iα 亚基基因（*tef1* 或 *ef-1α*）及 RNA 聚合酶第二亚基（*rpb2*）3 类基因序列，还有 *ecb42* 序列也被选用。它们不同程度的保守性和特异性能够在科、属、种水平区分物种，可分析木霉属内、肉座菌属内物种之间的关系以及木霉属与肉座菌属之间的关系。从目前的研究资料来看，多数木霉种类的有性阶段属于肉座菌属真菌。

经过分子序列分析确认，至 2014 年，木霉属/肉座菌属（*Trichoderma/Hypocrea*）有 212 个物种存在系统发育关系（或构成全型），其中 *Trichoderma/Hypocrea* 全型组合 144 个，未见 *Hypocrea* 有性型形态的 *Trichoderma* 种类 60 个，未见 *Trichoderma* 无性型形态描述的 *Hypocrea* 种类 8 个。212 个木霉物种的名录可参见《菌物学报》第 33 卷第 6 期（张广志等，2014）。

以核酸序列分析为基础开发了 DNA 条形码技术，并被用于木霉鉴定和种内遗传变异分析。Kopchinskiy 等在 NCBI BLAST 的基础上开发了 TrichoBLAST 搜索工具（http://www.isth.info/tools/blast/index.php），是用于序列相似性研究的在线数据库，专门用于木霉属及其有性型。该数据库中 2006 年已鉴定的 104 种木霉属真菌可分为 5 个组：木霉组（Trichoderma）、长枝组（Longibachiatum）、粗梗组（Pachybasium）、肉座组（Hypocreanum）及土星孢组（Satunisporum），与上述 Gams 和 Bissett 的形态学分类基本相同。而且组下可检索到不同的进化枝。目前该搜索软件已有升级版本。我国也开发了具有自主知识产权的木霉分类鉴定自动化检索系统，于 2016 年 1 月通过专家检验正式上线（http://mmit.china-cctc.org），该系统由上海派森诺公司与上海交通大学合作完成。

尽管木霉及其有性型的分类学和分子系统学研究已取得了很大的进步，但是对木霉的种间、组间的亲缘和演化关系还没有最终解决。分子生物学鉴定的结果有时与传统的形态学分类结果不一致，要最终建立木霉的自然分类系统，还有需要更多细致和精确的分析，必须坚持从全型真菌出发，综合形态学、生理生化、分子系统学等各方面的研究成果，才能建立最接近自然的分类系统。

3. 木霉防控植物病害的作用机理

木霉属真菌能够在土壤和根际生长，机会性地与植物形成外共生或内共生关系，这种兼性共生一方面是由木霉从植物中摄取营养素的能力驱动，另一方面以拮抗植物病原菌、增强植物对入侵病原体的免疫力等作用为有益交换。这种积极的拮抗和诱导抗性作用成为研究开发防治植物病害的基础，也一直是国内外研究热点。

（1）拮抗作用

微生物间存在拮抗作用，即一种微生物生命活动或其代谢产物抑制或干扰另一种微生物的生命活动的现象，一般有专一性或特异性。这是杀菌剂研发的理论基础。

据不完全资料统计，木霉至少对 18 属 29 种病原真菌在体外或体内表现有拮抗作用，被称为"拮抗木霉"。在已鉴定的 200 多种木霉中，多种拮抗木霉包括哈茨木霉、绿色木霉、康氏木霉、钩状木霉和长枝木霉等都具有生物防治潜力，其中哈茨木霉、绿色木霉的研究报告最多，表明它们有广泛的拮抗谱，包括灰葡萄孢（*Botrytis cinerea*）、茄链格孢（*Alternaria solani*）、疫霉（*Phytophthora capsici*）、禾谷镰刀菌（*Fusarium graminearum*）、尖孢镰刀菌西瓜专化型（*Fusarium oxysporum* f. sp. *niveum*）、尖孢镰刀菌萎蔫专化型（*Fusarium oxysporum* f. sp. *vasinfectum*）、茄类镰刀菌（*Fusarium solani*）和立枯丝核菌（*Rhizoctonia solani*）等，在植物病害的防治中具有重要的应用价值。

木霉拮抗作用首先是在共同培养木素木霉（*T. lighorum*）和立枯丝核菌（*R. solani*）试验中发现的，即发现木素木霉的菌丝缠绕着立枯丝核菌，使其菌丝原生质凝结、细胞液泡消失及菌丝解体，并提出利用木霉控制病原真菌的建议（Weindling，1932）。此后人们开展了大量有关木霉菌拮抗植物病原菌的研究，20 世纪 70 年代以来，从现象到机理的研究更为深入。

木霉菌对植物病原菌的拮抗作用机制可概括为以下 4 个方面。①竞争作用。木霉通过快速繁殖和生长争夺养分、占有生存空间及消耗养分等，削弱甚至消灭同一环境的其他病原菌，以此达到拮抗病原菌的目的。②重寄生作用。木霉菌丝趋向寄主生长、接触并沿寄主菌丝平行生长或螺旋状缠绕生长，产生附着胞状分枝吸附于寄主菌丝上，并可穿透寄主菌丝，吸取营养，使病原真菌菌丝细胞解体。③抗生作用。木霉代谢过程中产生挥发性或非挥发性的抗菌素类物质，如木霉素（trichodermin）、胶霉素（gliotoxin）、绿木霉素（viridin）和抗菌肽等。这些次生代谢物对一定范围的病原真菌有积极的控制作用。④溶菌作用。木霉在竞争生长过程中，或在重寄生寄主诱导下趋向生长、接触、缠绕和穿透过程中分泌各种胞外降解酶，如纤维素酶（cellulases）、葡聚糖酶（glucanases）、木糖酶（rylanases）和几丁质酶（chitinases）等。另外，木霉还与寄主植物互作，诱导植物产生抗性，间接地拮抗病原菌，并可产生激素促进植物生长。上述几方面作用可以同时发生、联合作用，在不同物种和不同环境中体现强弱差异。

以不同组分化合物和病原菌细胞壁诱导培养哈茨木霉构建转录组，分析获得了预期与拮抗真菌病害相关的基因 402 条，包括四大类，即竞争作用机制类基因 14 条，重寄生机制相关基因 311 条，抗生机制相关基因 76 条，刺激植物响应蛋白基因 1 条，因此认为哈茨木霉的抑菌机制是以重寄生为主，抗生作用和诱导系统抗性也占有重要地位（范海娟，2013）。

(2) 重寄生过程的生化机制

木霉重寄生是其拮抗作用机制最重要的方面。木霉的重寄生和杀死其他真菌的能力是其作为生物杀菌剂的主要驱动力。一些木霉物种还能够杀死线虫，具有作为生物杀线剂的应用潜力。典型的重寄生涉及对宿主的感应、吸引、附着、缠绕和通过水解酶降解、穿透宿主细胞壁，形成菌丝吸取营养等过程，在许多情况下，这些酶与次生代谢物联合结合作用（图 3-9）（图版Ⅶ）。

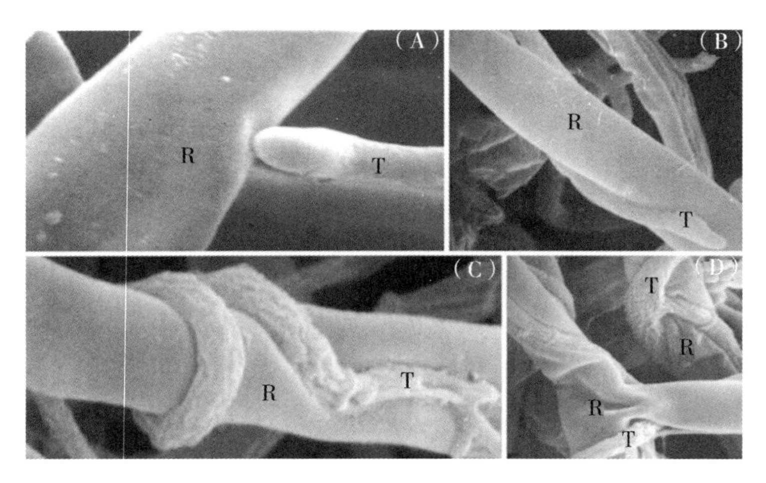

A—吸引；B—附着；C—盘绕；D—宿主菌丝溶解。

图 3-9　绿色木霉（T）在立枯丝核菌（R）上重寄生

（自 Mukherjee PK，2011）

1）识别与信号传导

木霉属真菌对环境真菌细胞信号的感应和传导研究还十分有限，在异源三聚体 G 蛋白信号和 MAPK 信号途径研究方面有一定的进展。在深绿木霉（*T. atroviride*）中，跨膜的 G 蛋白偶联受体 Gpr1 参与了对寄主真菌的信号感应，当沉默 *gpr*1 基因时，木霉丧失对寄主真菌使真菌存在做出反应（Zeilinger et al.，2005）。配体与此类受体的结合通过激活 G 蛋白级联反应而导致下游信号传导。深绿木霉中，G 蛋白 α 亚基基因 *tga*1 与重寄生过程木霉缠绕致病菌相关。敲除 *tgal*，木霉不能缠绕致病菌。同样，敲除与其同源的绿木霉（*T. virens*）G 蛋白 α 亚基基因 *tgaA*，木霉失去重寄生能力，同时，几丁质酶基因 *ech*42 和 *nagl* 表达量显著降低（Reithner et al.，2005）。G 蛋白 α 亚基的 Tga3 Gα 蛋白编码基因缺失会造成如同缺失 Gpr1 一样影响深绿木霉的寄生能力。采用基因敲除和回复技术证明，哈茨木霉的 *thga*3 敲除株对立枯丝核菌的抑制率降低 26%，重寄生能力丧失，几丁质酶活性降低 23%，菌丝的疏水性丧失（Ding et al.，2020）。此外，*tmkl*、*tvk*1 基因等也被证明与木霉重寄生过程相关水解酶表达有关。像大多数其他丝状真菌一样，木霉属有 3 个 MAPK 级联反应，包括 MAPKKK、MAPKK 和 MAPK，MAPK 途径可能在木霉的真菌重寄生和生物防治中起作用。这些数据暗示了在重寄生真菌和相关生物防治特性中信号级联的重要功能（图 3-10）（图版Ⅷ）。

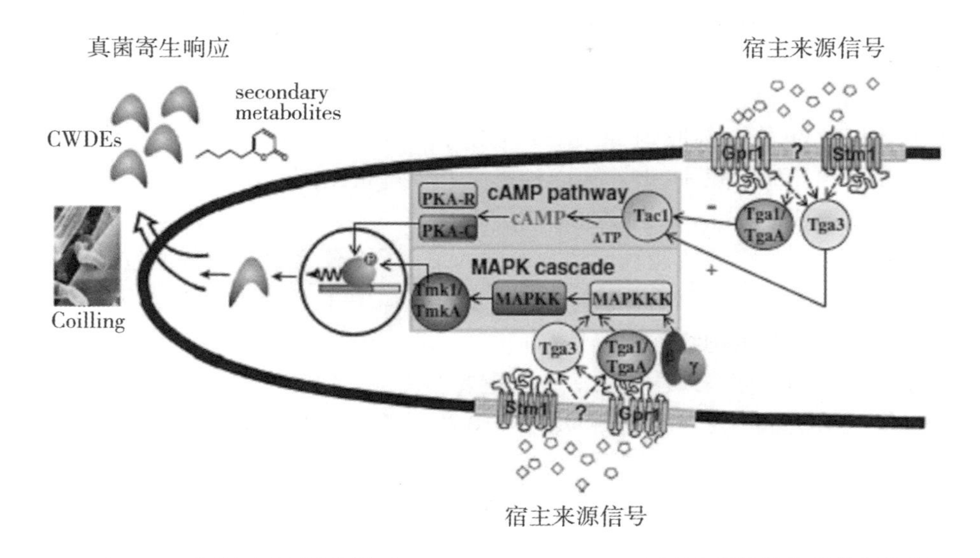

图 3-10　深绿木霉/绿木霉（*T. atroviride/T. virens*）重寄生真菌的信号传导途径

Gpr1，Stm1 = GPCR，G 蛋白偶联受体；Tga1 / TgaA，Tga3 = Gα 蛋白；Tmk1 / TmkA = MAPK；Tac1 = adenylate cylcase 腺苷酸环化酶；PKA-R = regulatory subunit 调节亚基，PKA-C = catalytic subunit of cAMP-dependent protein kinase，cAMP 依赖性蛋白激酶的催化亚基；Ⓟ = phosphorylation 磷酸化（自 Seidl V et al.，2009）

2）附着阶段

寄生性木霉对宿主真菌的附着包含接触和攻击进程，结构上伴随着附着胞（Appressoria）或乳头状结构的形成、菌丝在宿主周围盘绕。疏水蛋白可能参与了木霉与宿主真菌结合，在次级代谢和形态发生的转录调节因子 Vel1 的绿木霉（*T. virens*）突变体中，疏水蛋白表达降低，菌株失去疏水能力和真菌寄生能力（Druzhinina et al.，2010）。木霉细胞壁上的半乳糖和海藻糖可与寄主菌丝的凝集素结合，产生识别信号，抑制凝集反应（Elad et al.，1983）；而木霉对固定有凝集素的尼龙纤维能够像识别病原真菌一样，产生接触、缠绕等反应，证明了凝集素是木霉识别病原真菌的外源信号（Inbar et al.，1992）。

3）杀死宿主阶段

胞外水解酶和抗生素是木霉菌杀死植物病原真菌的化学武器库中最重要的成员。

A. 胞外水解酶

已发现木霉的基因组中富含编码几丁质酶和葡聚糖酶等酶的基因，以及用于次级代谢的酶。降解病原菌细胞壁的水解酶，主要包括几丁质酶、葡聚糖酶、蛋白酶三大类。

几丁质酶包括内切几丁质酶、外切几丁质酶和 N-乙酰-β-D-氨基葡萄糖苷酶（N-acetyl glucosamindase）。目前，各种木霉来源的几丁质酶基因已经被大量克隆和研究，如内切几丁质酶基因 *chi*64、*chit*42、*chit*37、*chit*33 和 *ech*30；外切几丁质酶 *nagl* 还具有 N-乙酰-β-氨基葡萄糖苷酶活性。同时，不同几丁质酶之间具有协同作用，还具有与杀菌剂及细菌等生防因子协同作用的功效。测定了用从哈茨木霉 P1 菌株中提纯的内切几丁质酶和几丁二糖酶对 9 种植物病原菌的活性，这两种酶对大多数病原真菌的 ED_{50}为 35~135 μg /mL，而哈茨木霉 P1 菌株本身对上述几丁质酶具有高度的抗性，ED_{50}>1 000μg/mL。分析其原因主要是由于酶作用病原菌细胞壁及原生质膜，有助于抗生素扩散到作用位点上（Lorito et al.，1994；Lorito et al.，1996）。*chit*42 在重寄生过程中表达量大大增加，但敲除 *chit*42/*ech*42 的影响并不是很剧烈，可能是由于大量的基因库具有补偿作用（Druzhinina et al.，2011）。

葡聚糖酶的作用是降解致病真菌细胞壁中的 β-1,3-葡聚糖。木霉通过分泌外切和内切 β-1,3-葡聚糖酶直接参与对寄主真菌的重寄生。β-1,6-葡聚糖酶需要与 β-葡聚糖酶联合作用才能降解植物细胞壁（Djonovic'S et al.，2007）。

除几丁质酶和葡聚糖酶外，蛋白酶也起重要作用，主要是水解病原真菌细胞壁的骨架结构。已发现哈茨木霉蛋白酶基因 *prbI*、*ss*10 和天冬氨酸蛋白激酶之类的蛋白酶基因均可被真菌细胞壁诱导表达，推测可能与木霉重寄生相关；进一步研究发现，这些蛋白酶在发生真菌寄生期间被诱导表达，在生物防治中发挥了决定性作用（Viterbo et al.，2010）。

木霉的胞外酶的一个重要共同特征是能够被诱导表达。试验证明，在植物病原菌诱导下，哈茨木霉可分泌丝氨酸组蛋白酶，这种蛋白酶与枯草溶菌素（subtilisins）同族的丝氨酸蛋白具有一定同源性（Geremia et al.，1993）。深绿木霉的 *prbl* 基因也能够被立枯丝核菌细胞壁诱导表达。在人工培养中，木霉菌产生的胞外酶类还与培养基碳源有关，当以壳多糖、昆布糖、纤维二糖、羧甲基纤维素和富含纤维素的物质为基础碳源时有利胞外酶的产生。在基础培养条件下加入尖孢镰刀菌（*Fusarium oxysporum*）、立枯丝核菌（*Rhizoctonia solani*）或齐整小核菌（*Scherotium rolfsii*）的菌丝细胞壁时，可提高酶的产生水平（Lorito et al.，1996）。这种可诱导的、强烈的胞外分泌能力是构建木霉工程菌株的良好基础。

对木霉休眠结构寄生的分子机理的研究很少。漆酶（laccase）是一种含铜的多酚氧化酶，可降解木质素和有毒的酚类物质，还可解除苯氧基类除草剂的毒性，认为漆酶在绿木霉微菌核结构的定殖中起作用（Catalano et al.，2011）。

B. 抗生素

抗生素是指木霉次生代谢产生挥发和非挥发性的抗生物质，是拮抗病菌的重要基础。主要有木霉素（trichodermin）、胶毒素（gliotoxin）、绿木霉素（viridin）、胶绿木霉素（gliovirin）、抗菌肽（peptide antibiotic）等。从哈茨木霉、康氏木霉、钩状木霉培养液中至少确定了 8 种次生代谢产物对植物病菌有拮抗作用。还有很多抗生素为肽类。从长枝木霉和绿色木霉中分离到一组特殊的抗菌肽，分别为 Trichbrachin 和 Trchoirin。哈茨木霉能产生一类抗生性聚酮化合物，例如 6H-噁丙烯并（e）（2）苯并噁环丁并镭杂癸英-6,12（7H）-二酮（monocillin Ⅰ），可高效抑制对植物根腐病立枯丝核菌。哈茨木霉产生的具有椰子香味的挥发性的抗生素，经鉴定为六戊烷基吡喃，被认为是防治立枯丝核菌的主要机制之一（Ghisalberti et al.，1991）。

(3) 诱导植物抗性

根据病原菌相关分子模式/微生物相关分子模式（PAMP/MAPM）为核心的植物基础免疫学理论和组学数据分析，对木霉防控植物病害机理的认识跃升到新层面，确认了木霉的一些次级代谢产物能够作为激发子（elicitor）诱导植物的抗病性，间接地拮抗病菌，相关研究成为近年研究的热点。

激发子是能诱导植物产生防卫反应的分子，在植物细胞膜上存在着特异性亲和的蛋白质受体。激发子通过信号识别、信号转导和防卫基因表达调控环节诱导植物产生抗病性。现已知木霉的激发子（也称效应因子）有20余种，主要有蛋白类、吲哚乙酸、多糖类、几丁质类、木霉菌细胞组分、次生代谢物类等。蛋白类的激发子包括丝氨酸蛋白酶、22kDa木聚糖酶、几丁质脱乙酰基酶、几丁质酶Chit42、SnodProtl类蛋白（SnodProt1、Sml和EPI）、脂肽、棒曲霉素类蛋白、无毒基因蛋白等。多数激发子属于富含半胱氨酸的蛋白，可诱导植物发生MTI（microbe trigger immunity）反应，而一些专化性激发子具有无毒基因（avF）的功能，可与植物的抗性基因（*R*）特异互作，诱导植物产生ETI（effector trigger immunity）反应。例如，Sml/EPll是木霉菌产生的典型激发子；swollenin（qid74）是一种疏水性的蛋白，与木霉菌根系定殖有关；几丁质降解酶不仅能调控植物抗性的诱导，同时参与对植物碳水化合物代谢和植物生长发育的调控；内切木聚糖酶Xyn2主要通过乙烯途径实现抗性诱导；非核糖体源的抗菌肽类也具有很强的诱导植物抗病性的激发子活性等。对木霉等真菌诱导植物抗性和激发子研究，导致了新型生物农药——蛋白农药的研发。鉴于本文着重于活体微生物农药，此仅提及其作用机理，对蛋白农药产品感兴趣的读者可从其他文献加深了解。

4. 木霉菌剂的生产与应用简述

木霉属真菌具有适应性强、人工培养产量高、易于工业化、能产生多种抗生物质及溶解酶等的诸多优良生产性能。在生长周期内，木霉可以产生3种繁殖体，即菌丝体、分生孢子和厚垣孢子。通过控制发酵条件可产生不同终产物，作为产品的有效成分形式。其中厚垣孢子更耐贮存，但需要掌握特定条件才能诱导大量产生。木霉属真菌的发酵条件有大致的共通性，不同菌株为获得高产需要进行发酵条件优化。研究和应用最多的是哈茨木霉的分生孢子制剂，一般由固体培养或固态发酵产生孢子与固体基质混合成颗粒状制剂或粉状制剂，具有经济实用、易于保存和运输的优点，因而被广泛采用。厚垣孢子生产工艺需要特殊控制条件，目前未能普遍应用。

木霉菌能够直接拮抗多种植物病原菌并可促进植物生长，在防治植物病害中具有来源广泛、高效、安全和巨大应用潜力。全世界注册的生物杀菌剂中有60%以上是木霉产品（Verma et al.，2007）。不同的木霉菌株，其防治对象有所差异，将在下文中分别叙述。

（二）哈茨木霉 *Trichoderma harzianum*

哈茨木霉是木霉属真菌作为植物病害生防菌剂的典型代表，其防病机理已在前文阐述，本节主要阐述哈茨木霉的菌株选育、发酵生产、制剂和应用等相关内容。

1. 菌株选育

辐射诱变、基因转化等方法是选育高抑菌效力和杀菌剂耐受力的木霉菌株的有效手段。采用紫外线辐射处理与药物培养驯化，筛选出对杀菌剂腐霉利（商品名：速克灵）有显著抗性的突变型哈茨木霉菌株，而且抗药性突变株的菌剂在 10^8cfu/g 浓度下与50%腐霉利可湿性粉剂以 8：2 配比，协同作用对灰霉病菌抑菌率达 84.3%，明显高于单用木霉菌或腐霉利的效果（田连生等，2006）。采用类似的方法，采用紫外线诱变和含杀菌剂百菌清培养基驯化相结合，获得了 6 株高抗百菌清的哈茨木霉突变株，在百菌清1 100 mg/L 浓度下仍能较好生长，其中一个突变株抗药性提高了 279.81 倍，且具有遗传稳定性，对 5 种供试病原真菌抑制率达 86.6%～94.9%（张丽荣等，2010）。利用 ^{60}Co-γ核辐射诱变，最佳辐射剂量为 800～1 000Gy，紫外线照射为 5～7min，结合含杀菌剂培养基耐药驯化，获得广谱高抗、高产孢量、生长速度快的哈茨木霉突变菌株（陈建爱，2006）。

在利用基因遗传转化技术方面，采用 PEG-$CaCl_2$ 介导的原生质体法，成功地将多菌灵抗性基因转化到哈茨木霉 T88 质体，筛选获得了具有多菌灵抗性并且稳定遗传性的 2 个突变株。该突变株可在 1 000 μg/mL 多菌灵浓度下正常生长，多菌灵抗性比出发菌株提高了 1 000 倍以上，可实现与多菌灵等苯并咪唑类杀菌剂联合应用（李梅，2002）。

构建防病、杀虫双重功能的多价木霉工程菌是一项有益的探索。将杀虫真菌绿僵菌蛋白酶基因和几丁质酶基因以及含不同几丁质结合域的几丁质酶基因共转化木霉菌，获得了两种功能基因共表达的木霉菌株，电镜观察发现，与野生菌株相比，共表达菌株使玉米螟幼虫中肠微绒毛及中肠杯状细胞发生了更为严重脱落。防病、杀虫双重功能的多价木霉工程菌，对于生物防治多种农业病虫害具有重要应用价值（李莹莹等，2010）。

2. 发酵生产

（1）分生孢子生产

适合哈茨木霉分生孢子生长的培养基有 PDA 培养基和 Weindling 培养基，大量培养还可利用成本较低的糖浆、酵母膏和其他农副产品进行液体发酵。用于生产孢子制剂的营养基质有藻酸盐、麸皮、角叉藻聚糖、脱乙酰壳多糖等，固体基质填充剂有泥炭藓、褐藻、叶蜡石等，营养基质给孢子生长提供充足养分，固体基质填充剂可提供合适的碳、氮和其他化学元素。例如，通过单因素试验和正交试验，确定哈茨木霉 H-13 菌株固体发酵最佳条件为麸皮与玉米粉按 3：1 比例配伍，固料比水为 1：0.4（w/v），蔗糖 1.5%，蛋白胨 1.5%，硝酸铵 1%，磷酸二氢钾 0.05%，NaH_2PO_4-Na_2HPO_4（0.5%～0.5%），接种量为 9%（v/w）；发酵温度为 24℃-22℃-26℃，在此条件下发酵 10d，产孢量高达 1.0×10^{10}孢子/g 以上（王永东等，2006）。一个由无机盐、麸皮、豆粕或玉米粉构成的固体发酵培养基，可产生分生孢子最高可达 4.89×10^9CFU/g，其配方和方法申请了专利（丰来等，2013）。

（2）厚垣孢子生产

与分生孢子相比，厚垣孢子具有更耐干燥、耐低温、存活时间长等优点，有利于制剂的加工和贮存，也有利于在土壤中存活。但木霉厚垣孢子的产生受自身相关基因的调控，也受环境条件的影响。进行人工发酵时，需要对发酵条件进行特别控制和优化，才能诱发产生丰富的厚垣孢子。

在厚垣孢子产生的调控基因及其重组菌株构建方面，采用根癌农杆菌介导的

T-DNA 插入方法，建立了哈茨木霉的插入突变体库，筛选得到产厚垣孢子性状变异的突变株。克隆与厚垣孢子形成的相关基因，并进行基因的结构与功能研究（黄亚丽，2007）。此外，分析比较了哈茨木霉产厚垣孢子前期和中期两个不同转录本，推测氨基糖-核苷酸的糖代谢途径和淀粉-糖代谢途径以及相关的差异表达基因可能与厚垣孢子形成有关（杨晓燕等，2015）。

发酵生产中，经过选择优化的厚垣孢子最佳发酵条件为：玉米粉 1.01%、酵母膏 0.47%、$(NH4)_2SO_4$ 0.05%、K_2HPO_4 0.06%和 $MgSO_4$ 0.05%，pH 值 5.79，培养温度 28℃（粟静等，2014）。经过多因子筛选和模型设计优化，木霉 SH2303 菌株液体发酵高产厚垣孢子工艺的最佳参数为：玉米粉 62.86g/L，甘油 7.54mL/L，起始 pH 值 4.17，发酵 6d。实际最大厚垣孢子产量 4.5×10^8 孢子/mL，与模型预测值 3.6×10^8 孢子/mL相当。厚垣孢子产量与优化前相比提高 8 倍（李雅乾等，2016）。

（3）提高菌株拮抗组分产量

木霉产生的抗生性聚酮化合物 monocillin Ⅰ 与拮抗作用密切相关。为了提高菌株产生 monocillin Ⅰ（6H-噁丙烯并（e）（2）苯并噁环丁并镭杂癸英-6,12（7H）-二酮）的性能，通过 RNAi 沉默和基因敲除证明了 *pkst*-1 和 *pkst*-2 基因是 monocillin Ⅰ 合成途径中的关键功能基因，其中 PKST-1 负责合成终产物，而 PKST-2 负责前体的合成。构建了 *pkst*-1 和 *pkst*-2 基因的过表达转化子菌株，使 monocillin Ⅰ 产量比野生型菌株显著提高 13.2%（$P<0.05$），而且转化子的代谢产物对立枯丝核的抑制效率提高 14.0%。确定了高产 monocillin Ⅰ 的最优碳源、氮源、磷源组成为麦芽糖 4.162%、黄豆粉 0.253%、磷酸二氢钾 0.044 5%，此条件下发酵产生 monocillin Ⅰ 产量达到 16.241mg/L，提高了 34.5%（姚琳，2014）。

3. 制剂研发

木霉制剂主要有分生孢子的可湿性粉剂、颗粒剂、水分散粒剂、种子处理剂。近年研发有厚垣孢子剂型。制剂中加入适当的保护剂、稳定剂等以阻止环境不利因子对菌体的伤害。

为研制哈茨木霉厚垣孢子可湿性粉剂，测定了不同载体、润湿剂、分散剂、紫外保护剂对厚垣孢子萌发率和菌丝生长影响，以及不同含量助剂配方的可湿性粉剂性能，确定的配方为定量硅藻土吸附的厚垣孢子粉（使 2.5×10^9 CFU/g），润湿剂十二烷基硫酸钠为 4%，分散剂羧甲基纤维素钠为 5%，紫外保护剂糊精为 1%，以硅藻土补齐 100%。所得产品的润湿时间为 58s，总悬浮率为 78%，孢子悬浮率为 85.27%，pH 值为 6.92，含水量为 2.16%，98%通过 200 目标准筛，各项指标均符合可湿性粉剂及微生物制剂的相关标准（张晶晶等，2016）。一种哈茨木霉厚垣孢子水分散粒剂的最佳配方为：保护剂抗坏血酸 0.5%，稳定剂羧甲基纤维素钠 4%、润湿分散剂烷基萘磺酸盐（EFW）4%、黏结剂淀粉 5%和崩解剂可溶性淀粉 4%。所制备水分散粒剂的厚垣孢子含量为 4.5×10^8CFU/g，悬浮率为 43.8%，润湿时间为 1.0s，崩解时间为 52s，热贮分解率 25.9%，产品各项指标均达到国家标准（李秀明等，2013）。研制了以木霉和绿僵菌为主要成分的杀虫防病双效复合种衣剂，其中木霉与绿僵菌比例为 1∶（0.3～3）不等，用于防治玉米茎腐病菌和对地下害虫，可一次操作解决农作物经常同时遭受土传病害与地下害虫为害的生产难题（张婷等，2010）。

我国20世纪90年代初就有成形的木霉产品，例如，浙江省的“灭菌灵”以木霉为主导原料，配以青蒿、黄柏、大黄等抗菌中药材，通过当地及北京、江苏、上海的田间试验，表明对大白菜、黄瓜、大葱、葡萄、枸杞及麦类等作物霜霉病防效达到80%左右，产品经不断改善，至今仍有市售应用。目前国内研发的木霉产品剂型有可湿性粉剂、颗粒剂、水分散粒剂和种衣剂，登记的产品有16个，其中10个是可湿性粉剂，5种为水分散粒剂，1种为母药。物种比例上，有3个产品为哈茨木霉，其他12个未登记木霉种名。另外以木霉菌为主要成分登记的菌肥产品有11种。

国际上，木霉产品商品化主要在欧美国家和以色列、新西兰等国家。已登记木霉产品有50多种（陈捷，2014），主要为分生孢子制剂。较著名的有美国BioWorks公司出品的哈茨木霉（T-22菌株）系列产品Topshield，以色列Makhteshim公司的哈茨木霉（T-39菌株）系列产品，如25%可湿性粉剂Trichodex在20多个国家获得注册，希伯来耶路撒冷大学农学院下属的生物公司Mycontrol研制的Trichoderma 2000和土壤处理剂Root Pro等。

4. 防治效果和推广应用

（1）对植物病原菌拮抗作用

哈茨木霉能够直接拮抗多种植物病原菌，包括植物白绢病、立枯病、疫病等土传病害。与茉莉白绢病菌（*Sclerotium rolfsii*）对峙接种培养时，两菌落接触处的白绢病菌菌丝和气生菌丝的顶端萎缩，停止生长；随后在白绢病菌丝上覆盖绿色的木霉孢子丛，使病菌只形成少量菌核，且最后引起菌核腐烂。盆栽土壤中施用哈茨木霉，防治茉莉白绢病效果在90%以上（李良等，1983）。哈茨木霉发酵产物使豇豆苗期立枯病菌菌丝原生质浓缩、外渗，菌丝体断裂、消解；浸种处理的豇豆幼苗在人工接种立枯病菌后，发病率比对照降低75.7%（魏林等，2006）。对峙培养测定表明，哈茨木霉对小麦纹枯病菌菌丝生长抑制率达81.3%；土壤处理试验表明，哈茨木霉处理48h后接种小麦纹枯病菌的防治效果可达74.0%（管怀骥等，2011）。盆栽试验证明，哈茨木霉对辣椒疫病和番茄立枯病不仅防效好，而且与农药处理相比控制病害更持久，无病害复发，显著促进辣椒和番茄的生长（李栎等，2012）。对水稻恶苗病菌的实验显示，在平板上以孢子悬浮液$10^6 \sim 10^7$/mL处理时，对病菌的抑制率达到92.3%；显微观察证明，木霉以附着胞附着在恶苗病菌菌丝上，然后穿透进入宿主菌丝体内；平行试验表明，哈茨木霉10^7孢子/mL与化学杀菌剂咪鲜胺1μg/mL的抑菌效果相当（产祝龙等，2013）。

（2）防治应用

多年来，哈茨木霉已广泛用于防治多种由真菌引起的植物病害，包括立枯丝核菌（*Rhizoctonia solani*）、镰刀菌（*Fusarium* spp.）、齐整小核菌（*Sclerotium rolfsii*）、疫霉菌、腐霉菌（*Pythium* spp.）、链格孢菌（*Alternaria* spp.）等引起的立枯病、猝倒病、白绢病、疫霉病，以及由炭疽菌引起的炭疽病等。作物包括番茄、黄瓜、棉花、杜仲、人参、三七、茉莉、花生、辣椒等，在各种小型试验中已获得较好的防效，在苗床使用可提高育苗与移植的成活率，保持秧苗健壮生长。也被用于防治水稻纹枯病。此外，木霉还可以用于叶面、花器和果实的保护，例如用于葡萄始花期至收获期喷施，可降低灰霉引起的藤蔓腐烂以及果实在储藏期的腐烂，有效地防治灰霉病。木霉对杨树烂皮病菌也有较好的防效。

哈茨木霉在应用中，施菌方法主要是土壤处理、叶片喷施和种子包衣，其拮抗病害效果在国内外的众多实验中得到证实。应用木霉菌颗粒剂，通过土壤穴施和种子包衣的方法，防治玉米茎腐病和纹枯病，防效达 65% 和 87%（陈捷等，2014）。在盆栽试验中，喷洒木霉菌可湿性粉剂，有效抑制了小斑病菌对玉米叶片的侵染，并在喷施菌剂 12h 后诱导了玉米防御相关的 POD 和 PAL 酶活的升高（孔德颖，2016）。在中药材病害防治中，将木霉菌剂添加到土壤中，对北沙参菌核病的防治效果为 83.6%，对黄芪根腐病菌和西洋参立枯病菌的田间防治效果分别达到 80%和 60%（丁万隆等，2003）。用哈茨木霉菌发酵原液防治人参灰霉病，盆栽试验防效为 79.9%~81.8%，并能诱导人参叶片内的防御反应酶 PAL、CAL、POD、PPO 活性增高（卢占慧，2016）。此外，还有报道哈茨木霉菌用于防治西洋参立枯病、柴胡根腐病、白术白绢病、麦冬根腐病等。在蔬菜病害防治方面，喷施哈茨木霉孢子悬浮液防治黄瓜白粉病，防治效果达到 78%，并可明显增加黄瓜叶片数和蔓藤的长度，增加产量，还用于防治番茄叶霉病菌马铃薯晚疫病菌、蔬菜白粉病（杨春林，2008；周勇，2015）。对杨树烂皮病的防治效果达 82.4%（项存悌等，1991）。哈茨木霉 Thar2 对草坪褐斑病菌的抑制率为 73 %（姚彦坡等，2006）。用以色列的商品化木霉产品 Root Pro 为土壤处理剂，与苗床土按 1：100 比例均匀搅拌然后播种，可以有效地防治由终极腐霉菌（*Pythium ultimum*）、立枯丝核菌、菌核病菌、罗氏白绢小菌核菌、尖孢镰刀菌及萝卜苗枯交链孢霉菌（*Alternaria raphni*）等土传植物病原菌引起的植物苗期病害（杨依军等，2000）。

（三）绿色木霉 *Trichoderma viride*

1. 基本特性

绿色木霉是木霉属中研究较多的一种，在自然界分布广泛，常腐生于木材、种子及植物残体上。绿色木霉不仅是一种拮抗能力较强的微生物，而且能产生多种具有生物活性的酶系，对植物纤维降解效果好，因此不仅可用于植物病害的生物防治的同时，还能用于秸秆的降解。

形态上，绿色木霉与哈茨木霉很相似，但其分生孢子颜色为深绿，成熟的分生孢子表面或多或少有些粗糙，直径比哈茨木霉略大，为 3.6~4.5μm 或（4.0~4.8）μm×（3.5~4.0）μm。可参考 Gams 和 Bissett 的检索表和结合 ITS 区核苷酸序列进行菌种鉴定。

2. 生产与制剂

绿色木霉的生产与制剂有很多研究报道，方法和数据参数范围与上述哈茨木霉相似，不再赘述。但对于厚垣孢子产品，蒋细良等（2006）最早建立了绿色木霉的液体深层发酵工艺，其培养基含有以下重量百分比的物质：2.0%~3.5%淀粉，1.0%~2.0%酵母粉，4.0%~8.0%玉米浆，0.1%~0.5%的 $CaCO_3$，0.01%~0.02%的 Zn^{2+}、0.01%~0.03%的 Mg^{2+}，余量为水。发酵控制参数：温度控制，发酵第 0~40h，28℃；发酵 40h 以后，26℃；通气量（v/v）：0~10h 时 1：0.6，10~40h 时 1：1，40h 以后1：0.6；搅拌速度，180r/min。在发酵第24～26h，补加2%（w/v）淀粉，在发酵第60～63h，补淀粉0.5%（w/v）。绿色木霉的注册产品不多，一个复合产品是绿色木霉·烯酰吗啉水分散片获得专利（CN200510046314.6），其各组分的重量百分比为：绿色木霉粉5.0%～70%，烯酰吗啉0.005%～20%，粘结剂1.0%～10%，崩解剂0.5%～20%，润湿剂0.5%～20%，分散剂0.5%～20%，填充剂10%～70%，将烯酰吗啉原药及崩解剂、粘结剂、填充剂、润湿剂、分散剂经混合、粉碎过325目筛，并与过325目筛的固体发酵制得的绿色木霉粉充分混合，到压片机上直接压片，制得绿色木霉·烯酰吗啉水分散片剂。或加入一定量水，经造粒机制粒，45℃以下干燥，制得绿色木霉·烯酰吗啉水分散粒剂。该水分散片或粒剂对环境无污染，计量准确，使用方便，运输安全，利于贮存和容器配置。

3. 防治应用

绿色木霉防治植物病害的田间试验不多，主要对蔬菜、瓜果等作物的病原菌进行对峙抑菌评价和盆栽试验，有一些田间小区试验，少有大面积应用。施菌方法有土壤施菌和叶面施菌。对绿色木霉·烯酰吗啉水分散片剂的盆栽试验表明，该菌剂的300～600倍液对番茄灰霉病的防效为83%～95%；而在小区试验，防效达84.0%，与绿色木霉水分散片剂300倍液与50%腐霉利可湿性粉剂1 200倍液效果相当；且对番茄安全，无不良影响；大鼠急性毒性试验显示LD_{50}>2 150mg/kg，属于低毒等级，可适用于农业生产中农作物病害的防治（王勇等，2008）。

在河北的重茬花生田小区实验，采用绿色木霉1×10^8孢子/g草炭的混合粉剂，按30kg/hm^2用量在花生种植前施入播种沟中，以施用等量草炭为对照，结果显示木霉菌剂处理的花生植株立枯病害和根腐病害明显降低，生长指标及最终产量都明显增加（黄亚丽等，2006）。绿色木霉与有机肥菇渣和牛粪复配，对黄瓜枯萎病菌菌丝生长的抑制率分别为74.9%和69.4%，同时使黄瓜种子胚根伸长增长率分别为36.7%和28.2%。盆栽试验中，复配菌剂对黄瓜枯萎病的防效分别为65.0%和63.3%；将菇渣和牛粪按等量混合后再与绿色木霉复配，防效高达85.3%，黄瓜地上部分鲜重和地下部分鲜重分别增加了71.5%和79.5%。绿色木霉经常被用于各种作物的病害综合防治中，例如，新疆红枣主要病虫害防治，50亿/g绿色木霉菌可湿性粉剂和乙蒜素、枯草芽孢杆菌被选用防治红枣叶斑病、缩果病，还有其他生物制剂用于其他病虫害（池振江，2014）。在英国，筛选出的绿色木霉对土壤白腐小核菌降解率高达60%，并显著减少洋葱幼苗上的白腐病。

除了真菌病害，绿色木霉还可用于防治线虫病。绿色木霉菌株Tvir-6发酵液在24h内对根结线虫二龄幼虫的校正死亡率高达98.5%，在盆栽试验中根结减退率为78.2%，在田间试验中防效达到64.9%，与10%噻唑膦颗粒剂防治效果相近，并可使黄瓜产量提高34.1%（翟明娟等，2017）。绿色木霉的多效功能叠加了在农业生产中的应用分量。

值得注意的是，包括绿色木霉在内的木霉多效性可能在特定情况下带来负面作用，例如，由于木霉具有极强的竞争力和适应性，时常导致香菇菌袋中培养料污染或菌棒腐烂（江晴，2017）。

绿色木霉具有高效产酶能力，使之在酶制剂工业上有应用潜力，相关文献很多，但此不作介绍。

（四）绿木霉 *Trichoderma virens*

1. 菌株抑菌作用

绿木霉广泛分布于世界各地，已报道了很多绿木霉的分离菌株，木霉属与粘帚霉属真菌的形态很相似，容易混淆，早期绿木霉菌株很多被鉴定到粘帚霉属（*Gliocladium*），定名为 *G. virens* 即绿粘帚霉或绿色粘帚霉，这些菌株大多具有抑制植物病原菌的作用，成为研发杀菌剂的重要资源。近期已明确 *G. virens* 应归入木霉属，更名为绿木霉 *T. virens*。但为了便于陈述，下文中仍遵循原作者所用的名称。

1980 年美国农业部 USDA- ARS 的植物病害生物防治实验室从马里兰的土壤中分离到 1 株绿粘帚霉（绿木霉），后来投入生产，用于防治终极腐霉和立枯丝核菌造成的植物根腐病和枯萎病。这一真菌能产生 2 种真菌毒素，即绿粘帚毒素和胶霉毒素（Lumsden et al.，1989，1992），形成产品在 2000 年成功获得注册，实现商业化生产。

我国近二十年有不少绿木霉的研究报道。研究了 13 株绿粘帚霉（绿木霉）与 44 株木霉（黄绿木霉、钩状木霉、长枝木霉）对柑橘青霉病菌的拮抗作用，结果表明，绿粘帚霉和钩状木霉对柑橘青霉病菌有较高的拮抗作用；69. 2%绿粘帚霉的不挥发性代谢产物对柑橘青霉病菌菌丝生长的抑制作用超过 60%；61. 5%绿粘帚霉对病菌孢子萌发的抑制率大于 90%；而所有菌株产生的挥发性代谢产物对测试病菌生长的抑制作用都小于 10%；所有菌株都不同程度地具有分解纤维素的能力，并对刺伤接种果实的病情发展具有明显的抑制作用（郭江洪等，2001）。通过紫外线诱变获得绿粘帚霉突变株，其分生孢子悬液（10^6 孢子/mL）和培养滤液对柑橘绿霉病（*Penicillium digitatum*）的抑制率分别达到 52. 9%、58. 9%，而厚垣孢子悬液（10^6 孢子/mL）基本无防效（吴崇明，2005）。

2. 发酵生产

对绿木霉高拮抗菌株的发酵条件和产酶条件也有研究。从 8 种培养基中筛选出产厚垣孢子的最佳培养基为马铃薯葡萄糖培养基，其次为豆芽汁培养基，最佳培养条件为 30℃、pH 值 3、14W 24h/d 光照和 120r/min 振荡，可完全抑制其分生孢子的产生，1 周内产生 8.00×10^6 个/mL 厚垣孢子（刘富平等，2005）。

由于木霉、粘帚霉几丁质酶在抑制病菌方面有重要作用，酶活特性是评价生物防治潜力的重要生化指标之一。培养基碳源和氮源影响几丁质酶合成，细粉几丁质和酵母浸粉是绿粘帚霉 F051 合成几丁质酶的最佳碳源和氮源，显著优于胶体几丁质、葡萄糖、蔗糖为碳源，以及 KNO_3、$(NH_4)_2SO_4$、蛋白胨为氮源（谯天敏等，2006）。正交试验表明碳源的量对绿粘帚霉 F051 产几丁质酶的影响最大，其次是温度，再次是瓶装量；在 28℃、pH 值 7、100mL 装量和接种 1mL 孢悬液、碳源和氮源的量分别为 1. 5%和 0. 2%时几丁质酶活力最大。分离纯化几丁质酶的分子量约 40kDa，酶反应最适的温度为 50℃，pH 值 4 时酶活最大，金属离子中 Ba^{2+}、Mn^{2+}、Sn^{2+} 对几丁质酶有激活作用，Sn^{2+} 作用最强；Na^+、K^+、Mg^{2+}、Ca^{2+}、Fe^{2+} 对几丁质酶有抑制作用，Fe^{2+} 完全抑制几丁质酶活。5%和 20%的丙酮，5%乙二醇和正丙醇对几丁质酶有激活作用。几丁质粗酶可使病原真菌交链孢（*Alternaria* sp.）和镰刀菌的菌丝细胞壁变薄、溶解、质壁分离、原生质膨大，使丝核菌（*Rhizoctonia* sp.）原生质体分布不均匀、空泡化、细胞壁变薄并出现断裂现象（徐春花，2007）。

3. 防治病害作用

绿粘帚霉（绿木霉）的施菌方式和时机对抑制病害效果影响很大。试验表明，绿粘帚霉主要通过营养与空间上的竞争以及重寄生对松属植物赤枯病（*Pestalotia funerea*）产生拮抗作用，其抑菌效果更好、更稳定，有时间相关性，最高抑菌率达 59.7%。绿粘帚霉（绿木霉）产生的非挥发性代谢产物对病菌在初期有较高效应而中后期的效果降低；其代谢物中的粗脂肪、蛋白质对病菌孢子萌发的抑制效果比多糖更明显，其中蛋白质抑制效果较稳定。用于防控林间松赤枯病时，可与坚强芽孢杆菌协同作用，接种时机是发挥作用的关键，在病原菌之前预先施用，防效最好，其次是同时施用，在病原菌之后施用防效最差（谯天敏，2004）。

绿粘帚霉（绿木霉）几丁质酶还对植物病原线虫有抑制作用。绿粘帚霉 12d 的培养滤液对根结线虫卵孵化后 7 日龄幼虫的抑制率达到 92.9%。显微观察到几丁质酶可引起根结线虫卵壳的裂解，抑制根结线虫卵的孵化（于鹏飞等，2008）。

另外，已发现绿粘帚霉是银耳的伴生菌，经常在子实体产生时出现，这种关系中绿粘帚霉的作用还不清楚。一项调查显示，银耳伴生的绿粘帚霉的有性世代为炭团菌属的一种（*Hypoxylon* sp.）。绿粘帚霉的伴生作用有待进一步研究。

（五）棘孢木霉 *Trichoderma asperellum*

棘孢木霉是继哈茨木霉、绿色木霉之后研究较多的一种木霉。

1. 国外新进展

2018 年 12 月，巴西 Biovalens 公司面向生物防治市场推出了 2 款产品，其中之一是 Tricho-Turbo（含棘孢木霉 BV10 菌株）。该产品的研发历时 5 年，是一款用于防治土传病害的生物杀菌剂，在保护植物根系免受土传病害影响的同时，还能发挥生物刺激素的作用。这款多功能产品具备独有的液态高浓缩剂型，可有效阻隔有害真菌，为作物提供更强效的保护。

2. 国内进展

我国对棘孢木霉拮抗植物病害和促进植物生长的机理和应用均有较多的报道。研究显示，棘孢木霉 MAPK 家族的 task1 和 taskkk 基因的敲除突变体 Δtask1 和 Δtaskkk，检测证明了 *task1* 和 *taskkk* 基因共同协调菌丝生长、孢子的形成和重寄生作用。*task1* 基因与棘孢木霉对病原菌的寄生有关，*taskkk* 基因与棘孢木霉重寄生过程中对致病菌的识别相关。在重寄生过程中 *task1* 基因对纤维素酶基因、β-1,3 葡聚糖酶基因、β-1,6 葡聚糖酶基因、N-乙酰-氨基葡萄糖苷酶 1、β-1,4 葡聚糖酶基因和聚酮合酶基因的表达起负调控作用；*taskkk* 基因对几丁质酶基因、N-乙酰-氨基葡萄糖苷酶 2、β-1,3 葡聚糖酶基因、β-1,6 葡聚糖酶基因和聚酮合酶基因起正调控作用。在抗生作用方面，二者是一对调节作用相反、不在同一条信号传导途径上的基因，*task1* 基因负调控棘孢木霉聚酮合酶基因和 6-戊基-α-吡喃酮合成酶基因的表达，而 *taskkk* 基因负调控上述 2 个基因的表达；敲除 *task1* 基因后突变体抗真菌能力提高，而敲除 *taskkk* 基因后突变体抗真菌能力降低（杨萍，2013）。

木霉的刺激植物响应蛋白 *Epl1*（Eliciting plant response protein 1）是一种小分子分泌型半胱氨酸富含蛋白，具有促进植物生长、提高植物免疫的作用。棘孢木霉 *Epl1* 基因的转录表达受到山新杨（*Populus davidiana*×*P. alba* var. *Pyramidalis*）组培苗根粉的抑制，而 5%的杨树叶枯病菌（*Alternaria alternata*）发酵液诱导 *Epl1* 基因上调表达，达到高 149.92 倍（古丽吉米拉·米吉提，2013）。

木霉菌的溶磷能力对促进植物的新陈代谢及提高抗逆境胁迫能力具有重要作用。接种高溶磷的棘孢木霉菌株 Q1 到土壤中，可明显增加有效磷含量，全磷含量无明显变化，证明了菌株 Q1 能够将土壤中的难溶性磷转化为有效磷。在模拟缺铁、盐胁迫、酸胁迫和碱胁迫因子的土壤中，盐胁迫对木霉菌转化难溶性磷具有明显的促进作用，而缺铁环境中产生的嗜铁素则缓解了盐胁迫对木霉菌生长的抑制作用，说明木霉菌在缺铁和盐渍化土壤中具有应用潜力。水培实验表明，棘孢木霉菌 Q1 通过溶解难溶性磷酸盐改善了盐胁迫下黄瓜幼苗的生长状况。该菌株产生的一种酸性磷酸酶在难溶性有机磷植酸钙的转化、促进盐胁迫下植物的生长发挥了重要作用（张亚庆等，2015）。

棘孢木霉菌株 L4 对立枯丝核菌具有高效拮抗作用，对峙培养时，能够快速生长，迅速利用营养和占据空间，明显限制立枯丝核菌菌丝生长；其发酵液能使立枯丝核菌菌丝内部的细胞质浓缩、菌丝变形甚至裂解（夏伟等，2010）。棘孢木霉 Q1 菌株对赤霉菌的抑制效率最高，为 59.09%，其次是串珠菌，对核盘菌的抑制率较低，该菌产生的非挥发性物对赤霉菌等 9 种病原菌都有一定的抑制效果，但挥发性物无明显抑制作用（侯巨梅等，2014）。棘孢木霉 CBS 433.97 菌株的代谢产物中具有能够抑制病原菌尖孢镰刀菌 MC-1 和 CS-5 的生长、促进小麦生长发育的活性物质（刘畅等，2019）。

制剂研究方面，一种棘孢木霉孢子可湿性粉剂的专利配方组成是：孢子粉 10%~55%，润湿剂 2%~15%，分散剂 2%~8%，稳定剂 6%~10%，载体补余。其中分散剂为木质素磺酸盐、萘磺酸盐、聚羧酸盐、聚萘甲醛磺酸盐、阴-非离子复合剂中的一种或几种；润湿剂为烷基苯磺酸钠盐、烷基硫酸钠盐、茶皂素中的一种或几种；载体为硫铵、轻钙、膨润土、高岭土、白炭黑中一种或几种的混合；稳定剂为环糊精、玉米淀粉中的一种或几种。配制的棘孢木霉可湿性粉剂对棉花立枯病菌的竞争系数为 4，具有高活性，可抑制病菌的生长（黄婷等，2015）。另一种的含棘孢木霉的有机肥也获得专利，它是利用具有防控水稻纹枯病的棘孢木霉与稻壳、秸秆、畜禽粪便堆肥混配制成，含棘孢木霉孢子 0.5×10^8 cfu/g。这种生物有机肥施入水稻田后，有机肥中大部分物质浮在水面，棘孢木霉休眠孢子在水面迅速繁殖，在水气交界形成气生菌丝，在水稻茎秆和水面接触处形成菌丝带，有效阻止立枯丝核菌接触水稻茎秆，对水稻纹枯病的防治率达 70%以上（陈立华等，2013）。

棘孢木霉对多种植物病害有防治试验基本限于盆栽试验，但少见田间应用评估。

（六）深绿木霉 *Trichoderma atroviride*

深绿木霉不同菌株或工程菌株对枯萎病菌、立枯丝核菌、尖镰孢菌等拮抗作用，平板对峙试验、盆栽及田间试验都有良好结果，体现良好的应用推广潜力。

对深绿木霉高效菌株 H6 厚垣孢子的液体发酵和分生孢子的液-固两相发酵条件系

统研究。①液体发酵培养培养基配方为：1L 中马铃薯 200g、葡萄糖 20g、$KH_2PO_4$1g、$MgSO_4 \cdot 7H_2O$ 0.5g、$FeSO_4 \cdot 7H_2O$ 0.01g。液体发酵条件为培养基 pH 值调至 4，孢悬液的接种量为体积分数 0.2%，瓶装量为 100mL/250mL 三角瓶，28℃条件下发酵 3d，液体发酵产物中厚垣孢子产量可达 1.1×10^8 孢子/mL。发酵产物收集配置方法是按每 20mL 液体发酵产物与 70g 载体（硅藻土：轻质碳酸钙=5：1）吸附，再加入矿质营养元素 10g（含 KH_2PO_4 7g、$MgSO_4$ 1g、$CaSO_4$ 1g、$(NH_4)_6Mo_7O_{24} \cdot 4H_2O$ 0.5g、H_3BO_3 0.2g、$MnSO_4$ 0.1g、$FeSO_4$ 0.1g、$ZnSO_4$ 0.1g），混合均匀，干燥后制成颗粒剂。②液-固发酵种子液配方为：1L 中马铃薯 200g、葡萄糖 20g、$MgSO_4 \cdot 7H_2O$ 0.5g、$FeSO_4 \cdot 7H_2O$ 0.007 5g、$MnSO_4$ 0.002 5g、$ZnSO_4$ 0.002g、KH_2PO_4 3.83g、NaNO 31.42g、$(NH_4)_2SO_4$1.1g 和 $CaCl_2$ 1g。固体发酵配料配比为：麦麸：腐殖酸钠：玉米渣：稻壳：稻草粉=15：0.75：3：10：10，固料比水为质量浓度 1：0.5。固体发酵条件为培养料铺垫厚度为7cm，种子液接种量为 20%，发酵温度为恒温28℃，通气量为 0.5~0.8 vvm，每 12h 发酵罐内翻动培养料 1 次即可，固体发酵产物中分生孢子含量最高可达 1.64×10^{11} 孢子/g，固体发酵产物经 40℃烘箱干燥后可直接使用（王晶，2008）。

除了与其他木霉菌相似的研发工作，深绿木霉产生的枯草杆菌蛋白酶（SS）在生物防治中有重要开发潜力。从生防木霉菌深绿木霉 ACCC30153 克隆了枯草杆菌丝氨酸蛋白酶基因 *SS42*，研究发现，该基因既能参与深绿木霉与植物的互作，也参与深绿木霉与植物病原菌的互作并且表达量提高。原核表达的 *SS42* 蛋白对尖镰孢菌、核盘菌、叶枯病菌、杨树烂皮病菌、立枯丝核菌均有明显抑制作用，直观证明了该蛋白酶高效的生防功能（王玉成，2014）。

（七）钩状木霉 *Trichoderma hamatum*

钩状木霉也常用于多种植物病害的防控试验，如对葡萄、番茄和黄瓜灰霉病，辣椒白绢病、辣椒疫病等。此外，钩状木霉还在利用纤维二糖生产 β-葡萄糖苷酶、制备纳米银、吸附重金属等方面具有广泛用途。

采用 GFP 标记技术，证明了钩状木霉 GF21 菌株能够在辣椒根、茎和叶组织及根际土壤中定殖，并且具有较好促生作用。在 GF21 处理 30d 后，辣椒植株的株高增加 13.52%，根长增加 16.19%，鲜重和干重分别增加 43.75%和 45.28%。平板对峙实验表明，GF21 菌株通过菌丝缠绕和分泌细胞壁裂解酶类对辣椒疫霉菌（*Phytophthora capsici*）产生抑制作用，生长抑制率为 40.87%。GF21 发酵液能够强烈抑制辣椒疫霉菌的生长；对辣椒果实的病原接种实验表明，GF21 菌株对辣椒疫病的防治效果为 19.01%（赵兴丽，2017）。钩状木霉产生的内切几丁质酶，在对白绢病的重寄生过程中发挥重要的作用（李俊等，2016）。

（八）长枝木霉 *Trichoderma longibratum*

长枝木霉对植物病原菌有广谱的抑菌活性，如苹果树腐烂病菌（*Valsa ceratosperma*）和棉花立枯病菌（*Rhizoctonia solani*）、核盘菌（*Sclerotinia sclerotiorum*）、细链格孢（*Alternaria tenuissima*）、小麦叶斑病菌（*Bipolaris triticicola*）等。其抑菌机理包括通过产生抑菌圈，营养和空间竞争作用、重寄生作用、覆盖或深入病原菌菌落内部生长，以及菌丝与病原菌菌丝相互缠绕和交错，且缠绕的部位出现明显缢缩，最终使部分病原菌菌丝细胞原生质浓缩和菌丝断裂（张瑾等，2014；史凤玉，2005）。从园林植物八宝景天（*Sedum spectabile*）根际土壤中分离并鉴定到一株长枝木霉，平板对峙法检测表明对3种土传病害均有较明显的拮抗作用，对核盘菌（*Sclerotinia sclerotiorum*）的抑菌率最高为77.71%，对立枯丝核菌（*Rhizoctonia solani*）和细链格孢菌（*Alternaria alternata*）的抑菌率为58.56%和53.32%，是具有潜力的生防菌株（常媛等，2017）。

长枝木霉对南方根结线虫（*Meloidogyne incognita*）幼虫具有寄生和致死作用。侵染初期，长枝木霉分生孢子吸附或寄生在虫体的表面，然后孢子萌发产生大量的菌丝穿透虫体体壁。侵染后期虫体开始出现畸形，寄生的部位出现缢缩和溶解，甚至有的虫体完全溶解。室内测定结果表明，分生孢子不同浓度与不同龄期幼虫的寄生率和死亡率存在显著差异，其中对2龄幼虫的寄生率和死亡率最高（张树武等，2013）。

（九）康宁木霉 *Trichoderma koningii*

康宁木霉也有称康氏木霉。该菌在培养过程中分泌大量的抑菌物质，有效抑制棉花立枯病菌（*Rhizoctonia solani*）、苹果腐烂病菌（*Valsa mali*）和核桃枝枯病菌（*Melanconis juglandis*）等（焦棕等，1995）。

康宁木霉的分泌物中，很多酶类具有利用潜质，受到广泛重视。例如，纤维素酶及其高产发酵条件、用于秸秆发酵或其他酶应用等有一系列研究报道。此外，康宁木霉的其他发酵产物也有报道。如康宁霉素（Trichokonins）属于长链（peptaibols）第一亚家族，是一种富含α-氨基异丁酸（α-aminoisobutyric acid，Aib）的抗菌肽，可抑制多种植物病原真菌，对普通金黄色葡萄球菌和多抗金黄色葡萄球菌有抑制作用，还具有抗肿瘤活性。已发现的317种peptaibols中有190种来源于木霉菌株（解树涛，2007）。

对康宁木霉SMF2菌株分生孢子及胞外代谢产物的急性毒理试验显示，康宁木霉SMF2分生孢子及胞外代谢产物对小白鼠均为实际无毒；对家兔均无皮肤刺激性；胞外代谢产物对家兔无眼刺激性，而分生孢子则有轻度眼刺激性。试验数据康宁木霉作为绿色生物农药的使用提供了安全依据（解树涛，2006）。

（十）其他木霉菌

拟康宁木霉（*T. koningiopsis*）外观形态与康宁木霉相似。可抑制多种植物病原真菌，如花生菌核病菌，还对三七、白菜软腐病有明显诱抗效果，此外，由于拟康宁木霉有生物吸附功能，在工业废水处理，如含铬废水、含铜废水的处理中发挥了重要作用。

盖姆斯木霉（*T. gamsii*）YIM PH30019、TXJ-1B菌株等，对棉花立枯丝核菌和尖孢镰刀菌，及蔬菜病害、三七病害有防治潜力。

从南方红豆杉分离到一株内生紫杉木霉（*T. taxi*），可产生木霉菌素（trichodermin），能够有效抑制立枯丝核菌、灰葡萄孢等病原真菌的生长。研究发现，*Tri3*基因与木霉菌醇生成木霉菌素过程有关，在一定程度上能较大地影响木霉菌素的产量，但*Tri3*基因可能不是控制木霉菌醇生成木霉菌素过程的唯一基因（赵楠，2014）。

多孢木霉（*T. polysporum*）HZ-31对野燕麦有防治潜力，可开发作为除草剂（郭青云，2013）。

里氏木霉（*T. reesei*）的研究多在于其产酶特别是纤维素酶的功能（Druzhinina et al.，2017）。该菌多用于轻工业，很少用于农业病害防控。

总之，木霉是一类具有重要经济意义的真菌，美国和俄国科技人员于1986年就发现和研究木霉对植物的防病作用和促生长作用，我国的研究也快速跟进迅猛发展，与国外研发和应用水平差距逐渐缩短，有的方面已经跨入国际前沿。根据不同的利用方向可采用不同的培养方式或生产工艺，可获得相应的产物。生物防治上，哈茨木霉、绿色木霉、钩状木霉是重要的植物病原的寄生菌和拮抗菌，用于植物病害防治。里氏木霉（*T. reesei*）通过液体发酵可生产纤维素酶和动物源的糖蛋白，形成了一个重要的轻工业产业。

二、粉红螺旋聚孢霉 *Clonostachys rosea*（原名粉红粘帚霉 *Gliocladium rosea*）

当发现螺旋聚孢霉属 *Clonostachys* Corda（1839）可能包括粘帚霉属（*Gliocladium*）的有性型是 *Nectria*（Samuels，1988）一些种类后，对原粘帚霉属的物种进行了分子标记序列分析，进一步细化和澄清了分类系统。现已确定粉红粘帚霉（*G. rosea* 或 syn. *G. roseum*）是粉红螺旋聚孢霉（*Clonostachys rosea*）的同物异名，而且前者正逐步被弃用。但由于早期研究都用"粉红粘帚霉"，而近期用"粉红螺旋聚孢霉"，为了陈述和读者查阅方便，下文中遵循作者的原用名称。

作为真菌农药研发，螺旋聚孢霉属中至今主要有粉红螺旋聚孢霉，含旧名粉红粘帚霉（*G. roseum*）、链孢粘帚霉（*G. catenulatum* = *Clonostachys rosea* f. *catenulate*）的报道。

（一）物种特征

粉红粘帚霉（粉红螺旋聚孢霉）首先于20世纪90年代由美国蒙大拿州州立大学的Gary Strobel在南美的巴塔哥尼亚雨林中发现，它略带红色，生活在植物细胞之间，以纤维素为食，能释放特殊的挥发物。这种挥发物的成分与柴油相似，有可燃性，后被证明是一种气体抗生素，能杀死其他真菌。因此该菌及其纤维素酶受到研究者追捧。

粉红粘帚霉生存环境十分广泛，在热带雨林、温带、靠近北极地区以及世界上的沙漠地带均有分布。据报道，耕地、草地、荒野、淡水、海滩以及盐碱地都有分离到粉红粘帚霉。菌株鉴定可根据形态学特征和采用核糖体 rDNA ITS 序列检测方法。已确定粉红粘帚霉的无性阶段与 *Clonostachys rosea* 即粉红螺旋聚孢霉为异名同物，其有性世代为淡色生赤壳菌［*Bionectria ochroleuca*（Schwein）Berk］。

粉红粘帚霉是冬虫夏草（*Ophiocordyceps sinensis*）成熟过程中常见的伴生菌之一。

（二）优良菌株评估与研发

1. 研发模式举例

研发第一步是评估粉红粘帚霉对植物病原菌的拮抗作用及其防治应用潜力。对粉红粘帚霉 GR67-1 菌株有较详细的报道。①GR67-1 菌株是由从海南省乐东县土壤分离并经生物测定筛选获得，对多种植物病原菌都具有很强的寄生致病能力。分析了菌株对核盘菌（*Sclerotinia sclerotiorum*）的寄生性及其分子机理。②平板对峙法测定，表明

GR67-1 菌株对核盘菌菌丝和菌落的生长有明显的抑制作用，以 10^8 孢子/mL 孢子液处理核盘菌菌核 30min，在 PDA 平板上培养 4～7d，菌核没有萌发，解剖镜下仅看到 GR67-1 的菌丝和孢子，同样处理后在滤纸上保湿培养，7d 后菌核全部腐烂失活。③将病原菌核用 GR67-1 孢子液浸泡后保湿培养，检测到菌核葡聚糖酶活性随着培养时间明显上升，7d 后酶活最高；而几丁质酶、蛋白酶和纤维素酶等其他酶的活性很低或未检测得到。推测葡聚糖酶在寄生核盘菌菌核过程起重要作用。④以硫酸铵分级沉淀得到 GR67-1 粗提酶液，平板试验显示对 8 种植物病原真菌菌丝生长均呈现明显抑菌带，其中对大豆核盘病菌、水稻纹枯病菌、棉苗立枯病菌及番茄灰霉病菌的抑制效果较明显。⑤将GR67-1 的粗提酶液经电泳分离和 TTC 法活性染色，获得葡聚糖酶活性带，回收后经 SDS-PAGE 电泳确定为单一条带，分子量约 75kDa，定名为 GrGLU1。⑥经过转膜、降解、电泳分离、酶切至串联质谱等过程得到 GrGLU1 的肽质量指纹图谱，ESI-MS/MS 质谱检测得到氨基酸序列，然后通过 Mascot 蛋白质序列数据库和 NCBI 数据库进行比对，认为可能是一种新记录的蛋白（陈巧云，2006）。

对粉红粘帚霉 GR67-1 菌株的培养与发酵也有较详细报道：①在液体培养中，液生孢子的形成过程可分为孢子萌发—菌丝延长—分生孢子形成—厚垣孢子形成 4 个阶段。②分析比较不同培养条件对产孢的影响，找到了最适合产厚垣孢子的两种关键营养因子是豆饼粉和尿素，其最适配比为 3∶1，确定了产孢培养基最佳初始 pH 值 7，最佳接种量为 2%的 2×10^8 孢子/mL 的孢子悬浮液。液生厚垣孢子比气生分生孢子对不良环境具有更高的抗性，60℃处理 30min 的厚垣孢子存活率为 76.7%，而分生孢子几乎完全失活；厚垣孢子与分生孢子在干燥处理两周后的存活率分别为 89.2%和 29.3%；紫外灯（40W，300Lx）照射 1min 后，厚垣孢子存活率为 72.6%，分生孢子存活率仅为 19.7%。③在 16 L 原位灭菌发酵罐中反复调试，使液体发酵终点孢子浓度达到 2×10^8/mL，其中厚垣孢子占 20%左右，并将发酵工艺参数比拟放大到 500L 蒸汽灭菌发酵罐，取得了相同结果。发酵液离心浓缩后，以载体吸附，制备成 2×10^8 孢子/g 的粘帚霉孢子粉剂（张保元，2009）。

在防治应用上，将上述 GR67-1 菌株孢子粉剂用于小麦种子和苗期处理，在扬花期对小麦纹枯病的防效分别比对照的两种化学农药高 13.7%和 5.9%。进行防治水稻纹枯病田间药效试验时，设置 450g/hm^2、600g/hm^2、750g/hm^2、900g/hm^2 和 1 050g/hm^2 不同剂量喷施到感染纹枯病的水稻，定期考察病情指数，结合测产分析，表明高剂量抗病保产效果最为显著，达 68.51%，超过用井冈霉素水剂的防治效果；比清水对照组增产 9.63%，比用井冈霉素水剂的增产 2.96%（王淑芳等，2013）。

综合上述结果为粉红粘帚霉 67-1 菌剂生产和应用奠定了基础，也大致概述了粘帚霉生防菌株研发的过程模式，只可惜至今未见注册登记。为了使产品能够商业化，或许还需要在产品高效性、稳定性和低成本及应用技术精准性等方面做更多工作。

2. 不同菌株的研发

还有更多的粉红粘帚霉菌株针对不同的植物病原菌的研发。例如，针对玉米茎基腐病，采用平板对峙培养法测定表明，病菌菌落扩展明显受到粉红粘帚霉抑制，被寄生的菌丝细胞原生质颗粒化、溃解；扣皿法检测表明挥发性代谢产物对病菌菌丝生长无抑制作用；发酵滤液对病菌菌丝生长具有抑制作用，且第9天的抑菌活性最好，菌丝生长抑制率为50%；孢子液可以在一定程度上提高玉米种子萌发率和单株鲜质量；粉红粘帚霉对苗期玉米茎基腐病具有一定的防病效果。综合认为粉红粘帚霉对玉米茎基腐病具有良好生防潜力（杨蕊等，2016）。

除了拮抗植物病原菌，粉红螺旋聚孢霉（粉红粘帚霉）的一些菌株还对昆虫有高度寄生性。例如，在阿根廷首次发现粉红螺旋聚孢霉是叶蝉科两种昆虫 *Oncometopia tucumana* 和 *Sonesimia gross* 的病原菌（Toledoa et al.，2006）。此外，从自然罹病死亡的楚雄腮扁叶蜂（*Cephalica chuxiongnica*）组织分离到的4属25株菌株中，发现有15株为粉红螺旋聚孢霉，出现频率最高，而且生物测定显示粉红螺旋聚孢霉对楚雄腮扁叶蜂的致病力强于其他4属真菌，一株高毒力菌株的LT_{50}仅为10h（芦俊佳等，2018）。

粉红粘帚霉还可能在修复污染土壤有所作为，尤其是通过建立转基因植物—粉红粘帚霉体系来修复重金属、有机物污染土壤。一项发明的公开方法是：①在转基因植物苗根部区域施用粉红粘帚霉孢子粉剂，使根部区域的孢子浓度为10^3~10^5孢子/g土壤；②用粉红粘帚霉孢子粉剂拌转基因植物种子，拌种用孢子粉剂的孢子浓度为10^3~10^5孢子/g。所述转基因植物是导入了可增强植物修复有机污染效率的外源基因和可提高植物对多种金属耐受力和积累量的外源基因的植物，包括转基因烟草、花椰菜、紫花苜蓿或印度芥菜等。该体系对三类污染土壤有较好修复作用：①有机污染物如多环芳烃、三氯乙烯、二溴乙烷等卤代烃化合物污染土壤；②多种重金属如Cd、Cr、Cu、Mn、Zn及Pb等污染的土壤；③重金属—有机物复合污染土壤（张媛媛，2013）。

（三）粉红螺旋聚孢霉链孢型 *Clonostachys rosea* f. *catenulate*

粉红螺旋聚孢霉链孢型的旧名为链孢粘帚霉（*Gliocladium catenulatum*），也是研究较多、较早完成研发并获得注册推向市场的真菌农药品种。为了便于表述和读者查阅，下文中保留了原作者采用的旧名。

1. 外国研发及应用

链孢粘帚霉菌株J1446分离于芬兰的田间土壤，温室和大田的试验发现它对腐霉、菌核菌、镰刀菌引起的猝倒病、种腐病、根腐病和萎蔫病都有很好的抑制作用，制剂应用于土壤、植物的根和叶，能达到杀菌剂Propamocarb或Tolclofos的同等效果，被制成可湿性粉剂和颗粒剂，由Verdera公司先后在欧洲和北美注册，名称为“PreStop© WP”和“PreStop Mix™ G”（Mcquilken，et al.，1997；Punja，et al.，2003；Rahman，et al.，2007）。在商品化后，对菌株J1446的研究和防效验证仍然不断。将菌剂PreStop施用于黄瓜，通过扫描电镜观察到的J1446菌丝在根表面定殖，并连接到根毛和表皮细胞。用转化潮霉素抗性（*hph*）和β-葡糖醛酸糖苷酶（*uidA*）基因的菌株接种试验，切片染色观察到根、茎和根尖的表皮和皮层细胞内着染蓝色的菌丝。通过荧光分析定量了GUS活性，表明J1446在根和冠区域的生物量最高，而上部茎和真叶的定殖程度却是可变的（Chatterton et al.，2008）。与种子处理相比，接种于石棉块基质处理的种群数量更高。接种尖孢镰刀菌黄瓜根茎腐专化型（*Fusarium oxysporum* f. sp. *radicis-cucumerinum*）试验，表明PreStop的J1446能够显著减少根上的病原体种群，抑制病原体发展和疾病发生。该产品至今仍在销售和应用（https：//icl-sf.com/uk-en/products/specialty_ agriculture/prestop-general-crops/）。以色列化工集团（ICL）在 2015 年获得 Lallemand Plant Care 公司的 Prestop 菌剂在英国和以色列的销售权，该菌剂的应用进一步扩大。

各国不断挖掘链孢粘帚霉新菌株和扩展已有菌剂的应用范围。在加拿大，大豆上禾谷镰刀菌引起的根腐病是一种极为重要的病害，为此，用链孢粘帚霉 ACM 941 菌株处理种子，再种植于有禾谷镰刀菌的基质中，结果种植 3d 后，ACM941 菌株迅速在大豆根部定殖，主要分布地面以下 0~8cm 的根上，并且在大豆生长期的大部分时间都保持高 CFU。接种禾谷镰刀菌对 ACM 941 的 CFU 没有影响，表明 ACM 941 可与禾谷镰刀菌成功竞争，可能作为一种有效防治大豆镰刀菌根腐病的生物防治剂（Pan et al.，2013）。法国在两个实验室平行试验，针对观赏价值极高而极易感病的利桑花（*Eustoma russellianum* ssp. *grandiflorum*），评估了 3 种生防菌剂的防病潜力，表明链孢粘帚霉和哈茨木霉对各种腐霉都有很好的拮抗作用（Fleury et al.，2015）。

2. 国内研发及应用

我国不仅筛选到高效拮抗的链孢粘帚霉菌株，还在相关功能基因研究方面取得进展。

在获得了高效寄生核盘菌菌核的链孢粘帚霉 HL-1-1 菌株基础上，构建了差异表达 cDNA 文库，从 420 个阳性克隆的核苷酸序列，确定 181 条单值基因（unigenes），经过在数据库同源性比对和基因功能注释匹配，得到 38 条单值基因所翻译的蛋白，其中包括与生物防治相关的脂滴包被蛋白、内切葡聚糖酶、MFS 转运蛋白、过氧化物酶等。进一步地，研究者对 2 个与寄生相关的基因即附着胞形成相关基因 2-99 和脂滴包被蛋白基因 8-3 进行了诱导表达，分析了这 2 个基因在核盘菌菌核诱导 24h、48h、96h 后表达量变化，说明它们均参与了链孢粘帚霉 HL-1-1 寄生核盘菌过程并起重要作用（钟增明，2010）。进一步地，明确了高表达的脂滴包被蛋白基因 *Per3*，构建了真核表达载体 gpdA-Per-trpC/pAN7-1，并转化 HL-1-1 获得过表达转化子。经生物学测定筛选，得到 2 个对菌核寄生能力极强的菌株，与病原菌共培养 12h 的寄生率达到 100%，比野生菌株高 63.3%；这 2 株转化子中 *Per3* 基因表达水平与野生菌株相比分别增加 1.7 倍和 1.4 倍，说明脂滴包被蛋白基因与菌寄生作用相关（孙占斌等，2014）。另外，还有研究者根据的链孢粘帚霉 HL-1-1 差异表达 cDNA 文库，分析和筛选到内切葡聚糖酶基因 *eg8-20*，检测到 HL-1-1 菌株在有核盘菌菌核培养基中的 *eg8-20* 表达水平随诱导培养时间的延长而提高，96h 后表达量升高 9 倍。通过基因定点插入获得*eg8-20*缺失转化子 ED-3，经检测，转化子能够抑制核盘菌菌核萌发，但侵染能力明显减弱，证明内切葡聚糖酶在链孢粘帚霉寄生核盘菌菌核过程中发挥重要作用（张晔等，2013）。

3. 安全性研究

对于链孢粘帚霉或整个粘帚霉属真菌作为生物杀菌剂的安全性，曾经因从缨粘帚霉（*Gliocladium fimbriatum*）分离到胶黏毒素（Gliotoxin）而有些争议，因为由烟曲霉（*Aspergillus fumigatus*）和青霉（*Penicillium* spp.）产生的 Gliotoxin 对哺乳动物细胞具有免疫抑制及促凋亡作用，其通过抑制 NAPDH 氧化酶活性进而抑制粒细胞抗微生物作用。然而，以链孢粘帚霉或其他粘帚霉属真菌发酵产品的安全性检测表明是安全的，已经在欧洲和北美多个国家通过审查获准注册登记。Menzler-Hokkanen（2016）在“Journal of

Pest Science" 回复了 Karise 等（2015）关于 Prestop® Mix 对传粉媒介的安全性问题，指出 Prestop® Mix 是一种商业化生物杀菌剂产品，其中含有链状神经胶质，已证明对传粉媒介和其他非目标生物具有安全性。在非现实的特定场景下和某些其他值得怀疑的实验方法可能夸大了产品的潜在风险。

三、大隔孢伏革菌 *Peniophora gigantea*

隔孢伏革菌属（*Peniophora*）目前只报道有大隔孢伏革菌（*Peniophora gigantea*）被用作生物防治菌剂在田间大量使用。

大隔孢伏革菌的生物分类地位是担子菌纲 Basidiomycetes-多孔菌目 Polyporales-革菌科 Thelephoraceae- 隔孢伏革菌属 *Peniophora*。基本特征为菌丝体很发达，有锁状联合，具骨架菌丝；担子果平伏，子实层或其基部有囊状体，有结晶体或胶囊体；子实层玫瑰色、橙色，或带红色、紫色、灰色等。

1931 年 Sanfors 和 Broadfoot 首次报道了利用腐生大隔孢伏革菌防治植物土壤病害。后来发现大隔孢伏革菌滋生在针叶树枝、皮干上，于是开发用于防治松白腐病（*Heterobasidion annosum*），成为世界闻名的生物防治案例。在英国林业中，多年层孔菌（*Fomes annosus*）是最重要的根系病原菌。试验表明，砍伐松树后，立即在树桩上接种大隔孢伏革菌的粉孢子（oidia）制剂，施菌量是根据可能自然发生 *F. annosus* 孢子最大量，对于直径 16cm 的树桩接种量为 1×10^4 oidia。接种方法是将大隔孢伏革菌菌剂接入树桩的侧根，尽量进入到砍伐发现的被 *F. annosus* 感染的组织中。接种的菌剂大多是木块培养物。还有一种片剂，可在 10℃下保存 10~20 周，使用时，将片剂溶于 100mL 水时，制成浓度达每 1×10^6 oidia/mL 的悬浮液，通过气压喷雾器方便地施用 100 多个树桩。施菌后（Rishbeth，1963）。接种商品大隔孢伏革菌后，可减少树桩首次轮作种植中 *F. annosus* 的感染，其效果与化学处理一样有效。在病害严重的松树植株中，接种的大隔孢伏革菌量会减少但并不会消失，通常可检测到松林中树桩病菌 *F. annosus* 被大隔孢伏革菌定殖（Greig，1976）。20 世纪 60—70 年代，大隔孢伏革菌商业化产品在英国的许多松树林中使用。该生物农药也曾在澳大利亚、美国、日本等国销售和使用多年。

大隔孢伏革菌时常在丛生菌根和植物内生菌群中被发现，例如在中草药日本鸢尾中。此外，有报道称用大隔孢伏革菌防治无花果的根腐病。

大隔孢伏革菌的植酸酶可作为饲料添加剂，能消除植酸引起的抗营养作用，提高蛋白质的生物利用率；促进单胃类动物消化道对饲料磷的吸收，减少家畜粪便中磷对环境的污染。其吡喃糖氧化酶（pyranose oxidase）在食品加工和人血清的葡萄糖含量检测中有应用。

四、小盾壳霉 *Coniothyrium minitans*

盾壳霉属（*Coniothyrium*）属于子囊菌门 Ascomycot-盘菌亚门 Pezizomycotina-座囊菌纲 Dothideomycetes-格孢菌目 Pleosporales-小球腔菌科 Leptosphaeriaceae。在未确定其有性型之前，划分在半知菌亚门-腔孢纲-球壳孢目。目前该属只见有小盾壳霉（*C. minitans*），中文名也称盾壳霉或噬菌核霉，被研发用作生防菌剂。

（一）小盾壳霉基本特性

小盾壳霉是一种重寄生真菌，由美国学者Campbell（1947）从核盘菌的菌核上首次分离发现并描述。

小盾壳霉在世界范围内广泛分布，可以从土壤或叶片上的菌核分离得到，方法可用稀释平板法或菌核诱捕法，但经常由于其他微生物的干扰而影响分离结果和鉴定。小盾壳霉不同菌株间的形态差异较大，不仅菌落形态、色素颜色，而且分生孢子器大小、多少及着生方式等方面存在明显差异，有的与同属其他物种如*C. fuckelii*和*C. sporulosum*十分相似。因此，菌株鉴定一般需要采用分子检测。已建立有专门检测盾壳霉菌株的PCR方法（Ridgway等，2000）。利用微卫星引物（GACA）进行的简单序列重复（SSR）-PCR扩增和核糖体RNA基因测序，检测了来自全球17个国家的48个代表8种菌落类型的小盾壳霉（*C. minitans*）的种内菌株多样性，并以*C. cerealis*、*C. fuckelii*和*C. sporulosum*用于种间比较。结果揭示了*C. minitans*种内的SSR多态性水平相对低，不论菌落类型和来源如何，尽管表型存在差异，但所测24株*C. minitans* ITS1和ITS2区域的序列以及rRNA基因的5.8S基因序列都相同，遗传上并无差异（Muthumeenakshi et al.，2001）。

（二）小盾壳霉的杀菌抑菌作用

小盾壳霉对核盘菌主要有重寄生、抗生、溶菌三种抑菌方式。

作为重寄生菌，小盾壳霉的寄主专一性较强，主要寄生核盘菌属*Sclerotinia*（包括核盘菌、三叶草核盘菌和小核盘菌）、小核菌属*Sclerotium*（包括白腐小核菌和齐整小核菌）、葡萄孢属*Botrytis*（包括蚕豆葡萄孢和灰葡萄孢）真菌的菌丝或菌核。小盾壳霉以孢子或菌丝侵染菌核，单个孢子即可实现侵染菌核。可直接侵入，也可经由菌核表面的缝隙侵入。寄生菌核时，小盾壳霉可在菌核组织的胞内或胞间生长。被侵染的菌核髓组织发生质壁分离、胞质聚集、液泡化和细胞壁的降解。后期，小盾壳霉可在菌核内大量生长并在菌核表面、紧贴皮层处或偶尔在髓部形成分生孢子器。在此阶段，菌核扁平、发软并开始分解。在盾壳霉侵染菌核后期，处于菌核皮层细胞内的盾壳霉菌丝体逐渐分解。电镜观察发现小盾壳霉可通过机械压力侵入皮层细胞壁并破坏细胞内含物，而侵入髓部时菌丝靠酶解和机械压力共同作用。

小盾壳霉对许多细菌、真菌有拮抗作用。小盾壳霉液体培养物滤液可抑制核盘菌菌丝生长，表明盾壳霉可产生拮抗真菌的代谢物质（McQuilken et al.，1995）。将小盾壳霉培养物用乙醚抽提得到粗提物，对13种（或类型）细菌有抑制作用，尤其对水稻白叶枯病菌（*Xanthomonas oryzae* pv. *oryzae*）的抑制作用最强；粗提物稳定性好，可耐121℃高温1 h处理，酸性条件下稳定，在pH≥11的碱性溶液中丧失活性；纸层析和纸电泳分析表明该抽提物含有2种非水溶性有效成分，分别是中性的和弱酸性的化合物（姜道宏等，1998）。至今已从小盾壳霉培养滤液中鉴定出至少3类有拮抗作用的代谢物质：3（2H）-苯并呋喃酮类、色烷类和macrosphelide A。其中macrosphelide A是最主要的代谢物质，对核盘菌和白腐小核菌的IG_{50}分别为46.6mg/kg和2.9mg/kg（Machide et al.，2001；McQuilken et al.，2003）。在溶菌作用方面，小盾壳霉培养液中存在β-1,3-葡聚糖酶和几丁质酶，可降解核盘菌的活细胞、离体菌丝及菌核拟薄壁组织细胞的细胞壁。培养液中外切β-1,3-葡糖酶活性最强，但其对葡聚糖的降解能力有限，在内切β-1,3-葡聚糖酶的协助下可使葡聚糖彻底分解。在小盾壳霉寄生菌核过程中，外切β-1,3-葡聚糖酶基因的表达水平提高（Giczey et al.，2001）。

（三）小盾壳霉的研发与应用

小盾壳霉一般可利用多种碳源和氮源进行人工培养，在大麦、小米、燕麦、小麦、麦麸等固料上都能很好生长，Mg^{2+}对产孢非常关键。生长和产孢的最适温度均为20℃；高湿度有利于生长和产孢；生长和产孢的最适 pH 值 3~6；光照对生长没有影响，但光照下菌落和分生孢子器颜色比黑暗条件下深，孢子器及分生孢子成熟也快。

小盾壳霉是最具开发潜力的生防菌之一。欧洲市场上已有小盾壳霉制剂销售，各国陆续有研发的产品投入应用和商业化，在温室和大田试验中主要防治对象为油菜、大豆、莴苣、非洲菊、菊花、红辣椒和黄瓜等作物的菌核病。在瑞士和匈牙利小盾壳霉被定名为 Koni，已被注册和商品化，每年销售量达到 30t（Mcquilken et al.，1995）。德国 Prophyta Biologischer Pflanzenschutz 公司（后被拜耳公司收购）于 1998 年将该菌制成水分散粒剂，注册商品名 ContansWG，进行商业化生产和销售（Paulitz et al.，2001）。在英国，小盾壳霉被广泛应用于防治莴苣的萎蔫病，能杀死 80%以上的菌核（葛红莲，2014）。

国内首个小盾壳霉（又名噬菌核霉）生物农药于 2013 年 8 月获批登记，登记剂型为可湿性粉剂（2 亿孢子/g），还有注册盾壳霉的 40 亿孢子/g 可湿性粉剂，防治对象是油菜菌核病，作物包括葡萄、大豆、向日葵、烟草、蔬菜、水果、景观作物等，防效可达 80%左右，可提高产量 5%~20%。①翻耕法：移栽或播种前进行土壤翻耕时，水稀释后用喷雾器均匀地喷洒于土壤表面；或用细土稀释后用手工或风机均匀地撒施于土壤表面。然后用旋耕机把表面土壤翻入 3~10cm 深的土壤中。②水淋洗法：如果无翻耕操作，则按前述方法把菌剂用喷雾器、风机或手工均匀地喷（施）到土壤表面，然后用水（人工灌溉或雨水）淋洗使之渗入土壤中。③点穴法：如果不能翻耕，也无灌溉条件，可在移栽时，在土穴中施入适量用细土拌匀的菌剂，种后多浇水，使药剂随水渗入土壤中。

在湖北的油菜试验表明，移栽前 2~4 周，将小盾壳霉 2 亿活孢子/g 可湿性粉剂喷施于油菜田地表，并用机械旋耕方法把表面土壤翻入土壤中，基本能控制油菜菌核病的为害，用量 2 250g/hm^2，防效为 82. 70%，并可以与其他杀菌剂如菌核净 40%可湿性粉剂混用，大幅度减少化学农药的用量，同时解决了油菜花期田间封闭施药不便和因下雨错过防治时机的难题（孙光忠等，2013）。在重庆两年的防治油菜菌核病示范试验中，秋季 11 月 4 日油菜移栽后将 2 亿活孢子/g 小盾壳霉（噬菌核霉）可湿性粉剂施入土壤，每亩施用菌剂量 100g、150g 和 150g+40%菌核净可湿性粉剂 100g，于次年 2 月下旬初花期、3 月中旬盛花期、4 月上旬油菜成熟早期调查防效（表 3-7），对比 40%菌核净可湿性粉剂 100g 常规化学防治效果为 56. 2%，说明小盾壳霉（噬菌核霉）可湿性粉剂 150g 用量可达到常规化学防治的效果，与化学药剂菌核净联合使用可提高防效（肖晓华等，2014）。

表 3-7　小盾壳霉可湿性粉剂防治油菜菌核病效果　（单位：%）

施菌处理	2 月下旬 初花期	3 月中旬 盛花期	4 月上旬 油菜成熟早期
100g	33.3	5.1	62.4
150g	41.5	35.5	64.4
150g+菌核净	75.6	51.5	82.0

最近获批登记的“40 亿孢子/g 盾壳霉 ZS-1SB 可湿性粉剂”（PD20190019）有效成分为小盾壳霉孢子，对油菜菌核病有很好的防治作用。在油菜初花期以喷雾方式防治油菜菌核病，用量为 45~90g/亩，可以减少病原菌对油菜花、叶片和茎部的感染，抑制病斑的扩展，延缓罹病植株的死亡。

五、无致病力的尖孢镰刀菌

尖孢镰刀菌在环境中广泛存在，其中部分是重要的植物土传病原菌，但一部分无致病力的尖孢镰刀菌菌株（non-pathogenic *Fusarium oxysporum* strain）被发现具有生防潜力。有的菌株被研发作为免疫接种剂防治植物病害。例如，采用无致病力的尖孢镰刀菌预先接种甘薯，可防治由镰刀菌引起的枯萎病。法国 Cland Alabourvette 实验室从镰刀菌抑病土壤中获得无致病力尖孢镰刀菌菌株 FO-47，发现它能有效地防治康乃馨、番茄的萎蔫病和番茄的根腐病，其作用机制包括对碳素化合物的竞争、对病原菌竞争和诱导抗性。在德国、巴西，无致病力的尖孢镰刀菌都已经商业化生产用于控制土传病害。

六、其他种类真菌杀菌剂

植物白粉菌上有各种重寄生真菌，其中白粉寄生孢（*Ampelomyces quisqualis*）最为常见，在国外已有开发商品制剂 AQ10 和 Q-fect 用于白粉病防治。已注册的还有出芽（普鲁兰）短梗霉（*Aureobasidium pulluans*）制剂用于拮抗草莓甚至洋葱灰霉病菌；橄榄假丝酵母（*Candida oleophila*）制剂用于控制苹果果实青霉病。这些产品在植物病害防治中分别发挥特定作用。

第四节　真菌杀线剂

真菌杀线剂是以食线虫真菌（nematophagous fungi）为有效组分及其由它们加工而成的具有控制线虫病害作用的微生物农药。

食线虫真菌是指能够寄生、捕捉、定殖和毒害线虫的一类真菌，是自然界中控制线虫种群的重要因子，具有特殊的生态意义，也具有植物线虫、动物线虫病害防控的应用潜力，是生物防治的重要研究材料。它们不是系统分类群，而是特殊的生态功能类群，涉及接合菌、担子菌和子囊菌，以及极少数尚未确定有性型的半知菌。

一、食线虫真菌种类及基本特性

全世界已报道食线虫真菌有 40 余属 700 余种，依据侵害线虫的习性，可分为捕食线虫真菌（trapping fungi）、内寄生真菌（endoparasitic fungi）、机会真菌（opportunistic fungi）和产毒真菌（toxic fungi）四大类群。其中捕食线虫真菌种类最多，有 380 余种，线虫内寄生真菌有 150 余种，产毒真菌 270 余种，有的种类兼有两种习性。

（一）捕食性

捕食线虫真菌的特征是营养菌丝特化形成各种捕食器官，通过粘捕和套捕两种方式捕捉线虫。粘捕是靠有黏性分泌物的三维菌网粘缠线虫，进而吸收其营养并在其体内繁殖，又称化学捕捉法。黏着性捕捉器有 5 种类型：①黏着性菌丝；②黏着性菌丝分枝；③冠囊体；④黏性网，即菌丝分枝延伸曲折，互相攀缠成复杂网状结构；⑤黏着球，即由 2~3 个柄细胞连接在菌丝上形成球状结构。捕捉器分泌黏液与线虫接触并紧紧粘住，然后菌丝穿透线虫几丁质表皮，然后再吸收、消解线虫体内物质。套捕是靠环状捕捉器套住线虫，进而杀死线虫并在虫体内繁殖，又称为物理捕捉法。环状捕捉器是由 3 个弓形细胞构成的环状物，由 2~3 个柄细胞系在菌丝上。环状捕捉器分为 2 种类型：① 收缩性捕环，线虫进入捕环后，3 个弓形细胞只需 1/10s 便可收拢将线虫勒住。这种捕捉细胞对摩擦非常敏感，一旦受到线虫的摩擦，细胞壁的结构立刻发生变化，对水的渗透性增强，它们突然膨胀为原来体积的 3 倍，并且主要向内侧膨胀，使环内孔隙急剧缩小而缚住线虫；② 非收缩性捕环，线虫头部进入环中就被套住，由于激烈挣扎，使捕环从柄细胞上脱落下来，套在线虫虫体上，菌丝从环细胞生长出来，通过机械和酶的作用，侵入线虫体内并吸收其内含物。

全世界已报道的捕食线虫包括节丛孢属 *Arthrobotrys* Corda、隔指孢属 *Dactylella* Grove、单顶孢属 *Monacrosporium* Oudem 等 380 多种，涉及接合菌门、子囊菌门、担子菌门和半知菌类。我国已报道种类约 140 种，其中接合菌 3 属 8 种，担子菌 2 属 27 种，其余多集中在半知菌类丝孢纲丝孢目丛梗孢科。

捕食线虫真菌的传统分类主要依据常见种类的几项形态特征，即①分生孢子的形态、大小、分隔及着生方式；②分生孢子梗顶端的瘤节；③捕食器官和④厚垣孢子。但是，形态特征的重叠和观察差异时常造成混淆和同物异名现象。依据 18S rDNA、5.8S rDNA 和 ITS 区间的序列分析结果提出了捕食线虫真菌新的分类系统，将其划分为 4 个属，即产生黏性菌网的节丛孢属 *Arthrobotrys*，产生收缩环的隔指孢属 *Dactylella*，产生有柄黏球的亚隔指孢属 *Dactylellina* 和产生无柄黏球和黏性分枝的 *Gamsylella* 属，并认为捕器类型比其他形态特征更能反映出其自然的演化系统（Scholler et al.，1999）。上述分类方法被广泛接受，并不断完善，形成了根据 28S rDNA、5.8S rDNA 和 β-tubulin 基因序列分析的捕食线虫真菌的分类系统，并提出了以捕食器官作为分属特征的新分类系统，即产生黏性菌网的 *Arthrobotrys*，产生黏球的以及既产生有柄黏球又产生非收缩环的 *Dactylellina*，产生收缩环的 *Drechslerella*（Li et al.，2005；Yang et al.，2007）。

（二）内寄生性

线虫内寄生的真菌具有成囊孢子、黏性孢子和吞食孢子等特殊孢子，通过这些孢子寄生游离活动的线虫。这类真菌涉及卵菌门 4 属、壶菌门 6 属、接合菌门 4 属、子囊菌门 7 属、担子菌 1 属及半知菌 1 属。其代表属有串胞壶菌属（*Myzocytium*）、掘氏梅里霉属（*Drechmeria*）、毒虫霉属（*Nematoctonus*）、拟青霉属（*Paecilomyces*）、被毛孢属（*Hirsutella*）和钩丝孢属（*Harposporium*）等。迄今记录的线虫内寄生真菌有 150 多种，我国报道 20 余种（李娟等，2013；刘子卿等，2019）。

成囊孢子是由壶菌门和卵菌门真菌产生的侵染线虫的孢子，游动孢子从游动孢子囊释放后，经很短时期的游动遇到适宜的寄主后，游动孢子休止成囊，失去鞭毛，在线虫的口腔或体壁上成囊体，即成囊孢子。成囊孢子通过产生芽管直接从口腔或体壁侵入线虫体内，在线虫体内形成虫菌体，继而发育成游动孢子囊。线虫链枝菌（*Catenaria anguillulae*）和串胞壶菌属（*Myzocytium*）的许多种具有这种侵染方式。

形成黏性分生孢子的线虫内寄生真菌主要是子囊菌肉座菌目麦角菌科的 *Drechmeria* 属、*Harposporium* 属和线虫草科的 *Hirsutella* 属的部分种。担子菌亚侧耳属的无性阶段 *Nematoctonus* 属的一些种也具有这种黏性孢子。分生孢子成熟时，在其远轴端产生黏性芽体，附着在寄主体上，并产生芽管侵染。

吞食孢子是由线虫内寄生菌的一些种发育成的、在形态上适应寄主线虫吞食的一种孢子，主要见于钩丝孢属（*Helicostylum*）的一些种。这种孢子被线虫吞食后，附着在线虫口腔或肠壁上侵染，因此这类孢子不能侵染具口针的植物寄生线虫。

（三）产毒性

产毒真菌是指能够产生毒素来毒杀线虫的一类真菌，有专性产毒和兼性产毒之分。已知有 270 余种真菌报道具有毒杀线虫的活性，包括担子菌 75 属 165 种、半知菌 36 属 72 种、子囊菌 32 属 40 种以及接合菌 3 种。从食线虫产毒真菌中已经分离得到杀线虫活性代谢产物 230 余个，这些活性代谢产物结构类型多样，包括萜类、大环内酯类、生物碱类、肽类、杂环类、简单芳香类、脂肪酸类、醌类、炔类、甾醇类、木脂素类、神经酰胺类、preussomerin 类和哌嗪类等。近年报道有食线虫真菌的 stereumane 类倍半萜、十三元大环内酯、环尼基环已醇和金轮霉素类等不同类型的骨架的杀线虫活性化合物，在水生真菌中也发现了杀线虫和抗菌活性的大环内酯类新化合物（Dong et al.，2008）。另外，在担子菌毛头鬼伞（*Coprinus comatus*）中发现侵染线虫新机制，即菌丝先产生棘状小球划伤线虫体壁，致使线虫丧失运动能力，随后菌丝产生一类含氧杂环类化合物毒杀线虫（Luo et al.，2007）。

（四）机会性

机会真菌是指专性或兼性定殖于植物寄生固着性线虫的卵、雌虫、孢囊等线虫的繁殖体或寄生于游离线虫卵的一类真菌，包括大量的土壤习居真菌。常见的机会真菌包括茄孢镰刀菌 *Fusarium solani*、尖孢镰刀菌 *F. oxysporum*、淡紫紫孢霉 *Purpureocillium*（=淡紫拟青霉 *Paecilomyces lilacinus*）、蜡蚧轮枝菌 *Lecanicillium*（=*Verticillium*）*lecanii*、柱孢菌 *Cylindrocarpon destructans* 和 *C. gracile*、粉红螺旋聚孢霉 *Clonostachys rosea*（=粉红

粘帚霉 *Gliocladium roseum*)、异皮多孢菌 *Stagonospora heteroderae* 等。

二、食线虫真菌的分离鉴定

食线虫真菌可从不同环境土壤中直接分离或诱集分离得到，通过形态和分子标记鉴定菌株。例如，用秀丽隐杆线虫进行诱导，从采自甘肃、青海、新疆、陕西、河南的土壤中分离到食线虫真菌 10 属 26 种，包括节丛孢属（*Arthrobotrys*）9 种，隔指孢属（*Dactylella*）2 种，单顶孢属（*Monacrosporium*）4 种，镰刀霉属（*Fusarium*）2 种，泡囊虫霉属（*Cystopage*）2 种，钩丝孢属（*Harposporium*）2 种，茎点霉属（*Phoma*）、轮枝菌属（*Verticillium*）、被孢霉属（*Motierella*）和毒虫霉属（*Nematoctonus*）各 1 种，另有一株未定种。其中，以黏性网捕捉线虫的真菌的数量占绝对优势，*A. oligospora* 分布最广（朱海，2013）。菌株鉴定主要通过显微形态观察，以捕食器官作为捕食线虫性真菌属级分类单元，以 rDNA-ITS 的序列分析为辅助手段。不过对于种间形态相似难辨的属种，例如 *Phoma* sp.、*Motierella* sp.、*F. tabacinum* 和 *V. balanoides* 则主要依靠 rDNA-ITS 的序列分析来鉴定，序列分析结果和形态学鉴定结果高度一致。

三、食线虫真菌杀线剂研发

根结线虫、孢囊线虫、松材线虫、根腐线虫等植物寄生线虫大多为害植物地下组织，每年给农业、林业生产造成巨大损失。已知的根结线虫有 70 多种，为害3 000多种植物。食线虫真菌种类多达 700 种以上，分散在各不同目、科、属类别，很多种类被研究和试验以期用于线虫防治。

1938 年 Linford 和 Yap 首次报道了利用捕食线虫真菌防治线虫，将 5 种丝孢菌作为制剂施入土壤中，尽管实验结果只有椭圆单顶孢（*Monacrosporium ellipsosporum*）有效果，但由此揭开了用生防制剂防治线虫的序幕。第一个商品生物杀线虫剂是在法国成功地将强力节丛孢（*Arthrobotrys robusta*）开发为“Royal 300”，用于防治蘑菇上的双孢蘑菇菌丝线虫，使蘑菇产量提高 25%（Cayrol et al.，1978）。我国在 20 世纪 90 年代初就呈现了研发食线虫真菌的热潮，筛选到番茄根结线虫高效拮抗的烛台霉属（*Candelabrello*）和孤孢属（*Monacrosporium*）的菌株，并在盆栽番茄防治根结线虫取得成功（封宇等，1989；蒋冬荣等，1994）。研究发现，定殖于大豆孢囊线虫的真菌有 15 个属，其中淡紫拟青霉被研制成大豆包根剂（SRBP），在东北用于防治大豆孢囊线虫（刘杏忠等，1991；孙漫红等，1998）。寡孢节丛孢（*A. oligospora*）对南方根结线虫和爪哇根结线虫捕食率很高（张克勤等，1993）。至今各种食线虫真菌的研发一直在进行，节丛孢属、被毛孢属、厚垣普可尼亚菌（厚垣轮枝菌）、淡紫紫孢霉（淡紫拟青霉）等为报道较多的属种。

（一）节丛孢属

1. 形态与种类

节丛孢属（*Arthrobotrys*）最初由 Corda 于 1839 年根据模式种 *Arthrobotrys superba* 建立，其特征为双细胞分生孢子轮状着生于分生孢子梗的小梗上或分生孢子梗的瘤状节上。后来，陆续有新种发表和鉴定特征讨论。Schench（1977）综合前人研究，概述了

49 个种和变种，普遍被同行采纳，至今略有修改，如 Van Oorschort 建议把 *Genicularia*（后更名为 *Geniculifera*）和 *Duddingtornia* 独立出去。张克勤等（1994）报道了分离自我国部分省区的节丛孢属 18 个种，有捕食根结线虫（*Meloidogyne* spp.）、蘑菇堆肥线虫（*Aphelenchoides compostícola*）、小杆线虫（*Rhabditis* sp.）和秀丽隐杆线虫（*Caenorhabditis elegans*），并列出了检索表。至今该属还增加了一些新的种类。

2. 防治线虫试验及应用

捕食性线虫指状节丛孢（*A. dactyloides*）通过固相培养后配制成颗粒剂，在温室处理土壤后种植西红柿，使线虫数量减少了 57%~96%（Stirling et al.，1998）。用节丛孢属 8 个种 11 个菌株对松材线虫（Bx）和拟松材线虫（Bm）进行捕食力测定，显示指状节丛孢的 3 个菌株 Ad-1、Ad-2、Ad-3 菌株表现出高捕食率，接种 7d 后对 Bx 和 Bm 的捕食率分别达到 98.1%、91.2%、86.3% 和 96.3%、90.5%、85.4%；同一菌株对松材线虫和拟松材线虫的捕食无选择性（莫明和等，2002）。线虫捕食真菌的捕食率与培养条件密切相关。如松材线虫捕食真菌寡孢节丛孢（*A. oligospora*）HNQ11 菌株为从香蕉根围土壤中分离得到，该菌株在含 20g/L 玉米粉的 CMA 培养基上，20~28℃ pH 值 6.5~7.5 条件下均能捕食松材线虫，25℃ pH 值 6.5 条件下捕食率最高，为 87%；在加入松材线虫和线虫磨碎液做诱饵时能促进产生捕食器官，但线虫磨碎液诱导的菌环数较少。利用该菌株对象耳豆根结线虫（*Meloidogyne enterolobii*）进行防控试验，在平板中以线虫诱导 96h 的捕食率达 83.5%；在盆栽试验中，每株番茄幼苗用 2g 菌丝处理根部，根结形成比对照减少 50%，根系鲜重增加 147.3%，而且菌丝处理 33d 后菌丝和分生孢子已在番茄根部有定殖（鄢小宁等，2006，2007）。

在以秀丽新杆线虫（*Caenorhabditis elegans*）为模型的实验中，少孢节丛孢菌在 1~2h 内即可产生捕食器，最快 2h 内可捕获线虫虫体，捕食器同虫体接触部位的菌丝比未接触处的菌丝粗大，而且表面粗糙有黏液；在捕食性菌环细胞的边缘存在大量大小不均的电子致密体。真菌在穿透线虫体壁后先是形成侵染球，继而发育为菌丝，降解线虫体内物质，菌丝逐渐充满虫体内腔，最终虫体崩解。

寡孢节丛孢菌的人工培养中，初期和中期时加入 L-苯丙氨酸、L-蛋氨酸、DL-缬氨酸有利于诱导捕食器（菌环和菌网）的产生。生化分析发现，捕食器的粗蛋白质和多数氨基酸含量都高于分生孢子和普通营养菌丝，且前者特有一些后者不具有的蛋白质，蛋白酶水解活力也明显较高，但总糖含量低于后者。提取并分析了捕食器表面聚合物，表明这些聚合物主要为蛋白质或含蛋白质的化合物，而且其中的蛋白酶、酸性磷酸酶和碱性磷酸酶的活性显著高于普通营养菌丝，间接说明了它们在捕食过程中起关键作用（王瑞，2008）。

食线虫真菌对饲养家畜的线虫病有防治潜力。羊捻转血矛线虫（*Haemonchus contortus*）时常引起羊群发生大量死亡。寡孢节丛孢（*A. oligospora*）在体外对羊捻转血矛线虫 3 龄幼虫的捕获率达到 74.7%~88.6%，捕获方式主要是在线虫周围形成捕食菌网（秦泽荣等，2000）。

叶状枝节丛孢大孢变种（*A. cladodes* var. *macroides*）F69 菌株对绵羊胃肠中毛圆科幼虫线虫有捕食能力，对 L3 的捕食率为 73.70%；在绵羊采食后 12h、24h、36h、48h、

72h 的粪便中发现有排出的真菌孢子，粪便中的 L3 减少率分别为 46.74%、60.41%、44.19%、37.36%和 21.53%，因此认为该菌株对反刍动物寄生线虫生物防治有潜力（万雪梅等，2019）。

（二）被毛孢属

被毛孢属（*Hirsutella* Patouillard，1892）真菌是一类寄主广泛、全球性分布的节肢动物和线虫病原真菌，在控制节肢动物种群、维持生态系统平衡以及医药、生物活性物质开发方面具有重要价值。分类地位和形态特征见前述（第二节真菌杀虫剂，六）。

有 3 种被毛孢真菌能够寄生线虫，洛斯里被毛孢（*H. rhossiliensis*）和明尼苏达被毛孢（*H. minnesotensis*）是典型的线虫内寄生真菌，具有极高的植物寄生线虫生物防治价值；线虫被毛孢（*Hirsutella vermicola*）主要寄生食细菌线虫，已从大豆土壤分离到这种真菌，但它对大豆孢囊线虫寄生率极低。近期发表了洛斯里被毛孢（USA-87-5 菌株）的线粒体基因组序列分析（Wang et al.，2016）及其修订（闫倩倩等，2019），表明洛斯里被毛孢与明尼苏达被毛孢、线虫被毛孢的线粒体基因组具有较强的共线性关系。除一些独立的 ORF 外，核心蛋白编码基因、rRNA 基因和 tRNA 基因的排列顺序非常保守。基因间区的长短是影响 3 种被毛孢线粒体基因组大小最主要的因素。线粒体基因组序列为确定洛斯里被毛孢的遗传进化提供重要基础。

1. 洛斯里被毛孢 *Hirsutella rhossiliensis*

洛斯里被毛孢的寄主范围很广，已有 16 个属的 23 种土传线虫被报道（赵晓晖等，2011）。早在 1982 年就发现洛斯里被毛孢能够寄生核果类树木的根际线虫（*Crwonemella xenoplax* Raski）（Jafee et al.，1982），后来在荷兰东北部的马铃薯地块中检测到洛斯里被毛孢寄生马铃薯孢囊线虫（*Globodera pallida*）（Velvis et al.，1996）；在德国的油萝卜菜地中 90%的甜菜孢囊线虫（*Heterodera schachtii* Schmidt）二龄幼虫被洛斯里被毛孢寄生（Jafee et al.，1991）。洛斯里被毛孢自然存在于甜菜地中，德国 25%、加州 48%的甜菜地中都检测到该菌的存在。美国明尼苏达州于 1995 年首次发现洛斯里被毛孢寄生大豆孢囊线虫（*Heterodera glycines*）二龄幼虫，1996—1997 年间调查了该州南部 27 个县的 237 块大豆田，采集了 264 份土样，43%的土样中检测到洛斯里被毛孢，认为该菌可能是该州土壤中大豆孢囊线虫自然衰退的主要抑制因子。在温室自然条件下，将洛斯里被毛孢施入土壤，对大豆孢囊线虫防效达 90%以上（刘杏忠等，2001）。此外，在法国、英国、意大利、新西兰和澳大利亚等都有洛斯里被毛孢广泛存在的报道。另外，在蛇麻草孢囊线虫（*Heterodera humuli*）、食细菌线虫、昆虫病原线虫 *Steinernema carpocapsae*、*S. glaseri* 和 *H. erorhabditis bacteriophora*、土壤螨类及土壤中都曾经分离到洛斯里被毛孢。

洛斯里被毛孢在我国也有分布，但范围并不广。对中国 11 个省市的 61 个市县大豆田的 146 份土样调查，只有 2 份检出了洛斯里被毛孢，检出率不足被毛孢总检出率的 1/15，但检出的洛斯里被毛孢菌株经测试对大豆孢囊线虫、松材线虫、腐生线虫、昆虫病原线虫等多种线虫都有寄生性（马锐，2000）。洛斯里被毛孢数量与寄主线虫密度有依赖关系。在土壤微环境中随寄主密度的增加，洛斯里被毛孢的寄生率也增加（向春梅，2006）。

在菌剂方面，以洛斯里被毛孢 OWVT-1 菌株液体发酵菌丝为活性成分创制颗粒制剂，其最佳配方体系是以 10% 硅藻土为载体，2%海藻酸钠加 0.2mol/L 氯化钙为粘结剂。不同水活度（0.12aw、0.33aw、0.43aw、0.75aw）的微球制剂在 -20℃、4℃、25℃ 储存 12 个月，检测表明，低温（4℃或-20℃）、低水活度（0.12aw）能够有效延长洛斯里被毛孢 OWVT-1 微球制剂货架期（段维军等，2009）。

2. 明尼苏达被毛孢 *Hirsutella minnesotensis*

明尼苏达被毛孢于 2000 年作为新种被报道，是从大豆孢囊线虫二龄幼虫上分离得到。该菌株在 PDA 培养基上生长缓慢，22～25℃下培养 3 周菌落直径 25mm，6 周 48mm。菌落灰绿色，毡状，背面橄榄绿色，菌丝体丰富，无色，分隔。与寄生螨类的汤普森被毛孢在形态上极为相似，主要区别是明尼苏达被毛孢的产孢细胞基部呈球形或近球形，亚顶端具膨大结构，分生孢子较大（Liu et al.，2000）。而有研究者提出明尼苏达被毛孢是否为汤普森被毛孢的变种的问题。采用形态学和 rDNA ITS 和 MAPK 基因分析相结合，证明了明尼苏达被毛孢与汤普森被毛孢是完全不同的种（向梅春，2006）。

明尼苏达被毛孢是大豆孢囊线虫幼虫专性寄生真菌，是一类具有潜力的线虫生防资源。美国明尼苏达州大豆田中，明尼苏达被毛孢的检出率为 14%（向梅春，2007）。对我国大豆田土样的检出率为 20.5%（马锐，2000），明尼苏达被毛孢是我国大豆孢囊线虫的优势寄生菌，而且可能和大豆孢囊线虫的自然衰退有关。

实时荧光定量 PCR 结合幼虫寄生率分析用于检测自然土壤中的明尼苏达被毛孢数量。rDNA ITS 特异性的上游/下游引物为 5'-GGGAGGCCCGGTGGA 和 5'-TGATCCGAG-GTCAACTTCTGAA，理论检测精度能达到 4 孢子/g 土壤。实时荧光定量 PCR 检测土壤中的明尼苏达被毛孢数量与线虫寄生率存在相关性（向梅春，2006）。

研究发现，明尼苏达被毛孢 1-10 菌株代谢物对大豆孢囊线虫卵孵化和幼虫 J2 的活性具有较强的抑制作用，菌株代谢物原液可完全抑制线虫卵孵化，对 J2 有强烈抑杀作用，处理 48h 后致死率达到 100%；5～50 倍的稀释液的抑制率可达 31%～91%，菌株代谢物能够降低大豆孢囊线虫对大豆的亲和性。温室盆栽试验表明，在灭菌土中接种明尼苏达被毛孢菌丝体，能有效地减少大豆孢囊线虫卵孵化及其发育的群体数量，并显著影响线虫的分布。尤其是根上雌虫和土中孢囊数量分布（钱洪利，2009）。

此外，还有其他被毛孢相关研究报道，大部分是作为新种首次发现，但这些种的研究相对较少。

（三）厚垣普可尼亚菌 *Pochonia chlamydosporia*

20 世纪 60 年代中期，Bastista 和 Fonseca 建立了普可尼亚菌属（*Pochonia*），而轮枝菌属（*Verticillium*）早已建立，Goddard 于 1913 年发现并定名了厚垣轮枝菌 *Verticillium chlamydosporium*（*V. c*）。根据其瓶梗分生孢子呈链状或呈头状排列，*V. c* 细分为 2 个变种，即厚垣轮枝菌串孢变种（*V. chlamydosporium* var. *catenulatum*）和厚垣轮枝菌厚孢变种（*V. chlamydosporium* var. *chlamydosporium*）。随着分子标记技术的发展，Gams 于 2001 年把 *V. c* 更合理地划归到普可尼亚菌属，更名为厚垣普可尼亚菌 *Pochonia chlamydosporium*（*P. c*），并且明确了 2 个变种为 *P. chlamydosporium* var. *catenulatum* 和 *P. chlamydosporium*

var. *chlamydosporium* 厚孢变种为该属的模式种。

早期文献用“厚垣轮枝菌（原名厚垣轮枝菌 *Verticillium chlamydosporium*）”而近期两种名称都有采用，为了便于陈述和读者查阅，下文中采用作者的原用名称。

1. 生物学特性与食线虫机制

（1）习性与生长

轮枝菌属（*Verticillium*）中，已发现鉴定了 12 种食线虫的物种，其中厚垣轮枝菌（厚垣普可尼亚菌）是研究最多的食线虫真菌，在植物线虫生物防治上有重要应用价值。厚垣轮枝菌是一种兼性寄生菌，既能在土壤中腐生，又能寄生于植物根围区的球形孢囊线虫（*Globodera* spp.）、孢囊线虫（*Heterodera* spp.）和根结线虫（*Meloidogyne* spp.）等固着性较强的植物线虫的雌虫、孢囊、卵囊或虫卵内。该菌虽然也可侵染植物的根表皮，但不能进一步侵染根内部的维管层，所以对植物没有致病性。厚垣轮枝菌的营养菌丝呈匍匐状生长，分隔、分枝、淡白色。气生菌丝薄，瓶梗常从平卧菌丝上单生或 2~3 个轮生，顶端产生单细胞核的分生孢子，易脱落，圆形或椭圆形，微带色泽。砖格状多细胞核的厚垣孢子（chlamycospore）由气生菌丝细胞质浓缩、外壁增厚而形成，是一种休眠的无性孢子，这种孢子在营养丰富和正常环境下都能大量产生。厚垣孢子对高温、干旱的耐受力比分生孢子和菌丝强，更易在土壤中存活，因此，适用于对土壤进行接种处理。

（2）土壤中生存动态

厚垣轮枝菌生活史包括菌丝体、单细胞的分生孢子和多细胞核的厚垣孢子 3 个阶段，所以跟踪其施入土壤后的动态变化比较困难。常规的平板直接计数法描述的是繁殖体（propagules）在平板上形成的菌落，不能说明这种菌落到底是由菌丝片段、单细胞的分生孢子还是由多细胞的厚垣孢子所引起。用半选择培养基法、菌丝 β-微管蛋白基因扩增法及单克隆抗体法，均被用于研究厚垣轮枝菌在植物根围的动态变化，这 3 种方法各有优缺点，其中特异性极强的单克隆抗体法对观察真菌在植物根围的定殖及其对线虫的侵染情况非常有用（Penny et al.，2001）。根据厚垣轮枝菌对一些药物的耐受性和土壤中习居菌的敏感性，一般可采用含有苯莱特（benomyl）、苯丙咪唑（benzimidazole）或噻菌灵（thiabendazole）等的半选择培养基来分离、纯化厚垣轮枝菌以及监测生存动态。cPCR（竞争 PCR，competive PCR）法可以从基因拷贝角度较好地反映其生长情况，但 cPCR 法的不足之处在于已死亡菌物的 DNA 也可被扩增，所以将 cPCR 法半选择培养基平板计数法相结合能更好地阐明厚垣轮枝菌的动态变化（Mauchline et al.，2002）。

（3）食线虫机制

厚垣轮枝菌食线虫过程包括捕获侵染和消解两步。首先菌丝识别线虫雌虫及虫卵。在电子显微镜下，厚垣轮枝菌首先在花生根结线虫（*M. arenaria*）的卵壳表面侵染点处形成附着器，然后形成很细的侵染丝进入卵壳，一旦入侵，即在卵内形成侵染泡（Morgan-Jones et al.，1983）。当厚垣轮枝菌侵染大豆孢囊线虫（*H. glycines*）时，菌丝从孢囊表面开始侵染，侵染停留在侵染点或随菌丝进入孢囊，从而在孢囊壳上留下许多小孔，孢囊内的侵染钉直径一般小于 1μm，比正常的营养菌丝细得多（Chen et al.，1996）。

当厚垣轮枝菌侵入雌虫和虫卵后，就开始消解并吸收其中的营养物质。这一过程涉及2类重要的酶，即蛋白酶和几丁质酶。这些酶均属于枯草杆菌蛋白酶类，并具有很高的同源性，其中1种蛋白酶VCP1的酶活33 000U，可水解凝乳蛋白酶基质、弹性蛋白、酪蛋白等（Segers et al.，1997）。纯化的VCP1可水解南方根结线虫（*M. incognita*）虫卵的外层壳膜，直至虫卵壳的几丁质层暴露（Sergrs et al.，1994）。厚垣轮枝菌分泌的几丁质酶的酶活水平与其对甜菜孢囊线虫（*H. schachtii*）的致病性成正相关（Dackman et al.，1989）。将厚垣轮枝菌在胶质状角质素上培养18~20d，可产生内切几丁质酶，分子量为43kDa，最适pH值5.2~5.7；扫描电镜观察到该酶处理使原来光滑的马铃薯白色球形孢囊线虫（*G. pallida*）卵表面出现很多疤痕（Tikhonov et al.，2002）。

2. 大量培养和产品研发

在大量培养方面，研究了厚垣普可尼亚菌（厚垣轮枝菌）液体发酵动力学，通过正交设计优化液体发酵条件，利用Grow/Sigmoidal模型中的非线性拟合方程Logistic函数和Boltzmann函数构建发酵过程中孢子增长、底物消耗和产物生成的动力学模型，表明在28℃条件下和500mL摇瓶中，该菌优化培养基及培养条件是葡萄糖15.0g/L、玉米粉15.0g/L、大豆粉20.0g/L、$KH_2PO_4$0.25g/L、$MgSO_4 \cdot 7H_2O$ 0.25g/L、接种量5%、初始pH值5.0、装量40%和转速190 r/min。通过模型拟合得到孢子量比生长速率在88.1h时达到最大，最大值为0.0302/h；还原糖比消耗速率在86.8h时达到最大，最大值0.0334/h；氨基氮比生成速率在110.8h时达到最大，最大值为6.864×10^{-4}/h。模型拟合和试验数据反映了该菌液体发酵过程的动力学特征，为大规模生产奠定了基础（王曦茁等，2014）。在固相发酵方面，厚垣轮枝菌在麦麸、麦粒、玉米、草炭或小麦秆与粗沙混合的基料上均能良好生长，最适生长温度为25℃，最适pH值为6（Crump et al.，1992；张虹等，1998）。将厚垣孢子接种于经γ-射线消毒的富含有机质的沙质肥土上，结果表明其能良好生长，接种1周后土壤中的生长量可达到高峰（Mauchline et al.，2002）。

一项专利公开了厚垣孢轮枝菌液体发酵大量产生厚垣孢子的方法，采用固体菌种接种进行液体发酵生产厚垣孢轮枝菌厚垣孢子。固体菌种培养基配方为：甘薯粉20%，玉米粉15%，麸皮30%，玉米芯30%，过磷酸钙1%，碳酸钙1%，豆饼粉3%，含水量60%；按体积比1∶0.2的比例添加40目细沙；液体培养基中添加抑制剂，抑制剂的配方为：40%甲基硫菌灵1~4mg、50%多菌灵2~6mg、硅藻酸钠5~15mg。该厚垣孢子产生的条件，有利于提高和稳定其对线虫的防效（莫明和等，2003）。

在剂型方面，人工大量培养的厚垣轮枝菌菌丝和孢子制成颗粒剂便于田间土壤施用，防治土壤线虫。研究证实，硅藻盐、糖蜜、褐煤及黏土等混合的培养基，很适合厚垣轮枝菌的生长（Jones et al.，1984）。在藻酸盐与麦麸混合的颗粒物料上培养厚垣轮枝菌，可以长出长达1cm的菌丝（Kerry，1988）。

我国第一个微生物杀线虫剂2.5亿孢子/g厚孢轮枝菌（厚垣轮枝菌）制剂由云南大学研发完成，注册菌株为ZK7（LS20011547，PD20070381），剂型为微粒剂，商品名为“线虫必克”。产品用于防治烟草根结线虫，用量为22.5~30kg/hm^2。在云南省推广应用了8万多亩，防治效果达50%~60%。实际上，该产品还可用于其他植物如番茄根结线虫的防治。ZK7 菌株还被研制成与食线虫芽孢杆菌（*Bacillus nematocida*）B16 的复合菌剂，对番茄根结线虫病温室防效达到 90%以上（刘亚君等，ZL201110194094.7）。

3. 防治应用方法和效果

可利用田间厚垣轮枝菌自然控制线虫种群和采用人工引入控制的方法。

自然控制指通过利用土壤中本身存在的拮抗微生物来抑制线虫的数量，主要表现为自然环境下土壤中的植物线虫数量及其危害情况逐渐下降的现象。在单作禾谷类作物的地块跟踪调查发现，前 2 年土壤中燕麦孢囊线虫（*H. avenae*）的群体数量不断增长，达到高峰，并造成了减产，随后线虫数量迅速下降，研究证实主要是由于厚垣轮枝菌对燕麦孢囊线虫卵及雌虫的寄生所致（Kerry et al.，1982）。在澳大利亚调查发现，在土壤中燕麦孢囊线虫的天敌也是厚垣轮枝菌（Stirling et al.，1983）。虽然田间厚垣轮枝菌自然种群能够控制线虫数量，但形成这种拮抗反应比较慢，通常会滞后于线虫种群的上升。不过这种生防系统一旦建立，便可较长时间地将线虫对作物的为害控制在经济阈值以下。

引入控制指人为地将食线虫的生防菌施入土壤直接防治线虫。已有很多试验报道，例如，将厚垣轮枝菌引入田间土壤，可使土壤中的根结线虫（*M. incognita*；*M. hapla*）数量减少 90%（Leij et al.，1993）；对云南烟草的南方根结线虫分散卵的相对抑制率达 27.15%，而对卵囊的相对抑制率常可高达 67.53%（杨树军等，2001）；温室盆钵试验发现，接种病土重量 0.1% 的菌剂量，即可明显降低番茄根上的线虫群体数量和根结指数，卵寄生率达 53.7%（林茂松等，1994）。在黄瓜定植时穴施厚垣轮枝菌微粒剂，对根结线虫的防治效果达 88.1%，黄瓜增产 13.7%，效果相当于或优于化学农药氟吡菌酰胺悬浮剂和噻唑膦颗粒剂，其用法是定植前穴施，且与玉米面按 1∶9 混匀穴施并覆土 2cm 效果更好，整个生育期施用 1~2 次（王洪山等，2019）。在温室条件下，用厚垣轮枝菌防控胡萝卜南方根结线虫，第一年和第二年根结线虫病发生率分别减少了 50%和 78%（Medina-Canales et al.，2019）。在墨西哥、古巴和巴西的都有应用厚垣轮枝菌控制植物寄生线虫的案例（Hidalgo-Diaz et al.，2017）。

此外，厚垣轮枝菌还能够侵染一些昆虫，具有应用潜力。例如，在巴西从一种弓背蚁（*Camponotus* sp.）的工蚁上分到厚垣轮枝菌，培养后处理收集的城市蚂蚁，4d 后观察到蚂蚁被侵染定殖，虫体被破坏瓦解。因此该菌被认为具有防治城市蚂蚁的潜力，对减少化学药剂使用、保障健康和环境安全有重要意义（Senna et al.，2018）。

4. 防效影响因素

应当注意，厚垣普可尼亚菌（厚垣轮枝菌）不同菌株寄生能力、线虫的寄主植物、环境因素等都会影响对线虫的生物防治效果。

不同菌株侵染的宿主具有特异性，即使对相同线虫宿主，厚垣轮枝菌在不同植物根围的定殖优势差别也较大，会影响其控制线虫的效果。此外，植物如果对线虫特别敏感，线虫寄生引起的虫瘿过大，会使大量的卵块被埋藏于根内而很难受到真菌的攻击，因此防效就会受到影响。这种现象在番茄受北方根结线虫（*M. hapla*）、爪哇根结线虫（*M. javanica*）和花生根结线虫（*M. arenaria*）寄生时表现得尤为明显（de Leij et al.，

1992；Bourne et al.，1999）。

食线虫真菌的丰富度与土壤含沙量、有机质含量、重金属含量及土壤 pH 值有关。有研究表明，在沙性、有机质含量高以及偏酸性土壤中，食线虫真菌较丰富；土壤湿度过高或过低都影响真菌对线虫的侵染；铜、镁离子对厚垣轮枝菌生长均有一定程度的抑制作用，并随离子浓度的增加而抑制作用增强。此外，植物根围土壤中的其他微生物群落对食线虫真菌的生防效果也有重要影响。试验分析了番茄和马铃薯根围中的根结线虫卵囊表面的微小生物群落的组成，发现卵囊表面的细菌和真菌组成极其丰富，其中有23%的细菌和74%的真菌对厚垣轮枝菌生长表现出拮抗性，其中假单胞菌的拮抗性最强（Kok et al.，2001）。厚垣轮枝菌与一些化学药剂联用，可提高防治效果，例如，法国研究者用厚垣轮枝菌防治温室番茄根结线虫，效果达90%，曾将该菌与化学药剂 aldicarb（涕灭威氨基甲酸酯类农药）混合使用，效果可达98%（de Leij et al.，1992），但该药剂毒性高，已被禁止在蔬菜、瓜果种植中使用。

（四）淡紫紫孢霉 *Purpureocillium lilacinus*

紫孢霉属（*Purpureocillium*）是 2011 年新分类的属，原名淡紫紫孢霉 *Paecilomyces lilacinus*，根据功能和分子标记分析，由原来的紫色拟青霉组群独立而成，按有性阶段被划分为粪壳菌纲（Sordariomycetes）肉座菌目（hypocreales）线形虫草科（Ophiocordycipitaceae）线形虫草属（*Ophiocordyceps*）。淡紫紫孢霉（淡紫拟青霉）的菌落呈典型的淡紫色，是一种土壤习居性植物线虫卵寄生真菌，产孢量大，环境相容性好，是植物线虫的重要寄生性天敌，能够寄生于卵，也能侵染幼虫和雌虫，可明显减轻多种作物根结线虫、孢囊线虫、茎线虫等植物线虫病的为害。

早期文献用“淡紫拟青霉”而近期两种名称都有采用，为了便于陈述和读者查阅，下文中采用作者的原用名称。

1. 国外的研发与应用

秘鲁国际马铃薯研究中心 Jatava 博士于 1979 年首次从南方根结线虫（*Meloidogyne incognita*）的卵中分离并证实淡紫拟青霉（现名：淡紫紫孢霉）对线虫的寄生性，引起各国研究者专注和追随。菲律宾的 B. G. Devide 博士迅速开展了很多工作，通过试验比较其他不同真菌和杀线剂，证明对防治线虫有很好潜在能力，防治效果与杀线虫剂接近，并由菲律宾亚洲技术中心将淡紫拟青霉开发的产品注册登记，商品名为“BIOCON”，在本国和秘鲁、美国、巴基斯坦等其他多国得到应用，表明此菌剂适应于各种环境条件。该菌株用于防治马铃薯南方根结线虫，使86%的卵受到感染，其中54.7%的卵遭破坏，还可寄生马铃薯的白色球孢囊线虫（*Globdera pallida*）。对马铃薯金线虫（*G. rostochiensis*）的防治可使产量增加 20.3%~36.5%。防治秋葵的根结线虫施菌3 个月后线虫种群比对照减少 66%~77%，荚数增加 39%~41%，重量增加 45%~54%（Davide，1995）。温室试验防治柑橘根结线虫和香蕉的胡椒穿孔线虫，使根上和土壤内的线虫都大量减少；用 5 000~6 000 孢子/mL 悬液浸棉种 10min，防治南方根结线虫的效果与克线磷接近（Sudha et al.，2000；Tandinge et al.，1996）。

近年，佛罗里达大学研究了将淡紫紫孢霉（淡紫拟青霉）纳入对切叶作物根结线虫的管理方法，包括在农场、田间和温室试验，分别规定在春季和秋季施用商品的糠醛

(furfural) 和淡紫紫孢霉 251 菌株产品，根据线虫密度 J2 /100cm^3 土壤、J2/g 根的和实验地农作物的总产量来评估功效，结果表明，糠醛和淡紫拟青霉在降低海桐（*Pittosporum tobira*）的南方根结线虫种群密度方面有一定的作用，早期施药比后期施药抑制 J2 的效果更好（Baidoo et al., 2017）。

至今，淡紫紫孢霉是研究最多、应用最广的真菌杀线剂之一，除了对各地南方根结线虫的卵高效寄生，近 40 年在 70 多个国家的研究与实践证明，淡紫拟青霉对多种线虫都有防治效果，其寄主有根结线虫、孢囊线虫、肾形线虫、穿刺（半穿刺）线虫、金色线虫、异皮线虫，是防治线虫最有前途的生防制剂。

2. 国内的研发与应用

1987 年，中国农业科学院植物保护研究所从国际马铃薯中心引进了上述淡紫拟青霉菌株。该菌株在燕麦琼脂培养基上菌落生长较快，产生分生孢子，无厚垣孢子，在大米、小米、玉米粒、米糠等基质上都能很好生长，可廉价的大量培养（华静月等，1989）。利用该菌株产品对红麻根结线虫（*Meloidogyne* spp.）进行盆栽和大田试验证明，可显著减少红麻根结线虫为害，并使红麻增产 11.9%（吴家琴等，1990）。

我国自主筛选到淡紫拟青霉 M-14 菌株，发酵滤液及其内容物对大豆孢囊线虫卵的孵化具有强烈的抑制作用，2 龄幼虫在发酵滤液原液及 1 倍稀释液中均表现为麻痹僵直，处理 72h 后幼虫死亡率分别达到 96.8% 和 90.5%；原液处理 24 h 的幼虫转移到清水中，仅有极少数能够恢复活性，证明 M-14 代谢产物具有很强的杀线虫活性（孙漫红等，2002）。利用光学显微镜和扫描电子显微镜观察到，淡紫拟青霉 IPC 菌株以菌丝方式稳定定殖于烟草根表的根冠区、伸长区、根毛区、成熟区等不同部位，而在根内的定殖仅局限于根表皮层较深的细胞组织，并不侵入烟草根部的韧皮部和木质部组织，说明该菌与烟草的关系是类似于菌根菌或内生菌的与植物共生关系（祝明亮等，2008）。以 19 种对根结线虫病不同抗感性的桑树品种，通过盆栽人工接种淡紫拟青霉，其防效达到 75%，优于毒死蜱 70% 的防效（邵蝴蝶等，2019）。

在黑龙江、云南、江苏等地都筛选到淡紫拟青霉菌优良菌株，并应用于防治大豆孢囊线虫和烟草、柑橘、多种蔬菜和作物的根结线虫，效果显著。还采用液体、固体发酵技术进行工业化生产，开发了商品制剂。例如，黑龙江强尔公司的 5 亿孢子/g 淡紫拟青霉在当前市场仍有多家商户销售，用于防治根结线虫。但是由于多数自然筛选的菌株寄生率不很高、剂型开发效果不太好、生防机制等还不太清楚，防治效果受到温度、水分、pH 值等很多环境因素的影响，田间总体效果偏低，限制了该菌的开发利用。重庆大学研发了微菌核技术，能够显著提高淡紫拟青霉抵抗外界不良环境的能力，产品性能更加稳定，生物活性更强。期待微菌核产品能够尽早问世。

3. 其他方面应用

作为生防菌，淡紫拟青霉对营养条件要求不高，它不仅能在多种常规培养基上生长，并能在多种自然基质如农副产品废料、废渣与植物叶片或植物浸提液中生长，而且可以产生大量孢子，有利于进行大规模工业化发酵生产，可以制成固体或液体菌剂，用于根施、拌种或喷施。此外，淡紫拟青霉产生的脱乙酰几丁质酶、细胞裂解酶、葡聚糖酶与丝氨酸蛋白酶等多种功能酶值得探讨和开发，作为防治真菌、线虫病害的高效产品。

另外，最近伊朗科学家报道了淡紫拟青霉对引起的人畜共患疾病的肝片形吸虫（*Fasciola hepatica*）（吸虫纲片形科片形属）具有体外杀卵活性。用扫描电子显微镜观察发现了对卵壳表的破坏作用，认为杀线虫真菌有望作为天然组分防控食草动物高发的蠕虫病，尤其对侵入宿主前以卵传播、继代传代的病害有优势（Najafi et al.，2017）。

淡紫色拟青霉的发现和研究已有一个多世纪的历史，它是土壤中常见的真菌。然而，在进入2000年以来，越来越多地发现该真菌及其近缘种是人类和其他脊椎动物感染的病因。大多数疾病是由免疫系统受损或人工晶状体植入的患者所发生的。而通过18S rRNA基因、内部转录间隔区（ITS）和部分翻译延伸因子TEF1-α序列分析，表明从昆虫、线虫或土壤分离的淡紫色拟青霉 *P. lilacinus* 与临床上代表的嗜热病的拟青霉 *P. variotii*、经常致病的拟青霉 *P. variotii* 无关。使用高浓度的 *Purpureocillium* 孢子进行生物控制是否会对免疫受损的人造成健康风险，需要更多的研究来确定 *Purpureocillium lilacinum* 的致病因素（Luangsa-Ard et al.，2011）。

（五）蠕虫埃斯特菌 *Esteya vermicola*

蠕虫埃斯特菌于1999年首次由台湾报道，为寄生松材线虫（*Bursaphelenchus xylophilus*）的内寄生真菌，鉴定为半知菌亚门丝孢纲埃斯特属（*Esteya*）。随后捷克和韩国也先后分离到该菌，并研究证明蠕虫埃斯特菌具有较高的生防开发潜力。

2011年，天津出入境检验检疫局从巴西进境木质包装材料中截获的鲁尔夫伞滑刃线虫（*B. rainulfi*），南京农业大学从该线虫体内分离得到一株内寄生真菌（编号NKF 13222），鉴定为蠕虫埃斯特菌。该菌株产生新月形和杆状两种孢子，两种孢子萌发方式不同，只有新月形孢子能黏附并侵染线虫。菌株在碳源为半乳糖、氮源为蛋白胨的液体培养基中适宜产孢，且半乳糖与蛋白胨比为100：1时产孢量最高，达到 8.52×10^8 孢子/mL。菌株对松材线虫、拟松材线虫（*B. mucronatus*）、腐烂茎线虫（*Ditylenchus destructor*）和水稻干尖线虫（*Aphelenchoides besseyi*）均有引诱作用；而对南方根结线虫（*Meloidogyne incognita*）、禾谷孢囊线虫（*Heterodera avenae*）和穿刺短体线虫（*Pratylenchus penetrans*）无诱引作用；黏性分生孢子对4种线虫在24h内的黏附率达82%~99%；接种7d后，对松材线虫的侵染死亡率高达98%，具有重要生防应用潜力，而拟松材线虫、腐烂茎线虫和水稻干尖线虫的死亡率分别为43%、35%和9%（王婷婷，2014）。

蠕虫埃斯特不同菌株对松材线虫的侵染过程基本相同，但菌落特征、生长速度、产孢和侵染力有差异。营养丰富程度与菌株生长和产孢正相关，PDA上生长和产孢最好，但与新月形孢子的比例及侵染力呈负相关，在水琼脂上新月形孢子比例和线虫侵染力最高。菌株CBS11580的生长速度较慢，但产生新月形孢子的数量最多，对松材线虫的侵染力最高（王海华等，2016）。

一项专利公开了蠕虫埃斯特菌的快速培养方法，其培养基组成是大米：灭菌水：酵母粉：KH_2PO_4 的重量体积比为1：（0.8~1.25）：（0.005~0.015）：（0.000 5~0.001 5），自然pH值。接种后于26℃培养3~4d，出现菌丝。继续培养可产生孢子。快速培养方法不仅缩短了培养时间，还能获得高纯度、高密度的真菌孢子悬浮液，应用于松材线虫病的防治，具有广阔的应用前景。

第五节　真菌除草剂

20 世纪 60 年代以来，随着植物病原菌的不断分离和研究，发现一些杂草病原菌不仅致病力较强，而且具有高度寄主专一性，表现出可能开发成为生物除草剂的潜能，逐渐成为国外研究和开发的热点。

微生物除草剂是指由杂草病原菌体（通常是繁殖体）和适宜的助剂组成的微生物制剂。其作用方式是孢子或菌丝直接穿透寄主表皮，进入寄主组织、产生毒素，使杂草发病并逐步蔓延，影响杂草植株正常的生理状况，导致杂草死亡，从而控制杂草的种群数量。本书暂不讨论利用微生物代谢产物为有效组分的微生物源除草剂。

比起杀虫防病的真菌类微生物农药，真菌除草剂非常有限。不过该领域的相关研究一直保持活跃，并取得了一批重要成果。从物种数量和开发利用程度上看，真菌除草剂占微生物除草剂的绝对比重，细菌只占极小部分。

一、杂草专一性致病真菌

已研究的杂草病原候选真菌共有 40 多个属，主要有刺盘孢属（*Colletotrichum*）、链格孢属（*Alternaria*）、尾孢菌属（*Cercospora*）、疫霉属（*Phytophthora*）、镰刀菌属（*Fusarium*）、柄锈菌属（*Puccinia*）、叶黑粉菌属（*Entyloma*）、核盘菌属（*Sclerotinia*）、壳单孢菌属（*Ascochyta*）等。

筛选获得有效的、专一的杂草致病真菌是研发真菌除草剂的前提，有效性和专一性缺一不可。有效性是关键，包括控制杂草的水平、速度以及具体操作的难易程度等，其机理可以从侵染途径、侵染部位、侵染深度和特异的植物毒素来考量，真菌侵染能力与杂草防御能力相互拮抗，只有侵害速度高于杂草生长速度才能控制住杂草，具备开发作为除草剂的良好前景。因此，除了自然筛选外，通过基因工程或原生质体融合技术转化强力致病基因，是提高菌株对杂草致病效力的重要方法。

杂草病原体专一性的要求很高，要确保只对杂草起作用，而对作物和其他非靶标植物安全。因此，杂草病原体都需要经过本地植物敏感性筛选，应当无敏感，或即使有极少敏感的非靶标植物，也不会引起致命的损害。此外，还应考虑孢子的传播能力，确保不存在导致传染病失控的可能性。

真菌除草剂的寄主专一性常与寄主专一性毒素的产生有关。例如，绿黏帚霉可以产生对反枝苋有毒害作用的植物毒素（Viridiol），但这种毒素对棉花不表现毒性，因而有可能被作为产生植物毒素的生物除草剂防治棉田的反枝苋。链格孢菌产生 AAL-Toxin 毒素，对杂草有控制作用。关于寄主专一性毒素的研究，有可能启发人们研究开发选择性良好的微生物源化学除草剂（或用于基因工程育种），是未来化学除草剂研究开发的方向之一。本书仅介绍真菌活体的除草剂研发。

二、真菌除草剂的生产和制剂化

（一）发酵生产

杂草专一性致病真菌需经过发酵培养获得批量产品，一般首选易于工业化的液体深层发酵法，该法可选用现有工业发酵设备，不需要过多改造。盘孢菌属较容易在液体深层培养条件下产孢，以孢子作为生物除草剂的有效组分。另一方法是液体-固体发酵结合培养，即以液体培养菌丝，然后在固体培养基上诱导生产孢子。此法适用于链格孢菌（*Alternaria* spp.）的生产。

传统观念认为孢子在稳定性、寿命、活性、侵染力上都比真菌的其他部分更优越，但是某些类群也是有例外的。如链格孢属，其菌丝体的侵染力和生活力更强。直接利用菌丝体作为生物除草剂，不仅能克服菌丝产孢难的问题，而且，生产上用相同量的培养基能获得比孢子更多的菌丝生物量作为除草剂。用百日草链格孢（*A. zinniae*）菌丝体片段分别防治苍耳和紫茎泽兰，可获得与孢子相当或更好的防效。通过提高发酵罐的振荡速度，可以在液体培养中获得短小的菌丝体。例如，决明链格孢（*A. cassiae*）的液体培养物可直接制成生物除草剂。

（二）除草剂配方

真菌除草剂的应用对环境条件要求较高，要有充足的水分（湿度至少在80%）、适宜的温度（20~30℃），才能保证良好侵染，引起杂草损害，达到好的防效。因此，在干旱地区的应用受到限制，通过研制不同的配方有望解决这一问题。

水分是真菌除草剂配方中最重要的因素，高水分并不处处适用。如链格孢属真菌在水中的寿命要比在干燥情况下短得多，因此，配方中添加一些辅助成分来调节，例如添加营养物质如葡萄糖，以利于链格孢在杂草体上的萌发、生长和侵染；在用高粱点霉（*Phoma sorghina*）等防治千屈菜（*Lythrum salicaria*）时，用葡萄糖、明胶以及几种多聚物和共聚物作为配方成分；在圆盘孢（*Gloeosporium* sp.）防治刺苍耳（*Xanthium spinosum*）的实验中，用植物油、矿物油、甘油及吐温等增加附着力并维持微环境水分；在狭卵链格孢（*A. angustiovoidea*）防治乳浆草（*Euphorbia esula*）时，使用了代号为IEC的介质，其中包括油相（煤油、单甘油酯乳化剂和石蜡）和水相（水、葡萄糖），都降低或消除了菌株对水分条件的依赖性。

三、真菌除草剂注册与应用

（一）国外真菌除草剂

据报道，在澳大利亚东南部曾有一种菊科有害毒杂草粉苞苣，严重为害上百万英亩的小麦田和牧场。1971年澳大利亚从意大利引进粉苞苣柄锈菌，投入250万澳元经费进行研究。这种锈菌在田间释放后不到1年的时间，就传遍了澳大利亚东南地区粉苞苣分布区。到1978年此项生物防治获得经济效益6亿澳元。后来美国也引进这种柄锈菌防治麦田中粉苞苣灯芯草，取得显著效果。

国际上，美国于1981年注册登记了第一个生物除草剂Devine，属真菌类除草剂。

产品以美国佛罗里达州的棕榈疫霉（*Phytophthora palmivora*）致病菌株的厚垣孢子为有效组分，剂型为悬浮剂，用于防治杂草莫伦藤（*Morrenia odorata*），防效可达 90%以上，且持效期可达 2 年，被广泛用于橘园杂草防除。

目前，全球已经成功商业化或正式获得登记的生物除草剂产品包括利用真菌、细菌甚至病毒活体的产品及利用天然产物的产品两大类，主要有 Devine、CollegoTM、CasstTM、BioMal M、StumpOutTM、Biochon、Camperico、Myco-Tech Paste M、ColtruTM、Velgo M、Chontrol M、SmolderTM、Sarritor、Fiesta 和 SolviNix LC 以及双丙氨膦等 20 余个品种（陈世国等，2015），其中 1982 年获得登记并实用化的 Collego 是合萌盘长孢状刺盘孢（*Colletotrichum gloeosporoides* f. sp. *aeschynomene*）的干孢子可湿性粉剂，对水稻及大豆田中的弗吉尼亚合萌（*Aeschynomene virginica*）的防效达 85% 以上。Biochon 是荷兰的生物系统公司用银叶菌（*Chondrostereum purpureum*）生产的木本杂草的腐烂促进剂，用于抑制和控制野黑樱（*Prunus serotina*）和许多其他木本杂草的萌发和生长。

根据美国环保署（EPA）的数据，进入 2000 年的前 10 年，在美国登记了 8 个生物除草剂新品种，包括 3 个真菌除草剂，即链格孢菌 *Alternaria destruens* 防除菟丝子（*Cuscutta* spp.）、胶孢炭疽菌（*Colletotrichum gloeosporioides* f. sp. *aeschnomene*）防除弗吉尼亚田皂角（*Aeschynomene virginica*）以及利用巨口茎点霉（*Phoma macrostoma*）防除草坪阔叶草是病原菌，另有 1 个病毒除草剂和 4 个微生物次生代谢产物。加拿大在 2002—2015 年间登记注册了 6 个真菌生物除草剂产品。最近有一款细菌除草剂，即新型热灭活伯克氏菌（*Burkholderia rinojensis*）（A396 菌株）的水分散剂在美国申请注册，预计近期可面市（详见前面细菌部分）。

水稻田的湿润环境适宜微生物除草剂的应用，因此开发稗草微生物除草剂的研究受到关注并取得进展。各国已采集到较好应用前景的稗草病原菌有稗叶枯菌（*Helminthosporium sativum*）、刺盘孢（*Colletotrichum graminicola*）、弯孢（*Curvularia lunata*）、链格孢（*Alternaria alternata*）、平脐蠕孢（*Bipolaris maydis*，*B. australiensis*）、尖角突脐孢（*Exserohilum monocerus*）。其中对尖角突脐孢的研究在日本、菲律宾国际水稻研究所以及加拿大都投入很大的力量开展研究。

由于微生物除草剂保存、使用条件等方面要求比较高，使用范围受到一定的限制，因此市场有限，对商家的吸引力不是很大。因此，有些微生物除草剂品种已经不再生产，如美国的 DeVine、Collego、CAASST、Dr BioSedge，加拿大的 BioMal 等。目前市场上可以买到的微生物除草剂产品有荷兰的 Biochon，加拿大的 Chon- troI、Myco-Tech，它们都是银叶病菌刺盘孢（*Chondrostereum purpureum*）的制剂，用于防治黑樱桃（*Prunus serotzna*）、桤木（*Alnus* sp.）、白杨（*Populus* sp.）等灌木（或乔木）的林间杂草。Sarritor 是加拿大注册登记的一种真菌除草剂，其活性成分是小核盘菌（*Sclertinia minor*）的菌丝体，用于防治草坪杂草蒲公英（*Taraxacum officinale*）。该菌剂适于春秋季 18~24℃施用，施用时将 Sarritor 颗粒直接撒施到有蒲公英等阔叶杂草为害的草坪上，施用 12h 内最好遇雨水，否则需人工浇水。

在日本，有 2 种生物除草剂的研究取得了新的进展：一是利用尖角突脐孢菌（*Exserohilum lnonocera*）孢子颗粒剂防治稗草；另一项是用 *Epicocosorus nernatosorus* 控制水稻田较难防治的野荸荠（*Eleocharis koruguwai*）。最值得注意的是这两种生物除草剂品种都是针对发生严重、传播广泛的杂草，其潜在的市场规模巨大。它们的商品化不仅会带来很大的经济效益，而且必将会带来巨大的社会效益。

（二）国内真菌除草剂

1. 主要历程

早在1963年，山东省农业科学院植物保护研究所就首先将炭疽病菌培养物，用于防治大豆田间杂草菟丝子（*Cussuta chinensis*），后来该病菌被鉴定为菟丝子盘长孢状刺盘孢（又称胶孢炭疽菌菟丝子专化型）（*Colletotrichum gloeosporoides* f. sp. *cuscutae*），制成的产品名为“鲁保一号”。1966年后，应用“鲁保一号”控制菟丝子的生防措施被推广到全国20多个省、市、自治区，防治效果稳定在80%以上，成为世界上最早被应用于生产实践的生物除草剂之一，只可惜后来菌种有所退化，商品化研发包括配方、批量生产、技术专利和注册程序等方面一直未能跟上。不同研究者后继也获得了对菟丝子的其他菌株，从寄生于大豆的菟丝子扩大到为害果树的日本菟丝子和苜蓿（*Medicago sativa*）及其他牧草上的田野菟丝子（*Cuscttta campetris*）等，显示出广泛的应用价值。

20世纪80年代初，新疆哈密植物检疫站研制了由真菌尖镰孢（*Fusarium oxysporum* var. *orthoceras*）培养物组成的真菌除草剂“生防剂F798”，用于控制西瓜田的瓜列当（*Orobanche* spp.），进行了3年田间试验，防效达95%以上（田琪等，1982）。此高效、实用的成果还被推荐到苏联使用。在河南省北部进行杂草病原微生物资源调查，整理鉴定出19种杂草的病原菌30余种，其中蟋蟀草叶枯病原菌多节长蠕孢（*Helminthosprium nodulosum*）致病力强，田间自然抑草率86.4%。

针对稻田稗草，中国水稻研究所自20世纪90年代后期开始了微生物除草剂的研究工作，从自然感病杂草样品上分离获得大量稗草病原真菌，其中长蠕孢稗草专化型（*H. gramineum* f. sp. *echinochloae*）对稗草有较强的致病力，且对水稻、小麦、玉米、油菜等作物安全，具有开发潜力。从稗草病叶上分离到8种病原真菌，从中筛选出对稗草致病性强，对水稻安全的尖角突脐孢（*Exserohilum monoceras*）（陈勇等，1999）。

进入2000年以来，我国生物除草剂受到高度重视，进程加快，初步形成技术体系。以马唐-画眉草弯孢霉（*Curvularia eragrostidis*）、稗草-新月弯孢霉（*Culvularia lunata*）、稗草-禾长蠕孢菌（*Helminthosporium gramineum* f. sp. *echinochloa*）和蟋蟀草平脐蠕孢菌（*Bipolaris eleusines*）、加拿大一枝黄花-齐整小核菌（*Sclerotium rolfsii*）、空心莲子草-假隔链格孢菌（*Nimbya alternantherae*）、紫茎泽兰-链格孢菌（*Alternaria* spp.）等系列研究都取得了重要进展。

2. 研发主要进展

我国的真菌除草剂研究在菌种筛选、鉴定、大量培养、对杂草致病性、对主栽作物安全性以及诱发植物防卫反应等方面均取得了一定的进展。

（1）大量培养实例

单因素试验确定了禾长蠕孢稗草专化型固体发酵培养基最佳配方为：以珍珠岩为底物基质，添加4%米粉、1%豆粕粉、0.2% $Na_3PO_4 \cdot 12H_2O$、0.1% $MgSO_4 \cdot 7H_2O$。同样方法确定了长蠕孢稗草专化型HGE最佳培养条件为：培养基加水量40%，接入8%

菌悬液，28℃下培养14d，最高产孢量可达到1.22×10^7孢子/g干物质（段桂芳等，2011）。从广西自然感病稗草上分离的禾长蠕孢菌，其优化的产孢培养基配方为：100g孢子粉中添加33g珍珠岩粉末、25mL大豆油、49g羧甲基纤维素钠、10g表面活性剂SP-20、0.66g增效剂A，2.6mL增效剂B。在黑暗条件下28℃静置培养14d，黑光灯12h循环光照，诱导产孢。孢子最高产量可达1.12×10^7孢子/g干物质（杨爽，2011）。

（2）不同杂草靶标

针对苋类杂草，分离到对恶性杂草空心苋（*Alternanthera philoxeroides*，又名空心莲子草）专一的镰刀菌（*Fusarium philoceroides*）。该菌最适培养条件为马铃薯蔗糖琼脂培养基、25℃、pH值7.2；最佳侵染致病条件是接种浓度>10^5/mL，接种后保湿24 h并保持23~28℃。其菌体制剂和毒素液对空心苋具有很强致病作用，但对水稻等18种重要作物都没有不良影响，具有潜在的商业开发应用价值，该菌株已申请了专利（CN200810237209.4）。专化的链格孢菌（*Alternaria amaranthi*）对外来杂草反枝苋（*Amaranthus retroflexus*）具有抑制生长和致病作用，盆栽试验显示，接种水剂10^5孢子/mL和10^7孢子/mL时，在48h露期条件下，对反枝苋幼苗生长抑制率为35.55%和75.25%；露期对菌株致病力有较大影响，在不保湿条件下，抑制率只有26.43%。乳剂可减小对湿度（露期）的依赖，以Span 80∶Tween 80 =1∶3的复配乳化剂和大豆油制备菌株水乳剂，在无露期施用，对反枝苋的生长抑制率达到88.35%，在48h露期条件下的抑制率为90.59%（姜述君等，2010）。

针对野燕麦（*Avena fatua*），从青海的野燕麦感病植株、微孔草（*Microula sikkimensis*）病株根际土壤和草木樨（*Melilotus suaveolens*）植株分离到燕麦镰刀菌（*F. avenaceum*）、层出镰刀菌（*F. proliferatum*）和厚垣镰刀菌（*F. chlamydosporum*）。这3株镰刀菌都能够抑制野燕麦种子萌发，并强烈抑制植株的生长。盆栽生测法评价其对青海省主栽作物的安全性，表明对蚕豆、豌豆及油菜是安全的，但对小麦和青稞有较强侵染力（朱海霞等，2010）。另外，多孢木霉（*Trichoderma polysporum*）菌株HZ-31、叶枯菌（*Drechsleraa venacea*）等对野燕麦也具有防治潜力。

对于农田恶性杂草马唐（*Digitaria sanguinalis*），浙江师范大学通过遗传改良获得了强专性致病力，但不侵染水稻、棉花、玉米、大豆、小麦、花生等经济作物及主要草坪草的安全炭疽菌（*Colletotrichum hanaui*）Col-68。该菌株以蔗糖为碳源时有利于菌株的活性、产孢并提高对马唐生长的抑制，蔗糖浓度在30~50g/L时菌株产孢量以及对马唐根长抑制率较高；最适宜氮源为硝酸钠，最佳碳氮比则为2.5∶1。将菌株与低剂量的化学除草剂精吡氟禾草灵和阿特拉津复配时，对菌株孢子萌发具有一定增效作用，且在降低精吡氟禾草浓度小于15mg/mL和阿特拉津浓度小于100mg/mL时，对菌丝生长几乎无抑制。盆播试验表明，阿特拉津160mg/mL和精吡氟禾草灵12mg/mL浓度下与菌株孢子复配的防效显著高于单独使用时对马唐杂草的防除效果（赵美娜，2012）。

对于其他阔叶杂草，从青海省筛选到抑草活性好的PA-2、HZ-1和HL-1菌株，经鉴定分别为出芽短梗霉菌属（*Aureobasidium pullulans*）、极细链格孢菌属（*Alternaria tenuissima*）和植物内生真菌（Fungal endophyte）。对藜（*Chenopodium album*）、刺儿菜（*Cephalanoplos segetum*）、酸模叶蓼（*Polygonum lapathifolium*）、冬葵（*Semen Abutili*）、

猪殃殃（*Galium aparine*）有较强的致病性。安全性评价显示，这 3 株生防菌对小麦（*Triticum aestivum*）、蚕豆（*Vicia faba*）、青稞（*Hordeum vulgare*）、油菜（*Brassica napus*）、豌豆（*Pisum sativum*）的部分作物有轻微影响，但后期病情不扩展，即表现为相对安全（李永龙，2013）。

还有分离到对紫茎泽兰的专性病原菌如飞机草绒孢菌、链格孢（*Altemaria altemata*）等。根据中国专利局的数据统计，近 20 年我国申请的生物除草剂相关专利有 30 多项，国际专利 2 项，美国和日本专利各 1 项。涉及生防菌的有弯孢霉菌 *Curvularia eragrostidis*（ZL01134002. 9）、齐整小核菌 *Sclerotium rolfsii*（ZL200910030759. 3）、镰刀菌 *Fusarium* spp.（ZL03146132.8）、禾长蠕孢菌 *Helminthosporium gramineum* f. sp. *echinochloa*（ZL02102975. x）、蟋蟀草平脐蠕孢菌 *Bipolaris eleusines*（ZL200610155406. 2）、胶孢炭疽菌 *Colletotrichum* spp.（ZLO0I12506. 0）等，还有一些涉及的微生物的代谢产物，其中不乏具有原创性的专利技术。但由于种种原因，我国目前仍然还没有具有自主知识产权的成功商业化的生物除草剂品种。

（三）杂草种子处理新思路

研制生物除草剂的一般思路多是以控制生长中的杂草植株为目标，另一新思路是直接利用可杀灭土壤杂草种子的微生物。土壤处理的微生物除草剂的一个重要优点，就是不需要考虑茎叶处理所需的苛刻环境条件；此外，这种处理还能有持续效应，甚至于维持到多个生长季节。

最早报道的研究是 1984 年利用土壤真菌瓜类腐皮镰孢（*Fusarium solani* sp. *cucurbitae*）控制杂草得克萨斯葫芦。但是，由于供试菌株在土壤中能引起广泛种类的植物病害，导致研究没能受到足够重视。自 20 世纪 90 年代初以来，研究者在理论上对利用土壤微生物控制杂草进行了探讨，并尝试用微生物来控制土壤杂草种子库（Kremer 1993）。澳大利亚开展了利用小麦不孕病菌 *Pyrenophora semeniperda*（*Drechslera campanulata* 变种）控制一年生禾本科作物土壤杂草种子的研究，包括该真菌的生长和产孢、真菌与植物的互作，代谢产物的分离、鉴定和生物活性，田间试验技术、对小麦产量的影响等，推动了产品实用化的进程。燕麦叶枯菌（*Drechslera avenaceae*）除了作为防治野燕麦及黑麦草的茎叶处理的生物除草剂外，还考虑用于土壤处理，控制野燕麦等一年生禾本科杂草的种子。

四、真菌除草剂研发尚存的问题与建议

从已商品化的生物除草剂以及正在使用的品种看来，真菌除草剂的研究方向无疑是正确的。在人类日益关注由于化学除草剂的使用带来的环境污染和残毒背景下，市场渴求无污染、安全的新除草剂，为真菌除草剂的深入研究注入动力。进入 21 世纪以来，很多国家都计划在若干年内逐渐将化学除草剂用量减半，推动了生物除草剂研制和开发工作的迅速发展。

目前，生物类的除草剂选择非常有限，限制发展的主要因素有：被控制杂草种类繁多而且具有丰富的遗传多样性，生物除草剂（微生物）必须具有高度寄主专一性，多数菌株对温度、湿度和土壤等环境条件需求近于苛刻，工业化生产技术和设备不配套、配方研究技术落后、市场规模过小、生产和应用成本较化学除草剂过高，等等。

随着微生物除草剂活性和杀草机理研究的不断深入，可能逐步建立起杂草病原菌筛选模型，将使得植物病原菌的筛选摆脱大海捞针似的盲目性，对目标杂草的高效病原菌的研究的评价步骤更加简化、更具有条理性。

提高生物除草剂防效的途径之一是复配使用低量的化学除草剂或植物生长调节剂。在正常情况下，单独利用百日草链格孢（*Alternaria zinniae*）控制苍耳，不足以达到好的防效，如将其孢子和低量化学除草剂灭草喹混配，具有极显著的增效作用。还有决明链格孢（*A. cassiae*）和罗得曼尾孢（*Cercospora rodmarii*）和除草剂的混配增效研究等。低剂量的化学除草剂的作用是削弱杂草的防御机制，降低生长势，以有利于微生物的侵染，提高发病率，增强除草效果，二者取长补短，降低污染、增强防效。

真菌除草剂过度的专一性可能成为它应用面狭窄的原因之一，直接影响其实用性。现代基因工程和细胞融合技术的介入，可以重组自然界存在的优良除草基因（如强致病和产毒素等），为培育真菌除草剂品种，提高防效和改良寄主专一性提供了可能性。

第四章 病毒类微生物农药

目前病毒类微生物农药主要是病毒杀虫剂，仅有 1 例病毒除草剂获得注册。虽然有一些学者关注到感染真菌的病毒，其中一些引起植物病原真菌致病力等衰退的病毒可以用于植物病害的生物防治，但尚未有病毒杀菌剂的报道。

病毒杀虫剂是通过对专一的昆虫病毒进行人工培殖、收集、提纯、加工而成的以昆虫病毒作为有效成分的杀虫剂。在各类微生物农药品种中，昆虫病毒杀虫剂专一性强，作用机理独特，防治效果好，并且有对农产品质量、农业生态环境十分安全。联合国粮农组织和世界卫生组织于 1973 年就推荐昆虫杆状病毒用于农作物害虫的生物防治，并将昆虫病毒杀虫剂列为 21 世纪重点推广应用的生物防治技术，时至今日，病毒杀虫剂的研究已取得长足进步，作为生物农药在农林害虫防治中发挥重要作用。

第一节 昆虫病毒

一、种类及形态

昆虫病毒是指以昆虫为宿主并对宿主有致病性的一类病毒。

病毒具有严格的细胞内寄生性，它含有单一种核酸（DNA 或 RNA）的基因组和蛋白质外壳，没有细胞结构，缺乏独立的代谢能力，只能利用宿主活体细胞来复制其核酸，并合成由其核酸所编码的蛋白，最后装配成完整的、有感染性的病毒单位，即病毒粒子。病毒粒子是病毒从细胞到细胞或从宿主到宿主传播的主要形式。根据病毒粒子的核酸组成分为 DNA 和 RNA 病毒，根据病毒粒子外形可分为球状病毒、杆状病毒、砖形病毒、有包膜的球状病毒、有球状头部的病毒、封于包涵体（inclusion body）内的昆虫病毒等。

昆虫病毒种类繁多，至今发现的已超过 1 600 多种，主要包括核型多角体病毒、颗粒体病毒、质型多角体病毒、昆虫痘病毒和非包涵体病毒等，宿主涉及 11 目 43 科的 1 100 多种昆虫，主要属于鳞翅目。我国记录有从 7 目 35 科 200 多种昆虫分离的 300 多株病毒。

大多数昆虫病毒在宿主细胞内形成蛋白结晶性质的包涵体。包涵体内的病毒粒子只有当它们从包涵体中释放出来以后，才有侵染宿主细胞的能力。包涵体具有保护病毒免受不良环境影响的作用。除了形成包涵体的病毒外，还有许多不形成包涵体的昆虫病毒。

昆虫病毒的分类，在20世纪70年代基于昆虫病理学研究，根据包涵体的有无、形态、生成部位等特点，大体分成五类：①核型多角体病毒（*Borrelinavirus* 属），多角体于细胞核内形成；②质型多角体病毒（*Smithiavirus* 属），多角体于细胞质内出现；③颗粒体病毒（*Bergoldiavirus* 属），椭圆形颗粒状包涵体存在于细胞核或细胞质内；④昆虫痘病毒（*Vagoiavirus* 属），椭圆形与纺锤形包涵体存在于细胞质内，但纺锤形包涵体是不包埋病毒粒子的；⑤非包涵体病毒（*Moratorvirus* 属），不形成包涵体，病毒粒子游离地存在于细胞质内或细胞核内。然而，随着昆虫病毒的数量和种类日益增加，分类方法进一步完善和逐渐成熟。根据"Virus Taxanomy"（1999），昆虫病毒可分为7个科。①杆状病毒科（*Baculoviridae*），含核型多角体病毒属（*Nucleopolyhedrovirus*）和颗粒体病毒属（*Granulovirus*）；②呼肠孤病毒科（*Reoviridae*），含质型多角体病毒属（*Cypovirus*）；③痘病毒科（*Poxviridae*），含昆虫痘病毒亚科（*Entomopoxvirinae*）；④细小病毒科（*Parvoviridae*），含浓核病毒亚科（*Densovirunae*）；⑤虹彩病毒科（*Iridoviridae*），含虹彩病毒属（*Iridovirus*）；⑥弹状病毒科（*Rhabdoviridae*），含西格马病毒属（*Sigmavirus*）；⑦微核糖核酸病毒科（*Picornaviridae*），含肠道病毒属（*Entervirus*）。在实际研究、开发和产品命名中，大多数研究者仍采用或保留原先的分类名称。

现已知的昆虫病毒60%以上为杆状病毒科的核型多角体病毒（NPV）和颗粒体病毒（GV）。NPV和GV形态存在明显差异，NPV包涵体包埋多个病毒粒子，呈不规则多角体形状，而GV仅仅包埋1个病毒粒子，呈圆形或卵圆形。其中，NPV根据病毒粒子囊膜内核衣壳的数目又划分为单粒包埋型核型多角体病毒（SNPV）和多粒包埋型核型多角体病毒（MNPV）。杆状病毒在复制周期中产生2种不同类型的病毒粒子，即出芽型病毒（Budded virus，BV）出芽型病毒（Budded virus，BV）和包涵体衍生型病毒（Occlusion-derived virus，ODV）（Horton et al.，1993）。感染鳞翅目昆虫的NPV又根据BV中是否含有GP64蛋白分为2类：Group Ⅰ 和Group Ⅱ。Group Ⅰ 的NPV利用GP64作为BV的融合蛋白，而Group Ⅱ 的NPV由于缺少 *gp64* 基因，由F蛋白代替作为BV的融合蛋白。基于基因组特征，杆状病毒可分为4个属：α杆状病毒属（*Alphabaculovirus*，感染鳞翅目昆虫的NPV）、β杆状病毒属（*Betabaculovirus*，感染鳞翅目昆虫的GV）、γ杆状病毒属（*Gammabaculovirus*，感染膜翅目昆虫的NPV）、δ杆状病毒属（*Deltabaculovirus*，感染双翅目昆虫的NPV）（Jehle et al.，2006）。杆状病毒宿主覆盖了800多种昆虫及某些无脊椎动物，是研究最深入、应用最广泛的昆虫病毒种类。

二、侵染特性和机理

昆虫病毒具有高度专一的侵染特性和种群传播性。已发现的昆虫病毒大多数源自鳞翅目（Lepidoptera）夜蛾科（Noctuidae）昆虫，膜翅目（Hymenoptera）双翅目（Diptera）和鞘翅目（Coleoptera）占有一定比例。不同毒株的宿主种类范围很窄，一般只侵染一种或相近种的昆虫。在600多种昆虫杆状病毒中仅发现3种病毒有相对较广的宿主范围，即甘蓝夜蛾核型多角体病毒、苜蓿银纹夜蛾核型多角体病毒和芹菜夜蛾核型多角体病毒。

昆虫病毒入侵宿主和致病的机理并未研究清楚，需要充分了解其分子特征及其与宿主的相互作用。有关研究主要从昆虫病毒的基因组分析，预测基因的系统进化和功能分析，也有一些对有关编码蛋白的结构、定位和功能的研究报道。

在基因组学方面，最早报道的是苜蓿银纹夜蛾核型多角体病毒（Autographa californica multiple nucleopolyhedrovirus，AcMNPV）C6 株的全基因组序列（Ayres et al.，1994），该病毒被公认为杆状病毒的模式种。至今已有 70 多种昆虫杆状病毒完成全基因组测序，这些病毒基因组大小为 80～230kb 不等，G + C 含量 29%～58%，编码 89～181 个开放阅读框（ORF）。这些 ORF 几乎均匀地分布在基因组 DNA 的 2 条链上，转录方向没有偏好性，基因之间的间隔序列非常短，甚至基因之间有重叠。非编码区占 10%左右，主要由基因启动子序列、基因上游或下游非编码区和同源重复区（Homologous regions，hrs）组成。基因组被包裹在长度为 230～385nm、直径为 40～60nm 的杆状核衣壳中。具体病毒的基因组信息可从 GenBank 数据库中获得。现已知杆状病毒有 38 个核心基因，功能涉及复制、转录、感染、装配释放及与宿主相互作用。杆状病毒的出芽型病毒粒子（BV）和包涵体衍生型病毒粒子（ODV）具有相同的核衣壳结构但囊膜组分不同，在病毒感染过程中的作用存在明显差异，BV 是杆状病毒在昆虫体内传播或在培养细胞中传播所必需的，而 ODV 在杆状病毒经口感染宿主过程中发挥重要作用（Keddie et al.，1989；梁振普等，2018）。

对苜蓿银纹夜蛾核型多角体病毒（AcMNPV）包涵体衍生型 *odv-e25* 基因的分子生物学及其侵染过程中的作用有较细致的研究报道。这是一种囊膜蛋白编码基因，在感染后 18h 可检测到 ODV-E25 蛋白的表达，属于晚期基因。免疫荧光定位 ODV-E25 主要分布于感染细胞核的 Ring-Zone 区域。Western blotting 证明 ODV-E25 是 BV 和 ODV 共有的结构蛋白。odv-e25 缺失后会影响病毒的复制效率，BV 产量下降，病毒滴度明显降低，但仍可完成复制，不会影响核衣壳的形成。但是，缺失 odv-e25 的病毒不能产生核内微泡，进而影响核衣壳包膜成熟和 ODV 的形成，以及影响 ODV 包埋入多角体。与自身启动子的作用比较，在极早期基因-1（immediately early1，ie-1）启动子下 odv-e25 基因表达量下调，转染细胞后病毒可以形成核内微泡，但是核衣壳不能被包膜形成正常的 ODV；而在极晚期基因多角体（polyhedrin，ph）启动子下 odv-e25 基因表达量上调，转染细胞后病毒可以同自身启动子作用一样形成核内微泡，核衣壳被包膜形成 ODV，而且 ODV 被正常包埋入多角体（陈琳，2013）。

在编码蛋白结构与功能研究方面，通过分别构建马尾松毛虫质型多角体病毒（DpCPV）蛋白 P44 和 P50 的原核和真核表达载体，实现了 2 个蛋白的原核表达和真核共表达，并通过免疫印迹反应证明了这 2 种编码蛋白间的相互作用（彭晗，2015）。对家蚕杆状病毒 Niemann-Pick C1（BmNPC1）的研究显示，NPC1 结构域 C 直接与糖蛋白 GP64 特异性结合；结构域 C 特异性的多克隆抗体可抑制 BmNPV 感染，杆状病毒利用胆固醇转运蛋白 NIEMANN-Pick C1 进入宿主细胞（Li et al.，2019）。

昆虫杆状病毒的分子生物学研究促进了对病毒组装及感染周期的认识，对指导毒株基因的人工改良促进病毒杀虫剂研发具有重要的理论意义。

第二节 病毒杀虫剂的研发

一、昆虫病毒株系改良

（一）基因工程策略及操作系统

昆虫病毒宿主范围小即杀虫谱窄，从侵入到毒杀昆虫过程需要较长时间，还有对紫外光敏感等特性，都是作为杀虫产品应用的缺陷，需要针对宿主范围、致毒能力、杀虫速效性等进行株系改良。

采用基因工程方法改良毒株主要有三种策略，一是插入对昆虫有特异性的毒素基因，如 B. t 毒素基因、利尿激素基因、保幼激素酯酶基因和螨、蜘蛛及蜂毒的神经毒素基因；二是通过野生型病毒基因组中的蜕皮激素甾体-UDP 葡萄糖基转移酶基因（*egt*）进行缺失改造，来改善杀虫效果和缩短杀虫时间；三是在昆虫病毒中插入增效蛋白基因以增强病毒的侵染性，达到增效的目的。

为了进行基因操作，需要构建适宜的病毒表达系统。昆虫杆状病毒是最大的环状单一双链 DNA 病毒，其基因组在 80~230kb，能够编码上百种蛋白质。巨大的 DNA 在昆虫细胞核内复制后，组装在杆状的核衣壳内。由于昆虫杆状病毒 DNA 具有大量的非复制必需区，能容许基因缺失或替换，且其较大的柔软性，能容纳大片段外源 DNA 的插入，为基因重组提供了广阔空间。杆状病毒表达载体系统（baculovirus expression vector system，BEVS）是一个以昆虫杆状病毒（主要是 NPV）为外源基因载体，以昆虫和昆虫细胞为受体的表达系统。苜蓿银纹夜蛾核型多角体病毒（AcNPV）、家蚕核型多角体病毒（BmNPV）、粉纹夜蛾核型多角体病毒（TnNPV）和柞蚕核型多角体病毒（ApNPV）是研究利用最多的载体，国际上普遍采用 AcNPV 和草地贪夜蛾细胞系统作为杆状病毒表达载体系统作为研究模型。

重组昆虫杆状病毒的构建关键在于构建转移载体质粒。其基本要点是在基础质粒（如 pUC 质粒）上插入多角体蛋白基因及其两端侧翼，并在多角体蛋白基因启动子之下的编码区产生缺失，去除编码序列，然后在此缺失部位插入多接头，用于外源基因的克隆。用此载体与亲本病毒共转染昆虫细胞，利用载体中多角体蛋白基因的两端侧翼与亲本病毒 DNA 之间的同源性进行重组，从而获得含外源基因的重组病毒。从理论上讲有两种重组体形成方式，它们仅在于外源基因与杆状病毒基因组重组的方式不同，即在昆虫细胞胞内或者在昆虫细胞胞外进行。根据不同目的和需要，研究人员已成功构建了各种的转移载体质粒。通过构建杆状病毒表达系统，实现了昆虫病毒的基因改造，提高杀虫毒力或扩大了杀虫谱。

（二）增效因子

昆虫病毒自身的生物学特性决定了其杀虫活性较低和杀虫速度较慢，限制了作为杀虫剂的推广应用。研究发现，一些增效因子能够改善昆虫病毒的杀虫活性或杀虫速度。基于对杆状病毒的研究，发现昆虫病毒的增效因子主要有以下几类，它们以不同方式影响昆虫围食膜的完整性和渗透性，或通过促进病毒粒子与中肠微绒毛吸附并介导病毒粒子与中肠上皮细胞融合来实现增效功能。

1. 蛋白类增效因子

杆状病毒增效蛋白（Enhancin）是由病毒基因组编码的一种磷脂蛋白，内含保守的锌离子结合位点，具有金属蛋白酶的特征，能增强多种 NPV 对昆虫幼虫的感染力。作为生物杀虫剂的增效因子，可有 3 种用途：一是用作活性添加成分，如将原核或真核表达的 *enhancin* 添加到微生物杀虫剂中以提高其杀虫活性，但需要先解决 *enhancing* 易降解的问题；二是通过基因工程将 *enhancin* 基因导入病毒基因组中，构建重组病毒并表达有活性的 Enhancin，提高杀虫活性；三是将 *enhancin* 基因导入植物基因组中，使植物表达 Enhancin 以辅助防治害虫，如转 *enhancin* 基因烟草。

昆虫痘病毒纺锤体蛋白（Fusolin）由昆虫的痘病毒在宿主细胞质中形成一种纺锤形的包涵体，编码基因 *fusolin* 与杆状病毒 *gp*37 基因序列具有较高同源性。从不同昆虫痘病毒获得的纺锤体都显示出良好的增效作用，尤其值得关注的是，纺锤体对 NPV 的增效作用几乎不受非生物因素如温度、紫外线、有机溶剂等的影响，非常有利于投入田间应用。

昆虫杆状病毒的 *gp37* 基因与 *fusolin* 基因具有较高的同源性。氨基酸序列分析表明，GP37 与 Fusolin 之间有 30%～40%的同源性，且都由 3 个明显不同的区域组成，即 N 端的信号肽、中间的几丁质结合域及 C 端非保守区。序列的同源性暗示 GP37 可能也具有类似 Fusolin 的增效功能。并且用甜菜夜蛾核型多角体病毒实验证明了 GP37 的增效作用（Liu et al.，2011）。

2. 酶类增效因子

几丁质酶（Chitinase）是对昆虫几丁质具有专一性水解作用的酶。大多数 NPV 以及个别 GV 基因组中都被证实有 *chitinase* 基因的存在。几丁质酶分为 ChiA 和 ChiB 两类，目前鉴定出的昆虫杆状病毒 Chitinase 大都属于 ChiA。除了具有几丁质水解作用外，Chitinase 还具有增强微生物杀虫活性的功能，例如整合了外源 *chitinase* 基因的 AgMNPV 杀虫活性显著上升。此外，Chitinase 本身也具有杀虫活性，使病毒产品的应用更具优势。

组织蛋白酶基因（*v-cath*）存在于大多数 NPV 及个别 GV 基因组中。早期研究主要聚焦于 Cathepsin 对宿主组织的降解（液化）。通过构建缺失 *v-cath* 基因的重组病毒，证实了 Cathepsin 对宿主昆虫组织的降解功能（Slack et al.，1995）；Cathepsin 可与 Chitinase 协同作用，促进病毒对宿主昆虫的组织液化和致死作用（Hawtin et al.，1997）；将 *v-cath* 基因转到烟草中表达，明显提高了烟草抵御棉铃虫为害的能力（Zhang et al.，2008）。昆虫基因组中也发现有 *v-cath* 基因，但昆虫 Cathepsin 的杀虫活性还仅限于实验室研究。

3. 其他增效因子

一些化学物质可用于保护昆虫病毒活性或协同病毒增强杀虫活性。

荧光增白剂（Calcofluor）可用作昆虫病毒等微生物杀虫剂的紫外保护剂，通过避免或减少紫外线的伤害而达到增效的目的。已实验证明有效的荧光增白剂有 Tinopal、FB28、M2B 等，可使昆虫病毒的杀虫活性提高几百倍甚至上千倍。

抗紫外的纳米材料可用于昆虫病毒的活性保护。例如，将与纳米 ZnO 特异性结合的肽融合到杆状病毒多面体包膜蛋白（PEP）N 末端和中间柔性区域（NM 区域，1~167aa），经 UV-B 照射检测，表明杆状病毒的抗紫外线性能提高约 9 倍；盆栽实验表明，结合纳米 ZnO 颗粒的重组杆状病毒半衰期为（3.3±0.15）d，明显长于对照病毒的半衰期（0.49±0.06）d（Li et al.，2015）。

几丁质合成抑制剂可用作昆虫病毒等微生物杀虫剂的协同增效剂，其原理是抑制昆虫几丁质合成酶的活性。当昆虫食用后，几丁质合成抑制剂可以影响围食膜的结构，加速病原微生物对昆虫的侵染，提高杀虫效率。例如氟啶脲（Chlorfluazuron）不仅对大部分鳞翅目、鞘翅目和双翅目的幼虫和卵有良好防治效果，而且能够影响 SpltNPV 对斜纹夜蛾的侵染力，导致幼虫死亡率由 41.7%上升至 84.7%，同时 LT_{50} 由 196.8h 降低到 141.2h（Guo et al.，2007）。

（三）毒株基因改良实例

近年研究提出了快速稳定构建重组杆状病毒的方法，该方法在 Ac Bacmid 的基础上，通过 λRed 同源重组技术敲除病毒基因组 lef2 和 orf1629 基因的 3′端部分序列获得 RDAc Bacmid-DualKo，并用 Bsu36 Ⅰ线性化之后，经重叠 PCR 获得 5′端和 3′端各含有 50 bp 同源臂及以绿色荧光蛋白（*GFP*）基因，作为外源基因的表达盒片段，再将线性化杆状病毒载体片段与表达盒片段共转染 sf9 细胞，3~4d 即可获得重组杆状病毒 rvAcBacmid-GFP。SDS-PAGE 和 Western blot 检测表明，被 rvAcBacmid-GFP 感染的 sf9 细胞能高效表达绿色荧光蛋白。该方法通过线性化复制缺陷型杆状病毒载体和携带有同源臂及外源基因的重叠 PCR 片段，在胞内完成同源重组，获得重组杆状病毒，避免了烦琐的病毒空斑纯化和分子克隆操作，获得的重组杆状病毒中无不稳定因子 BAC 及影响下游应用研究的抗性基因，为快速构建重组杆状病毒高效表达外源基因及相关研究应用提供了新的技术平台（郝雪敏，2016）。

目前，杆状病毒已广泛用作生物杀虫剂和多种用途的外源蛋白表达载体。就昆虫病毒杀虫剂本身而言，已经获得一些成果，主要有以下几个方面：①缺失内源基因增加杀虫效果。如将 AcMNPV 中的蜕皮相关基因 *egt*（ecdysteroid UDP-glucosyl transferase gene）缺失，重组病毒会减少昆虫的摄食，从而提高感染昆虫的死亡率。②插入外源基因提高杀虫速度、降低害虫对病毒的抗性。如插入昆虫专性神经毒素基因、昆虫保幼激素酯酶基因、增效蛋白基因、蛋白酶基因、利尿激素基因等构建的重组病毒，大大缩短了害虫的发病时间。③内源基因过量表达。如过量表达 *vfgf* 基因的重组 AcMNPV 明显加速了寄主死亡。④对病毒基因组中特定的基因进行修饰拓宽杆状病毒宿主域。如将源自舞毒蛾核型多角体病毒（Lymantria dispar multiple nucleopolyhedrovirus，LdMNPV）的 *hrf*-1 基因插入 AcMNPV 中，重组 AcMNPV 病毒可以在舞毒蛾细胞中复制。随着对重组病毒的深入研究，克服了杆状病毒的缺点，也为增强病毒的杀虫功能提供了可能。

基因重组病毒的相关研究已取得重要进展，例如，中山大学首次完成了斜纹夜蛾

NPV-DNA 基因组全序列测定，并首次成功获得系列携带蝎毒基因的重组甜菜夜蛾核型多角体病毒（SeMNPV），其杀虫效果明显提高，其中一株缺失 *egt* 且含 *gfp* 标记基因的重组杆状病毒（seXDI）和另一株携带蝎素基因的重杆状病毒 TnAT35 均已获准田间释放。中国科学院武汉病毒研究所已成功构建了缺失 *egt* 的重组棉铃虫病毒（HaSNPV-Δegt）以及缺失 *egt* 基因同时表达蝎毒（*AaIT*）基因的双重重组棉铃虫病毒（HaSNPV-AaIT）也获准田间释放，并进行了中试生产。另外，还有缺失 *egt* 的甜菜夜蛾 NPV 和转苏云金杆菌杀虫晶体蛋白的 AcNPV 等构建成功，并进入了田间试验。西北农林大学也通过 λ-红同源重组系统替换 *egt*，构建了表达古巴黑脚朱蝎（*Rhopalurus junceus*）的昆虫选择性神经毒素（RjAa17f）的重组棉铃虫核型多角体病毒，该重组毒株 RjAa17f-HearNPV 对棉铃虫 3 龄幼虫的致死中浓度（LD_{50}）显著降低了 56.9%，半数生存期（ST_{50}）显著降低了 13.4%（Yu et al.，2017）。

昆虫杆状病毒表达载体系统（Baculovirus expression system，BEVS）日益成熟，已经成为基因工程四大表达系统之一，在生物农药、生物医药、食品等基因工程产品研发和生产中发挥重要作用（Brickey，1990），表达的外源基因达上千种，本书在此不展开叙述。

二、昆虫病毒的分离鉴定和增殖培养

（一）分离鉴定

昆虫病毒一般可从昆虫体上分离或从土壤分离。虫体分离法是将感病虫体匀浆后进行差异离心、蔗糖密度梯度离心、氯化铯等密度离心等过程，分离获得高浓度的病毒粒子。病毒鉴定一般包括电镜观察形态、SDS-聚丙烯酰胺凝胶电泳分析蛋白组成和分子量、DNase Ⅰ 和 RNaseA 消化实验以及变性琼脂糖凝胶电泳分析基因组的 RNA 分子组成（单链或双链）及大小，与已知病毒特征比较，初步判断可能的病毒类型。进一步的鉴定，需要通过免疫分析明确其抗原性、全核苷酸序列分析确定序列及其结构特征，并经过数据库中搜索比对，确定所分离病毒的类型为所属已知种类或推测为新种类。

例如，从罹病的马尾松毛虫（*Dendvolimus puncfatus*）分离到一种病毒粒子，经负染电镜观察为均一的二十面体球形结构，直径约为 40nm，暂定名 DpTV。SDS-聚丙烯酰胺凝胶电泳分析表明壳蛋白组成与 NωV（Nudaurelia ω virus）非常相似，含两种壳蛋白，分子量约为62 500Da 和6 800Da。DNase Ⅰ 和 RNaseA 消化实验以及变性琼脂糖凝胶电泳结果显示，DpTV 基因组由两条单链 RNA 分子组成（RNA1 和 RNA2），大小分别为 5.5kb 和 2.5kb。DpTV 的这些理化特性都符合 T4 病毒科松天蛾 ω 类似病毒属的分类特征。免疫分析表明 DpTV 和 NωV 之间具有抗原关系，说明这两者之间的亲缘关系较为密切；提取 DpTV 基因组 RNA，采用 RACE 方法测定了 DpTV RNA1 和 RNA2 的全核苷酸序列，并分析了它们的核苷酸组成含量、3′端和二级结构特征，以及开放阅读框编码的氨基酸残基数量和推测蛋白质分子量、等电点等特性。经过与数据库 BLAST 搜索比对，显示 DpTV RNA1 的核苷酸序列与 HaSV（Helicoverpa armigera stunt virus）RNA1 的序列同源性为 61%。RNA2 有两个有意义的 ORF，且两者部分重叠。DpTV 的 p17 蛋白氨基酸序列没有保守区，但与 HaSV 的 p17 蛋白的同源性为 44%，二者都是一种功能未知的 PEST 蛋白质。对壳蛋白前体 p17 和复制酶 p180 蛋白同源性比对分析证明了 DpTV 是 T4 病毒科松天蛾 ω 类似病毒属的一个新成员的分类地位（易福明，2005）。

虽然昆虫病毒不能在土壤中生长繁殖，但是它在土壤里相当稳定，土壤是其良好的天然贮库，对昆虫病毒病的流行起着极为重要的作用。在田间喷撒或自然疾病暴发后，保持在土壤中的病毒，不仅是引起以后各代害虫自然流行病的重要病毒源，而且是能够维持病毒产生长期影响的作用物。例如，黄杉毒蛾（*Orgyia pseudotsugata*）的核型多角体病毒能在土壤中保存达 11 年之久，而且保持活性。从土壤提取多角体病毒的方法步骤主要是：①用解吸附剂把多角体病毒从土壤颗粒中洗脱下来。建议用 0.1% 十二烷基硫酸钠、0.05mol/L 焦磷酸钠或 2%～4% 氯化钾溶液等，1g 土壤加解吸附剂 9mL。②多角体病毒的提取采用离心分离法，基本步骤过程可参考如图 4-1 所示。

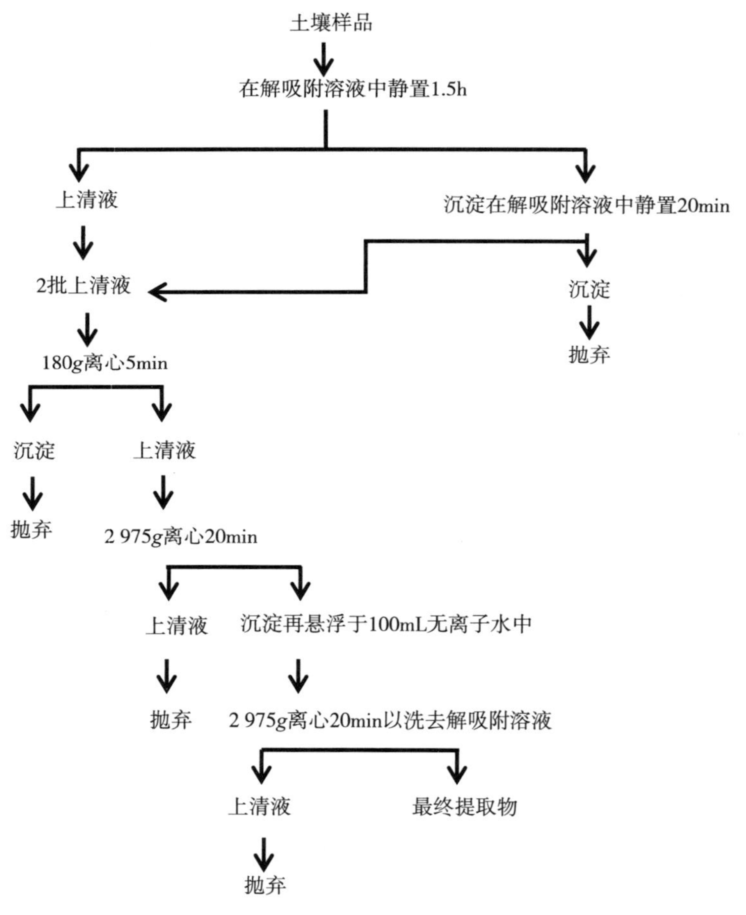

图 4-1　离心分离法提取多角体病毒流程

（参 Evans，1980；洪华珠，1981）

从土壤提取多角体病毒的方法还有两相系统提取法，即由葡聚糖和聚乙烯二醇组成，所含比例为：20%葡萄糖溶液 5mL，40% 聚乙烯二醇 6 000 溶液 2mL。提取步骤：

①土壤解吸附样品液 10mL，最后用蒸馏水把总混合液补加到 18.5mL，充分搅动，放置冷处过夜，使之自然分成层，被洗脱下来的多角体病毒进入上层的聚乙烯二醇层；②上层用等体积的蒸馏水稀释，650g 离心 1h，以沉淀得到多角体病毒；③多角体病毒的纯化。为了去除提取物中的少量矿物质和腐殖质微粒，可采用密度梯度离心可以得到纯净的多角体（Hukuhara，1977）。

（二）培养增殖

昆虫病毒需通过细胞或活体宿主培养获得增殖，但以细胞培养法来大规模生产昆虫病毒还不太现实，目前多采用活体宿主来增殖，一般的工艺流程如图 4-2。实例可参考棉铃虫多角体病毒（HearNPV）杀虫剂的生产流程（图 4-3）。在培养增殖大菜粉蝶颗粒体病毒（PbGv）中，以 3 种浓度病毒液饲喂不同龄期的幼虫，分别持续饲喂 24h、48h 和直至死亡或化蛹，结果表明，影响病毒产量的最主要因子是饲毒时宿主幼虫的虫龄，其次是饲毒浓度。饲毒浓度与虫龄组合、病毒浓度与饲毒持续时间组合也有显著影响。在四龄后期采用 1.15×10^{7} 颗粒体/mL 的浓度饲喂 24h，得到了最高的产量。每头病死幼虫的平均颗粒体含量达 $10^{9\sim11}$ 颗粒体，与死亡时体重有极显著相关性（胡翠，1985）。

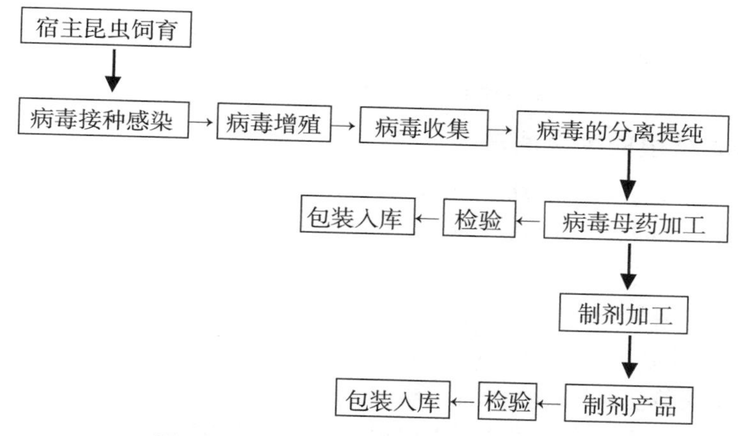

图 4-2　病毒杀虫剂产业化一般工艺流程

一种提高昆虫病毒增殖效率的方法获得专利，该方法是通过基因工程方法构建工程菌株，表达、纯化获得昆虫病毒增效蛋白，通过体外爆破昆虫病毒包涵体获得的病毒粒子，二者混合感染大龄昆虫幼虫，使其体内高效增殖病毒。并利用昆虫病毒增效蛋白和病毒粒子复配，提高昆虫病毒杀虫活性、提高生防效率（孟小林等，2002）。

一种昆虫细胞无血清培养基是以专用昆虫细胞培养的 TC-100 和 TC-199-MK 培养基混合液为基础，补加微量元素、适量维生素、甘油、肌苷等成分，可支持小菜蛾细胞（Px 细胞）的生长和苜蓿银纹夜蛾核型多角体病毒（AcMNPV）在其中复制（刘冬连，1994）。

在杆状病毒的生产技术方面，用昆虫激素类似物可以提高病毒的产量。例如，利用保幼激素类似物 Methoprene 处理斜纹夜蛾幼虫，使斜纹夜蛾病毒感染死亡率、单头幼

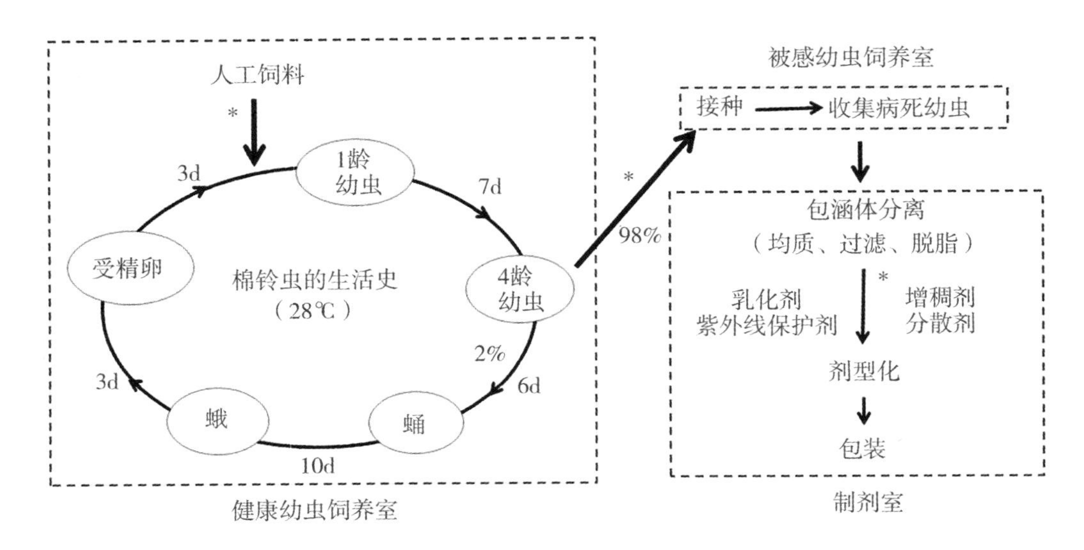

图 4-3　HearNPV 杀虫剂生产的示意图（仿自 Sun et al.，2015）

（带 * 的步骤可由机器人执行）

虫平均病毒含量和总病毒量均显著高于未处理组，病毒总量比未处理组提高 227%（刘永平，2006），该技术对降低病毒杀虫剂的生产成本具有重要意义。

（三）培养增殖的突变问题

昆虫病毒的连续生产易受 DNA 突变的影响，并随后产生有缺陷的干扰粒子（Defective interfering particles，DIP），影响病毒杀虫剂的作用效果。然而，DIP 的产生难以避免，且评估 DIP 的状况一直难以进行。最近报道了预测杆状病毒感染昆虫细胞中 DIP 基因组长度分布的蒙特卡洛模型。作者以杆状病毒为示例，提出了一个详细的种群平衡模型用于细胞-病毒培养，该模型可预测 DIP 种群的基因组长度分布及其相对比例。使用动力学蒙特卡洛算法对该模型进行了模拟，结果与实验结果吻合良好。使用该模型证明了将 DIP 比例保持在最大和最小限度附近是一种实用策略（Ashok Das et al.，2020）。这个模型不仅对杆状病毒而且对其他 DNA 和 RNA 病毒都有参考意义。

三、病毒杀虫剂产品与应用

已成功开发为生物杀虫剂的昆虫病毒有 4 个科，分别是杆状病毒科、呼肠孤病毒科、痘病毒科和细小病毒科。杆状病毒科的核型多角体病毒（NPV）和颗粒体病毒（GV）应用最为广泛，呼肠孤病毒科的质型多角体病毒（CPV）、痘病毒科的昆虫痘病毒（Entomopox virus，EPV）和浓核症病毒（Densonucleosis virus，DNV）也有一定范围的应用。

昆虫杆状病毒用作杀虫剂的研究可追溯到 120 多年前。1892 年德国第 1 次用模毒蛾（*Lymantria monacha*）核型多角体病毒防治松林害虫；1913 年，美国用舞毒蛾核型多角体病毒进行了田间防治舞毒蛾的试验；20 世纪 30 年代北美有效地使用杆状病毒防治松黄叶蜂；1940 年澳大利亚首次空中喷洒黎豆夜蛾核型多角体病毒防治黎豆夜蛾；1973 年棉铃虫核型多角体病毒获得美国环境保护局批准，成为世界上第 1 个正式注册的病毒杀虫剂商品。随后，美国有 30 多种杆状病毒杀虫剂相继商品化或实验性质的杆状病毒杀虫剂被开发出来，包括棉铃虫 NPV、松黄叶蜂 NPV、黄纹夜蛾 NPV、甜菜夜蛾 NPV、粉纹夜蛾 NPV、黄杉毒蛾 NPV、舞毒蛾 NPV、莲纹夜蛾 NPV、菜粉蝶 GV、印度棕榈独角仙 NOV（非包涵体病毒 nonoccluded virus）等。

在产品应用上，1982 年在英国哥伦比亚省的 Kamloops 林区，应用飞机喷洒核型多角体病毒（Virtuss），对 4 块 $10hm^2$受黄杉毒蛾（*Orgyia pseudotsugata*）1 龄期为害的花旗松林样地进行了试验，其中一块林地喷洒乳油稀释的病毒悬浮液，按使用推荐剂量 2.5×10^{11} PIB/hm^2（PIB 为多角体包涵体）；另一块样地喷洒糖蜜水稀释的病毒悬浮液；其他两块样地喷洒乳油稀释的病毒悬浮液，用量分别为 8.3×10^{10} PIB/hm^2 和 1.6×10^{10} PIB/hm^2（推荐剂量的 2/3 和 1/3）。与对照相比，喷洒病毒 6 周后，使用最低病毒剂量样地的虫口降低 65%，而其余 3 块样地虫口降低 87%～95%。镜检发现幼虫的病毒感染率高达 85%～100%，处理样地虫茧羽化率只有为 4%～19%，卵块密度降低 90%～97%。1/3 推荐剂量的足以达到防治要求，与乳油混合使用是可行的（Otvos et al., 1990）。

巴西 1999 年应用黎豆夜蛾 NPV 防治大豆害虫，面积近 1 000khm^2，是早期应用杆状病毒最成功的例子，经推广应用，每年可节省 1 100 万美元，同时还减少了 1 700 万 t 化学农药的使用。美国推广应用棉铃虫 NPV 制剂防治棉花、玉米、高粱、烟草等作物上的棉铃虫和烟草夜蛾等害虫，效果相当于常用的化学农药。在 FAO 和 WHO 的积极倡导下，昆虫病毒杀虫剂在全球迅速扩展，20 多个国家在短期内注册和应用了 40 多种昆虫病毒杀虫剂，其中棉铃虫核型多角体病毒是最广泛的一类，昆虫病毒杀虫剂在全球迅速扩展。

我国 20 世纪 60 年代初开始使用昆虫病毒作为生物防治剂，70 年代中期研发工作得到广泛重视，进入快速发展期。1993 年第一个昆虫病毒杀虫剂——棉铃虫核型多角体病毒制剂获得注册，正式进入商品化，通过不断改进和推广，该产品成为生产和应用最为广泛的病毒杀虫剂，年产达到 200～400t，年应用面积达 200 万亩次。近 20 年昆虫病毒领域无论在基础理论还是应用开发均取得了长足进步，在国际上产生重大影响。仅 2000—2002 年，就有 6 种利用不同昆虫病毒为主体的杀虫剂研制成功，皆拥有中国自主知识产权。2005 年时，我国已有 20 多种昆虫病毒制剂产品获得登记。2014 年，我国注册的病毒杀虫剂产品达到 57 个（Sun，2015）。2015 年 8 月，国内一家昆虫病毒杀虫剂企业登陆中国股市新三板，意味着微生物农药作为高新技术受到世人关注并获得股票市场资金支持。近年来，国内年产约 1 600t 病毒杀虫剂，约占杀虫剂总产量的 0.2%。截至 2019 年 12 月，我国共有 12 种昆虫病毒的 74 个产品登记在册，病毒类型有杆状病毒科的核型多角体病毒（NPV）、颗粒体病毒（GV）和质型多角体病毒（CPV），其中登记最多的为棉铃虫核型多角体病毒，进入大田试验主要用于小菜蛾、甜菜夜蛾、棉铃虫、银纹夜蛾等害虫的生物防治。此外，甘蓝夜蛾核型多角体病毒登记也较多，它的杀虫谱较广，对 32 种鳞翅目昆虫有很好的防治效果，其中对二化螟、稻纵卷叶螟、小菜蛾、棉铃虫、甜菜夜蛾、甘蓝夜蛾、烟青虫、尺蠖、黄地老虎和黏虫等危害比较大的虫害有很高的杀虫活性。大面积应用的还有赤松毛虫质型多角体病毒（CPV）、棉铃虫和油桐尺蠖核型多角体病毒（NPV）和菜粉蝶颗粒体病毒（GV）等病毒杀虫剂，都取得了较好的防治效果。当前病毒杀虫剂注册登记的详情请参见第八、第九章。

田间应用昆虫病毒杀虫剂的方法一般都是喷雾或喷洒在植物上，被昆虫取食后造成感染。感染核形多角体病毒的昆虫约 10d 左右即可死亡；感染质形多角体病毒的昆虫 10~20d 死亡；颗粒病毒可使感毒昆虫在 4~5d 死亡。

四、复合的病毒杀虫剂

在昆虫病毒制剂方面，尽管我国已有多家企业登记注册了单一的病毒制剂，但真正只生产单一病毒剂型产品的企业却很少。由于昆虫病毒毒株宿主范围窄，杀虫速度慢的限制。为了满足市场要求，出现了一些不同病毒的混剂或病毒与其他药剂的混剂产品。

首先是不同病毒的混合制剂。例如，木毒蛾质型多角体病毒、核型多角体病毒和颗粒体病毒按 6∶3∶1 配比的混合制剂防治木毒蛾效果最佳（刘成亨，2001）。与其他药剂的混剂主要有两类：一类是病毒与低残毒化学农药复配的“生化”病毒复合杀虫剂，该杀虫剂可以大大降低化学农药用量，克服病毒自身缺陷，从而大大提高防效，如棉铃虫 NPV-辛硫磷复合杀虫剂，甜菜夜蛾 NPV-高氯复合杀虫剂等；另一类是以病毒与其他微生物复配的杀虫剂，其特点是既保持了微生物的广谱性和速效性，同时也保证了对抗性害虫的特异性和持续性。第二类杀虫剂是我国登记注册最多的品种，包括小菜蛾颗粒病毒-B. t 复合微生物杀虫剂、苜蓿银纹夜蛾 NPV-B. t 或阿维菌素复合微生物杀虫剂、黏虫 NPV-B. t 复合微生物杀虫剂和松毛虫质型多角体病毒-B. t 复合杀虫剂等。实验表明，用一定剂量的苜蓿银纹夜蛾 NPV（AcNPV）与苏云金芽孢杆菌（Bt）复配时，对 Bt 单剂的共毒系数达到 355。

利用昆虫生长调节剂、酶制剂或增效蛋白作为增效剂也能够提高病毒杀虫效果，如在棉铃虫 NPV 中加入 4. 2mg/kg 的灭幼脲类似物氟啶脲（chlorfluazuron）感染 3 龄棉铃虫幼虫，比单独使用 NPV 缩短了 54% 的杀虫时间，尤其在田间同样表现出较好的效果。原核表达的几丁质酶（A3）能有效地提高 HaSNPV 的毒力 20%~70%，LT_{50}、LT_{90} 比对照组缩短天数最高可达 1. 1d、1. 3d。将杆状病毒的增效蛋白与 AcNPV 及 Bt 混合，对 Bt 单剂的共毒系数可以达到1 233，LT_{50}缩短了 2. 8d。

病毒杀虫剂与生物杀虫剂复配扩大了杀虫谱，在防治森林害虫和夜蛾类农业重要害虫中产生积极作用。

五、棕榈独角仙病毒

常见和已研发的昆虫病毒绝大多数是鳞翅目的病毒。另有一类感染鞘翅目金龟子科的昆虫病毒是棕榈独角仙病毒（Oryctes rhinoceros virus，OrV），对该病毒已有较深入的研究和应用。

棕榈独角仙病毒（Oryctes rhinoceros virus，OrV）最早于 1963 年从马来西亚的犀牛甲虫中分离并鉴定。其特点是成熟的病毒粒子呈棒状，由囊膜、杆形核衣壳和从一端的突起的独特尾样结构突起组成。成熟病毒粒子由质膜出芽产生，含 2 个单位膜。病毒基因组为单分子超螺旋环状双链 DNA，长度约 130 kb。由于 OrV 与杆状病毒的结构相似，也是在细胞核中复制，还兼性地出现类似包涵体的多面形，最初被认为是非包涵型的杆状病毒，曾把它归于杆状病毒科，但它在病毒粒子形态和缺少包涵体等方面与杆状病毒不同，且缺乏相关遗传信息。

用 DNA 聚合酶基因（*dnapol*）序列进行系统发育分析表明 OrV 与 HzV-1 形成了一个单系群，具有共同的祖先，可纳入新属 *Nudivirus* 中，并从 10 个已有的开放阅读框序列信息比较表明二者密切相关。OrV 与 HzV 之间的主要区别在于 HzV-1 基因组较大，约为两倍（228 kbp）。在 29 个保守的杆状病毒基因（例如 *dnapol*、*lef4* 和 *lef5*）的水平上，OrV 与 HzV-1 及杆状病毒之间存在远距离关系（Vlak et al.，2008）。

现已成功开发的印度棕榈独角仙病毒是一种非包涵体病毒（nonoccluded virus，NOV）。OrV 在文献中以各种名称为人所知，例如 *rhabdionvirus*、*Oryctes virus*（OrV）、*Oryctes baculovirus*、*Oryctes nonoccluded baculovirus*、*Oryctes nudibaculovirus* 等。

第三节 病毒除草剂

目前唯一的病毒除草剂 SolviNix®是由美国佛罗里达大学研发、BioProdex 公司注册的一种基于植物病毒的生物除草剂，其有效成分是烟草花叶病毒 U2（TMGMV U2），用于热带刺茄（TSA，*Solanum viarum*）等茄科杂草的芽后防除。该产品于 2013 年 5 月申请登记，经过一年的公众评议，于 2015 年获得美国环保署批准，产品已用于美国牧场和自然地区中入侵性杂草的控制（www. bioprodex. com，2015；https：//virtualfieldday. ifas. ufl.edu/）。

第五章　其他种类微生物农药

本章集合了那些由分类地位有争议的微生物或不属于微生物的“微小生物”研发而成的生物农药，例如由微孢子、立克次体、线虫等昆虫病原体制成的杀虫剂。这些病原体的作用方式类似于细菌或真菌，也是侵入昆虫体内使寄主感染罹病。侵入途径主要有两种：①由口部经消化道侵入。如大多数微孢子、立克次体、线虫，此类病原又可和消化道的排出物一起由肛门排出寄主体外，污染环境，并成为侵染病原；②由体壁或气孔侵入，如某些线虫，可从昆虫表皮或气孔直接侵入，也可以从伤口侵入。此外，也有可能通过卵的表面或内部将病原传给后代，如微孢子、立克次体等。还有染病的雄虫可在与健康雌虫交尾时，通过精子而传播病原，如微孢子。

第一节　微孢子杀虫剂

一、微孢子

微孢子（Microsporidium）是一种细胞内专性寄生的单细胞真核微生物，主要寄生在昆虫的消化道上皮细胞以及鱼类的皮肤和肌肉中，也见于环节动物和某些其他无脊椎动物体内。在生物学分类学上，原先一直将微孢子归属到原生动物，称之为“微孢子虫”，现已修订归入真菌界的微孢子门（Microsporidia 或 Microspora）微孢子纲（Microsporea）微孢子目（Microsporida）（Vega et al.，2012）。目前已知微孢子目有 5 个属，其中微孢子属 *Paranosema*（等同于原拉丁名 *Nosema*）和变形微孢子属 *Vairimorpha* 是重要的昆虫病原微生物，是最有开发成为微生物农药前景的两种微孢子。

微孢子虽是真核生物，但进化上属于低等真菌，应称“微孢子菌”。它与原核生物极为相似，以前很长时间被归类于原生动物，文献中也多按此类别描述。为便于阅读和吻合文献称谓，本书单列于此，暂未放到真菌类微生物农药部分，并称之“微孢子”或“微孢子（虫）”。

微孢子（虫）具有微小的孢子，成熟孢子为卵圆形，大小因种而异，一般为（0.8~1.0）μm ×（1.2~1.6）μm，具折光性，革兰氏染色呈阳性，姬氏或 HE 染色，着色均较淡，孢子壁光滑。电镜下可见孢子壁由内外两层构成，内壁里面有一极薄的胞膜，细胞核位于中后部，被一螺旋形极丝围绕。孢子的前端有一固定盘与极丝相连，形成一突起，后端有一空泡。孢子母细胞呈香蕉形，一端较尖，一端钝圆，大小为（3~5）μm×（4~8）μm（图 5-1）。

微孢子中，目前只有昆虫微孢子的一些种类被发现并作为微生物农药的研发资源。微孢子的孢子具传染性，当被寄主吞食后，进入肠道上皮并经由体腔或血液到达特定组织，在组织细胞中发育并分裂，每次产生两个或更多的个体，反复无性增殖。成熟的个体（营养体）经有性生殖产生合子，合子再产生新孢子。不同微孢子的发育周期不同，由裂体增殖、扩散到孢子增殖都在同一宿主体内，一般 3~5d 为一周期，无有性生殖期。

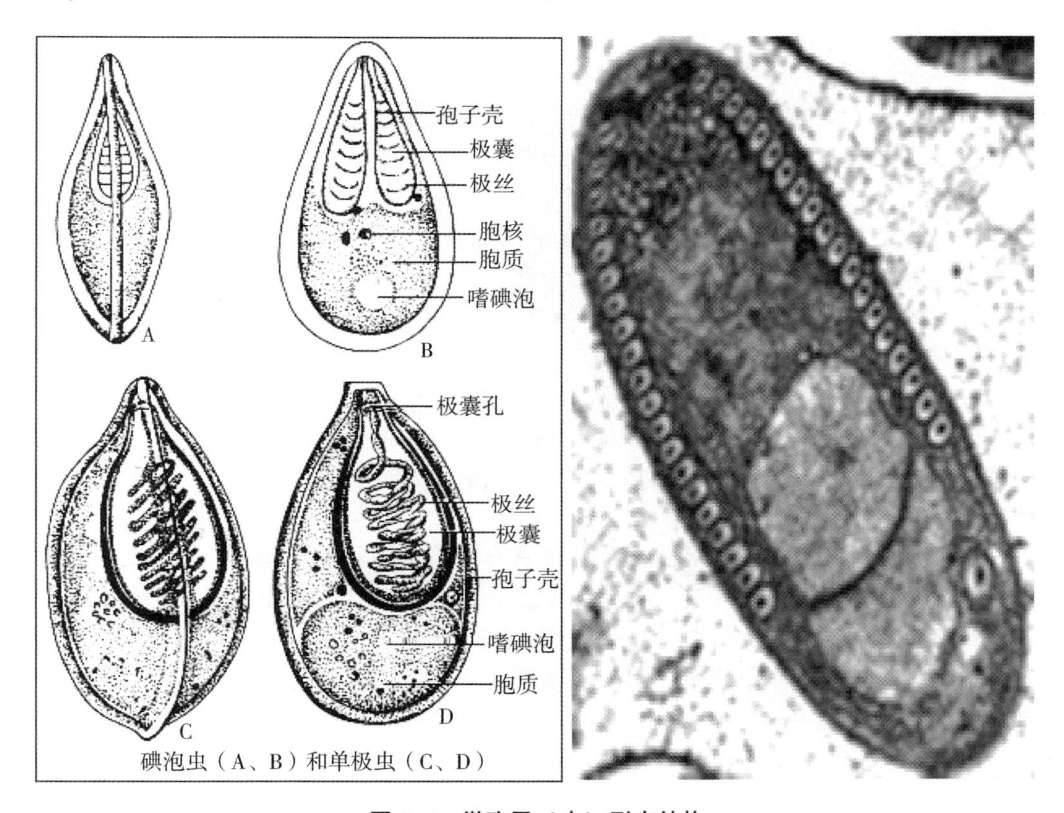

图 5-1 微孢子（虫）形态结构

［自 https：//baike. so. com/doc/7862451-8136546. html］

二、微孢子杀虫剂的研发

微孢子是专性的细胞内寄生物，可侵染的昆虫寄主达 400 种以上，几乎昆虫纲的各个目均有发生被寄生者。微孢子被摄食后可在寄主体内发育和增殖，并引起寄主发病死亡，感病个体的排泄物及尸体中含有大量微孢子，通过水平传播给健虫，扩大疫病范围，而且多数微孢子在雌虫体内可经卵胚种传染子代，导致幼虫早龄死亡，这种累代垂直传播既可保存病原物种，又能继续扩大传播形成流行病。这种致病和传播特点，使其成为极具潜力和应用前景的微生物农药。

微孢子作为生物农药和生物防治应用的研究起步较晚，最早的研究报道是 20 世纪 50 年代利用微孢子（虫）防治草地毛虫和欧洲玉米螟试验（Hall，1954；Zinmaek，1954）。60 年代，在美国南部用棉象甲微孢子（*Nosema grands*）防治棉象甲（*Anthonomus grands*）（Mcllaughlin et al.，1966）。

（一）蝗虫微孢子 *Paranosema locustae*

蝗虫微孢子（原拉丁名 *Nosema locustae* 同义 *Antonospora locustae*）是最早被发现侵染昆虫并研发用于控制虫害的专性寄生物，1951 年首先从非洲飞蝗（*Locusta migratoria migratoriodies*）体内分离得到，并于 1953 年由 Canning 鉴定命名，现已发现它能感染 100 多种蝗虫及其他直翅目昆虫。

微孢子对蝗虫的侵染和致病过程已较为清楚，大致分感染、裂殖和孢子增殖 3 个阶段。蝗虫取食被蝗虫微孢子污染的食物后，孢子在消化道中萌发，暴发性地突出极丝尖端，刺入寄主细胞和中肠肠壁细胞或到达血腔；进入感受性组织细胞。比如在脂肪体中开始无性裂殖生殖，孢子的孢原质通过极丝释放出来，开始在寄主的细胞内以裂殖方式形成单核母孢子，再以二分裂方式形成孢子母细胞，并发育成成熟孢子，如此反复增殖。期间消耗蝗虫体内的能源物质，导致虫体出现畸形，发育期延长，寿命缩短，丧失生殖能力（Zhang et al.，2015）。另外，微孢子还可侵染蝗虫的唾腺、围心细胞及神经组织；在其病虫体内的卵细胞、侧输卵管、中输卵管中均发现有微孢子，使寄主产卵量下降约 50%，孵化率极低，取食量下降，随着微孢子在寄主体内不断增殖，使寄主的生理机能等遭到破坏而死亡（Shi et al.，2009）。在生理生化机理方面，科学家免疫定位了感病蝗虫脂肪体细胞内的蝗虫微孢子已糖激酶，并证明了已糖激酶可进入寄主细胞核累积表达，产生致病作用。

蝗虫微孢子除了直接的致死作用外，还具有对蝗虫的亚致死作用。研究发现，蝗虫微孢子可显著抑制飞蝗的群集迁飞行为，主要是通过干扰合成调控飞蝗群集和型变的神经递质血清素和多巴胺等基因的表达来实现；同时，蝗虫微孢子也可以通过抑制参与飞蝗聚集信息素合成的肠道细菌的生长发育来阻止飞蝗的群集行为。该病原不仅可以干扰飞蝗的行为型变，也可以抑制飞蝗的形态型变，即抑制飞蝗向群居型的形态和促进飞蝗向散居型的形态转变，从而阻止了飞蝗的群集迁飞为害。从可持续控制作用上理解，这种亚致死作用可能比直接的致死作用更为重要（Shi et al.，2014）。

早在 20 世纪 70—80 年代，Henry 等就研究和利用蝗虫微孢子防治草原蝗虫，研制出蝗虫微孢子饵剂和水（悬浮）剂，并于 1980 年首次获得美国环保部的注册登记，成为至今最为成功的商品化微孢子杀虫剂样板。2008 年蝗虫微孢子在美国重新注册登记，2011 年加拿大批准了微孢子的登记和应用，产品主要在北美各地用于防治草原蝗虫和花园中的蝗虫，在中美洲的阿根廷也得到广泛应用，取得了显著效果。

我国于 1986 年由中国农业大学（原北京农业大学）从美国引入了蝗虫微孢子（虫），与全国农业技术推广服务中心合作，在新疆、内蒙古、青海等地进行了大面积治蝗试验，证实了微孢子（虫）的对本地蝗虫的防治效果及长期效应。至今，一直有研究者持续研究和用于蝗虫防治试验和推广。经过三十多年研究与开发，也分离到一些区域虫种的高效蝗虫微孢子（虫）株系，形成了可用于防治草原和农田蝗虫的产品，作为可持续控制蝗灾的技术在推广使用。试验表明，草场引入蝗虫微孢子后，蝗虫有两个明显的发病高峰，蝗虫高密度利于病情流行；较高浓度的微孢子（虫）可以侵染50%~80%的蝗虫。在内蒙古和青海草原上施用微孢子（虫）9 年后，微孢子（虫）在多种草原蝗虫体内仍有较高寄生率，并有效抑制蝗虫种群数量增长，证明蝗虫微孢子（虫）能在自然种群中定殖，能达到长期控蝗效果，并且一直将蝗虫控制在经济为害水平以下，施用一次，6~10 年不需再施药防治，持续控制蝗虫的作用明显。蝗虫微孢子（虫）*Nosema locustae* 作为微生物农药有效成分已在我国获得登记注册，推广应用微孢子（虫）防治蝗虫的面积累计达1 000多万亩，取得了良好的经济效益、社会效益和生态效益。

（二）黏虫变态微孢子 *Vairimorpha necatrix*

黏虫变态微孢子有较广的寄生范围，可感染 39 种鳞翅目昆虫，寄主取食孢子后，在几天之内快速死亡，寄主死亡有两个特点：一种是食入较高剂量的孢子时，引起肠腔的破坏，随之细菌侵入引起败血病，寄主在几天之内很快死亡，因此有可能作短期防治制剂；另一种情况是食入孢子剂量较低时，引起微孢子病的慢性感染，寄主于化蛹前缓慢死亡，这种情况下，染病的雌性个体可进行经卵传播，可发挥其长效作用。田间试验发现，该微孢子对寄主有较高的毒性，防治取食叶片的害虫优于取食果和花的害虫（Fuxa & Brooks，1979）。

（三）云杉卷叶蛾微孢子 *Paranosema fumiferanae*

云杉卷叶蛾微孢子（原拉丁名 *Nosema fumiferanae*）主要感染色卷蛾属（*Choristomeura*）昆虫，室内接种也可感染天幕毛虫属（*Malacosoma*）和蛱蝶属（*Nymphalis*）害虫。该微孢子有较强的扩散传播能力，当病虫与健虫在同一树梢上取食，可发生水平传播扩散。在云杉卷叶蛾种群虫中，该微孢子扩散方式主要是胚种传染，病雌虫将病原传给后代并在群体中长期保存和持续垂直传播（Bauer et al.，1989；Gary et al.，1974）。在加拿大森林中发现微孢子并多年持续人工施用，调查发现，1955—1959 年云杉卷叶蛾的感染率从 36. 4%逐年上升至 81. 3%，之后虫口密度下降，推测是由于微孢子引起的幼虫死亡和成虫产卵力降低所致，之后在 1973—1977 年在同地区的调查显示，搜集到 5 龄幼虫的感染率仍为 35. 9%~56. 2%，说明这种微孢子（虫）病极易形成自然流行，是控制森林害虫的重要种类（Wilson，1982）。

（四）玉米螟微孢子 *Paranosema pyrausta*

玉米螟微孢子（原拉丁名 *Nosema pyrausta*）很早就被认为是控制玉米螟自然平衡的重要因素（Paillot，1928），是欧洲玉米螟上常见的寄生物。研究其感染过程发现，微孢子（虫）首先感染玉米螟的马氏管，经水平传播再感染丝腺、消化道和卵巢等多种组织，但不感染脂肪体。它对玉米螟的生存、繁殖和越冬都造成严重影响，在田间通常引起玉米螟的亚致死感染，从而控制玉米螟种群增长（问锦曾，1975）。

在室内饲养的玉米螟群体，常会因微孢子（虫）病的污染而毁灭。但在田间，玉米螟自然发病率一般仅 0~40%。1980—1984 年调查，我国 12 个省玉米螟微孢子（虫）病普遍发生，发病率在 0~92%，玉米螟一代区发病较重，而二代区和三代区相对发病较轻。田间试验发现微孢子（虫）对亚洲玉米螟的感染率极高，不仅对当代虫口有抑制能力，而且对下一代虫口密度有明显压低趋势（胡明峻等，1982；问锦曾，1986）。

另外，研究表明玉米螟微孢子（虫）对马尾松毛虫（*Dendrolimus punctatus*）的1~4龄幼虫生存率及成虫繁殖力有显著影响，微孢子（虫）能通过虫粪、虫尸和蜕皮中的孢子污染寄主食物，造成疾病流行。玉米螟微孢子（虫）对云南松毛虫（*Dendrolimus latipennis*）幼虫1、2、4、7龄的试验也显示出较高的致病性，死亡率随孢子浓度的增加而增大，随幼虫龄期的增大而减弱，老熟幼虫有较强的抗性。因此在松毛虫的综合治理中有应用潜力。但由于对家蚕可能是一种危险病害，在用于松毛虫的生物防治时，应当回避桑蚕养殖区域。

（五）休氏具褶微孢子 *Pleistophora schubergi*

休氏具褶微孢子具有较广的寄主范围，为中肠感染，栎黄条大蚕蛾（*Anisota senatoria*）和盐泽枝灯蛾（*Zstigmene acrea*）对其特别敏感，感染率可达100%，感染的低龄幼虫待发育至下一虫龄时即死亡，有时甚至感染后1~2d就死亡。研究发现，伴随微孢子的感染，寄主肠道细菌大量繁殖并引起败血症，因此认为肠道细菌对加速寄主死亡起重要作用（Kaya，1973）。

（六）蚊虫微孢子 *Paranosema algerae*

蚊虫微孢子（原拉丁名 *Nosema algerae*）的寄主谱较广，对46种蚊虫有致病性，按蚊比伊蚊、库蚊更敏感，曾引起按蚊种群毁灭性流行病（Brook，1988）。该微孢子能引起蚊虫高死亡率，使残存活虫生殖力、寿命降低和传染疟疾能力下降。蚊虫微孢子（虫）实用化需解决的问题是如何改进施用剂型使之在水表面漂浮时间延长，以增加感染率和残效期。

（七）家蚕微孢子 *Paranosema bombycis*

早在1857年，家蚕微孢子（原拉丁名 *Nosema bombycis*）就首次由 Naggli 从家蚕（*Bombyx mori*）中分离得到。这种细胞内专性寄生物对蚕业生产造成毁灭性损害，被定为蚕业上唯一法定检疫对象。众多学者从形态学、生活史、血清学、病理学、遗传进化等多方面研究家蚕微孢子病，在寻求攻克方法的同时，也为清晰地认识微孢子这一类生物及其利用提供重要借鉴。一些家蚕微孢子（虫）株系也被研究作为生物农药用于防治鳞翅目害虫，例如，家蚕微孢子（虫）对三峡库区菜青虫有高致病性，致死中量 LD_{50} 1.5×10^4孢子/mL，当微孢子（虫）浓度为 1.0×10^7孢子/mL 时，菜青虫死亡率高达86.4%，有潜力用于非蚕区农作物的菜青虫防治（刘仁华等，2006）。

（八）其他昆虫微孢子

还有其他昆虫微孢子。在美国用棉象甲微孢子（*Nosema grands*）防治棉象甲（*Anthonomus grands*）。国内关于微孢子的报道，多数是分离的株系，有的认为是新记录种但没有定名。例如，从斜纹夜蛾（*Spodoptera litura*）幼虫体内分离到一种新 *Nosema* 属微孢子（虫）。这种微孢子（虫）很容易接种到棉铃虫体内，并具有很高的致病力。从桑兰叶甲（*Mimastra cyanura*）成虫体中分离到一种微孢子（虫），孢子具单核、双核两种类型，极丝10~11圈；孢子表面抗原的血清学类型与家蚕微粒子虫孢子不同，在家蚕体内以两种不同的生活史发育，发育过程符合变态孢虫属（*Vairimorpla*）微孢子（虫）发育特征；对家蚕具有强致病性，对斜纹夜蛾和小菜蛾也有感染能力。

此外，从家蚕、小菜蛾（*Plutella xylostella*）、甜菜夜蛾（*S. exigua*）、斜纹夜蛾、灰蛾（未定名）、黑守瓜（*Aulacophora cattigarensis*）、黄守瓜（*A. femoralis*）、菜粉蝶（*Pieris rapae*）、蓖麻蚕（*Philosamia cynthiaricina*）、藤粉蝶（*Dlias aglaja*）、玉带凤蝶（*Papilo polytes*）、黑条灰灯蛾（*Creatonotus gangis*）等昆虫均分离到微孢子（虫），对小菜蛾具有不同程度的致病力。微孢子（虫）M-le 株系从甜菜夜蛾分离得到，对小菜蛾感染率高达 100%，死亡率为 95%，胚种传染力强。

三、微孢子杀虫剂的问题与前景

由于微孢子（虫）为专性寄生，只能在活体昆虫繁殖，而饲养原宿主的批量和成本难以支持大量繁殖。有研究以替代宿主（如可多代饲养的家蚕）大量增殖，其技术和方法逐渐成熟，有待形成产业，供给规模的生产应用。另外，微孢子（虫）在田间施用时易受各种环境条件影响而失活，作为微生物杀虫剂，其贮存性能及应用方法等均需进一步完善，才能具有竞争力满足市场应用的需求。

第二节 立克次体杀虫剂

一、立克次体的分类地位和基本特征

立克次体（*Rickettsia*）由美国病理学家 H. T. Ricketts 于 1909 年首次发现，是一种独特的斑疹伤寒病原体。其分类地位为变形菌门（Proteobacteria）的 α -变形菌纲（Alpha-proteobacteria）立克次体目（Rickettsiales）立克次体科（Rickettsiaceae），该科下分 3 个族，即立克次体族 Rickettsieae、埃立克体族 Ehrlichieae 和沃尔巴克体族 Wolbachieae。

立克次体是一类严格专性寄生于真核细胞内的 G-原核生物，介于细菌与病毒之间，同时有 DNA 和 RNA 两种核酸，但没有核仁及核膜，而类似于细菌的一类原核生物（图 5-2）（图版Ⅸ），革兰氏阴性（个别除外）。一般呈球状或杆状，大小（0.3~0.6）μm ×（0.8~2.0）μm，也有丝状或其他形状，有细胞壁，无鞭毛，是专性真核细胞内寄生物，以二分裂方式进行繁殖，但繁殖速度较细菌慢，一般 9~12h 繁殖一代。由于与细菌相近，立克次体常被当作细菌研究或与细菌归类在一起。

随着立克次体分子生物学研究的进展，现在主要根据遗传物质对立克次体进行新的分类。16S rRNA 序列的分析显示，立克次体可分为两个亚群，α 亚群包括立克次体属（*Rickettsia*）、埃立克体属（*Ehrlichia*）、埃菲比体属（*Afibia*）、考德里体属（*Cowdria*）和巴通体属（*Bartonella*）；γ 亚群包括柯克斯体属（*Coxiella*）和沃尔巴克氏体属（*Wolbachia*），还有一些新发现的属和种。

根据寄主分类，主要有脊椎动物立克次体和节肢动物立克次体。两者的区别在于前者的部分生活史需在节肢动物（如蚤、虱、蜱、螨等）体内完成，然后传播感染脊椎动物并使之致病，而后者则全部生活史在节肢动物体内完成。

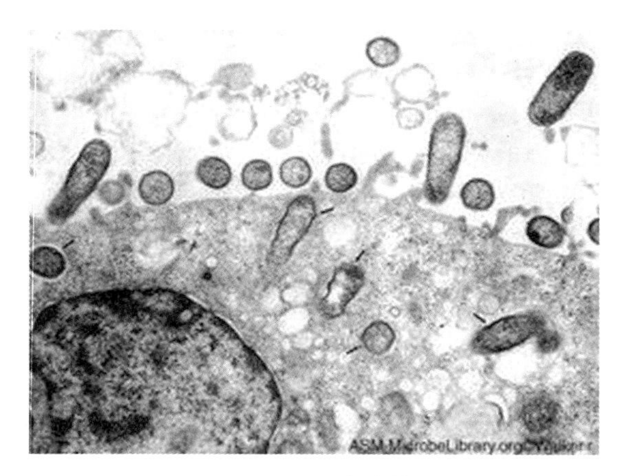

图 5-2　立克次体

（自 https：//baike. so. com/gallery）

二、节肢动物立克次体

立克次体是节肢动物（含昆虫、蛛形虫、甲壳虫、多足虫等）易感的一类微生物，最先在嗜血节肢动物内发现，并作为脊椎动物病原菌被广泛熟知，后来在非嗜血昆虫内也有发现，例如烟粉虱 *Bemisia tabaci*、蚜虫 *Acyrthosiphon pisum*、叶蝉 *Empoasca papaya*、瓢虫 *Adalia decempunctata*、豆象甲虫 *Kytorhinus sharpianus* 等。节肢动物立克次体的功能多样，在大多数宿主中为营养共生菌，在一些宿主中为生殖调控因子，或是以昆虫为载体的植物病原物。此外，立克次体还能增强宿主抗药性，提高宿主抵御天敌、高温或者其他致死因素的能力。利用立克次体与寄主的共生性并增强寄主抵抗脊椎动物或植物病原的能力，从而减少病原的携带和传播，可达到防病控害的目的。目前，只有极少数对节肢动物特异专性的立克次体种类被利用作为微生物杀虫剂，例如，沃尔巴克氏体（Wolbachia）防蚊虫产品是目前唯一成功开发的案例，其研发思路十分独到，值得关注。

三、沃尔巴克氏体及其研发

（一）沃尔巴克氏体生物学特性

沃尔巴克氏体（Wolbachia）属于变形菌纲 Proteobacteria 的 α 亚门立克次氏体科沃尔巴克氏体族沃尔巴克氏体属中的一种（图 5-3）（图版Ⅹ），1924 年由 Hertig 和 Wolbach 在尖音库蚊（*Culex pipiens*）的生殖组织里首次发现。它是一种在自然界节肢动物体内广泛存在、能经卵传递的革兰阴性细胞内共生菌，在鞘翅目、双翅目、半翅目、同翅目和膜翅目等 10 多个目的昆虫中都有共生。据估计约 65%的昆虫种类和 28%的蚊虫种类天然携带沃尔巴克氏体。

沃尔巴克氏体是一类细胞质遗传的共生微生物，通过多种方式调控宿主的生殖行为

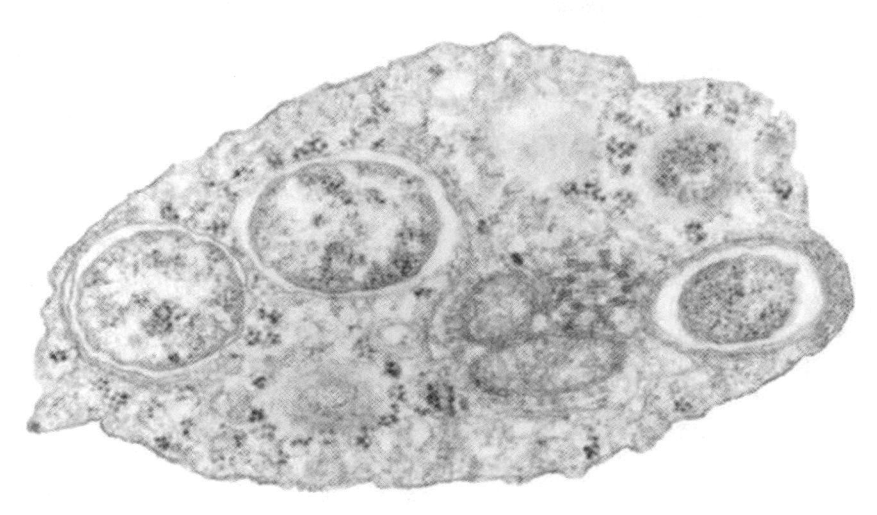

图 5-3　沃尔巴克氏体

（图片作者：Scott O Neill，Public Domain）

和影响宿主种群的适合度，包括诱导细胞质不亲和、孤雌生殖、雌性化、杀雄以及改变宿主生殖力、缩短成虫期寿命、降低活动能力等。有研究发现，它可增强雌性宿主的繁殖力，体内有沃尔巴克氏体共生的寄生蜂的产仔率是不含该菌体的寄生蜂产仔率的 2 倍。沃尔巴克氏体偏爱雌性宿主，而且雌虫只要被感染，必将沃尔巴克氏体传到下一代。这种偏雌的实质是扩大雌蜂的感染比例，有助于其自身的传播扩散。沃尔巴克氏体还可将蜂卵转雄为雌，法国普瓦泰大学的一项研究报道，沃尔巴克氏体常常不顾宿主胚胎的遗传属性，破坏雄性胚胎在发育过程中雄激素的生成或效应，使之雌性化（Telschow et al.，2017）。

沃尔巴克氏体通过宿主母系细胞质遗传，虽然会使宿主发生一系列生理异常，但很少危及宿主生命，而且只能通过母子之间的垂直传播，而不能在成虫个体之间进行横向传染。

（二）防蚊虫产品研发

沃尔巴克氏体防蚊虫产品利用了宿主母系细胞质遗传特性，通过建立沃尔巴克氏体与蚊虫的稳定共生体，发明了昆虫不育-不相容技术（Sterile Insect Technique - Incompatible Insect Technique，SIT-IIT），利用该技术，成功地接近清除了登革病毒、寨卡病毒传播媒介——白纹伊蚊在野外现场的种群。

1. 沃尔巴克氏体改变宿主功能

沃尔巴克氏体在宿主体内具有排挤其他病原、调控子代雄转雌等作用，虽然机理还未清楚，但显示出重要的应用价值。例如，增强蚊子抵抗恶性疟原虫的能力。实验用感染了疟原虫的小鼠的血来喂养两种蚊子时，感染沃尔巴克氏体的蚊子唾液腺里所含的疟原虫数量比未感染的蚊子要低 3.4 倍，这相当于给蚊子接种了一种疫苗，可能使之失去传播疟疾的能力（李永军等，2015）。此外，被沃尔巴克氏体感染蚊子的组织中的活性氧成分，比未感染的蚊子的组织中更多，这会遏制像恶性疟原虫这样的病原物，推测沃尔巴克氏体可能通过激活蚊子的免疫反应，在蚊子内部形成了对疟原虫有毒的环境。如果能够提供这种稳定感染蚊子的产品和方法，在野外释放被沃尔巴克氏体感染的蚊子并能抵抗疟疾感染，那么，通过亲子纵向传播，它们将有可能取代那些携带疟原虫的天然蚊子群体，为遏制疟疾传播带来希望。

2. 共生种群建立

沃尔巴克氏体控制疟疾的一个需要突破的技术关键是在自然按蚊群中建立沃尔巴克氏体的遗传感染种群。

美国肯塔基大学最早报道了实验室内建立沃尔巴克氏体感染蚊虫的共生种群（Xi，2005）。随后，密歇根州立大学建立了沃尔巴克氏体菌株在埃及伊蚊中的稳定体系，并且证明了沃尔巴克氏体几乎完全阻断登革热病毒的在蚊子的体内复制，由此提出释放感染沃尔巴克氏体的蚊子到野生蚊群中以控制登革热的新策略。该策略的可行性在于是母体传播与细胞质不亲和（cytoplasmic incompatibility，CI）。如果释放足够多的感染 Wolbachia 的雌蚊，它们将取代整个野生蚊群。如果释放足够多的感染 Wolbachia 的雄蚊，野生雌蚊一旦与它们交配，繁殖将会受到压制。然而，实验数据表明，不完全的母体传播和不完全的 CI 是经常发生的，二者变化都会增加种群替换的阈值或降低种群压制的速度，可能存在一个平衡点，但 CI 强度的减弱时会降低种群替换或抑制的速度。研究还显示，携带不同型别沃尔巴克氏体的雌雄昆虫交配后产生的卵不能发育。

在我国，由广州威佰昆生物科技有限公司、中山大学与美国密歇根州立大学联合组成的奚志勇团队，研究利用携带沃尔巴克氏体控制白纹伊蚊。通过显微胚胎注射技术，在库蚊体内提取沃尔巴克氏体，并将其导入到传播登革热和寨卡的媒介蚊虫（白纹伊蚊）体内，使二者形成稳定的共生关系。所用的沃尔巴克氏体 wAlbB 株系既表现出完美的母本传播，又具有诱导高水平细胞质不相容性的能力。该团队将感染 wAlbB 的雌蚊反复多次引种到天然未感染的斯氏按蚊种群中，使二者形成稳定的共生关系，建立了沃尔巴克氏体感染的具有抵抗疟原虫的免疫能力实验室种群。带菌的雌蚊与不带菌的雄蚊交配可产生出被感染的后代，再把感染传给它们的后代。从理论上讲，这将导致携带疟原虫的蚊子越来越少，感染后不超过 8 代，抗疟的 Wolbachia 就会在蚊子种群内广泛传播，有助于从根本上遏制疟疾。相关论文发表《科学》杂志上（Bian et al.，2013）。同理，将沃尔巴克氏体成功导入到传播登革热和寨卡的媒介蚊虫（白纹伊蚊），建立了稳定共生种群。可通过大量释放携带沃尔巴克氏体雄蚊，使自然界雌蚊交配后产的卵不能发育，从而降低蚊子种群数量到足以引起疾病流行的临界线以下。

基于沃尔巴克氏体的昆虫不育-不相容技术（IIT-SIT），通过胚胎显微注射技术将库蚊体内的 Wolbachia wPip 转移到白纹伊蚊体内，建立了携带 3 种 Wolbachia 菌型的白纹伊蚊 HC 蚊株，经大规模饲养至蛹期，雌雄分离后经射线照射使残存的雌蚊绝育，然后进行释放。经辐射的 HC 雌蚊完全绝育，无法在野外产生下一代，而对 HC 雄蚊的不育和交配竞争能力没有影响。HC 雄蚊与野生雌蚊交配后，使雌蚊产下的卵完全不孵化。比较发现 HC 雄蚊的交配竞争力与野生雄蚊相当。在半现场条件下，持续释放 2% 的经辐射的 HC 雌蚊，可以清除野生种群数量，并成功阻止种群替换的发生，验证了 IIT-SIT 在实际运用中控制白纹伊蚊的可行性。

3. 共生种群释放及控害作用

为检测用于释放的 HC 蚊株是否具有抑制虫媒病毒的能力，经口感染实验发现，HC 雌蚊不仅具有拮抗寨卡病毒和登革 II 病毒的能力，还可以阻断寨卡病毒通过蚊媒的水平和垂直传播。

沃尔巴克氏体的防蚊产品和技术已经由广州威佰昆生物科技有限公司（及其合作单位包括中山大学、密歇根州立大学、国际原子能机构、湖南师范大学、广州市疾病预防控制中心、广州大学、南京农业大学、中国疾病预防控制中心、墨尔本大学等），在不同地区进行了多年野外应用示范，验证了该技术对蚊媒区域性控制的可行性。例如，2015 年，在广州南沙沙仔岛现场试验点投入了约 650 万只实验室雄蚊，在持续释放区最终达到几乎百分之百地清除蚊子幼虫。在释放的最后一整个月里，最终只监测到一个孵化的幼虫，而成虫的控制效果也达到 97%。2018 年 7 月，在澳大利亚联邦科学产业研究所（CSIRO）主导下，在昆士兰州北部的一处实验地区释放了 2 000 万只经过沃尔巴克氏体转染的不育雄蚊，从而将该地埃及伊蚊的种群数量削减了 80%，实现了对埃及伊蚊种群的高效扑杀。由于雄蚊并不叮咬动物及人类，释放雄蚊几乎不会造成任何生态问题。

在广州的两个相对隔离的试验点进行了蚊虫种群控制。于 2015 年和 2016 年分别在野生种群数量没有差异的试验点 1 和 2 同时释放 HC 雄蚊。经过 2~3 年的持续释放，与对照区相比，基本清除了两个野外试验点的野生蚊虫种群。在 2016 年和 2017 年，野生成蚊数量年度平均减少了 83%~94%，且在长达 6 周内检测不到任何成蚊；野生幼虫数量年度平均减少了超过 94%，且 13 周未监测到存活的蚊卵（Schmidt et al., 2017）。在隔离程度较高的区域，野生蚊虫种群压制效率最高试验点的叮咬率与对照相比，试验点 1 和 2 平均分别下降了 96.6%和 88.7%。证明规模化地释放人工感染 Wolbachia 的蚊株，不仅可以实现区域性野生蚊媒种群的长期有效的压制，同时还可以通过种群替换阻断蚊媒所传热带疾病的传播，大大降低蚊媒疾病的暴发概率。

沃尔巴克氏体的防蚊产品和技术被世界卫生组织和国际原子能机构等联合国机构认可并向全球成员国推荐。2016 年奚志勇团队获得美国国际开发署资助，在墨西哥建立了第一个海外蚊子工厂，以防控寨卡在拉美的流行。目前，该公司已建成了世界最大的蚊虫大规模生产平台“蚊子工厂”，厂房面积超过 3 500m^2，有 4 个车间，每个车间按照现有技术能够每周生产 500 万只实验室雄蚊，正成为亚洲及全球绝育蚊技术培训及技术输出的中心，成为国内外防控疟疾、登革热、寨卡等虫媒疾病的重要技术支持。作为新农药，沃尔巴克氏体防蚊产品已经取得登记试验，有望近期获得登记注册。

（三）防褐飞虱等产品的研发

受到沃尔巴克氏体防蚊产品和技术的启发，在农业害虫领域中，也应能够研发具有潜力的 Wolbachia 人工转染昆虫品系，用于释放田间控制区域性野生害虫种群，尤其是对那些传播植物病害的媒介昆虫，以阻遏虫媒病害的暴发。

褐飞虱是我国和东南亚国家水稻上的首要害虫，既能直接刺吸为害水稻植株，又能传播水稻病毒病造成间接危害。其防控一直主要依赖于化学防治，给水稻绿色安全生产和生态环境带来较大的压力。南京农业大学洪晓月团队首次报道了人工转染的

Wolbachia 农业昆虫品系的成功建立。通过昆虫胚胎显微注射技术，将灰飞虱感染的 wStri Wolbachia 株系转入到新宿主褐飞虱体内并得到 100%稳定的遗传品系，也是第一次成功实现胚胎显微注射技术在半翅目昆虫中的 Wolbachia 转染。新建立的褐飞虱 wStri 转染品系在对宿主适合度影响轻微的情况下不仅能够诱导高强度的细胞质不亲和（CI）表型，并以不同的释放比例替换实验室饲养的野生种群，同时也能起到显著抑制褐飞虱所传播的水稻齿叶矮缩病毒（RRSV）复制和传播的效果。因此，该褐飞虱转染品系同时表现出符合种群压制和种群替换策略所需要的特性，具备了进一步在半现场和田间试验的价值。该研究为利用人工 Wolbachia 感染控制农作物害虫及其传播病原体的可行性，为农业害虫的防治提供了崭新的思路（Bian et al.，2020）。

在其他植物病媒昆虫上也发现有 Wolbachia 的感染或传播，包括菜蚜、麦蚜、扶桑绵粉蚧、灰飞虱、白背飞虱、烟粉虱、松毛虫赤眼蜂、丽蚜小蜂、苜蓿切叶蜂、金小蜂、稻水象甲、毒隐翅虫、南亚果实蝇等，这些多数还在检测确认或传播能力的评估阶段（胡红岩，2015；张向菲，2013；Ge et al.，2020），距离实际控害应用还较远，但随着人工转染 Wolbachia 技术的逐渐成熟，应用携带人工 Wolbachia 的昆虫品系控制病媒种群、阻遏病害暴发的技术将得到进一步推广和应用。

四、其他立克次体

另外，还发现少数其他种类的立克次体与寄生蜂宿主共生，可增强寄生蜂活力，具有一定的加强控害潜力，但这方面的利用尚未见实用的报道。加上大多数立克次体不能用人工培养基培养，只有极少数通过由鸡胚、敏感动物的组织细胞培养的实例，这是立克次体至今难以开发的重要原因。

第三节　线虫杀虫剂

线虫属于动物界线虫门（Nematoda），含 2 纲 13 目。线虫中有一些专性寄生昆虫并使之致病或死亡的类群，称为“昆虫病原线虫”，在自然界控制昆虫种群数量上起着一定的作用，是一种有潜能的生物农药资源。

一、昆虫病原线虫形态特征和分类鉴定

根据食性和营养方式，线虫可分为腐生线虫、植物寄生线虫和动物寄生线虫。寄生昆虫的线虫有 1 000 多种，与昆虫形成致病、共生和机械联合的关系。目前研究用作杀虫剂的主要是尾感器纲（Secernentea）小杆目（Rhabditida）的斯氏科（Steinernernatiae）和异小杆科（Heterorhabditidae）及无尾感器纲（Adenophorea）咀刺目（Enoplida）索科（Mermithidae）的线虫。

昆虫病原线虫身体呈细长圆柱形或丝线状，索科线虫较大，为 0. 2～30cm，白色或半透明，斯氏和异小杆等线虫体长仅毫米级，半透明；体表覆盖有一层非细胞的弹性角质层，具横纹或环纹，但没有真正的分节。具有排泄、神经、消化、生殖和肌肉系统，

但无循环和呼吸系统。雌雄异体，行两性生殖。

线虫的分类在早期是以形态（尤以侵染期）为基础，主要依据特征集中在身体的前部和尾部，包括体长、头到神经环的距离、头到排泄孔的距离等，按 Cobb 公式计算进行，还有提出以雄虫的交合刺和引带形态特征作为分类的依据。但是表型特征易受到环境（如营养和温度）以及寄主的影响，同种线虫的不同时期、不同品系或个体之间存在差异，而有些不同种线虫的形态又比较相似，仅凭形态特征无法对线虫进行准确鉴定，国际上也没有统一的线虫品种或品系命名的规定，因此线虫分类比较混乱（Akhurst，1987；Curran，1989）。分子生物学的应用使昆虫病原线虫的分类逐步趋于完善和准确。1996 年 Nguyen & Smart 报道了斯氏科含有两个属：斯氏属 *Steinernema*（18 个种）和新斯氏属 *Neosteinernema*（仅有一种 *N. longicurvicauda*），至 1998 年斯氏属增到 20 个种。异小杆线虫科经同工酶、杂交技术和分子技术等多方检验，至 1996 年时可分为 9 个种。之后此分类被广泛采用，并不断有新的种类被发现和补充。目前，国内外应用最多的分类方法是 DNA 序列分析，主要有 18S rDNA 基因、内转录间隔区（*ITS*）基因，5.8S 基因 和 28S 基因的 D2-D3 区（Stock et al.，2009；Edgington et al.，2011）；还有线粒体细胞色素氧化酶（*COII*）基因、细胞色素 c 氧化酶亚基（*cox* 1）基因、NADH 脱氢酶复合体亚基 *ND4* 基因等也在线虫分类中有应用（Szalanski et al.，2000；Nadler et al.，2006；Liu et al.，1999；丘雪红等，2007）。现在鉴定线虫物种一般采用扩增其 rDNA 上的 18S-28S ITS 和 D2-D3 序列，构建系统进化树，通过数据库比对后确认。根据对昆虫病原线虫修订后的准则，2015 年统计的斯氏线虫科已达到 69 种，异小杆线虫科 24 种（Cimen et al.，2015；Malan et al.，2015）。

二、昆虫病原线虫对寄主的致病机理

（一）寄主范围

昆虫寄生线虫的寄主超过3 000种，分属鳞翅目、直翅目、双翅目、膜翅目等20 目31 科。索科线虫寄主还可以是蜘蛛、蚯蚓、软体动物、甲壳动物等。

（二）侵染寄主行为特点

昆虫病原线虫的发育经历卵、幼虫和成虫 3 个阶段。幼虫有 4 个龄期，经 4 次蜕皮后即为成虫。斯氏线虫科和异小杆线虫科都只有第 3 龄幼虫可离开寄主存活。在第 2 龄幼虫蜕皮时蜕鞘并不脱落而形成“两层”表皮，第 3 龄幼虫一般滞育不取食，具有较强的抵抗外界不良环境的能力，并具有侵染能力，因此成为耐受态幼虫（dauer juvenile）也称为侵染期幼虫（infective juveniles），是生活史中唯一侵染寄主昆虫的阶段（李慧萍等，2007）。

昆虫病原线虫在潮湿的环境中可以借助水膜进行水平和垂直运动。大多数以水膜张力为动力沿正弦曲线的路线爬行，在环境中扩散（包括水平扩散及垂直扩散）以便寻找寄主。它们的侵染方式有主动和被动两种，被动传播的携带者为雨水、风、土壤、人类或昆虫等，传播距离可达数千米；而主动传播距离较短，大多数为 2~3cm。主动侵染是通过感应寄主呼吸产生的 CO_2 或寄主粪便散发出的气味等化学刺激而主动寻找寄主，在接触寄主表皮或分泌物后，开始进入识别寄主过程，识别过程的行为因线虫及寄主种类而异，一旦确认，即通过寄主表皮的自然开口（口、肛门和气孔）、伤口或体壁节间膜进入昆虫体腔内，继续发育和繁殖。

（三）致病机理

昆虫病原线虫侵入寄主时，首先对寄主造成机械损害。入侵后，在寄主体内活动和取食，进行快速发育和大量繁殖，此过程不断消耗寄主营养，引起寄主各组织细胞结构变化、损坏直至崩解，可见寄主脂肪体和中肠细胞产生一系列的病变。线虫发育到侵染期后，从虫尸中钻出，重新寻找新的寄主。

昆虫病原线虫消化道内携带共生细菌（囊），对导致宿主病害起非常重要作用。二者协同进化，建立了独特的生活史关系（图 5-4）。共生菌以共生的方式存在于 3 龄侵染期线虫（Infective Juveniles，IJs）的肠道内，线虫作为载体携带共生菌进入靶标昆虫体内，保护共生菌免受外界不良环境的影响。当线虫从昆虫消化道或体壁侵入到达昆虫血腔后，共生菌从线虫体内释放出来，在昆虫血腔繁殖和破坏中肠组织过程中，会分泌各种毒素以抑制昆虫免疫反应，例如致软毒素（makes caterpillars flopp，Mcf）使昆虫血细胞数量急剧减少，还可影响寄主体内酶的活性，最终导致寄主患败血症而死亡。线虫保护了共生菌免受寄主免疫反应的识别，而共生菌分泌的多种胞外酶，如蛋白酶、脂酶、磷酸酯酶和 DNA 酶，将昆虫血腔中的大分子营养物质转化为小分子供线虫利用于生长繁殖，还分泌抗菌素防抑制其他杂菌，为线虫创造良好的生长环境。经过 3 代（少有 1 代）繁殖后，侵染期线虫 IJs 重新携带着共生菌形成新的线虫-共生菌复合体，以游离态从寄主昆虫尸体内钻出，再次寻找新的寄主（Li et al.，2016）。

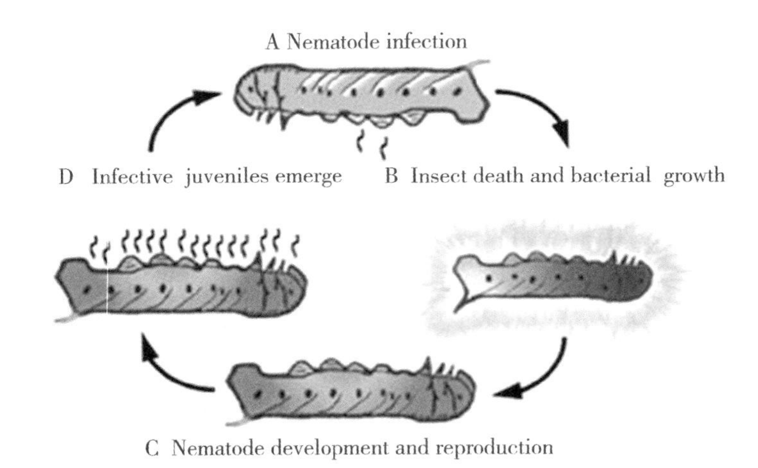

图 5-4 昆虫病原线虫及其共生菌的生活史

（自 Ffrench-Constant et al.，2000）

线虫与共生细菌之间有选择性，肠杆菌科（Enterboacetriaceae）的嗜线虫杆菌属（*Xenohabdus*）主要与斯氏线虫共生，而发光杆菌属（*Photorhabdus*）则主要寄生于异小杆线虫体内。实验观察到，线虫发育到侵染期时，肠道内有大量共生细菌并释放出来，协助消耗寄主营养物质，最后导致寄主病变和死亡。在缺少共生菌存在的情况下，线虫对寄主昆虫的致病作用大大降低（Johnigk et al.，1999）。目前，已经发现多种物质参与共生菌对昆虫的致死作用，包括脂多糖类物质（lipopolysaccharide）、高分子量杀虫毒素蛋白（insecticidal toxins）、蛋白酶、致软毒素、抗生素类等。这些由细菌不同生长阶段产生的活性物质，有助于线虫突破寄主的结构障碍，协同抵制寄主防御反应，构成了对昆虫免疫系统的立体防御和进攻体系，直到耗尽寄主体内营养，摧毁寄主防御机制，导致寄主组织病变和机体逐渐死亡。

三、线虫杀虫剂的研发和应用

早在18世纪中期就报道了线虫寄生昆虫，直到1929年Glaser报道了从一种日本丽金龟上分离到格氏斯氏线虫，才开启了昆虫病原线虫防治害虫的研究利用。20世纪60年代后研究热度逐渐上升，70—80年代进入高潮，期间研究报告主要来自美国、澳大利亚、加拿大、捷克和英国。我国在60年代由中国科学院动物研究所从捷克引入昆虫病原线虫，后来广东昆虫研究所和中国农业科学院生物防治研究所也先后从加拿大和澳大利亚引进了昆虫病原线虫，结合本土分离的线虫开展了昆虫病原线虫的繁殖与应用研究。

斯氏属和异小杆属（*Heterorhabditis*）是最重要的昆虫病原线虫，它们寄主范围广，杀虫速度快、效果好，不产生抗药性，对人、畜、环境安全，在农、林、牧、卫生等害虫中的绿色防治中可发挥重要作用。由于其在土壤中有较好的生存和扩散能力，且具有主动搜寻能力，因而对土栖性及钻蛀性害虫的防治独显优势。

（一）昆虫病原线虫的大量扩繁

线虫的大量繁殖和长效贮存是实现规模化应用的必要条件。根据昆虫病原线虫发育特点，需经历卵、幼虫和成虫3个阶段，其中幼虫阶段经4次蜕皮后成为成虫。斯氏线虫属和异小杆线虫属均是以第3龄（侵染期）幼虫侵染寄主。因此，在田间应当施用携带大量共生菌的侵染期幼虫，以产生高效致病力。

人工扩繁昆虫病原线虫有活体和离体2种方式。活体扩繁是以昆虫虫体组织作为培养基，用侵染期线虫侵染活的昆虫寄主进行繁殖。活体扩繁的线虫致病力较高，但是培养成本较高、稳定性较差。目前主要以易于室内人工饲养的大蜡螟（*Galleria mellonella*）老熟幼虫和黄粉虫（*Tenebrio molitor*）作为扩繁的寄主，不同株系线虫的侵染率有所差别，有的侵染率偏低，增加了相应的成本。在优化条件下，以大蜡螟扩繁线虫可达10^6IJs/g数量级产量，以黄粉虫扩繁线虫可达10^5IJs/g。针对采用黄粉虫扩繁线虫效率不高的问题，将黄粉虫与蛭石混合扩繁线虫，提高了线虫活性及侵染力，且适用于工厂化操作（李春杰等，2006）。利用植物碎屑混合黄粉虫繁殖线虫，线虫的平均寄生率85.96%，比蛭石处理的寄生率高50%，且大大降低了扩繁的生产成本（孙瑞红等，2010）。采用干热处理可打破黄粉虫的免疫防御，使线虫对黄粉虫的侵染率由原来的55%~57%提高到95%~98%。其他昆虫也可作为繁殖寄主提高扩繁效率，例如斜纹夜蛾，每克寄主繁殖出的线虫产量比大蜡螟高27%~29%，繁殖成本降低53%以上，线虫对寄主昆虫的致病力仍保持较高水平（李春杰等，2012）。

离体扩繁是利用人工培养基来繁殖线虫，有单菌（共生菌）培养法和无菌培养法。通常采用单菌培养法，并分为液体培养和固体培养。

液体培养是在接有共生菌的液体培养基中接入线虫一级种。最重要的是配制适宜的液体培养基。Glaser 和 Stoll 最早分别用小鼠肝匀浆液和小牛肉汁少量培养线虫，后来的研究分别用牛肾匀浆、酵母抽提液、不同动物的屠宰废料如肠和肝等匀浆液，以大豆胨、酵母抽提物、胆固醇为主的混合液，或以黄豆粉、酵母抽提液、玉米粉、蛋黄等混合物组成的培养基。在培养过程中采用气泡通气并缓慢搅动来保证气体交换，但应尽量降低剪切力，以提高产量。一般需要培养 1～2 周，产量可达到 10^4～10^5IJs/mL 数量级。不同种类的昆虫病原线虫在液体培养效率上存在明显差异，斯氏属线虫中的几个种通过液体发酵培养，在产量和质量上均高于异小杆属线虫。

目前，国外昆虫病原线虫生产多数是液体繁殖，如欧洲 E－NemaGmbh、Koppert B. V. 和 Microbio Ltd 公司等生产线虫的发酵罐已从 5L、20L 到 Biosys 公司生产斯氏线虫 15 000 L 和生产异小杆线虫 7 500 L 的规模。全球有 40 多个国家在研制线虫杀虫剂，美国、澳大利亚、荷兰、加拿大、日本及其他一些国家的数十家公司均可生产线虫商品制剂，一些线虫品系的商品制剂被广泛应用，防治多种害虫，市场销售非常好。我国广东昆虫研究所是我国最大的昆虫病原线虫生产单位，开发的昆虫病原线虫液体生产系统可日产线虫 400 亿条。比较气升内环流反应器、鼓泡式反应器和机械搅拌通气反应器规模化培养斯氏线虫，表明气升内环流反应器更适合于线虫的培养，不仅产量高而且线虫侵染率亦保持较高水平（Ehlers et al.，2001）。

线虫的固体培养是通过无菌操作，将接种有共生细菌和单菌线虫一级种的人工培养液注入海绵中，进行大量培养。以海绵作为线虫培养的充填剂，使线虫的固体培养走向了工厂化。早期采用狗饲料、动物内脏或以豆粉、酵母膏、玉米油等组合的培养基，经过对不同培养基的筛选，发现以植物性蛋白为主的培养基配方线虫扩繁产量最高，并认为共生菌接种量是影响线虫产量的主要因素（潘洪玉等，1995）。正交组合设计建立合适培养基配方，最终得到了含有黄豆粉、面粉、鸡蛋黄粉、猪油以及酵母膏的线虫固体培养基组分（韩日畴等，1995）。

线虫培养基营养成分和线虫接种密度是影响侵染期线虫繁殖的主要因素。线虫固体培养基可分为纯昆虫物质培养基（虫体匀浆）、含昆虫物质培养基（如蚕蛹粉、豆粉、面粉、猪油混合物）和无昆虫物质培养基三类。比较而言，纯昆虫物质培养基扩繁的线虫繁殖力较高，无昆虫物质培养基会导致线虫繁殖力衰退。对于线虫接种密度，寻求以线虫的最小接种量获取最大繁殖力的最佳接种量，即确定线虫产量、营养成分与线虫密度的平衡点，实验证明，在一定范围内，线虫 *S. carpocapsae* 的最终产量与接种量成正比（Han et al.，1992）。随着共生菌接菌量增大线虫产量升高，达到一个临界值后线虫产量会达到稳定水平（杨秀芬等，1997），因此，为了稳定线虫的质量和产量，应当对共生菌接菌量进行标准化。培养温度和通气量也直接影响线虫的产量及生活史，不同种类或品系的线虫适合的最佳培养温度有所不同，一般为 19～28℃，其中离体培养 23℃最为适宜（Westerman et al.，1998）。

（二）昆虫病原线虫的贮存和制剂

昆虫病原线虫的长效贮存和剂型化是保护线虫产品稳定性、实现大规模应用和进入市场的必要前提。

昆虫病原线虫的贮存原理是通过一定的脱水方式使线虫进入低湿休眠的状态，降低其新陈代谢，同时配以适宜环境条件维持线虫存活。理想的贮存方式是半干燥和脱水状态。脱水的方法有吸附性脱水、干燥脱水和渗透压脱水。研究形成的贮存方法有低温浅水贮存、矿物油贮存、液氮贮存、滤纸低温贮存、海绵贮存、吸附脱水贮存、胶囊贮存、凝胶贮存等方法，其中只有吸附脱水贮存法、胶囊型贮存法和凝胶贮存法适宜商业大量贮存（Silver，1999；Bedding et al.，1992）。

影响线虫贮存有多方面因素。不同线虫的品系、侵染期线虫状态等都会导致不同储存效果。不同品系对脱水干燥的耐受性大不相同；带鞘的感染期线虫比不带鞘的线虫能维持更高的感染力；侵染期线虫的货架寿命由贮存能量和利用率决定，线虫体内贮存的能量物质决定其贮存期的长短；脱水过程中线虫体内积累的海藻糖和甘油等的变化改变了细胞渗透压、质膜和胞内蛋白的作用，因而影响线虫的贮存。在环境因素方面，温度是影响线虫贮存成活的最主要因素；贮存载体的含水量与线虫的成活力、感染力成正比；小环境的气体交换情况也会影响线虫的贮存，因为休眠状态产生的二氧化碳、氨气等浓度过高会损害线虫活力，必须有一定的氧气和水分以维持最基本的代谢（徐洁莲等，1997；冯世鹏等，2005）。

已商业化的昆虫病原线虫产品都是斯氏属和异小杆属的线虫。在国外，英国、德国、新西兰等多国注册有斯氏属的小卷蛾斯氏线虫 *S. carpocapsae*、夜蛾斯氏线虫 *S. feltiae*、格氏线虫 *S. glaseri*、蝼蛄斯氏线虫 *S. scapterisci* 和 *S. riobrave*，异小杆属的有嗜菌异小杆线虫 *H. bacteriophora*、*H. megidis* 和 *H. zealandica*，我国有斯氏属的 *S. glaseri*、*S. feltiae* 和几个未定种名的品系，异小杆属的 *H. bacteriophora* 等。

已报道的线虫剂型有悬浮剂或油悬浮剂（报道为“液剂”）、粉剂、颗粒剂（含微胶囊颗粒剂）、可分散粒剂（报道为“水分散粒剂”或“可溶性粒剂”）等，还有特殊的“虫尸剂”。一种“液剂”是利用轻矿物油代替水为线虫提供一定的湿度环境，同时加入油脂或蛋白类似物增加保水作用并用以吸引昆虫（Bedding et al.，1979）。另有方法是把用抗生素清洗后的线虫溶液贮存在真空、充有氮气或二氧化碳的密封容器中，施用时根据需要“溶”于一定量的水中，直接喷施（Yukawa et al.，1988）。可分散粒剂的介质由可溶于水的油、乳、吸附性物质等混合组成。粉剂是用硅藻土或非纤维状纤维素与昆虫病原线虫混合制成粉状，田间应用时需先恢复线虫活力，再加水分散，进行喷施。微胶囊颗粒剂是以天然的或合成的高分子材料为囊材，并通过物理或化学方法把线虫及配方物质包裹在囊壁里（Lamprecht et al.，2000）。“虫尸剂”是利用寄主昆虫作为载体，加包装材料后脱水干燥或加干燥剂和抗菌剂处理，形成粉体或颗粒体（Shapiro et al.，2003；阮维斌等，2011）。以线虫 *S. carpocapsae* HB310 为材料研制了线虫微胶囊颗粒剂型，可长时间保存线虫并保持较高的存活率和侵染力，具体方法是：以18%甘油溶液诱导线虫进入休眠状态，然后添加一定比例的甘油、甲醛、海藻酸钠和山梨酸钾，形成直径为2~5mm 的圆形颗粒状胶囊，线虫在胶囊内呈休眠状态。胶囊颗粒在 16℃及密封条件下保存 4 个月，用 0.5%柠檬酸溶解胶囊，释放的线虫存活率为 75%，线虫对大蜡螟的侵染率和校正死亡率分别为 19.3%和 92%（白向宾，2015）。

（三）线虫杀虫剂的应用

1. 影响线虫杀虫剂作用的因素

线虫杀虫剂施用于田间后，线虫的存活和防治效果受到多种环境因子的影响，主要有土质、土壤温度、湿度、酸碱度、阳光辐射、土壤微生物结构、天敌及施用的杀虫剂等。

温度是影响昆虫病原线虫生存及活力的最重要因素。一般地，存活温度相对宽泛，侵染和繁殖有适宜温度要求。通常在 0~40℃温度下均能生存，40℃下很少能持久存活，温度过低则降低活动能力（谷黎娜等，2009）。多数昆虫病原线虫适宜在 25℃左右侵染，离体培养的最适温度为 20~25℃，不同种类或品系线虫间有较小的差别并与其原产地有关，源自高寒地区的品系偏嗜低温，而热带地区的品系适应高温度下生长发育和侵染寄主（王丽芳等，2011）。实验中，线虫 *S. feltiae* JY-17 品系在不同温度下对甘薯蚁象（*Cylas formicarius*）的致病力排序为 25℃>20℃>30℃>15℃>10℃>35℃（于海滨等，2012）。少数品系在较高温度下更活跃，*S. longicaudum* BPS 在 30℃下的水平运动能力显著强于在 18℃和 25℃（刘奇志等，2009）

昆虫病原线虫喜欢在高湿环境生存，不能忍受干燥。如直接暴露于空气中，即使相对湿度在 80%~90%也会在几十分钟至几小时内达到 90%死亡（Welch et al., 1961）。在不同湿度下，线虫活跃程度有差异，并非湿度越高越活跃。*S. carpocapsae* 在砂土含水量为 5%~15% 时的杀虫活性最高，当含水量降低，侵染力明显降低（余向阳等，2003）。3 种品系线虫在沙土含水量低于 1% 时全部死亡，在含水量 2% 时的侵染力与含水量 5% 时并无显著差异。尽管昆虫病原线虫不耐干旱，但如果土壤水分逐渐降低，部分线虫仍可进入脱水状态保持存活（谷黎娜等，2008）。制剂中的抗干燥保护剂，如甘油和黄原胶，有利于线虫抗旱生存。

线虫对紫外线很敏感，直接照射几分钟就可导致死亡，因此田间应用时务必注意尽量避免阳光，因此线虫主要在应对钻蛀性和土栖性害虫有明显优势。而在制剂中加入能吸收紫外光的保护剂，如 4-氨基苯甲酸等，可一定程度上保护线虫，以提高田间应用效果（Gaugler et al., 1992；陈松笔等，2001）

2. 施用方法和技术

施用线虫杀虫剂可采用普通农药的喷雾、喷洒机具，一般很容易通过孔径 50 μm 的喷头，还可以利用喷灌系统来施用。

线虫运动需要自由水，一定的水量有利于携带线虫到达宿主害虫的栖所。为了有效地增加线虫在土壤中的持续性和致病性，一项有益的做法是：在处理前预先喷灌至 6mm 深的水位，并在处理期间 30min 内保证 6~12.5mm 的水位；施用线虫后的几周内，还要利用降雨或喷灌保持施用区的湿度；应用线虫时避开极端温度和强阳光照射（Shetlar et al., 1998；Georgis et al., 1991）

3. 防治钻蛀性害虫

线虫杀虫剂可用于不同植物或不同种类木蠹蛾和其他钻蛀性害虫防治。在果树和林木管理中，钻蛀性害虫是公认的难题之一。利用线虫防治北方城市林荫树木小木蠹蛾（*Holcocerus insularis*）是早期典型的成功案例。线虫 *S. carpocapsae* 5 个品系对蛀干害虫小木蠹蛾幼虫的侵染力均很高，当剂量大于每害虫 25 条线虫时，不同龄期幼虫死亡率达 92%以上（李平淑等，1987；杨怀文等，1989）。线虫施用方法主要有喷雾法、注射法、海绵法。比较而言，注射法效果最好，因为对蛀道口及其附近虫粪湿度大，可延长线虫存活期，使线虫有较长搜寻寄主。其技术要点是在注射线虫之前从蛀道口掏出适量虫粪。在天津用于防治道路白蜡树小木蠹蛾，共防治33 835株次，使为害率从 7. 80%~12. 09%下降到 4. 51%（胡新民等，1991）。由于木蠹蛾幼虫期长达 23 个月，不同龄期幼虫重叠多发生在一个虫道内，施用的线虫能在小木蠹蛾的尸体内繁殖并继续感染以后发生的害虫，防治效果十分显著。

用线虫 *S. carpocapsae* 液注射进荔枝拟木蠹蛾的坑道或喷雾至隧道，防效达 89%~100%（徐洁莲等，1991）。利用线虫 *S. feltiae* 防治木麻黄的多纹豹蠹蛾（*Zeuyera aultistrigata*）的效果也十分显著（黄金水等，1991）。多纹豹蠹蛾为害的特点是一树一虫，侵入孔部位低，虫道简单。防治方法是用吸附有线虫的泡沫塑料塞孔法处理，每孔施线虫 1 000 条，林间大区防治效果 88. 06%~97. 0%。用 *S. feltiae* 防治蒙古木蠹蛾，在兰州市防治受害垂柳树 4 095 株次，活虫孔减退率为 73. 3%~81. 8%（张小放等，1991）。另外，用格氏线虫（*Steinernema glaseri*）中国品系制成线虫糊剂，涂布虫蛀口来防治青皮竹上的竹直锥大象虫（*Cytotrachelus longimanus*），也收到了很好的防效（刘南欣等，1989）。对外来入侵的园林害虫蔗扁蛾（*Opogona sacchari*），应用斯氏线虫属小卷蛾线虫的 Agriotos 和 Beijing 品系，以注射法将含 1 000~2 000 条/mL 线虫的悬浮液约 200mL 注入巴西木受害部位表皮下，5d 后防治效果达 73. 63%（程桂芳等，1999）。其他的防治对象还有小线角木蠹蛾（又名小木蠹蛾 *H. insularis*）、杨木蠹蛾（又名芳香木蠹蛾 *Cossus cossus*）、相思木蠹蛾（*Arbela bailbarana*）、沙棘木蠹蛾（*Holcocerus hippophaecolus*）、荔枝巢蛾（*Comoritis albicapilla*）、荔枝拟木蠹蛾（*Arbela dea*）、龟背天牛（*Aristobia testudo*）、桑天牛（*Hopemulberry longicorn*）等。

4. 防治土栖性害虫

防治土栖性害虫是昆虫病原线虫的另一优势。化学农药较难适量地施用到土壤中，一般采用与肥料混合施用，但是防治时机和剂量都很难把握，效果不理想。利用昆虫病原线虫的搜寻寄主、繁殖、再释放等特性适合于对土栖性害虫的防控。

线虫在果园防治桃小食心虫取得显著效果。老熟幼虫会随烂果落地入土化蛹，虫源比较集中。喷施斯氏线虫 *S. carpocapsae* 悬浮液于土表，每亩 1 亿~2 亿侵染期线虫，可导致虫蛹被寄生死亡率 90%以上，连续 5 年多点试验证明可达到施用常规化学药剂的效果。应用一种异小杆线虫（*Heterorhabditis* spp.）泰山一号品系，相同剂量下也取得 92%的防治效果，而且卵果率降到 1%以下（刘南欣，1995）。

利用线虫防治甘蔗突背黑蔗龟，比较了施用格氏线虫 *S. glarseri* 的 3 种方法，分别是在宿根蔗头喷雾、淋施线虫悬浮液和散放已吸附线虫的海绵碎制剂，显示以淋施的效果最好，分析认为淋施法可增加土壤湿度，有利于线虫的搜寻活动；不同试验区幼虫寄生死亡率达 52. 5%~71. 3%（李素春，1983）。

施用线虫 *S. feltiae* 防治蔬菜黄曲条跳甲（*Phyllotreta striolata*）试验表明，田间施用量 100 万条线虫/m^2，5d 后寄生率达 94 %，虫口下降 97%（李小峰等，1990）。由于线虫的感染效果同土壤的环境密切相关，一般情况下，在比较潮湿的土壤环境中，线虫才能很好地生存。在春季雨水较多、黄曲条跳甲幼虫基数较低时应用线虫效果更好（侯有明等，2001）。

在防治草坪地下害虫方面，一种从新泽西州高尔夫球场分离的线虫被研发成为商品，杀虫效果达 81%。20 世纪 90 年代末该产品被引入中国，商品名“绿草宝”，用于高尔夫球场的蛴螬防治，连续应用 3 年，对目标害虫的感染率达 75%以上，防效相当于或优于常用的化学杀虫剂，且线虫可在虫尸内继续生存繁殖，有利于害虫的持续控制。在草坪施用线虫前需注意先淋水，保证土壤湿度，喷洒线虫后也要淋水，保证线虫沉降到土表，顺利进入表土层，从而提高防治效果（韩日畴，2001，2002）。

5. 防治叶面害虫

应用昆虫病原线虫防治叶面害虫有许多实例，防治对象包括菜青虫、小菜蛾、斜纹夜蛾、豌豆蛀秆蝇、棉铃虫、小猿叶甲等蔬菜、玉米、棉花和果树上的害虫，在此不一一赘述。需要注意的是保持叶面的湿度，同时还要避免阳光直射，例如添加抗蒸发或保湿物质以及抗紫外剂等，以获得稳定的防治效果。对叶面蜡质层厚的作物，可加适宜的黏附剂，增加线虫在叶面黏附能力。这些对产品制剂和应用技术提出了高要求还有报道应用线虫防治草菇双额岩小粪蝇、软体动物蛞蝓等。

6. 线虫杀虫剂与其他防治手段的结合

线虫杀虫剂与其他防治手段有良好兼容性。斯氏属和异小杆属的线虫制剂可配合使用，各自也可与化学杀虫剂、生物杀虫剂混合使用，达到互补增效的作用。至今注册的线虫制剂可适用于几乎所有的地面或空中喷洒装置，可为混合施用节省工时。线虫杀虫剂这种优势特性是弥补自身缺陷、制定综合防治策略的重要基础。

第六章　微生物农药的剂型与产品

农药剂型是指有效成分经加工后，形成具有一定形态、特性和使用方式的一类制剂产品的总称。为了充分发挥有效成分活性和提高使用便利性，把有效成分加工成所需的各种剂型产品。剂型是农药产品的主要技术要素，在农药研发、生产、销售、贮运和使用的全过程中起重要作用，是农药产品登记管理、分类、统计和应用学科的基本单元。

剂型的确定主要依据产品状态及有效成分的形态，不涉及农药加工过程、产品组成及介质。微生物农药剂型与化学农药剂型的定义是相同的，与国际农药产品标准和各国认知也基本一致。它们的主要差异在于有效成分是活体微生物，因而在剂型选择和技术指标确定时必须考虑微生物特性，如避免高温、强光下失活。活体微生物不能溶于水，而是在水中呈悬浮或沉浸状态，故不可能是“可溶类”的剂型，所以微生物农药剂型相对有选择性限制，需综合考虑微生物的生物学、对靶标作用特点和施药方法等各种因素。

目前，我国已登记微生物农药产品中主要有母药和可湿性粉剂、悬浮剂等 10 余种剂型。

第一节　微生物农药名称与规范

一、微生物农药的命名

作为微生物农药的有效成分必须正确表征物种名称和特征，通常在登记时需采用微生物拉丁学名和规范书写形式，及尽可能使用准确或公众默认的中文名称，并提供适当的鉴别方法和基本要求。随着微生物分类学技术的发展和进步，还应当尽量及时采用新修订的物种名称和新改进的鉴定方法。

（一）微生物命名

微生物物种名称是根据微生物分类系统的拉丁学名，植物病毒一般采用英文名。拉丁学名由国际微生物学会联合会（International Union of Microbiological Societies，简称 IUMS）宣布确定，IUMS 负责制定国际微生物术语词汇代码和病毒分类等。1980 年中国微生物学会已加入该组织。

微生物细菌、真菌等的命名采用生物学的双名法，即由拉丁文的属名和种名组成，斜体书写或下加横线，属名的首字母大写。在有物种分化的情况下，采用三名法，即在双名基础上，再加上亚种（subsp.）、变种（var.）及血清型（serotypes）等的命名。可附带命名人名及命名时间，定名人用正体，首字母大写，但初定名人需加括号放在后定名人之前，最后是定名时间。

（二）病毒命名

病毒命名是采用国际病毒分类委员会（International Committee on Taxonomy of Viruses，ICTV）制定的《国际病毒分类与命名原则》（The International Code of Virus Classification and Nomenclature）及对病毒种名书写规则。病毒分类和命名不遵守优先法则，所用命名应便于使用和记忆，在设立新分类阶元时，不能使用人名命名，上标和下标字符、连字符、斜线、希腊字母等在新命名中不能使用；缩拼词命名可作为分类阶元名称。新命名须有一个同时被承认的代表物种（type species），且不能与已承认的病毒名称重复；人工重组的病毒和实验室杂种病毒在分类学上不予考虑（张莹等，2018）。

2020 年 9 月 16 日，在 ICTV 网站发布了《对如何书写病毒、物种和其他类群名称的建议》一文中，明确了在微生物病毒农药名称使用中，病毒名称（包括宿主属种名称和特性名称）均采用正体书写（较之前采用斜体有变化），属名的首字母大写，其余字母小写（除单个字母，包括字母数字组成的毒株编码可大写）。病毒的分类和命名在不断发展和完善。

另外，病毒的英文组合词较长，习惯使用缩拼词，主要有核型多角体病毒类和颗粒体病毒类等，如“棉铃虫核型多角体病毒，Heliothis armigera nucleopolyhedrovirus”、“菜青虫颗粒体病毒，Pierisrapae granulovirus”等（王贵州等，2012）。

二、微生物农药名称规范

（一）名称规范

我国微生物农药名称采用微生物物种拉丁学名和中文通用名称（即中译名）表示。英文名称仅为俗名，如“假丝酵母”的“torula yeast”。

细菌、真菌名称采用“属名+种名+株系编码”。物种（简称“种”）是生物分类学研究的基本单元与核心。微生物农药产品名称应当有准确的属名和种名，如“棘孢木霉 *Trichoderma asperellum*”、“哈茨木霉 *Trichoderma harzianum*”等，不能只有属名，如“木霉 *Trichoderma* spp.”。中译名采用已经公认接受的译名，通常是依据拉丁学名的词意或译音翻译而得，如有“杆”、“球”、“弧”、“螺旋”等形态描述的文字，并需准确对应，避免遗漏而产生误解，如“*Coniothyrium minitans*”中译文名应“小盾壳霉”，而不是“盾壳霉”；“*Conidioblous thromboides*”中译名应为“块耳霉”，而不是“耳霉菌”；在中文名中不能随意减字，如“苏云金芽孢杆菌”不能写成“苏云金杆菌”，也不能随意加括号，根据三命名法，“亚种”排列在种名后、不用加括号标注，如“苏云金芽孢杆菌以色列亚种”等。

病毒名称采用“宿主名+特性词+病毒（+株系编码）”形式表示，而其中英文特性词部分习惯使用缩拼词。一般病毒名称较长，在标签、登记证及文章首次出现的名称应书写完整，用括号加注病毒缩写代码，而不能只写其代码。为避免重复，杆状病毒缩写多采用属/种名各前两位字母（少数采用属名前两位+种名第 1 和第 3 或第 4 位字母组合）和特性词+病毒的缩词组成，如“HearNPV”、“PlxyGV”等。另外，还有部分传统病毒保留单个囊膜里核衣壳数目特性字母 M（multiple）或 S（single）表示，如“AcMNPV”等。

在微生物名称中其他英文词部分，如亚种 subsp.、血清型 serotype、株系 strain、菌株 isolate 等词（小写）和株系编码（大写）用正体书写。在正式文章第一次出现的微生物农药名称书写完整，如重复出现可采用缩写形式，如“*T. harzianum*”等。

微生物命名的层级关系见表 6-1。

表 6-1　微生物命名的层级关系

层级关系	定义及解释
属 genera	表示一类相似微生物主要特征的名词，常用微生物形态和生理特征或研究者姓名表示，首字母大写。“属名+ sp.”表示一个种名未定的菌株或一个未知名物种，“属名+spp.”表示该属内多个种名未定的菌株或不同的种。 病毒属是一群具有某些共同特征的种
种 species	分类的最基本单位，是一群表型特征高度相似、亲缘关系极其接近、与同属内其他种有着明显差异株系的总称，常用微生物颜色、形状、用途，有时用人名、地名，寄生宿主名或致病性表示，字母小写。病毒毒种是构成一个复制谱系，占有一个特定生态位，具有多个分类特征（包括病毒基因组成、病毒粒子形态结构、生理生化特性和血清学特性等）的病毒群体。其词尾为“virus”。 常见微生物农药病毒名称形式：宿主名+特性词+“病毒”（+株系编码）
亚种 subsp.	细分物种时所用单元，是指种内由于地域、生态或季节上的隔离而形成的有明显区别特征的生物群体。一般除某个明显稳定特征外，其余都与模式中的特征相同
变种 var.	也是物种的细分单元，是由物种（亲代）遗传产生差异性变异所致，在分类系统上设在种下的等级
株系/菌株 strain/isolate	指某条件、地区隔离得到具体株系。任何一个独立分离的单细胞（或单个病毒粒子）系培养/繁育而成纯遗传型种群体及其后代。株系在学名之后。编码可用字母、符号、数字组合而成。 一般微生物农药 细菌/真菌名称形式：属名+种名+株系编码

为了完善微生物农药中文命名，避免出现重复或差异的中文名称，企业在申请新微生物农药登记时，需提交中文建议名及相关资料（与微生物专家商议），由全国农药标准化技术委员会出具中文农药的命名函，经全国农药评审委员会审批，报请农业农村部批准。

（二）株系编码设定惯例

株系并不是按系统发育的分类，可以代表寄主、地理、地点或其他特征的差别。株系编码由企业或研究者编制，尚无特定要求，一般多以字母、数字和符号随意组合或按某种序列。

编码一般可由规律性和个性化两部分字符组合编码，以与其他株系产品区别。其设定惯例：一是可选择微生物物种学名的首字母缩写（多为首选）；二是可选择地方或单位缩码；三是可选择加注菌种保藏中心编码或其尾号表示；四是可选择个性化编码，如株系特性数字等。株系编码不建议字符排序过长，尽量控制在 10 个字符以下，鼓励简约化表示，以便于记忆、使用和推广，有利于我国微生物农药的科学发展和专业管理。

在编码前的“株系 strain”或“菌株 isolate”一词在国际文章中多数在书写微生物农药名称是完整的，但没有标注的一般也不会产生歧义（参见第九章）。我国早期登记的微生物农药缺少株系编码，因此不同企业登记的同一种微生物农药很难区分，且在活性上可能存在显著差异。从科学角度来看，应通过株系编码加以区分，国际上作法也与此相同。

三、鉴别方法和基本原则

微生物农药通常至少需要鉴定到种名。现将细菌、真菌和病毒物种的常用鉴别方法汇总（表 6-2）。鉴别的原则首先是选择物种特异性特征，可采用形态、生理生化或分子标记等，以区别于其他物种；其次是尽量选择高效、灵敏且简捷的方法，如有异议再选择其他相对复杂、精准的方法。另外，考虑到病毒专一性强，可采用专性宿主的生物测定法作为“活性”鉴别的补充，例如在《病毒微生物农药　苜蓿银纹夜蛾核型多角体病毒标准》NY/T 3279—2018 中，除了选择 PCR 扩增、DNA 测序分子鉴定外，还采用粉纹夜蛾、甜菜夜蛾和家蚕 3 种幼虫生物测定进行毒种鉴别。

国际上，经济合作与发展组织（OECD）和欧盟（EU）等的法规要求微生物农药有效成分鉴定到种级水平上，多依据生物分类学、形态学和生理生化特征（如传统细菌鉴定方法可使用革兰氏染色、培养和生化方法对生物体表型态鉴定），而不是必须在分子水平上鉴定（如实时 PCR 方法），主要考虑到此方法和设备的普及性。在 FAO/WHO 新修订《FAO/WHO 农药标准制定和使用手册》（2018）“第九章　微生物农药标准规范”（简称 FAO/WHO《微生物农药标准》）中也建议采用最简单、经典、易获得并具有成本效益的方法进行鉴别，一般有 1 种明确鉴别方法即可满足，只在有异议和必要时再增加至少 1 项鉴别试验。

目前，FAO/WHO 农药标准联席会议（JMPS）将把重点放在市场主要昆虫杆状病毒产品上，杆状病毒通常分 3 类：核型多角体病毒（NPV）、颗粒体病毒（GV）及非包涵体型杆状病毒（NOV），但主要应用的是前 2 类。

表 6-2　微生物农药常用鉴别方法

类别	鉴别方法
细菌	形态学、生理生化特征、16S rDNA 核苷酸序列分析
真菌	形态学、18S rDNA/ITS 和某些特定基因核苷酸序列分析
病毒	核酸部分片段或全序列核苷酸序列分析

第二节　母药

一、定义

母药是指在制造过程中得到有效成分及有关杂质组成的产品，可能含有少量必需的添加剂（如稳定剂等）和适当的稀释剂。剂型代码为“TK”（technical concentrate）。

母药与原药都是农药制剂加工的原材料，不是农药的最终产品；但它们在含量和理化性质上存在差异，由于技术和生产成本等原因，通常母药的含量会低于原药含量(<900g a. i. /kg)。

由于微生物在生产时通常伴随发酵或扩增过程会产生难以完全分离的培养基组分或宿主残余物及少量化学杂质甚至杂菌，其产品有效成分（活菌）含量一般都比原药定义的含量低，故经发酵或扩繁增殖生产的微生物农药是母药而不是原药，见第七章第一节的微生物微生物农药母药。在现行《农药登记资料要求》（以下简称《要求》）中也已明确微生物农药为母药，与国际上通行做法和要求相同。

二、登记管理

微生物农药制剂加工过程中一般要先获得含量相对较高的母药，然后添加配套的有关助剂，有利于产品的质量控制，在《要求》中已单独列出了微生物农药母药的登记资料要求。在近期微生物农药登记中，我国不少大中型企业会同时申请母药和制剂登记，但有部分产品可以经发酵或扩繁增殖后不纯化而直接加工而成。管理上可能出于对微生物农药产业和政策的扶持，及工业化生产现状（多样化和差异性以及成本等），鼓励提高产品质量和工艺水平，在不影响安全、防效和货架期下，允许低成本产品生存，但对企业申请减免母药登记加工制剂的，需按照母药登记要求提交相关资料，包括母药的菌种鉴定报告、株系编码、菌种描述、完整生产工艺、组分分析试验报告以及稳定性试验资料（对温度变化、光、酸碱度敏感性）、质量控制项目及其指标等。

按常规发酵或扩繁增殖工艺可直接生产低含量产品的剂型一般有粉剂、颗粒剂、悬浮剂及部分发酵或扩繁增殖产物经简单加工的可湿性粉剂等，而水分散粒剂、可分散油悬浮剂、油悬浮剂等剂型多需要在分离纯化后母药的基础上加工而成，同时也便于提高产品含量，减少运输成本，适用进出口贸易交流。目前，71%微生物农药物种有母药（包括早期的“原药”）和制剂产品登记，这与 FAO/WHO《微生物农药标准》的要求相同，在此标准中设定了母药标准，并加注“如果从接种发酵到加工生产过程是完全封闭的，即没有 MPCA（微生物农药母药），仅有 MPCP（微生物农药制剂）也是可以接受的”。

目前，各国微生物农药登记的政策和技术要求不同。如美国注册新微生物农药（多标明株系）一般都需要同时提供母药和制剂资料，因为微生物一般经发酵或扩繁增殖后纯化的原体才称为母药，而制剂将根据剂型需求添加适当的助剂而配制成标明含量的产品，故母药与制剂在组成和性质等方面会存在差异。另外，美国的微生物农药产品标签上会标注有效成分（即母药）与其他组分的含量（g/kg、g/L）及生物测定数据（如孢子/g 或 mL、CFU/g 或 mL、ITU/g 或 mL、OB/g 或 mL 等）。为此，提倡和鼓励母药与制剂同时登记，有利提高微生物农药产品质量和防治效果，促进微生物农药生产工艺的提升和规模化生产。

三、管理现状

截至 2019 年 12 月 31 日，我国微生物农药母药（包括“原药”）产品共有 64 个，占已登记微生物农药产品总数的12%。在38个微生物物种（含亚种）中的27个是有母药和制剂登记产品，其余11个只有制剂登记（表6-3）。苏云金芽孢杆菌、枯草芽孢杆菌、球孢白僵菌、金龟子绿僵菌、棉铃虫核型多角体病毒等是母药产品登记数量较多的物种，也是当前生产和使用量较多的品种。

表6-3 微生物母药产品登记情况

类别及物种数	物种名称及母药登记数量	母药总数
细菌 16	杀虫剂：苏云金芽孢杆菌[1]（7）、苏云金芽孢杆菌以色列亚种[1]（4）、球形芽孢杆菌（1）、短稳杆菌（1）； 杀菌剂：枯草芽孢杆菌（9）、多粘芽孢杆菌（3）、解淀粉芽孢杆菌（2）、蜡质芽孢杆菌（2）、甲基营养型芽孢杆菌（2）、坚强芽孢杆菌（1）、海洋芽孢杆菌（1）、侧孢短芽孢杆菌（1）、地衣芽孢杆菌（0）、荧光假单胞杆菌（1）、沼泽红假单胞菌（0）、嗜硫小红卵菌（0）	35
真菌 10	杀虫剂：球孢白僵菌（6）、金龟子绿僵菌（4）、块耳霉[2]（0）、蝗虫微孢子[3]（0）； 杀菌剂：淡紫拟青霉（现名淡紫紫孢霉）（3）、木霉（未标种名）[4]（2）、厚孢轮枝菌（现名厚垣普可尼亚菌）（1）、寡雄腐霉[5]（0）、小盾壳霉[2]（0）、假丝酵母（0）	16
病毒 12	杀虫剂：核型，如棉铃虫核型多角体病毒（3）、甜菜夜蛾核型多角体病毒（2）、茶尺蠖核型多角体病毒（1）、苜蓿银纹夜蛾核型多角体病毒（1）、甘蓝夜蛾核型多角体病毒（1）、斜纹夜蛾核型多角体病毒（1）； 质型，如松毛虫质型多角体病毒（2）； 颗粒，如菜青虫颗粒体病毒（1）、小菜蛾颗粒体病毒（0）、稻纵卷叶螟颗粒体病毒（0）、黏虫颗粒体病毒（0）； 浓核：黑胸大蠊浓核病毒[6]（1）	13
合计	物种数38	64

注：1. 目前有“芽孢”和“芽孢”2种表示，根据《农药中文通用名称》GB 4839—2009的中文名称，本书遵循多数文献和出版物沿用“芽孢”，说明见第一章；2. 根据登记“耳霉菌”和“盾壳霉”的拉丁名，其中文名应为“块耳霉”“小盾壳霉”（参见附录1）；3. 登记为“蝗虫微孢子虫”，根据近期生物系统分类学，微孢子虫已由原生动物归到真菌微孢子属（见第五章第一节和附录1）；4. 登记的“木霉”的拉丁名只有属名，建议应定名到种；5. 登记为“寡雄腐霉菌”，不需加缀“菌”字（见附录1）；6. 登记为“蟑螂病毒”（俗名），根据其拉丁名，中文名应为“黑胸大蠊浓核病毒”（见附件1）；以下其他章节的相同问题可参此注释。

微生物农药登记必须用正确的物种名称表明有效成分。如果菌种中不同株系具有不同活性效果需标注株系名称。不同企业的产品可能采用不同生物活性的亚种、变种或株系，因此登记时应当予以标明。苏云金芽孢杆菌以色列亚种是我国第一个以分类地位命名登记的微生物农药卫生用产品。在苏云金芽孢杆菌（Bt）系列产品的国家标准（GB/T 19567.1~3—2004）中，明确指出苏云金芽孢杆菌鲇泽亚种对甜菜夜蛾的毒力效价一等品和合格品分别为60 000IU/mg和50 000IU/mg、苏云金芽孢杆菌库斯塔克亚种对小菜蛾或棉铃虫的毒力效价一等品和合格品分别为50 000IU/mg和40 000IU/mg。可至今未见有上述2个Bt亚种的产品登记（或未经鉴定）。我国早期登记的微生物农药有的没有按生物学分类地位命名，多采用属种或属名称，基本没有标注株系编码。在2017年新修订版的《要求》中，微生物农药被要求标明株系编码，同种微生物的新株系按照新有效成分对待，这样管理更加科学，也与国际上多数国家对微生物农药的管理要求相同。同时，也加快了微生物农药有效成分数量的增长。

2008年，我国已发布了真菌农药母药及剂型产品标准编写规范的系列国家标准（GB/T 21459. 1~5—2008），对微生物农药产品的质量控制和标准制定具有良好的参考价值和指导作用。目前，已有11个微生物农药母药产品的行业标准和国家标准，以及2项已报批农业行业标准（2019年）（表6-4），势必带动了地方、团体和企业标准的制定。2020年农业行业标准的《病毒微生物农药草地贪夜蛾核型多角体病毒母药》已通过了专家审定，有望对此类产品登记起到促进作用。国际上，在FAO/WHO的《微生物农药标准》中已制定了母药和6种剂型的标准。

表6-4　微生物农药母药的相关标准[1]

序号	标准编号	标准名称
1	GB/T 21459. 1—2008	真菌农药母药产品标准编写规范
2	GB/T 19567. 1—2004	苏云金芽孢杆菌原粉（母药）[2]
3	HG/T 3616—1999	苏云金（芽孢）杆菌原粉（母药）[2]
4	NY/T 2293. 1—2012	细菌微生物农药　枯草芽孢杆菌　第1部分：枯草芽孢杆菌母药
5	NY/T 2294. 1—2012	细菌微生物农药　蜡质芽孢杆菌　第1部分：蜡质芽孢杆菌母药
6	NY/T 2296. 1—2012	细菌微生物农药　荧光假单胞杆菌　第1部分：荧光假单胞杆菌母药
7	NY/T 2295. 1—2012	真菌微生物农药　球孢白僵菌　第1部分：球孢白僵菌母药
8	NY/T 2888. 1—2016	真菌微生物农药　木霉菌　第1部分：木霉菌母药[3]
9	NY/T 3282. 1—2018	真菌微生物农药　金龟子绿僵菌　第1部分：金龟子绿僵菌母药
10	NY/T 3279. 1—2018	病毒微生物农药　苜蓿银纹夜蛾核型多角体病毒　第1部分：苜蓿银纹夜蛾核型多角体病毒母药
11	NY/T 3280. 1—2018	病毒微生物农药　棉铃虫核型多角体病毒　第1部分：棉铃虫核型多角体病毒母药
12	NY/T 已报批	病毒微生物农药　甜菜夜蛾核型多角体病毒　第1部分：甜菜夜蛾核型多角体病毒母药
13	NY/T 已报批	病毒微生物农药　黑胸大蠊浓核病毒　第1部分：黑胸大蠊浓核病毒母药

注：1. 未包括地方、团体和企业标准；2. 按标准公布的名称，括号中为作者修订词；3. “木霉”或“木霉菌”为属名或该属的各种菌的集合，不指定种名，现多用“木霉”表示，不加缀“菌”字。产品登记需确定种名。种名也无需加缀“菌”字，如哈茨木霉、棘孢木霉等。以下相同处可参此注释。

第三节　剂型定义及其标准

目前，我国登记和使用的微生物农药的剂型主要有可湿性粉剂、悬浮剂、水分散粒剂、颗粒剂、可分散油悬浮剂、油悬浮剂、种子处理悬浮剂、饵剂、粉剂等，下面依次对各剂型的定义、登记现状、相关标准及评价等作简单介绍。

一、可湿性粉剂

可湿性粉剂是指有效成分在水中分散成悬浮液的粉状制剂。剂型代码为“WP”（wettable powder）。

目前，在已登记微生物农药中有200多个可湿性粉剂产品，约占产品总数的50%，是我国微生物农药中登记数量最多的剂型。其中细菌可湿性粉剂占细菌农药产品数量的58.3%，主要有苏云金芽孢杆菌包括亚种（有140多个产品占细菌可湿性粉剂数量的62.2%）、枯草芽孢杆菌（有60多个产品占细菌可湿性粉剂数量的26.8%），以及蜡质芽孢杆菌、多粘类芽孢杆菌、荧光假单胞杆菌等12个菌种；20多个真菌可湿性粉剂占真菌农药产品的30.5%，主要有木霉（未标种名）和球孢白僵菌等8个菌种；18个病毒可湿性粉剂占病毒农药产品数量的24.3%，主要有棉铃虫核型多角体病毒和斜纹夜蛾核型多角体病毒等8个毒种。目前，国内有个别产品登记的“可溶粉剂”剂型是不合理的。因为作为有效成分的活体微生物是不可能与水互溶，在用水稀释使用时是处于悬浮或沉浸状态，即活体有效成分与水的“不互溶性”也是判断能否适用微生物农药剂型的依据之一。因此对微生物农药“可溶粉剂”产品的剂型应重新进行剂型鉴定。

我国已制定了《真菌农药可湿性粉剂产品标准编写规范》的国家标准（GB/T 21459.3—2008），还有微生物可湿性粉剂产品的1项国家标准和7项行业标准（表6-5）。在FAO/WHO的《微生物农药标准》中已制定了可湿性粉剂的标准。

表6-5　微生物农药可湿性粉剂产品的相关标准

序号	标准编号	标准名称
1	GB/T 21459.3—2008	真菌农药可湿性粉剂产品标准编写规范
2	GB/T 19567.3—2004	苏云金芽胞（孢）杆菌可湿性粉剂[1]
3	HG/T 3617—1999	苏云金（芽孢）杆菌可湿性粉剂[1]
4	NY/T 2293.2—2012	细菌微生物农药　枯草芽孢杆菌　第2部分：枯草芽孢杆菌可湿性粉剂
5	NY/T 2294.2—2012	细菌微生物农药　蜡质芽孢杆菌　第2部分：蜡质芽孢杆菌可湿性粉剂
6	NY/T 2296.2—2012	细菌微生物农药　荧光假单胞杆菌　第2部分：荧光假单胞杆菌可湿性粉剂

（续表）

序号	标准编号	标准名称
7	NY/T 2295. 2—2012	真菌微生物农药　球孢白僵菌　第2部分：球孢白僵菌可湿性粉剂
8	NY/T 2888. 2—2016	真菌微生物农药　木霉菌　第2部分：木霉菌可湿性粉剂[1]
9	NY/T 3282. 2—2018	真菌微生物农药　金龟子绿僵菌　第2部分：金龟子绿僵菌可湿性粉剂

注：1. 参见表6-4注释。

二、悬浮剂

悬浮剂 是指有效成分以固体微粒分散在水中成稳定的悬浮液体制剂，一般用水稀释使用。剂型代码为“SC”（suspension concentrate）。

目前，在已登记微生物农药中有150多个悬浮剂产品，占产品总数的28.4%，是我国微生物农药中登记数量第二多的剂型。100多个细菌悬浮剂占细菌农药产品数量的28.1%，主要有苏云金芽孢杆菌（包括亚种，占此剂型产品数量的51.6%）、枯草芽孢杆菌、解淀粉芽孢杆菌等12个菌种；6个真菌悬浮剂占真菌农药产品数量的8.3%，主要有球孢白僵菌、蝗虫微孢子等4个菌种；病毒微生物农药主要以悬浮剂为主，占病毒农药产品数量的50%，主要有棉铃虫核型多角体病毒（占病毒剂型产品数量的32.4%）、苜蓿银纹夜蛾核型多角体病毒、甜菜夜蛾核型多角体病毒和斜纹夜蛾核型多角体病毒等8个毒种。目前，国内有个别产品登记的是“水剂”，如蜡质芽孢杆菌及其混剂、枯草芽孢杆菌及其混剂和地衣芽孢杆菌产品。如前所述，作为有效成分的活体微生物不可能与水互溶。另外，在我国《农药剂型名称及代码》（GB/T 19378—2017）（简称《农药剂型名称》）中已取消了“水剂”，现在不再新批此剂型。因此对于“水剂”产品的剂型应重新进行剂型鉴定。

我国已制定了微生物悬浮剂产品的1项国家标准和4项行业标准，以及1项已报批农业行业标准（2019年）（表6-6）。2020年农业行业标准的《病毒微生物农药草地贪夜蛾核型多角体病毒悬浮剂》已通过了专家审定，有望对此类产品登记起到促进作用。在FAO/WHO的《微生物农药标准》中也制定了悬浮剂的标准。

表6-6　微生物农药悬浮剂产品的相关标准

序号	标准编号	标准名称
1	GB/T 19567. 2—2004	苏云金芽胞（孢）杆菌悬浮剂[1]
2	HG/T 3615—1999	苏云金（芽孢）杆菌悬浮剂[1]
3	NY/T 3279. 2—2018	病毒微生物农药　苜蓿银纹夜蛾核型多角体病毒　第2部分：苜蓿银纹夜蛾核型多角体病毒悬浮剂
4	NY/T 3280. 3—2018	病毒微生物农药　棉铃虫核型多角体病毒　第3部分：棉铃虫核型多角体病毒悬浮剂

（续表）

序号	标准编号	标准名称
5	NY/T 3281.1—2018	病毒微生物农药　小菜蛾颗粒体病毒　第1部分：小菜蛾颗粒体病毒悬浮剂
6	NY/T 已报批	病毒微生物农药　甜菜夜蛾核型多角体病毒　第2部分：甜菜夜蛾核型多角体病毒悬浮剂

注：1. 参见表6-4注释。

三、水分散粒剂

水分散粒剂是在水中崩解、有效成分分散成悬浮液的粒状制剂。剂型代码为“WG”（water dispersible granule）。

目前，在已登记微生物农药中有14个水分散粒剂产品，约占产品总数的2.6%，主要有木霉类产品（占此剂型产品数量的35.7%）、球孢白僵菌（占此剂型产品数量的21.4%）、苏云金芽孢杆菌（占此剂型产品数量的14.3%）、棉铃虫核型多角体病毒等7个菌（毒）种。该剂型适合微生物农药制剂产品加工，有利于产品的贮藏运输稳定，是具有较好发展前景的微生物农药剂型之一。但生产成本相对较高，尚属于起步阶段，建议加强开发和研制此类剂型产品。

我国已制定了1个微生物水分散粒剂产品的行业标准，即《病毒微生物农药　棉铃虫核型多角体病毒　第2部分：棉铃虫核型多角体病毒水分散粒剂》（NY/T 3280.2—2018）。在FAO/WHO的《微生物农药标准》中已制定了水分散粒剂的标准。

四、颗粒剂

颗粒剂 是具有一定粒径范围可自由流动含有效成分的粒状制剂。剂型代码为“GR”（granule）。

目前，在已登记微生物农药产品中有14个颗粒剂产品，占产品总数的2.6%，主要有苏云金芽孢杆菌（包括亚种）、厚垣普可尼亚菌（各占此剂型产品数量的21.4%），球孢白僵菌、淡紫紫孢霉（各占此剂型产品数量的14.3%），以及金龟子绿僵菌、枯草芽孢杆菌、荧光假单胞杆菌及甘蓝夜蛾核型多角体病毒等菌（毒）种。微生物农药的颗粒剂产品主要用于撒施、沟施或穴施。曾作为颗粒剂派生剂型的大粒剂、细粒剂、微粒剂和微囊粒剂在微生物农药产品中仍在登记状态。目前，其派生剂型在FAO/WHO标准中已列入不再支持的剂型中，在《农药剂型名称》国家标准中也已合并统一为颗粒剂。其中大粒剂产品苏云金芽孢杆菌以色列亚种是采用投放施药方式防蚊幼虫，微粒剂产品厚垣普可尼亚菌是采用适量农家肥或土混匀做穴施或沟施防治根结线虫，这两种剂型与颗粒剂产品使用方法相同，可适时作剂型变更登记即可。细粒剂产品多粘类芽孢杆菌所标示施药方法是浸种、苗床泼浇和灌根，还有微囊粒剂产品枯草芽孢杆菌的施药方法是喷雾、喷淋茎基部，这两种剂型施药方法不太合理，因颗粒剂属于可直接撒施使用剂型，即不需要液体稀释，且此剂型产品的溶解性也有限。因此，剂型研制要与田间使用方式相匹配和适应。

目前，我国尚无微生物颗粒剂产品的相关标准，但2020年农业行业标准的《真菌微生物农药　球孢白僵菌　第3部分：球孢白僵菌颗粒剂》（NY/T 2295.3）和《真菌微生物农药　金龟子绿僵菌　第4部分：金龟子绿僵菌颗粒剂》（NY/T 3282.4）均已通过了专家审定，将会对微生物颗粒剂产品标准制定起到规范和指导作用。在FAO/WHO的《微生物农药标准》中已制定了颗粒剂的标准。

五、油悬浮剂和可分散油悬浮剂

（一）油悬浮剂

油悬浮剂是有效成分以固体微粒分散在液体中成稳定的悬浮液体制剂，一般用有机溶剂稀释使用。剂型代码为“OF”（oil miscible flowable concentrate）。

在已登记微生物农药中有4个油悬浮剂产品，占产品总数的0.74%，为3个金龟子绿僵菌及1个苏云金芽孢杆菌（防治松毛虫）产品。其中金龟子绿僵菌油悬浮剂是我国在微生物领域最早登记的新剂型，适用大型机械或飞机做超低量喷雾防控草原蝗虫。我国和FAO都推荐使用此类微生物农药用于防治蝗虫。

（二）可分散油悬浮剂

可分散油悬浮剂是有效成分以固体微粒分散在非水介质中成稳定的悬浮液体制剂，一般用水稀释使用。剂型代码为“OD”（oil-based suspension concentrate/oil dispersion）。

目前，在已登记微生物农药中有7个可分散油悬浮剂产品，占产品总数的1.3%。主要有球孢白僵菌（防治蝗虫、甲虫等）占此剂型产品数量的57%，及金龟子绿僵菌（防治蝗虫、草地贪夜蛾等）、苏云金芽孢杆菌（防治松毛虫等）、枯草芽孢杆菌共4个菌种。

（三）小结

上述两种剂型均为油介质的悬浮液体制剂，可避免配方中出现游离水，是较长时间保持微生物活性的最佳选择剂型之一；不同之处是“OD”可用水稀释使用，而“OF”需用有机溶剂稀释使用，即“OD”相对“OF”的使用更加经济、便捷。孢子在油介质中的存活率相对较高，根据剂型性质、用途和靶标等需求，是微生物农药的适用剂型。目前该类剂型登记产品数量不多，但将是具有较好发展空间的剂型之一。

我国已制定了《真菌农药油悬浮剂产品标准编写规范》的国家标准（GB/T 21459.4—2008），以及1个微生物油悬浮剂产品的行业标准，即《真菌微生物农药　金龟子绿僵菌　第2部分：金龟子绿僵菌油悬浮剂》（NY/T 3282.2—2018）。农业农村部农药检定所和中国农业科学院植物保护研究所微生物农药研究团队在2018年的FAO JMPS会上提交了真菌农药OF剂型的建议，并在议程中进行了讨论。

目前，尚未制定微生物可分散油悬浮剂产品的相关标准。在FAO/WHO的《微生物农药标准》中也暂无这2种剂型的标准。

六、种子处理悬浮剂

种子处理悬浮剂是直接或稀释用于种子处理含有效成分、稳定的悬浮液体制剂。剂型代码为“FS”（suspension concentrate for seed treatment/flowable concentrate for seed treatment）。

目前，在已登记微生物农药中已有2个悬浮种衣剂产品，涉及枯草芽孢杆菌和苏云金芽孢杆菌2个菌种，主要用来防治土传病害、线虫和地下害虫等。该剂型可能受使用方法和用途限制，登记数量较少。

根据FAO/WHO标准，种子处理悬浮剂未限定是否含有成膜剂和采用包衣或拌种使用方法，即此剂型涵盖了悬浮种衣剂（特指含成膜剂和包衣方式，简称FSC）的定义。两剂型技术指标的差异：FS有附着性、倾倒性、湿筛试验、持久起泡性和粒径分布；FSC有成膜时间、包衣脱落率和均匀度。在2017年的《农药剂型名称》国家标准中已将悬浮种衣剂与种子处理悬浮剂合并统一为“种子处理悬浮剂”，同步与国际接轨。现在不再新批“悬浮种衣剂”，对已存在此剂型的产品可适时进行变更。

我国尚未制定微生物农药种子处理悬浮剂产品的相关标准。在FAO/WHO的《微生物农药标准》中已制定了种子处理悬浮剂的标准。

七、饵剂

饵剂是为引诱靶标有害生物取食直接使用、含有效成分的制剂。剂型代码为“RB”［bait（ready for use）］。

目前，在已登记微生物农药中仅有3个饵剂产品，涉及金龟子绿僵菌和黑胸大蠊浓核病毒2个菌（毒）种，主要用于防治卫生害虫。虽然该剂型在微生物农药中登记数量不多，但在卫生用农药领域反响不错，具有较好应用前景，市场需求会逐步增加。

我国已制定《真菌农药饵剂产品标准编写规范》的国家标准（GB/T 21459.5—2008），以及1项已报批农业行业标准（2019年），即《病毒微生物农药　黑胸大蠊浓核病毒　第1部分：黑胸大蠊浓核病毒饵剂》（NY/T-已报批），但至今还未见发布的微生物饵剂产品的相关标准。在FAO/WHO的《微生物农药标准》中尚无此剂型。农业农村部农药检定所和中国农业科学院植物保护研究所微生物农药研究团队在参与FAO/WHO《微生物农药标准》第二版修订时提出了增加此剂型的建议。

八、粉剂

粉剂是适用喷粉或撒布含有效成分的自由流动粉状制剂。剂型代码为“DP”（dustable powder）。

目前，在已登记微生物农药中有6个粉剂产品，涉及淡紫紫孢霉粉剂、苏云金芽孢杆菌及荧光假单胞杆菌3个菌种。粉剂属于可直接使用剂型，即不需要稀释，且溶解性有限。它在生产和使用中产生的粉尘会对人体健康和环境造成一定影响，并存在爆炸危险，属于落后剂型，但可保留特殊用途的需求，如采用苏云金芽孢杆菌粉剂喷粉防治森林的松毛虫，还有采用拌土穴施淡紫紫孢霉粉剂或颗粒剂防治番茄根结线虫等。而有个别登记粉剂的施药方法却是喷雾、浸种、泼浇、灌根，这似乎不合情理。总之，为减少隐患，建议尽量采用相对环保、安全的剂型。

我国已制定了《真菌农药粉剂产品标准编写规范》（GB/T 21459.2—2008）的国家标准和1项主要为林业使用的微生物粉剂产品的国家标准，即《球孢白僵菌粉剂》

(GB/T 25864—2010)。

九、其他剂型

(一) 水分散片剂

水分散片剂 是在水中崩解、有效成分分散成悬浮液的片状制剂。剂型代码为“WT”(water dispersible tablet)。

目前，我国还没有微生物水分散片剂产品的登记，也未制定此剂型的产品标准，但随着生物农药剂型加工技术的发展，该剂型将有望在我国开发和应用。该剂型技术需要解决在加压成片工艺的温度、压力等对微生物农药有效成分活力的影响等问题。

在FAO/WHO的《微生物农药标准》中已制定了微生物农药水分散片剂的标准。

(二) 悬乳剂

悬乳剂是有效成分以固体微粒和水不溶的微小液滴形态稳定分散在连续的水相中成非均相液体制剂。剂型代码为“SE”(suspo-emulsion)。

目前，我国登记了1个枯草芽孢杆菌水乳剂的韩国产品。如前所述，作为有效成分的活体微生物，不可能与水互溶，即不可能是严格意义的“水乳剂”，从逻辑和实际上推测可能是“悬乳剂”。该公司的枯草芽孢杆菌产品在韩国登记的剂型为“Emulsifiable suspension for microvial pesticide”意为悬乳剂。美国也有此剂型的微生物产品登记。所以微生物农药的“水乳剂”剂型值得进一步探讨和确认。

目前，国内外尚未见微生物悬乳剂（或水乳剂）的质量标准。

(三) 条剂

条剂 是含有效成分的条状或棒状制剂（一般长度大于直径/宽度)。剂型代码为“PR”(plant rodle)。

条剂是由挂条、棒剂、笔剂进化而来，拓宽使用范围，适用悬挂、缠绕等方式。

我国曾经有微生物农药产品取得登记（PD20130554)，2亿孢子/cm^2球孢白僵菌，防治马尾松和杨树的松褐天牛和光肩星天牛，剂量在2~3条/15株，使用方法是在距地面约1.5m处缠绕树干或林中悬挂，其防效良好。

第四节　剂型规格

一、剂型数量

目前，在我国取得登记的微生物有效成分有47种，500多个产品，各剂型产品数量与微生物总量的百分比，如图6-1，其中数量第一的可湿性粉剂占50%，第二的悬浮剂占28%，第三的母药（包括“原药”）占12%，其他剂型的产品数量相对较少。

二、剂型规格

微生物农药各剂型产品质量控制项目和指标的设定主要是为确保产品质量稳定和尽

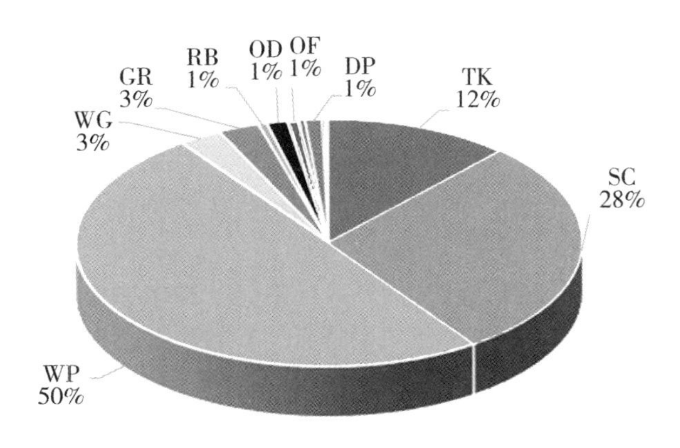

图 6-1　微生物农药各剂型产品数量与微生物总量的百分比

量长的货架期，及有效的防效。由于活体微生物与化学农药在组成、形态和性质等存在差异，其产品质量控制项目也会有所不同，根据其特性在保证防效和基本理化性质不变的前提下可考虑适当宽松。另外，微生物的细菌、真菌和病毒的物种之间和株系之间都存在差异，其产品质量控制项目和指标要求也会因物而异；且各企业在生产工艺和配方上的不同而造成产品质量的差异。在国家给予微生物农药优惠政策的扶持下，通过加强产学研协作，可逐步提高微生物农药产品质量。

下面汇总我国微生物农药常用剂型的产品质量控制项目及部分指标要求（表 6-7）。表中把各剂型质量控制项目分为共有（包括有效成分、相关杂质、低温和贮存稳定性）和特有（理化性质部分）2 列，以便于读者比较和了解。水分/干燥减量属相关杂质应列入共有部分，但由于微生物对该项参数较为敏感且数据差异较大，因此将此项列入特有部分。由此表可看出微生物农药常用剂型的性质，以及我国与 FAO/WHO 质量控制项目及部分指标要求的差异。外观不是控制项目，但对理化项目的设定具有重要参考价值。

表 6-7　微生物农药常用剂型产品质量控制项目

剂型	常用剂型产品质量控制项目及部分指标要求	
	共有	特有
TK	有效成分鉴别、有效成分含量[1]，≥； 微生物污染物含量、次生化合物含量、化学杂质含量，均≤%； 贮存稳定性[3]（如需要）	水分/干燥减量[2]（如需要；一般≤5%～8%，及个别≤15%）； pH 范围
WP	同 TK； 贮存稳定性（可选合适温度和时间，以下均同此）	水分/干燥减量（一般≤3.0%～10%，及个别≤15%）； 酸/碱度（以 H_2SO_4 或 NaOH 计）或 pH 范围、湿润时间（≤120s）、湿筛试验[4]（≥98%）、悬浮率[5]（≥70%）、持久起泡性

（续表）

剂型	常用剂型产品质量控制项目及部分指标要求	
	共有	特有
WG	同 TK； 贮存稳定性	水分/干燥减量（一般≤3.0%~6%，个别为≤10%）； 酸/碱度（以 H_2SO_4 或 NaOH 计）或 pH 范围、粉尘（无）、耐磨性（≤3.0%）、湿润时间、湿筛试验、（流动性[6]）、悬浮率（≥75%）、分散性[5]（≥60%）、持久起泡性
GR	同 TK； 贮存稳定性	水分/干燥减量（≤3.0%~15%，及个别≤20%）； 酸/碱度（以 H_2SO_4 或 NaOH 计）或 pH 范围、粉尘、堆密度、耐磨性、粒度范围（最大/最小粒径≤4：1，且≥85%）
RB	同 TK； 贮存稳定性	水分/干燥减量（如需要）
WT	同 TK； 贮存稳定性	水分/干燥减量； 酸/碱度（以 H_2SO_4 或 NaOH 计）或 pH 范围、片的完整性、崩解时间（片的崩解性[6]）、磨损率（≤3.0%）、湿筛试验、悬浮率（≥75%）、持久起泡性
DP	同 TK； 贮存稳定性	水分/干燥减量（≤3.0%~6%，及个别≤15%）； 酸/碱度（以 H_2SO_4 或 NaOH 计）或 pH 范围、干筛试验（≥95%，过 75μm 筛）
SC	同 TK； 低温稳定性、贮存稳定性	酸/碱度（以 H_2SO_4 或 NaOH 计）或 pH 范围、（粒径分布[6]）、倾倒性、湿筛试验、悬浮率（≥80%）[5]、（自发分散性[5/6]）、持久起泡性
FS	同 TK； 低温稳定性、贮存稳定性	酸/碱度（以 H_2SO_4 或 NaOH 计）或 pH 范围、（粒径分布）、附着性、倾倒性、湿筛试验、悬浮率（≥80%）[5/7]、持久起泡性
OD/OF[7]	同 TK； 低温稳定性、贮存稳定性	水分/干燥减量（如需要）； 酸/碱度（以 H_2SO_4 或 NaOH 计）或 pH 范围、粒径分布、倾倒性、湿筛试验、分散稳定性、持久起泡性

（续表）

剂型	常用剂型产品质量控制项目及部分指标要求	
	共有	特有
SE	同 TK； 低温稳定性、贮存稳定性	酸/碱度（以 H_2SO_4 或 NaOH 计）或 pH 范围、倾倒性、湿筛试验、分散稳定性、持久起泡性

注：1. 有效成分含量单位：微生物农药质量或体积的孢子、CFU、ITU/IU、OB/PIB 等；FAO/WHO 推荐用 g/kg、g/L（以母药质量计算）及适合单位；

2. 水分或干燥减量的测定方法不同，但内涵相近，在微生物农药标准中多采用后者简易方法；

3. 在微生物农药领域多把贮存稳定性与热贮稳定性作并列选择项，《要求》规定贮存稳定性在(20~25)℃为 1 年或（0~5)℃为 2 年，含量不得低于标明值的 70%（一般不需提交热贮数据），且符合产品质量控制要求；而部分母药和制剂产品的国家或行业标准中已设此项指标，即执行产品标准要求也是合理的。而 FAO/WHO 的《微生物农药标准》不要求热贮后检测有效成分含量，仅测试相关理化项目；另外，对可分离纯化的母药需提供相关理化、贮存稳定性，货架期的确定及支持数据，有新建议，对于低温储存影响有效成分稳定性的固体剂型要制定冷储指标（宋俊华，2021）；

4. 湿筛试验：一般农药要求≥98%，而 FAO/WHO 标准可宽松到<98%；

5. 同样 FAO/WHO 对分散性、悬浮率、自动分散性指标宽松到<60%阈值也可接受（均可用重量法测定）；

6. 自发分散性、流动性、片的崩解性（在规定崩解时间，测通过2 000μm 筛后残余量；我国是崩解时间）、粒径分布是 FAO/WHO 标准的要求，在我国的《要求》中暂未制定此类项目；

7. 在我国的《要求》和 FAO/WHO《农药标准制定与使用手册》（简称 FAO/WHO《农药标准制定》）的 OD 中没有悬浮率项目、仅我国《要求》中有水分项目，但在我国部分 OD/OF 的标准中设有悬浮率及水分项目；另外，FS 的悬浮率不适用不稀释的；且稀释率要符合 MT 184.1 的上限(10%)，可采用重量法测定。

第五节　剂型研发和配方研制

剂型设立的宗旨是安全、环保、科学和规范，以活性物质的形态和传递特点为主线，明确与相似剂型间的差异和优势，而证实此剂型存在的必要性。微生物农药剂型的选择主要与其生物特性相关，并根据靶标病虫害特点、作用机理和使用方法等对配方工艺和组分进行优化选择，以弥补微生物农药自身的短板。

一、筛选母药

微生物农药在开发时首先需要考虑的是有效成分。任何一个成功的微生物产品都有个优秀的母药作根基。母药开发需开展大量的研究和筛选，其目的一是筛选的母药（包括改良修饰或基因工程等）对靶标具有良好毒力或抑制作用的菌（毒）种；二是通过培养具有强力的繁殖或增殖功能；三是在环境中有具有一定耐受力，对靶标具有最大附着力或寻找寄主的能力，必要时可添加适量稳定剂、防腐剂等；四是可选择相对寿命长、具有抗御不良环境能力的芽孢、分生孢子、厚垣孢子、微菌核等生存形态；五是菌（毒）种的筛选、保藏、复壮是活性成分的重要因素。

微生物农药比化学农药的作用机理和方式更为复杂和多样化，不同种的作用谱和活性功能存在很大差异，即使同种、不同株系的微生物也可表现不同生物性能，相同株系在不同环境下可表现出活性差异，有的还会有较大变异性。而且，微生物农药对温度、紫外线、营养等都比较敏感，但各种、株系间均会有差异。一般在筛选合适的母药后就要从剂型和配方入手，以保存其活力和适应预期的应用环境。

二、剂型研发

微生物农药剂型研发思路：一是尽量选择含量高、杂质少、防效显著的母药；二是选择适合剂型。由于微生物农药是活体生物，一般化学农药的剂型并非都适用（如“可溶类”剂型就不合适），且环保型剂型是农药领域发展方向，落后剂型将逐步淘汰；三是根据不同使用方法（如喷雾、穴施或种子处理等）和靶标（如飞蝗、松毛虫、蜚蠊等）特性选择剂型；四是选择与菌（毒）种具有相容性的助剂（包括保护剂、营养剂、激活剂、载体等），如与蛋白质、糖类等高分子成分相匹配的助剂，还要注意纯化后的母药也会有一些培养基、代谢物、细胞屑或脂肪等杂质；五是选择最佳组分配方对配制合适剂型、保持产品稳定性和发挥防效尤为重要；六是不同菌（毒）种、不同剂型的微生物产品控制项目指标存在差异，一般真菌在微生物产品中对水分和温度显得更敏感，需严控影响较大的指标，如悬浮剂的 pH 范围、可湿性粉剂的水分等，建议对水分指标不局限用“≤”表示，如需要还可限定在一定范围，会相对精确、科学的达到延长货架期，且境外产品已有类似的先例。在不影响产品质量和防效的情况下，参照 FAO/WHO 对微生物产品项目指标宽松限量的原则，适当放宽部分指标阈值。

三、配方研制

微生物农药配方研制思路：一是选择该菌（毒）种适用的剂型和助剂；二是选择精准的组分配比，以确保产品货架期稳定和生物防效，以及药液的稀释稳定性；三是综合利弊因素调整配方，其作用可能影响菌（毒）种的成活率（使用时孢子/细胞活力的复苏和修复，对不利环境胁迫的抵御，产品的润湿性、均匀度、亲和力和附着力等）和成活期（关键是控制水活度）、产品纯度、施用方法、干燥工艺、对助剂敏感性、贮存稳定性（活性物质处于半静止或静止状态以延长生命）、靶标准确性及滞留时间、传输效率及环境因素等；四是开发正确评价产品活性的测定方法（如平板菌落计数法等）是确保配方研发成功的重要部分；五是发挥最佳功效，提高在靶标上的定位和滞留时间，采用相关专业知识及技能以保持微生物活性（可用统计分析识别有益微生物等方法来评价）。由于微生物除草剂对制剂配方要求苛刻，要改善对环境（如水分、湿度和适温等）的依赖性，才能有良好侵染，保持除草活性，延缓其衰退，易于保藏。

微生物农药在环境中有巨大潜力优势，配方和助剂研制面临严峻挑战。一般根据基础化学指导选择最优组分，在避免微生物损伤或失活的前提下，通过热力学、相平衡、溶液行为、表面和胶体科学等数据选择合适的助剂（禾大，2020）。成功的微生物产品具有防效高、使用方便等优点，还具有强力抵御外界环境因素影响的能力，同时可使产品贮运便捷、降低包装成本、节省冷链运输。

近年来，我国在微生物农药的研发和使用技术方面已取得了可喜的成果和经验，但还需进一步改进生产工艺、促进规模化生产，确保产品质量稳定可靠。有利促进微生物农药产品登记、生产和行业发展，以便在农作物病虫害绿色防控中占领市场，展现微生物农药的优势。

第七章　微生物农药质量及标准规范

为了确保微生物农药质量、保障微生物产业的健康发展，需建立标准来加以规范、评估和管理。合格的农药产品才能确保防控效果，保障农产品质量和食品安全。我国微生物农药产品标准制定较晚，1999 年才制定了第一个苏云金芽孢杆菌系列行业标准，但发展速度较快，至今已有近 50 个产品标准；药效防治类的标准仅有部分地方标准。近期我国加快微生物农药标准的制定，已先后制定了毒理学、环境毒理和生态等相关标准，共计约 100 项。要制定出利于提高生产工艺和产品质量又切合当前技术水平的标准实属不易，首先得吃透农药基本概念，了解微生物农药特性及其与一般化学农药性质异同点，转变习惯的思维，同时参考 FAO/WHO 的标准和国际先进技术和方法，结合生物学和各项检测技术的发展，才能制定出科学的、规范的微生物农药各类标准、指南和评价方法，从而提高产品质量，缩小与国际水平的差距，逐步迈向国际市场。

第一节　微生物农药相关术语

术语是在特定学科领域用来表示基本概念的集合，是制定规范标准的理论基础。术语可准确简洁地表达词条的定义和释义。以下汇总的微生物术语主要依据 FAO/WHO《微生物农药指南》的中译文版（农向群等，2018）和现有微生物农药标准及有关资料，涵盖了微生物农药的基本术语、分类术语、含量术语、杂质相关术语和检测方法术语五方面，其涵义和表述不同于化学农药的术语。

一、基本术语

（一）定义

1. 微生物农药 microbial pesticide/microbial pest control agent，MPCA

以真菌、细菌、病毒或基因修饰的微生物等活体集合作为有效成分的农药的统称。

2. 微生物农药有效成分 microorganism active substance

对有害生物控制发挥作用的微生物及其相关代谢产物，其可以是活的或者失活的微生物。

3. 微生物农药有效成分 microorganism active substance

用于加工微生物农药制剂的微生物原料，是高纯度的微生物农药（MPCA）形式，除含有MPCA生产过程中用于微生物生长或繁殖，以及用于典型纯化或制备的一些物质外，通常不含其他添加物或助剂，特殊情况下为便于贮存和运输会加入少量的防腐剂、稳定剂或稀释剂。

4. 微生物农药制剂 microbial pest control product，MPCP

以微生物活体作为有效成分的农药制剂产品，在登记时或标签上应标明用于有害生物控制。

5. 寄主/宿主 host

为其他生物（寄生物）提供生存环境或养分的动物（包括人类）、植物或微生物。

（二）特性

1. 增殖/繁殖 multiplication

在侵染过程中，微生物复制、群体数量增加的能力。

2. 定殖 colonization

微生物在机体外表（如表皮）或内部环境（组织器官如消化道等）繁殖、持续存在的现象。微生物在所定殖的器官或部位上应持续时间较长；定殖微生物数量可能保持稳定或增长，也可能缓慢下降；定殖微生物可能是无害的，也可能是功能性或致病性微生物。

3. 宿存 survival

具有活性微生物在使用后一定时间内在动物、土壤或植物内体或表面保持活性状态。

4. 侵染 infection

致病微生物进入易感寄主的过程，不论是否引起病理作用或疾病。该微生物必须进入寄主体内，通常是细胞内，且能繁殖形成新的侵染单位。简单地摄取致病体并不意味着侵染。

5. 侵入 invasion

微生物进入寄主体内（如穿透表皮层、肠上皮细胞等）的过程。“原发侵入性”是病原微生物的特性。

6. 致病性 pathogenicity

微生物引发寄主疾病和/或造成寄主伤害的能力。很多病原体致病作用是依靠毒性和侵入性，或是毒性和定殖能力，但有些入侵病原体致病是致使寄主防御系统反应失常。

7. 感染性 infectivity

微生物突破或逃避宿主自然屏障、进入宿主体内并保持活态或繁殖的能力。感染的性质可能涉及不同的严重程度、部位和微生物数量，但不涉及是否引起病理作用或疾病表征。

8. 微生物农药抗性 microbial pesticide resistance

防治靶标（如植物病原菌、害虫等）对抗微生物农药产生的耐受和抵抗能力，导致微生物农药不能产生有效控制效果。

（三）其他

1. 生态位 ecological niche

某物种或种群在环境所处的独特位置，可理解为在群落或生态系统里所占据的实际物理空间及所具有的功能。

2. 共生现象 symbiosis

两种生物体间相互关系，其中一种紧密依存于另一种，双方是互惠关系。

二、分类术语

（一）细菌农药 bacterial pesticide

具有杀虫、抑菌生物活性的单细胞原核微生物农药。其个体微小，形态简单，以二等分裂方式繁殖，在自然界中分布最广、数量最多。

1. 芽孢（内生孢子）endospore

细菌的休眠体（圆形、椭圆形或柱形）。一个细菌只能形成一个芽孢，适宜环境下，一个芽孢萌发成一个细菌。

2. 孢囊 cyst

某些细菌在外界不利条件下，由整个营养细胞外壁加厚，细胞失水而形成一种抵抗干旱但不抗热的圆形休眠体。

3. 营养体 vegetative

单个活的生物体，通常能在合适培养基上形成一个菌落。

（二）真菌农药 fungal pesticide

具有杀虫、拮抗生物活性的真菌微生物农药。一般能通过无性和有性繁殖方式产生的孢子延续种群。常见有分生孢子、芽生孢子、厚垣孢子等繁殖体或菌丝营养体等。

1. 孢子 spore

真菌的繁殖体，有多种类型。

（1）分生孢子 conidium

由分生孢子梗上产孢细胞（有顶生/侧生、串生/簇生、形状大小多种、单胞/多胞）产生无色或有色的无性繁殖细胞，是真菌农药中最常见的孢子形态。

（2）芽生孢子 blastospore

真菌的一种营养繁殖孢子。在细胞一定部位的细胞壁向外突出，细胞膜和原生质体随之向外突出成芽状，细胞核分裂为二，其一进入芽中，芽体逐渐与母细胞缢断脱离，形成单个孢子。如酵母菌、隐球菌及念珠菌可产生此类孢子。

（3）厚垣孢子 chlamydospore

由菌丝体膨大（原生质浓缩）分裂产生壁厚、寿命长，能够抗御不良环境的无性休眠真菌孢子。

2. 菌丝营养体/营养菌丝 vegetative hypha

单条管状细丝，是大多数真菌的结构单位。

3. 微孢子 microsporidium

在组织细胞中发育并分裂，可反复无性增殖，具传染性的卵圆形寄生物属于低等真菌，应称“微孢子”（见第五章第一节）。主要寄生在昆虫消化道上皮细胞以及鱼的皮肤和肌肉中，在环节动物和某些其他无脊椎动物体内也有发现。

（三）病毒农药 viral pesticide

昆虫病毒是以昆虫为宿主，由核酸和外壳蛋白组成病毒微粒的非细胞形态，对宿主具有致病性，可直接和间接控制有害昆虫生物活性的微生物农药。我国尚未有植物病毒产品登记。

1. 杆状病毒科 *Baculoviridae*

（1）核型多角体病毒 nucleopolyhedrovirus，NPV

含一至多个（单核衣壳/多核衣壳）呈十二面体、四角体、五角体、六角体等杆状病毒多角体粒子（直径在 0.5~15μm）在寄主细胞核内，核酸为分段基因组。是目前应用最广、登记数量最多的一类病毒类微生物农药产品，如棉铃虫核型多角体病毒等。

（2）颗粒体病毒 granulovirus，GV

含一个呈圆或椭圆形颗粒状体，内含核型多角体病毒粒子（粒子小、囊膜中多含单核衣壳），包涵体在细胞核内或细胞质内，核酸为双链 DNA。在当前病毒农药领域中，其应用和登记数量仅次于核型多角体病毒，如小菜蛾颗粒体病毒等。

2. 呼肠孤病毒科 *Reoviridae*

质型多角体病毒 cytoplasmic polyhedrovirus，CPV

含多个一般为六角形、四角形等球状多角体（直径在 0.5~10μm）病毒粒子，包涵体在宿主细胞质内增殖，核酸为分段双链 RNA。目前，此类登记的病毒产品主要应用在林业领域，如松毛虫质型多角体病毒等。

3. 细小病毒科 *Parvoviridae*

浓核病毒 densovirus，DNV

一种小型二十面体（直径在 18~30nm）无包膜单链 DNA 病毒粒子，在宿主细胞核内复制，感染早期在核内形成致密染色质区。此类登记的病毒农药产品主要应用在环境等领域，如黑胸大蠊浓核病毒等。

三、含量术语

在《要求》中规定微生物农药有效成分的最低含量，在 FAO/WHO 的《微生物农药标准》中指出，一般含量为≥，如存在风险，可规定上限，即设定最低和最高含量。在特殊情况下，可接受含量超额，但须说明理由，且超额应尽可能低。

（一）毒素蛋白含量 toxin protein content

苏云金芽孢杆菌（Bt）产品中伴孢晶体经碱解成具有杀虫活性的毒素蛋白的含量，通常采用凝胶电泳 SDS-PAGE 法测定。单位为百分含量（%）。

（二）含菌量 microbial content

微生物农药产品单位质量或体积中所含形态为活菌落体（含菌丝或孢子等）的细菌或真菌有效成分含量，多用平板菌落计数法测定。单位为 CFU/g 或 mL。

菌落形成单位 colony forming units，CFU

由单个或多个细胞（如分生孢子、菌丝等）在培养基上经培养形成独立可见的菌落，用于推算活体的真菌或细菌农药有效成分含量。

（三）含孢量 spore content

微生物农药产品单位质量或体积中所含形态为活孢子的真菌有效成分含量，多用血球计数板法测定。含孢量=孢子实测数量×活孢率，单位为孢子/g 或 mL。

活孢率 percentage of alive spores

在一定培养条件下，可萌发（孢子萌芽长度大于孢子长度一半的视为）生长的孢子数占总孢子数的百分率（%），即孢子萌发率。

（四）包涵体 occlusion body，OB/polyhedral inclusion body，PIB

病毒感染寄主后，在寄主细胞中大量复制增殖，形成具有保护膜包裹的非结晶、无活性、高折射率蛋白微粒聚集体，即由病毒粒子、固定病毒粒子的蛋白质基质和保护性外膜共同组成包涵体结构。包涵体在碱性环境下被溶解后释放出病毒粒子，再度侵染寄主。包涵体是微生物病毒水平传播的主要载体形式，在光学显微镜下可见粒子形态。

包涵体数量 OB content/ PIB content

微生物农药产品单位质量或体积中所含形态为包涵体病毒粒子的数量。单位为（OB 或 PIB）/g 或 mL。其中，多角体病毒常采用血球计数板法测定，颗粒体病毒可采用细菌计数板法或实时荧光定量 PCR 法测定。单位为 OB 或 PIB/g 或 OB 或 PIB/mL。

通常病毒为颗粒体的用 OB，多角体的用 PIB 或 IB。但目前国际上病毒类杂志和美国病毒产品标签上不论是颗粒体还是多角体病毒都主要以 OB 表示病毒单位，由此看出，病毒单位有 OB 涵盖或取代 PIB 的趋势。

（五）毒力/生物效价（比）virulence/ biopotency（ratio）

毒力是微生物对靶标有害生物的致死或抑制能力，以接种一定剂量该微生物所引发寄主或宿主病害程度来衡量，通过生物药效试验测定其效价或生物活性性能。以半致死剂量（LD_{50}）、半致死时间（LT_{50}）、致死百分率或抑制率（%）等表示，活性单位还有国际毒力单位（ITU）、国际单位（IU）等。

生物效价比是以微生物农药试样、标样测定的生物效价的比值。如半致死浓度 LC_{50}的比值。

在我国微生物病毒农药产品标准中采用“生测效价比 potency ratio”，与 FAO/WHO 的《微生物农药标准》和《用于植物保护和公共卫生的微生物、植物源和化学信息素类生物农药登记指南》（简称《生物农药登记指南》）中的“生物效价比 biopotency ratio”的内涵相同，建议采用统一中英文词语表示，以避免产生歧义。

FAO/WHO 的毒力定义是对微生物农药致病力程度的衡量，以接种一定剂量该微生物所引发寄主或宿主病害的严重程度来表示。它通过试验测量，以单位半致死量（LD_{50}）或半感染量（ID_{50}）计。

国际毒力单位（或国际单位）international toxic unit，ITU/international unit，IU

在生物测定中能够显示一定毒力的最小单位叫“毒力单位”或“单位”。经由国际农药相关组织（或国际协商）规定的标准单位就是国际毒力单位（ITU）或国际单位（IU）。这两个单位的内涵基本相同，建议生物效价统一采用含义更贴切的 ITU 表示产品的毒力，避免不必要的混乱。ITU 的关键是标样的制备和毒力的确认。

微生物农药毒力或生物效价可通过与具有确定国际毒力单位或国际单位的标样进行对比性生物测定，其结果用单位重量或体积的国际毒力单位（或国际单位）数值表示。

四、杂质相关术语

（一）微生物污染物 microbial contaminants

微生物农药产品中除有效成分微生物（或其产生的物质）外的其他微生物或物质。微生物突变体或取代物被认为是微生物杂质。

1. 杂菌量 number of microbial contaminants

在微生物农药产品中，除有效成分外其他微生物菌落数之和（或称杂菌菌落总数）。

2. 杂菌率 percentage of microbial contaminants

在微生物农药产品中，除有效成分外其他微生物（如细菌和真菌等）量占总菌量的百分率。

（二）相关次生化合物/代谢物 relevant secondary compound/metabolite

从毒理学角度对人或动物健康、或/和对环境造成危害的任何次生化合物/代谢物。有些毒素也可看作是相关次生化合物/代谢物。

次生化合物 secondary compound

微生物产生的，对其生长、扩展或繁殖的非必需化合物。

（三）化学杂质 chemical impurities

微生物农药产品中除有效成分及来自制造过程必需物质外的任何其他化学物质。

（四）水分/干燥减量 water/loss in weight

水分：试样中水占试样质量的比率。

干燥减量：在规定条件下，经加热干燥后减少的质量占试样质量的比率。失重量一般包括水分及少量低挥发性物质的质量。仅适用固体农药。

虽然这两种测定方法不同，但内涵相近，在微生物农药标准中多采用后者简易方法。

五、检测方法术语

（一）平板菌落计数法（或菌落形成单位法）plate colony counting method/colony forming unit（CFU）method

将微生物真菌、细菌试样稀释至适当倍数，均匀涂布或倾注培养基平板上，在合适温度下培养后，通过肉眼观察或电子计数器统计可见菌落数量，推算微生物农药产品单位质量或体积中活体菌落形成单位数量的方法。单位为 CFU/g 或 mL。杂菌率单位为百分含量（%）。

杂菌量或杂菌率测定方法 determination of number or percentage of microbial contaminants

在微生物农药产品中杂菌量或杂菌率的测定方法多采用平板菌落计数法。杂菌量单位为 CFU/g 或 mL，杂菌率单位为%。

（二）血球计数板法（或直接计数法）blood counting chamber method/direct counting method

一般需要配置成稀释至适当倍数的悬液，在光学显微镜下通过血球计数板，统计直接观察计数形态较大的真菌或多角体病毒等微生物农药的个体数量，计算产品单位质量或体积中含孢量或包涵体数量的方法。单位为孢子/g 或 mL，OB（PIB）/g 或 mL。

（三）细菌计数板法 bateria counting chamber method

一般需要配置成稀释至适当倍数的悬液，在光学显微镜下通过细菌计数板，统计直接观察计数形态较小的颗粒体病毒等微生物农药的个体数量，计算产品单位质量或体积中包涵体数量的方法。单位一般为 OB/g 或 mL。

（四）实时荧光定量 PCR 法 real-time fluorescence quantitative PCR method

通过已知浓度标样（含有目的基因的质粒或基因组）特定保守区域设计引物，进行荧光定量 PCR，绘制核酸保守片段拷贝数的标准曲线，计算未知试样荧光定量 PCR 获得的保守片段拷贝数，推算病毒等微生物农药产品的单位质量或体积试样中包涵体（单位为 OB/g 或 mL）或病毒粒子（单位为病毒粒子/g 或 mL）数量的方法。主要用于颗粒体病毒和浓核病毒类农药的检测。

（五）毒素蛋白含量测定法 toxin protein content determination

苏云金芽孢杆菌（Bt）中伴孢晶体经碱解成具有杀虫活性的毒素蛋白。依据蛋白质相对分子质量差异，通过凝胶电泳 SDS-PAGE 使其（130kDa）与试样中杂蛋白分离，经电泳图像扫描，定量测定微生物农药 Bt 产品中毒素蛋白含量的方法。单位为百分含量（%）。

我国未以此数据表示 Bt 产品的含量。美国在 Bt 产品标签上以毒素蛋白含量作为产品组分含量的数据之一，并标注生物效价数据。

（六）毒力或生物效价（比）测定方法 virulence/biopotency（ratio）determination

通过生物药效测定方法比较试样和标样的生物反应来体现微生物农药生物效价或生物活性能力的方法。单位为：单位质量的国际毒力单位 ITU/mg 或国际单位 IU/mg。此方法主要用于苏云金芽孢杆菌类（包括以色列亚种）和球形芽孢杆菌等产品有效成分含量测定及部分病毒有效成分“活性”的补充试验和部分鉴别试验。

毒力或生物效价 = 标样 ITU 或 IU/mg × 标样 LC_{50}/试样 LC_{50}，单位为 ITU/mg、IU/mg。

生物效价比 = 标样 LC_{50}/试样 LC_{50} × 100%，单位为百分比（%）。

（七）方法小结

在 FAO/WHO 的《微生物农药标准》和《生物农药登记指南》中均指出有效成分含量以 g/kg 或 g/L、菌落形成单位（CFU）、生物效价或合适单位表示。

我国在《真菌农药产品标准编写规范》GB/T 21459. 1～5—2008 标准中，第一次制定了“毒力”的定义，明确控制项目（≥）、测定方法及含量单位（LC_{50}、LT_{50} 或 % 等）的表示；在苏云金芽孢杆菌产品的行业和国家系列标准中首次制定了有效成分“毒力效价”控制项目，产品有效成分含量也以此为标记；在 3 种病毒微生物农药产品系列标准中均制定“生物效价比”测定项目和方法，起到辅助“活体”功能的佐证作用，有的还采用“生物测定”作鉴别方法。

现在，只有苏云金芽孢杆菌类和球形芽孢杆菌的产品标准采用生物效价法测定有效成分含量，并以国际毒力单位（或国际单位）表示；病毒产品标准仅把此项做辅助补充，未做含量表示；在其他微生物农药产品标准中均未采用生物效价方法。需要考虑的是，生物效价法标样的确认尚存在方法准确性及重现性的缺陷，还有生物效价测定数值分别与苏云金芽孢杆菌的毒素蛋白含量或与病毒包涵体数值的对应关系等问题，且生物定量测定的误差相对较大。

综上所述，血球计数板法（及细菌计数板法）和平板菌落计数法是目前微生物农药有效成分含量测定的主要方法，实时荧光定量 PCR 法由于技术要求较高，所需设备和检测成本较贵，企业还未能普遍采用，仅适用颗粒体病毒和浓核病毒，但这是具有发展前景的方法之一。毒素蛋白测定法仅适用苏云金芽孢杆菌类产品的测定。毒力/生物效价法主要用于苏云金芽孢杆菌类（包括亚种）及球形芽孢杆菌等产品的测定，虽然品种有一定局限性，但其产量却是最多的；而病毒产品中生物效价比的测定仅作“活体”的辅助补充（或鉴定试验）。其实生物测定的结果在药效资料中均已体现。

第二节　产品质量控制项目及测定方法

微生物农药产品控制项目包括有效成分（包括鉴定）和杂质的含量，以及各项理化性质和稳定性，它们对生产、贮存、运输和应用中保证产品活性和控害效果有重要影响。以下对 FAO/WHO 与我国微生物农药主要剂型的产品控制指标项目和测定方法进行汇总归纳。

一、质量控制项目及测定方法

在 FAO/WHO《微生物农药标准》的母药和主要剂型产品质量控制项目和测定方法均基本采用国际农药分析协作委员会手册（Collaborative International Pesticides Analytical Council，简称 CIPAC Handbook）中原药和制剂的有效成分（微生物暂不需要）和理化性能测定方法（Physico-chemical Methods for Technical and Formulated Pesticides），其中理化性能各项目测定方法是以 MT（Miscellaneous Techniques，简称 MT）为词冠，以数字小大顺序编号排序。

下面汇总了我国与 FAO/WHO 微生物农药母药和主要剂型产品质量控制项目和测定方法（表 7-1），并按有效成分的鉴别和含量、相关杂质、理化性质和稳定性 4 类分列，其中有效成分一栏中归纳了我国微生物农药的测定方法和含量单位，以便清晰对照和参考。

表 7-1 我国与 FAO/WHO 微生物农药主要剂型产品质量控制项目及测定方法的对比表

项目	FAO/WHO 和我国产品质量控制项目	我国测定方法	CIPAC 方法
有效成分	鉴别试验	根据形态学、生理生化特性、DNA 分子特征等，用显微观察法、生理生化法、分子鉴定法或其他方法鉴别物种	1 及 2 种或 2 种以上鉴别试验
	含量（测得平均值应不少于标明含量），≥	≥	一般≥，如存在风险，可规定上限，在特殊情况下，可接受含量超额
	方法及含量单位	①平板菌落计数法：真菌/细菌中单位质量/体积的含菌量，CFU/g 或 mL； ②血球计数板法（或细菌计数板法）：真菌/多角体（或颗粒体）病毒中单位质量/体积的含孢量/包涵体量，孢子或（OB/PIB）/g 或 mL； ③荧光定量 PCR 法：颗粒体（或浓核）病毒单位质量/体积的包涵体量（或病毒粒子量），OB 或（粒子）/g 或 mL； ④毒素蛋白测定法：细菌 Bt 组分测定，未做含量表示,%； ⑤生物效价法： 国际毒力单位：用于细菌，以 Bti/Bsph 为参照，蚊幼虫为靶标测定，ITU/g 或 mL； 国际单位：用于细菌，主要见 Bt，不同菌株选择合适靶标测定，IU/g 或 mL； 生物效价比：用于病毒，生物效价不做含量表示，仅作辅助补充,%	经同行验证（ILV）； g/kg，g/L（20±2℃），或适当单位
相关杂质	微生物污染物，≤	杂菌率/量：多采用平板菌落计数法测定,% 或 CFU/g 或 mL； GB 4789.2—2016 食品微生物学检验菌落总数测定	同含量方法，g/kg/合适单位
	相关次生化合物，≤	—	如需，g/kg
	化学杂质，≤	—	如需，g/kg
	水分或干燥减量，≤	GB/T 1600—2001 农药水分测定方法； GB/T 30361—2013 农药干燥减量的测定方法	MT 30.6 卡尔-费休水分测定； MT 17 干燥减量
物理性质	酸/碱度或 pH 范围	GB/T 28135—2011 农药酸（碱）度测定方法指示剂法； GB/T 1601—1993 农药 pH 值的测定方法	MT 191 制剂酸碱度测定（电位滴定法）； MT 75.3 pH 测定
	润湿性	GB/T 5451—2001 农药可湿性粉剂润湿性测定方法	MT 53.3 可湿性粉剂的润湿性
	湿筛试验,%	GB/T 16150—1995 农药粉剂、可湿性粉剂细度测定方法中湿筛法	MT 185 湿筛试验（SC/FS/WG/WT）
	干筛试验,%或粒度范围	GB/T 16150—1995 农药粉剂、可湿性粉剂细度测定方法中干筛法； HG/T 2467.12—2003 农药颗粒剂产品标准编写规范中粒度范围	MT 170 水分散粒剂的干筛分析（DP/GR/WG）

（续表）

测定项目	FAO/WHO 和我国产品质量控制项目	我国测定方法	CIPAC 方法
物理性质	粒径分布,%	NY/T 1860.32—2016 农药理化性质测定试验导则 第 32 部分 粒径分布	MT 187 激光衍射分析粒径范围（GR/DP/SC/EC）
	堆密度	GB/T 33810—2017 农药堆密度测定方法	MT 186 堆（松/实）密度
	耐磨性	GB/T 33031—2016 农药水分散粒剂耐磨性测定方法	MT 178 GR 耐磨性；MT 178.2 WG 耐磨性
	粉尘,%	GB/T 30360—2013 颗粒状农药粉尘测定方法	MT 171.1 颗粒状制剂的粉尘测定
	崩解性,%	HG/T 2467.14—2003 农药可分散片剂产品标准编写规范的崩解时间	MT 197 片的崩解性
	片完整性	—	—
	片的硬度	—	—
	流动性	GB/T 34775—2017 农药水分散粒剂流动性测定方法	MT 172.2 加压加速储存后颗粒剂流动性的测定
	悬浮率,%	GB/T 14825—2006 农药悬浮率测定方法	MT 184.1 用以测定水稀释后形成悬浮液制剂的悬浮率测定（重量法）
	分散性,%	GB/T 32775—2016 农药分散性测定方法	MT 174 水分散粒剂的分散性（重量法）
	持久起泡性	GB/T 28137—2011 农药持久起泡性测定方法	MT 47.3 持久起泡性
	倾倒性	GB/T 31737—2015 农药倾倒性测定方法	MT 148.1 悬浮剂的倾倒性
	自发分散性	—	MT 160 悬浮剂的自发分散性,%
	附着性	—	MT 194 种子处理的附着性
	分散稳定性	HG/T 2467.11—2003 农药悬乳剂产品标准编写规定	MT 180 悬乳剂的分散稳定性
贮存稳定性	低温稳定性	GB/T 19137—2003 农药低温稳定性测定方法（0℃ 1h，无变化，0℃ 7d，记录析出物体积）	MT 39.3 液体制剂在 0℃稳定性 [(0±2)℃ 7d，符合含量和适当物化性能要求，分离物≤0.3mL]
	热贮稳定性	GB/T 19136—2003 农药热贮稳定性测定方法（54℃ 14d 测定）	MT46.4 加速贮存试验：MPCP 对高温敏感，贮后仅要求测试相关理化性质，不需测含量；或选择合适替换条件：(50±2)℃，4 周、(45±2)℃，6 周、(40±2)℃，8 周、(35±2)℃，12 周、(30±2)℃，18 周

（续表）

测定项目	FAO/WHO 和我国产品质量控制项目	我国测定方法	CIPAC 方法
贮存稳定性	贮存稳定性	NY/T 1427—2016 农药常温贮存稳定性试验通则；《要求》规定：20~25℃，1 年或 0~5℃，2 年（不需热贮数据）；或执行产品标准要求	资料要求；贮存稳定性和货架期

二、理化性质项目要求

我国微生物农药母药和主要剂型登记需要的理化性质项目要求汇总于表 7-2。从表中可明显看出微生物农药比化学农药减少了氧化/还原性、爆炸性等项目；而稳定性包括对温度（高、中、低）、光照和酸度（酸性、中性和碱性）变化的敏感性，评估方法是贮存一定时间后检测的存活率，检测结果可对加工条件适宜度进行评估。

表 7-2　微生物母药和主要剂型的理化性质项目

剂型	理化性质项目
母药（固体）	外观（颜色、物态、气味）、堆密度、稳定性、对包装材料的腐蚀性
水分散粒剂	外观（颜色、物态、气味）、堆密度、稳定性、对包装材料的腐蚀性
可湿性粉剂	外观（颜色、物态、气味）、堆密度、稳定性、对包装材料的腐蚀性
颗粒剂	外观（颜色、物态、气味）、堆密度、稳定性、对包装材料的腐蚀性
粉剂	外观（颜色、物态、气味）、堆密度、稳定性、对包装材料的腐蚀性
水分散片剂	外观（颜色、物态、气味）、堆密度、稳定性、对包装材料的腐蚀性
饵剂	外观（颜色、物态、气味）、稳定性、对包装材料的腐蚀性
母药（液体）	外观（颜色、物态、气味）、密度、黏度、稳定性、对包装材料的腐蚀性
悬浮剂	外观（颜色、物态、气味）、密度、黏度、稳定性、对包装材料的腐蚀性
种子处理悬浮剂	外观（颜色、物态、气味）、密度、黏度、稳定性、对包装材料的腐蚀性
可分散油悬浮剂	外观（颜色、物态、气味）、密度、黏度、闪点、稳定性、对包装材料的腐蚀性
油悬浮剂	外观（颜色、物态、气味）、密度、黏度、闪点、稳定性、对包装材料的腐蚀性

第三节　鉴别方法

鉴别是要确认有效成分的微生物菌种及相关性能，包括规定的描述内容和鉴别试验相关资料、方法和要求等。

一、有效成分描述

中文通用名/拉丁学名：真菌、细菌：属名+种名+株系编码

病毒：宿主名+特性词+“病毒”（+株系编码）

其他名称：

品系或株系编号：（附加菌种保藏机构的登记及编号）

生物学分类/地位：

形态学特征、生物学特征、遗传学特征：

有效成分存在形式：

主要生物活性（病毒：宿主范围及包涵体机理）：

保存/生长/贮存条件：

生物特性（安全性、稳定性、溶解性等）：

微生物农药菌种描述：如菌种来源、寄主范围、传播扩散能力、应用情况（对靶标生物作用机理及其影响描述）、菌种保藏等情况。病毒：毒粒的形态，分子结构、包涵体生物学特征等。

二、菌种鉴别

微生物农药菌种鉴别方法往往不止一种，一般选择鉴别方法的原则：一是选择菌种的特异性；二是选择最简捷方法；三是病毒具有专一性，可用生物测定法作活性鉴别补充。下面汇总微生物农药在鉴别时需要的资料、方法和要求等。

（一）鉴别资料

细菌：形态学、生理生化特征方法，16S rRNA 核苷酸序列分析，对新菌种需描述与同种或相似种标准基因组间存在差异。

真菌：形态学、18S rDNA/ITS 和特定基因核苷酸序列分析，对新菌种需描述与同种或相似种标准基因组间存在差异。

病毒：核酸部分片段或全序列核苷酸序列分析（即 PCR 扩增及 DNA 测序分子鉴定法），生物效价测定法可作为分子鉴定活性判断的补充。

（二）鉴别方法

形态学：形态的特征和结构等的描述。一般有孢子、菌落和毒粒的颜色、形状；产孢器结构、产孢细胞及孢子着生方式、几何形状、排列方式、细胞分隔、细胞核数、表面凹凸和/或纹饰、大小等，必要时可附图和照片。

生理生化（仅适用细菌）：一般有革兰氏染色。鞭毛染色、荧光色素、水解及还原反应、pH 等，需指明化学物质名称、检测方法和注意事项等，必要附图或图谱。

DNA 分子特征：检测特定片段的核苷酸序列，方法说明包括引物碱基序列、克隆载体名称、操作步骤和注意事项等，并给出鉴别试验得到 DNA 片段序列图。

（三）鉴别要求

菌种鉴定报告应包括所申请菌种的形态学特征、生理生化反应特征、血清学反应、

蛋白质或脱氧核糖核酸（DNA）鉴别等 1 项或多项必要内容。对同种不同株系的微生物农药应提供特异基因序列测定报告；对新种需描述与同种或相似种标准基因组间存在差异的描述和资料等。

三、仲裁鉴别

当对鉴别结果有怀疑或争议时，应到具有菌种认证资质单位，用在保藏中心保藏的菌种或生产菌种与模式菌种描述进行对照，由 2 名以上专家确认后，出具鉴定报告，作为仲裁依据。

四、鉴别特征表述

（一）以苏云金芽孢杆菌以色列亚种定性鉴别为示例

1. 形态特征观察

将菌种转接于牛肉膏蛋白胨培养基上 30℃培养，分别在 24h、48h、72h 取样，在油镜下观察菌体形状、大小及孢子囊、芽孢、伴孢晶体形态。典型的菌体呈杆状，两端钝圆，大小（1.0~2.0）μm ×（2.0~3.0）μm，晶体呈规则的卵圆形。

2. 培养特征观察

将菌种转接于不同平板培养基上，定时观察菌落大小、形状、颜色等。典型的菌落形态为（48h）：直径 1~2cm，乳白，边缘不整齐，表面粗糙，菌落中央有不整齐的突起。

3. 生理生化试验

将菌种转接于不同生理生化试验培养基上，观察菌体对多糖类的利用及有关酶的反应。典型的生理生化特性为：VP 和 MR 反应阳性，具有卵磷脂酶，能水解明胶、七叶灵和淀粉，形成菌膜和产生色素，发酵葡萄糖、甘露糖、纤维二糖并产酸，硝酸盐还原阳性，能利用柠檬酸盐。

4. 16S rRNA 序列分析

将菌体接入摇瓶培养基上 12~20h，收集菌体，用试剂盒提取总 DNA，在特定条件下进行 PCR 扩增，测定 16S rRNA 序列，登录美国国家生物技术信息中心（National Center for Biotechnology Information，简称 NCBI，www. ncbi. nlm. nih. gov）查找典型的菌株序列进行对比，相似性应大于 99%。

验证上述 4 个指标，可判定该产品为苏云金芽孢杆菌以色列亚种。

（二）以分生孢子形态学为鉴别特征表述示例

根据微生物形态学特征，一般主要观察菌体形体，并对菌落形体进行鉴别，主要包括菌落的颜色和形状，产孢器结构、产孢细胞，以及孢子的着生方式、几何形状、排列方式、细胞分隔、细胞核数、表面凹凸和/或纹饰、大小等。

如在……培养基上，菌落的菌丝呈……色……状（如绒状、絮状、卷毛状、粉状等），背面……色或无色，菌落产孢后呈……色或由……色转变为……色。分生孢子梗单生/聚集，有/无分隔，有/无分枝，直立/弯曲，壁光滑/粗糙，……。产孢细胞呈……形（如瓶形、锥形等），单生/对生/轮生/簇生于分生孢子梗的顶端。分生孢子为单细胞/多细胞，呈……形（如圆形、椭圆形、肾形、菱形、针形等），表面光滑/粗糙/有疣突或……纹饰，大小为…μm～…μm 或…μm～…μm×…μm～…μm。

（三）以枯草芽孢杆菌的主要生理生化特征鉴别为示例

枯草芽孢杆菌及近似种的主要生理生化特征（表 7-3）。

表 7-3 枯草芽孢杆菌及近似种的主要生理生化特征

序号	特征		枯草芽孢杆菌	蜡质芽孢杆菌	地衣芽孢杆菌	巨大芽孢杆菌	球形芽孢杆菌	苏云金芽孢杆菌
01	接触酶反应		+	+	+	+	+	+
02	厌氧生长		−	+	+	−	−	+
03	V-P 反应		+	+	+	−	−	d
04	产酸	D-葡萄糖	+	+	+	+	−	+
		L-阿拉伯糖	+	−	+	d	−	−
		D-木糖	+	−	+	d	−	−
		D-甘露糖	+	−	+	d	−	−
05	葡萄糖产气		−	−	−	−	−	−
06	水解	明胶	+	+	+	+	d	+
		淀粉	+	+	+	+	−	+
07	利用	柠檬酸盐	+	+	+	+	d	+
		丙二酸盐	−	ND	+	ND	ND	ND
08	酪氨酸水解		−	+	−	d	−	d
09	苯丙氨酸脱氨酶		−	−	−	d	+	−
10	卵黄反应		−	+	−	−	−	d
11	硝酸盐还原反应		+	+	+	d	−	+
12	吲哚反应		−	+	−	−	−	−
13	马尿酸反应		−	−	+	ND	ND	ND
14	pH	5.7	+	+	+	d	d	+
		6.8	+	+	+	+	+	+
15	7%NaCl 生长反应		+	d	+	d	d	+
16	55℃ 生长反应		−	−	+	−	−	−

注："+"为阳性反应，"−"为阴性反应；"d"表示可出现"+或−"两种情况；"ND"表示未开展该项试验。

1. 接触酶反应

取少量 37℃下培养 24h 的斜面菌种，涂片在已滴加 3%过氧化氢的玻片上，如有气泡产生阳性，无气泡则为阴性。

2. 厌氧生长反应

用接种环将 1 小环新鲜培养物穿刺种于厌氧培养基，30℃下培养 3d 左右观察，仅在表面生长为阴性，如沿穿刺线或下部生长为阳性。

3. V-P 反应

将菌种接入 NB（营养肉汤培养基 pH 7.0~7.4）培养液中，37℃振荡培养 24h，取培养液与 40%NaOH 等量混合，加少许肌酸（即 0.5~1.0mg）后，猛烈振荡 10min 后，若出现红色则为 V-P 阳性反应。

4. 产酸反应

分别配制含 10%D-葡萄糖、L-阿拉伯糖、D-木糖、D-甘露糖的水溶液，用等体积蛋白胨水培养液（pH 值 7.6）稀释至浓度为 5%，并调节 pH 至 7.0，然后加少许 0.04%溴甲酚紫溶液，并接入纯培养基待检测菌株，37℃下培养 7d 后观察指示剂颜色变化，若变黄，表示产酸；若有气泡产生说明产气。

5. 淀粉水解试验

灭菌前在 NA（营养琼脂培养基 pH 7.0~7.4）培养基中加入 0.2%可溶性淀粉，取新鲜斜面培养物点种于上述平板，30℃下培养 2~5d 待形成明显菌落后，在平板上滴加碘液，平板呈蓝黑色，菌落周围如有不变色透明圈，表示淀粉水解阳性；仍是蓝黑色为阳性。

6. 明胶液化试验

将菌种接种于明胶培养基斜面上，于 20℃温箱中培养 2d、7d、10d、14d 和 30d，在室温 20℃以下观察菌的生长情况和明胶是否液化。如菌已生长，明胶表面无凹陷且为稳定的凝块，则为明胶水解阴性，如明胶凝块部分或全部在 20℃以下变为可流动液体，则为明胶水解阳性。

7. 柠檬酸盐利用试验

在柠檬酸盐培养基上划线接种，37℃下培养 3~5d，培养基碱性（指示剂变蓝色或桃红色）为阳性，否则为阴性。

8. 丙二酸盐利用试验

在幼龄菌株接种丙二酸盐培养基，37℃下培养 1~2d，培养基由绿变蓝者为阳性，培养基不变色者为阴性。

9. 酪氨酸水解试验

灭菌前在 NA 培养基中加入 0.5 %的 L-酪氨酸。然后将测试菌接种于该培养基平皿上，培养 7~14d，酪氨酸结晶被水解而变透明为阳性，否则为阴性。

10. 苯丙氨酸脱氨酶试验

将菌株在苯丙氨酸培养基斜面上于 37℃下培养 24d，然后将 10%$FeCl_3$ 溶液滴 4~5 滴于生长菌的斜面上，当斜面上和冷凝水中产生绿色时为阳性反应，即表明已形成了苯丙氨酸铜，不变则为阴性。

11. 卵黄反应

将鸡蛋表面用 70%酒精擦洗干净，在无菌条件下取卵黄加入等量的生理盐水，摇匀后取 10mL 悬液加入融化的 50~55℃的 200mL NA 培养基中，然后制成卵黄平板过夜后备用。取 18~24h 的斜面或培养液中的菌体点种在上述平板上，37℃下培养24~48h 后观察，如菌落四周或下面有不透明的圈出现，表示卵磷脂分解成脂肪，说明卵磷脂酶阳性。

12. 硝酸盐还原反应

灭菌前在NB培养液中加入0.1%硝酸钾，调节pH至7.0~7.6。将菌株接种于硝酸盐液体培养基中，置室温培养1d、3d、5d，当培养液中滴入格李斯氏试剂A液、B液，如溶液变为粉红色、玫瑰红色、橙色、棕色等表示有亚硝酸盐存在，为硝酸盐还原阳性。如果无红色出现，可滴加1~2滴二苯胺试剂，此时如呈蓝色反应，则表示培养液中仍无硝酸盐，又无亚硝酸盐反应，表示无硝酸盐还原作用；如不呈蓝色反应，表示硝酸盐和形成亚硝酸盐都已还原成其他物质，故仍应按硝酸盐还原阳性处理。

13. 吲哚反应

将新鲜菌种接入蛋白胨水培养液中培养1d、2d、4d、7d，沿管壁缓缓加入3~5mm高的寇氏吲哚反应试剂于培养液表面，在液层界面发生红色，即阳性反应。如颜色不明显，可加入4~5滴乙醚并摇匀，使乙醚分散于液体中，静止片刻，待乙醚浮至液面后再加吲哚试剂。

14. 马尿酸水解反应

NB培养液中加入1%马尿酸，接入新鲜菌液，培养4~6周后，取1mL培养物与1.5mL 50%硫酸混合，若出现结晶，则表示马尿酸盐形成苯甲酸，为马尿酸盐水解阳性反应。

15. pH反应试验

用盐酸分别调节NB培养液的pH至5.7和6.8，然后接入新鲜菌液1杯，同时接种普通NB培养液（pH7.2）为对照。适温培养1~3d后观察生长情况。该培养液要求十分澄清，pH值应准确，最好用pH计调节。

16. NaCl反应试验

用灭菌试管配制含有7% NaCl的NB培养液，然后在各试管中接种10μL菌液，37℃下培养48h后肉眼观察，并记录菌的生长情况。

17. 温度反应试验

将新鲜菌液接入NB培养液中，然后置于55℃温度下培养，并设不接菌培养液为对照，3d后观察生长情况。

（四）以苜蓿银纹夜蛾核型多角体病毒毒种定性鉴别为示例

1. 分子鉴定

采用PCR扩增及DNA测序的分子鉴定方法。通过提取试样中病毒DNA作为模板，用苜蓿银纹夜蛾核型多角体病毒（AcNPV）的*ie*-1基因、*helicase*基因和*gp*64基因的特异性引物分别进行PCR扩增反应，琼脂糖凝胶电泳检测。当PCR扩增片段大小约为1kb或300bp时，回收扩增片段，并克隆到T载体上，用M13通用引物对克隆后的PCR产物进行测序，将测序结果分别与AcNPV（E2株）的*ie*-1基因、*helicase*基因及*gp*64基因进行比对分析，两者的序列一致性均应该大于98%，即认定试样中含有苜蓿银纹夜蛾核型多角体病毒。

2. 生物测定鉴别

此方法作为苜蓿银纹夜蛾核型多角体病毒毒种分子鉴定的补充。分别对粉纹夜蛾、甜菜夜蛾和家蚕3种昆虫幼虫进行生物测定。粉纹夜蛾和甜菜夜蛾感病症状：虫体体色粉白，体节膨大，行动缓慢，甚至液化而亡，其感病特征非常明显。而家蚕的校正死亡率应小于20%，以此可以确定试样中的病毒为苜蓿银纹夜蛾核型多角体病毒。

第四节　测定方法

根据微生物有效成分特点和检测目标来选择相适应的测定方法。规范的测定过程、合理的分析计算方法以及正确表述计量单位等都是制定产品标准的重要方面。为便于描述和读者理解，以下各方法尽量以示例方式介绍。

一、血球计数板法

适用于有效成分形态可在光学显微镜下清楚观察和计数的微生物农药，例如以分生孢子、厚垣孢子等为有效成分的真菌类微生物农药、形成包涵体的病毒类微生物农药、外径较大且经特定方法染色后容易辨别的细菌微生物农药等。

（一）真菌含孢量测定方法

以球孢白僵菌母药标准中方法为例。

适用于真菌形态为孢子农药产品试样含孢量的测定。

1. 方法提要

将试样润湿并稀释至适当倍数，在显微镜下用血球计数板计算，测定单位质量产品中的孢子数量，乘以活孢率，即为含孢量。单位为孢子/g。

2. 仪器及设备

列出试验用主要仪器、设备，并说明其主要特性（技术要求）和特殊要求。当特殊要求在方法中影响安全以及方法的准确度和精确度时，必须写出。

天平（精度为0.001g）；移液器；手揿计数器（1~9 999）；

恒温振动器、恒温培养箱；

旋涡混合器（转速≥200~3 000r/min，振幅≥3mm）；

显微镜（物镜×目镜400倍）；

赛璐珞（celluloid一种塑料）膜片（约1cm^2）；

血球计数板（1/400mm^2×0.1mm，25×16规格）；

高压蒸汽灭菌器、超净工作台。

3. 试剂和溶液

试剂：列出名称及其纯度或级别；溶液或悬浮液：标出其浓度，对特殊的应写出具体配制和保存方法；培养基应列出其组分和比例，叙述配制方法和灭菌条件等。

吐温80（化学纯）、蔗糖、酵母浸出粉、琼脂。

4. 试验步骤

准确叙述试验的每一操作步骤，一般包括取样、配制均匀悬浮液、稀释、计数、接种、观察等，如有预操作或需要定量的都必须明确指出。测定步骤中可能涉及仪器校正、空白测定、工作曲线、安全措施等都应叙说清楚。规定每次平行测定结果的误差范围。

（1）孢子实测数量–血球计数板法

①准确称取试样 1.00g，共称取 3 个试样为 3 个重复（一般 $n \geqslant 3$）。②在每份试样中加入 0.05%吐温 80 溶液 100mL，浸泡 30min，使孢子充分润湿，然后振荡 30min，得稀释 100 倍的孢子悬浮液。③用移液管从溶液中部移取孢子悬浮液 1mL 到试管中，加无菌水 9mL 于旋涡混合器上振荡 30s，进行梯度稀释（稀释至血球计数板 5 个中格孢子数为 100~300），并用血球计数板在显微镜观察计数。重复点样计数 3 次，取平均值。

（2）活孢率测定

在显微计数法测定含孢量时，由于不能分辨孢子是否存活，即需要采用平板菌落计数法或赛璐珞膜片萌发孢子法测定孢子萌发率。

1）平板菌落计数法。

①SA 培养基（蔗糖 2%，琼脂 1.5%），经高压蒸汽灭菌后凉至 50℃左右，制成 1~2mm 厚度的薄平板；②按（1）操作步骤称样、润湿、稀释、计数，再配成 1.0×10^4 孢子/mL 孢子悬浮液；③接种 100μL 到 SA 培养基平板上，并用曲玻棒涂布匀，重复 3 块平板；④在（25~28）℃下培养 12~24h，于显微镜（10×40）下观察平板，统计孢子萌发数和孢子总数。以芽管长度大于孢子半径计为萌发孢子。每平板观察多个视野，观察孢子总数不少于 300 个。

2）赛璐珞膜片萌发孢子法。

以球孢白僵菌颗粒剂标准（2020 年农业标准报批稿）中方法为例。

通过赛璐珞膜片培养法检测活孢率。

①培养基：蔗糖 4%，酵母浸出粉 0.5%，琼脂粉 2%。灭菌后凉至 55℃左右，制成 1~2mm 厚度平板。在超净工作台无菌条件下放入已灭菌的赛璐珞膜片（约 $1cm^2$），每平板 3 片。锥蓝染色液，锥蓝：水=1：1 000；②按（1）操作步骤称样、润湿、稀释；③用接种环蘸取配制好的孢子悬浮液均匀涂于 3 膜片上，然后置于（27±1）℃恒温箱内恒温培养 24 h；④用尖镊子小心取下膜片移至载玻片上，吸取一滴锥蓝染色液滴于膜片上，约 3 min 后从一侧小心盖上盖玻片（尽量避免气泡存在）；⑤在光学显微镜下观察并计数萌发的孢子数与未萌发的孢子数，计算其孢子萌发百分率。每次计数至少 300 个孢子。3 次测定结果的平均值作为 1 份试样的测定结果。

5. 计算

列出计算公式、简化公式，写明公式中符号、代号和系数的含义、单位。

试样中的含孢量 X_1 按式（7–1）计算。

$$X_1 = \frac{K \times 400N \times 10^3}{0.1 \times 80n} \times \frac{N_1}{N_1 + N_2} = \frac{KN \times 10^5}{2n} \times \frac{N_1}{N_1 + N_2} \qquad (7-1)$$

式中：

X_1——含孢量，单位质量中的孢子数量，即孢子/g；

K——稀释倍数；

N——计数总和孢子数；

n——计数的重复次数（一般为 3 次）；
N_1——萌发孢子个数总和；
N_2——未萌发孢子个数总和。

（二）病毒包涵体测定法

1. 多角体病毒–血球计数板法

主要适用个体较大的多角体类病毒包涵体的测定。以苜蓿银纹夜蛾核型多角体病毒母药标准中方法为例。

（1）方法提要

将多角体病毒包涵体形态试样润湿并稀释至适当倍数，在显微镜下用血球计数板计数，测得单位质量/体积试样中包涵体数量。

（2）仪器及设备

分析天平（精确至 0.000 1g）；
光学显微镜（物镜×目镜 400 倍）；
血球计数板（1/400mm^2×0.1mm，25×16 规格）；
微量移液器、容量瓶。

（3）测定步骤

将试样充分震荡摇匀后。准确称取或吸取适量试样（精确至 0.000 1g）于 100mL 容量瓶中，加水稀释定容为制备母液。取母液稀释成适当浓度的悬浮液（约 4×10^6 PIB/mL）用于计数（最终稀释液使每小格有 2~4 个包涵体）。计数时，将清洁干燥的血球计数板的计数室上加盖专业盖玻片，用微量移液器吸取稀释后的悬液，滴于盖玻片边缘，让悬液自行缓慢渗入，一次性充满计数室，防止产生气泡，充入悬液的量不超过计数室台面与盖玻片之间的矩形边缘。

将载有试样悬液的血球计数板静止 10min，待包涵体全部沉降到计数室底部后，放在显微镜下观察 2 个计数池，每个计数池选取 4 角及正中央 5 个中方格，计数包涵体总数。2 个计数池各 5 个中方格之和取其平均值即为计数结果。

（4）计算

病毒试样中包涵体含量 X_2 按式（7-2）计算：

$$X_2=\frac{A\times B}{80}\times4\times10^6 \qquad (7-2)$$

式中：

X_2——病毒包涵体含量，包涵体（OB 或 PIB）/g 或 mL；
A——2 个计数池各 5 个方格中包涵体总数量的平均值，（OB 或 PIB）/g 或 mL；
B——试样稀释倍数，mL/mL 或 mL/g；
4×10^6——1mL 母液含有的计数小方格个数，个/mL；
80——计数小方格个数，个。

2. 颗粒体病毒–细菌计数板法

以小菜蛾颗粒体病毒悬浮剂标准中方法为例。

取适量试样，用 0.1%SDS（十二烷基硫酸钠）稀释成适当倍数的悬浮液，滴加在细菌计数板上，在光学显微镜（油镜头）下计数。根据细菌计数板上包涵体的数量及稀释倍数，计算出试样中单位质量或体积病毒的OB数量。

二、平板菌落计数法

适用于细菌、真菌农药产品在平板上以菌落形成单位计数法测定其含菌量。也适用于检测杂菌率。

（一）真菌含菌量测定方法

以木霉母药标准中方法为例。

1. 方法提要

将试样稀释后，定量接种到培养基上，用平板菌落计数法测定，以单位质量或体积中菌落形成单位数量表示含菌量（CFU/g或mL）。

2. 仪器及设备

天平（精度为0.001g）；高压蒸气灭菌锅、生物显微镜（×1 000倍）；恒温振荡器、恒温水浴锅、恒温培养箱（控温范围5~60℃，误差±2℃）；超净工作台、移液器、培养皿等。

3. 试剂和溶液

脱氧胆酸钠（化学纯）；马铃薯葡萄糖琼脂（PDA）培养基；蛋白胨营养琼脂（NA）培养基；无菌水：121℃蒸气灭菌30min，冷却后备用。

4. 试验步骤

（1）试样制备

在无菌操作条件下，将试样搅拌均匀，准确称取1.00g试样，溶入100mL的无菌水中浸泡30min后，振荡30min，得到稀释100倍试样溶液，标记为1号。然后参照表7-4进行梯度稀释（以稀释6次为例）。

表7-4　梯度稀释示例

项目	编号						
	1	2	3	4	5	6	7
灭菌水体积，mL	100.0	99.0	99.0	9.0	9.0	9.0	9.0
加入上一稀释浓度溶液的体积，mL	-	1.0	1.0	1.0	1.0	1.0	1.0
累积稀释倍数	10^2	10^4	10^6	10^7	10^8	10^9	10^{10}

（2）试验方法

采用平板菌落计数法。在无菌条件下，将上述各梯度稀释液分别吸取0.1mL于0.05%脱氧胆酸钠PDA平板上，用曲玻棒均匀涂布在整个平板表面，每个稀释梯度做3次重复，然后置于25℃下培养36h后，选择适宜的稀释度，取菌落数在30~200个的平板进行计数。

(3) 计算

1) 若只有 1 个稀释度平板上菌落数在适宜计数范围内，则计算该稀释度 3 个重复平板菌落数的平均值，将此值乘以对应的稀释倍数，再乘以 10，X_{3a}作为试样中菌落数/g，按式 (7-3a) 计算。

$$X_{3a} = (a_1 + a_2 + a_3)/3 \times b \times 10 \tag{7-3a}$$

式中：

X_{3a}——单位试样中菌落数，CFU/g；

a_1——第 1 个重复调查的平板数；

a_2——第 2 个重复调查的平板数；

a_3——第 3 个重复调查的平板数；

b——稀释倍数。

2) 如有 2 个连续稀释度的平板菌上菌落数均在适宜计数范围内，X_{3b}作为试样中菌落数/g，则按式 (7-3b) 计算。

$$X_{3b} = \sum C/[(1 \times n_1 + 0.1 \times n_2) \times d] \tag{7-3b}$$

式中：

X_{3b}——单位试样中菌落数，CFU/g；

$\sum C$——平板（含适宜范围菌落数的平板）菌落数之和；

n_1——第 1 个适宜稀释度的调查平板数；

n_2——第 2 个适宜稀释度的调查平板数；

d——第 1 个适宜计数的稀释度。

(二) 杂菌率的测定

按（一）的方法测定，选择 NA 培养基检测试验中的细菌杂菌；选择 PDA 培养基检测试样中真菌和卵菌杂菌，然后统计总可见杂菌菌落数量，杂菌率 X_4 按式 (7-4) 计算。

$$X_4 = \frac{N_1 + N_2}{N_1 + N_2 + N_3} \times 100 \tag{7-4}$$

式中：

X_4——杂菌率,%；

N_1——细菌杂菌菌落数的总和，CFU；

N_2——真菌和卵菌杂菌菌落数的总和，CFU；

N_3——试样中菌落数的总和，CFU。

三、毒素蛋白测定法

以苏云金芽孢杆菌母药标准中方法为例。

(一) 方法提要

苏云金芽孢杆菌中伴孢晶体经碱解成具有杀虫活性的毒素蛋白。依据蛋白质相对分子质量差异（130kDa），通过凝胶电泳 SDS-PAGE，使毒素蛋白与试样中杂蛋白分离，再用电泳成像扫描蛋白区带面积，进行定量测定。

（二）仪器及设备

电泳仪、电泳凝胶成像系统；

离心机（10 000r/min）、分析天平（精确至0.0001g）；

双垂直式电泳槽（1.5mm 凹形带槽橡胶模框），凝胶板（170mm×170mm，1.5mm，20孔槽模具）。

（三）试剂和溶液

过硫酸铵（APS）、十二烷基硫酸钠（SDS）、四甲基乙二胺（TEMED）、氢氧化钠。

30%丙烯酰胺凝胶母液：称取丙烯酰胺30g，亚甲基双丙烯酰胺0.8g，溶于100mL蒸馏水中，过滤，于4℃暗处贮存备用。

分离胶缓冲液：称取三羟基甲基氨基甲烷（Tris）18.17g和SDS 0.4g溶于蒸馏水中，用浓盐酸调至pH值8.8，用蒸馏水定容至100mL。

浓缩胶缓冲液：称取Tris 6.06g和SDS 0.4g溶于蒸馏水中，用浓盐酸调至pH值6.8，用蒸馏水定容至100mL。

电极缓冲液：称取Tris 3.036g、甘氨酸14.42g，SDS 1g，用水溶解并定容至1 000mL。

3×试样稀释液：1mol/L、pH值6.8，Tris-HCl 18.75mL，SDS 6g，甘油30mL，巯基乙醇15mL，少许溴酚蓝，用蒸馏水定容至100mL。

固定液：量取95%乙醇500mL，冰乙酸160mL，用蒸馏水定容至1 000mL。

染色液：称取考马斯亮蓝（CBB）R-250 1g，加入95%乙醇250mL，冰乙酸80mL，蒸馏水定容至1 000mL，溶解过滤后使用。

脱色液：量取95%乙醇250mL，冰乙酸80mL，用蒸馏水定容至1 000mL。

毒素蛋白（相对分子量为130kDa）标样：8.0%母药。

（四）样品处理

称取标样、试样各20.0mg（精确至0.1mg），移至1.5mL离心管中，加1mL水充分悬浮。取100μL加入另一1.5mL离心管，加入0.5mol/L NaOH溶液25μL（使NaOH的终浓度为0.1mol/L），放置5min，再加入3×试样稀释液75μL，使最终体积为200μL，于100℃沸水中煮沸6 min，离心（2 000r/min）10min后取上层清液，以备电泳上样。

（五）SDS-PAGE分离毒素蛋白

1. 制备8%~10%聚丙烯酰胺凝胶

采用不连续电泳制备凝胶。

2. 上样

取上述标样上清液于聚丙烯酰胺凝胶上孔中分别上样6μL、8μL、10μL、12μL、14μL（毒素蛋白含量约3~7μg）做标准曲线；再取一定体积的试样溶液上层清液（毒素蛋白含量约5μg），加入上样孔中，注入电极缓冲液后，接通电源。

3. 电泳

电泳初期电压在100V，待试样分离后，加大到170V，继续电泳，当在指示剂前沿到达距底端 1cm 左右时停止电泳。取出胶板，在 7.5%（V/V）乙酸中浸泡 30min。

4. 染色

将分离胶部分取下，用考马斯亮蓝（CBB）R-250 染色液染色过夜。

5. 脱色

倒去脱色液后，先漂白液洗涤凝胶，再加脱色液，37℃保温脱色，更换几次脱色液，至背景清晰为止。

6. 测定

胶板经脱色后，可清晰看到分子量为 130kDa 蛋白区带，用凝胶成像系统对凝胶扫描进行分析。试样中毒素蛋白含量 X_5（%）按式（7-5）计算。

$$X_5 = \frac{M}{c \times V} \times n \times 100\% \tag{7-5}$$

式中：

X_5——试样中毒素蛋白含量，%；

M——由标准蛋白回归线计算得到的蛋白量；

c——试样浓度；

V——试样的加样体积；

n——试样的稀释倍数。

四、荧光定量 PCR 法

以小菜蛾颗粒体病毒悬浮剂标准中方法为例。

理论上适用于各类微生物农药的测定，只要确定检测的基因标记在基因组内为单拷贝。对病毒粒子小、不易直接观察检测，相对简单的基因组则较容易确定单拷贝的基因序列，更适于采用荧光定量 PCR 方法。

小菜蛾颗粒体病毒属单粒包埋型病毒，采用此方法在获得病毒基因拷贝数即可推测出颗粒体病毒包涵体数。另外，黑胸大蠊浓核病毒属于无包膜病毒粒子，采用此方法在获得病毒基因组数也可推测出病毒粒子数。

（一）方法提要

通过已知浓度的标准品绘制标准曲线来推算未知试样量。小菜蛾颗粒体病毒基因组的单拷贝基因中保守区域设计引物，构建含有目的基因质粒作为标样，绘制标准曲线。通过荧光定量 PCR 方法获得上述单拷贝基因的拷贝数，通过计算获得基因组的拷贝数，而推算出颗粒体病毒包涵体数。

（二）仪器及设备

分析天平（精确至 0.000 1g）；

紫外分光光度计（波长范围 190～1 100nm）；

电泳仪、水平电泳槽（输出范围 4～1 000V，4～500mA）、凝胶成像系统；

实时荧光定量 PCR 仪（温度范围 4～100℃，被动参照染料：ROX）；

PCR 仪（温度范围 0～100℃，±0.1℃）、DNAMAN（6.0）软件；

生化培养箱（常温至60℃）；

振荡器、恒温水浴、恒温摇床、离心机12 000 r/min；

培养皿、容量瓶、量筒、离心管、试管、微量移液器。

（三）试剂和溶液

PBS 缓冲液（0.01mol/L，pH 7.4）：称取 NaCl 8.0g、Na_2HPO_4 1.44g、KH_2PO_4 0.24g、KCl 0.2g 溶于 800mL 蒸馏水，用 1mmol/L 盐酸调节溶液的 pH 至 7.4，最后加蒸馏水定容至 1L，于 4℃保存；

碱解液（pH 10.8）：0.1mol/L NaCl，0.1mol/L Na_2CO_3，0.005 mol/L EDTA；

十二烷基硫酸钠（SDS，分析纯）；

蛋白酶 K（Proteinase K）；

无水乙醇（生化试剂）；

TE 缓冲液（10 mmol/L Tris-HCl；1mmol/L EDTA，pH 8.0）；

琼脂糖（生化试剂）；

TAE 缓冲液（50×贮存液，pH≈8.5）：Tris 242g、冰醋酸 57.1mL、$Na_2EDTA \cdot 2H_2O$ 37.2g，加水至 1L）；

2×实时荧光定量 PCR 预混液：*Taq* DNA Polymerase、PCR Buffer、dNTPs、SYBR Green I 荧光染料和 Mg^{2+}。

PlxyGV*orf*30 基因上游引物：CCTGCCCGGTCTGCTACG；

PlxyGV*orf*30 基因下游引物：ACCGCCAAGTGAGGGAAATC。

（四）试验步骤

1. 病毒 DNA 制备

取试样 1mL，加入 PBS 缓冲液 9mL 重悬，充分搅拌溶解后进行差速离心，即先用低速（2 000 r/min）离心 15min，除去沉淀、填充物等，取上清液再用高速（10 000r/min）离心 25min。收集沉淀用丙酮洗涤一次除脂类物质，最后用 1mL PBS 缓冲液重悬，得较纯净试样，置 4℃保存备用。

取纯化的试样悬液 100μL，加入等量碱解液，在 37℃水浴上 1h；用 0.1mol/L 的 HCl 调 pH 值至 7.0，再加 SDS 至终浓度为 1%，加入蛋白酶 K 至终浓度为 200μg/mL，在 37℃ 水浴 2h、65℃ 水浴 2h。加入等量（氯仿：异戊醇 = 24：1）抽提后以 10 000r/min离心 5min，取上层水相，加入等量氯仿再次抽提后离心并取上层水相，加入 2 倍体积无水乙醇混匀后，以10 000r/min 高速离心 10min 获得沉淀，用 70%乙醇洗涤后干燥，加入 TE 缓冲液 100μL，溶解得病毒基因组 DNA。病毒 DNA 质量通过紫外可见分光光度仪定量检测，要求 OD_{260}/OD_{280} 比值介于 1.7~1.9，DNA 终浓度不低于 100 ng/μL。病毒 DNA 完整性通过琼脂糖凝胶电泳检测，要求无杂带、无降解。试样于 -20℃保持。

2. 获得标准质粒

以小菜蛾颗粒体病毒基因组，对 PlxyGV*orf*30 蛋白的保护区域基因片段进行 PCR 扩增，对扩增得到的条带进行回收纯化，将回收得到的片段连入 pEASY-T1 载体。

本实验中扩增的 PlxyGV*orf*30 基因序列（222bp）：

CCTGCCCGGTCTGTCTACGTTTGCGTACCGCTCCCAGGTGGGCGTCGACCATA
GAGCAGATAATATCTAGAGATTCTCTATTCCAAGGTAACGGTAGATCGGCCTACAAA
TTGAACGTTGACGAATTCGTCGATTCCGCTACTCTAACGTACGAACAGGACATGATA
ATATTCAGGAACGGACCCCTTACTGCGCTGTTCGATTTCCCTCACTTGGCGGT

质粒经转化进入大肠杆菌受体菌中，以载体氨苄青霉素和卡那霉素抗性为筛选标记，筛选出菌斑经扩增后，以正向 M13 为引物测序，获得与 222bp 片段经比对具有一致性。即得到质粒标准分子 pEASY-PlxyGV*orf*30。质粒大量制备由保藏菌种开始，首先使用含有载体抗性平板复壮，挑取单克隆菌落在液体培养基中扩大培养，然后使用质粒提取试剂盒进行提取和纯化。质粒 DNA 质量和浓度通过紫外可见分光光度仪定量检测，要求 OD_{260}/OD_{280} 比值介于 1.7～1.9，浓度不低于 100ng/μL。

3. 质粒标准分子制作标准曲线

将试样质粒标准分子 pEASY-PlxyGV*orf*30 进行系列稀释作为模板实时荧光定量 PCR。扩增反应体系：质粒 DNA 模板 1μL，PlxyGV*orf*30 基因上、下游引物，浓度 10μmol/L 各 0.5μL，2×UltraSYBR Mixture1 2.5μL，用灭菌蒸馏水补足 25μL。反应条件：在 95℃ 预变性 10min 后，扩增 40 个循环。循环条件：95℃ 30s，62℃ 1min。绘制标准曲线。绘制标准曲线，得线性方程式（7-6）：

$$y=kx+b \tag{7-6}$$

式中：

b——线性方程截距；

k——线性方程斜率。

4. 试样测定

准确量取试样 0.5mL（精确至 0.01mL），加入碱解液 4.5mL。摇匀试样在 37℃ 恒温下放置 4h，中间每隔 1h 摇动 1 次，使其充分碱解。加无菌水稀释 1 000 倍，得待测样品 DNA。

荧光定量加样量：取上述待测试样 1μL，PlxyGV*orf*30 基因上、下游引物，浓度 10μmol/L 各 0.5μL，2×实时荧光定量 PCR 预混液 12.5μL，用灭菌蒸馏水补足 25μL。反应条件：在 95℃ 预变性 10min 后，扩增 40 个循环，循环条件：95℃ 30s，62℃ 1min。获得 C_t 值，根据 C_t 计算试样中质粒拷贝数，即得试样病毒包涵体数。

试样中病毒包涵体浓度 X_7（OB/ml）按式（7-7）计算：

$$X_7=10^{\frac{C_t-b}{k}}\times\frac{(a+m)\ p}{m} \tag{7-7}$$

式中：

X_7——试样中病毒包涵体浓度，OB/mL；

c_t——待测试样荧光 PCR 扩增到阈值的循环次数；

b——线性方程（7-6）截距；

k——线性方程（7-6）斜率；

a——碱解液体积；

p——稀释倍数；

m——称样量，单位为（mL）。

五、生物效价测定法

（一）以国际毒力单位测定

以苏云金芽孢杆菌以色列亚种和球形芽孢杆菌的 WHO/FAO 标准中方法为例。

适用防治蚊幼虫的苏云金芽孢杆菌以色列亚种（*Bacillus thuringiensis* subsp. *israelensis*，简称 Bti）和球形芽孢杆菌（*Bacillus sphaericus*，简称 Bsph）产品。

1. 原理

生物效价是通过试样与相应参比标样对蚊幼虫产生的致死率进行比较测定的毒力水平。其单位用每毫克试样的国际毒力单位表示（ITU/mg）。

目前，有 2 个国际（WHO/FAO）认可标样，以蚊幼虫为靶标，生物法测定其生物效价。具体方法如下。

Bti 参比标样：用 Bti 试样与参比冻干粉（*Bacillus thuringiensis* subsp. *israelensis* IPS82，株系 1884）对四龄初期埃及伊蚊［*Aedes aegyti*（strain Bora Bora）］幼虫进行毒力测定比较而得，其 IPS82 对该昆虫毒力被人为设定为 15 000 ITU/mg。

Bsph 参比标样：用 Bsph 试样与参比冻干粉（*Bacillus sphaericus* SPH88，株系 2362）对四龄初期淡色库蚊［*Culex pipiens pipiens*（strain Montpellier）］幼虫进行毒力测定比较而得，其 SPH88 对该昆虫毒力被人为设定为 1 700 ITU/mg。

以 Bti 和 Bsph 母药生产微生物农药产品可通过以上与参比标样比较方法确定毒力。试样毒力（ITU/mg）测定计算公式如下：

$$\text{试样毒力(ITU/mg)} = \text{标样毒力 ITU/mg} \times \text{标样 } LC_{50}\text{(mg/L)} / \text{试样 } LC_{50}\text{(mg/L)}$$

2. 仪器设备

分析天平（精确±0. 1mg）、托盘天平（精确±10mg）；

高速匀浆机、冰浴锅；

烧杯、玻璃瓶、微量移液管、塑料管等。

3. 试剂溶液

去离子水；

润湿剂：吐温 80。

4. 测定步骤

（1）参比标样悬浮液的制备

在制备悬浮液前，首先要检测润湿剂与水是否搅拌均匀，不能产生气泡。如起泡，在使用前用吐温 80 按 1∶10 比例稀释。

准确称取 50mg（精确至 0. 1mg）参比标样，用 100mL 去离子水将其移至 200mL 烧杯中。混匀静置 30min 后，加 1 滴吐温 80（约 0. 2mg），将烧杯置于冰浴中，搅拌混均 2min。观察残存较大颗粒时，反复搅拌直至溶解。彻底漂洗原烧杯和搅拌器，将悬浮液全部移至 500mL 已称重的玻璃瓶中，用去离子水补至 500g（或 500mL），加盖，充分混匀。通过显微镜小范围观察，确定混合液中没有聚集的芽孢和晶体蛋白。如果存在，还要在冰浴上继续搅拌。制备初级悬浮液浓度为 1mg/10mL。使用前需混匀。

准确快速移取 10mL 上述悬浮液，置于 12mL 带塞干净的试管中，迅速加盖。因芽孢和晶体蛋白在水中易沉淀，在移取一系列试样时，间隔不超过 3min，对悬浮液加盖并摇动。每只试管含有 1mg 标样，在 4℃可存 1 个月，在-18℃下可保存 2 年。

（2）贮备液的制备

取上述 10mL 悬浮液，用去离子水冲洗试管 2 次，一并转移至已称重的 100mL 瓶中，用水补至 100g，混匀后即得悬浮液。因在冰冻条件下粒子聚集，冰冻贮备液在使用前要成分混匀。贮备液含有标样 10mg/L。

将 150mL 去离子水置于已称重的塑料杯稀释贮备液中。用带胶皮头移液管在每杯中加入 25 头四龄初期埃及伊蚊或淡色库蚊幼虫（取决于待测细菌种类：Bti 或 Bsph），最后加入上述贮备液。由于幼虫的加入导致水体积增加的那部分按质量抛弃，避免杯中液体体积变化。用微量移液管在每杯中各加入贮备液 600μL、450μL、300μL、150μL、120μL 和 75μL，混匀溶液，保证每个处理的参比标样浓度为分别为 0.04mg/L、0.03mg/L、0.02mg/L、0.01mg/L、0.008mg/L 和 0.005mg/L。每个浓度做 4 个重复和 1 个对照，对照杯为去离子水 150mL。

（3）待测试样的悬浮剂制备

对未知毒力的固体试样（TK、WP、WG、WT），其生物效价的最初悬浮液按以上标样的制备方法制备。但应以称样开始对稀释配置过程做重复，即制备参比标样悬浮液需重复 4 次。如果待测制剂是液体（SC），在充分搅拌后，贮备液制备时，称样量由 50mg 改为 100mg，贮备液浓度为 20mg/L。蚊幼虫和塑料杯按上述标准溶液程序准备，并按标准进行逐级稀释。

对未知毒力的试样，生物试验的浓度范围应设置大些，以初步确定其毒力范围。根据初步结果再设置小范围浓度，准确检测。

（4）毒力测定

对未饲喂埃及伊蚊的测试。在淡色库蚊测试中，取 1.5mg 磨碎的酵母加水制成 10mg/L 的悬浮液。整个试验要求温度在（28±2）℃、循环光照（12h 光/12h 黑暗）条件下完成。为避免在低温环境下水分蒸发影响试验效果，相对湿度保持在 50%±15%。

对参比标样和试样的每次测试要求有 6 个浓度、4 次重复，每个处理有 25 头幼虫，需 100 头蚊幼虫作对照。用 100 头蚊幼虫可确定死亡率从 5%~95%的药剂浓度，计算 LC_{50}时应排除 0 或 100 的死亡率。根据致死率 95%至 5%的药剂浓度，绘制经验证的浓度-致死率曲线。试验稀释浓度的设置最好是 2 个值在 LC_{50}以上，2 个在 LC_{50}以下，以确保试验结果的有效性。为验证蚊幼虫群体的灵敏度，需设置 6 个差别不大的稀释浓度点。

处理 24h 和 48h 后，统计残活幼虫数，计算死亡率。如试验中有化蛹现象发生，将蛹取出系统并减少蛹的幼虫数，以校对数据。蚊子在化蛹过程前 24h 不进食，所以如果超过 5%的化蛹率（剩余幼虫可能因龄长、化蛹而拒绝取食，才没有毒死），则该试验无效。因 Bti 药剂作用快，48h 和 24h 的死亡率可能差异不明显。对这样的试验，可根据 48h 和 24h 的结果进行分析，以校正可能影响 Bti 性能的外界因素。因 Bsph 作用速度慢，一般以 48h 死亡率来评审该类药剂。

5. 计算

如空白对照害虫死亡率超过 5%，采用 Abbott 公式校正，按式（7-8）计算，此方法专用于统计杀虫剂防效（X_8）。

$$X_8=\frac{a-b}{100a}\times 100 \tag{7-8}$$

式中：

X_8——防治蚊幼虫的 Bti 和 Bsph 试样的防效,%；

a——对照空白存活率（未处理药剂）,%；

b——药剂处理存活率,%。

对照死亡率超过 10%或化蛹超过 5%的试验无效。应以高斯绘制死亡率与药剂浓度的回归曲线，推荐用 SAS 软件进行对数概率统计分析。使用 SAS 软件时不需要 Abbott 公式校正死亡率，因 SAS 可以自动更正。未知试样的毒力可根据以上公式，与参比标样进行 LC_{50} 比较最后确定。Bti 根据统计试验处理后 24h 数据获得，而 Bsph 毒力根据 48h 数据。

（二）以毒力单位测定

以苏云金芽孢杆菌母药标准中方法为例。

苏云金芽孢杆菌在多种作物上防治对象较为广泛，采用不同种类试虫的生物效价法测定可以校正或弥补存在标样的确认、方法的准确性及重现性的缺陷和不足，有利提高生物效价测定方法的可靠性和适用性。

1. 用小菜蛾作试虫的生物测定

（1）仪器设备

分析天平（精确至 0. 1mg）、微波炉或电炉；

电动搅拌器（无级调速，100～6 000r/min）、水浴锅、振荡器；

磨口三角瓶（具塞）、烧杯、移液管、养虫管、玻璃珠、医用手术刀等。

（2）试剂溶液

标样：CS-1995，H_{3ab}，20 000IU/mg；

小菜蛾幼虫：*Plutella xylostella*

叶菜粉：甘蓝型油菜叶，80℃烘干、磨碎，过 80 目筛；

食用菜籽油；工业用酵母粉；医用维生素 C；蔗糖：分析纯；

磷酸氢二钾、磷酸二氢钾、氯化钠、氢氧化钾：分析纯；

琼脂：凝胶强度大于 300g/cm^2；纤维素粉 CF-11；

聚山梨酯-80：黏度 3.5×10^{-4}～5.5×10^{-4}m^2/s；

15%尼泊金：对羟基苯甲酸甲酯（化学纯）溶于 90%乙醇；

10%甲醛溶液：甲醛（分析纯）溶于蒸馏水；

干酪素溶液：干酪素（BR 生物试剂）2g，加 0. 001mol/L 氢氧化钾 2mL，8mL 蒸馏水，灭菌；

磷酸缓冲液：氯化钠 8.5g、磷酸氢二钾 6.0g、磷酸二氢钾 3.0g，聚山梨酯-80 溶液 0.1mL，蒸馏水 1 000mL。

(3) 测定步骤

1) 感染液配制

标样：称取标样 100～150mg（精确到 0.1mg），放入 250mL 装有 10 粒玻璃珠的磨口三角瓶中，加入 100mL 磷酸缓冲液，浸泡 10min，在振荡器上震荡 3min，得到浓度为 1mg/mL 的标样母液（在 4℃ 冰箱可存放 10d），然后将标样母液稀释成浓度为 1.000mg/mL、0.500mg/mL、0.250mg/mL、0.125mg/mL、0.062 5mg/mL、0.031 3mg/mL 六个稀释感染液。

试样：称取相当于标样毒力效价的试样适量（精确到 0.1mg），加 100mL 磷酸缓冲液，然后参照标样的配制方法配制试样感染液。对有些效价过高或低的试样，在测定前需先以 3 个距离相差较大的浓度做预备试验，估计致死中浓度（LC_{50}值）的范围，据此设计稀释浓度。

2) 感染饲料配制

饲料配方：维生素 C 0.5g，干酪素溶液 10mL，菜叶粉 3.0g，酵母粉 1.5g，纤维素粉 1.0g，琼脂粉 2.0g，蔗糖 6.0g，菜籽油 0.2mL，10%甲醛溶液 0.5mL，15%尼泊金 1.0mL，蒸馏水 100mL。

将蔗糖、酵母粉、干酪素溶液，琼脂粉加入 90mL 蒸馏水调匀。搅拌煮沸，使琼脂完全溶化，加入尼泊金搅匀。将其他成分用剩余的 10mL 蒸馏水调成糊状。当琼脂冷却至 75℃ 时与之充分混合，搅匀，置 55℃ 水浴锅中保温备用。取 50mL 烧杯 7 只，写好标签，置 55℃ 水浴中预热，分别向每个烧杯中加入 1mL 对应浓度的感染液，以缓冲液作空白对照。向每个烧杯中加入 9mL 溶化的感染饲料，用电动搅拌器搅拌 20s，使每个烧杯中的感染液与饲料充分混匀。

将烧杯静置，待冷却凝固后，用医用手术刀将感染饲料切成 1cm×1cm 的饲料块，每个浓度取 4 个饲料块分别放入 4 支养虫管中，每管放入一块，写好标签。

3) 接虫感染

随机取已放置饲料的养虫管，每管投入 10 头小菜蛾三龄幼虫，每浓度 4 管，塞上棉塞，写好标签，在相同饲养条件下饲养。

(4) 结果检查及计算

感染 48h 后检查试虫的死亡情况。判断死虫的标准是以细签轻轻触动虫体，无任何反应者判为死亡。

计算标样和试验各浓度的供试昆虫死亡率，查 Abbott 表或校正死亡率（X_{9a}）。空白对照死亡率 10%以下需要校正，大于 10%则试验效果无效。

校正死亡率 X_{9a} 按式（7-9a）计算。

$$X_{9a}=\frac{T-C}{1-C}\times 100 \tag{7-9a}$$

式中：

X_{9a}——校正死亡率,%;

T——药剂处理死亡率,%;

C——空白对照死亡率,%。

将感染液浓度换算成对数值，校正死亡率转化死亡概率值，用最小二乘法分别求出标样和试样的 LD_{50}值，计算试样的毒力效价（X_{9b}）。

毒力效价按式（7-9b）计算。

$$X_{9b}=\frac{S\times P}{Y} \tag{7-9b}$$

式中:

X_{9b}——毒力效价，单位 IU/mg;

S——标样 LC_{50}值;

P——标样效价;

Y——试样 LC_{50}值。

2. 用棉铃虫作试虫的生物测定

(1) 仪器设备

分析天平（精确至 0.1mg）、微波炉/电炉;

电动搅拌器（无级调速，100~6 000r/min）、水浴锅、振荡器、恒温培养箱;

组织培养盘：24 孔；搪瓷盘;

磨口三角瓶（具塞）、烧杯、试管、注射器、玻璃珠、标本缸等。

(2) 试剂溶液

标样：CS-1995，H_{3ab}，20 000 IU/mg;

棉铃虫幼虫：*Helicoverpa armigera*;

黄豆粉：黄豆炒熟后研碎，过 60 目筛；大麦粉：过 60 目筛;

工业用酵母粉；医用维生素 C;

琼脂：凝胶强度大于 $300g/cm^2$;

35%乙酸溶液：乙酸（化学纯）溶于蒸馏水;

甲醛、苯甲酸钠：分析纯;

磷酸缓冲液：同上述五（二）1。

(3) 测定步骤

①饲料准备

饲料配方：酵母粉 12g，黄豆粉 24g，维生素 C 1.5g，苯甲酸钠 0.42g，36%乙酸 3.9mL，蒸馏水 300mL。

将黄豆粉、酵母粉、维生素 C、苯甲酸钠和 36%乙酸放入大烧杯内，加 100mL 蒸馏水润湿备用。将余下 200mL 蒸馏水加入琼脂粉内，在微波炉上加热至沸腾，使琼脂完全溶化，取出冷却至 70℃，与其他成分混合，在电动搅拌器内高速搅拌 1min，迅速移至 60℃水浴锅内加盖保温。

②感染液配制

称 100~150mg（精确到 0.1mg）试样，至盛有玻璃珠的具塞三角瓶中，加磷酸缓冲液 100.0mL，浸泡 10min，在振荡器上震荡 1min，即成试样。

称取 150~300mg 标样（精确到 0.1mg），如上述法配制成标样。将试样和标样母液用磷酸缓冲液以一定倍数稀释，每个试样和标样至少各稀释 5 个浓度，并设缓冲液为对照，每一浓度感染液吸取 3mL 至 50mL 小烧杯内待用。对照吸取 3mL 磷酸缓冲液。

③饲料和感染液混合及分装

用注射器吸取 27mL 饲料，注入上述已有试样或标样感染液的烧杯内，以电动搅拌器高速搅拌 0.5min，迅速倒入组织培养盘上各小孔中（倒入量不要求一致，以铺满孔底为准），凝固待用。

④接虫感染

于 26~30℃室温下，将未经取食的初孵幼虫（孵化后 12h 内）抖入直径 20cm 的标本缸中，静待数分钟，选取爬上缸口的健康幼虫作供试虫，用毛笔轻轻地将它们移入已有感染饲料的组织盘的小孔内，每孔一头虫，每个浓度和空白对照皆放 48 头虫，用塑料薄片盖住，然后将组织培养盘逐个叠起，用橡皮筋捆紧，竖立于 30℃恒温培养箱内培养 72h。

（4）结果检查及计算

用肉眼或放大镜检查死、活虫数。以细签触动虫体，完全无反应的为死虫，计算死亡率。如对照有死亡，查 Abbott 校正值表或按式（7-9a）计算校正死亡率。对照死亡率在 6%以下不用校正，6%~15%需校正，大于 15%则试验效果无效。将浓度换算成对数值，死亡率或校正死亡率换算成概率值，用最小二乘法分别求出标样和试样的 LD_{50} 值，按式（7-9b）计算毒力效价。

3. 用甜菜夜蛾作试虫的生物测定

（1）仪器设备

分析天平（精确至 0.1mg）、微波炉/电炉；

电动搅拌器（无级调速，100~6 000r/min）、水浴锅、振荡器、恒温培养箱；

组织培养盘：24 孔；搪瓷盘；

磨口三角瓶（具塞）、烧杯、试管、注射器、玻璃珠、标本缸等。

（2）试剂溶液

标样：CS-2002，H_{7ab}，20 000IU/mg；

甜菜夜蛾幼虫：*Spodoptera exigua*；

黄豆粉：黄豆炒熟后研碎，过 60 目筛；

工业用酵母粉；医用维生素 C；

琼脂：凝胶强度大于 $300g/cm^2$；

15%尼泊金：对羟基苯甲酸甲酯（化学纯）溶于 90%乙醇；

10%甲醛溶液：甲醛（分析纯）溶于蒸馏水；

磷酸缓冲液：同上述五（二）1。

(3) 测定步骤

①饲料准备

饲料配方黄豆粉 32g(60 目),酵母粉 16g(200 目),琼脂 6g,维生素 C 2g,15%尼泊金 6.7mL,10%甲醛 4mL,水 400mL。

将黄豆粉、酵母粉、维生素 C、尼泊金和甲醛放入大烧杯中,加 150mL 水润湿备用。将余下 250mL 水加入琼脂,在微波炉上加热至沸腾,使琼脂完全溶化,取出冷却至 70℃,与其他成分混合,在电动搅拌器内高速搅拌 1min,迅速移至 60℃水浴锅内加盖保温。

②感染液配制

称取 150~300mg(精确到 0.1mg)标样,至盛有玻璃珠的具塞三角瓶中,加磷酸缓冲液 100mL,浸泡 10min,在振荡器上震荡 1min,即成标样。

称取 100~150mg(精确到 0.1mg)试样,如上述法配制成试样。以两倍稀释法将试样和标样用磷酸缓冲液以一定倍数稀释,每个试样和标样至少各稀释 5 个浓度,并设缓冲液为对照,每一浓度感染液吸取 3~50mL 小烧杯内待用。对照吸取 3mL 磷酸缓冲液。

③饲料和感染液混合及分装

用注射器吸取 27mL 饲料,注入上述已有试样或标样感染液的烧杯内,以电动搅拌器搅拌 0.5min,迅速倒入组织培养盘上各小孔中(倒入量不要求一致,以铺满孔底为准),凝固待用。

④接虫感染

在 26~30℃室温下,将未经取食初孵幼虫(孵化后 12h 内)抖入直径 20cm 的标本缸中,静待数分钟,选取爬上缸口的健康幼虫作供试虫,用毛笔轻轻地将他们移入已有感染饲料的组织盘的小孔内,每孔一头虫,每个浓度和空白对照皆放 48 头虫,用塑料薄片盖住,然后将组织培养盘逐个叠起,用橡皮筋捆紧,竖立于 30℃恒温培养箱内培养 72h。

(4) 结果检查及计算

用肉眼或放大镜检查死、活虫数。以细签触动虫体,完全无反应的为死虫,计算死亡率。如对照有死亡,查 Abbott 校正值表或按式(7-9a)计算校正死亡率。对照死亡率在 6%以下不用校正,6%~15%需校正,大于 15%则试验效果无效。将浓度换算成对数值,死亡率或校正死亡率换算成概率值,用最小二乘法分别求出标样和试样的 LD_{50} 值,按式(7-9b)计算毒力效价。

4. 对掺入其他有效成分可疑样品的检测

对某些符合苏云金芽孢杆菌标准技术指标的可疑试样,可通过测定试样中孢晶毒力贡献率,判断试样中是否掺入其他有效成分。

(1) 试样中不同成分的分离

用丙酮将试样稀释成 10mg/mL 溶液,在 4℃下用5 000r/min 离心 10 min,保持沉淀组分,用等体积丙酮悬浮再进行离心,共离心洗涤 3 次,保留沉淀组分;用等体积蒸馏水悬浮沉淀组分,离心并保留沉淀组分,共进行 3 次离心洗涤,保留沉淀组分,该沉淀组分即试样中孢晶混合物。

(2) 毒力效价的测定

按上述五(二)1、2、3的方法,对单位质量试样及试样沉淀组分(孢晶混合物)分别进行毒力效价测定。

(3) 试样中是否掺入其他有效成分的判断

依据试样中孢晶混合物的毒力贡献率(X_{10})判断试样中是否掺入其他有效成分,毒力贡献率按(7-10)计算。

$$X_{10}=\frac{I}{T}\times 100\% \tag{7-10}$$

式中:

X_{10}——单位质量试样中毒力贡献率,单位为%;

I——单位质量试样中孢晶混合物的毒力效价;

T——单位质量试样的毒力效价。

若试样中孢晶混合物的毒力贡献率小于70%,则判断此试样不符合标准。

(三)生物效价比测定

以棉铃虫核型多角体病毒母药标准中方法为例。

生物效价比测定与生物效价测定的方法基本相同,该方法只是测定标样/试样的LC_{50}比值。生物效价比=标样LC_{50}/试样LC_{50}×100%。

1. 仪器设备

分析天平:精确到0.1mg;

微波炉、电动搅拌器、振荡器、水浴锅、恒温培养箱(28±2)℃;

细胞培养板:24孔;搪瓷盘;

塑料离心管、量筒、容量瓶、烧杯、微量移液器及吸头、注射器、标本缸。

2. 试剂材料

标样:棉铃虫核型多角体病毒2.0×10^{11}PIB/g;

试虫:棉铃虫(*Heliothis armigera*)初孵幼虫(孵化后12h内);

工业用酵母粉;医用维生素C;

黄豆粉:黄豆烤熟后磨碎过60目筛;大麦粉:过60目筛;

苯甲酸钠、琼脂粉;36%乙酸溶液;

磷酸缓冲液(pH=7.0):称取NaCl 8.0g、Na_2HPO_4 1.44g、KH_2PO_4 0.24g、KCl 0.2g溶于800mL蒸馏水,用1mmol/L盐酸调节溶液的pH至7.0,最后加蒸馏水定容至1L,于4℃保存。

3. 测定步骤

(1) 饲料配制

取酵母粉24.0g、黄豆粉48.0g、维生素C 3.0g、苯甲酸钠0.84g、36%乙酸溶液7.8mL放入1L烧杯中内,加200mL蒸馏水湿润备用。

取40.0g琼脂粉于1L烧杯中,加入400mL蒸馏水在微波炉内加热至沸腾,使琼脂完全熔化，取出冷却至70℃，倒入预先配制的混合液中，用电动搅拌器高速搅拌1min，迅速移至60℃水浴锅中加盖保温备用。

（2）感染液配制

将试样摇匀后根据标识含量取适量置于10mL离心管中，加磷酸缓冲液9.0mL，在振荡器上振荡1min，取该悬浮液1.0mL于100mL容量瓶中，加磷酸缓冲液定容，制成试样（棉铃虫核型多角体病毒包涵体浓度约为2.0×10^6 PIB/mL）。

称取标样10.0mg（精确到0.1mg）置于10mL离心管中，加磷酸缓冲液10.0mL，在振荡器上振荡1min，取该悬浮液1.0mL于100mL容量瓶中，加磷酸缓冲液定容，制成标样（棉铃虫核型多角体病毒包涵体浓度约为2.0×10^6 PIB/mL）。将试样和标样用水以一定倍数等比稀释，每个试样和标样至少各稀释5个浓度，并设清水为对照。

（3）饲料和感染液的混合

将配好的饲料用注射器分装至24孔细胞培养板上，每孔约1mL，待饲料完全冷却后，每孔滴加病毒感染液10μL，每个浓度用2块细胞培养板，轻轻转动细胞培养板，使病毒感染液在饲料表面发布均匀。

（4）接虫感染

在26~30℃室温下，将未经取食的初孵幼虫连同纱布一起放入标本缸中，静待数分钟，选取爬上缸口的健康幼虫作供幼虫，用毛笔轻轻地将它们移入已添加感染液和饲料的细胞培养板小孔内，每孔1头虫，用3层吸水纸盖住，然后将细胞培养板逐个叠起，用橡皮筋捆紧，置于（28±2）℃恒温培养箱内培养168h，检测并记录死亡虫数。

（5）检查统计分析

判断死虫的标准是以细签轻轻触动虫体，无任何反应者判为死亡。记录各浓度的死亡虫数，计算死亡率及校正死亡率（X_{9a}）。空白对照死亡率10%以下需要校正，大于10%则试验结果无效。校正死亡率按式（7-9a）计算。

（6）计算

试样的生物效价比（标样LC_{50}/试样LC_{50}）X_{11}按式（7-11）计算。

$$X_{11}=\frac{S}{Y}\times100 \qquad (7-11)$$

式中：

X_{11}——试样的生物效价比，%；

S——标样的LC_{50}值；

Y——试样的LC_{50}值。

第五节　标准与管理

标准是质量管理的重要依据。农药产品质量直接影响产品的防效、农产品和环境的安全。农药产品标准在保障农药产品质量、使用安全、提高市场信任度、促进商品流通、维护公平竞争、法制监督等方面起重要作用。

截至2019年底，我国微生物农药已登记47个有效成分、500多个产品，主要涉及细菌、真菌、病毒等38个不同物种（含亚种）。而产品数量较多的物种有苏云金芽孢杆菌、枯草芽孢杆菌、蜡质芽孢杆菌、球孢白僵菌、木霉、棉铃虫核型多角体病毒等。

随着形势的发展和社会的需求，我国已陆续制定了有关微生物农药的产品质量、药效评价和使用技术规程、毒理学试验准则、环境安全试验、残留及相关标准近100项，加强了微生物源农药产品在生产、使用和销售的规范和登记管理。

一、产品标准概况

（一）发展现状

我国已发布的微生物农药产品质量相关标准有45项，涉及近20种农药（仅统计了国家、行业和地方产品标准，截至2020年12月）。细菌比真菌类产品标准数量略多，分别约占微生物农药产品标准的40%和37.8%，而细菌类登记产品数量在微生物农药产品数量最多（约占72.7%），其中苏云金芽孢杆菌登记数量占微生物农药登记数量的41.8%、枯草芽孢杆菌占14.7%。2008年我国首次发布真菌类通用型标准编写规范，对普及和规范微生物类产品标准的制定起到一定推动作用，标准发布后真菌产品登记数量占真菌登记总数的96%，促进了微生物农药行业发展，也有利于微生物农药的登记管理。病毒产品起步晚，近几年其标准才进入大众的视野，其产品标准数量相对少，约占微生物农药产品标准的22.2%（表7-5）。另外，2019年已报批4个农业行业标准，即《病毒微生物农药　甜菜夜蛾核型多角体病毒　第1～第2部分：甜菜夜蛾核型多角体病毒母药和悬浮剂》《病毒微生物农药　黑胸大蠊浓核病毒　第1～第2部分：黑胸大蠊浓核病毒母药和饵剂》；2020年的《真菌微生物农药　球孢白僵菌　第3部分：球孢白僵菌颗粒剂》《真菌微生物农药　金龟子绿僵菌　第4部分：金龟子绿僵菌颗粒剂》和《病毒微生物农药　草地贪夜蛾核型多角体病毒母药和悬浮剂》均已通过了专家审定，有望对此类产品登记起到促进作用。

农业农村部农药检定所和中国农业科学院植物保护研究所微生物农药研究团队长期合作，共同研讨微生物农药产品的检定技术和标准制定问题，先后共同制定了《真菌农药母药产品标准编写规范》等5项系列国家标准（GB/T 21459.1～5—2008）和《真菌微生物农药　球孢白僵菌》（NY/T 2295.1～2—2012）等行业标准。并为推进FAO/WHO将细菌防蚊幼虫标准拓展到真菌农药和当前的微生物农药标准，做了多年的努力。

2009年4月，在FAO/WHO《农药标准制定》中只有细菌农药标准而尚无真菌农药标准的情形下，研究团队向FAO/WHO提交了增补真菌农药标准的建议和基于我国国家标准文本编制成符合FAO/WHO农药标准格式的《微生物真菌农药系列产品标准编写规范》提议稿。此文本在2010年的FAO JMPS会议上进入了讨论议程，根据该会议的要求，研究团队为FAO JMPS进一步调研和收集汇总了各国相关产品和应用信息。

2018年6月和10月该团队代表中国先后参加了FAO/WHO微生物农药标准规范草稿的征求意见项目，提出3 000余字10条意见、建议和说明。为国际微生物农药标准建设做出一定的贡献，得到 FAO JMPS 秘书处的回函（附录 2）。

表 7-5 我国已发布的微生物农药产品质量标准

类别	序号	标准编号	标准名称
细菌类	1	GB/T 19567. 1—2004	苏云金芽胞（孢）杆菌原粉（母药）[1]
	2	GB/T 19567. 2—2004	苏云金芽胞（孢）杆菌悬浮剂[1]
	3	GB/T 19567. 3—2004	苏云金芽胞（孢）杆菌可湿性粉剂[1]
	4	HG/T 3616—1999	苏云金（芽孢）杆菌原粉（母药）[1]
	5	HG/T 3617—1999	苏云金（芽孢）杆菌可湿性粉剂[1]
	6	HG/T 3618—1999	苏云金（芽孢）杆菌悬浮剂[1]
	7	NY/T 2293. 1—2012	细菌微生物农药 枯草芽孢杆菌 第 1 部分枯草芽孢杆菌母药
	8	NY/T 2293. 2—2012	细菌微生物农药 枯草芽孢杆菌 第 1 部分枯草芽孢杆菌可湿性粉剂
	9	NY/T 2294. 1—2012	细菌微生物农药 蜡质芽孢杆菌 第 1 部分：蜡质芽孢杆菌母药
	10	NY/T 2294. 2—2012	细菌微生物农药 蜡质芽孢杆菌 第 1 部分：蜡质芽孢杆菌可湿性粉剂
	11	NY/T 2296. 1—2012	细菌微生物农药 荧光假单胞杆菌 第 1 部分：荧光假单胞杆菌母药
	12	NY/T 2296. 2—2012	细菌微生物农药 荧光假单胞杆菌 第 2 部分：荧光假单胞杆菌可湿性粉剂
	13	NY/T 3264—2018	农用微生物菌剂中芽胞（孢）杆菌的测定[1]
	14	SN/T 2728—2010	枯草芽孢杆菌检测鉴定方法
	15	SN/T 3542—2013	光合细菌菌剂中沼泽红假单胞菌计数方法
	16	SN/T 4624. 1—2016	入境环保用微生物菌剂检测方法 第 1 部分：地衣芽孢杆菌
	17	SN/T 4624. 2—2016	入境环保用微生物菌剂检测方法 第 2 部分：短小芽孢杆菌
	18	SN/T 4624. 15—2016	入境环保用微生物菌剂检测方法 第 15 部分：解淀粉芽孢杆菌
真菌类	1	GB/T 21459. 1—2008	真菌农药母药产品标准编写规范
	2	GB/T 21459. 2—2008	真菌农药粉剂产品标准编写规范
	3	GB/T 21459. 3—2008	真菌农药可湿性粉剂产品标准编写规范
	4	GB/T 21459. 4—2008	真菌农药油悬浮剂产品标准编写规范
	5	GB/T 21459. 5—2008	真菌农药饵剂产品标准编写规范
	6	GB/T 25864—2010	球孢白僵菌粉剂
	7	NY/T 2295. 1—2012	真菌微生物农药 球孢白僵菌 第 1 部分：球孢白僵菌母药
	8	NY/T 2295. 2—2012	真菌微生物农药 球孢白僵菌 第 2 部分：球孢白僵菌可湿性粉剂
	9	NY/T 2888. 1—2016	真菌微生物农药 木霉菌第 1 部分：木霉菌母药[1]

（续表）

类别	序号	标准编号	标准名称
真菌类	10	NY/T 2888. 2—2016	真菌微生物农药　木霉菌第 2 部分：木霉菌可湿性粉剂[1]
	11	NY/T 3282. 1—2018	真菌微生物农药　金龟子绿僵菌　第 1 部分：金龟子绿僵菌母药
	12	NY/T 3282. 2—2018	真菌微生物农药　金龟子绿僵菌　第 2 部分：金龟子绿僵菌油悬浮剂
	13	NY/T 3282. 3—2018	真菌微生物农药　金龟子绿僵菌　第 3 部分：金龟子绿僵菌可湿性粉剂
	14	SN/T 2374—2009	绿僵菌、白僵菌生物农药检验操作规程
	15	SN/T 4624. 10—2016	入境环保用微生物菌剂检测方法　第 10 部分：淡紫拟青霉（淡紫紫孢霉）[1]
	16	SN/T 4624. 12—2016	入境环保用微生物菌剂检测方法　第 12 部分：哈茨木霉
	17	DB 44/T 513—2008	绿僵菌微生物杀虫剂
病毒类	1	NY/T 3279. 1—2018	病毒微生物农药　苜蓿银纹夜蛾核型多角体病毒　第 1 部分：苜蓿银纹夜蛾核型多角体病毒母药
	2	NY/T 3279. 2—2018	病毒微生物农药　苜蓿银纹夜蛾核型多角体病毒　第 2 部分：苜蓿银纹夜蛾核型多角体病毒悬浮剂
	3	NY/T 3280. 1—2018	病毒微生物农药　棉铃虫核型多角体病毒　第 1 部分：棉铃虫核型多角体病毒母药
	4	NY/T 3280. 2—2018	病毒微生物农药　棉铃虫核型多角体病毒　第 2 部分：棉铃虫核型多角体病毒水分散粒剂
	5	NY/T 3280. 3—2018	病毒微生物农药　棉铃虫核型多角体病毒　第 3 部分：棉铃虫核型多角体病毒悬浮剂
	6	NY/T 3281. 1—2018	病毒微生物农药　小菜蛾颗粒体病毒　第 1 部分：小菜蛾颗粒体病毒悬浮剂
	7	LY/T 2906—2017	美国白蛾核型多角体病毒杀虫剂
	8	DB 42/T 1038—2015	棉铃虫核型多角体病毒悬浮剂
	9	DB 42/T 1299—2017	甘蓝夜蛾核型多角体病毒悬浮剂
	10	DB 42/T 1300—2017	甜菜夜蛾核型多角体病毒悬浮剂

[1] 注：参见表 6-4 中 2~3 注释。

目前，我国微生物农药产品标准的数量和登记品种具有一定覆盖率，已有 36. 2%的有效成分制定了国家、行业或地方标准，且多为生产和登记数量多的产品，初步估算已制定标准的微生物农药产量约占微生物农药产量（除混合制剂外）的 70%左右。

我国微生物农药各剂型产品标准的质量控制指标和检测方法，与 FAO/WHO 标准相比基本相同或相近（表 7-1）。由于行业标准出台往往滞后于登记，为此鼓励有资质的制标单位积极参与标准制定，减少时间差，有利提高产品质量，推进微生物农药登记管理水平。

（二）问题与方向

虽然我国生物农药产品质量在不断提高，但产品的合格率仍不理想。农业部（现农业农村部）公布 2015 年 3 次农药监督抽检平均合格率仅为 27.8%，2016—2018 年抽查的合格率分别为 35.8%、57.7%、54.7%。不合格原因主要有标明的有效成分含量不达标（甚至未检出），以及擅自添加其他农药成分等。由于微生物农药一般比化学农药防效偏低、见效较慢，一些企业擅自添加化学农药来弥补缺陷，此情况尤为严重。在未检出有效成分的微生物农药中有枯草芽孢杆菌、井冈·枯芽菌、苏云金芽孢杆菌等产品；在苏云金芽孢杆菌和核型多角体病毒类产品中擅自添加化学农药情况较多，其药剂主要有氯虫苯甲酰胺、虫螨腈、噻虫嗪及菊酯类高活性农药较普遍，有的还添加限用的克百威、氟虫腈、水胺硫磷等农药（董记萍等，2019）。这种非标明擅自添加化学农药给质量监管造成障碍，对市场造成混乱，让用户对微生物农药失去信任。据报道，2019 年生物农药合格率上升较快，已达到 62.1%，2020 年专项抽检生物农药的合格率为 81.6%。

微生物农药要真正成为减少和替代化学农药的重要力量，成为绿色农业的技术支撑，还需要从科研技术、产品市场及管理政策多方面加强和推进。除了通过科研提高防效和速效，生产企业也要自律自强，以合格的绿色安全产品提供给市场，管理部门在给予微生物农药优惠政策的同时要加强产品质量监管。另外，微生物农药的货架期相对较短、控害作用较慢是微生物学机理决定的，在标准制定和评估管理上可以给予宽泛的允许范围，在技术测评和推广中可以增加考量微生物的田间持续作用，以提高使用者对微生物农药的接受度。通过积极推进完善生物农药监管机制，促进微生物农药产品质量的提高。

二、药效标准概况

（一）药效技术标准

我国已制定几百项田间药效试验的国家和行业准则，均基于化学农药，而针对微生物农药药效评价试验准则尚属空白，试验完全参照化学农药的药效评价方法和标准既欠合理也不科学。目前，微生物农药有药效使用技术规程等相关地方标准已有 20 项（截至 2020 年 12 月）（表 7-6），说明地方重视生物农药应用标准的制定。标准与登记产品同步是最好的技术衔接，有利于生物农药标准化的推进。

还有部分微生物农药出现在特色小作物的药效评价及使用规程类标准中，如在人参、板栗和核桃使用准则及控制技术规范类的标准等，体现了微生物农药在中草药和特色作物上的应用受到关注和重视。

表 7-6　微生物农药药效评价及使用技术类标准

序号	标准编号	标准名称
1	DB 11/T 1129—2014	生物防治产品应用技术规程　杨扇舟蛾颗粒体病毒
2	DB 11/T 1432—2017	生物防治产品应用技术规程　舞毒蛾核型多角体病毒
3	DB 21/T 2268—2014	球孢白僵菌质量控制及防治玉米螟技术规程

（续表）

序号	标准编号	标准名称
4	DB 22/T 1585—2012	白僵菌封垛防治玉米螟技术规程
5	DB 22/T 1975. 18—2016	农药在人参上的使用准则 第18部分：10亿活芽孢/克枯草芽孢杆菌
6	DB 22/T 1975. 19—2016	农药在人参上的使用准则 第19部分：1 000亿活芽孢/克枯草芽孢杆菌
7	DB 22/T 1975. 20—2013	农药在人参上的使用准则 第20部分：哈茨木霉菌[1]
8	DB 22/T 2386—2015	白僵菌颗粒剂防治玉米螟技术规范
9	DB 22/T 2528—2016	球孢白僵菌桶混剂机械化防治玉米螟技术规程
10	DB 3210/T 1021—2018	粘颗·苏云菌防治蔬菜害虫技术规程
11	DB 35/T 1599—2016	白僵菌防治林业害虫技术规程
12	DB 37/T 2551—2014	侧孢短芽孢杆菌菌剂在马铃薯生产中的应用技术规程
13	DB 42/T 675—2010	茶尺蠖核型多角体病毒制剂生产及应用技术规程
14	DB 44/T 512—2008	松毛虫质型多角体病毒生产及使用技术规程
15	DB 44/T 514—2008	绿僵菌复合剂防治桉树白蚁技术规程
16	DB 44/T 1238—2013	绿僵菌防治椰心叶甲技术规程
17	DB 44/T 2240—2020	油桐尺蠖核型多角体病毒杀虫剂使用技术规程
18	DB 51/T 2266—2016	蜡样（质）芽孢杆菌防控板栗炭疽病技术规范[1]
19	DB 51/T 2632—2019	贝莱斯芽孢杆菌对核桃炭疽病防控技术规程
20	DB 64/T 902—2013	番茄应用S-诱抗素、寡糖、新奥霉素和棉铃虫病毒杀虫剂技术规程

[1] 注：参见表6-4中2-3的注释。

在《绿色食品农药使用准则》（NY/T 393—2020）中，AA级和A级绿色食品生产均允许使用的微生物农药清单，有真菌（白僵菌、轮枝菌、耳霉菌、淡紫拟青霉*、金龟子绿僵菌、寡雄腐霉*等）、细菌（芽孢杆菌类、荧光假单胞杆菌、短稳杆菌等）、病毒（核型多角体病毒、质型多角体病毒、颗粒体等）及相关提取物，主要用于杀虫、杀菌、杀线虫。2020年9月29日，中国绿色食品协会公布有13个微生物农药产品获得有效绿色生资（农药类）标志（有效期3年）。

（二）特色防效

微生物农药已成为重大害虫和重要入侵害虫的绿色防控产品。2020年9月15日，在农业农村部第333号公告中已将“草地贪夜蛾”“飞蝗”列入《一类农作物病虫害名

* 注：参见表6-3注解。

录》中。在农业农村部《2020年种植业工作要点》中指出，持续推进开展农药减量增效行动，确保农药利用率提高到40%以上。实施绿色防控替代化学防治行动，重点推广生物防治，推行统防统治与绿色防控融合，推广精准高效施药、轮换用药等科学用药技术，着力提升科学安全用药水平。

2020年11月26日，根据《国家救灾农药储备管理办法（暂行）》规定，全国农业技术推广服务中心对2021—2022年度国家救灾农药储备项目（招标编号CTEC2020B360）进行国内公开招标，本次招标涉及15种农药，其中有微生物农药的绿僵菌，其承储货值500万元。

1. 防治草地贪夜蛾

2020年2月20日，农业农村部发布《2020年全国草地贪夜蛾防控预案》，提出防控草地贪夜蛾采取优化关键技术措施，即理化诱控、生物防治和科学用药；并发布了《草地贪夜蛾应急防治用药推荐名单》（其名单有效期截至2021年12月31日）。根据《农药管理条例》（简称《条例》）有关规定，经专家评估，在2019年防治用药药效调查基础上，更新防治药剂推荐名单。其中有6种生物制剂，包括甘蓝夜蛾核型多角体病毒、苏云金芽孢杆菌、金龟子绿僵菌、球孢白僵菌、短稳杆菌5种微生物农药。且根据2019—2020年全国大范围检测调查结果草地贪夜蛾的发生为害仍具有明显区域性，预计2021年全国发生面积达到2 000万亩以上，防治面积为3 000万亩次以上。

截至2020年12月26日，我国已有4个防治草地贪夜蛾的产品通过扩作取得登记：300亿孢子/g球孢白僵菌可湿性粉剂、80亿孢子/mL金龟子绿僵菌CQMa421可分散油悬浮剂、32 000IU/mg苏云金芽孢杆菌可湿性粉剂、32 000IU/毫克苏云金芽孢杆菌G033A可湿性粉剂的登记（登记证号分别为PD20190002、PD20171744、PD20084969、PD20171726）。另外，我国农业行业标准《草地贪夜蛾核型多角体病毒悬浮剂》已通过了专家评审，期待该产品能早日登记注册，并为防治草地贪夜蛾的推广使用起到促进作用。美国在2016年已注册了草地贪夜蛾核型多角体病毒MNPV-3AP2（Spodoptera frugiperda MNPV-3AP2）。

2. 防治沙漠蝗

2020年初，沙漠蝗在肯尼亚、索马里等东非国家和印度、巴基斯坦等西南亚国家罕见暴发，对当地粮食及农业生产造成严重为害，受到国际社会广泛关注。按照“御蝗于境外、备战于境内”的策略。2020年3月9日，农业农村部、海关总署、国家林草局发布了《沙漠蝗及国内蝗虫监测防控预案》的通知，农农发〔2020〕2号。

预案要求加强监测预警，做好防治物资准备。紧急采购和储备一批农药，其中有微生物农药绿僵菌、白僵菌和微孢子及部分化学农药等治蝗药剂，并要因地制宜做好飞机和地面器械作业准备。截至2020年12月26日，我国已登记防治蝗虫类的微生物农药有球孢白僵菌、金龟子绿僵菌、蝗虫微孢子3个菌种，共有9个产品。

2020年2月11日，联合国粮农组织（FAO）向全球发出蝗灾预警。并根据2014年12月发布的蝗虫防治用药评估报告，推荐了3种不同作用机理的11种农药。在防治蝗虫用药优先推荐名单中：微生物绿僵菌是名列首选为优先1级，其次优先2级和3级共计有10种化学农药。据不完全统计，目前全球已登记用于防治蝗虫用药的有36种产品。其中有4种微生物农药，分别为苏云金芽孢杆菌、球孢白僵菌、金龟子绿僵菌、蝗虫微孢子（刘亚萍等，2020）。

（三）评价和方向

以微生物农药为主的生物防治是一种持久效应，因此防治效果应长期追踪调查，以制定出使用微生物农药管理农作物病虫害的切实途径和策略。套用化学防治使用方法进行生物防治，把生物农药防效与化学农药防效直接比较是不合理的。微生物农药是通过生物间相互作用来控制植物病虫害发生及为害，其防效不可能像化学农药那么快速、直接有效，但它们是持久、稳定的。为此，应建立生物农药防治作物病虫害效果评价体系，从生物农药对环境保护、可持续控制、农产品安全等诸方面影响进行评估，有利于生物农药健康迅速发展。

微生物农药的实验室研究、小试产品和品种很多，但真正实现产业化的却不多，其主要是未能解决产销用环节中存在的问题。由于大范围田间试验费用高，各种干扰因素复杂，对防效存在一定波动风险，因此对研发及产业化给予一定经费投入倾斜和政策优惠是必要的。微生物农药还存在剂型较少，产品有效成分含量及质量控制项目指标不稳定，生产工艺有待提高等问题，这些都成为行业发展的技术瓶颈。因此，需要开展产学研联合攻关，筛选稳定配方，研发匹配的新助剂和新剂型，提高微生物农药防治效果和有效利用率。

另外，农民长期使用化学农药，首先考虑直接控制病虫害效果，其次是成本与经济效益关系，很少考虑环境污染和农产品残留等问题。加上微生物农药毒性低、药效相对慢等弱点和宣传力度不足等原因，使农民对微生物农药优越性认识不足。因此，需加强微生物农药科普和宣传力度，同时抓住当前各级政府大力发展无公害农产品和生产基地的契机，严格实行农产品优质优价政策，使种植者真正获得使用生物农药好处，促进微生物农药快速发展。

FAO/WHO认为微生物具有多种作用机理，可能难以对试验中药效水平进行准确评估，且此水平可能低于常规化学农药预期效果水平。药效试验应证明微生物农药为使用者提供了充分的惠益，如在病虫害管理、作物增产或抗药性管理方面，其益处超过任何负面影响。带来的改善应至少能从数据统计上明显看出，并在可接受的概率水平上。从使用者的角度来看，以有害生物控制水平或作物增产为目标，适当使用微生物产品是合适的、值得的手段。

由于微生物农药使用条件的可变性，为了在试验条件下对药效进行有意义评估，可允许在一系列不同试验间进行比较。原则上，可接受的药效必须来自可靠的和具有代表性的田间试验数据。要认识到微生物农药达到可完全控制、部分控制或辅助控制有害生物的几个层次，其药效衡量标准通常不是对有害生物的致死剂量，而是对作物可收获部分损害的减少量。

三、毒理学试验标准

（一）试验标准简况

我国微生物农药的毒理学试验准则有：急性经口毒性/致病性试验、急性经呼吸道毒性/致病性试验、急性注射毒性/致病性试验、细胞培养试验、亚慢性毒性/致病性试验和繁殖/生育影响试验6部分标准（表7-7）。

表7-7 微生物农药毒理学试验类标准

序号	标准编号	标准名称
1	NY/T 2186.1—2012	微生物农药毒理学试验准则 第1部分：急性经口毒性/致病性试验
2	NY/T 2186.2—2012	微生物农药毒理学试验准则 第2部分：急性经呼吸道毒性/致病性试验
3	NY/T 2186.3—2012	微生物农药毒理学试验准则 第3部分：急性注射毒性/致病性试验
4	NY/T 2186.4—2012	微生物农药毒理学试验准则 第4部分：细胞培养试验
5	NY/T 2186.5—2012	微生物农药毒理学试验准则 第5部分：亚慢性毒性/致病性试验
6	NY/T 2186.6—2012	微生物农药毒理学试验准则 第6部分：繁殖/生育影响试验

（二）安全评价

毒理学试验是检测农药安全性的必要项目。由于微生物农药在暴露途径、毒性症状及染毒时间和观察指标与化学农药的差异，我国专门制定了微生物农药的毒理学试验准则，其主要参考相关国际标准（如美国EPA的《微生物农药毒理学使用指南》OPPTS885.3000—3650等）。该标准的实施有利于与国际标准接轨，为境外农药登记资料互认和国际贸易奠定了基础。

一般微生物农药的毒理学主要需要急性毒性试验项目，如急性毒性试验中未发现明显的影响，通常无须开展更多的高级阶段试验；但如发现微生物农药产生毒素、出现明显感染症状或持久存在等迹象，可视情况补充急性神经毒性、亚慢性毒性、致突变性、生殖毒性、慢性毒性、致癌性、内分泌干扰作用、免疫缺陷、灵长类动物致病性等试验资料。

微生物农药与化学农药在毒理学的主要差异是需要判断有效成分不是人或其他哺乳动物的已知病原体，这是豁免残留试验主要原因之一。因此要求较多的致病性资料：急性经口致病性、急性经呼吸道致病性、急性注射致病性的试验（细菌和病毒进行静脉注射试验，真菌进行腹腔注射试验）；还对病毒、类病毒、某些细菌需提供细胞培养试验验资料。另外要求对于致敏性试验、有关接触人员的致敏性病例情况调查资料和境内外相关致敏性病例报道。

（三）资料要求

FAO/WHO为评估申请登记的微生物农药（MPCA）和微生物农药产品（MPCP）对人类健康的风险，需提供微生物潜在致病性、侵染力和清除模式的相关数据。如涉及相关次生化合物的毒理影响，也应予以评估。还应提供有关生产设施或文献中任何报告不良反应发生率的记录，及为确定MPCA不会对人类造成不可接受的不良反应而进行任何研究数据。如果存在因皮肤刺激和眼睛刺激而引发的毒性，则应提供保护操作人员和工作人员健康的指导，并在标签上用恰当警示语告知限用信息。根据剂型不同，建议说明微生物农药可能引发致敏反应。

另外，需加强职业健康和安全（OHS）管理，提供职业暴露数据、生物制品的卫生监督和从事该种生物制品工作禁忌身体条件、对工人跟踪观察信息等。要加强对有关接触人员的健康检查和安全管理，并建立档案。

四、环境试验标准

（一）试验标准简况

由于化学农药的环境试验准则大多是急性毒性试验方法，染毒和观察时间较短，不适用于微生物类农药，现参考美国 EPA、日本、加拿大的微生物农药试验准则（束长龙等，2017），我国已制定微生物农药对鱼类、鸟类、蜜蜂、家蚕、藻类、溞类的 6 项环境毒性风险评价试验准则和微生物农药对水、土壤、叶面的 3 项环境增殖试验准则，共发布 9 项环境安全试验标准（表 7-8）。

表 7-8　微生物农药环境安全试验类标准

序号	标准编号	标准名称
1	NY/T 3152. 1—2017	微生物农药　环境风险评价试验准则　第 1 部分：鸟类毒性试验
2	NY/T 3152. 2—2017	微生物农药　环境风险评价试验准则　第 2 部分：蜜蜂毒性试验
3	NY/T 3152. 3—2017	微生物农药　环境风险评价试验准则　第 3 部分：家蚕毒性试验
4	NY/T 3152. 4—2017	微生物农药　环境风险评价试验准则　第 4 部分：鱼类毒性试验
5	NY/T 3152. 5—2017	微生物农药　环境风险评价试验准则　第 5 部分：溞类毒性试验
6	NY/T 3152. 6—2017	微生物农药　环境风险评价试验准则　第 6 部分：藻类生长影响试验
7	NY/T 3278. 1—2018	微生物农药　环境增殖试验准则　第 1 部分：土壤
8	NY/T 3278. 2—2018	微生物农药　环境增殖试验准则　第 2 部分：水
9	NY/T 3278. 3—2018	微生物农药　环境增殖试验准则　第 3 部分：植物叶面

2019 年，由农业农村部农药检定所牵头制定了《微生物农药　环境风险评估指南　第 1～6 部分：总则、鱼类、溞类、鸟类、蜜蜂、家蚕》的系列标准，已通过专家审定。

（二）FAO/WHO 关于 MCPA 对环境影响

1. 环境影响

微生物性质及其与环境之间关系的特异性，意味着从 MCPA 分类学、生物学和生态学角度看，只需提供很少的环境信息即可。如某些 MPCA 物种和株系种群数量在环境中衰减的研究，为豁免提供数据佐证。但如从微生物性质考虑不能排除其可能造成的环境问题，则需要考虑微生物和/或相关次生化合物可能存在的水平是否低于相应环境中记载的水平。如果合理，说明它们不会造成重大环境危害理由。在提供足够信息，可在不同生态环境中使用非本地 MPCA 和本地 MPCA 进行风险评估。

（1）本地 MPCA 物种

1）释放到环境中的 MPCA 量相当或低于一般情况下自然环境中的量，且 MPCP 中不产生次生化合物，或含有但无相关性，或合理推断在微生物体内生成量不足以产生毒性，则要提供简短说明，申请豁免提供相关数据。

2）释放到环境中的 MPCA 量明显高于一般情况下自然环境中出现的量，且 MPCP 中不产生次生化合物，或含有但无相关性，或合理推断在微生物体内生成的量不足以产生毒性，要提供信息确认该微生物不会比自然环境中定殖和持续（存活量）水平更高。如无法确认，则要进行环境持久性研究。方法可能需适当调整。

3）释放到环境中 MPCA 量相当或低于一般情况下自然环境中的量，且在 MPCP 中产生次生化合物，或合理推断在原处生成量足以产生毒性，要提供土壤、空气和/或水环境下 MPCA 或 MPCP（若适用）数据信息。方法可能需适当调整。

4）释放到环境中 MPCA 量明显高于一般情况下自然环境中的量，且在 MPCP 中产生次生化合物，或合理推断在原处生成的量足以产生毒性，要提供在 MPCA 和 MPCP 试验中发现相关土壤、空气和/或水环境中的非靶标生物数据。方法可能需适当调整。

5）没有数据信息也不能排除相关次生化合物存在，或应用 MPCA 生态环境与自然出现的生态环境不同，要提供土壤、空气和/或水环境下的 MPCA 或 MPCP（若使用）数据信息。方法可能需适当调整。

（2）非本地 MPCA 物种

非本地 MPCA 物种的风险性可能更高，因可能会在本地定殖而取代本地微生物物种或与之竞争。因此，要提供相关信息，说明微生物在相关土壤、空气和/或水环境中存活和持续存在的能力。方法可能需适当调整。

2. 生态毒理学

同理，微生物生态毒理学也只需提供很少的环境信息。昆虫病原 MPCA 情况特殊，需要注意它对蜜蜂的潜在影响，提供对蜜蜂致病性文献或相关研究信息。如提供信息足够，即对在不同生态环境下使用非本地 MPCA 和本地 MPCA 进行风险评估。

五、残留及豁免

（一）残留相关标准

农药残留限量标准（MRL）是指农药使用后在作物上残留的最大允许限量。微生物农药一般不需制定残留限量标准，因为该类产品的毒理学检测多为低毒或微毒（个别除外），而且登记注册的前提条件是确定不能是已知的人或其他哺乳动物的致病菌根据《要求》规定，微生物农药仅对除毒理学测定表明存在毒理学意义的，需按照农药登记评审委员会要求，提交农产品中该类物质残留资料。

在 FAO/WHO 的《生物农药登记指南》中指出，对用于植物保护和公共卫生的微生物农药，如不是人类致病菌就不会对哺乳动物造成不良暴露，无需进行残留研究。为了申请豁免，需提交对哺乳动物没有危害证明的数据。如果在微生物体内产生相关次生化合物，需提交基于理论计算的豁免理由；其计算确定 MPCA 不会远高于自然条件中的数量出现在加工食物/饲料中，需考虑 MPCA 在作物、食物/饲料中的潜在持久性和可能性；如次生化合物有毒理危害可能，且/或是主要作用机理，则需说明与相关次生化合物接触的可能性，可能还需开展相关次生化合物的残留研究。

微生物农药一般多不是毒理学关注物，不需要亚慢性或慢性研究，也就没有 ADI 值（农药每日允许摄入量），即无法作膳食风险评估。但如果在急性毒性研究中发现了不良反应，就需要进一步研究。如证实相关次生化合物的存在，且/或 MPCP 中含有有毒助剂，则需考虑开展额外研究。另外，活体微生物农药在使用后有失活、衰减的可能，它在植物或环境中的残留量及滞留时间及其作用都值得进一步探讨。

（二）豁免名单

在我国 2019 版国家标准《食品安全国家标准　食品中农药最大残留限量》（GB 2763—2021）的规范性附录 B《豁免制定食品中最大残留限量的农药名单》中的微生物农药占此名单数量的 66%，其中微生物农药的名单如下所示（表7-9）。

表 7-9　豁免制定食品中最大残留限量的微生物农药名单

序号	农药中文名称	农药拉丁名称/英文名称
1	苏云金芽孢杆菌[1]	*Bacillus thuringiensis*
2	荧光假单胞杆菌	*Pseudomonas fluorescens*
3	枯草芽孢杆菌	*Bacillus subtilis*
4	蜡质芽孢杆菌	*Bacillus cereus*
5	地衣芽孢杆菌	*Bacillus licheniformis*
6	短稳杆菌	*Empedobacter brevis*
7	多粘类芽孢杆菌	*Paenibacillus polymyza*
8	放射土壤杆菌	*Agrobacterium radiobacter*
9	木霉[2]	*Trichoderma* spp.
10	白僵菌[3]	*Beauveria* spp.
11	淡紫拟青霉（现名淡紫紫孢霉）	*Paecilomyces lilacinus*
12	厚孢轮枝菌（现名厚垣普可尼亚菌）	*Verticillium chlamydosporium*
13	块耳霉[4]	*Conidioblous thromboides*
14	金龟子绿僵菌[5]	*Metarhizium anisopliae*
15	寡雄腐霉[6]	*Pythium oligadrum*

（续表）

序号	农药中文名称	农药拉丁名称/英文名称
16	菜青虫颗粒体病毒	Pieris rapae granulovirus（PiraGV）[7]
17	茶尺蠖核型多角体病毒	Ectropis obliquanucleopolyhedrovirus（EcobNPV）[7]
18	松毛虫质型多角体病毒	Dendrolimus punctatus cypovirus（DpCPV）[7]
19	甜菜夜蛾核型多角体病毒	Spodoptera exigua multiple nucleopolyhedrovirus（SeMNPV）[7]
20	黏虫颗粒体病毒	Mythimn unipuncta granulovirus（MyunGV）[7,8]
21	小菜蛾颗粒体病毒	Plutella xylostella granulovirus（PlxyGV）[7]
22	斜纹夜蛾核型多角体病毒	Spodoptera lituranucleopolyhedrovirus（SpltNPV）[7]
23	棉铃虫核型多角体病毒	Helicoverpa armigera nucleopolyhedrovirus（HearNPV）[7]
24	苜蓿银纹夜蛾核型多角体病毒	Autographa californica multiple nucleopolyhedrovirus（AcMNPV）[7]
25	解淀粉芽孢杆菌	*Bacillus amyloliquefaciens*
26	甲基营养型芽孢杆菌	*Bacillus methylotrophicus*
27	甘蓝夜蛾核型多角体病毒	Mamestra brassicaemultiple nucleopolyhedrovirus（MbMNPV）[7]
28	蝗虫微孢子[9]	*Nosema locustae*
29	小盾壳霉	*Coniothyrium minitans*

注：括号中为作者加注。1、6、9. 请参见表 6-3 注释和附录 1；2、3. 为木霉属和白僵菌属的各菌集合，未指定种；4、5. 根据登记的拉丁名修改确定其中文名；7. 病毒名称为拉丁名称/英文组合，按照国际病毒分类委员会的建议（ICTV 网站 2020 年 9 月 16 日）用正体书写、首字母大写，采用特性缩拼词，括号中为病毒缩写词；8. 登记黏虫颗粒体病毒拉丁名为 Pseudaletia unipuncta granulovirus，现名为 Mythimna unipuncta granulovirus。

在境外生物农药中多数微生物可以豁免残留，如美国、欧盟、澳大利亚、韩国等均提出豁免制定食品中残留限量名单，详细见第九章。

六、生产规程类标准

（一）相关标准

在微生物农药生产中相关生产技术、菌种保藏、产品标识等方面有 8 项标准（表 7-10）。

表 7-10　微生物农药相关标准

序号	标准编号	标准名称
1	GB 20287—2006	农用微生物菌剂*
2	NY/T 883—2004	农用微生物菌剂生产技术规程*
3	NY 885—2004	农用微生物产品标识要求*

（续表）

序号	标准编号	标准名称
4	SN/T 2632—2010	微生物菌种常规保藏技术规程
5	DB 22/T 1782—2013	布氏白僵菌粉剂生产技术规程
6	DB 32/T 3628—2019	木霉固态菌种生产技术规程
7	DB 44/T 1239—2013	油桐尺蛾核型多角体病毒杀虫剂生产技术规程
8	DB 51/T 2169—2016	标准菌株的保存与使用指南

注：属于微生物肥料标准，对微生物农药也有参考价值。

（二）生产工艺和安全

我国细菌类微生物农药的工业化生产已较成熟，多采用液体深层发酵；真菌类产品受生命发育过程和环境多因素影响、生产过程较为复杂，多采用液固双相发酵生产分生孢子；病毒类产品经昆虫寄主或细胞培养后再加工，相对成本较高。微生物的发酵生产工艺在不断改进，技术参数更加精细，机械化程度和工业化程度均有所提高。不同种或菌株的工艺参数有较大差异，通常需要优化才能准确把握参数、实施生产操作步骤，在提高产量降低成本的同时，严格控制可能产生有害代谢物质。相关控制标准一般由研发者或企业探索和制定，极少公开。

微生物农药产业化可能主要有几个技术瓶颈：一是如何开发更有效的微生物；二是高质量低成本、最佳制剂化的生产和足够长货架期的产品；三是微生物行业从基础研究到产业化生产中间转化人才的缺失。另外，产业化还面临着生产技术水平与登记要求衔接的挑战。

2020 年 8 月 28 日，商务部、科技部发布了经调整的《中国禁止出口限制出口技术目录》（商务部 科技部公告 2020 年第 38 号），在限制出口部分中的生物农药生产技术（编号：052603X）项下新增控制要点有关微生物农药："Bt 菌株及生产技术；枯草芽孢杆菌菌株及生产技术；白僵菌、绿僵菌菌种及生产技术"。该目录从侧面反映出这 4 种微生物农药在我国保持有一定产品量，其生产工艺相对稳定和成熟。

2020 年 10 月 17 日，全国人大常委会会议审查通过了《生物安全法》，将自 2021 年 4 月 15 日起施行。该法律坚持以人为本、风险预防（建立生物安全名录、清单制度和生物安全标准制度等）、分类管理（高风险、中风险、低风险三类）、协同配合的原则，完善生物安全风险防控体制机制。该法对微生物农药的安全性管控也有指导意义。

境外有的国家要求在从事微生物农药的工人入职前应体检，对免疫系统受损和有哮喘、过敏症病史的人不得从事某些工种。我国也需加强微生物农药的生产过程管理和工人的安全防护。

（三）菌种保藏

1986 年，我国已实施《中国微生物菌种保藏管理条例》，中国微生物菌种保藏管理委员会设立了普通、农业、林业、工业、抗生素、医学、兽医微生物等菌种保藏管理中心（表 7-11）。另外，有国际认可的 3 个菌种保藏中心，分别是：①中国普通微生物菌种保藏管理中心（CGMCC），1995 年获得布达佩斯条约国际保藏中心的资格，是我国唯一同时提供一般菌种资源服务和专利生物材料保存的国家级保藏中心；②中国典型培养物保藏中心（CCTCC）（武汉大学保藏中心）是经世界知识产权组织审核批准，于 1995 年 7 月 1 日成为布达佩斯条约国际确认的（专利）培养物保藏单位；③广东省微生物菌种保藏中心（GDMCC）于 2016 年 1 月 1 日成为布达佩斯条约国际保藏单位（截至 2020 年 7 月 28 日，全球共有 48 个国际保藏单位）。

在微生物农药母药登记时，《要求》提交“菌种保藏中心的菌株编号”及“国内或国际菌种保藏中心的菌株保藏情况”。为了规范管理，避免菌种的退化和变异，同时也方便查询确认和监督管理，建议提交如与菌种保藏单位的协议或合同的复印件或由菌种保藏单位出具的情况说明等（起草法律依据的文件）。

表 7-11　中国微生物菌种保藏中心名单

序号	中国微生物菌种保藏中心
1	中国普通微生物菌种保藏中心 CGMCC（归口中国科学院微生物研究所）
2	中国农业微生物菌种保藏中心 ACCC（归口中国农业科学院）
3	中国工业微生物菌种保藏中心 CICC（归口轻工业总会）
4	中国医学微生物菌种保藏中心 CMCC（归口卫生部）
5	中国抗生素微生物菌种保藏中心 CACC（国家医药管理局）
6	中国兽医微生物菌种保藏中心 CVCC（归口农业农村部）
7	中国林业微生物菌种保藏中心 CFCC（归口中国林业科学院）

第六节　标准化建设

通过近 20 年微生物农药标准化建设和发展，我国标准制定工作已取得较大进展，标准类别覆盖面广，对提高微生物农药产品整体质量，规范生物农药登记管理政策和要求具有重要意义。

一、标准体系进展

2017 年，我国成立了全国农药标准化技术委员会生物农药分技术委员会（SAC/TC133/SC1），有利于统筹、协调全国生物源农药标准的制修订等工作。目前，农业农村部抓紧农药标准的制定工作。现在微生物农药标准制定几乎每年都有所进展，相对标准的修订工作显得有些缓慢，随着科技水平和认知度的提高及推广使用的普及，尚需修订和统一衔接标准中的术语、检测方法和计量单位等，以求同存异，避免误解，提高微生物农药的标准质量。

在 2019 年 3 月 8 日，农办农〔2019〕3 号发布的 2018 年农药监督抽查结果的通报中生物农药质量合格率偏低（平均为54.7%），2019年已有所提高（62.1%），但依然不理想，尤其是非法添加化学农药成分问题较为突出，农业农村部已高度关注，将加强监管和处罚力度，净化生物农药市场的绿色空间。

在公布的《2020年全国标准化工作要点》中指出，将逐步减少一般性产品的行业标准，鼓励社会团体承接相关领域标准，并引导和规范社会团体开展标准化工作，强化监督管理，营造团体标准健康发展的良好环境。

《条例》鼓励和支持研制、生产、使用安全、高效、经济的农药；提高农药登记和生产许可门槛，给予生物农药登记的宽松政策，如在试验周期和登记成本方面都有较好的优惠措施，新农药登记试验审查已由行政许可改为备案制等，近期农业农村部已开通了登记审批的绿色通道等，为生物农药创造了生存和发展空间。

二、推进标准化建设

微生物农药标准制定工作还需要进一步改进和完善，重点要加强理论和技术的基础建设。近期仍将会以产品质量标准、配套相关评价和试验准则等项目为主。具体需考虑以下几方面：①标准制定要有系统性和前瞻性；②推进基础性标准的制定；③规范检测技术、提高产品质量；④尝试制定有关药效试验准则和贮藏运输等环节的通用标准。对于相关风险评估类标准，不应完全遵循化学农药的规则，需基于适于微生物农药特性，制定合理、科学的评估模式。

农药登记政策有利于推动标准化建设，它们之间相辅相成。近年来，随着农药管理法规逐渐严格，新化学农药上市数量有所减少，也可能受国际互认协定影响，一些老产品因不能满足法规要求而退出市场，给生物农药拓展了空间。预计到2040年或2050年，生物农药将与合成农药持平，但对其接受度的不确定性，因此应从生物农药与化学农药的共存中受益，以加速研究成果的应用有望促进生物农药大规模工业化发展（叶萱，2019）。

据前瞻产业研究院发布的《中国农药行业市场需求预测与投资战略规划分析报告》统计，2017年，我国生物农药行业实现销售收入319.3亿元（占全国农药销售收入的比重不足10%，化学农药占比达到90.93%），同比增长5.7%。2018年，整个农药行业监管趋严，生物农药凭借相对环保的优势取得较好的发展成效。据测算，2018年我国生物农药销售收入约360亿元，增速或将达到12.7%。随着我国生态环保和农药产业的监管加强，以及农业农村部推进“减量增效”的措施，微生物农药将迎来良好的发展机遇，在农药领域中的占比将逐步提升，其产量和防效也势必随之提高。当前，虽然病虫害发生总体趋向渐轻，但土传病原菌和线虫等发生面积在增加，施药者也逐步认识到微生物农药的潜在优势，其用量也将继续增长。由此需通过标准化建设来维护和推进微生物农药的健康发展。

第八章　我国微生物农药登记与管理

我国农药登记管理相对于欧美等发达国家起步较晚，但经过40多年的建设和发展，现已建立了相对较完善的农药登记管理制度及其配套技术体系，且农药管理已由过去注重“质量和药效”转向“质量与安全并重”。尤其是2017年6月1日，新修订《条例》的实施，及农业农村部系列配套规章的陆续出台（表8-1），再次提高了农药登记安全性管理门槛，突出绿色发展理念，鼓励高效低风险生物源农药发展。

根据《条例》要求，国家实行农药登记试验备案和农药登记管理制度。登记原则是科学、公平、公正、高效和便民，并遵循最大风险原则。鼓励和支持登记安全、高效、经济的农药，推进农药专业化使用，促进农药产业升级。

表8-1　农药管理条例及主要配套规章

序号	文件编号	文件名称	发布时间	实施时间
0	中华人民共和国国务院令677号	农药管理条例	2017-03-16	2017-06-01
1	中华人民共和国农业部令3号	农药登记管理办法	2017-06-21	2017-08-01
2	中华人民共和国农业部令4号	农药生产许可管理办法	2017-06-21	2017-08-01
3	中华人民共和国农业部令5号	农药经营许可管理办法	2017-06-21	2017-08-01
4	中华人民共和国农业部令7号	农药标签和说明书管理规定（征求意见稿）	2017-06-21	2017-08-01
5	农业部公告　第2567号	限制使用农药目录（2017版）	2017-08-31	2017-10-01
6	农业部公告　第2568号	农药生产许可审查细则	2017-09-03	2017-10-10
7	农业部公告　第2569号	农药登记资料要求	2017-09-13	2017-11-01
8	农业部公告　第2570号	农药登记试验单位评审规则、农药登记试验质量管理规范	2017-09-3	2017-10-10
9	农业部公告　第2579号	农药标签二维码格式及生成要求	2017-09-05	2018-01-01
10	农业农村部公告　第222号	农业农村部行政许可事项服务指南	2019-10-14	2019-10-14
11	农业农村部公告　第345号	农药登记试验备案管理办法	2020-10-16	2020-10-16

第一节 登记要求

在欧洲、美国、加拿大、澳大利亚、日本等地区和国家的农药登记管理中均对生物农药（biopesticide）给予了明确的定义和范畴，但在我国的《条例》和《要求》中，尚未有对生物农药进行明确定义。《要求》对农药登记种类按来源进行了分类，分别为化学农药、生物化学农药、微生物农药、植物源农药，其中后面3类属于生物农药。

微生物农药是指以细菌、真菌、病毒或基因修饰的微生物等活体为有效成分的农药。

《要求》规定微生物农药是按母药和制剂分别进行规定。登记资料包括一般性和专业性的资料要求。在一般性资料中有申请表、申请人证明文件、申请人声明、产品概述（或综述报告）、标签和说明、其他与登记相关证明材料、产品安全数据单、参考资料等；专业性资料中的母药和制剂登记资料要求将分别列表。《要求》还根据不同用途把卫生用微生物农药制剂和微生物杀鼠剂的特殊要求汇总合并在微生物制剂表中，并做出标注，以便读者全面了解微生物农药的登记政策和注意事项。

微生物农药有新农药母药（包括曾经获得农药登记，但不在有效状态产品登记的农药，以及新农药登记6年保护期内，未取得首家授权的）和非相同母药；微生物农药制剂有新农药制剂（包括6年保护期内未取得首家授权的）、新剂型制剂、新含量制剂、新混配制剂、新使用范围、新使用方法和相似制剂（包括使用范围和使用方法相同和不相同的）。

由于微生物农药有效成分为活体生物，因此在质量控制项目及阈值、试验和评价方法等方面均有别于其他类农药。登记试验项目较少，其成本相对偏低，登记要求显著低于化学农药。体现了国家对微生物农药给予的宽松政策，有利于促进生物农药的快速发展。

一、微生物母药

微生物农药母药登记资料要求有一般资料（表8-2）和专业性资料，其中专业性资料包括产品化学、毒理学和环境影响3部分，下面分别列表说明（表8-3至表8-5）。

（一）一般要求

表8-2 微生物农药母药一般资料要求

项目	释义与说明
1. 申请表	按农业农村部发布的申请表填写
2. 申请人证明文件	①生产企业提交加盖公章的生产许可证、工商营业执照、统一社会信用代码等复印件；②新农药研制者申请农药登记的说明；③境外企业身份证明文件、有关国家和地区登记与使用情况说明、在中国境内设立办事机构或代理机构的说明及营业执照

（续表）

项目	释义与说明
3. 申请人声明	申请资料真实合法声明
4. 产品概述	产地、产品化学、毒理学、环境影响、风险评估资料摘要以及境外登记情况等资料
5. 标签和说明书	按照《农药标签和说明书管理办法》（简称《办法》）制作的标签和说明书样张
6. 其他与登记相关证明材料	①在其他国家或地区已有产品化学、毒理学、环境影响资料或综合查询报告等；②新农药有效成分命名依据
7. 产品安全数据单	
8. 参考资料等	应说明出处

注：新母药和非相同母药的各项：都需要。

（二）产品化学

表 8-3　微生物农药母药产品化学资料要求

项目	释义与说明
1. 有效成分识别、生物学特性及稳定剂等其他限制性组分的识别	①有效成分的通用名称，国际通用名称（通常为拉丁学名），分类地位（如科、属、种、亚种、株系、血清型、致病变种或其他与微生物相关的命名等）；②国家权威微生物研究单位出具菌种鉴定报告；③菌株代码：菌种保藏中心的菌株编号；④稳定剂等其他限制性组分的通用名称、国际标准化组织（ISO）名称和或其他国际组织及国家名称、化学名称、分子式、结构式等
2. 菌种描述*	①菌种来源：地理分布情况及在自然界生命周期；②寄主范围：寄主种类和范围；③传播扩散能力：与植物或动物已知病原菌关系；在不同环境条件下耐受能力及在自然界中传播扩散能力；④历史及应用情况：⑤菌种保藏情况（国内或国际权威菌种保藏中心菌种保藏情况）。 * 对转基因微生物，需提交所采用基因工程技术、插入或敲出基因片段、与亲本菌株相比较所表现新特性、在自然环境中遗传稳定性、转基因生物安全证书及与转基因相关遗传背景信息
3. 生产工艺	原材料描述、生产工艺说明（按照实际生产作业单元依次描述）、生产工艺流程图、生产装置工艺流程图及描述、生产过程中质量控制措施描述
4. 理化性质	理化性质：外观（颜色、物态、气味）、密度、稳定性和对包装材料的腐蚀性等，其中稳定性有：—对温度变化的敏感性，提供有效成分在不同温度条件下贮存一定时间后的存活率，以评估产品贮运条件；—对光敏感性，提供有效成分在光照条件下贮存一定时间后的存活率，以评估产品包装、使用等条件；—对酸碱度敏感性，提供有效成分在不同 pH 条件下贮存一定时间后的存活率，以评估产品的技术指标。 根据产品特点，按照《农药理化性质测定试验导则》（简称《导则》）规定，提供相关理化性质测定报告
5. 组分分析试验报告	应包括但不限于以下内容：1 批次产品有效成分、微生物污染物（杂菌）、有害杂质（对人、畜或环境生物有毒理学意义的代谢物和化学物质）及其他化学成分定性分析，5 批次产品有效成分、微生物污染物（杂菌）、有害杂质及其他化学成分定量分析

（续表）

项目	释义与说明
6. 产品质量规格	外观：明确描述产品颜色、物态、气味等 有效成分含量：①通常以单位质量或体积产品中微生物数量表示，根据测定方法不同而规定不同微生物含量单位，如孢子、国际毒力单位（ITU）或国际单位（IU）、菌落形成单位（CFU）、包涵体（OB 或 PIB）等表示；②应规定有效成分最低含量，≥ 微生物污染物及有害杂质含量：含微生物污染物及有害杂质的产品，规定其最高含量，≤ 其他限制性组分含量：含稳定剂等其他限制性组分产品，其含量由标明含量和允许波动范围组成 酸/碱度或 pH 范围：酸/碱度以硫酸或氢氧化钠质量分数表示，不考虑实际存在形式 水分或加热减量：规定最大允许量，以质量分数（%）表示
7. 产品质量控制项目相对应的检测方法和方法确认	产品中有效成分的鉴别试验方法：从形态学特征、生理生化反应特征、血清学反应、分子生物学（蛋白质和 DNA）等方面描述并提供必要照片或序列等 有效成分、微生物污染物及有害杂质、稳定剂等其他限制性组分检测方法和方法确认：①检测方法，提供完整检测方法，检测方法通常包括方法提要、原理、试样和标样（或鉴别用的模式种）信息、仪器、试剂、溶液配制、操作条件、测定步骤、结果计算、统计方法和允许差等内容；②方法确认，按照《农药产品质量分析方法确认指南》（简称《指南》）规定执行 其他技术指标检测方法：按照《指南》规定执行
8. 产品质量规格确定说明	对技术指标制定依据和合理性做出必要解释
9. 产品质量检测报告与检测方法验证报告（需在中国境内完成）	①产品质量检测报告包括产品质量规格中规定所有项目；②有效成分、微生物污染物、有害杂质和稳定剂等其他限制性组分含量检测方法，由出具产品质量检测报告的登记试验单位验证，并出具检测方法验证报告，其他控制项目检测方法可不进行方法验证；③检测方法验证报告：委托方提供试验条件、登记试验单位采用的试验条件（如必要的测试条件、培养条件、试样制备等）及改变情况说明，平行测定所有结果及标准偏差，并对方法可行性评价
10. 包装、贮运、安全警示等	①包装和贮运：结合产品危险性分类，选择正确包装材料、包装物尺寸和运输工具；根据国家有关安全生产、贮运等相关法律法规、标准等编写运输和贮存注意事项；②安全警示：根据产品理化性质和生物学特性数据，按照生物制品危险性分类标准，对产品危险性程度评价、分类，并以标签、安全数据单（MSDS）等形式公开

注：新母药和非相同母药的各项：都需要。

（三）毒理学

微生物毒理学主要是急性毒性试验项目，急性毒性试验中未发现明显的影响，通常无须开展更多的高级阶段试验。

表 8-4　微生物农药母药毒理学资料要求

项目	释义与说明
1. 证明资料	有效成分不是人或其他哺乳动物的已知病原体的证明资料
2. 基本毒理学试验资料	①急性经口毒性试验资料；②急性经皮毒性试验资料；③急性吸入毒性试验资料；④眼刺激性试验/感染性试验资料；⑤致敏性试验、有关接触人员的致敏性病例情况调查资料和境内外相关致敏性病例报道；⑥急性经口致病性试验资料；⑦急性经呼吸道致病性试验资料；⑧急性注射致病性试验资料：细菌和病毒进行静脉注射试验；真菌进行腹腔注射试验；⑨细胞培养试验资料：病毒、类病毒、某些细菌要求此项试验
3. 补充毒理学试验资料	如发现微生物农药产生毒素、出现明显感染症状或持久存在等迹象，可视情况补充急性神经毒性、亚慢性毒性、致突变性、生殖毒性、慢性毒性、致癌性、内分泌干扰作用、免疫缺陷、灵长类动物致病性等试验资料
4. 人群接触情况调查资料	
5. 中毒症状、急救及治疗措施资料	

（四）环境影响

表 8-5　微生物农药母药环境影响资料要求

项目	释义与说明
1. 鸟类毒性试验资料	
2. 蜜蜂毒性试验资料	直接用于池塘、河流、湖泊等农药不需要提供
3. 家蚕毒性试验资料（需在中国境内完成）	直接用于池塘、河流、湖泊等水体的农药不需要提供
4. 鱼类毒性试验资料	
5. 大型溞毒性试验资料	
6. 微生物增殖试验资料	若上述生态毒性试验最大危害剂量均未出现死亡或不可逆病征，可减免该试验，否则需补充《微生物农药环境增殖试验准则》NY/T 3278—2018 中土壤、水、植物叶面的试验

注：有充分资料表明该农药对某种环境生物接触可能性极低时，可申请减免相应资料，但需提供相关证明材料。仅在保护地、在室内环境使用的农药不需要提供环境影响资料。新母药和非相同母药的各项：都需要。

二、微生物制剂

微生物制剂的登记资料有一般和专业性资料，其中专业资料包括产品化学、毒理学、药效、残留和环境影响 5 部分，下面分别列表说明（表 8-6 至表 8-11）。

（一）一般要求

表 8–6　微生物农药制剂一般资料要求

资料项目	释义与说明
1. 申请表	按农业农村部发布的申请表填写
2. 申请人证明文件	①农药生产企业提交加盖公章的生产许可证、工商营业执照、统一社会信用代码等复印件；②新农药研制者申请农药登记说明；③境外企业身份证明文件、有关国家和地区登记与使用情况说明、在中国境内设立办事机构或代理机构的说明及营业执照
3. 申请人声明	申请资料真实合法声明
4. 综述报告	①产品概述：产地、产品化学、药效、残留、毒理学、环境影响、境外登记情况等资料简述；②风险评估摘要资料：产品的膳食、职业健康及环境等风险评估摘要；③效益分析摘要资料：产品经济效益、社会效益和环境效益分析资料摘要
5. 标签和说明书	按照《办法》制作标签和说明书样张
6. 其他与登记相关的证明材料	①在其他国家或地区已有产品化学、药效、残留、毒理学、环境影响资料或综合查询报告等；②新农药有效成分命名依据；③国家标准中未规定新剂型，提交剂型命名依据和鉴定报告；④母药来源情况说明
7. 产品安全数据单	
8. 参考资料等	应说明出处

注：新制剂和相似制剂的各项：都需要。

（二）产品化学

表 8–7　微生物农药制剂产品化学资料要求

项目	释义与说明
1. 有效成分识别、生物学特性及稳定剂等其他限制性组分的识别	①有效成分的通用名称，国际通用名称（通常为拉丁学名），分类地位（如科、属、种、亚种、株系、血清型、致病变种或其他与微生物相关命名等）；②稳定剂等其他限制性组分的通用名称、国际标准化组织（ISO）名称和其他国际组织及国家名称、化学名称、分子式、结构式等
2. 母药基本信息	生产厂家、登记情况、质量控制项目及其指标等基本信息
3. 产品组成	①制剂加工所用组分名称、含量、作用等。对于以代号表示混合溶剂和混合助剂应提供其组成、来源和安全性（如 MSDS）等资料；②对于一些特殊功能助剂，如稳定剂等还应提供其质量规格、基本理化性质、来源、安全性、境内外使用情况等资料；③对现场配制药液时加入单独包装助剂（指定助剂），应单独提供其组成及上述内容
4. 加工方法描述	工艺流程图、各组分加入的量和顺序、主要设备和操作条件、生产过程中质量控制措施描述
5. 理化性质	①理化性质：外观、密度、对包装材料腐蚀性。使用时需添加指定助剂产品，提交产品和指定助剂相混性资料；②根据产品特点，按照《导则》规定，提供相关理化性质测定报告

（续表）

项目	释义与说明
6. 产品质量规格	外观：明确描述产品的颜色、物态、气味等
	有效成分含量：①通常以单位质量或体积产品中微生物数量表示，根据测定方法不同而规定不同微生物含量单位，如孢子、国际毒力单位（ITU）或国际单位（IU）、菌落形成单位（CFU）、包涵体（OB 或 PIB）等表示；②应规定有效成分最低含量，≥
	微生物污染物及有害杂质含量：含微生物污染物及有害杂质的产品，应规定其最高含量，≤
	其他限制性组分含量：含稳定剂等其他限制性组分产品，其含量应由标明含量和允许波动范围
	其他与剂型相关的控制项目及指标：不同剂型需要设置与其特点相符合的技术指标；未规定剂型的，可参照 FAO、WHO 规格要求。创新剂型控制项目可根据有效成分特点、施用方法、安全性等多方面综合考虑制定，同时提交剂型鉴定试验资料
7. 与产品质量控制项目相对应的检测方法和方法确认	产品中有效成分的鉴别试验方法：从形态学特征、生理生化反应特征、血清学反应、分子生物学（蛋白质和 DNA）等方面描述并提供必要照片或序列等
	有效成分、微生物污染物及有害杂质、稳定剂等其他限制性组分的检测方法和方法确认。①检测方法，提供完整检测方法，检测方法通常包括方法提要、原理、试样信息、标样（或鉴别用的模式种）信息、仪器、试剂、溶液配制、操作条件、测定步骤、结果计算、统计方法和允许差等内容；②方法确认，按照《指南》规定执行
	其他技术指标检测方法：按照《指南》规定执行
8. 产品质量规格确定说明	对技术指标制定依据和合理性做出必要解释
9. 贮存稳定性	①提供至少 1 批次试样在指定温度下贮存稳定性试验资料，如（20~25）℃贮存一年或（0~5）℃贮存两年；②不同材质包装同一产品应分别进行贮存稳定性试验；③一般不需提交热贮稳定试验数据
10. 产品质量检测报告与检测方法验证报告（需在中国境内完成）	①产品质量检测报告应包括产品质量规格中规定所有项目；②有效成分、微生物污染物、有害杂质和稳定剂等其他限制性组分含量检测方法，由出具产品质量检测报告的登记试验单位验证，并出具检测方法验证报告，其他控制项目的检测方法可不进行方法验证；③检测方法验证报告包括：委托方提供试验条件、登记试验单位采用试验条件（如必要的测试条件、培养条件、试样制备等）及改变情况说明，平行测定所有结果及标准偏差，并对方法可行性评价
11. 包装、贮运、安全警示、质量保证期等	①包装和贮运：申请人结合产品危险性分类，选择正确包装材料、包装物尺寸和运输工具，根据国家有关安全生产、贮运等相关法律法规、标准等编写运输和贮存注意事项；②安全警示：根据产品理化性质和生物学特性数据，按生物制品和化学品危险性分类标准，对产品危险性程度评价、分类，以标签、MSDS 等形式公开。质量保证期：根据产品自身特性规定合理质量保证期

注：若使用减免登记微生物母药加工制剂的，需提交该母药菌种鉴定报告、菌株代码、菌种描述、完整生产工艺、组分分析试验报告以及稳定性试验资料（对温度变化、光、酸碱度敏感性）、质量控制项目及其指标等；若使用微生物母药已经医药、食品、保健品等审批机关批准登记注册，可不提交上述资料，但应提交登记注册证书复印件、产品质量标准等材料。新制剂和相似制剂的各项：都需要。

（三）毒理学

表 8-8　微生物农药制剂毒理学资料要求

项目	释义与说明
1. 急性经口毒性试验资料	一般产品都需要。 卫生用农药：根据不同剂型，提供相应毒理学资料，多数剂型均要求开展急性经口毒性、急性经皮毒性、急性吸入毒性、眼睛刺激性、皮肤刺激性和致敏性等试验。产品因剂型和有效成分的特殊情况可增减试验项目，特殊剂型要求如下：蚊香、电热蚊香片（急性吸入毒性试验）；气雾剂（急性吸入毒性、眼睛刺激性、皮肤刺激性试验）；电热蚊香液（急性经口毒性、急性经皮毒性、急性吸入毒性试验）；驱避剂（急性经口毒性、急性经口毒性、急性经皮毒性、急性吸入毒性、眼睛刺激性、多次皮肤刺激性和致敏性试验）。但微生物农药很难用作上述卫生药剂型
2. 急性经皮毒性试验资料	见微生物制剂经口
3. 急性吸入毒性试验资料	见微生物制剂经口 符合条件之一的产品应提供急性吸入毒性试验资料（气体或液化气体：发烟制剂或熏蒸制剂；用雾化设备施药的制剂；蒸汽释放制剂；气雾剂；含有直径<50μm 的粒子占相当大比例（按重量计>1%）的制剂；用飞机施药可能产生吸入接触的制剂；含有的活性成分的蒸汽压>1×10^{-2}Pa 且可能用于仓库或温室等密闭空间的制剂；根据使用方式，能产生直径<50μm 粒子或小滴占相当大比例（按重量计>1%）的制剂。 卫生用微生物农药很少具有以上条件
4. 眼睛刺激性试验资料	见微生物制剂经口
5. 皮肤刺激性试验资料	见微生物制剂经口
6. 皮肤致敏性试验资料	见微生物制剂经口
7. 健康风险评估需要的高级阶段试验（需在中国境内完成）	如母药提交补充毒理学资料，且经初级健康风险评估表明农药对人体健康风险不可接受时，可提供相应高级阶段试验资料（包括但不局限施药者田间暴露量试验）。 相似制剂且使用范围和使用方法相同的：不需要 卫生用农药：家用的提交高级阶段试验资料包括但不局限于居民暴露量模拟试验，环境用的提交高级阶段试验资料包括但不局限于施药者暴露量试验
8. 健康风险评估报告	如母药提交补充毒理学资料，一般提供该项资料（施药者健康风险评估报告），包括杀鼠剂。 相似产品且使用范围和使用方法相同的：不需要。 卫生用农药：家用的提交高级阶段试验资料包括但不局限于居民健康风险评估报告，环境用的提交施药者健康风险评估报告

注：新制剂和相似制剂的各项：都需要。

（四）药效

表 8-9　微生物农药制剂药效资料要求

项目	释义与说明
1. 效益分析	申请登记作物及靶标生物概况：申请作物种植面积、经济价值及其在全国范围内分布情况等；靶标生物分布情况、发生规律、危害方式、造成经济损失等
	可替代性分析及效益分析报告：申请登记产品用途、使用方法及与当前农业生产实际适应性；申请登记产品使用成本、预期可挽回经济损失及对种植者收益影响；与现有登记产品或生产中常用药剂比较分析；对现有登记产品抗性治理作用；能否替代较高风险的农药等
2. 药效试验	室内生物活性试验资料：作用方式、作用谱、作用机理或作用机理预测分析（仅对新农药制剂）；室内活性测定报告（对涉及新防治对象的单剂产品）；混配目的说明和室内配方筛选报告（对混配制剂）。 新使用方法和相似制剂且使用范围和使用方法相同的：不需要。 卫生用农药：室内药效试验报告（需在中国境内完成）：在 2 个省级行政地区、1 年室内药效测定试验报告；新使用方法和相似制剂且使用范围和使用方法相同和超低容量喷雾等无法进行室内药效试验测定产品：不需要。 杀鼠剂：对防治家栖鼠类的药剂，提供 2 个省级行政地区、1 年室内药效试验报告
	室内作物安全性试验资料：视需要提供室内作物安全性试验报告。 卫生用农药：无此项
	田间小区药效试验资料（需在中国境内完成）：①杀虫剂、杀菌剂提供在 4 个省级行政地区 2 年或 8 个省级行政地区 1 年田间小区药效试验报告；②局部地区种植作物或仅限于局部地区发生病、虫，可提供 3 个省级行政地区 2 年或 6 个省级行政地区 1 年田间药效试验报告；③林业用药提供在 3 个省级行政地区、2 年或 6 个省级行政地区 1 年田间药效试验报告；④对在环境条件相对稳定场所使用农药，如贮存用药等，可提供在 2 个省级行政地区、2 个试验周期或 4 个省级行政地区、1 个试验周期药效试验报告； 新剂型、新含量和相似制剂但使用范围和使用方法不相同的：对未涉及新使用范围、新使用方法产品，可提供 1 年 3 地（林业用、局部地区种植的作物或局部地区发生的病、虫）、1 年 4 地（杀虫剂、杀菌剂）田间药效试验报告； 相似制剂且使用范围和使用方法相同的：提供 1 年 3 地（林业用、局部地区种植作物或局部地区发生病、虫）、1 年 4 地（杀虫剂、杀菌剂）田间药效试验报告等
	卫生用农药：模拟现场试验报告（需在中国境内完成）：在 2 个省级行政地区、1 年模拟现场试验报告。用于撒施涂抹、驱避、防蛀、稀释后室内滞留喷洒产品及其他无法进行模拟现场试验的：不需要
	大区药效试验资料（需在中国境内完成）：提供 2 个省级行政地区、1 年大区药效试验报告；对在环境条件相对稳定场所使用的农药，如贮存用药等可不提供（仅对新农药制剂需要） 卫生用农药：现场试验报告（需在中国境内完成）：在 2 个省级行政地区（南北方各 1 个，局部地区发生有害生物，同时在南或北方选 2 省）、1 年现场试验报告。 对杀钉螺剂、白蚁防治剂、储粮害虫防治剂、超低容量制剂、热雾剂，以及室外防蚊（幼虫）、蝇（幼虫）和其他外环境用制剂，需要提供现场试验报告，其他产品视需要提供； 杀鼠剂：现场试验（需在中国境内完成）：对防治家栖鼠类药剂，提供 2 个省级行政地区、1 年药效试验报告；对防治农田、森林和草原鼠类药剂，提供 2 个省级行政地区、2 年药效试验报告
	使用特性：产品特点和使用注意事项等

（续表）

项目	释义与说明
3. 其他资料	视提供田间小区试验选点说明［对《农药登记田间药效试验区域指南》（简称田间指南）中未包含的需说明］；对田间主要捕食性和寄生性天敌影响；对邻近作物影响；境外在该作物或防治对象登记使用情况（对新使用范围产品）；产品特点和使用注意事项；其他与该农药品种和使用范围有关资料等。卫生用农药：无此项
4. 综合评估报告	对全部药效资料的摘要性总结

注：新制剂和相似制剂的各项：都需要。

（五）残留

表 8-10 微生物农药制剂残留资料要求

项目	释义与说明
残留试验资料	不需要（除毒理学测定表明存在毒理学意义的，按照农药登记评审委员会要求，提交农产品中该类物质残留资料）；卫生用农药、杀鼠剂（全面撒施的除外）：不需要

（六）环境影响

表 8-11 微生物农药制剂环境影响资料要求

项目	释义与说明
1. 鸟类毒性试验资料	大田用农药、卫生用农药、杀鼠剂：需要提供
2. 蜜蜂毒性试验资料	种子处理剂、颗粒剂、土壤处理剂等非喷雾使用制剂和仅直接用于池塘、河流、湖泊等水体的制剂不需要提供； 卫生用农药：对颗粒剂、土壤处理剂、饵剂等非喷雾使用的：不需要
3. 家蚕毒性试验资料（需在中国境内完成）	种子处理剂、颗粒剂、土壤处理剂等非喷雾使用制剂和仅直接用于池塘、河流、湖泊等水体制剂不需要提供； 卫生用农药：对颗粒剂、土壤处理剂、饵剂等非喷雾使用：不需要
4. 鱼类毒性试验资料	旱田用种子处理剂、沟施或穴施的颗粒剂不需要提供； 卫生用农药：需要；杀鼠剂：防治家鼠的不需要提供
5. 大型溞毒性试验资料	旱田用种子处理剂、沟施或穴施的颗粒剂不需要提供； 卫生用农药：需要；杀鼠剂：不需要

注：有充分资料表明该农药对某种环境生物接触的可能性极低时，可申请减免该项试验。树干注射或涂抹的农药、仅在保护地使用制剂、仅在室内环境使用制剂（如用于马铃薯抑芽）不需要提供环境资料。卫生用农药：在室内使用的可减免环境资料。新制剂和相似制剂的各项：都需要。杀鼠剂：有充分资料表明该农药对某种环境生物接触的可能性极低时、可申请减免环境影响试验。

三、有关说明

（一）有效成分含量及单位

农药登记资料规定一般农药制剂有效成分含量的允许波动范围，由于微生物农药是活体生物，其有效成分含量单位、测定方法及精确度均不同于化学农药，因此在《要求》中规定微生物农药母药和制剂的有效成分含量均为“≥”；其单位多采用“孢子、ITU 或 IU、CFU、OB 或 PIB 等”表示。

1. 含量单位的规范表述

我国微生物农药有效成分含量单位与境外的表示基本相同，但在中文表述上还需要规范。

在微生物农药定义中已明确是活体生物。计量时，不论采用平板菌落计数法测定含菌量（CFU），还是血球计数板法测定含孢量（含孢量=孢子实测数量×活孢率），都应是测定的活体物质，故在有效成分含量的中文单位中不应再用“活”字；另外，也不宜用没有专用量名词的“个”或口语化的“个孢子”表述；只用数量词“亿”或“亿个”表示是不完整的，必须有实质性计量单位（如孢子、CFU 等）。因此，建议取消“活”和“个”字，规范微生物农药含量单位的表述，如“100 亿孢子/g”“100×10^8 CFU/g”等。

2. 含量单位与检测方法相匹配

微生物农药含量单位不是根据微生物农药名称，而是依据其可观察计数的形态特性、可定量的生化或分子特征，采用相应测定方法来决定含量单位。细菌产品的农业行业标准和企业标准中，含量基本多采用平板菌落计数法测定（除苏云金芽孢杆菌和球形芽孢杆菌外），其有效成分“含菌量”单位明确为“CFU”。芽孢杆菌属的芽孢个体小，很难在显微镜下能直接观察计数，含量单位一般不是“芽孢”。目前存在含量单位与检测方法错搭的情况，如枯草芽孢杆菌登记产品中，几乎都采用行业标准中的方法测定含量，计量单位却多用“孢子/g”“亿活芽孢/g”“亿个/g”等表示，用“CFU”表示的仅占该类产品登记数量的 14%。又如登记的真菌木霉类产品，测定方法也多采用平板菌落计数法，以“CFU”表示单位的仅占 15. 8%。含量单位与所用检测方法不匹配，会造成疑惑和误解。

真菌微生物农药或多角体病毒一般个体略大，其形态可在光学显微镜下清楚观察和计数，故多采用血球计数板法测定含孢量或包涵体数量，其单位用孢子或 OB/PIB 表示。颗粒体病毒和浓核病毒类农药的病毒粒子小，不易直接观察检测，在有条件下可采用实时荧光定量 PCR 法，从获得病毒基因拷贝数即可推测出颗粒体病毒包涵体数量。颗粒体病毒往往会采用细菌计数板法计数包涵体数量，其单位用 OB 表示。应注意微生物农药含量单位须与采用的检测方法相匹配。

3. 混合制剂含量及单位的表述

一般在混合制剂各组分含量单位相同时，其总含量可将各组分含量相加，如“105 亿 CFU/g（5 亿 CFU/g 多粘芽+100 亿 CFU/g 枯草芽）”。但在各组分含量单位不相同时，总含量不能直接相加，也不宜留白不表示或用“/”表示或“仅标明其中某组分含量”，应分别列出各组分含量和单位，如“1 千万 PIB/mL（棉核）+2 000IU/μL（苏云菌）”“30 亿 0B/g（粘颗）+100 亿芽孢/g（苏云菌）”而实际在这 2 个标准中 Bt 含量的测定均是毒素蛋白（0. 2%、2%）。苏云金芽孢杆菌在混剂中一般很难单独测定效价，建议这类混剂可采用毒素蛋白法测定，其产品含量单位也需采用匹配的检测方法正确表达。

另外，可参考 FAO/WHO 的《微生物农药标准》中有效成分含量以“g/kg 或 g/L

（或适当单位）表示”和美国微生物农药产品标签上有效成分的表示方法，即在产品标签上标注有效成分（即母药）及其他组分（包括助剂）的百分含量（m/m），并标明由微生物质量控制方法测定的产品中有效成分含量值和相应单位，即每单位质量或体积的孢子数、菌落形成单位（CFU）、包涵体（OB/PIB）或国际毒力单位（ITU）等。这样对微生物农药产品含量表达相对清晰，且适用单剂和混剂的含量表示。

规范微生物农药有效成分含量及其单位的表述，有利于用户看懂产品有效成分含量，实现精准用药，提高产品防效，也有利于普及推广微生物农药的使用和科学管理。

（二）加强登记管理，提高安全评价

1. 推进微生物农药登记

微生物农药是活体生物，根据《要求》和国际惯例可申请减免部分资料及有关使用后风险性评价资料；并针对其特点，强化菌种鉴定和微生物在环境中的繁衍能力、在环境中释放变异情况及风险性。

2. 相同产品

《要求》明确对不同株系的微生物农药按不同有效成分对待；实际从细菌或真菌的发酵、病毒寄主培殖的生产工艺和产品组成推测微生物农药很难有相同产品。

3. 其他

《要求》强化知识产权保护，尤其是微生物新农药多有专利或是自主研发产品。国家鼓励和支持安全、高效、经济的农药，并遵循最大风险原则，同时建立登记产品的退出机制。

第二节　登记程序

根据《条例》《农药登记管理办法》《农业农村部行政许可事项服务指南》等配套规章制度要求，我国实行农药登记管理制度，农药登记属于行政许可。

根据2020年9月18日，农业农村部农药管理司发布《关于推进实施农药登记审批绿色通道管理措施的通知》［农农（农药）〔2020〕78号］，对微生物农药，植物源农药，生物化学农药及通过生物发酵生产的农用抗生素等，符合“绿色通道”产品要求的可申请农药登记审批绿色通道，优先安排技术审查，并在保障质量和安全的前提下加快技术审查进程；如又是特色小宗作物用药登记，实行名录清单、联合试验、群组化扩大使用范围登记管理，集中受理、集中评审、集中审批；强化登记技术培训和指导服务，引导农药企业开发、登记高效低毒低风险农药产品，促进农药绿色发展和高质量发展。

一、登记类别

（一）试验备案

2020年10月16日，根据国务院发布《关于取消和下放一批行政许可事项的决定》（国发〔2020〕13号）文件规定，农业农村部发布第345号公告，实施农药登记试验备

案管理。建立健全新农药登记试验备案制度，建设全国统一在线备案平台；严格实施“农药登记试验单位认定”许可；对备案新农药登记试验活动进行抽查监管；在“农药登记”许可环节，对新农药登记试验活动有关情况进行审查把关。

（二）农药登记

申请人应当向所在地省、自治区、直辖市人民政府农业主管部门提出农药登记申请，并提交登记试验报告、标签样张和农药产品质量标准及其检验方法等申请资料；申请新农药登记的，还应当提供农药标准品。按照《农药登记审批服务指南》办理农药登记（项目编号：17003－1），可登录中国农药数字监督管理平台（http：//www.icama.cn）输入本企业用户名和密码进行查询。

（三）变更与延续

农药登记证持有人应当向农业部申请变更。提交申请表和相关资料。按照《农药登记变更审批服务指南》和《农药登记延续服务指南》办理变更与延续（项目编号：17003-1），可登录中国农药数字监督管理平台（http：//www.icama.cn）输入本企业用户名和密码进行查询。

二、登记程序

农业农村部政务服务大厅公布的农药登记审批流程图和农药登记变更审批流程图（图 8-1 至图 8-2）。

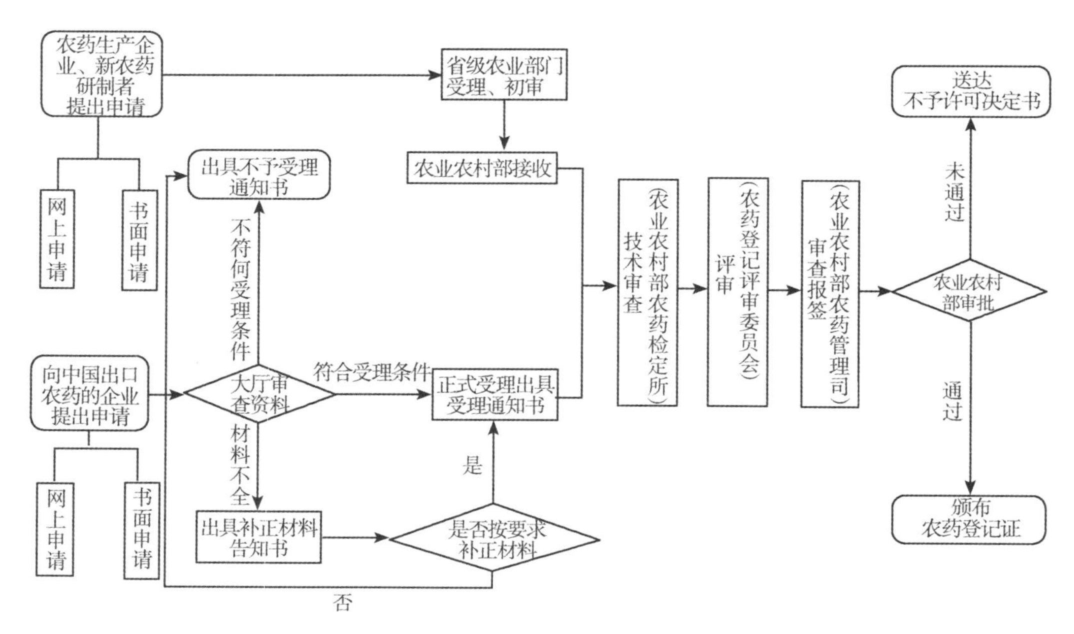

图 8-1　农药登记审批流程

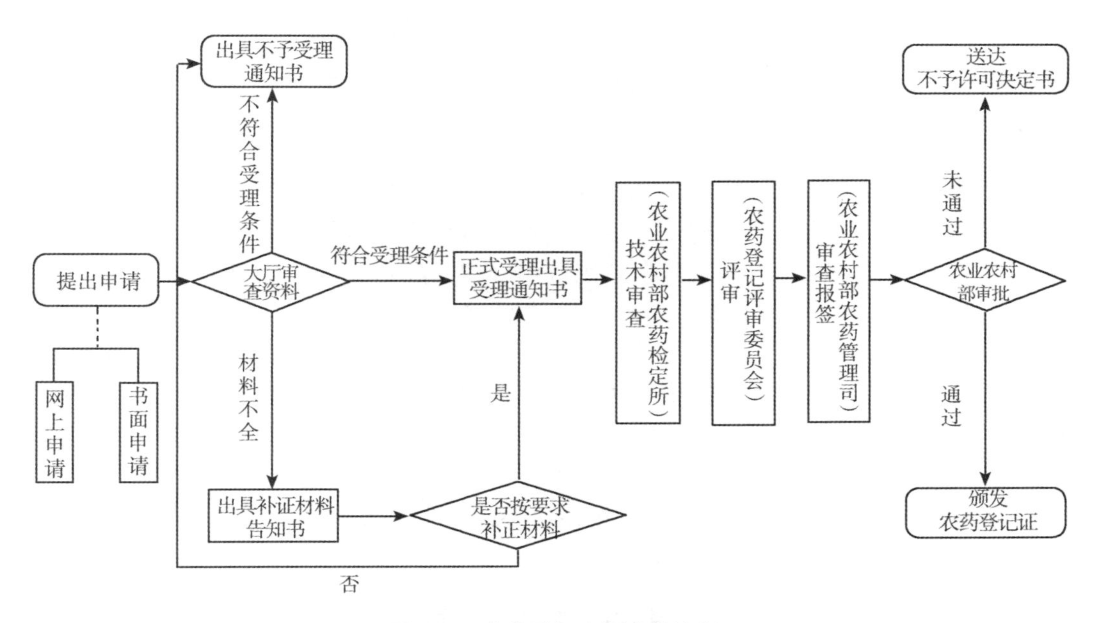

图 8-2 农药登记变更审批流程

三、注意事项

（一）登记资料

需提供 2 份资料，且内容应当完全一致，至少有一份是原件。复印件资料的产品化学、毒理学、药效、残留、环境影响、包装和标签等资料应分别与申请表、产品摘要资料分册装订。对已取得登记的产品申请扩大使用范围、使用方法或使用剂量变更、产品规格或组成变更、毒性级别变更等，不改变产品的登记有效期，按登记资料规定申请。电子资料要求：申请表、产品摘要资料和产品安全数据单（MSDS）应提供电子文本。

（二）时间

所有登记审批资料需按时间顺序上每月农药登记评审委员会执行委员会议（新农药登记评审委员会一般是每年 2 次）讨论，审批通过的将公示、上报，最后由农业农村部农药管理司审批报签，部长签字后才能颁发农药登记证；未通过的同时给企业送达不予许可通知书。

（三）公示

在公示期间，任何单位或个人如有异议，均可提出意见或看法。

第三节 登记现状

微生物农药包括细菌、真菌、病毒，主要有杀虫和杀菌功能（微生物除草剂暂未有登记产品)，多在大田、林业和卫生等方面应用。目前我国已有47种微生物有效成分，500多产品取得登记（截至2019年12月31日）（表8-12)。

一、有效成分

目前我国已登记的38个物种（含亚种)、47株系（包括基因工程菌等）的微生物农药（根据《要求》微生物农药不同菌株按不同有效成分对待，即微生物有效成分以不同株系统计）占生物农药（不包括农用抗生素和天敌）有效成分数量的37.6%、占农药有效成分数量的6.62%；538个产品占生物农药产品数量的32.5%、占农药产品数量的1.30%。

细菌有16种、22株系（其中杀虫剂占细菌登记数量的22.7%、17个杀菌剂占77.3%)、391个产品；真菌有10种、13株系（杀虫剂占真菌登记数量的38.4%、8个杀菌剂占61.5%)、73个产品；病毒有12种（杀虫剂占100%)、74个产品。汇总杀虫株系占微生物农药登记数量的46.8%、杀菌株系占53.2%；杀虫产品占67.1%、杀菌产品占32.9%。

表8-12　我国已登记微生物农药有效成分名单

类别及有效成分/产品数量	有效成分的通用名称
细菌 22/391	杀虫类：苏云金芽孢杆菌 *Bacillus thuringiensis*[1]、苏云金芽孢杆菌G033A *Bacillus thuringiensis* G033A（基因工程菌）[1]；苏云金芽孢杆菌以色列亚种H-14 *Bacillus thuringiensis israelensis* H-14[1]；球形芽孢杆菌 *Bacillus sphaericus*；短稳杆菌 *Empedobacter brevis*； 杀菌类：解淀粉芽孢杆菌LX-11 *Bacillus amyloliquefacien* LX-11、解淀粉芽孢杆菌B7900 *Bacillus amyloliquefacien* B7900、解淀粉芽孢杆菌B1619 *Bacillus amyloliquefaciens* B1619、解淀粉芽孢杆菌PQ21 *Bacillus amyloliquefacien* PQ21；枯草芽孢杆菌 *Bacillus subtilis*；蜡质芽孢杆菌 *Bacillus cereus*；地衣芽孢杆菌 *Bacillus licheniformis*；荧光假单胞杆菌 *Pseudomonas fluorescens*；多粘类芽孢杆菌 *Paenibacillus polymyza*、多粘类芽孢杆菌KN-03 *Paenibacillus polymyxa* KN-03；坚强芽孢杆菌 *Bacillus firmus*；海洋芽孢杆菌 *bacillus marinus*；甲基营养型芽孢杆菌LW-6 *Bacillus methylotro-phicus* LW-6、甲基营养型芽孢杆菌9912 *Bacillus methylotrophicus* 9912；侧孢短芽孢杆菌A60 *Brevibacillus laterosporu* A60；沼泽红假单胞菌PSB-S *Rhodopseudomonas palustris* PSB-S；嗜硫小红卵菌HNI-1 *Rhodovulum sulfidophilus* HNI-1
真菌 13/73	杀虫类：金龟子绿僵菌 *Metarhizium anisopliae*、金龟子绿僵菌CQMa421 *Metarhizium anisopliae* CQMa421；球孢白僵菌 *Beauveria bassiana*；块耳霉 *Conidioblous thromboides*[2]；蝗虫微孢子 *Nosema locustae*[3]； 杀菌类：哈茨木霉菌 *Trichoderma harzianum*、木霉（未标种名）*Trichoderma* spp.[4]；淡紫拟青霉（现名淡紫紫孢霉）*Paecilomyces lilacinus*[5]；厚孢轮枝菌（现名厚垣普可尼亚菌）ZK7 *Verticillium chlamydosporium* ZK7[5]；寡雄腐霉 *Pythium oligadrum*[5]；小盾壳霉CGMCC8325 *Coniothyrium minitans* CGMCC8325、小盾壳霉ZB-1SB *Coniothyrium minitans* ZB-1SB[6]；假丝酵母torula yeast[7]

（续表）

类别及有效成分/产品数量	有效成分的通用名称
病毒 12/74	杀虫类：①核型多角体病毒[8]：棉铃虫核型多角体病毒 Heliocoverpa armigera nucleopolyhedrovirus（HearNPV）、茶尺蠖核型多角体病毒 Ectropis obliqua nucleopolyhedrovirus（EcobNPV）、甜菜夜蛾核型多角体病毒 Spodoptera exigua multiple nucleopolyhedrovirus（SeMNPV）、苜蓿银纹夜蛾核型多角体病毒 Autographa californica multiple nucleopolyhedrovirus（AcMNPV）、斜纹夜蛾核型多角体病毒 Spodoptera litura nucleopolyhedrovirus（SpltNPV）、甘蓝夜蛾核型多角体病毒 Mamestra brassicae multiple nucleopolyhedrovirus（MbMNPV）；②质型多角体病毒：松毛虫质型多角体病毒 Dendrolimus punctatus cypovirus（DpCPV）；③颗粒体病毒[8]：菜青虫颗粒体病毒 Pieris rapae granulovirus（PiraGV）、小菜蛾颗粒体病毒 Plutella xylostella granulovirus（PlxyGV）、稻纵卷叶螟颗粒体病毒 Cnaphalocrocis medinalis granulovirus（CnmeGV）、黏虫颗粒体病毒 Mythimna unipuncta granulovirus（MyunGV）[9]；④浓核病毒：黑胸大蠊浓核病毒 Periplaneta fuliginosa densovirus（PfDV）[10/11]

注：1、2、3、4、5、6、8、9、10 请参见表 6-3、表 6-4 和表 7-9 的注释及附录 1；7. “假丝酵母”拉丁学名为“*Candida* sp.”（自 2020-3-18 已不在登记状态）；11. 黑胸大蠊浓核病毒的拉丁名“Periplaneta fuliginosa densovirus（PfDV）”已由 ICTV（2013. 07. 19）更名为 Blattodean ambidensovirus 1，其中文暂译名为“蜚蠊双义浓核病毒”。

我国已登记的微生物农药中，大部分为自主研制生产，有不少已获得专利。有部分境外公司登记的产品，如美国的哈茨木霉的母药和制剂（在我国没标注株系，在美国登记为 T-22 株系）、枯草芽孢杆菌的母药和制剂（在美国登记为 QST 713 株系），捷克斯洛伐克的寡雄腐霉，韩国的枯草芽孢杆菌（在韩国登记为 KB-401 株系）。2020 年，日本的解淀粉芽孢杆菌 AT-332 在我国获得登记。

二、作物和靶标

在农业上使用的微生物农药主要品种有：苏云金芽孢杆菌、枯草芽孢杆菌、蜡质芽孢杆菌、多粘类芽孢杆菌；球孢白僵菌、木霉、金龟子绿僵菌；棉铃虫核型多角体病毒、甜菜夜蛾核型多角体病毒、斜纹夜蛾核型多角体病毒等。

在林木和茶树/果树上使用的微生物农药品种有：苏云金芽孢杆菌、球孢白僵菌、金龟子绿僵菌、松毛虫质型多角体病毒等。2019 年，全国林业用微生物农药制剂使用量达到2 665. 49t，其中细菌占 56. 3%，真菌占 42. 3%，病毒占 1. 41%。

在卫生上使用的微生物农药品种有：苏云金芽孢杆菌以色列亚种、球形芽孢杆菌、金龟子绿僵菌和黑胸大蠊浓核病毒等。

目前，我国已登记微生物农药产品主要用于杀虫和杀菌的防治，覆盖 2019 年排名前三大作物及其重要靶标。其中用于水稻的有 17 种微生物株系农药（包括混剂），近 200 个产品占水稻杀虫/杀菌产品总量的 2. 84%；小麦有 9 种株系（包括混剂），10 多个产品占小麦杀虫/杀菌产品总量的 0. 68%；棉花有 7 种株系，100 多个产品占棉花杀虫/杀菌产品总量的 4. 47%。还有 35 种株系用于蔬菜和水果及 26 种株系用于其他作物或场所（包括药用植物、杂粮油料、茶、烟草、林木、卫生用等靶标及场所）。至今，已登记微生物农药产品主要在农业、林业、卫生等领域在近 70 种作物或场所中，用于杀虫、杀菌抑菌和杀线虫等防治 100 多种病虫靶标。另外，在列入我国一类农作物病虫害的 17 种靶标中已登记可使用微生物农药防治的有 11 种（表 8-13）。

综上所述，微生物农药的应用具有以下主要特点：一是微生物农药产品的防治已覆盖我国水稻、小麦和棉花三大作物，相对在蔬菜、水果和其他作物的应用更广泛，可能主要是蔬果茶类的性价比等因素；二是细菌和病毒类农药主要对宿主消化道有侵染作用，真菌农药主要是与宿主表皮接触有侵染作用，待靶标昆虫消化或接触一定时间后产生病理反应，一般防效较缓慢，所以急需建立微生物农药的防效评价体系，不能套用化学农药的标准衡量；三是微生物农药通常具有复合作用机制，抗药性风险低，是有害生物综合防治（IPM）的重要手段；四是防治靶标专化性强，对人畜和环境相对安全。虽然微生物登记的品种和产品数量有限，但近年随着人们对微生物农药认识水平的提高，产品应用的覆盖率和增长率明显突出，已在可接受的概率水平上。

表 8-13　微生物农药用于杀虫、杀菌防治作物及靶标的汇总

作物	功能	农药名称	靶标
水稻	杀虫	苏云金芽孢杆菌；苏云・杀虫单	稻苞虫、螟虫、稻纵卷叶螟[1]、二化螟[1]；三化螟
		短稳杆菌	稻纵卷叶螟[1]
		金龟子绿僵菌 CQMa421	叶蝉、稻纵卷叶螟[1]、二化螟[1]、稻飞虱[1]
		球孢白僵菌	二化螟[1]、稻纵卷叶螟[1]、稻飞虱[1]、蓟马
		块耳霉[2]	稻飞虱[1]
		甘蓝夜蛾核型多角体病毒	稻纵卷叶螟[1]
		苏云金芽孢杆菌・稻纵卷叶螟颗粒体病毒	稻纵卷叶螟[1]
水稻	杀菌	解淀粉芽孢杆菌 LX-11	白叶枯病、细菌性条斑病
		解淀粉芽孢杆菌 B7900	稻曲病、纹枯病、稻瘟病[1]
		枯草芽孢杆菌	稻瘟病[1]、苗期立枯病、纹枯病、稻曲病、白叶枯病
		蜡质芽孢杆菌	稻曲病、纹枯病、稻瘟病[1]
		荧光假单胞杆菌	稻瘟病[1]
		井冈霉素・多粘类芽孢杆菌	纹枯病
		甲基营养型芽孢杆菌LW-6	细菌性条斑病
		沼泽红假单胞菌 PSB-S	稻瘟病[1]
		嗜硫小红卵菌 HNI-1	稻曲病
		寡雄腐霉[2]	立枯病

（续表）

作物	功能	农药名称	靶标
小麦	杀虫	金龟子绿僵菌 CQMa421	蚜虫[1]
		球孢白僵菌、块耳霉[2]	蚜虫[1]
小麦	杀菌	枯草芽孢杆菌；井冈霉素·枯草芽孢杆菌	白粉病、赤霉病[1]、锈病[1]、全蚀病
		井冈霉素·蜡质芽孢杆菌	赤霉病[1]、纹枯病
		地衣芽孢杆菌、荧光假单胞杆菌	全蚀病
		多粘类芽孢杆菌 KN-03	赤霉病[1]
		木霉[2]	纹枯病
棉花	杀虫	苏云金芽孢杆菌	棉铃虫/二代棉铃虫、造桥虫
		短稳杆菌、棉铃虫核型多角体病毒	棉铃虫
		球孢白僵菌	斜纹夜蛾
		甘蓝夜蛾核型多角体病毒	棉铃虫
棉花	杀菌	解淀粉芽孢杆菌 B7900、枯草芽孢杆菌	黄萎病
蔬/果	杀虫	苏云金芽孢杆菌	白菜/萝卜/青菜-菜青虫/小菜蛾、甘蓝/十字花科蔬菜-菜青虫/小菜蛾/甜菜夜蛾、花椰菜-小菜蛾/菜青虫/斜纹夜蛾、大葱-甜菜夜蛾、辣椒-烟青虫、豇豆-豆荚螟、茭白-二化螟、甘薯-天蛾、大豆-天蛾/孢囊线虫（种子包衣）、桃树-梨小食心虫/食心虫/尺蠖、枣树-食心虫/尺蠖、梨树-天幕毛虫/食心虫/尺蠖、苹果树-巢蛾/食心虫/尺蠖、柑橘树-柑橘凤蝶、杨梅树/金银花-尺蠖、枇杷树-黄毛虫
		苏云金芽孢杆菌 G033A	甘蓝-小菜蛾、马铃薯-甲虫[1]
		短稳杆菌	十字花科蔬菜-斜纹夜蛾/小菜蛾
		金龟子绿僵菌 CQMa421	甘蓝-黄条跳甲/菜青虫、茎瘤芥-菜青虫、黄瓜/苦瓜-蚜虫、豇豆-甜菜夜蛾、萝卜-地老虎、桃树-蚜虫、柑橘树-木虱
		金龟子绿僵菌	大白菜-甜菜夜蛾、豇豆-蓟马、苹果树-桃小食心虫
		球孢白僵菌	小白菜/甘蓝-小菜蛾、辣椒-蓟马、番茄-烟粉虱、韭菜-韭蛆、马铃薯-甲虫[1]、花生-蛴螬
		块耳霉[2]	黄瓜-白粉虱
		棉铃虫核型多角体病毒	番茄-棉铃虫、辣椒-烟青虫、芝麻-棉铃虫

（续表）

作物	功能	农药名称	靶标
蔬/果	杀虫	甜菜夜蛾核型多角体病毒	甘蓝/扁豆/菜豆/豇豆/茄子/辣椒/番茄/十字花科蔬菜-甜菜夜蛾
		苜蓿银纹夜蛾核型多角体病毒	甘蓝/十字花科蔬菜-甜菜夜蛾
		斜纹夜蛾核型多角体病毒	甘蓝/十字花科蔬菜-斜纹夜蛾
		甘蓝夜蛾核型多角体病毒	甘蓝-小菜蛾
		菜青虫颗粒体病毒·苏云金芽孢杆菌	甘蓝-菜青虫
		小菜蛾颗粒体病毒	十字花科蔬菜-小菜蛾
蔬/果	杀线虫	淡紫紫孢霉（原名淡紫拟青霉）	番茄-根结线虫/线虫
		坚强芽孢杆菌	番茄-根结线虫
蔬/果	杀菌	嗜硫小红卵菌 HNI-1	番茄-花叶病/根结线虫
		蜡质芽孢杆菌	茄子-青枯病、姜-瘟病、番茄-根结线虫
		解淀粉芽孢杆菌 B7900	黄瓜-角斑病、西瓜-枯萎病
		解淀粉芽孢杆菌 B1619	番茄-枯萎病
		枯草芽孢杆菌	黄瓜-白粉病/灰霉病/根腐病/枯萎病、白菜/大白菜-软腐病、草莓-白粉病/灰霉病、辣椒-枯萎病、茄子-黄萎病、马铃薯-晚疫病[1]、番茄-灰霉病/黄萎病/立枯病/青枯病、甜瓜-白粉病、柑橘树-溃疡病/绿霉病/青霉病、西瓜/香蕉-枯萎病、苹果树-炭疽病/白粉病/轮纹病
		地衣芽孢杆菌	黄瓜-霜霉病、西瓜-枯萎病
		荧光假单胞杆菌	黄瓜-灰霉病/靶斑病、番茄-青枯病
		多粘类芽孢杆菌	黄瓜-角斑病、辣椒/茄子/姜-青枯病、番茄-青枯病/细菌性斑点病、桃树-流胶病、芒果-角斑病、西瓜-炭疽病/枯萎病
		多粘类芽孢杆菌 KN-03	番茄-青枯病、黄瓜-细菌性角斑病、西瓜-枯萎病
		海洋芽孢杆菌	番茄-青枯病、黄瓜-灰霉病
		甲基营养型芽孢杆菌LW-6	柑橘树-溃疡病、黄瓜-细菌性角斑病
		甲基营养型芽孢杆菌 9912	黄瓜-灰霉病
		沼泽红假单胞菌 PSB-S	辣椒-花叶病
		侧孢短芽孢杆菌 A60	辣椒-疫病
		哈茨木霉[2]	番茄-灰霉病/立枯病/猝倒病、葡萄-灰霉病/霜霉病

（续表）

作物	功能	农药名称	靶标
蔬/果	杀菌	木霉[2]	黄瓜-霜霉病/灰霉病、番茄-灰霉病/猝倒病、辣椒-茎基腐病、草莓-枯萎病、葡萄-灰霉病
		寡雄腐霉[2]	苹果树-腐烂病、番茄-晚疫病
		小盾壳霉[2]ZS-1SB、小盾壳霉 CGMCC832	油菜-菌核病
其他	杀虫	苏云金芽孢杆菌	玉米/高粱-玉米螟、烟草-烟青虫、茶树-茶毛虫、林木-美国白蛾/柳毒蛾/尺蠖/松毛虫、松树-松毛虫、草坪-粘虫[1]
		苏云金芽孢杆菌以色列亚种 H-14、球形芽孢杆菌	蚊幼虫
		短稳杆菌	烟草-烟青虫
		金龟子绿僵菌 CQMa421	茶树-茶小绿叶蝉、烟草-蚜虫、草地-蝗虫[1]
		金龟子绿僵菌	滩涂-飞蝗[1]、草地-蝗虫[1]、蜚蠊
		球孢白僵菌	玉米-玉米螟/黏虫[1]、茶树-茶小绿叶蝉、草原-蝗虫[1]、林木-光肩星天牛/美国白蛾、马尾松-松毛虫、松树-萧氏松茎象/松突圆蚧/柳毒蛾、杨树-杨小舟蛾、竹子-竹蝗[1]
		棉铃虫核型多角体病毒	烟草-烟青虫
		茶尺蠖核型多角体病毒·苏云金芽孢杆菌	茶树-茶尺蠖
		甜菜夜蛾核型多角体病毒	地黄-甜菜夜蛾
		斜纹夜蛾核型多角体病毒	烟草-斜纹夜蛾
		甘蓝夜蛾核型多角体病毒	玉米-玉米螟、玉米田-地老虎、茶树-茶尺蠖、烟草-烟青虫
		松毛虫质型多角体病毒·苏云金芽孢杆菌；松毛虫质型多角体病毒·赤眼蜂	森林/松树-松毛虫
		黑胸大蠊浓核病毒[2]	蜚蠊
		蝗虫微孢子[2]	草地-蝗虫[1]
其他	杀线虫	淡紫紫孢霉（原名淡紫拟青霉）	草坪-根结线虫
		坚强芽孢杆菌、厚孢轮枝菌	烟草-根结线虫
其他	杀菌	解淀粉芽孢杆菌 B7900	烟草-青枯病
		解淀粉芽孢杆菌 PQ21	烟草-黑胫病/青枯病
		枯草芽孢杆菌	三七-根腐病、人参-黑斑病/灰霉病/根腐病/立枯病、烟草-青枯病/野火病/黑胫病/赤星病
		荧光假单胞杆菌	烟草-青枯病
		多粘类芽孢杆菌	人参-立枯病、烟草-青枯病
		哈茨木霉[2]	人参-灰霉病/立枯病、观赏百合-根腐病

（续表）

作物	功能	农药名称	靶标
其他	杀菌	寡雄腐霉[2]	烟草-黑胫病
		小盾壳霉 CGMCC832	向日葵-菌核病

注 1. 为列入我国“一类农作物病虫害名录”的靶标；2. 参见表 6-3、表 6-4 的注释和附录 1。

在列入我国“一类农作物病虫害名录”的 17 种靶标中，已登记可用微生物农药防治的有 11 种，其中防治马铃薯甲虫的有 2 个微生物产品（苏云金芽孢杆菌 G033A、球孢白僵菌）、在防治飞蝗类的 13 个品种中有 4 个是微生物农药（36 个产品有 9 个是微生物）、在防治黏虫的 8 个品种中有 2 个是微生物农药（16 个产品中有 2 个是微生物）、防治稻瘟病的品种有 5 个、稻纵卷叶螟 4 个、小麦蚜虫 3 个、二化螟 3 个、稻飞虱 3 个、赤霉病 3 个、锈病 1 个（截至 2020-9-26）；截至 2020-12-05 防治草地贪夜蛾已有 4 个微生物产品：球孢白僵菌、金龟子绿僵菌 CQMa421、苏云金芽孢杆菌、苏云金芽孢杆菌 G033A。

三、产量与防效

（一）细菌

1938 年第一个 Bt 商品制剂在法国问世，1958 年美国生产出可湿性粉剂。在 20 世纪 60 年代期间国际上 Bt 有两项重大科研进展推动它商业化进程：一是 1969 年 Dulmage 分类出其新菌株 HD-1，其杀虫能力比传统菌株高 20~212 倍；二是建立以生物测定的毒力效价方法标定产品含量的标准，由于原来芽孢数量不能完全代表毒性（磊子侃农药，2020）。

1949 年我国起步发展细菌类农药，1964 年在国家科委任务的支持下，武汉首次建立了 Bt 中试车间并开始生产，1965 年第一批商品制剂上市，现生产企业已有 130 多家，年产量超过 3 万 t（张兴等，2019）。1986 年首批产品取得登记，至今在已登记 240 多个产品中有 11 个母药（包括原药），主要剂型是可湿性粉剂和悬浮剂，仅有少量水分散粒剂、颗粒剂、可分散油悬浮剂、油悬浮剂、种子处理悬浮剂等（约占 4.3%）。在粮、棉、果、蔬、林等近 30 种作物上能防治 30 多种害虫（表 8-13），使用面积达 300 万 hm^2 以上。2019 年 Bt 在农业上使用（折百）量 3 100t（在使用农药品种数量中排第 18 位）。2019 年细菌在林业上使用（商品）量达 1 126.57t，其中 Bt 为 1 111.15t（在林业使用农药品种数量中排第 6 位）。2018 年 Bt 产品出口已达 814.8 万美元，出口剂型多为可湿性粉剂，市场主要是东南亚及南美和部分东欧国家在水果等农产品上使用。在细菌登记数量排第二的是枯草芽孢杆菌（占细菌农药登记数量的 20.2%），现已有 60 多家生产企业，79 个产品中除了 9 个母药，主要剂型有可湿性粉剂、悬浮剂，少量颗粒剂、可分散油悬浮剂、种子处理悬浮剂。在粮、棉、果、蔬、林等近 20 种作物上能防治 30 种病害。

（二）真菌

我国在 20 世纪 50 年代已开始研究真菌农药，1994 年浙江首次取得木霉产品的登记，2002 年由中国农业科学院植物保护研究所（原生物防治研究所）研制，并第一个取得卫生用微生物农药登记的金龟子绿僵菌杀蟑饵剂，因防效显著、受用户认可。随后在农业部、林业部和各级政府扶持下，重庆、江西等企业逐步突破工业化生产瓶颈，实现真菌农药规模化生产，部分企业年产能达到万吨。现金龟子绿僵菌生产企业已有 6 家，13 个产品中有 4 个母药，主要剂型有油悬浮剂、饵剂、可湿性粉剂，及部分可分散油悬浮剂和颗粒剂。在粮、果、蔬、林等近 20 种作物上的 20 种害虫防治。球孢白僵菌是真菌农药登记和生产数量的第一，有 10 家生产企业，23 个产品中有 6 个母药，主要剂型有可湿性粉剂，及部分可分散油悬浮剂、水分散粒剂、悬浮剂和颗粒剂。在粮、棉、果、蔬、林等近 20 种作物上能防治 20 种害虫。在 2019 年林业农药使用（商品）量达 1501. 22t，其中白僵菌为 1 200. 55t（在使用农药品种数量中排第 5 位）。绿僵菌和白僵菌在防治蝗虫和草地贪夜蛾效果显著，木霉类产品在生产应用上也取得显著经济和社会效益。

（三）病毒

1993 年湖北的棉铃虫核型多角体病毒第一个取得登记，随后相继十几个企业投产。现已有 15 家企业，12 个物种，70 余个产品中有 3 个母药，主要剂型有悬浮剂和可湿性粉剂，及部分水分散粒剂等产品。其年产制剂约 1 600t，占全国杀虫剂总量的 0. 2%。主要在粮、棉、蔬、林等多种作物上防治稻纵卷叶螟、棉铃虫、甜菜夜蛾、小菜蛾、斜纹夜蛾、茶尺蠖等多种害虫。其中棉铃虫核型多角体病毒是病毒农药登记数量最多的产品。2019 年病毒在林业上使用（商品）量达 37. 70t。

目前，我国微生物农药施用面积仅占病虫害防治总面积的 10%～15%，销售额超过 60 亿元，其中苏云金芽孢杆菌占市场份额 2%，棉铃虫核型多角体病毒占 0. 2%。据有关专家预测，今后 10 年内，生物农药可能将取代 20%以上的化学农药。

四、登记进展

2015—2019 年，我国微生物农药的有效成分年均增长率为 6. 89%，产品的年均增长率为 6. 83%（图 8-3）。显示我国微生物农药登记数量在稳步增加，微生物农药正在蓬勃发展。其中细菌有效成分的年均增长率最高为 16. 36%，真菌产品的年均增长率最高为 17. 32%（图 8-4 至图 8-5）。

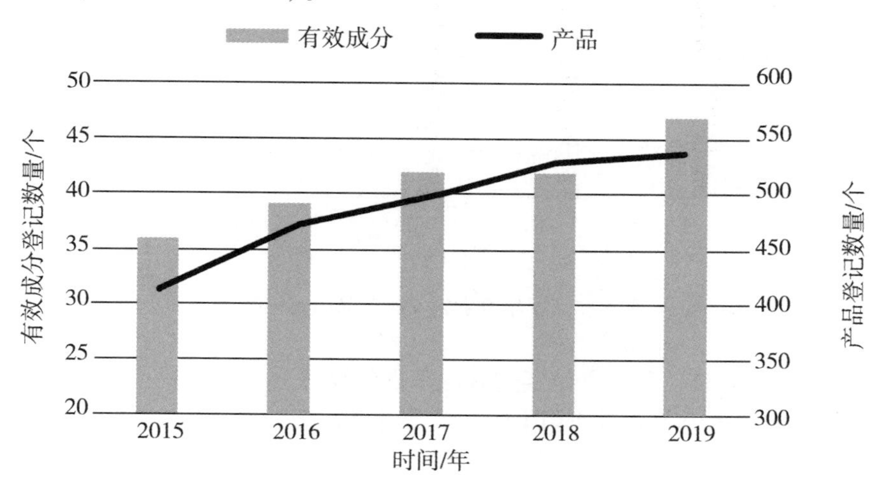

图 8-3　近年微生物农药有效成分和产品的登记数量

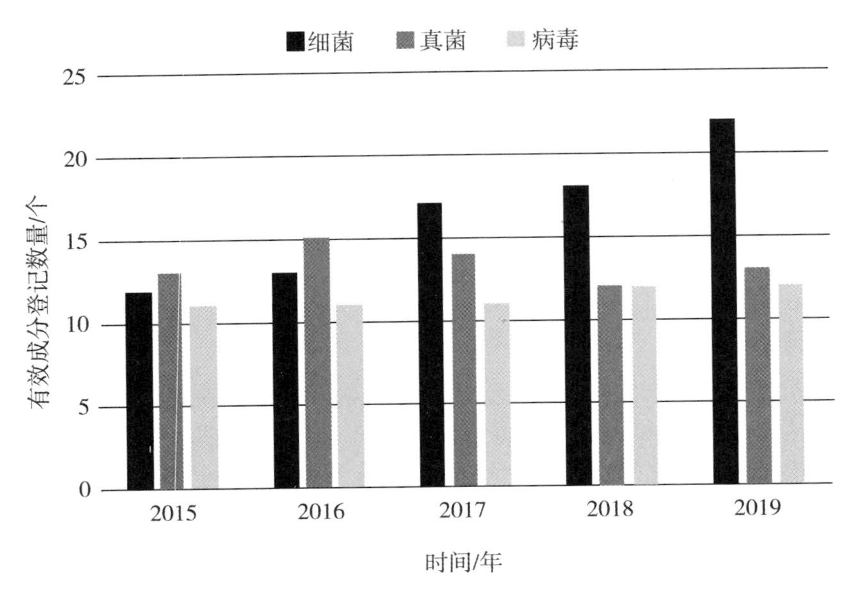

图 8-4　近年微生物农药有效成分登记数量

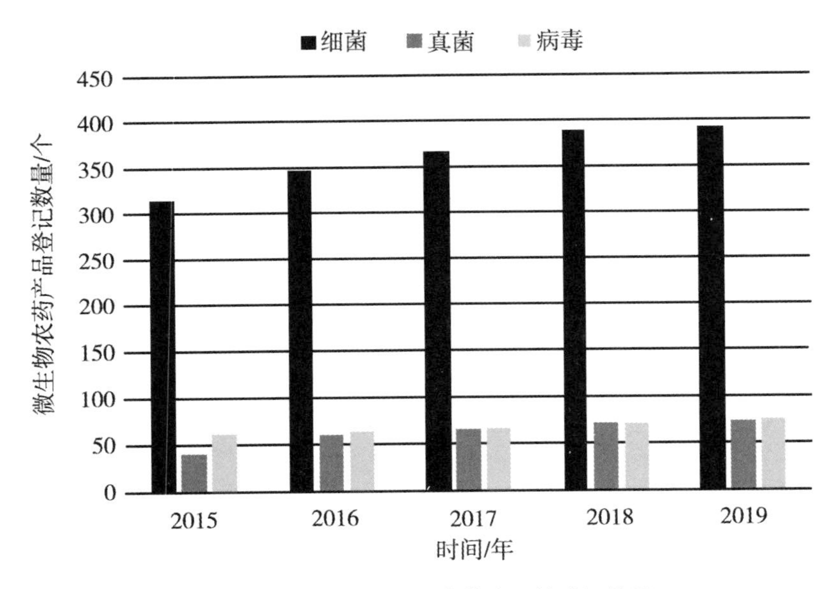

图 8-5　近年微生物农药产品的登记数量

2020 年 9 月 18 日，我国开始实施登记审批的绿色通道，加快生物农药登记和产业化进程，落实减免增值税和对使用生物农药的补贴政策；在技术上，已制定近 100 项微生物农药相关标准（见第七章第五节），国际上 FAO/WHO 有基础性的《微生物农药标准》7 项和产品标准 3 项（见第九章第二节）；另外，根据《要求》微生物农药不同株系按不同有效成分对待，其有效成分数量也会随之有所增长，这都将促进生物农药的快速前进。据国际生物防治行业协会（BioProtection Global，BPG）的推测，2019年全球生物防治产品销售额超过40亿美元，与2018年同比增长60%（李友顺，2020），2020年预计将达到66亿美元。据悉2019年全球并购信息，超过一半与生物农药有关，2020年全球登记新有效成分，约一半为生物农药。近期生物农药可能会出现上升趋势。

第四节　新微生物农药

2019年我国新农药登记了21个有效成分，48个产品，其中7个生物农药占新农药的33.3%，有微生物农药3个、生物化学农药2个、植物源农药2个，各类生物农药发展相对均衡。下面简介2019年新增的3个微生物农药（白小宁等，2020）和2020年新增的1个微生物农药。

一、新微生物农药

（一）侧孢短芽孢杆菌A60（*Brevibacillus laterosporus* A60）

侧孢短芽孢杆菌是属微生物细菌类杀菌剂，菌体大小（0.5~0.8）μm×（2.0~5.0）μm，革兰氏染色阳性。在营养琼脂培养基上的菌落不透明，表面光滑。芽孢为椭圆形，侧生，孢囊膨大；其生理、生化特征为葡萄糖、甘露醇产酸、阿拉伯糖、木糖不产酸不水解淀粉；利用柠檬酸盐和丙二酸盐，还原硝酸盐成亚硝酸盐；分解酪蛋白。作用机理是抑制辣椒疫霉菌菌丝生长、孢子囊产生、休止孢萌发，也可保护辣椒幼苗免受辣椒疫霉菌游动孢子致病性伤害。当药剂喷洒在作物叶片后，通过定殖至植物根际、体表或体内改变周围菌群环境和种类，与病原菌竞争植物周围位点，采用以菌治菌、抑菌杀菌及诱导作物产生抗病性等原理，对防治对象具有预防和治疗双重效果。同时诱导植物防御系统抵御病原菌入侵，达到有效排斥、抑制和防治病菌作用，对环境友好。理化性质：在pH5.0~8.0时稳定，对光不敏感。

此农药由陕西美邦药业集团股份有限公司取得登记。

50亿CFU/mL侧孢短芽孢杆菌A60母药，低毒，PD20190034；5亿CFU/mL侧孢短芽孢杆菌A60悬浮剂，低毒，PD20190035。制剂产品用50~60mL/亩制剂量喷雾防治辣椒疫病。一般在发病初期施药，间隔7~10d，每季施药3次。不建议与其他化学杀菌剂混合使用。

（二）沼泽红假单胞菌PSB-S（*Rhodopseudomonas palustris* PSB-S）

沼泽红假单胞菌属微生物光合细菌的一种，是地球上最古老的微生物之一。PSB株系营养丰富，蛋白质含量高达65%，且富含多种生物活性物质，具有适应性强，能耐受高浓度有机废水和分解转化能力，对酚、氰等毒物也有一定耐受和分解能力。该药剂通过诱导植物系统抗病性、提高植物免疫力，增强植株抗病能力，并能分泌抗病毒蛋白，直接钝化病毒粒子，阻止侵染寄主植物。

2018年6月22日，公开沼泽红假单胞菌菌株，沼泽红假单胞菌菌剂及其应用发明专利 CN108192849A。此农药由长沙艾格里生物科技有限公司取得登记。

2 亿 CFU/mL 沼泽红假单胞菌 PSB-S 悬浮剂，低毒，PD20190022。一般在发病前或发病初期施药，采用 180~240mL/亩制剂量喷雾防治辣椒花叶病，每季使用 2~3 次，间隔 7~10d；用 300~600mL/亩制剂量喷雾防治水稻稻瘟病，在水稻破口前 7d 施药，每季使用 2 次，间隔 7d 左右。

（三）嗜硫小红卵菌 HNI-1（*Rhodovulum sulfidophilus* HNI-1）

嗜硫小红卵菌 HNI-1 属微生物细菌类农药，通过诱导植物系统抗病性、提高植物免疫力，增强植株抗病能力，同时能分泌抗病毒蛋白，直接钝化病毒粒子，阻止其侵染寄主植物。其细菌代谢产物具有杀线虫活性物质，对植物寄生线虫具有较好的毒杀作用，还具有促进作物生长，提高作物免疫力的作用，利用此细菌发酵液浇灌作物时，培育出健壮幼苗，从而有效抵抗植物寄生线虫的入侵，减少侵染危害。

2014 年 1 月 22 日，公布了嗜硫小红卵菌菌株、菌剂及其应用专利 CN103525729A。此农药由长沙艾格里生物科技有限公司取得登记。

2 亿 CFU/mL 嗜硫小红卵菌 HNI 悬浮剂，低毒，PD20190021。一般防治番茄根结线虫，在番茄移栽时，采用 400~600mL/亩制剂量灌根，每季使用 2~3 次，间隔 28d 左右；在防治番茄花叶病在发病前或发病初期，用 180~240mL/亩制剂量喷雾，每季使用 2~3 次，间隔 7~10d；防治稻曲病在破口期前 7d，用 200~400mL/亩制剂量喷雾，每季使用 2 次，间隔 7d 左右。

（四）解淀粉芽孢杆菌 AT-332（*Bacillus amyloliquefaciens* AT-332）

解淀粉芽孢杆菌是我国已登记株系最多（已有 4 种）的物种。解淀粉芽孢杆菌AT-332 属微生物细菌类农药。有独特作用机理，能有效预防因长期使用化学杀菌剂而产生抗性的病菌。可与其他作用机制的杀菌剂交替使用，以延缓抗药性产生。

此农药由日本史迪士生物科学株式会社取得登记，是我国为数不多的境外企业登记的微生物农药产品。

50 亿 CFU/g 解淀粉芽孢杆菌 AT-332 水分散粒剂，微毒，PD 20200657。一般在发病前或发病初期施药，采用 100~140g/亩制剂量喷雾防治草莓白粉病，间隔 7d 左右施药，每季最多施药 3 次。

二、试验中的新菌种

（一）贝莱斯芽孢杆菌 RTI301（*Bacillus velezensis* RTI301）

贝莱斯芽孢杆菌是细菌芽孢杆菌属的一新菌种，具有广谱抗菌活性。该菌种自 2005 年确立，2008 年认为与解淀粉芽孢杆菌是同物异名，而失去在细菌命名法中的地位，直到 2016 年才再次被恢复（刘洋等，2019）。

（二）食线虫芽孢杆菌 B16（*Bacillus nematocida* B16）

食线虫芽孢杆菌（又称杀线虫芽孢杆菌）是细菌芽孢杆菌属一新菌种，有较强杀线虫活性。其机理是可释放多种能吸引线虫信号物质（VOCs）而被线虫吞食。有 2 种胞外蛋白酶（碱性丝氨酸蛋白酶和中性蛋白酶）参与侵染线虫过程。它是好氧细菌

[（2.0~3.5）μm×（0.8~0.2）μm]，革兰氏阳性，在显微镜下芽孢呈长柱状，亚端生；LB 培养菌体长杆状，两端钝圆，多分散不粘连；平板上菌落呈圆形，表面粗糖无光泽，类似细小粉末状，菌苔白色。最适生长温度在（20~37）℃，pH7.0~8.0，过氧化氢酶和氧化酶反应都呈阳性。

（三）沃尔巴克氏体 wPip-PAB（*Wolbachia pipientis* strain wPip-PAB）

沃尔巴克氏体属于微生物立克次体属（*Rickettsia*）菌种，广泛存在于节肢动物体内、可经卵垂直传播的胞内专性共生菌。该菌种有效成分源于库蚊的沃尔巴克菌，载体为白纹伊蚊雄成蚊。防控对象为野生白纹伊蚊种群。使用方法是在室外靶标区域内释放携带沃尔巴克氏体的白纹伊蚊雄成蚊，让白纹伊蚊“绝育”，达到种群控制的效果，让此类蚊子成为对抗登革热、寨卡蚊的“武器”，起到“以蚊治蚊”抗登革热作用。2017 年美国已取得 0.001%沃尔巴克氏体 ZAP（*Wolbachia pipientis*，ZAP strain）的登记。据报道，我国在应用共生菌防控稻飞虱机理上也取得重要突破，为农业害虫防治提供了新的思路。

（四）齐整小核菌（*Sclerotium rolfsii*）

齐整小核菌是防除杂草的微生物真菌。对异型莎草、陌上菜、节节菜、水苋菜和鳢肠等杂草有防除效果。在茎表面由单菌丝体顶端膨大形成侵染垫，寄主表皮机械直接侵入，侵染菌丝细胞间扩展及分枝菌丝胞间胞内扩展。在整个过程中，侵染结构形成是侵入关键，机械压力起着重要辅助作用。

最适生长固体培养基为 Richard 和 PDA，在偏酸性下生长较好（pH4.0~6.0），菌丝生长为（15~40）℃，最适 30℃；在测试碳源中对蔗糖利用最好，对乳糖和半乳糖利用最差；氮源测试对蛋白胨和硝酸钾利用最好，对尿素利用最差；菌丝生长为（15~40）℃，最适 30℃；在菌核含水量≥50%麸皮基质上萌发较好（适宜 pH3.0~9.0），菌丝致死 45℃（10 min），菌核抑制萌发 50℃（10min）。

（五）爪哇棒束孢菌（*Isaria javanica*）

爪哇棒束孢菌是从感染灰僵病家蚕体中分离获得一株真菌棒束孢。其致病机理与绿僵菌相似，菌丝侵入产生毒素。在查氏培养基上 25℃，培养 14d 菌落直径 52~56mm，中央微隆起、有皱褶，产孢后淡灰紫色，无孢梗束。菌丝无色，粗 1~2m；分生孢子梗单生于气生菌丝，其近顶部多生由 2~5 个瓶梗组成轮生体；瓶梗基部柱状或瓶状，颈部渐变为细管状，（5~13）m×（1~3）m；分生孢子单细胞，椭圆形、长椭圆形至梭形，（3.1~5.5）m×（1~2.5）m，无色、光滑，呈首尾相接长链。感病蚕尸灰紫色、僵硬，无孢梗束，体表粉状。

（六）弗氏链霉菌 CLIMAX-VS（*Streptomyces fradiae* CLIMAX-VSF）

弗氏链霉菌是从土壤中分离获得，属于细菌放线菌。具有显著抗病性，固氮解磷解钾和分泌生长性能，促进根系生长，提升作物的抗病能力，满足作物生长需求。其菌落气丝淡粉色或粉色，基丝无色或微黄色，在大部分培养基内无可溶色素。

（七）厚垣普可尼亚菌（*Pochonia chlamydosporia* YMF1.00111）

厚垣普可尼亚菌（原名厚孢轮枝菌 *Verticillium chlamydosporium*，参见表 6-3 和附录

1）菌种在我国已有登记，此产品仅为新株系。它是重要植物寄生线虫生防真菌，最显著特征是能产生厚壁砖格状厚垣孢子，对防治植物线虫病害具有较大生防潜力。其作用机理主要是利用菌丝侵入线虫卵或雌虫死后形成的包囊内，进行无性繁殖并伸出体外，产生带有分生孢子的分生孢子梗，从而导致虫卵或雌虫包囊死亡。菌丝皆呈放射状生长，菌丝致密，气生菌丝发达，分生孢子梗单个或轮生于菌丝，每个孢子梗有 4~5 个分支，每个分支顶端分生孢子聚生，孢子透明，呈卵圆或圆形（老气生菌丝膨大处形成多室厚垣孢子）。

第九章　境外微生物农药登记与管理

目前，不同国家、国际组织和相关协会对生物农药的定义和范畴都存在着一定差异，但它们多数都认为微生物农药属于生物农药管理范畴，如联合国粮农组织（FAO）、世界卫生组织（WHO）、欧盟（EU）、经济合作发展组织（OECD）、美国（US EPA）、加拿大、英国、荷兰、澳大利亚、日本、印度、南非、智利、肯尼亚等，并分别出台了相关政策。下面把不同国家/组织对微生物农药定义及范畴；国际农药领域主要相关的组织、技术协作委员会等，如FAO/WHO、OECD、国际农药分析协作委员会（CIPAC）、世界生物防治剂手册（BCPC），以及美国、法国、澳大利亚、日本、韩国等和全球近期新登记微生物农药现状、法规、登记的名单和部分豁免制定食品中残留限量名单（为尊重各国、相关组织发布的原文，基本未对微生物农药名称作文字和书写修订，建议读者以原文为准，以避免中译文的偏差）的简况简介如下。

第一节　微生物农药定义及范畴

当前生物农药仅占全球作物保护市场5%份额，约30亿美元，而全球生物农药的使用每年却以约10%的速度增长，如果生物农药在替代化学农药和减少对它的过度依赖上发挥明显作用，则全球市场势必将会取得明显增长。所以，各国和相关组织都在加紧制修订生物农药登记政策，加快注册登记低风险微生物农药产品，以利于占领绿色贸易市场，造福人类。下面介绍不同国家和国际组织的生物农药管理类别和微生物农药定义及范畴。

一、生物农药管理类别

目前尚无全球统一的生物农药概念，从现有不同国家/国际组织的生物农药包含种类看，无论生物农药如何定义，活体微生物农药都会是生物农药中重要的类别之一（表9-1），并且在生物防治领域已占领一定的市场。

表9-1　不同国家/组织的生物农药管理类别

国家/国际组织	微生物农药	生物化学农药	植物源农药	PIP*	其他
FAO/WHO	√	√	√		

（续表）

国家/国际组织	微生物农药	生物化学农药	植物源农药	PIP*	其他
OECD	√	√	√		√
欧盟	√	√	√		
美国	√	√		√	
加拿大	√	√		√	
澳大利亚	√	√	√	√	√
英国	√	√	√		
日本	√	√			
巴西	√	√			
哥斯达黎加	√	√			√
中国	√	√	√		

* 特指具有抗病虫功能的转基因植物。

二、微生物农药定义及范畴

世界上大多数国家和地区都认同对微生物农药的登记和管理，但微生物农药涵盖的种类还会存在一定差异（申继忠等，2017），一般包括并不限于细菌、真菌、病毒等类别。下面汇总主要关注的国家/国际组织/协会的定义及范畴（表 9-2），供读者参考。

表 9-2　不同国家/国际组织/协会的微生物农药定义及范畴

国家/国际组织/协会	微生物农药定义及范畴
FAO/WHO	具有防治病虫害作用的微生物（细菌、真菌、病毒、原生动物或其他在显微镜下可见并可自我复制的活体）及相关代谢物。可含活或死的微生物或细胞繁殖（生长）过程中产生相关代谢物/毒素和从生长介质中产生的物质，前提是此成分没受到人为改变
OECD	微生物农药包括细菌、真菌、病毒、原生动物和藻类
欧盟	微生物农药包括细菌、真菌、病毒、原生动物和类病毒
IBMA*	基于微生物，但不限于细菌、真菌、病毒/类病毒/支原体、原生动物，且可能包括完整的微生物、活或死的细胞，任何相关微生物代谢产物，发酵物质和细胞碎片
美国	包括细菌、真菌、病毒或原生动物为有效成分（活体微生物）的农药
英国	微生物农药包括细菌、真菌、病毒/类病毒、原生动物
澳大利亚	微生物农药是指以细菌、真菌、病毒、原生动物等制备的产品
加拿大	包括细菌、真菌、病毒或原生动物为有效成分（活体微生物）的农药
日本	含活体的细菌、真菌、病毒、原生动物或线虫产品，抗生素不属于此类

（续表）

国家/国际组织/协会	微生物农药定义及范畴
韩国	以真菌、细菌、病毒或原生动物等活体微生物为有效成分的农药
东南亚	微生物农药包括细菌、真菌、病毒、原生动物、线虫和藻类等
中国	以真菌、细菌、病毒或基因修饰的微生物等活体作为有效成分的农药

* 国际生物防治工业协会（international biocontrol manufacturer association，IBMA）。

第二节　国际组织有关微生物农药的管理

一、联合国粮农组织（FAO）/世界卫生组织（WHO）

（一）FAO/WHO 生物农药登记指南

2017 年，FAO/WHO 联合发布了《用于植物保护和公共卫生的微生物、植物源和化学信息素类生物农药登记指南》（简称《生物农药登记指南》），用于取代 1988 年 FAO 出版的“生物农药的登记”。其微生物农药的相关定义与 OECD、US EPA 及 EU 等的定义保持一致，并参考他们已制定微生物农药评估指南等文件。该指南介绍微生物农药母药（MPCA）和制剂（MPCP）登记所需数据、要求和资料评审 2 部分，具体有产品化学（包括鉴定、特点、生物学特性和分析方法）、人类健康（母药和制剂的毒理学）、残留、环境影响、生态毒理学、药效等 6 部分，并附微生物有效成分和制剂登记的数据要求。这是农药管理的国际行为守则，对规范我国微生物农药登记资料要求和管理具有重要参考价值和指导意义（农向群等，2018）。

FAO/WHO 的《生物农药登记指南》在产品化学中要求微生物农药鉴定要有详细分类学描述和 MPCA 的种属关系，并精确到株系水平，生产方法的描述应有针对人类致病菌含量的质量控制，通常产品技术规格是采用范围而不是用绝对数字表示，微生物含量可以 g/kg 或 g/L（或%）、菌落形成单位（CFU）或生物效价等表示，对涉及的任何发酵培养基和次生化合物/代谢物被认为类似于“关注组分”；分析方法可经实验室间验证，技术等同性需将新来源视为技术等同Ⅰ级，当株系或菌株确定为相同并满足，只要产品中污染物含量在已商定 MPCP 微生物污染限度内，即可接受更高含量时，就不需要进行Ⅱ级评估。在急性毒理研究中如发现不良反应，才需进行高级阶段研究，如对哺乳动物有致病性，可能就不会批准该产品登记。如存在因皮肤和眼睛刺激而引发毒性问题，则应提供保护操作人员和工作人员健康指导，并在标签上用恰当警示语告知限用信息。

在作物残留试验方面：①如微生物不是人类致病菌，即对人类没有明显危害，一般不需残留研究，但要豁免需提供 MPCA 对哺乳动物无危害的证明数据；②如在微生物体内产生相关次生化合物，还需提交基于理论计算的豁免理由（其结果低于自然条件的数量及在作物、食物/饲料中潜在持久性和可能性)；③如次生化合物有毒理危害，且/或是主要作用机理，则需提供信息说明暴露接触的可能性，有时还需要开展残留试验。

在生态环境安全性方面，要注意非本地 MPCA 微生物的风险性可能会更高。

微生物农药具有多种作用机理，难以对试验中防治效果和水平进行评估，此水平可能低于常规化学农药预期效果。为使用者带来更多的益处，如在病虫害管理、作物增产或抗药性管理方面、化学农药残留控制或有害生物综合防治（IPM）或媒介综合管理（IVM）体系中与其他物质有特定兼容性，其益处超过任何负面影响。从使用者角度来看，带来的改善应至少能从数据统计上明显看出，并在可接受概率水平上。应该认识到，MPCP 应实现对有害生物的完全控制，部分控制或辅助控制。

（二）FAO/WHO 标准和技术规范

目前，FAO/WHO 已制定了微生物农药标准 10 个（截至 2020 年 12 月），其中有 7 个是微生物农药基础型的剂型标准（即标准编写规范）和 3 个 WHO 的产品标准。

1. 标准规范

2018 年 12 月 FAO/WHO 公布在 2016 年第 1 版第 3 次修订《FAO/WHO 农药标准制定和使用手册》版的基础上修订了第九章“微生物农药标准规范”（简称《微生物农药标准》，包括母药、可湿性粉剂、水分散粒剂、颗粒剂、水分散片剂、悬浮剂、种子处理悬浮剂（表 9-3）。

表 9-3　FAO/WHO 微生物农药产品质量标准

标准类别编号		标准名称
FAO/WHO 标准规范		母药 TK，Specification guidelines for MPCA Technical concentrates 水分散粒剂 WG，Specification guidelines for MPCP Water-dispersible Granules 可湿性粉剂 WP，Specification guidelines for MPCP Wettable Powders 颗粒剂 GR，Specification guidelines for MPCP Granular 水分散片剂 WT，Specification guidelines for MPCP Water-dispersible Tablets 悬浮剂 SC，Specification guidelines for MPCP Suspension Concentrates 种子处理悬浮剂 FC，Specification guidelines for MPCP Suspension Concentrates for Seed Treatment
WHO 产品标准	770/WG/GR (Oct. 2012)	苏云金芽孢杆菌以色列亚种菌株 AM65-52，*Bacillus thuringiensis israelensis* AM 65-52
	770 + 978/GR (April 2016)	苏云金芽孢杆菌以色列亚种菌株 AM65-52+球形芽孢杆菌 ABTS-1743，*Bacillus thuringiensis israelensis* AM 65-52+ *Bacillus sphaericus* strain ABTS-1743

其中新修订版本最大的变化：一是把原来防蚊幼虫的细菌标准规范扩展到微生物农药标准规范，主要包括细菌、真菌和病毒（目前主要关注杆状病毒），剂型由原来 5 种增加到 7 种（新增颗粒剂和种子处理悬浮剂）；二是含量由原来的国际生物效价测定方法（苏云金芽孢杆菌以色列亚种和球形芽孢杆菌试样以埃及伊蚊和库蚊幼虫的死亡率和标样对照生物测定方法）修改为经同行验证合适的分析方法，对尚未发布方法，须提交完整详细信息及方法验证数据，单位以“g/kg，或 g/L

(20±2)℃，或采用适当单位”表示（与 FAO/WHO 的《生物农药登记指南》相同），一般规定产品含量的最低值（如存在风险，可规定上限），我国微生物农药产品含量多采用孢子、国际毒力单位/国际单位（ITU/IU）、菌落形成单位（CFU）、包涵体（OB/PIB）等单位表示（实际其测定方法和含量单位都基本相同）；三是明确增加相关杂质测定项目，如“微生物污染物（杂菌）Relevant impurities”“次生化合物 Secondary compounds”等；四是对部分产品控制指标给予宽松的阈值等（如湿筛试验可宽松到<98%；对分散性、悬浮率和自动分散性<60%也可接受等），明确热贮不适合微生物农药，贮后仅测试产品的相关理化项目，不需检测有效成分含量；五是明确微生物农药不需要 GLP 要求和 CIPAC 方法认可，但要进行实验室间验证（In-house）；风险评价可考虑仅对有效成分进行，及公开信息的引用和豁免报告等。

此标准经 2 年的试行及多方商议，考虑到微生物农药相对于化学农药在产品规格制定和要求上存在显著差异，为准确理解和把握其特性，制定严谨适用的微生物农药标准，在 2020 年 FAO/WHO 农药标准联席会议（JMPS）上有提议，将启动修订《FAO/WHO 农药标准制定和使用手册》，拟分别制订《FAO/WHO 微生物农药标准制定和使用手册》和《FAO/WHO 化学农药标准制定和使用手册》（第 2 版）（陈铁春，2021）。这说明 FAO/WHO 对微生物农药的重视，从基础标准的制定来确保和提升其产品质量，用技术规范来推进微生物农药的广泛使用和发展。

2. 产品标准

WHO 已有 3 个产品标准（表 9-3），涉及 2 个有效成分、2 种剂型。在 2019 年 FAO/WHO 农药标准联席会议（JMPS）上，德国的枯草芽孢杆菌 *Bacillus subtilis* QST 713（TK/WP/SC）和我国的甜菜夜蛾核型多角体病毒 Spodoptera exigua mu multiple nucleopolyhedrovirus（TK/SC）尚未通过 FAO 标准（陈铁春，2019）。微生物农药产品的国际标准正日益受到重视，将会有更多的产品标准出现在世界农药的舞台上，我国的微生物农药产品标准正在加速挺进国际领域。

二、国际农药分析协作委员会（CIPAC）

CIPAC 是一个非营利性质的非政府国际组织。其主要职责是组织制定农药原药和制剂的分析方法及理化参数测定方法，促进具有可适用性、可靠性和可操作性的农药质量分析方法在国际间协调一致，为联合国粮食及农业组织和世界卫生组织等国际组织和国家农药产品标准提供方法支持，也是国际农药贸易发生争议时常用的仲裁方法。目前，我国不仅是 CIPAC 成员国，还是理事会成员，并于 2018 年被推荐为五位管理委员会委员之一。我国的农药产品标准和分析方法已迈进 FAO/WHO 和 CIPAC 领域，成为国际市场的生力军。我国已成为出口农药大国，农药产品已进入 182 个国家和地区，2020 年农药的出口数量（货物量）达 239.5 万 t，出口金额 116.8 亿美元。

自 1986 年我国开始参与 FAO/WHO 标准制/修订验证工作，到现在已可主动申办制定农药产品标准项目［从 2010—2019 年已申请并公布 FAO/WHO 原药 34 个（涉及 25

个有效成分）及 10 个 FAO 制剂产品标准，由 WHOPES 转到 PQT-VC 清单中卫生用 WHO 产品标准有 4 个是中国的，2018—2019 年经 WHO-PQT 检查发布 WHO 标准产品中有 7 个是中国企业]。但我国参与制定有自主产权品种的标准尚不多。2015 年至今我国已申请了 7 个 CIPAC 方法，其中 3 个已成为其方法。

1990 年我国第一次在 CIPAC 会上提出自主创制农药杀虫单（双）有效成分分析方法，并得到 CIPAC 的编号 472，经过不懈努力，才于 2001 年首次取得国际标准化组织（ISO）的通用名。中国农药第一次迈进 ISO 通用名和 CIPAC 农药编码的行列，在国际农药字典上开启增添中国农药名称的新纪元。如今已有 20 余个中国创制农药先后取得 ISO 通用名、5 个已获得 CIPAC 编码（王以燕等，2019）。

目前，CIPAC 农药编码原则上对已有国际标准化组织（ISO）通用名称（ISO/TK81-农药和其他农用化学品的通用名称）的化合物都可分配 CIPAC 编码，也给尚未有分析方法、微生物株系及被视为“新”活性成分的分配编码。截至 2020 年 12 月 19 日，CIPAC 编码已排到 1 021 个，加上 9 个亚组编码，减去留白和重复，实际有 1 025 个农药成分。近期编码中增加了不少生物农药，体现在国际农药领域中生物农药发展趋势。尤其是 2020 年 10 月至 12 月，仅这 2 个月就增加了 15 个微生物农药，凸显微生物农药的迅猛前行，其中最后 1 个是我国的真菌农药产品。现在 CIPAC 编码中已有 79 个微生物农药名单（表 9-4）。

表 9-4　CIPAC 编码中微生物农药名单

编码	微生物农药名称
573	玫烟色拟青霉（现名玫烟色棒束孢）Apopka 97、PFR97、CG 170、ATCC 20874 株系，*Paecilomyces fumosoroseus* Apopka strain 97（listed also under the code PFR97，CG 170 or ATCC 20874）
574	绿针假单胞菌 MA342 株系，*Pseudomonas chloroaphis* strain MA 342
589	白粉寄生孢 AQ10 株系，*Ampelomyces quisqualis* strain AQ 10
592	甜菜夜蛾核型多角体病毒 SeNPV-F1，Spodoptera exigua nucleopolyhedrovirus strain SeNPV-F1
614	小盾壳霉 CON/M/91-08 株系，*Coniothyrium minitans* strain CON/M/91-08
618	西葫芦黄化花叶病毒弱株，Zucchini yellow mosaic virus ZYMV mild strain
624	粉红螺旋聚孢霉（原名链孢粘帚霉）-J1446 株系，*Clonostachys rosea*（formerly *Gliocladium catenulatum*）strain J1446
661	解淀粉芽孢杆菌（原名枯草芽孢杆菌）QST 713 株系，*Bacillus amyloliquefaciens*（formerly *Bacillus subtilis*）strain QST 713
669	絮绒假酶菌 ATCC 64874 株系，*Pseudozyma flocculosa* strain ATCC 64874
753	淡紫紫孢菌（原名淡紫拟青霉）251 株系，*Purpureocillum lilacinus*（formerly *Paecilomyces lilacinus*）strain 251
770	苏云金芽孢杆菌以色列亚种 AM65-52 株系，*Bacillus thuringiensis* spp. *israelensis*，strain AM65-52

（续表）

编码	微生物农药名称
778	玫烟色拟青霉（现名玫烟色棒束孢）FE 9901（在 ARSEF 4490 代码下也列出）、ARSEF 4490 株系，*Paecilomyces fumosoroseus* strain Fe9901，ARSEF 4490
782	茶小卷叶蛾颗粒体病毒 BV0001 株系，Adoxophyses orana granulovirus strain BV0001
784	金龟子绿僵菌 IMI 330189 株系，*Metarhizium anisopliae* strain IMI 330189
809	普鲁兰（出芽）短梗霉菌 DSM 14940 株系，*Aureobasidium pulluans* strain DSM 14940
810	普鲁兰（出芽）短梗霉菌 DSM14941 株系，*Aureobasidium pulluans* strain DSM 14941
816	哈茨木霉 RK1 CCM 8008，*Trichoderma harzianum* RK1 CCM 8008
921	大隔孢伏革菌 VRA 1835 株系，*Phlebiopsis gigantea* strain VRA 1835
922	大隔孢伏革菌 VRA 1984 株系，*Phlebiopsis gigantea* strain VRA 1984
923	大隔孢伏革菌 VRA 1985 株系，*Phlebiopsis gigantea* strain VRA 1985
924	大隔孢伏革菌 VRA 1836 株系，*Phlebiopsis gigantea* strain VRA 1986
925	大隔孢伏革菌 FOC PG B20/5 株系，*Phlebiopsis gigantea* strain FOC PG B20/5
926	大隔孢伏革菌 VRA FOC PG SP log 6 株系，*Phlebiopsis gigantea* strain FOC PG SP log 6
927	大隔孢伏革菌 FOC PG SP log 5 株系，*Phlebiopsis gigantea* strain FOC PG SP log 5
928	大隔孢伏革菌 FOC PG BU 3 株系，*Phlebiopsis gigantea* strain FOC PG BU 3
929	大隔孢伏革菌 FOC PG BU 4 株系，*Phlebiopsis gigantea* strain FOC PG BU 4
930	大隔孢伏革菌 FOC PG 410. 3 株系，*Phlebiopsis gigantea* strain FOC PG 410. 3
931	大隔孢伏革菌 FOC PG 97/1062/116/1. 1 株系，*Phlebiopsis gigantea* strain FOC PG97/1062/116/1. 1
932	大隔孢伏革菌 FOC PG B22/ SP1287/3. 1 株系，*Phlebiopsis gigantea* strain FOC PG B22/SP1287/3. 1
933	大隔孢伏革菌 FOC PG SH 1，株系 *Phlebiopsis gigantea* strain FOC PG SH 1
934	大隔孢伏革菌 VRAFOC PG B22/ SP1190/3. 2 株系，*Phlebiopsis gigantea* strain FOC PG B22/SP1190/3. 2
935	荧光假单胞菌 DSMZ13134 株系，*Pseudomonas* sp. strain DSMZ 13134
936	寡雄腐霉 M1 株系，*Pythium oligandrum* strain M1
937	链霉菌 K61 株系（灰绿链霉菌），*Streptomyces* strain K61（*Streptomyces griseoviridis* strain K61）
938	棘孢木霉 ICC 012 株系，*Trichoderma aspellerum* strain ICC012
939	棘孢木霉 T11 株系，*Trichoderma aspellerum* strain T11
940	棘孢木霉 TV1 株系，*Trichoderma aspellerum* strain TV1
941	棘孢木霉 T34 株系，*Trichoderma a*spellerum strain T34
942	深绿木霉 IMI206040 株系，*Trichoderma atroviride* strain IMI 206040

（续表）

编码	微生物农药名称
943	深绿木霉 T11 株系，*Trichoderma atroviride* strain T11
944	深绿木霉 I-1237 株系，*Trichoderma atroviride* strain I-1237
945	盖姆斯木霉 ICC 080 株系，*Trichoderma gamsii* strain ICC080
946	多孢木霉 IMI 206039 株系，*Trichoderma polysporum* strain IMI 206039
947	橄榄假丝酵母 O 株系，*Candida oleophila* strain O
948	黑白轮枝菌 WCS850 菌株，*Verticillium albo-atrum* isolate WCS850
949	苏云金芽孢杆菌鲇泽亚种 ABTS-1857 株系，*Bacillus thuringiensis* ssp. *aizawai* strain ABTS-1857
950	苏云金芽孢杆菌鲇泽亚种 GC-91 株系，*Bacillus thuringiensis* ssp. *aizawai* strain GC-91
951	苏云金芽孢杆菌库斯塔克亚种 ABTS-351 株系，*Bacillus thuringiensis* ssp. *kurstaki* strain ABTS 351
952	苏云金芽孢杆菌库斯塔克亚种 PB 54 株系，*Bacillus thuringiensis* ssp. *kurstaki* strain PB 54
953	苏云金芽孢杆菌库斯塔克亚种 SA-11 株系，*Bacillus thuringiensis* ssp. *kurstaki* strain SA 11
954	苏云金芽孢杆菌库斯塔克亚种 SA-12 株系，*Bacillus thuringiensis* ssp. *kurstaki* strain SA 12
955	苏云金芽孢杆菌库斯塔克亚种 EG2348 株系，*Bacillus thuringiensis* ssp. *kurstaki* strain EG 2348
956	苏云金芽孢杆菌拟步甲亚种 NB-176 株系，*Bacillus thuringiensus* ssp. *tenebrionis* strain NB 176 (TM 14 1)
957	球孢白僵菌 74040 株系，*Beauveria bassiana* strain ATCC 74040
958	球孢白僵菌 GHA 株系，*Beauveria bassiana* strain GHA
959	苹果蠹蛾颗粒体病毒墨西哥株系（CPGV），*Cydia pomonella* granulovirus Mexican strain (CPGV)
960	棉铃虫核型多角体病（HearNPV），*Helicoverpa armigera* nucleopolyhedrovirus (HearNPV)
961	蝇刺束梗孢（原名蝇蚧霉）Ve6 株系，*Akanthomyces muscarius* (formerly *Lecanicillimum muscarium*) strain VE6
962	斜纹夜蛾核型多角体病毒，*Spodoptera littoralis* nucleopolyhedrovirus
974	玫烟色棒束孢 Apopka 9 株系，*Isaria fumosorosea* strain Apopka 9
978	球形芽孢杆菌 ABTS-1743 菌株，*Bacillus sphaericus* strain ABTS-1743
980	酿酒酵母 LAS117 株系干细胞壁，Cerevisane (dried cell walls of *Saccharomyces cerevisiae* strain LAS117)
984	苏云金芽孢杆菌以色列亚种 266/2，*Bacillus thuringiensis* ssp. *israelensis* 266/2
988	深绿木霉 SC1 株系，*Trichoderma atroviride* strain SC 1
1007	哈茨木霉 T-22 株系，*Trichoderma harzianum strain* T-22
1008	深褐木霉 ITEM 908（原名哈茨木霉），*Trichoderma atrobrunneum* ITEM 908 (formerly *T. harzianum*)

（续表）

编码	微生物农药名称
1009	哈茨木霉 T-22 株系和 ITEM 908，*Trichoderma harzianum* strains T-22 and ITEM 908
1010	棘孢木霉（原名哈茨木霉）T25 菌系 *Trichoderma asperellum*（formerly *T. harzianum*）strain T25
1011	解淀粉芽孢杆菌 MBI 600，*Bacillus amyloliquefaciens* MBI 600
1012	解淀粉芽孢杆菌 FZB2 株系，*Bacillus amyloliquefaciens* strain FZB2
1013	解淀粉芽孢杆菌植物亚种 D747，*Bacillus amyloliquefaciens* subsp. plantarum D747
1014	短小芽孢杆菌 QST 2808，*Bacillus pumilus* QST 2808
1015	坚强芽孢杆菌 I-1582，*Bacillus firmus* I-1582
1016	酿酒酵母 LAS02 株系，*Saccharomyces cerevisiae* strain LAS02
1017	球孢白僵菌 147 株系，*Beauveria bassiana* strain 147
1018	球孢白僵菌 NPP111B005 株系，*Beauveria bassiana* strain NPP111B005
1019	凤果花叶病毒 CH2 株系 1906 菌株，*Pepino mosaic* virus strain CH2 isolate 1906
1020	棕色绿僵菌 BIPESCO 5/F5，*Metarhizium brunneum* BIPESCO 5/F5
1021	金龟子绿僵菌 CQMa421 株系，*Metarhizium anisopliae* strain CQMa421

三、经济合作与发展组织（OECD）

经济合作与发展组织（OECD）由 38 个市场经济国家组成的政府间国际经济组织，旨在共同应对全球化带来的经济、社会和政府治理等方面的挑战，把握全球化带来的机遇，引导成员国提升农药管理水平。OECD 的生物农药包括微生物农药、信息素和化学信息物质（昆虫和植物生长调节剂等）、植物提取物、大生物（捕食性和寄生性昆虫天敌）。

OECD 已先后发布多个微生物农药相关的政策和指南等，此处仅列出部分文件（表 9-5）。这类文件如今多已成为国际组织和各国制定有关微生物农药技术指导的主要参考和借鉴的蓝本。如 2012 年欧盟的微生物中农药微生物污染限量文件（SANCO/12116/2012-rev. 0）就采用 OECD 的文件；2017 年 FAO/WHO 发布的《生物农药登记指南》中，明确微生物农药术语与 OECD、US EPA 及 EU 的保持一致，并参考他们已制定微生物农药评估指南等文件。

表 9-5　OECD 发布有关微生物农药的部分文件

年份	微生物农药相关文件
2003	微生物农药登记要求［ENV/JM/MONO（2003）5］、微生物农药登记资料清单
2004	微生物农药资料准备
2005	各国微生物农药名单、微生物农药风险评价和管理［SSPE-CT-2005-022709］

（续表）

年份	微生物农药相关文件
2011	微生物农药中微生物污染限量［ENV/JM/MONO（2011）43］、微生物农药风险评价［ENV/JM/MONO（2011）43］
2012	微生物农药环境安全性评价指南［ENV/JM/MONO（2012）1］
2014	微生物农药风险评估［ENV/JM/MONO（2014）2］
2016	指导文件：微生物农药产品提交前咨询大纲［ENV/JM/MONO（2016）4］、微生物农药产品贮存稳定性指导文件［ENV/JM/MONO（2016）54］
2018	微生物农药次生代谢物风险评估工作文件［ENV/JM/MONO（2018）33］、相同微生物株系或菌株有效成分的等效性技术评估指南［ENV/JM/MONO（2018）8］
2019	第九届生物农药专家组微生物测试方法研讨会报告［ENV/JM/MONO（2019）8］

OECD 强调微生物农药产品中对人体致病菌的含量要在可接受范围内，并指出高温加速贮存试验不适用微生物农药产品，对实际适宜贮存的温度条件应在产品标签上体现。

四、欧盟（EU）

欧盟（EU）是世界上最大的经济实体，现已拥有 27 个成员国。1991 年，欧盟实施农药登记指令 91/414/EEC；2011 年 6 月，实施农药登记新法规 1107/2009/EC。2011 年，欧洲生物农药约占 5%欧洲农药市场（约 541.4 百万美元，其中微生物农药 73.4 百万美元），西班牙是欧洲最大的生物农药的市场，意大利和法国次之。

欧盟的生物农药主要是源自微生物和天然物质的农药（即包括微生物农药、生物化学农药和植物源农药），是全球生物农药的第二大消费市场。近年，因有害生物综合管理（ICM）策略的迅猛兴起及其在可持续农业发展中发挥的重要作用，化学农药（尤其是禁限农药）替代品正加速增长，无疑为生物农药发展带来了良好机遇。

欧盟生物农药登记通常分两步：第一是原药/母药在欧盟水平上的登记，第二是制剂则由各成员国负责，其登记结果可互认。欧盟的生物农药基本与化学农药是同一监管框架下登记的，其中微生物农药已立法，其他是指导文件。由于欧盟监管程序复杂烦琐，生物农药发展面临一些阻碍。欧盟的生物农药仍与化学农药在同一监管框架下登记，对生物防治产品登记评审和化学农药要求基本相同，导致生物农药登记时间和成本的提升，影响企业在登记和投资研发的积极性（郑敏，2020）。欧盟生物农药行业面临的挑战主要是修订法规，现有法规登记成本高、周期长，应简化生物农药登记流程、简化欧盟成员国间的互认流程。

截至 2019 年 2 月 20 日，欧盟已有 50 个微生物农药登记注册（表 9-6）。2019 年 10 月欧盟豁免最大残留限量标准农药的名单中有 27 个微生物农药（黄成田等，2019）（表 9-6 中注 a 的名单）。2018 年，根据欧盟旧农药法规批准了 57 个低风险有效成分中有 30 个是微生物农药（陈源等，2012；段立芳，2020）（表 9-6 中注 b 的名单）。

目前，欧盟计划更新微生物农药审批数据要求和方法（2020年第三季度提交草案），将视为对现行欧盟农用化学品注册法规（1107/2009）的修正。该法规可为“低风险”农药提供便利（如对此类有效成分农药的批准期限采取优先行动等）。据报道，欧盟委员会拟在2030年前将化学农药的使用量减半，以保护蜜蜂和生物多样性。

表9-6 欧盟已注册微生物农药名单

序号	微生物农药名称
1	[ab.] 茶小卷叶蛾颗粒体病毒BV-0001株系，Adoxophyes orana GV strain BV-0001
2	[ab]白粉寄生孢菌（未标种名）AQ10株系，*Ampelomyces quisqualis* strain AQ10
3	[a]普鲁兰（出芽）短梗霉DSM 14940和DSM 14941株系，*Aureobasidium pullulans*（strains DSM 14940 and DSM 14941）
4	[ab]解淀粉芽孢杆菌（原名枯草芽孢杆菌）QST 713株系，*Bacillus amyloliquefaciens*（former *subtilis*）str. QST 713
5	解淀粉芽孢杆菌MBI 600株系，*Bacillus amyloliquefaciens* MBI 600
6	解淀粉芽孢杆菌FZB24株系，*Bacillus amyloliquefaciens* strain FZB24
7	[ab]解淀粉芽孢杆菌植物亚种D747，*Bacillus amyloliquefaciens* subsp. *plantarum* D747
8	[ab]坚强芽孢杆菌I-1582，*Bacillus firmus* I-1582
9	[b]短小芽孢杆菌QST 2808，*Bacillus pumilus* QST 2808
10	[b]苏云金芽孢杆菌鲇泽亚种ABTS-1857 and GC-91株系，*Bacillus thuringiensis* subsp. *aizawai* strains ABTS-1857 and GC-91
11	[b]苏云金芽孢杆菌以色列亚种（血清型H-14）AM65-52株系，*Bacillus thuringiensis* subsp. *israeliensis*（serotype H-14）strain AM65-52
12	[b]苏云金芽孢杆菌库斯塔克亚种ABTS 351，PB 54，SA 11，SA12和EG 2348株系，*Bacillus thuringiensis*subsp. *Kurstaki* strains ABTS 351，PB 54，SA 11，SA12 and EG 2348
13	苏云金芽孢杆菌拟步甲亚种NB-176（TM14 1）株系，*Bacillus thuringiensis* subsp. *tenebrionis* strain NB 176（TM 14 1）
14	球孢白僵菌IMI389521，*Beauveria bassiana* IMI389521
15	球孢白僵菌PPRI 5339，*Beauveria bassiana* PPRI 5339
16	球孢白僵菌株系147，*Beauveria bassiana* strain 147
17	球孢白僵菌NPP111B005株系，*Beauveria bassiana* strain NPP111B005
18	[ab]球孢白僵菌ATCC 74040和GHA株系，*Beauveria bassiana* strains ATCC 74040 and GHA
19	[b]橄榄假丝酵母O株系，*Candida oleophila* strain O
20	[a]酿酒酵母LAS117株系细胞壁，cerevisame（cell wall of sacharomyces cerevisiae strain LAS117）
21	[ab]粉红螺旋聚孢霉（原名链孢粘帚霉）J1446株系，*Clonostachys rosea* strain J1446（*Gliocladium catenulatum* strain J1446）

（续表）

序号	微生物农药名称
22	[a]小盾壳霉 CON/M/91－08（DSM 9660）株系，*Coniothyrium minitans* strain CON/M/91－08（DSM 9660）
23	[ab]苹果蠹蛾颗粒体病毒（CpGV），Cydia pomonella granulovirus（CpGV）
24	[ab]棉铃虫核型多角体病毒（HearNPV），Helicoverpa armigera nucleopolyhedrovirus（HearNPV）
25	[a]玫烟色棒束孢（原名玫烟色拟青霉）97 株系，*Isaria fumosorosea* Apopka strain 97（formely *Paecilomyces fumosoroseus*）
26	[ab]蝇蚧霉（原名蜡蚧轮枝菌）Ve6 株系，*Lecanicillium muscarium*（formerly *Verticillium lecanii*）strain Ve6
27	[b]金龟子绿僵菌蝗变种（现名蝗绿僵菌）BIPESCO 5/F52 株系，*Metarhizium anisopliae* var. *anisopliae* strain BIPESCO 5/F52
28	核果梅奇酵母，*Metschnikowia fructicola*
29	轻度凤果花叶病毒 VC 1 菌株，Mild Pepino Mosaic virus isolate VC 1
30	轻度凤果花叶病毒 VX 1 菌株，Mild Pepino Mosaic virus isolate VX 1
31	[a]玫烟色拟青霉（现名玫烟色棒束孢）Fe 9901 株系，*Paecilomyces fumosoroseus* strain Fe 9901
32	[a]淡紫拟青霉（现名淡紫紫孢霉）251 株系，*Paecilomyces lilacinus* strain 251
33	[a]凤果花叶病毒 CH2 品系 1906 菌株，Pepino mosaic virus strain CH2 isolate 1906
34	[ab]大隔孢伏革菌（多株系），*Phlebiopsis gigantea*（several strains）
35	[a]绿针假单胞菌 MA342 株系，*Pseudomonas chlororaphis* strain MA342
36	假单胞菌 DSMZ13134 株系，*Pseudomonas sp.* Strain DSMZ 13134
37	[b]寡雄腐霉 M1，*Pythium oligandrum* M1
38	[a]酿酒酵母 LAS 02 株系，*Saccharomyces cerevisiae* strain LAS02
39	[ab]斜纹夜蛾核型多角体病毒，Spodoptera littoralis nucleopolyhedrovirus
40	[b]链霉菌（灰绿链霉菌）K61，*Streptomyces*（formerly *S. griseoviridis*）K61
41	利迪链霉菌 WYEC 108 株系，*Streptomyces lydicus* WYEC 108
42	[ab]棘孢木霉（原名哈茨木霉）ICC 012，T25 和 TV1 株系，*Trichoderma asperellum*（formerly *T. harzianum*）strains ICC012，T25 and TV1
43	[b]棘孢木霉 T-34 株系，*Trichoderma asperellum*（strain T34）
44	[ab]深绿木霉（原名哈茨木霉）IMI 206040 和 T11 株系，*Trichoderma atroviride*（formerly *T. harzianum*）strains IMI 206040 and T11
45	[ab]深绿木霉 I-1237 株系，*Trichoderma atroviride* strain I-1237
46	深绿木霉 SC1 株系，*Trichoderma atroviride* strain SC1
47	[ab]盖姆斯木霉（原名绿色木霉）ICC08 株系，*Trichoderma gamsii*（formerly *T. viride*）strain ICC080

（续表）

序号	微生物农药名称
48	[ab]哈茨木霉 T-22+ ITEM 908 株系，*Trichoderma harzianum* strains T-22 and ITEM 908
49	[ab]黑白轮枝菌（原名大丽轮枝菌）WCS 850 株系，*Verticillium albo-atrum*（formerly *Verticillium dahliae*）strain WCS850
50	[ab]西葫芦黄化花叶病毒弱株，Zucchini yellow mosaik virus，weak strain

注：a. 2019 年欧盟豁免残留限量的微生物农药；b. 2018 年欧盟批准低风险农药中的微生物农药，“甜菜夜蛾核型多角体病毒 Spodoptera exigua nucleopolyhedrovirus”和“多孢木霉 IMI206039 株系，*Trichoderma polysporum* IMI 206039”因不在 2019 年欧盟公布的注册名单中，故没有列入此表。

五、英国作物生产委员会（BCPC）

2014 年英国作物生产委员会（British Crop Production Council，BCPC）出版了第 5 版《世界生物防治剂手册》（A World Compendium The Manual of Biocontrol Agents，Fifth Edition）。此版主要包括天敌生物、微生物农药、植物源农药和化学信息素 4 部分，共计 212 种生物农药，其中有 86 种微生物农药（Dr. Roma L Gwynn，2014），现把其名单汇总列在表 9-7。

表 9-7　世界生物农药手册中微生物农药名单

序号	微生物农药名称
1	茶小卷叶蛾颗粒体病毒 BV-0001，Adoxophyes orana granulovirus BV-0001
2	放射土壤杆菌 K1026，*Agrobacterium radiobacter* K1026
3	放射形土壤杆菌 K84，*Agrobacterium radiobacter* K84
4	损毁链格孢菌 059，*Alternaria destruens* 059
5	白粉寄生孢 M10，*Ampelomyces quisqualis* M10
6	黄曲霉菌 AF36，*Aspergillus flavus* AF36
7	黄曲霉菌 NRRL 21882，*Aspergillus flavus* NRRL 21882
8	普鲁兰（出芽）短梗霉 DSM 14940 和 DSM 14941 株系，*Aureobasidium pullulans* DSM 14940 and DSM 14941
9	苜蓿银纹夜蛾核型多角体病毒，Autographa californica nucleopolyhedrosis virus
10	解淀粉芽孢杆菌 D747，*Bacillus amyloliquefaciens* D747
11	坚强芽孢杆菌 I-1582，*Bacillus firmus* I-1582
12	地衣芽孢杆菌 SB3086，*Bacillus licheniformis* SB3086
13	短小芽孢杆菌 QST 2808，*Bacillus pumilus* QST 2808
14	解淀粉芽孢杆菌（原名枯草芽孢杆菌）MBI 600，*Bacillus amyloliquefaciens*（former *subtilis*）MBI 600

（续表）

序号	微生物农药名称
15	解淀粉芽孢杆菌（原名枯草芽孢杆菌）QST 713，*Bacillus amyloliquefaciens*（former *subtilis*）QST 713
16	解淀粉芽孢杆菌（原名枯草芽孢杆菌）FZB24 株系，*Bacillus amyloliquefaciens*（former *subtilis*）subsp. FZB24
17	苏云金芽孢杆菌鲇泽亚种 NB200，*Bacillus thuringiensis* subsp. *Aizawai* NB200
18	苏云金芽孢杆菌鲇泽亚种 ABTS-1857，*Bacillus thuringiensis* subsp. *Aizawai* ABTS-1857
19	苏云金芽孢杆菌鲇泽亚种 GC-91，*Bacillus thuringiensis* subsp. *Aizawai* GC-91
20	苏云金芽孢杆菌以色列亚种（血清型 H-14）AM65-52，*Bacillus thuringiensis* subsp. *Israeliensis*（serotype H-14）AM65-52
21	苏云金芽孢杆菌库斯塔克亚种 PB 54，*Bacillus thuringiensis* subsp. *Kurstaki* PB 54
22	苏云金芽孢杆菌库斯塔克亚种 ABTS 351，*Bacillus thuringiensis* subsp. *Kurstaki* ABTS 351
23	苏云金芽孢杆菌库斯塔克亚种 EG 2348 *Bacillus thuringiensis* subsp. *Kurstaki* EG 2348
24	芽孢杆菌库斯塔克亚种 EG 7841，*Bacillus thuringiensis* subsp. *Kurstaki* EG 7541
25	苏云金芽孢杆菌库斯塔克亚种 SA 11，*Bacillus thuringiensis* subsp. *Kurstaki* SA 11
26	苏云金芽孢杆菌库斯塔克亚种 SA12，*Bacillus thuringiensis* subsp. *Kurstaki* s SA12
27	苏云金芽孢杆菌拟步甲亚种 NB-176（TM14 1），*Bacillus thuringiensis* subsp. *Tenebrionis* NB 176（TM 14 1）
28	球孢白僵菌 ATCC 74040，*Beauveria bassiana* ATCC 74040
29	球孢白僵菌 GHA，*Beauveria bassiana* GHA
30	橄榄假丝酵母 O，*Candida oleophil*a O
31	紫色软韧革菌 HQ1，*Chondrostereum purpureum* HQ1
32	紫色软韧革菌 PFC 2139，*Chondrostereum purpureum* PFC 2139
33	铁杉紫色杆菌 PRAA4-1，*Chromobacterium subtsugae* PRAA4-1
34	密歇根锁骨杆菌（或棒形杆菌）密歇根亚种的噬菌体，*Clavibacter michiganensis* subsp. *Michiganensis bacteriophage*
35	小盾壳霉 CON/M/91-08，*Coniothyrium minitans* CON/M/91-08
36	苹果蠹蛾颗粒体病毒（CpGV），*Cydia pomonella* granulovirus（CpGV）
37	苹果蠹蛾颗粒病病毒 ABC V22，*Cydia pomonella* granulovirus ABC V22
38	苹果蠹蛾颗粒病病毒墨西哥株系，*Cydia pomonella* granulovirus Mexican
39	链孢粘帚霉（现名粉红螺旋聚孢霉）J1446，*Gliocladium catenulatum* J1446（now known as *Clonostachys rosea*）
40	绿粘帚霉（现名绿木霉）G-21，*Gliocladium virens* G-21
41	棉铃虫核型多角体病毒，*Helicoverpa armigera* nucleopolyhedrovirus

（续表）

序号	微生物农药名称
42	美洲棉铃虫单壳核型多角体病毒，Helicoverpa zea single capsid nucleopolyhedrovirus
43	玫烟色棒束孢 97，*Isaria fumosorosea* Apopka 97
44	蝇蚧霉（原名蜡蚧轮枝菌）Ve6，*Lecanicillium muscarium*（formerly *Verticillium lecanii*）Ve6
45	舞毒蛾核型多角病毒包涵体，Lymantria dispar nucleopolyhedrosis virus polyhedral inclusion bodies
46	金龟子绿僵菌蝗变种（现名蝗绿僵菌），*Metarhizium anisopliae* subsp. *acridium*
47	金龟子绿僵菌蝗变种（现名蝗绿僵菌）IMI 330189，*Metarhizium anisopliae* subsp. *acridium* IMI 330189
48	金龟子绿僵菌 BIPSSCO 5/F52，*Metarhizium anisopliae* BIPSSCO 5/F52
49	金龟子绿僵菌 ESF 1，*Metarhizium anisopliae* ESF 1
50	疣孢漆斑菌 AARC-0255，*Myrothecium verrucaria* AARC-0255
51	香脂冷杉叶蜂核型多角体病毒，*Neodiprion abietis* nucleopolyhedrosis virus
52	蝗虫微孢子，*Nosema locustae*
53	玫烟色拟青霉（现名玫烟色棒束孢）Fe 9901，*Paecilomyces fumosoroseus* Fe 9901
54	淡紫拟青霉（现名淡紫紫孢菌）251，*Paecilomyces lilacinus* 251
55	淡紫拟青霉（现名淡紫紫孢菌）BCP2，*Paecilomyces lilacinus* BCP2
56	凤果花叶病毒 CH2 1906，*Pepino mosaic* virus CH2 1906
57	大隔孢伏革菌（多株系），*Phlebiopsis gigantea*（several strains）
58	绿针假单胞菌 MA342，*Pseudomonas chlororaphis* MA342
59	荧光假单胞杆菌 A506，*Pseudomonas fluorescens* A506
60	假单胞菌（未标种名）DSMZ 13134，*Pseudomonas* sp. DSMZ 13134
61	丁香假单胞杆菌番茄变种的噬菌体，Pseudomonas syringae pv. tomato bacterriophage
62	丁香假单胞杆菌 ESC 11，*Pseudomonas syringae* ESC 11
63	絮绒假酶菌 PF-A22，*Pseudozyma flocculosa* PF-A22
64	淡紫紫孢霉，*Purpureocillium lilacinus*
65	寡雄腐霉 M1，*Pythium oligandrum* M1
66	甜菜夜蛾核型多角体病毒，Spodoptera exigua nuclearpolyhedrosis virus
67	甜菜夜蛾核型多角体病毒 F1，Spodoptera exigua nuclearpolyhedrosis virus F1
68	斜纹夜蛾核型多角体病毒，Spodoptera litura nuclearpolyhedrosis virus
69	灰绿链霉菌 K61，*Streptomyces griseoviridis* K61
70	利迪链霉 WYEC 108，*Streptomyces lydicus* WYEC 108
71	棘孢木霉 ICC 012，*Trichoderma asperellum* ICC012

（续表）

序号	微生物农药名称
72	棘孢木霉 T34，*Trichoderma asperellum* T34
73	棘孢木霉 TV1，*Trichoderma asperellum*TV1
74	深绿木霉 I-1237，*Trichoderma atroviride* I-1237
75	深绿木霉 IMI 206040，*Trichoderma atroviride* IMI 206040
76	深绿木霉 LC 52，*Trichoderma atroviride* LC 52
77	深绿木霉 T-11，*Trichoderma atroviride*T-11
78	盖姆斯木霉，ICC08 *Trichoderma gamsii* ICC080
79	哈茨木霉 TH 382，*Trichoderma harzianum* TH 382
80	哈茨木霉 ITEM 908，*Trichoderma harzianum* ITEM 908
81	哈茨木霉 T-22，*Trichoderma harzianum* T-22
82	多孢木霉 IMI 206039，*Trichoderma polysporum* IMI 206039
83	绿色木霉，*Trichoderma viride*
84	黑白轮枝菌 WCS850，*Verticillium albo-atrum* WCS850
85	野油菜黄单胞菌叶斑病噬菌体，*Xanthomonas campestris* pv. *vesicatoria* bacteriophage
86	西葫芦黄化花叶病毒弱毒株，Zucchini yellow mosaik virus，weak strain

第三节　境外主要国家或地区微生物农药管理情况

一、美国

美国是世界上最早实行农药登记管理制度的国家，1947 年制定了《联邦杀虫剂、杀菌剂、杀鼠剂法》，首次提出农药要进行登记，规定农药登记和标签要求，是农药管理较严谨和科学的国家之一。美国环境保护署（EPA）负责农药登记，其登记框架和理念值得发展中国家参考借鉴，也是 FAO/WHO 文件资料的主要参考蓝本。如美国和加拿大开发微生物农药安全评价试验方法，已被 OECD 和欧盟采用。

美国研发与生产使用微生物农药较早，产品获得登记速度比欧盟以及其他国家快，环境风险评估比欧盟更加重视哺乳动物的传染性或致病性试验。美国的生物农药包括微生物农药、生物化学农药以及转基因植物（plant incorporate protectants，PIPs）等，与化学农药分别由专门部门进行评估检测，生物农药及污染防治处负责生物农药登记并及时发布和更新登记所需的数据与测试指南。1984 年公布《生物农药注册指南》以规范登记资料要求，并按照 1996 年颁布《微生物农药实验导则》（microbial pesticides test guidelines OPPTS 885.5）指导安全性评价进行。2007 年发布《生物农药登记资料规定》，其目的是简化登记流程，加快登记管理、减少企业负担。美国开创生物农药登记简化的先河而领先全球，值得其他国家学习和参考。

1995 年，美国 EPA 成立了生物农药分类委员会，该委员会做以下选项决定：①是生物农药；②不是生物农药，但可减少部分登记资料；③是传统化学农药；④不是农药。美国生物农药是指由天然原材料制成的低风险农药（包括部分矿物源和无机化工产品等）。其中对人工合成的，只要和天然产物分子的结构相同或相似、功能相同，可被看作生物化学农药。

美国农业部动植物卫生检疫局（Animal and Plant HealthInspection Service，APHIS）主要负责引进与使用外来微生物（主要用于生物防治）的监管等工作。

（一）登记情况

美国生物农药登记起步早，1962 年第一个生物农药登记的是赤霉素（仍在册），1990 年后进入快速发展阶段。截至 2020 年 8 月 31 日，美国生物农药已有 390 个有效成分（减去 5 个重复）和 34 个抗病虫转基因植物（PIP），实际共计 419 个。其中微生物农药有 145 个，占生物农药总数的 34.6%（表 9-8）。

据 Marketsand Markets 报告，作为全球最大的生物农药销售国，美国 2017 年的生物农药销售额占据全球生物农药销售总额的 1/3，其中微生物生物农药占到美国整体生物农药市场总额的 67%（郑敏，2020）。据 Global Newswrite 统计数据显示，2020 年全球生物农药市场为 43 亿美元，预计未来 5 年将保持 14.7% 的符合年增长率，2025 年将达到 85 亿美元（宋俊华，2020）。

表 9-8　美国已注册微生物农药名单

序号	微生物农药名称	PC Code	注册时间
1	灭活的转 Bt δ-内毒素 Cry1A（c）和 Cry1C 基因荧光假单胞菌（专利申请中），A blend of CrylA（c）and CrylC derived delta endotoxins of *thuringiensis encapsulated* in killed *pseudomonas fluorescens*（Patent Pending）	006457	1995
2	放射土壤杆菌 K1026 株系，*Agrobacterium radiobacter* strain K1026	006474	1999
3	放射土壤杆菌 K84 株系，*Agrobacterium radiobacter* strain K84	114201	1979
4	损毁链格孢菌 059 株系，*Alternaria destruens* strain 059	028301	2005
5	白粉寄生孢 M10 菌株，*Ampelomyces quisquails* isolate M-10	021007	1994
6	黄曲霉菌 AF36 株系，*Aspergillus flavus* strain AF36	006456	2003
7	黄曲霉菌 NRRL 21882 株系，*Aspergillus flavus* strain NRRL 21882	006500	2004
8	苜蓿银纹夜蛾核型多角体病毒 R3 株系（87978-T，87978-I，87978-O，8F8697），*Autographa californica* MNPV strain R3（87978-T，87978-I，87978-O，8F8697）	128884	2020

（续表）

序号	微生物农药名称	PC Code	注册时间
9	苜蓿银纹夜蛾核型多角体病毒 FV#11 株系，*Autographa californica* MNPV strain FV#11（69553-8/7F8621）	128123	2019
10	普鲁兰（出芽）短梗霉 DSM 14940、DSM 14941 株系，*Aureobasidium pullulans* strain DSM 14940，DSM 14941	046010 036010	2012
11	解淀粉芽孢杆菌植物亚种 FZB42 株系（69553-9/7F8620），*Bacillus amyloliquefaciens* subsp. *plantarum* strain FZB42（69553-9/7F8620）	016470	2019
12	解淀粉芽孢杆菌 D747 株系，*Bacillus amyloliquefaciens* strain D747	016482	2011
13	解淀粉芽孢杆菌 F727 株系，*Bacillus amyloliquefaciens* strain F727	016489	2017
14	解淀粉芽孢杆菌 MBI 600 株系，*Bacillus amyloliquefaciens* strain MBI 600	129082	1998
15	解淀粉芽孢杆菌 PTA-4838 株系，*Bacillus amyloliquefaciens* strain PTA-4838	016488	2016
16	解淀粉芽孢杆菌 ATCC # 23842，*Bacillus amyloliquefaciens*，ATCC # 23842	006402	1971
17	解淀粉芽孢杆菌 ENV503 株系（87645-3 87645-4/7F8546），*Bacillus amyloliquefaciens*strain ENV503（87645-3 87645-4/7F8546）	129287	2018
18	坚强芽孢杆菌 I-1582 株系，*Bacillus firmus* strain 1-1582	029072	2008
19	地衣芽孢杆菌 SB3086，*Bacillus licheniformis* SB3086	006492	2003
20	地衣芽孢杆菌 FMCH001 株系，*Bacillus licheniformis* strain FMCH001	006592	2018
21	蕈状芽孢杆菌 J 菌株，*Bacillus mycoides* isolate J	006516	2016
22	短小芽孢杆菌 GB34 株系，*Bacillus pumilus* strain GB34	006493	2001
23	短小芽孢杆菌 QST 2808 株系，*Bacillus pumilus* strain QST 2808	006485	2004
24	球形芽孢杆菌 2362 株系、血清型 H5a5b、ABTS 1743 株系，*Bacillus sphaericus* 2362，serotype H5a5b，strain ABTS 1743	119803	2000
25	枯草芽孢杆菌 GB03 株系，*Bacillus subtili* GB03	129068	1992
26	枯草芽孢杆菌 CX-9060 株系，*Bacillus subtilis* strain CX-9060	016480	2011
27	枯草芽孢杆菌 IAB/BS03 株系，*Bacillus subtilis* strain IAB/BS03	006544	2015
28	枯草芽孢杆菌 BU1814 株系，*Bacillus subtilis* strain BU1814	006071	2017
29	枯草芽孢杆菌 FMCH002 株系，*Bacillus subtilis* strain FMCH002	006593	2018
30	枯草芽孢杆菌解淀粉变种 FZB24 株系（现名解淀粉芽孢杆菌），*Bacillus subtilis* var. *amyloliquefaciens* strain FZB24	006480	2000
31	苏云金芽孢杆菌库斯塔克亚种 EVB-113-19 株系，*Bacillus thuringiensis* ssp. *kurstaki* strain EVB-113-19	006700	2016

（续表）

序号	微生物农药名称	PC Code	注册时间
32	苏云金芽孢杆菌库斯塔克亚种 EG7673 株系鳞翅目昆虫毒素，*Bacillus thuringiensis* subsp. *kurstaki* strain EG7673 Lepidopteran active toxin	006447	1995
33	苏云金芽孢杆菌鲇泽亚种，*Bacillus thuringiensis* subsp. *Aizawai*	006403	1991
34	苏云金芽孢杆菌鲇泽亚种 ABTS-1857 株系，*Bacillus thuringiensis* subsp. *aizawai* strain ABTS-1857	006523	1991
35	苏云金芽孢杆菌鲇泽亚种 GC-91 株系，*Bacillus thuringiensis* subsp. *aizawai* strain GC-91	006426	1992
36	苏云金芽孢杆菌鲇泽亚种 NB200 株系，*Bacillus thuringiensis* subsp. *aizawai* strain NB200	006494	2005
37	苏云金芽孢杆菌蜡螟亚种 SDS-502 株系（发酵固体、孢子和杀虫毒素），*Bacillus thuringiensis* subsp. *galleriae* strain SDS-502，fermentation solids，spores and insecticidal toxins	006399	2013
38	苏云金芽孢杆菌以色列亚种，*Bacillus thuringiensis* subsp. *israelensis*	006401	1982
39	苏云金芽孢杆菌库斯塔克亚种 ABTS-351 株系，*Bacillus thuringiensis* subsp. *kurstaki* strain ABTS-351	006522	1971
40	苏云金芽孢杆菌库斯塔克亚种 BMP123 株系，*Bacillus thuringiensis* subsp. *kurstaki* strain BMP 123	006407	1993
41	苏云金芽孢杆菌库斯塔克亚种 EG2348 株系，*Bacillus thuringiensis* subsp. *kurstaki* strain EG2348	006424	1994
42	苏云金芽孢杆菌库斯塔克亚种 EG7841 株系鳞翅目昆虫毒素，*Bacillus thuringiensis* subsp. *kurstaki* strain EG7841 Lepidopteran active toxin	006453	2002
43	苏云金芽孢杆菌库斯塔克亚种 VBTS-2546 株系，*Bacillus thuringiensis* subsp. *kurstaki* strain VBTS-2546	006699	2012
44	苏云金芽孢杆菌库斯塔克亚种 EG2371 株系，*Bacillus thuringiensis* subsp. *kustaki* strain EG2371	006423	1995
45	苏云金芽孢杆菌拟步甲亚种 NB-176 株系，*Bacillus thuringiensis* subsp. *tenebrionis* strain NB-176	006524	1988
46	苏云金芽孢杆菌以色列亚种 BMP 144 株系，*Bacillus thuringiensis* subsp. *israelensis* strain BMP 144	006520	1982
47	苏云金芽孢杆菌库斯塔克亚种 SA-12 株系，*Bacillus thuringiensis* subsp. *kurstaki* strain SA-12	006518	1971
48	苏云金芽孢杆菌拟步甲亚种 SA-10 株系，*Bacillus thuringiensis* subsp. *tenebrionis* strain SA-10	006605	2016
49	苏云金芽孢杆菌库斯塔克亚种 M200 株系毒蛋白，*Bacillus thuringiensis* var. *kurstaki* strain M-200 protein toxin	006452	1996

（续表）

序号	微生物农药名称	PC Code	注册时间
50	苏云金芽孢杆菌以色列亚种 AM 65-52 株系，*Bacillus thuringiensis* subsp. *israelensis* strain AM 65-52	069162	1982
51	苏云金芽孢杆菌以色列亚种 EG2215 株系，*Bacillus thuringiensis* subsp. *israelensis* strain EG2215	006476	1998
52	苏云金芽孢杆菌以色列亚种 SA3 A 株系，*Bacillus thuringiensis* subsp. *israelensis* strain SA3 A	069210	1982
53	苏云金芽孢杆菌库斯塔克亚种 SA-11 株系，*Bacillus thuringiensis* subsp. *kurstaki* strain SA-11	006519	1971
54	苏云金芽孢杆菌以色列亚种 SUM-6218 株系，*Bacillus thuringiensis* subsp. *israelensis* strain SUM-6218	006642	2016
55	苏云金芽孢杆菌库斯塔克亚种 EG7826 株系，*Bacillus thuringiensis* subsp. *kurstaki* strain EG7826	006459	1996
56	梨水疫病欧文（氏）菌的噬菌体（67986-8/7F8573），Bacteriophage active against Erwinia amylovora（67986-8/7F8573）	116402	2018
57	野油菜黄单胞菌叶斑病菌变种和丁香假单胞菌番茄致病变种的噬菌体，Bacteriophage active against Xanthomonas campestris pv. *vesicatoria* and *Pseudomonas syringae* pv. tomato specific Bacteriophages	006521	2005
58	野油菜黄单胞菌叶斑病的噬菌体，Bacteriophage active against Xanthomonas campestris pv. *vesicatoria*	006449	2005
59	柑橘溃疡病的噬菌体（67986-9/7F8574），Bacteriophage active against Xanthomonas citri subsp. *citri*（67986-9/7F8574）	116403	2018
60	木质部难养菌的噬菌体（92918-1 92918-2/ 7F8562），Bacteriophage active against Xylella fastidiosa（92918-1 92918-2/ 7F8562）	116404	2019
61	球孢白僵菌 ATCC 74040，*Beauveria bassiana* ATCC 74040	128818	1995
62	球孢白僵菌 GHA，*Beauveria bassiana* GHA	128924	1995
63	球孢白僵菌 HF23，*Beauveria bassiana* HF23	090305	2006
64	球孢白僵菌 447 株系，*Beauveria bassiana* strain 447	128815	2002
65	球孢白僵菌 ANT-03 株系，*Beauveria bassiana* strain ANT-03；	129990	2014
66	球孢白僵菌 PPRI 5339 株系，*Beauveria bassiana* strain PPRI 5339（71840-21 71840-22/6F8485）	128813	2018
67	洋葱伯克霍尔德氏（假单胞）菌威斯康星型 J82 菌株/株系，*Burkholderia*（*Pseudomonas*）*cepacia* type Wisconsin isolate/strain J82	006464	1996
68	橄榄假丝酵母 I-182 菌株，*Candida oleophila* isolate I-182	021008	1995
69	橄榄假丝酵母 O 株系，*Candida oleophila* strain O	021010	2009

（续表）

序号	微生物农药名称	PC Code	注册时间
70	酿酒酵母 LAS117 株系细胞壁，Cerevisane（cell walls of *Sacchomyces cerevisiae* strain LAS117）	100055	2018
71	紫色软韧革菌 PFC2139 菌株，*Chondrostereum purptireum* isolate PFC 2139	081308	2004
72	紫色软韧革菌 HQ1 株系，*Chondrostereum purpureum* strain HQ1	081309	2005
73	铁杉紫色杆菌 PRAA4-1T 株系，*Chromobacterium subtsugae* strain PRAA4-1T	016329	2011
74	大豆尺蠖蛾核型多角体病毒#460 菌株（87978-L，87978-A，7F8641），Chrysodeixis includensNPV isolate #460（87978-L，87978-A，7F8641）	129344	2020
75	粉红螺旋聚孢霉 CR-7 株系（90641-1 90641-2/6F8508），*Clonostachys rose*a strain CR-7（90641-1 90641-2/6F8508）	22000	2019
76	胶孢炭疽菌合萌专化型和发酵培养基，*Colletotrichum gloeosporioides* f. sp *aeschynomene* and fermentation medium	226300	2006
77	小盾壳霉 CON/M/91-08 株系，*Coniothyrium minitans* strain CON/M/91-08	028836	2001
78	苹果蠹蛾颗粒体病毒，Cydiapomonella granulovirus	129090	2000
79	灭活的转 Bt 库斯塔克亚种 δ-内毒素基因荧光假单胞菌，Delta endotoxin of *Bacillus thuringiensisvariety kurstaki* encapsulated in killed *Pseudomonas fluorescens*	006409	1995
80	冷杉毒蛾核型多角体病毒，Douglas Fir Tussock moth nucleopolyhedrovirus	107302	1998
81	疣孢漆斑菌的干发酵固体物和可溶物，Dried fermentation solids and solubles of *Myrothecium verrucaria*	119204	2000
82	哈茨木霉 T-39 菌株的干发酵固体物和可溶物，含哈茨木霉 T-39 繁殖体分生孢子或菌丝体，Dried fermentation solids and solubles resulting from fermentation of *Trichoderma harzianum* isolate T-39，containing T-39 fungus propagules，as either conidia or mycelia	119200	1996
83	凶猛杜氏菌嗜线虫真菌（暂译名）IAH 1297 株系，*Duddingtonia flagrans* strain IAH 1297	033000	2018
84	链孢粘帚霉（现名粉红螺旋聚孢霉链孢型）J1446 株系，*Gliocladium catenulatum* strain J1446	021009	1998
85	绿粘帚霉（现名绿木霉）G-21，*Gliocladium virens* GL-21	129000	1996
86	棉铃虫核型多角体病毒 BV-0003 株系，Helicoverpa armigera nucleopolyhedrovirus strain BV-0003	129078	2015

（续表）

序号	微生物农药名称	PC Code	注册时间
87	美洲棉铃虫 ABA 核型多角体病毒-U，Helicoverpa zea ABA nucleopolyhedrovirus-U	107200	2014
88	印度谷螟颗粒体病毒，Indian Meal Moth granulosis virus	108896	2001
89	玫烟色棒束孢 Apopka 97 株系（原名玫烟色拟青霉），*Isaria fumosorosea* Apopka strain 97（formerly *Paecilomyces fumosoroseus*）	115002	1998
90	玫烟色棒束孢 FE 9901 株系，*Isaria fumosorosea* strain FE 9901	115003	2011
91	灭活的酸疮痂链霉菌 RL-110 株系 Killed，non-viable *Streptomyces acidiscabies* strain RL-110	016328	2012
92	大链壶菌，菌丝或卵孢子，*Lagenidium giganteum*，mycelium or oospores	129084	1996
93	棕榈疫霉活体厚壁孢子，Live Chlamydospores of *Phytophthora palmivora*	111301	1981
94	金龟子绿僵菌 F52 株系，*Metarhizium anisopliae* strain 52	029056	2003
95	金龟子绿僵菌 ESC1 株系，*Metarhizium anisopliae* strain ESF1	129056	1993
96	核果梅奇酵母 NRRL Y-27328 株系（89635-4/ 7E8560），*Metschnikowia fructicola* strain NRRL Y-27328（89635-4/ 7E8560）	012244	2018
97	白色麝香霉 QST20799，*Muscodor albus* QST 20799	006503	2005
98	白色麝香霉 SA-13 株系，*Muscodor albus* strain SA-13	006666	2016
99	蝗虫微孢子，*Nosema locustae*	117001	1982
100	舞毒蛾核型多角体病毒包涵体，Occlusion bodies（OB）of the gypsy moth nucleopolyhedrovirus（LdMNPV）	107303	1978
101	淡紫拟青霉（现名淡紫紫孢霉）251 株系，*Paecilomyces lilacinus* strain 251	028826	2005
102	成团泛菌，*Pantoea agglomerans*	006470	2006
103	成团泛菌 E325、NRRL B-21856 株系，*Pantoea agglomerans* strain E325，NRRL B-21856	006511	2006
104	木瓜 X17-2 抗番木瓜环斑病毒基因（番木瓜环斑病毒外壳蛋白基因），Papaya Ringspot Virus Resistance Gene（Papaya Ringspot Virus Coat Protein Gene）in X17-2 Papaya	006701	2016
105	巴氏杆菌（防肾形线虫品系）-Pr3，*Pasteuna* spp.（Rotylenchulusremformisnematode）-Pr3	016456	2012
106	巴氏杆菌-Pn1，*Pasteuria nishizawae*-Pn1	016455	2012
107	美高协巴氏杆菌-Bll，*Pasteuria usgae* -Bll	006545	2009

（续表）

序号	微生物农药名称	PC Code	注册时间
108	风果花叶病毒 CH2 株系，1906 菌株（92554-1/7E8567），Pepino mosaic virus，strain CH2，isolate 1906（92554-1/ 7E8567）	006559	2018
109	大隔孢伏革菌 VRA 1992 株系，*Phlebiopsis gigantea* strain VRA 1992	006111	2016
110	核型多角体病毒包涵体，Polyhedral occlusion bodies（Obs）of the nuclear polyhedrosis virus	127885	2002
111	美洲棉铃虫（谷实夜蛾）核型多角体病毒包涵体，Polyhedral occlusion bodies（OBs）of the nuclear polyhedrosis virus of Helicoverpa zea（corn earworm）	107300	1992
112	致黄假单胞杆菌 Tx-1 株系，*Pseudomonas aureofadens* strain Tx-l	006473	1999
113	绿针假单胞菌 63-28 株系，*Pseudomonas chlororaphis* strain 63-28	006478	2001
114	绿针假单胞菌 AFS009 株系，*Pseudomonas chlororaphis* strain AFS009	006800	2017
115	荧光假单胞杆菌 1629RS，*Pseudomonas fluorescens* 1629RS	006439	1992
116	荧光假单胞杆菌 A506，*Pseudomonas fluorescens* A506	006438	1992
117	荧光假单胞杆菌 D7 株系，*Pseudomonas fluorescens* strain D7	016418	2014
118	丁香假单胞杆菌 742RS，*Pseudomonas syringae* 742RS	006411	1992
119	丁香假单胞杆菌 ESC 10 株系，*Pseudomonas syringae* strain ESC-10	006441	1994
120	丁香假单胞杆菌 ESC 11 株系，*Pseudomonas syringae* strain ESC-11	006451	1996
121	絮绒假酶菌 PF-A22UL 株系，*Pseudozyma flocculosa* strain PF-A22 UL	119196	2002
122	遏蓝菜柄锈菌菘蓝株系（板蓝根柄锈菌），*Puccinia thlaspeos* strain woad（dyer's woad rust）	006489	2002
123	短小芽孢杆菌 BU F-33 株系，*Bacillus pumilus* strain BU F-33	007493	2013
124	寡雄腐霉 DV 74，*Pythium oligandrum* DV 74	028816	2007
125	枯草芽孢杆菌 QST713 株系，*Bacillus subtilis* strain QST 713	006479	2000
126	甜菜夜蛾核型多角体病毒 BV-0004 株系，Spodoptera exigua multinucleopolyhedrovirus（SeMNPV）strain BV-0004	129345	2015
127	草地贪夜蛾核型多角体病毒 MNPV-3AP2，Spodoptera frugiperda MNPV-3AP2	129346	2016
128	缓病芽孢杆菌，Spores of *Bacillus lentimorbus*	054501	1987
129	日本金龟子芽孢杆菌，Spores of *Bacillus popilliae*	054502	1995
130	利迪链霉菌 WYEC 108 株系，*Streptomyces lydicus* strain WYEC 108	006327	2004
131	灰绿链霉菌 K61 株系，*Streptomyces griseoviridis* strain K61	129069	1993

（续表）

序号	微生物农药名称	PC Code	注册时间
132	苏云金芽孢杆菌拟步甲亚种，*Thuringiensis* subsp. *tenebrionis*	006405	1988
133	棘孢木霉 ICC 012，*Trichoderma asperellum*（ICC 012）	119208	2010
134	深绿木霉 SC1 株系，*Trichoderma atroviride* strain SC1	119013	2020
135	盖姆斯木霉 ICC 080，*Trichoderma gamsii*（ICC 080）	119207	2010
136	钩状木霉 382 菌株，*Trichoderma hamatum* isolate 382	119205	2010
137	哈茨木霉 T-22 株系，*Trichoderma harzianum* Rifai strain T-22	119202	2000
138	多孢木霉 ATCC 20475，*Trichoderma polysporum*（ATCC 20475）	128902	1989
139	绿色木霉 G-4 株系和哈茨木霉 1-22 株系，*Trichoderma virens* strain G-4 and *Trichoderma harzianum* Rifai strain 1-22	1776604	2012
140	绿色木霉 ATCC 20476，*Trichoderma viride*（ATCC 20476）	128903	1989
141	奥德曼细基格孢 U3 株系，*Ulocladium oudemansii*（U3 Strain）	102111	2009
142	轮枝菌（未标种名）WCS850 菌株，*Verticillium* isolate WCS 850	081305	2005
143	沃尔巴克氏体 ZAP 株系（白纹伊蚊）（89668-4），*Wolbachia pipientis* ZAP strain（Aedes albopictus）（89668-4）	069035	2017
144	酵母（未标种名），Yeast	100054	2009
145	西葫芦黄化花叶病毒弱毒株，Zucchini yellow mosaic virus-Weak strain	244201	2007

（二）豁免名单

截至 2020 年 12 月 22 日，在美国豁免制定残留限量的 251 种农药名单（不包括 1 个已过期的临时豁免），占已注册生物农药数量（不包括 PIP）的 65.2%；其中有微生物农药有 97 个（表 9-9）占已注册微生物农药数量的 66.9%。由此可见，不是所有注册的微生物农药都可列在豁免制定残留限量的农药名单上。

表 9-9　美国豁免制定残留限量的微生物农药名单

序号	豁免制定残留限量的微生物农药名称	编码
1	苏云金芽孢杆菌，*Bacillus thuringiensis*	180.1011
2	美洲棉铃虫核型多角体病毒，Heliothis zea nucleopolyhedrovirus	180.1027
3	蝗虫微孢子，*Nosema locustae*	180.1041
4	棕榈疫霉，*Phytophthora palmivora*	180.1057
5	胶孢炭疽菌合萌专化型，*Colletotrichum gloeosporioides* f. sp. aeschynomene	180.1075

（续表）

序号	豁免制定残留限量的微生物农药名称	编码
6	日本金龟子芽孢杆菌，*Bacillus popilliae*	180. 1076
7	绿粘帚霉（现名绿木霉）G-21 菌株，*Gliocladium virens* isolate GL-21	180. 1100
8	哈茨木霉 T-22 株系，*Trichoderma harzianum* KRL-AG2（ATCC #20847）strain T-22	180. 1102
9	枯草芽孢杆菌 GB03，*Bacillus subtilis* GB03	180. 1111
10	荧光假单胞菌 A506、1629RS 和丁香假单胞杆菌 742RS，*Pseudomonas fluorescens* A506，1629RS，and *Pseudomonas syringae* 742RS	180. 1114
11	甜菜夜蛾核型多角体病毒，Spodoptera exigua nucleopolyhedrovirus	180. 1119
12	链霉菌（灰绿链霉菌）K61 株系，*Streptomyces* sp. strain K61	180. 1120
13	枯草芽孢杆菌，MBI600，*Bacillus subtilis* MBI 600	180. 1128
14	穿刺巴斯德芽孢杆菌，*Pasteuria penetrans*	180. 1135
15	丁香假单胞菌，*Pseudomonas syringae*	180. 1145
16	球孢白僵菌 GHA 株系，*Beauveria bassiana* strain GHA	180. 1146
17	苹果蠹蛾颗粒体病毒，Cydiapomenella granulovirus	180. 1148
18	芹菜夜蛾核型多角体病毒，*Anagrapha falcifera* nucleopolyhedrovirus	180. 1149
19	灭活的疣孢漆斑菌，Killed *Myrothecium verrucaria*	180. 1163
20	蜡质芽孢杆菌 BPO1 株系，*Bacillus cereus* strain BPO1	180. 1181
21	链孢粘帚霉（现名粉红螺旋聚孢霉链孢型）J1446 株系，*Gliocladium catenulatum* strain J1446	180. 1198
22	球形芽孢杆菌，*Bacillus sphaericus*	180. 1202
23	球孢白僵菌 ATCC #74040，*Beauveria bassiana* ATCC #74040	180. 1205
24	黄曲霉菌 AF36，*Aspergillus flavus* AF36	180. 1206
25	枯草芽孢杆 QST713 株系，*Bacillus subtilis* strain QST 713	180. 1209
26	绿叶假单胞菌 63-28 株系，*Pseudomonas chlororaphis* strain 63-28	180. 1212
27	小盾壳霉 CON/M/91-08 株系，*Coniothyrium minitans* strain CON/M/91-08	180. 1213
28	印度谷螟颗粒体病毒，Plodia interpunctella granulovirus（Indian meal moth）	180. 1218
29	短小芽孢杆菌 GB34，*Bacillus pumilus* GB34	180. 1224
30	短小芽孢杆菌 QST2808 株系，*Bacillus pumilus* strain QST2808	180. 1226
31	枯草芽孢杆菌解淀粉变种（现名解淀粉芽孢杆菌），*Bacillus subtilis* var. *amyloliquefaciens* strain FZB24	180. 1243

（续表）

序号	豁免制定残留限量的微生物农药名称	编码
32	酿酒酵母水解提取物，yeast extract hydrolysate from *Saccharomyces cerevisia*	180. 1246
33	利迪链霉菌 WYEC108，*Streptomyces lydicus* WYEC 108	180. 1253
34	黄曲霉菌 NRRL21882，*Aspergillus flavus* NRRL 21882	180. 1254
35	短小芽孢杆菌 QST2808 株系，*Bacillus pumilus* strain QST 2808	180. 1255
36	淡紫紫孢霉（原名淡紫拟青霉）251 株系，*Purpureocillium*（*Paecilomyces*）*lilacinum* strain 251	180. 1257
37	白色麝香霉 QST20779 及复水作用下的挥发物，*Muscodor albus* QST 20799 and the volatiles produced on rehydration	180. 1260
38	野油菜黄单孢菌叶斑病变种和丁香假单胞菌番茄致病变种的噬菌体，*Xanthomonas campestris* pv. *vesicatoria* and *Pseudomonas syringae* pv. *tomato* specific Bacteriophages	180. 1261
39	成团泛菌 C9-1 株系，*Pantoea agglomerans* strain C9-1	180. 1267
40	蕈状芽孢杆菌 J 菌株，*Bacillus mycoides* isolate J	180. 1269
41	成团泛菌 E325 株系，*Pantoea agglomerans* strain E325	180. 1272
42	球形白僵菌 HF 23，*Beauveria bassiana* HF 23	180. 1273
43	寡雄腐霉 DV 74，*Pythium oligandrum* DV 74	180. 1275
44	烟草轻型绿斑驳花叶病毒 U2 株系，Tobacco mild green mosaic tobamovirus strain U2	180. 1276
45	坚强芽孢杆菌 I-1582，*Bacillus firmus* I-1582	180. 1282
46	橄榄假丝酵母 O 株系，*Candida oleophila* srain O	180. 1289
47	美高协巴氏杆菌，*Pasteuria usgae*	180. 1290
48	奥德曼细基格孢 U3 株系，*Ulocladium oudemansii* strain U3	180. 1292
49	盖姆斯木霉 ICC 080 株系，*Trichoderma gamsii* strain ICC 080	180. 1293
50	棘孢木霉 ICC012 株系，*Trichoderma asperellum* strain ICC 012	180. 1294
51	钩状木霉 382 菌株，*Trichoderma hamatum* isolate 382	180. 1298
52	金龟子绿僵菌 F52 株系，*Metarhizium anisopliae* strain F52	180. 1303
53	荧光假单孢菌 CL145 株系，*Pseudomonas fluorescens* strain CL145	180. 1304
54	铁杉紫色杆菌 PRAA4-1 株系，*Chromobacterium subtsugae* strain PRAA4-1	180. 1305
55	玫烟色棒束孢菌（原名玫烟色拟青霉菌）97 株系，*Isaria fumosorosea*（formerly *Paecilomyces fumosoroseus*）apopka strain 97	180. 1306
56	密歇根锁骨杆菌（或棒形杆菌）密歇根亚种的噬菌体，Bacteriophage of Clavibacter michiganensis subspecies michiganensis	180. 1307

（续表）

序号	豁免制定残留限量的微生物农药名称	编码
57	解淀粉芽孢杆菌 D747 株系，*Bacillus amyloliquefaciens* strain D747	180. 1308
58	枯草芽孢杆菌 CX-9060 株系，*Bacillus subtilis* strain CX-9060	180. 1309
59	绿色木霉 G-41 株系，*Trichoderma virens* strain G-41	180. 1310
60	巴斯德杆菌 Pn1，*Pasteuria nishizawae*-Pn1	180. 1311
61	普鲁兰（出芽）短梗霉菌 DSM 14940、DSM14941 株系，*Aureobasidium pullulans* strains DSM 14940 and DSM 14941	180. 1312
62	短小芽孢杆菌 GHA 180 株系，*Bacillus pumilus* strain GHA 180	180. 1313
63	灭活的酸疮痂链霉菌 RL-110 株系，Killed，nonviable *Streptomyces acidiscabies* strain RL-110	180. 1314
64	巴氏杆菌（防肾形线虫品系）-Pr3，*Pasteuria* spp. （*Rotylenchulus reniformis nematode*）-Pr3	180. 1316
65	短小芽孢杆菌 BU F-33 株系，*Bacillus pumilus* strain BU F-33	180. 1322
66	热灭活的伯克霍尔德氏菌 A396 株系细胞及发酵后的培养基废料，Heat-killed *Burkholderia* spp. strain A396 cells and spent fermentation media	180. 1325
67	荧光假单胞菌 D7 株系，*Pseudomonas fluorescens* strain*D7*	180. 1326
68	球孢白僵菌 ANT-03 株系，*Beauveria bassiana* strain ANT-03	180. 1328
69	枯草芽孢杆菌 IAB/BS03 株系，*Bacillus subtilis* strain IAB/BS03	180. 1329
70	拟棘孢木霉 JM41R 株系，*Trichoderma asperelloides* strain JM41R	180. 1331
71	玫烟色棒束孢 FE 9901 株系，*Isaria fumosorosea* strain FE 9901	180. 1335
72	解淀粉芽孢杆菌 PTA-4838 株系，*Bacillus amyloliquefaciens* strain PTA-4838	180. 1336
73	表达菠菜防御素蛋白 2、7 和 8 的柑橘衰退病毒，Citrus tristeza virus expressing spinach defensin proteins 2，7，and 8	180. 1337
74	黄曲霉菌 TC16F，TC35C，TC38B，and TC46G 株系，*Aspergillus flavus* strains TC16F，TC35C，TC38B，and TC46G	180. 1338
75	草地夜蛾核型多角体病毒 3AP2 株系，*Spodoptera frugiperda* multiple nucleopolyhedrovirus strain 3AP2	180. 1339
76	白色麝香霉 SA-13 株系及其复水作用下的挥发物，*Muscodor albus* strain SA-13 and the volatiles produced on rehydration	180. 1340
77	绿针假单胞菌 AFS009 株系，*Pseudomonas chlororaphis* strain AFS009	180. 1341
78	解淀粉芽孢杆菌 F727 株系，*Bacillus amyloliquefaciens* strain F727	180. 1347
79	枯草芽孢杆菌 BU1814 株系，*Bacillus subtilis* strain BU1814	180. 1348
80	地衣芽孢杆菌 FMCH001 株系，*Bacillus licheniformis* strain FMCH001	180. 1350

（续表）

序号	豁免制定残留限量的微生物农药名称	编码
81	枯草芽孢杆菌 FMCH002 株系，*Bacillus subtilis* strain FMCH002	180. 1351
82	凶猛杜氏菌嗜线虫真菌（暂译名）IAH 1297 株系，*Duddingtonia flagrans* strain IAH 1297	180. 1355
83	酿酒酵母 LAS117 株系细胞壁，Cerevisane（cell walls of*Saccharomyces cerevisiae* strain LAS117）	180. 1357
84	核果梅奇酵母 NRRL Y-27328 株系，*Metschnikowia fructicola* strain NRRL Y-27328	180. 1358
85	梨火疫病欧文（氏）菌的噬菌体，Bacteriophage active against Erwinia amylovora	180. 1359
86	柑橘溃疡病的噬菌体，Bacteriophage active against Xanthomonas citri subsp. Citri	180. 1360
87	凤果花叶病毒 CH2 株系 1906 菌株，Pepino mosaic virus，strain CH2，isolate 1906	180. 1361
88	球孢白僵菌 PPRI 5339 株系，*Beauveria bassiana* strain PPRI 5339	180. 1362
89	解淀粉芽孢杆菌 ENV503 株系，*Bacillus amyloliquefaciens* strain ENV503	180. 1363
90	木质部难养菌的噬菌体，Bacteriophage active against Xylella fastidiosa	180. 1365
91	解淀粉芽孢杆菌植物亚种 FZB42 株系，*Bacillus amyloliquefaciens* subspecies *plantarum* strain FZB42	180. 1367
92	粉红螺旋聚孢霉 CR-7 株系，*Clonostachys rosea* strain CR-7	180. 1368
93	苜蓿银纹夜蛾核型多角体病毒 FV#11 株系，Autographa californicammultiple nucleopolyhedrovirus strain FV#11	180. 1369
94	大豆尺蠖蛾核型多角体病毒#460 菌株，Chrysodeixis includensnucleopolyhedrovirus isolate #460	180. 1373
95	苜蓿银纹夜蛾核型多角体病毒 R3 株系，Autographa californica multiple nucleopolyhedrovirus strain R3	180. 1374
96	深绿木霉 SC1 株系，*Trichoderma atroviride* strain SC1	180. 1378
97	棘孢木霉 T34 株系，*Trichoderma asperellum*，strain T34	180. 1379

（三）中美两国生物农药数量对照

我国的生物农药起步晚，1986 年第一个微生物农药产品登记的是苏云金芽孢杆菌（比美国晚了 15 年），现处在发展阶段。通过表 9-10 看，美国生物农药登记数量和微生物农药数量都远高于中国。但我国微生物农药发展迅速，目前登记的有效成分数量仅次于美国和欧盟，在国家大力推进生物农药发展形势下，我国的微生物农药必将更上一层楼。

表 9-10　中美生物农药有效成分登记数量对照表

生物农药类别	中国（2019.12.31）		生物农药类别	美国（2020.8.31）	
	数量/个	占比/%		数量/个	占比/%
微生物农药	47	38.8	微生物农药	145	34.6
生化农药	46	38.0	生化农药（信息素、植物/动物调节剂、驱避/引诱剂等）	220	52.5
植物源农药	28	23.2	转基因植物保护剂 PIP	34	8.1
			其他	20	4.8
总计	121	100	总计	419	100

二、法国

据法国生物防控行业协会 IBMA 的数据，2018 年法国生物农药市场占全国农药总市场的 8%，达到 1.7 亿欧元。预计到 2020 年，此比例将会达到 10%，目标是在 2030 年达到 30%。整体来说，法国的生物农药发展比欧洲其他国家相对较快。2018 年法国制定了到 2025 年化学农药使用量减半的目标，这给生物农药带来良好的发展时机，且生物防治产品的审查评估期仅为 6 个月。法国在 L. 253-5 和 L. 253-7 条款条下的生物防治植物保护的微生物农药名单（郑敏，2020）（表 9-11）。

表 9-11　法国微生物农药名单

序号	微生物农药名称
1	茶小卷叶蛾颗粒体病毒 BV-0001 株系，Adoxophyes orana GV strain BV-0001
2	白粉寄生孢，*Ampelomyces quisqualis*
3	普鲁兰（出芽）短梗霉菌 DSM14940 及 DSM14941 株系，*Aureobasidium pullulans*（strains DSM 14940 and DSM 14941）
4	坚强芽孢杆菌 I-1582，*Bacillus firmus* I-1582
5	短小芽孢杆菌 QST 2808，*Bacillus pumilus* QST 2808
6	枯草芽孢杆菌 QST 713 株系，*Bacillus subtilis* str. QST 713
7	苏云金芽孢杆菌鲇泽亚种，*Bacillus thuringiensis* subsp. *aizawai*
8	苏云金芽孢杆菌库斯塔克亚种，*Bacillus thuringiensis* subsp. *kurstaki*
9	球孢白僵菌 147 株系，*Beauveria bassiana* strain 147
10	小盾壳霉，*Coniothyrium minitans*
11	苹果蠹蛾颗粒体病毒，Cydia pomonella granulosis virus
12	链孢粘帚霉（现名粉红螺旋聚孢霉链孢型）J1446，*Gliocladium catenulatum* Souche J1446
13	棉铃虫核型多角体病毒，Helicoverpa armigera nucleopolyhedrovirus

（续表）

序号	微生物农药名称
14	玫烟色棒束孢菌 97 株系，*Isaria fumosorosea* Apopka strain 97
15	蝇疥霉 Ve6 株系，*Lecanicillium muscarium* strain Ve6
16	金龟子绿僵菌蝗变种（现名蝗绿僵菌）BIPESCO 5/F52，*Metarhizium anisopliae* var. *anisopliae* BIPESCO 5/F52
17	大隔孢伏革菌，*Phlebiopsis gigantea*
18	绿针假单胞杆菌 MA 342，*Pseudomonas chlororaphis* MA342
19	寡雄腐霉，*Pythium oligandrum*
20	链霉菌 K61（灰绿链霉菌），*Streptomyces* K61（formerly *S. griseoviridis*）
21	哈茨木霉 ICC012，T25 和 TV1 株系，*Trichoderma asperellum* strains ICC012，T25 and TV1
22	哈茨木霉 T34，*Trichoderma asperellum* T34
23	深绿木霉 I-1237，*Trichoderma atroviride* I-1237
24	深绿木霉 I-1238，*Trichoderma atroviride* I-1238
25	深绿木霉 T11、哈茨木霉 T25 *Trichoderma atroviride* T11 et *Trichoderma asperellum* T25
26	盖姆斯木霉 ICC080，*Trichoderma gamsii* ICC080
27	哈茨木霉 T-22 和 ITEM-908 株系，*Trichoderma harzianum* Rifai strains T-22 and ITEM-908
28	凤果花叶病毒 CH2 株系 1906 菌株，Pepino mosaic virus，strain CH2，isolate 1906
29	西葫芦黄色花叶病毒，Benign zucchini yellow mosaic virus

三、荷兰

荷兰是欧盟成员国之一，在遵循欧盟农药登记与管理统一法规基础上，建立了本国微生物农药环境风险评价框架，并发布了《微生物农药环境风险评价数据要求》（Microbial pesticide-data requirements for environmental risk assessment），详细描述了微生物农药环境风险评价程序和方法。评价框架包括数据分析和环境风险评价两部分，数据分析是环境风险评价的基础，通常由暴露评价，影响效应评价（剂量反应关系）和风险特征化组成，其中风险特征化包括风险估计，如影响程度、范围和发生的可能性；环境风险评价包括了生态毒理学试验和受试微生物的环境行为试验研究，评价程序与 EPA 四阶段评价方法基本相同，但荷兰区分了非本土微生物与遗传修饰微生物农药的评价，对于非本土微生物与遗传修饰微生物农药，在第 1 阶段评价中需要同时对其在土壤、水体、空气中的环境行为进行研究。

四、澳大利亚

（一）登记情况

澳大利亚的生物农药是指有效成分来自活体生物（植物、动物、微生物等）的农用化学品。主要包括微生物、生物化学、植物（植物提取物、精油等）农药及其他活体生物（如昆虫、植物、动物及其转基因生物）。

2005 年澳大利亚发布了《生物农产品注册指南》（Guidelines for the Registration of Biological Agricultural Products）。指南对每种微生物农药的新菌株通常都被认为是新活性成分，一般不认为新微生物制剂产品与已登记产品相似，除非是对已有产品进行分装；另外在微生物农药登记上与众不同的是强调对非本土微生物有效成分的要求和评价（与加拿大、荷兰、中国台湾等国家和地区的相似），要提交该菌株在制造国登记使用商品化的证明文件及该菌种是否在本土存在的说明等（台湾仅认可美国、日本、英国、德国、澳大利亚、法国、加拿大、瑞士、荷兰和欧盟的证明或文件）；另外，加拿大对微生物农药除需要健康和环境评价，还增加效益评价。现汇总澳大利亚注册的微生物农药名单（截至 2021 年 2 月 24 日）（表 9-12）。

由于澳大利亚农药兽药管理局（APVMA）是把农药和兽药统一管理，因此本书仅选择与农业和环境相关的农药。

表 9-12　澳大利亚微生物农药名单

序号	微生物农药名称
1	普鲁兰（出芽）短梗霉菌 DSM 14940 和 DSM 14941 株系，*Aureobasidium pullulans* strains DSM 14940 and DSM 14941
2	解淀粉芽孢杆菌 QST 713 株系，*Bacillus amyloliquefaciens* strain QST 713
3	球形芽孢杆菌 2362，H515b 血清型，ABTS-1743 株系，*Bacillus sphaericus* 2362，Serotype H515b，strain ABTS-1743
4	球孢白僵菌，*Beauveria bassiana*
5	球孢白僵菌 PPRI 5339 株系，*Beauveria bassiana* strain PPRI 5339
6	苏云金芽孢杆菌 MPPL 002 株系，*Bacillus thuringiensis* strain MPPL 002
7	苏云金芽孢杆菌 AB88 株系 VIP3A 外毒素，*Bacillus thuringiensis* strain AB88 exotoxin，VIP3A
8	苏云金芽孢杆菌鲇泽亚种，*Bacillus thuringiensis* subsp. *aizawai*
9	苏云金芽孢杆菌鲇泽亚种 ABTS-1857 株系，*Bacillus thuringiensis* subsp.*aizawai* strain ABTS-1857
10	苏云金芽孢杆菌库斯塔克亚种/变种（现统一为亚种），*Bacillus thuringiensis* subsp. *kurstaki* / *Bacillus thuringiensis* var. *kurstaki*
11	苏云金芽孢杆菌库斯塔克亚种 HD-1 株系，*Bacillus thuringiensis* subsp. *kurstaki* strain HD-1
12	苏云金芽孢杆菌库斯塔克亚种 SA-11 株系，*Bacillus thuringiensis* subsp. *kurstaki* strain SA-11
13	苏云金芽孢杆菌库斯塔克亚种 SA-12 株系，*Bacillus thuringiensis* subsp. *kurstaki* strain SA-12

（续表）

序号	微生物农药名称
14	苏云金芽孢杆菌库斯塔克亚种 ABTS-351 株系，*Bacillus thuringiensis* subsp. *kurstaki* strain ABTS-351
15	苏云金芽孢杆菌库斯塔克亚种 δ 内毒素蛋白，*Bacillus thuringiensis* subsp. *kurstaki* delta endotoxins protein
16	苏云金芽孢杆菌库斯塔克亚种 δ 内毒素 A，*Bacillus thuringiensis* subsp. *kurstaki* delta endotoxins A
17	苏云金芽孢杆菌库斯塔克亚种，3A，3B 血清型，SA-12 变种，*Bacillus thuringiensis* subsp. *kurstaki* serotype 3A，3B strain VARI. SA-12
18	苏云金芽孢杆菌库斯塔克亚种 Cry1Ac（synpro）基因和苏云金芽孢杆菌鲇泽亚种 Cry1F（synpro）基因，*Bacillus thuringiensis* subsp. *kurstaki* Cry1Ac（synpro）gene and *Bacillus thuringiensis* subsp. *aizawai* Cry1F（synpro）gene
19	苏云金芽孢杆菌以色列亚种/变种（现统一为亚种），*Bacillus thuringiensis* subsp. *israelensis*/*Bacillus thuringiensis* var. *israelensis*
20	苏云金芽孢杆菌以色列亚种 H14 血清型，*Bacillus thuringiensis* subsp. *israelensis* serotype H14
21	苏云金芽孢杆菌以色列亚种 HKA1999 株系，*Bacillus thuringiensis* subsp. *israelensis* strain HKA1999
22	苏云金芽孢杆菌拟步甲亚种 *Bacillus thuringiensis* subsp. *Tenebrionis*
23	苹果蠹蛾颗粒体病毒，Cydia pomonella granulosis virus
24	苹果蠹蛾颗粒体病毒 V22（CPGV-V22），Cydia pomonella granulosis virus V22（CPGV-V22）
25	棉铃虫核型多角体病毒，澳洲棉铃虫（美洲棉铃虫），Helicoverpa armigera nuclearpolyhedrosis virus *H. punctigera*（Helicoverpa ZEA）
26	金龟子绿僵菌 DAT F-001 菌株，*Metarhizium anisopliae* DAT F-001 isolate
27	金龟子绿僵菌蝗变种（现名蝗绿僵菌），*Metarhizium anisoplia* vari. *Acridum*（spores）
28	哈茨木霉、木素木霉和康氏木霉，*Trichoderma harzianum*，*T. lignorum* and *T. koningii*
29	哈茨木霉变种 T-39 菌株，*Trichoderma harzianum* Rifai isolate，T-39
30	利迪链霉菌 WYEC 108 株系，*Streptomyces lydicus* strain WYEC 108
31	淡紫拟青霉（现名淡紫紫孢霉），*Paecilomyces lilacinus* strain 251
32	荧光假单胞杆菌，*Pseudomonas fluorescens*

（二）豁免名单

在澳大利亚公布的豁免制定残留限量的 185 种农药名单中（不包括 1 个重复），仅选择与农业或环境相关的 19 个微生物农药，并限定其使用范围（截至 2020 年 4 月 17 日，表 9-13）。

表 9-13　澳大利亚在限定使用范围下豁免制定食品中残留限量的微生物农药名单

序号	微生物农药名称	使用范围
1	普鲁兰（出芽）短梗霉菌 DSM 14940 和 DSM14941 株系，*Aureobasidium pullulans* strains DSM 14940 and DSM 14941	用于人/畜食用作物
2	球形芽孢杆菌 2362 菌株，*Bacillus sphaericus* strain 2362	防治水中蚊幼虫
3	枯草芽孢杆菌 MBI600 株系（现名解淀粉芽孢杆菌），*Bacillus subtilis* strain MBI600（*Bacillus amyloliquefaciens*）	用于人/畜食用作物
4	枯草芽孢杆菌 QST 713 株系（现名解淀粉芽孢杆菌），*Bacillus subtilis* strain QST 713（*Bacillus amyloliquefaciens*）	用于人/畜食用作物
5	苏云金芽孢杆菌鲇泽亚种，*Bacillus thuringiensis* Berliner subsp. *aizawai*	用于人/畜食用、非食用作物和观赏植物
6	苏云金芽孢杆菌以色列亚种，*Bacillus thuringiensis* Berliner *israelensis*	防治水中蚊幼虫
7	灭活的转 Bt 库斯塔克亚种 δ-内毒素基因荧光假单胞菌，*Bacillus thuringiensis kurstaki* delta endotoxin encapsulated in killed *Pseudomonas fluorescens*	用于棉花、仁果、核果、葡萄、蔬菜
8	苏云金芽孢杆菌库斯塔克亚种 δ-内毒素蛋白，*Bacillus thuringiensis kurstaki* delta endotoxin protein	转基因抗虫棉
9	苏云金芽孢杆菌库斯塔克亚种孢外蛋白 Vip3A，*Bacillus thuringiensis kurstaki* exoprotein Vip3A	转基因抗虫棉
10	苏云金芽孢杆菌库斯塔克亚种，*Bacillus thuringiensis* Berliner subsp. *kurstaki*	用于人/畜食用、非食用作物、观赏植物、绿化带和林场
11	球孢白僵菌 PPRI 5339 株系，*Beauveria bassiana* strain PPRI 5339	用于设施蔬菜和观赏作物
12	苹果蠹蛾颗粒体病毒，Cydia pomonella granulovirus	用于杀虫
13	金龟子绿僵菌，*Metarhizium anisopliae*	土壤处理防治蛴螬，香蕉、木瓜、菠萝、甘蔗和芋头的灰背蔗龟幼虫；防治澳洲蝗、无翅蝗、刺喉蝗和飞蝗；防花卉和蔬菜粉虱
14	毛蚊新线虫，*Neoaplectana bibioni*	用于红醋栗蛀虫的生物防治
15	棉铃虫核型多角体病毒，Nuclear polyhedrosis virus *heliothis*	用作杀虫
16	荧光假单胞杆菌，*Pseudomonas fluorescens*	用于菇房杀菌
17	利迪链霉菌 WYEC 108，*Streptomyces lydicus* WYEC108	用于人/畜食用和非食用作物和土壤改良
18	哈茨木霉，*Trichoderma harzianum*	用于葡萄
19	嗜线虫致病杆菌，*Xenorhabdus nematophilus*	用于防红醋栗蛀虫

五、日本

1997 年，日本农林水产部颁布了《微生物农药安全评价指南》（Guidelines for Safety Evaluation of Microbial Pesticides）和《微生物安全性评价所需数据的指南》（Guidelines for preparation of data necessary for safety evaluation of microbial），为微生物农药登记提供数据依据。主要包括 7 个方面：制定微生物农药安全评估所需数据、微生物农药规格和特性参数、毒理学安全性评估、在生产和使用时发生过敏反应的病例、作物残留微生物活力研究、生态毒理学、环境行为。

根据日本《农业化学品管理法》（1948 年 7 月 1 日第 82 号法律），已登记微生物农药名单（截至 2019 年 7 月，表 9-14）。

表 9-14　日本已登记微生物农药名单

序号	微生物农药名称
1	条纹小卷叶蛾颗粒体病毒，Adoxphyes orana fasciata granulosis virus
2	苏云金芽孢杆菌，*Bacillus thuringiensis* Berliner
3	球孢白僵菌，*Beauveria bassiana*（Balsamo）Vuillemin
4	布氏白僵菌，*Beauveria brongniartii*（Sacc.），Petch
5	后黄卷叶蛾颗粒体病毒，Homona magnanima granulosis virus
6	金龟子绿僵菌，*Metarhizium anisopliae*（Metschn）Sorokin
7	玫烟色拟青霉（现名玫烟色棒束孢），*Paecilomyces fumosoroseus*（Wize）Brown & Smith
8	细脚拟青霉，*Paecilomyces tenuipes*（Peck）Samson
9	穿刺巴斯德芽孢杆菌，*Pasteuria penetrans*
10	斜纹夜蛾核型多角体病毒，Spodoptera litura nucleopolyhedrovirus
11	蜡蚧轮枝菌（现名蜡蚧疥霉），*Verticillium lecanii*（Zimmerman）Viegas
12	放射土壤杆菌，*Agrobacterium radiobacter*
13	解淀粉芽孢杆菌，*Bacillus amyloliquefaciens*
14	简单芽孢杆菌，*Bacillus simplex*
15	枯草芽孢杆菌，*Bacillus subtilis*
16	小盾壳霉，*Coniothyrium minitans* Campbell
17	软腐欧氏杆菌胡萝卜亚种无致病性株系，*Erwinia carotovora* subsp. carotovora avirulent strain
18	植物乳杆菌，*Lactobacillus plantarum*
19	荧光假单胞杆菌，*Pseudomonas fluorescens*（Flügge）Migula
20	霍氏假单胞菌（或罗氏假单胞杆菌），*Pseudomonas rhodesiae* Coroler，et al
21	黄色篮状菌，*Talaromyces flavus*（Klöcker）Stolk & Samson
22	深绿木霉，*Trichoderma atroviride*
23	奇异贪噬菌，*Variovorax paradoxus*
24	西葫芦黄化花叶病毒弱毒株，Zucchini yellow mosaic virus attenuated strain

六、韩国

（一）登记情况

韩国在1957年就施行《农药管理法》，并先后经过20多次修改，最新版本于2020年实施，同时也修订了《农药管理法实施规则》等。农药定义为防治危害农作物（包括林木）的菌、昆虫、螨虫、线虫、病毒、杂草的杀菌剂、杀虫剂、除草剂、助剂及调节或抑制农作物的生理机能的药剂。天然植物保护剂定义为：真菌、细菌、病毒或原生动物等活微生物作为有效成分制造的农药和在自然界内生成的有机或无机化合物作为有效成分制造的农药。目前，韩国已登记了3 000多个农药产品（95%原药为进口），约500个有效成分，其中微生物农药的有效成分21个（表9-15）、产品30多个（截至2021年1月25日）。登记证有效期10年，到期后需续展，但程序相对简单。登记审查时间一般为1~2年（如需设定MRL值的就要2年）。韩国已实施再评估。

韩国农村进兴厅政策研究局农资材产业课是农药主管登记部门，其技术负责部门是国立农业科学院农资材评价课的评价管理研究室、理化学评价室、生物活性评价室、残留评价室、危害性评价室等负责。卫生杀虫剂在韩国属于食品医药品安全处管理。

表9-15 韩国微生物农药名单

序号	微生物农药名称
1	奇妙单顶孢KBC3017，*Monacrosporium thaumasium* KBC3017
2	苏云金芽孢杆菌鲇泽亚种，*Bacillus thuringiensis* subsp. *aizawai*
3	苏云金芽孢杆菌鲇泽亚种NT0423，*Bacillus thuringiensis* subsp. *aizawai* NT0423
4	苏云金芽孢杆菌鲇泽亚种GB413，*Bacillus thuringiensis* subsp. *aizawai* GB413
5	苏云金芽孢杆菌库斯塔克亚种，*Bacillus thuringiensis* subsp. *kurstaki*
6	白粉寄生孢（未标种名）AQ94013，*Ampelomyces quisqualis* AQ94013
7	解淀粉芽孢杆菌，*Bacillus amyloliquefaciens*
8	解淀粉芽孢杆菌KBC1121，*Bacillus amyloliquefaciens* KBC1121
9	枯草芽孢杆菌CJ-9，*Bacillus subtilis* CJ-9
10	枯草芽孢杆菌DBB1501，*Bacillus subtilis* DBB1501
11	枯草芽孢杆菌EW42-1，*Bacillus subtilis* EW42-1
12	枯草芽孢杆菌GB0365，*Bacillus subtilis* GB0365
13	枯草芽孢杆菌KB401，*Bacillus subtilis* KB401
14	枯草芽孢杆菌KBC1010，*Bacillus subtilis* KBC1010
15	枯草芽孢杆菌M 27，*Bacillus subtilis* M 27
16	枯草芽孢杆菌MBI600，*Bacillus subtilis* MBI600
17	枯草芽孢杆菌QST713，*Bacillus subtilis* QST713

（续表）

序号	微生物农药名称
18	多粘类芽孢杆菌 AC-1，*Paenibacillus polymyxa* AC-1
19	褶生简单壳菌 BCP，*Simplicillium lamellicola* BCP
20	深绿木霉 SKT-1，*Trichoderma atroviride* SKT-1
21	哈茨木霉 YC 459，*Trichoderma harzianum* YC 459

（二）豁免名单

韩国根据“农药管理法”，并根据该法在国外合法使用及出于毒性低、不太可能对人体造成伤害的成分，没有残留在食物中的成分，难以与食品中包含的成分分离、安全保证天然植物保护成分的原因，国家对已注册农药有效成分制定豁免最大残留限量的名单。

2020 年 1 月，韩国食品药品安全局在发布《农产品农药最大残留限量》（Pesticide MRLs for Agricultural Commodities）中列出 61 个可《豁免食品中最大残留限量的农药名单》（Exemption list of pesticide MRLs for foods），现将其中豁免残留限量的 28 个微生物农药名单（不包括一个重复）列入表 9-16。

表 9-16　韩国豁免残留限量的微生物农药名单

序号	微生物农药名称
1	奇妙单顶孢 KBC3017，*Monacrosporium thaumasium* KBC3017
2	枯草芽孢杆菌 DBB1501，*Bacillus subtilis* DBB1501
3	枯草芽孢杆菌 CJ-9，*Bacillus subtilis* CJ-9
4	枯草芽孢杆菌 M 27，*Bacillus subtilis* M 27
5	枯草芽孢杆菌 MBI600，*Bacillus subtilis* MBI600
6	枯草芽孢杆菌 Y1336，*Bacillus subtilis* Y1336
7	枯草芽孢杆菌 EW42-1，*Bacillus subtilis* EW42-1
8	枯草芽孢杆菌 JKK238，*Bacillus subtilis* JKK238
9	枯草芽孢杆菌 GB0365，*Bacillus subtilis* GB0365
10	枯草芽孢杆菌 KB401，*Bacillus subtilis* KB401
11	枯草芽孢杆菌 KBC1010，*Bacillus subtilis* KBC1010
12	枯草芽孢杆菌 QST713，*Bacillus subtilis* QST713
13	解淀粉芽孢杆菌 KBC1121，*Bacillus amyloliquefaciens* KBC1121
14	短小芽孢杆菌 QST2808，*Bacillus pumilus* QST2808
15	球孢白僵菌 GHA，*Beauveria bassiana* GHA

（续表）

序号	微生物农药名称
16	球孢白僵菌 TBI-1，*Beauveria bassiana* TBI-1
17	苏云金芽孢杆菌鲇泽亚种，*Bacillus thuringiensis* subsp. *aizawai*
18	苏云金芽孢杆菌鲇泽亚种 NT0423，*Bacillus thuringiensis* subsp. *aizawai* NT0423
19	苏云金芽孢杆菌鲇泽亚种 GB413，*Bacillus thuringiensis* subsp. *aizawai* GB413
20	苏云金芽孢杆菌库斯塔克亚种，*Bacillus thuringiensis* subsp. *kurstaki*
21	高氏链霉菌 WYE324，*Streptomyces goshikiensis* WYE324
22	哥伦比亚链霉菌 WYE20，*Streptomyces colombiensis* WYE20
23	白粉寄生孢 AQ94013，*Ampelomyces quisqualis* AQ94013
24	哈茨木霉 YC 459，*Trichoderma harzianum* YC 459
25	多粘类芽孢杆菌 AC-1，*Paenibacillus polymyxa* AC-1
26	玫烟色拟青霉菌（现名玫烟色棒束孢）DBB-2032，*Paecilomyces fumosoroseus* DBB-2032
27	褶生简单壳菌 BCP，*Simplicillium lamellicola* BCP
28	深绿木霉 SKT-1，*Trichoderma atroviride* SKT-1

七、中国台湾

目前，在中国台湾已取得注册登记的 20 个生物农药中有 17 个是微生物农药（截至 2018 年 1 月 30 日），34 个产品（表 9-17）。

表 9-17　中国台湾注册的微生物农药名单

序号	微生物农药名称
1	苏云金芽孢杆菌，*Bacillus thuringiensis*
2	苏云金芽孢杆菌库斯塔克亚种，*Bacillus thuringiensis kurstaki*
3	苏云金芽孢杆菌库斯塔克亚种 E911，*Bacillus thuringiensis kurstaki* E911
4	苏云金芽孢杆菌库斯塔克亚种 EG2371，*Bt kurstaki* EG2371
5	苏云金芽孢杆菌库斯塔克亚种 EG7841，*Bt kurstaki* EG7841
6	苏云金芽孢杆菌库斯塔克亚种 ABTS-351，*Bt kurstaki* ABTS-351
7	苏云金芽孢杆菌鲇泽亚种 ABTS-1857，*Bt aizawai* ABTS-1857
8	苏云金芽孢杆菌鲇泽亚种 NB200，*Bt aizawai* NB200
9	苏云金芽孢杆菌鲇泽亚种 GC-91，*Bt aizawai* GC-91
10	枯草芽孢杆菌 Y1336，*Bacillus subtilis* Y1336

（续表）

序号	微生物农药名称
11	枯草芽孢杆菌 WG6-14，*Bacillus subtilis* WG6-14
12	解淀粉芽孢杆菌 PMB01，*Bacillus amyloliquefaciens* PMB01
13	绿色木霉 R42 株系，*Trichoderma virens* strain R42
14	棘孢木霉 ICC012，*Trichoderma asperellum* ICC012
15	盖姆斯木霉 ICC080，*Trichoderma gamsii* ICC080
16	纯白链霉菌 Y21007-2，*Streptomyces candidus* Y21007-2
17	蕈状芽孢杆菌 AGB01，*Bacillus mycodies* AGB01

八、新注册微生物农药及其态势

近两年，在国际上有美国、澳大利亚（杨吉春等，2020）、欧盟、意大利、加拿大（蒋雅婷，2020）、西班牙、巴西、印度等国家先后公布了新注册登记的微生物农药产品，现汇总列入表 9-18。

从该表可以看出全球微生物农药的发展新态势：一是美国、加拿大、澳大利亚、欧盟等注册的新微生物农药均在持续增长，且有不少新菌种或新用途，值得读者关注；二是印度在 2020 年 2 月出台了新法规《农药管理法案 2020》；虽然新增微生物农药的品种和剂型数量有限，但登记的产品数量却增速极快，截至 2020 年 12 月 23 日，经印度中央杀虫剂理事会及登记委员会（Central Insecticides Board & Registration Committee，CIBRC）已批准微生物农药登记产品超过 210 个，其中绿色木霉最多，约占登记微生物产品总数的 35%，多为可湿性粉剂，预示印度将可能成为亚洲贸易市场的新生力军；三是新增微生物农药品种基本处于常态化分布，其中细菌、真菌和病毒类分别为 21、15、4；从用途上看，防病、杀虫、杀线虫、除草分别为 19、13、5、1；四是病毒发展不局限昆虫病毒，还有植物病毒的需求，我国还没有这类产品登记；微生物除草剂在我国有研究报道和专利公布，但还没有商品化产品，有待突破技术瓶颈，进入实用化阶段。

表 9-18　近期国际上新注册的微生物农药名单

序号	微生物农药名称	注册国家	用途
1	苜蓿银纹夜蛾核型多角体病毒 FV1#11 株系，Autographa californica multiple nucleopolyhedrovirus strain FV1#11	美国	作物-害虫
2	解淀粉芽孢杆菌植物亚种 FZB42 株系，*Bacillus amyloliquefacienssubsp plantarum* strain FZB42	美国	蔬果-菌
3	苏云金芽孢杆菌 Cry14Ab-1（PIP 产品，豁免残留 2020 年 6 月 8 日），*Bacillus thuringiensis* Cry14Ab-1	美国	大豆孢囊线虫

（续表）

序号	微生物农药名称	注册国家	用途
4	粉红螺旋聚孢霉 CR-7 株系，*Clonostachys rosea* strain CR-7	美国	蔬果-菌
5	顺式茉莉酮，cis-jasmone+解淀粉芽孢杆菌 MBI 600 株系，*Bacillus amyloliquefaciens* strain MBI 600 组成杀线虫剂	美国	作物-线虫
6	木质部难养菌的噬菌体，*Xylella fastidiosa* bacteriophage	美国	葡萄-菌
7	苏云金芽孢杆菌库斯塔克亚种，*Bacillus thuringiensis* ssp. *kurstaki*	美国	鳞翅目幼虫
8	深绿木霉 SC1 株系，*Trichoderma atroviride* strain SC1	意大利	抑葡萄-菌
9	球孢白僵菌 PPRI 5339 株系，*Beauveria bassiana* strain PPRI 5339	欧盟	果蔬-虫螨
10	球孢白僵菌 IMI389521 株系，*Beauveria bassiana* strain IMI389521	欧洲	储粮害虫
11	枯草芽孢杆菌 AIB/BS03 株系，*Bacillu subtilis* strain AIB/BS03	欧洲	蔬果-菌
12	酿酒酵母 DDSF 623 株系，*Saccharomyces cerevisiae* strain DDSF 623	欧洲	葡萄-菌
13	解淀粉芽孢杆菌 MBI 600 株系，*Bacillus amyloliquefaciens* strain MBI 600	澳大利亚	草莓/葡萄-菌
14	假可可毛色二胞 NT039 株系，*Lasiodiplodia pseudothebromae* strain NT039+ 菜豆球壳孢菌 NT094 株系，*Macrophomina phaseolina* strain NT094+ 华丽新柱孢 QLS003 株系，*Neoscytalidium novaehollandiae* strain（QLS003 组成除草剂）	澳大利亚	牧场除草
15	苏云金芽孢杆菌蜡螟亚种 SDS-502 株系（母药+4 个产品），*Bacillus thuringiensis* subsp *galleriae* strain SDS-502	加拿大	森林/农场/园林-害虫
16	解淀粉芽孢杆菌 F727 株系（母药+制剂），*Bacillus amyloliquefaciens* strain F727	加拿大	蔬果-菌
17	解淀粉芽孢杆菌 PTA-4838（防治玉米/大豆寄生线虫），*Bacillus amyloliquefaciens* PTA-4838	加拿大	种子处理-线虫
18	枯草芽孢杆菌 BU 1814 株系（母药及 5 个种子处理剂），*Bacillus subtilis*strain BU 1814	加拿大	种子处理-菌
19	枯草芽孢杆菌 FMCH002 株系（母药），*Bacillus subtilis* strain FMCH002	加拿大	-
20	地衣芽孢杆菌 FMCH001 株系（母药），*Bacillus licheniformis* strain FMCH001	加拿大	-
21	枯草芽孢杆菌 FMCH002 株系+地衣芽孢杆菌 FMCH001 组成 F4018-4（杀菌/杀线虫种子处理剂），*Bacillus subtilis* strain FMCH002+*Bacillus Licheniformis* F4018-4	加拿大	种子处理-菌/线虫
22	棉铃虫核型多角体病毒 BV-0003（母药及制剂），Helicoverpa armigera nucleopolyhedrovirus BV-0003	加拿大	甜玉米-棉铃虫

（续表）

序号	微生物农药名称	注册国家	用途
23	凤果花叶病毒 CH2 株系 1906 菌株（母药及制剂 PMV-01），Pepino mosaic virus，strain CH2，isolate 1906	加拿大	温室番茄-菌
24	凤果花叶病毒 LP 株系 VX1 菌株+凤果花叶病毒 CH2 株系 VC1 菌株，组合成轻型凤果花叶病毒 V10，*Pepino mosaic virus*，strain LP，isolate VX1+Pepino mosaic virus，strain CH2，isolate VC1	加拿大	温室番茄-菌
25	蝇蚧霉 Ve6，*Lecanicillium muscarium* Ve6	加拿大	温室番茄-粉虱
26	解淀粉芽孢杆菌 FZB24 株系，*Bacillus amyloliquefaciens* strain FZB24	西班牙	葡萄-菌
27	解淀粉芽孢杆菌植物亚种 D747，*Bacillus amyloliquefaciens* subsp. *plantarum* D747	西班牙	园艺-土壤病
28	球孢白僵菌 PPRI 5339，*Beauveria bassiana* PPRI 5339	西班牙	香蕉象甲
29	苏云金芽孢杆菌（晶体），*Bacillus thuringiensis*（Crystal）	巴西	草地贪夜蛾
30	球孢白僵菌 IBCB66，*Beauveria bassiana* IBCB66	巴西	香蕉象甲
31	哈茨木霉 T22 株系（种子处理粉剂），*Trichoderma harzianum* strain T22	巴西	土壤病原生物
32	枯草芽孢杆菌 CNPSo2657 株系（日本 Hayai 技术，快速激活，持久稳定，保护根发育），*Bacillus subtilis* strain CNPSo2657	巴西	大豆-线虫
33	绿色木霉 *Trichoderma viride*	印度	杀菌
34	哈茨木霉 *Trichoderma harzianum*	印度	杀菌
35	球孢白僵菌，*Beauveria bassiana*	印度	杀虫
36	枯草芽孢杆菌，*Bacillus subtilis*	印度	杀菌
37	厚孢轮枝菌（现名厚垣普可尼亚菌），*Verticillium chlamydosporium*	印度	杀虫
38	蜡蚧轮枝菌（现名蜡蚧疥霉），*Verticillium lecanii*	印度	杀菌
39	荧光假单胞杆菌，*Pseudomonas fluorescens*	印度	杀菌
40	金龟子绿僵菌，*Metarhizium anisopliae*	印度	杀虫

微生物农药占全世界生物农药产品的 90% 左右，是生物防治的重要手段。其中细菌微生物农药所占的市场份额最大，达到 74%。其次是真菌和原生动物，分别占 10% 和 8%，病毒微生物农药占 5%，其他微生物农药占 3%。国际微生物农药技术及市场的发展趋势，为我国微生物农药发展提供了信息和借鉴。随着微生物农药研究的深入和应用技术的拓展，微生物农药的种类和数量越来越多，在促进农业可持续发展中发挥越来越重要的作用。

第十章 微生物农药发展前景

一、发展优势

随着社会的进步和生活水平的提高，人们对农产品质量和生态环境安全的要求也越来越高。化学农药长期大量使用暴露出的问题受到前所未有的广泛关注，生物农药在保障农产品产量和质量、维护生态安全的作用得到广泛共识。世界各国农药研发机构和农药企业纷纷看好生物农药发展前景，人力物力逐步向着生物农药倾斜，最明显的是跨国巨头农药公司竞相收购生物农药企业并迅速开展业务，扩大市场范围。微生物农药因品种丰富、安全、环保而备受青睐，在病虫害防治领域中应用越加广泛。微生物农药与化学农药相比的优势，主要体现在以下几个方面。

一是抗性风险低。微生物农药通常具有复合作用机制，作用对象产生抗药性概率低，如枯草芽孢杆菌可以同时产生抗菌多肽、植物诱抗物质，以及通过生态位竞争的方式达到防治植物病害的目的，使病原菌很难产生抗性；又如许多木霉能在根际和根内与植物共生，拮抗植物病害、诱导植物抗性并促进植物发育，这种互惠关系使其成为研发最深入、应用最广泛的微生物农药类群。

二是选择性强。微生物农药通常对防治靶标的专化性较强，只对一种或多种同类防治靶标有效，因此，微生物农药的应用一般不会危害作物及人畜的健康，尤其微生物农药中芽孢杆菌和木霉对土传病害、绿僵菌和白僵菌对地下害虫的防治效果比化学农药更具有优势，并显现较长的持效性。球孢白僵菌和金龟子绿僵菌防治草地贪夜蛾和沙漠蝗效果显著。

三是研发和生产成本低。微生物资源丰富，相对新化学农药的筛选，微生物新株系的筛选比较容易，微生物发酵工艺也相对化学合成工艺简单，生产与排放的污染较少，加上国家对微生物农药产业的倾斜扶持，减免增值税和使用生物农药的补贴等政策，在微生物农药登记时可减免部分资料并开通绿色通道，降低了登记注册的成本。

四是多数可豁免农药残留限量，对环境相对友好，有利于生态环境保护。在确定不是或不含已知人或其他哺乳动物的致病菌前提下，微生物农药登记中仅对毒理学测定表明存在毒理学意义的，才需要提交其相应的残留资料。而微生物农药产品的毒理学多属低毒或微毒级别，在登记中大多数可豁免农药残留限量（见第七章第五节）。

五是有害生物综合防治（IPM）中的重要手段。2020 年中央一号文件指出要深入推进农业农村绿色发展，绿色防控技术在绿色农业发展中起重要作用。微生物农药大多可以与化学农药交替使用或者选择性混合使用，在一定程度上减少化学农药的使用，降低单一依赖化学防治的风险。即使对暴发式发生的有害生物，也可以先使用化学农药，之后辅以微生物农药，达到一段较长时间的控制而避免再次使用化学农药。

由于微生物农药资源易得，对非靶标安全、与环境兼容，且多豁免残留限量，已成为绿色和有机农业中防控病虫害的最佳选择。在我国经济可持续发展和推进发展绿色农业的大背景下，加强微生物农药的发展力度，对于我国农产品的安全性和出口农产品提供保障具有十分重要的意义。

二、存在问题

微生物农药在近二十年发展较快，主要得益于国家对农产品质量安全和生态环境安全的重视，也源于菌种选育、生产发酵工艺和剂型加工技术的深入研发和提高。但微生物农药仍然存在一些局限性，面临一些困难和不足，在一定程度上制约了产业发展。目前，微生物农药在整个农药市场的占有率较低，在解决突发暴发性病虫害方面效果有限，产品质量稳定性和保质期也不理想，具体体现在以下几个方面：

一是制剂加工技术难。由于微生物农药的特性，其母药品种和助剂的筛选、制剂加工工艺和贮运条件等都直接影响产品质量，保证微生物孢子（病毒粒子）长期处于活的状态又不至于生长旺盛是关键，产品的理化性能如水分、pH 等参数指标需适当控制。另外，全国 200 多家微生物农药企业的生产技术水平参差不齐，产品质量差异直接影响田间应用效果，最终影响产品的市场认同和推广。

二是推广应用难。防治效果缓慢和防治谱窄是影响微生物农药推广应用的主要技术瓶颈。同时，微生物农药的使用技术要求较高，也是限制实际应用的因素。微生物农药不像化学农药速效，难以应对病虫害大面积严重发生情形，因此必须提前预测，在病虫害发生前或者发生初期使用，需要提高使用者的用药理念和技术水平。另外，微生物农药是活体生物，需要避免高温度、强日照，尤其是不能与具有抑制微生物活性的药剂同时使用。

三是评价手段难。尽管在微生物农药登记注册上引入了一些分子生物学手段和要求，但对微生物农药代谢产物和有毒有害杂菌等的控制方面还比较薄弱甚至是空白。在微生物农药的药效评价、毒理学效应和生态毒性等方面的评价很多还基于化学农药的方法，没有体现微生物农药的特殊性，造成对微生物农药安全性和有效性评价不合理。

四是知识产权保护难。微生物农药的有效成分是可复制的活体生物，尽管可以通过申请专利等手段进行知识产权保护，但作为一种在自然界存活的生物，进入市场流通后，很难通过有效的手段对菌种和核心技术进行保护，在一定程度上影响了企业和科研人员创新的积极性，不利于新菌种、新菌株的选育和研发。

这是当前微生物农药存在的短板，也是发展的方向和动力，在产学研人员共同努力下，提高我国微生物农药产品质量、推进工业化生产，逐步向国际先进技术和市场贸易领域迈进。

三、展望前景

我国农业正在实施现代农业结构调整并保障食物安全的发展战略，未来将继续围绕食品安全和生态安全的重大需求，推动实现农业的可持续发展。在国家农药负增长的驱动下，研发新型、高效、低毒、环境友好型微生物农药是非常必要而迫切的，对保障国家粮食安全、生态安全和食品安全有重要意义。

微生物农药在解决农残、污染、抗药性等问题显现优势，在研究和技术创新上，随着微生物分子生物学和遗传学研究的深入，构建具有综合优良性能的重组菌株将成为国内外微生物农药制剂发展的一个重要方向，未来主要集中于微生物农药菌种的遗传改良，以及功能基因的综合利用。微生物农药遗传改良目的是通过提高微生物农药的繁殖率、传播速度和侵染能力，或增加毒素产生量，使其更有效。另外，还可以将不同微生物的杀虫相关基因整合到一种微生物中，研发出超高效的微生物菌种。苏云金杆菌毒蛋白基因的研究和应用仍然是未来研究的重点和范例，随着对转基因生物安全性评价与管理水平的提高，将会有更多转抗虫抗菌基因作物在农业生产上试验和推广。同时，针对农业主要病虫草害，加强微生物农药新靶标、新剂型的开发，以满足各类种植系统的需求。

从国际视角看，许多发达国家一直在推行生态农业计划，微生物农药成为支持计划的重要核心内容。据调查预测，预计2022年全球杀细菌剂市场将以4.6%的年复合增长率增长，这类微生物农药将是具有潜力产品之一；种子处理剂从一定程度“简化”了有害生物综合治理方案，因而呈现需求剧增，为了减少化学农药的使用，微生物处理种子剂将会迅猛的发展；全球杀线虫剂市场，预计2022年的复合年增长率预计为3.30%，因多种杀线虫化学药剂被政策性退市，有机农业种植增加，微生物杀线虫剂将是增长最快的门类；从除草剂市场看，预计2023年的年复合增长率为7.1%，微生物除草剂也将展露风采。国际生态农业技术的需求为微生物农药打开了新的创新与发展空间。

未来十年，我国生物农药市场份额将从现在的10%提升到30%。在大宗作物上，种子处理剂市场将更受关注，土传病害和线虫等的发生面积仍将增加，微生物农药用量也会继续增长。重点关注细菌性病害产品的研发，未来这类药剂将具有广阔的市场空间。在经济作物上，随着果蔬产品品质和产量的需求，全程生物解决方案中微生物农药产量也将迅速增长。

随着我国农业生产方式的转变、生态环境的保护、食品安全的要求以及国家“双减”政策的大力推动，将有力助推建立作物健康、土壤优良、食品安全的农作物种植系统，使病虫草等生物灾害治理与生态文明同步协调发展，微生物农药必将成为最具发展潜力的农药种类之一。

主要参考文献

白向宾，2015. 昆虫病原线虫大量扩繁技术及线虫胶囊的研究［D］. 保定：河北农业大学. https：//kns. cnki. net/KCMS/detail/detail. aspx？dbname = CMFD201601 & filename = 1015392962. nh.

白小宁，李友顺，杨锚，等，2020. 2019 年我国登记的新农药［J］. 农药，59（3）：157-165. DOI：CNKI：SUN：NHXS. 0. 2018-05-018.

曹承宇，敖聪聪，2019. 绿色卫士 勇立潮头：新中国农药工业发展纪实［EB/OL］. 2019-10-08. http：//www. agroinfo. com. cn/other_ detail_ 7078. html.

陈捷，2014. 木霉菌生物学与应用研究：回顾与展望［J］. 菌物学报，33（6）：1129-1135. DOI：CNKI：SUN：JWXT. 0. 2014-06-001.

陈世国，强胜，2015. 生物除草剂研究与开发的现状及未来的发展趋势［J］. 中国生物防治学报，31（5）：770-779. DOI：10. 16409/j. cnki. 2095-039x. 2015. 05. 017.

陈铁春，2019，国际农药产品标准制修订最新动态和进展：2019 年 FAO/WHO 农药标准联席会议和国际农药分析协作委员会会议情况介绍［J］. 农药科学与管理，40（9）：9-17. DOI：CNKI：SUN：NYKG. 0. 2019-09-004.

陈铁春，杨永珍，2021. 国际农药产品标准制修订最新动态和进展：2020 年 FAO/WHO 农药标准联席会议和国际农药分析协作委员会会议情况介绍［J］. 农药科学与管理，42（1）：19-26.

陈晓慧，2011. 黄地老虎颗粒体病毒 ORF55 基因的功能研究［D］. 郑州：河南农业大学. https：//kns. cnki. net/KCMS/detail/detail. aspx？dbname = CMFD201502& filename = 1012275289. nh.

陈源，卜元卿，单正军，2012. 微生物农药研发进展及各国管理现状［J］. 农药，51（2）：83-89. DOI：10. 3969/j. issn. 1006-0413. 2012. 02. 002.

董记萍，付鑫羽，白孟卿，等，2019. 近 3 年我国农药产品质量情况分析［J］. 农药科学与管理，40（7）：13-21. DOI：CNKI：SUN：NYKG. 0. 2019-07-005.

段立芳，2020. 欧盟计划更新微生物农药审批数据要求和方法［J］. 农药科学与管理，41（3）：10. DOI：CNKI：SUN：NYKG. 0. 2020-03-003.

冯成利，2007. 昆虫核型多角体病毒的垂直传播［J］. 陕西师范大学学报（自然科学版）. DOI：CNKI：SUN：SXSZ. 0. 2007-S1-015.

郭东升，翟颖妍，任广伟，等，2019. 白僵菌属分类研究进展［J］. 西北农业学报，28（4）：487-509. DOI：10. 7606/j. issn. 1004-1389. 2019. 04. 001.
郭冉，2019. Ha1 菌株的发酵工艺及颗粒剂的除草活性研究［D］. 保定：河北农业大学 . https：//kns. cnki. net/KCMS/detail/detail. aspx？ dbname = CMFD202001&filename = 1019910692. nh.
韩日畴，庞雄飞，李丽英，1995. 昆虫病原线虫固体培养系统干粉培养基的优化［J］. 昆虫天敌，7（4）：153 - 164. https：//kns. cnki. net/kcms/detail/detail. aspx？ FileName = KCTD199504001&DbName = CJFQ1995.
郝雪敏，钱月忠，史翠萍，等，2016. 一种快速稳定构建重组杆状病毒的方法［J］. 蚕业科学（4）：674-680. DOI：CNKI：SUN：CYKE. 0. 2016-04-022 .
禾大，2020. 生物制剂研发的机遇与挑战［EB/OL］2020 - 06 - 04，http：//cn. agropages. com/News/NewsDetail-21238. htm .
何亮，2007. 蜡状芽孢杆菌 C332 的鉴定、发酵及其抗菌物质的分离纯化与性质研究［D］. 杨凌：西北农林科技大学 . https：//kns. cnki. net/KCMS/detail/detail. aspx？ dbname = CMFD2009&filename = 2007188957. nh.
洪华珠，1981. 从土壤提取多角体病毒的方法［J］. 湖北林业科技（1）：32-34，40. https：//kns. cnki. net/kcms/detail/detail. aspx？ FileName = FBLI198101011&DbName = CJFQ1981.
侯成香，覃光星，刘挺，等，2012. 昆虫对病原真菌的防御机制研究进展［J］. 安徽农业科学，40（23）：11649-11652. DOI：10. 3969/j. issn. 0517-6611. 2012. 23. 042.
胡萃，赵典虞，万兴生，1985. 大菜粉蝶颗粒体病毒大量增殖最佳条件的研究［J］. 科技通报（1）：15. DOI：10. 1111/1744-7917. 12289.
黄成田，郑尊涛，王以燕，等，2019. 欧盟豁免最大残留限量标准的农药名单［J］. 农药科学与管理，40（10）：22 - 26. https：//kns. cnki. net/kcms/detail/detail. aspx？ FileName = NYKG201911007&DbName = CJFQ2019.
蒋雅婷，2020. 2018—2019 年加拿大新登农药概述：生物农药占据主要地位［J］. 农药市场信息，2020（9）：2. http：//cn. agropages. com/News/NewsDetail - 20888 - e. htm.
匡治州，许杨，2004. 核糖体 rDNA ITS 序列在真菌学研究中的应用［J］. 生命的化学，24（2）：120-122. DOI：10. 3969/j. issn. 1000-1336. 2004. 02. 015 .
磊子侃农药，2020. 苏云金杆菌漫谈［EB/OL］. https：//kuaibao. qq. com/s/20200313AZPHF500？ refer = spider 2020-03-13 .
李春杰，许艳丽，王义，2007. 工厂化昆虫病原线虫活体高倍繁殖方法［P］. 中国专利：200610016563，2007-03-14.
李晶，杨谦，2008. 生防枯草芽孢杆菌的研究进展［J］. 安徽农业科学，1：106-111，132. DOI：10. 3969/j. issn. 0517-6611. 2008. 01. 028.
李良德，王定锋，吴光远，2020. 短稳杆菌对茶尺蠖中肠细胞形态与血淋巴解毒酶的影响［J］. 茶叶学报，1：15-19. DOI：CNKI：SUN：CYKJ. 0. 2020-01-005.
李永军，刘起勇，奚志勇，2015. 应用沃尔巴克氏体通过种群替换阻断蚊媒病的传播［J］. 中国媒介生物学及控制杂志，26（1）：11－15. DOI：10. 11853/j. issn. 1003. 4692. 2015. 01. 003.

李友顺，白小宁，袁善奎，等，2020. 2019 年及近年我国农药登记情况和特点分析［J］. 农药科学与管理，41（3）：14－24. DOI：CNKI：SUN：NYKG. 0. 2020－03－005.

李增智，2015. 我国利用真菌防治害虫的历史、进展及现状［J］. 中国生物防治学报，31（5）699－711. DOI：10. 16409/j. cnki. 2095－039x. 2015. 05. 010.

李增智，樊美珍，黄勃，等，2003. 金龟子绿僵菌无纺布菌条生产工艺方法［P］. 中国发明专利 CN200210038653. 6. 2003－05－28.

李增智，王滨，丁德贵，等，2009. 微生物防治的策略与害虫的可持续控制［C］//中国植物保护学会 . 第三届海峡两岸生物防治学术研讨会论文集：13－27.

梁春浩，2016. 葡萄霜霉病生防放线菌 PY－1 鉴定及抑菌活性物质结构解析［D］. 沈阳：沈阳农业大学.

梁振普，刘雅静，张小霞，等，2018. 昆虫杆状病毒基因组学研究进展［J］. 河南农业科学（9）：1－7. DOI：10. 15933/j. cnki. 1004－3268. 2018. 09. 001.

凌璐，2014. 拮抗细菌 SU8 及其代谢物吩嗪－1－甲酰胺对草莓灰霉病菌的抑制作用研究［D］. 长沙：湖南农业大学 . https：//kns. cnki. net/KCMS/detail/detail. aspx？ dbname＝CMFD201601&filename＝1016033847. nh.

刘国红，2009. 芽孢杆菌的分类鉴定及其相关属的分类系统演变研究［D］. 福州：福建农林大学 . https：//kns. cnki. net/KCMS/detail/detail. aspx？ dbname＝CMFD2009&filename＝2009170217. nh.

刘敬瑞，2011. 嗜线虫沙雷氏菌菌株 DZ0503SBS1－T 杀虫活性相关生物学特性及杀虫毒素蛋白的分离纯化［D］. 南京：南京农业大学 . https：//kns. cnki. net/KCMS/detail/detail. aspx？ dbname＝CMFD2011&filename＝2010173742. nh.

刘亚萍，段丽芳，2020. 中国农药企业如何参与粮农组织蝗虫防治全球招标采购［J］. 世界农药，42（4）1－11. DOI：CNKI：SUN：NYSJ. 0. 2020－04－003.

刘洋，刘晓昆，陈文浩，2019. 贝莱斯芽孢杆菌（*Bacillus velezensis*）物种名称的“前世今生”［J］. 生物技术通报，35（7）：230－232. DOI：10. 13560/j. cnki. biotech. bull. 1985. 2019－0600.

刘永平，王方海，苏志坚，等，2006. 昆虫杆状病毒表达载体系统的研究及应用［J］. 昆虫知识，43（1）：1－5. DOI：10. 3969/j. issn. 0452－8255. 2006. 01. 001.

刘子卿，万宜乐，郝玉娥，2019. 线虫内寄生真菌资源及生防应用研究进展［J］. 应用生态学报，30（6）：129－136. DOI：10. 13287/j. 1001－9332. 2019. 06.020.

罗辑，周国英，朱积余，2014. 核型多角体病毒基因组学研究进展［J］. 林业科学研究（4）：551－556. DOI：10. 3969/j. issn. 1001－1498. 2014. 04. 017.

骆家玉，2015. 白僵菌高孢粉生产技术及在农林业生物防治上的应用［J］. 安徽农学通报，21（6）：85-86，129. DOI：10.3969/j.issn.1007-7731.2015.06.043.
毛海兵，纪免，仇群网，1992. 球形芽孢杆菌产毒条件的研究［J］. 南京师大学报（自然科学版），15（1）：61-64. DOI：CNKI：SUN：NJSF.0.1992-01-012.
梅小飞，王智荣，阚建全，2019. 荧光假单胞菌防治果蔬病害的研究进展［J］. 微生物学报，59（11）：2069-2082. DOI：CNKI：SUN：WSXB.0.2019-11-004.
莫明和，牟贵平，2009. 利用食线虫真菌防治植物寄生线虫的研究进展［J］. 大理学院学报（12）：71-76. DOI：CNKI：SUN：DLSZ.0.2009-12-030.
农向群，袁善奎，曹兵伟，等，2018. FAO/WHO 用于植物保护和公共卫生的生物农药登记指南（三）：微生物农药［J］. 世界农药，40（6）：19-33. DOI：10.16201/j.cnki.cn31-1827/tq.2018.06.04.
农向群，张英财，王以燕，2015. 国内外杀虫绿僵菌制剂的登记现状与剂型技术进展［J］. 植物保护学报，42（5）：702-714. DOI：10.13802/j.cnki.zwbhxb.2015.05.003.
彭晗，2015. 马尾松毛虫质型多角体病毒 P44、P50 蛋白的表达与定位［D］. 南昌：南昌大学，DOI：10.7666/d.D691617.
蒲蛰龙，李增智，1996. 昆虫真菌学［M］. 合肥：安徽科学技术出版社.
乔宏萍，宗兆锋，2004. 重寄生放线菌 F46 和 PR 对灰葡萄孢的抑制作用［J］. 西北农林科技大学学报（自然科学版），11：23-26.
秦启联，程清泉，张继红，等，2013.昆虫病毒生物杀虫剂产业化及其展望［J］. 中国生物防治学报，28（2）157-164. DOI：10.16409/j.cnki.2095-039x.2012.02.001.
丘雪红，韩日畴，2007. 昆虫病原线虫资源概况和分类技术进展［J］. 昆虫学报，50（3）：286-296. DOI：10.3321/j.issn：0454-6296.2007.03.012.
裘维蕃，1998. 菌物学大全［M］. 北京：科学出版社.
曲慧，2016. 解淀粉芽孢杆菌 BP30 对梨采后灰霉病病害的生物防治研究［D］. 泰安：山东农业大学. https：//kns.cnki.net/KCMS/detail/detail.aspx？dbname=CMFD201701&filename=1016114426.nh.
阮维斌，宋东民，王欣，等，2013. 昆虫病原线虫虫尸剂［P］. 中国专利：ZL201110319853.2013-04-24.
申继忠、杨田甜，2017. 国外微生物农药的质量标准和登记要求［J］. 中国农药，2：38-47. DOI：CNKI：SUN：NYZG.0.2017-02-012.
沈标，邵劲松，李顺鹏，等，2020. 假单胞菌 DLL-1 在土壤生物修复中的作用［J］. 中国环境科学，4：365-369. DOI：10.3321/j.issn：1000-6923.2002.04.019.
沈怡斐，2016. 多粘类芽孢杆菌 SQR_21 在西瓜根际趋化及转录组学研究［D］. 南京：南京农业大学. DOI：CNKI：CDMD：2.1017.261731.
师永霞，2001. 球形芽孢杆菌杀蚊毒素基因的克隆、序列分析及表达［D］. 武汉：中国科学院武汉病毒研究所. https：//kns.cnki.net/KCMS/detail/detail.aspx？db-

name=CMFD9904&filename=2001007235. nh.
束长龙，曹蓓蓓，袁善奎，等，2017. 微生物农药管理与现状与展望［J］. 中国生物防治学报，33（3）297-303.
宋俊华，2021. 微生物农药 FAO/WHO 产品标准申请资料要求与化学农药的差异［EB/OL］. 2021.06.07，https：//mp.weixn.qq.com/s/kHebz8tO0hsH5WF1jqVbsg.
宋俊华，杨峻，2021. 全球生物农药定义、分类及管理和测试准则介绍［J］. 农药科学与管理，42（2）：7-10.
宋文静，冯世鹏，韩日畴，2020. 粉棒束孢 *Isaria farinosa* 的研发进展［J］. 环境昆虫学报，42（2）：237- 256. DOI：CNKI：SUN：KCTD. 0. 2020-02-001.
宋亚军，杨瑞馥，郭兆彪，等，2001. 若干需氧芽孢杆菌芽孢脂肪酸成分分析［J］. 微生物学通报（1）：23-28. DOI：10. 3969/j. issn. 0253-2654. 2001. 01. 007.
孙广正，姚拓，赵桂琴，等，2015. 荧光假单胞菌防治植物病害研究现状与展望［J］. 草业学报，24（4）：174-190. DOI：10. 11686/cyxb20150421.
孙贵娟，2019. 最新国内生物农药登记概况［J］. 农药市场信息，13：33-34. DOI：CNKI：SUN：NYZG. 0. 2019-05-009.
王贵州，吴桂亮，2020. 国标《农药中文通用名称》中的错误订正建议［J］. 农业图书情报学刊［J］. 22（10）：79-81，85. DOI：10. 13998/j. cnki. issn1002-1248. 2010. 10. 006.
王慧，2018. 解淀粉芽孢杆菌 *Bacillus amyloliquefaciens* K11 高效表达体系的建立及其高效表达元件的优化［D］. 北京：中国农业科学院 . https：//kns. cnki. net/KCMS/detail/detail. aspx？dbname=CDFDLAST2019&filename= 1018271166. nh.
王乔，王海胜，农向群，等，2012. 金龟子绿僵菌 IMI330189 液体发酵动力学研究［J］. 菌物学报，31（3）：398-404. DOI：CNKI：SUN：JWXT. 0. 2012-03-014.
王以燕，李友顺，楼少巍，等，2019. 国际农药分析协作委员会的农药与编码［J］. 世界农药，41（6）：48-61. DOI：10. 16201/j. cnki. cn10-1660/tq. 2019. 06. 06.
魏素珍，2005. 致倦库蚊对球形芽孢杆菌杀蚊 Mtx1 毒素的抗性及抗性特征的研究［D］. 武汉：中国科学院研究生院武汉病毒研究所 . https：//kns. cnki. net/KCMS/detail/detail. aspx？dbname=CMFD0506&filename=2005152645.nh.
许煜泉，石荣，1999. 具有 ACC 脱氨酶活性及抗枯萎病菌的假单胞菌株 B8［J］. 上海交通大学学报（2）：206-209. DOI：10. 16183/j. cnki. jsjtu. 1999. 02. 023.
杨翠，奚志勇，胡志勇，2020. 应用沃尔巴克氏体通过种群压制阻断蚊媒病传播的研究进展［J］. 中国媒介生物学及控制杂志，31（1）：113-116. DOI：CNKI：SUN：ZMSK. 0. 2020-01-027.
杨海君，谭周进，肖启明，等，2004. 假单胞菌的生物防治作用研究［J］. 中国生态农业学报，12（3）：158-161. DOI：CNKI：SUN：ZGTN. 0. 2004-03-046.
杨合同，2009. 木霉分类与鉴定［M］. 北京：中国大地出版社.
杨吉春，王帅印，刘长令，2020. 2019 年全球登记或上市的农药品种［J］. 农药，59（4）：292-295+302. DOI：10. 16820/j. cnki. 1006-0413. 2020. 04. 014.

杨欣，2013. 几株昆虫病原菌微菌核的诱导培养和条件优化［D］. 合肥：安徽农业大学 . https：//kns. cnki. net/KCMS/detail/detail. aspx？ dbname = CMFD201401&filename = 1014148404. nh.

杨允聪，张用梅，刘娥英，1992. B. s. C3-41 菌株杀蚊毒素的提取纯化及某些特性的研究［J］. 中国媒介生物学及控制杂志，3（1）：1-6. DOI：CNKI：SUN：ZMSK. 0. 1992-01-001.

叶萱，2019. 生物农药使用的现状和近来的发展［J］. 世界农药，421（5）38-39+52. DOI：10. 16409/j. cnki. 2095-039x. 2017. 03. 001.

殷凤鸣，1981. 白僵菌超低容量稀释剂的筛选及应用［J］. 林业科技通讯（11）：25-28. DOI：10. 13456/j. cnki. lykt. 1981. 11. 013.

殷幼平，黄姗，宋章永，等，2012. 莱氏野村菌 CQNr01 微菌核的人工诱导培养［J］. 中国农业科学，45（23）：4801-4807. DOI：10. 3864/j. issn. 0578-1752. 2012.23. 006.

翟熙伦，2012. 蒙氏单胞菌（*Pseudomonas monteilii*）的活性小分子物质对 TMV，PVY 的抑制作用［D］. 北京：中国农业科学院 . https：//kns. cnki. net/KCMS/detail/detail. aspx？ dbname = CMFD2012&filename = 1012415800. nh.

张功营，杨华，董丽红，等，2018. 响应面法优化绿僵菌产绿僵菌素 A 的培养条件［J］. 华南农业大学学报，39（1）：76-82. https：//kns. cnki. net/kcms/detail/detail. aspx？ FileName = HNNB201801015&DbName = CJFQ2018.

张光裕，孙修炼，张忠信，等，1995. 棉铃虫病毒杀虫乳悬剂的生产及其药效试验［J］. 中国病毒学，10（3）：242-247. DOI：10. 1007/BF02007173.

张广志，杨合同，张新建，等，2014. 木霉现有种类名录［J］. 菌物学报，33（6）：1210-1230. DOI：10. 13346/j. mycosystema. 140183.

张金金，王稳地，舒梦诗，等，2017. 沃尔巴克氏体在蚊子种群中的传播动态分析［J］. 西南大学学报 . 2017，39（3）：81-87. DOI：10. 13718/j. cnki. xdzk. 2017. 03. 013.

张凯，2007. 枯草芽孢杆菌 Bs-208 制剂保护剂研究［D］. 武汉：华中农业大学. https：//kns. cnki. net/KCMS/detail/detail. aspx？ dbname = CMFD2008 & filename = 2007209569. nh.

张林娜，陈文峰，尹新明，等，2016. 杆状病毒增效因子及其增效机理［J］. 病毒学报，32（5）：640-649.

张小磊，袁志明，胡晓敏，2019. 致倦库蚊对杀虫剂的抗性现状及治理［J］. 中国媒介生物学及控制杂志，30（6）：719-724. DOI：10. 11853/j. issn. 1003. 8280. 2019. 06. 031.

张兴，马志卿，冯俊涛，等，2019. 中国生物农药建国以来的发展历程与展望［J］. 中国农药（10）：73-83.

张莹，王秀荣，陈化兰，2018. 国际病毒分类委员会公布的第十次病毒分类报告简介及分析［EB/OL］. 2018-04-12 https：//www. doc88. com/p-5186417693155. html.

赵辉，张力群，2018. 假单胞菌 11K1 抑菌化合物分析［C］//彭友良 . 中国植物病理学会2018年学术年会论文集．北京：中国农业科学技术出版社.

赵晓峰，2016. 粘质沙雷氏菌PS-1菌株对甜菜夜蛾幼虫杀虫机理的初步研究［D］. 广州：华南农业大学．https：//kns. cnki. net/KCMS/detail/detail. aspx？dbname=CMFD201701&filename=1016923074. nh.

郑敏，2020. 盘点：2015—2018年美国新登记微生物农药活性成分［EB/OL］. 2020-03-13. http：//cn. agropages. com/News/NewsDetail-20713. htm .

郑敏，2020. 法国：降低化学农药使用　大力发展生物防治［EB/OL］. 2020-02-14. http：//cn. agropages. com/News/NewsDetail-20520. htm.

郑小英，吴瑜，张东京，等，2020. 沃尔巴克氏体（Wolbachia）结合昆虫绝育技术控制白纹伊蚊种群［J］. 南京农业大学学报，43（3）：387-391. https：//kns. cnki. net/kcms/detail/detail. aspx？FileName = NJNY202003002&DbName = CJFQ2020.

钟可，2018. 莱氏野村菌抑制棉铃虫先天免疫机理的研究［D］. 武汉：华中师范大学．https：//kns. cnki. net/KCMS/detail/detail. aspx？dbname=CMFD201901&filename=1018235001. nh.

周淑，李玉，张帆，2009. 沃尔巴克氏体对丽蚜小蜂产卵量及成虫前死亡率的影响［J］. 中国生物防治，25（3）：204-208. DOI：10. 3321/j. issn：1005-9261. 2009. 03. 005.

朱青，2019. 核型多角体病毒杀虫剂专利技术综述［J］. 山西农经（20）：86-87. DOI：CNKI：SUN：BDXB. 0. 2016-05-016.

Alavo T B C，2015. The insect pathogenic fungus *Verticillium lecanii*（zimm.）Viegas and its use for pests control［J］. Journal of Experimental Biology and Agricultural Sciences，3（4）：337-345. DOI：10. 18006/2015. 3（4）. 337. 345.

Alexopoulos C J，Mins C W，Blackwell M，1996. Introductory Mycology Ed. 4［J］. John Wiley & Sons INC. DOI：10. 2307/2806804.

Ansari M A，Shah F A，Tirry L，Moens M，2006. Field trials against *Hoplia philanthus*（Coleoptera：Scarabaeidae）with a combination of an entomopathogenic nematode and the fungus *Metarhizium anisopliae* CLO 53［J］. Biological Control，39（3）：453-459. DOI：10. 1016/j. biocontrol. 2006. 07. 004.

Arthursa S，Darab S K，2019. Microbial biopesticides for invertebrate pests and their markets in the United States［J］. Journal of Invertebrate Pathology，165：13-21. DOI：10. 1016/j. jip. 2018. 01. 008.

Baidoo R，Mengistu T，Mcsorley R，et al.，2017. Management of root-knot nematode（*Meloidogyne incognita*）on *Pittosporum tobira* under greenhouse，field，and on-farm Conditions in Florida［J］. Journal of Nematology，49（2）：133-139. DOI：10. 21307/jofnem-2017-057.

Bian G W，Joshi D，Dong Ym，et al.，2013. Wolbachia invades *Anopheles stephen*si populations and induces refractoriness to plasmodium infection［J］. Science，340（6133）：748-751. DOI：10. 1126/science. 1236192.

Bischoff J F, Rehner S A and Humber R A, 2009. A multilocus phylogeny of the *Metarhizium anisopliae* lineage [J]. Mycologia, 101: 512–530. DOI: 10. 3852/07–202.

Bischoff, J. F. , Rehner, S. A. , Humber, R. A, 2009. A multilocus phylogeny of the Metarhizium anisopliae lineage. Mycologia [J]. 101, 512 – 530. DOI: 10. 3852/07–202.

Brickey D A, Colbran R J, Fong Y–L, et al., 1990. Expression and characterization of the alpha – subunit of Ca^{2+}/calmodulin – dependent protein kinase II using the baculovirus expression system [J]. Archives of Biochemistry and Biophysics, 173 (2): 578–584. DOI: 10. 1016/S0006–291X (05) 80074–9.

Deng SQ, Huang Q, We H X, et al., 2019. *Beauveria bassiana* infection reduces the vectorial capacity of *Aedes albopictus* for the Zika virus [J]. Journal of Pest Science, 92: 781–789. DOI: 10. 1007/s10340–019–01081–0.

Driver F, Milner R R J, Truman W H A, 2000. A taxonomic revision of *Metarhizium* based on a phylogenetic analysis of rDNA sequence data [J]. Mycol, Res, 104: 134–150. DOI: 10. 1017/S0953756299001756.

Druzhinina I S, 2006. *Hypocrea rufa /Trichoderma viride*: a reassessment, and description of five closely related species with and without warted conidia [J]. Studies in Mycology, 56: 135–177. DOI: 10. 1017/S0953756299001756.

Duke S O, Dayan F E, Scheffler B E, Boyette C D. Biotechnology in weed control [J]. John Wiley & Sons, Inc. DOI: 10. 1002/0471238961. herbduke. a01. pub2.

Edgington S, Buddie A G, Moore D, et al., 2011. *Heterorhabditis atacamensis* n. sp. (Nematoda: Heterorhabditidae), a new entomopathogenic nematode from the Atacama Desert, Chile [J]. Journal of Helminthology, 85 (4): 381 – 394. DOI: 10. 101 7/S0022149X10000702.

Ehlers R U, 2001. Mass production of entomopathogenic nematodes for plant protection [J]. Applied Microbiology and Biotechnology, 56: 623–633. DOI. 10. 1007/s002530100711.

Ffrench–Constant R H, Bowen D J, 2000. Novel insecticidal toxins from nematode–symbiotic bacteria [J]. Cellular and Molecular Life Sciences, 57 (5): 828–833. DOI: 10. 1007/s000180050044.

Fronza E, Specht A, Heinzen H, de Barros N M, 2017. *Metarhizium* (*Nomuraea*) *rileyi* as biological control agent [J]. Biocontrol Science and Technology, 27: 1243–1264. DOI: 10. 1080/09583157. 2017. 1391175.

Golo P S, Gardner D R, Grilley M M, et al., 2014. Production of destruxins from *Metarhizium* spp. fungi in artificial medium and in endophytically colonized cowpea plants [J]. PLoS ONE, 9 (8): 1. DOI: 10. 1371/journal. pone. 0104946.

Hassen A, Jerboui Z, M, 2001. Chérif, et al. Impact of Heavy Metals on the Selective Phenotypical Markers of *Pseudomonas aeruginosa* [J]. Microbial Ecology, 42 (1): 99–107. DOI: 10. 1007/s002480000067.

Henry J E, Tiahrt K, Oma E A, 1973. Importance of timing, spore concentrations, and levels of spore carrier in applications of *Nosema locustae* (Microsporida: Nosematidae) for control of grasshoppers [J]. Journal of Invertebrate Pathology, 21 (3): 263-272. DOI: 10.1016/0022-2011 (73) 90211-5.

Ingle Y V, 2014. Effect of different growing media on mass production of*Nomuraea rileyi* [J]. International Journal of Environmental Sciences, 4 (5): 1006-1014. DOI: 10.6088/ijes.2014040404539.

Jin S Q, Zhou F, 2018. Zero Growth of Chemical Fertilizer and Pesticide Use: China's Objectives, Progress and Challenges [J]. Journal of Resources and Ecology, 9 (1): 50-58. DOI: 10.5814/j.issn.1674-764x.2018.01.006 www.jorae.cn.

Lemaitre B, Hoffmann J, 2007. The host defense of *Drosophila melanogaster* [J]. Annual Review of Immunology, 25: 697-743. DOI: 10.1146/annurev.immunol.25.022106.141615.

Levin B R, Perrot, Véronique, Walker N, 2000. Compensatory mutations, antibiotic resistance and the population genetics of adaptive evolution in bacteria [J]. Genetics, 154 (3): 985-997. DOI: 10.1089/109065700316525.

Li J, Zhou Y, Lei C F, et al., 2015. Improvement in the UV resistance of baculoviruses by displaying nano-zinc oxide-binding peptides on the surfaces of their occlusion bodies [J]. Appl Microbiol Biotechnol, 99: 6841-6853. DOI: 10.1007/s00253-015-6581-6.

Li X Y, Liu Q Z, Lewis E E, et al., 2016. Activity changes of antioxidative and detoxifying enzymes in Tenebrio molitor larvae infected by entomopathogenic nematode *Heterorhabditis beicherriana* [J]. Para-sitology Research, 115 (12): 4485-4494. DOI: 10.1016/0022-2011 (73) 90211-5.

Li Y Q, Song K, Li YC, Chen J, 2016. Statistical culture-based strategies to enhance chlamydospore production by *Trichoderma harzianum* SH2303 in liquid fermentation [J]. Journal of Zhejiang University Science (8): 619-627. DOI: 10.1631/jzus.B1500226.

Li Z H, Fan Y P, Wei J H, et al., 2019. Baculovirus utilizes cholesterol transporter NIEMANN-Pick C1 for host cell entry [J]. Frontiers in Microbiology, 10: 2825. DOI: 10.1101/312744.

Liliana P L, Mario S, Alejandra B, 2012. *Bacillus thuringiensis* insecticidal three-domain Cry toxins: mode of action, insect resistance and consequences for crop protection [J]. FEMs Microbiology Reviews (1): 3-22. DOI: 10.1111/j.1574-6976.2012.00341.x.

Liu Z Y, Ling Z Q, Walley A J S, et al., 2001. Cordyces brittebankisoides Presents, a news pathogen of grubs and its anamorph, *Metarhizium anisopliae* var. *majus* [J]. Invertebr and Pathol, 2001, 78: 178-182. DOI: 10.1006/jipa.2001.5039 .

Lomer C J, Bateman R P, Johnson D L, et al., 2001. Biological control of locusts and grasshoppers [J]. Annual Review of Entomology, 46 (1): 667 - 702. DOI: 10. 1146/annurev. ento. 46. 1. 667.

Lovett B, Bilgo E, Millogo S A, Ouattarra A K, 2019. Transgenic Metarhizium rapidly kills mosquitoes in a malaria-endemic region of Burkina Faso [J]. Science, 364 (6443): 894-897. DOI: 10. 1126/science. aaw8737.

Mabuchi N, Araki Y, 2001. Cloning and sequencing of two genes encoding chitinases A and B from *Bacillus cereus* CH [J]. Canadian Journal of Microbiology, 2001, 47 (10): 895-902. DOI: 10. 1139/w01-093.

Mascarin G M, Jackson M A, Kobori N N, et al., 2015. Liquid culture fermentation for rapid production of desiccation tolerant blastospores of *Beauveria bassiana* and *Isaria fumosorosea* strains [J]. Journal of Invertebrate Pathology, 127: 11 - 20. DOI: 10. 1016/j. jip. 2014. 12. 001.

Mcquilken M P, Whipps J M, 1995. Production, survival and evaluation of solid substrate inocula of *Coniothyrium minitans* against *Sclerotinia sclerotiorum* [J]. Eur J Plant pathol, 101: 101- 110. DOI: 10. 1007/BF01876098.

Mukherjee M, Mukherjee P K, Horwitz B A, et al., 2012. Trichoderma - Plant - pathogen interactions: advances in genetics of biological control [J]. Indian Journal of Microbiology, 52: 522-529. DOI: 10. 1007/s12088-012-0308-5.

Nicolás Pedrini, 2018. Molecular interactions between entomopathogenic fungi (Hypocreales) and their insect host: Perspectives from stressful cuticle and hemolymph battlefields and the potential of dual RNA sequencing for future studies [J]. Fungal Biology, 122: 538-545.

Palmer W J, Jiggins F M, 2015. Comparative genomics reveals the origins and diversity of arthropod immune systems [J]. Molecular Biology and Evolution, 32 (8): 2111-2129. DOI: 10. 1093/molbev/msv093 .

Pedras M S C, Zaharia L I, Ward D E, 2002. The destrusins: synthesis, biosynthesis, biotransf ormation and biological activity [J]. Phytochemistry, 59: 579 - 596. DOI: 10. 1016/j. funbio. 2017. 10. 003.

Qu S, Wang S, 2018. Interaction of entomopathogenic fungi with the host immune system [J]. Developmental & Comparative Immunology, 83 (1): 96 - 103. DOI: 10. 1016/j. dci. 2018. 01. 010.

Rehner S A, Minnis A M, Sung GH, et al., 2011. Phylogeny and systematics of the anamorphic, entomopathogenic genus *Beauveria* [J]. Mycologia, 103, 1055 - 1073. DOI: 10. 3852/10-302.

Rishbeth T, 1963. Stump protection against fomes annosus III inoculation with *Peniophora gigantea* [J]. Ann Appl Biol, 52: 69 - 77. DOI: 10. 1111/j. 1744 - 7348. 1963. tb03728.x.

Schmidt T L, Rašic G, Zhang D J, et al., 2017. Genome-wide SNPs reveal the drivers of gene flow in an urban population of the Asian tiger mosquito, *Aedes albopictus* [J]. PLoS Negl. Trop. Dis, 11 (10): e0006009.

Schoch C L, Seifert K A, Huhndorf S, et al., 2012. Fungal barcoding consortium nuclear ribosomal internal transcribed spacer (ITS) region as a universal DNA barcode marker for fingi [J]. PNAS, 109 (16) 6241 - 6246. DOI: 10.1073/pnas. 1117018109.

Scholler M, Rubner A, 1994. Predacious activity of the nematode-destroying fungus *Arthrobotrys oligospora* in dependence of the medium composition [J]. Microbiol Res, 149 (2): 145-149. DOI: 10.1016/S0944-5013 (11) 80110-2.

Schrank A, Vainstein M H, 2020. *Metarhizium anisopliae* enzymes and toxins [J]. Toxicon, 56 (7): 1267-1274. DOI: 10.1016/j. toxicon. 2010. 03. 008.

Serino L, Reimmann C, Baur H, et al., 1995. Structural genes for salicylate biosynthesis from chorismate in *Pseudomonas aeruginosa* [J]. Molecular & General Genetics Mgg, 249 (2): 217-228. DOI: 10.1007/BF00290369.

Shapiro D I, Behle R, Mcguire M R, et al., 2003. Formulated arthropod cadavers for pest suppression [P]. US Patent: 6/524/601.

Shi W P, Guo Y, Xu C, et al., 2014. Unveiling the mechanism by which microsporidian parasites prevent locust's swarm behavior [J]. Proceedings of the National Academy of Sciences of the United States of America, 111 (4): 1343-1348. DOI: 10. 1073/pnas. 1314009111.

Song MH, Yu JS, Kim SH, et al., 2019. Downstream processing of *Beauveria bassiana* and *Metarhizium anisopliae*-based fungal biopesticides against Riptortus pedestris solid culture and delivery of conidia [J]. Biocontrol Science and Technology, 29 (6): 514-532. DOI: 10.1080/09583157. 2019. 1566951.

Stephen P. Wraight, 2007. Mycoinsecticides and Mycoacaricides: A comprehensive list with worldwide coverage and international classification of formulation types [J]. Biological Control, 43 (3): 237-256. DOI: 10. 1016/j. biocontrol. 2007. 08. 001 .

St. Leger R J, 2007. *Metarhizium anisopliae* as a model for studying bioinsecticidal host-pathogen interactions [J]. NATO Security through Science Series: 179 - 204. DOI: 10. 1007/978-1-4020-5799-1_ 9.

St. Leger R J, Cooper R M, Charnley A K, 1991. Characterization of chitinase and chitobiase produced by entomopathogenic fungus *Metarhizium anisopliae* [J]. Invert ebr. Path ol, 58: 415-426. DOI: 10. 1016/0022-2011 (91) 90188-V.

Sun Xiulian, 2015. History and current status of development and use of viral insecticides in China [J]. Viruses, 7 (1): 306-319. DOI: 10. 3390/v7010306.

van Oers M M, Vlak J M, 2007. Baculovirus genomics [J]. Current Drug Targets, 8 (10): 1051-1068. DOI: 10. 2174/138945007782151333.

Vega F E, Meyling N V, Luangsa-Ard J J, et al., 2012. Fungal Entomopathogens

[M] //Fernando V E, Kaya H K, eds. Academic Press, ISBN: 9780123849847.

Villamizar L F, Nelson T L, Jones S A, et al., 2018. Formation of microsclerotia in three species of Beauveria and storage stability of a prototype granular formulation [J]. Biocontrol Science and Technology, 28 (12): 1097 - 1113. DOI: 10. 1080/09583157. 2018. 1514584.

Wang C S, St Leger R J, 2007. The MAD1 adhesin of *Metarhizium anisopliae* links adhesion with blastospore production and virulence to insects, and the MAD2 adhesin enables attachment to plants [J]. Eukaryot. Cell, 6: 808 - 816. DOI: 10. 1128/ EC. 00409-06.

Wang C S, Wang S B, 2017. Insect pathogenic fungi: genomics, molecular interactions, and genetic improvements [J]. Annual Review of Entomology, 62: 73 - 90. DOI: 10. 1146/annurev-ento-031616-035509.

Wang CS, St. Leger, 2007. A scorpion neurotox in increases the potency of a fungal insecticide [J]. Nature Biotechnology, 25: 1455-1456. DOI: 10. 1038/nbt1357.

Wang S L, Chang W T, Lu M C, 1995. Production of chitinase by *Pseudomonas aeruginosa* K-187 using shrimp and crab shell powder as a carbon source [J]. Proceedings of the National ence Council Republic of China Part B Life ences, 19 (2): 105-12. DOI: 10. 1007/BF00290369.

Wells M B, Andrew D J. Anopheles salivary gland architecture shapes plasmodium sporozoite availability for transmission [J]. mBio 10 (4): e01238-19. DOI: 10. 1128/ mBio. 01238-19.

Ying S H, Feng M G, 2011. A conidial protein (CP15) of *Beauveria bassiana* contributes to the conidial tolerance of the entomopathogenic fungus to thermal and oxidative stresses [J]. Applied Microbiology & Biotechnology, 9 (5): 1711 - 1720. DOI: 10. 1007/s00253-011-3205-7.

Yu H, Zhou B, Meng J, et al., 2017. Recombinant *Helicoverpa armigera* nucleopolyhedrovirus with arthropod - specific neurotoxin gene RjAa17f from *Rhopalurus junceus* enhances the virulence against the host larvae [J]. Insect Science, 24: 397-408. DOI: 10. 1111/1744-7917. 12289.

Zhang K, Xing X, Hou X, et al., 2015. Population dynamics and infection prevalence of grasshopper (Orthoptera: Acrididae) after application of *Paranosema locustae* (Microsporidia) [J]. Egyptian Journal of Biological Pest Control, 25 (1): 33-38.

附录1　登记的微生物农药物种拉丁名和中文名

Bacteria　54 种	**细菌**
Agrobacterium radiobacter	放射土壤杆菌
Bacillus lentimorbus	缓病芽孢杆菌
Bacillus licheniformis	地衣芽孢杆菌
Bacillus marinus	海洋芽孢杆菌
Bacillus methylotro phicus	甲基营养型芽孢杆菌
Bacillus mycoides	蕈状芽孢杆菌
Bacillus amyloliquefaciens	解淀粉芽孢杆菌
Bacillus amyloliquefaciens subsp. *plantarum*	解淀粉芽孢杆菌植物亚种
Bacillus cereus	蜡质芽孢杆菌（蜡样芽孢杆菌）
Bacillus firmus	坚强芽孢杆菌
Bacillus nematocida	食线虫芽孢杆菌（杀线虫芽孢杆菌）
Bacillus paralicheniformis	副地衣芽孢杆菌（类地衣芽孢杆菌）
Bacillus popilliae	日本金龟子芽孢杆菌
Bacillus pumilus	短小芽孢杆菌
Bacillus simplex	简单芽孢杆菌
Bacillus sphaericus（*Bacillus sphericus*）	球形芽孢杆菌
Bacillus subtilis	枯草芽孢杆菌
Bacillus thuringiensis	苏云金芽孢杆菌（苏云金芽胞杆菌）
Bacillus thuringiensis subsp. *aizawai*	苏云金芽孢杆菌鲇泽亚种
Bacillus thuringiensis subsp. *galleriae*	苏云金芽孢杆菌蜡螟亚种
Bacillus thuringiensis subsp. *israeliensis*	苏云金芽孢杆菌以色列亚种
Bacillus thuringiensis subsp. *kurstaki*（*Bacillus thuringiensis* var. *kurstaki*）	苏云金芽孢杆菌库斯塔克亚种(苏云金芽孢杆菌库斯塔克变种)
Bacillus thuringiensis subsp. *tenebrionis*	苏云金芽孢杆菌拟步甲亚种
Bacillus velezensis	贝莱斯芽孢杆菌
Brevibacillus laterosporu	侧孢短芽孢杆菌
Burkholderia spp.	伯克霍尔德氏菌

Burkholderia (*Pseudomonas*) *cepacia* type Wisconsin	洋葱伯克霍尔德氏（假单胞）菌威斯康星型
Chromobacterium subtsugae	铁杉紫色杆菌
Empedobacter brevis	短稳杆菌
*Erwinia carotovora*subsp. *carotovora* avirulent strain	软腐欧文氏杆菌胡萝卜亚种无致病性株系
Lactobacillus plantarum	植物乳杆菌
Methylobacterium rhodesianum	罗氏甲基杆菌
Paenibacillus polymyxa	多粘类芽孢杆菌
Pasteuria nishizawae	巴斯德杆菌
Pasteuria penetrans	穿刺巴斯德芽孢杆菌
Pasteuria spp. (*Rotylenchulus reniformis* nematode)	巴氏杆菌（防肾形线虫品系）
Pasteuria usgae	美高协巴氏杆菌
Pseudomonas aureofadens	致黄假单胞杆菌
Pseudomonas brassicacearmu	油菜假单胞
Pseudomonas chlororaphis	绿针假单胞菌
Pseudomonas fluorescens	荧光假单胞杆菌
Pseudomonas rhodesiae	霍氏假单胞菌（或罗氏假单胞菌）
Pseudomonas syringae	丁香假单胞菌
Rhodopseusdomonas palustri	沼泽红假单胞菌
Rhodovulum sulfidophilus (*Rhodovulum sulfidophilum*)	嗜硫小红卵菌
Streptomyces acidiscabies, killed	酸疮痂链霉菌，灭活的
Streptomyces candidus	纯白链霉菌
Streptomyces colombiensis	哥伦比亚链霉菌
Streptomyces fradiae	弗氏链霉菌
Streptomyces goshikiensis	高氏链霉菌
Streptomyces lydicus	利迪链霉菌
Streptomyces griseoviridis	灰绿链霉菌
Wolbachia pipientis	沃尔巴克氏体［或沃巴克（氏）菌］
Xenorhabdus nematophilus	嗜线虫致病杆菌

Fungi 59种	**真菌**
Akanthomyces muscarius (*Lecanicillimum muscarium*)	蝇刺束梗孢（原名 蝇疥霉）
Alternaria destruens	损毁链格孢菌
Ampelomyces quisquails	白粉寄生孢
Aspergillus flavus	黄曲霉菌
Aspergillus oryzae	米曲霉
Aureobasidium pullulans	普鲁兰（出芽）短梗霉菌
Beauveria bassiana	球孢白僵菌
Beauveria brongniartii	布氏白僵菌

Candida oleophila	橄榄假丝酵母
Chondrostereum purpureum	紫色软韧革菌
Clonostachys rosea (*Gliocladium roseum*)	粉红螺旋聚孢霉（原名粉红粘帚霉）
Clonostachys rosea f. *catenulate* （*Gliocladium catenulatum*）	粉红螺旋聚孢霉链孢型（原名链孢粘帚霉）
*Colletotrichum gloeosporioides*f. sp. *aeschynomene*	胶孢炭疽菌合萌专化型
Conidioblous thromboid	块耳霉
Coniothyrium minitans	小盾壳霉
Duddingtonia flagrans	凶猛杜氏菌嗜线虫真菌（暂译名）
Isaria fumosorosea （*Paecilomyces fumosoroseus*）	玫烟色棒束孢（原名玫烟色拟青霉）
Isaria javanica	爪哇棒束孢
Lagenidium giganteum	大链壶菌
Lasiodiplodia pseudothebromae	假可可毛色二胞
Lecanicilliumlecanii （*Verticillium lecanii*）	蜡蚧疥霉（原名蜡蚧轮枝菌）
Macrophomina phaseolina	菜豆球壳孢菌
Metarhizium acridum （*Metarhizium anisopliae var. acridum*）	蝗绿僵菌（原名金龟子绿僵菌蝗变种）
Metarhizium anisopliae	金龟子绿僵菌
Metarhizium brunneum	棕色绿僵菌
Metschnikowia fructicola	核果梅奇酵母
Monacrosporium thaumasium	奇妙单顶孢
Muscodor albus	白色麝香霉（或白色产气霉）
Myrothecium verrucaria	疣孢漆斑菌
Neoscytalidium novaehollandiae	华丽新柱孢
Paecilomyces tenuipes	细脚拟青霉菌
Pantoea agglomerans	成团泛菌
Paranosema locustae （*Nosema locustae* or *Antonospora locustae*）	蝗虫微孢子（原名蝗虫微孢子虫）
Phlebiopsis gigantea	大隔孢伏革菌
Phytophthora palmivora	棕榈疫霉
Pochonia chlamydosporia （*Verticillium chlamydosporium*）	厚垣普可尼亚菌(原名厚垣轮枝菌、厚孢轮枝菌)
Pseudozyma flocculosa	絮绒假霉菌
Puccinia thlaspeos strain woad	遏蓝菜柄锈菌菘蓝株系
Purpureocillium lilacinus （*Paecilomyces lilacinum*）	淡紫紫孢霉（原名淡紫拟青霉）
Pythium oligandrum	寡雄腐霉
Saccharomyces cerevisiae	酿酒酵母
Sclerotium rolfsii	齐整小核菌
Simplicillium lamellicola （*Verticillium lamellicola*）	褶生简单壳菌（原名 褶生轮枝菌）
Talaromyces flavus	黄色篮状菌
Trichoderma asperelloides	拟棘孢木霉
Trichoderma asperellum	棘孢木霉

Trichoderma atrobrunneum	深褐木霉
Trichoderma atroviride	深绿木霉
Trichoderma gamsii	盖姆斯木霉
Trichoderma hamatum	钩状木霉
Trichoderma harzianum	哈茨木霉
Trichoderma koningii	康氏木霉
Trichoderma lignorum	木素木霉
Trichoderma polysporum	多孢木霉
Trichoderma virens (*Gliocladium virens*)	绿木霉（原名 绿粘帚霉）
Trichoderma viride	绿色木霉
Ulocladium oudemansii	奥德曼细基格孢
Variovorax paradoxus	奇异贪噬菌
Verticillium albo-atrum (*Verticillium dahliae*)	黑白轮枝菌（原名大丽轮枝菌）

Viruses　40种	**病毒**
Adoxophyes orana granulovirus	茶小卷叶蛾颗粒体病毒
Adoxphyes orana fasciata granulosis virus	条纹小卷叶蛾颗粒体病毒
Anagrapha falcifera nucleopolyhedrovirus	芹菜夜蛾核型多角体病毒
Autographa californica nucleopolyhedrosis virus (Autographa californica multiple nucleopolyhedrovirus)	苜蓿银纹夜蛾核型多角体病毒
Clavibacter michiganensis subspecies michiganensis bacteriophage (Bacteriophage of Clavibacter michiganensis subspecies michiganensis)	密歇根锁骨杆菌（或棒形杆菌）密歇根亚种的噬菌体
Chrysodeixis includens nucleopolyhedrovirus	大豆尺蠖蛾核型多角体病毒
Citrus tristeza virus expressing spinach defensin proteins 2,7,and 8	表达菠菜防御素蛋白2、7和8的柑橘衰退病毒
Cnaphalocrocis medinalis granulovirus	稻纵卷叶螟颗粒体病毒
Cydia pomonella granulosis virus	苹果蠹蛾颗粒体病毒
Dendrolimus punctatus cypovirus	松毛虫质型多角体病毒
Ectropis obliqua nucleopolyhedrovirus	茶尺蠖核型多角体病毒
Erwinia amylovorabacteriophage (Bacteriophage active against Erwinia amylovora)	梨火疫病欧文（氏）菌的噬菌体
Helicoverpa armigera nucleopolyhedrovirus (Nuclear polyhedrosis virus heliothis)	棉铃虫核型多角体病毒
Helicoverpa zea nuclear polyhedrosis virus (Helicoverpa zea single capsid nucleopolyhedrovirus)	美洲棉铃虫（或玉米夜蛾）核型多角体病毒（美洲棉铃虫单壳核型多角体病毒）

Helicoverpa zea nuclear polyhedrosis virus, polyhedral occlusion bodies (Polyhedral occlusion bodies of the nuclear polyhedrosis virus of Helicoverpa zea)	美洲棉铃虫（或谷实夜蛾）核型多角体病毒包涵体
Hyphantria cunea nucleopolyhedrovirus	美国白蛾核型多角体病毒
Homona magnanima granulosis virus	后黄卷叶蛾颗粒体病毒
Lymantria dispar nucleopolyhedrosis virus polyhedral inclusion bodies (Occlusion bodies of the gypsy moth nucleopolyhedrovirus)	舞毒蛾核型多角病毒包涵体
Mamestra brassicae multiple nucleopolyhedrovirus	甘蓝夜蛾核型多角体病毒
Mamestra oleracea granulosis virus	亮线褐眼蛾颗粒体病毒
Mythirnn unipuncta granulovirus (Pseudaletia unipuncta granulovirus)	黏虫颗粒体病毒
Neodiprion abietis nucleopolyhedrosis virus	香脂冷杉叶蜂核型多角体病毒
Orgyia pseudotsugata nucleopolyhedrovirus (Douglas Fir Tussock moth nucleopolyhedrovirus)	冷杉毒蛾（或黄杉毒蛾）核型多角体病毒
Pepino mosaic virus, mild	凤果花叶病毒，弱毒株
Periplaneta fuliginosa densovirus（现更名为 Blattodean ambidensovirus 1）	黑胸大蠊浓核病毒（更名暂译名：蜚蠊双义浓核病毒）
Pieris rapae granulovirus	菜青虫颗粒体病毒
Plodia interpunctella granulovirus (Indian Meal Moth granulosis virus)	印度谷螟颗粒体病毒
Plutella xylostella granulovirus	小菜蛾颗粒体病毒
Pseudomonas syringae pv. tomato bacterriophage	丁香假单胞杆菌番茄变种的噬菌体
Ralstonia solanacearum phage	茄科雷尔氏菌噬菌体
Spodoptera exigua multiple nuclearpolyhedrosis virus	甜菜夜蛾核型多角体病毒
Spodoptera frugiperda multiple nucleopolyhedrovirus	草地贪夜蛾核型多角体病毒
Spodoptera litura nucleopolyhedrovirus	斜纹夜蛾核型多角体病毒
Tobacco mild green mosaic tobamovirus	烟草轻型绿斑驳花叶病毒
Xanthomonas campestris pv. vesicatoria bacteriophage	野油菜黄单胞菌叶斑病的噬菌体
Xanthomonas campestris pv. vesicatoria and Pseudomonas syringae pv. tomato bacteriophage (Bacteriophage active against Xanthomonas campestris pv. vesicatoria and Pseudomonas syringae pv. tomato)	野油菜黄单胞菌叶斑病变种和丁香假单胞菌番茄致病变种的噬菌体

Xanthomonas citri subsp. citri bacteriophage (Bacteriophage active against Xanthomonas citri subsp. citri)	柑橘溃疡病的噬菌体
Xylella fastidiosa bacteriophage (Bacteriophage active against Xylella fastidiosa)	木质部难养菌的噬菌体
Zucchini yellow mosaic virus, attenuated strain	西葫芦黄化花叶病毒弱毒株
* Papaya ringspot virus resistance gene (Papaya Ringspot Virus Coat Protein Gene) in X17-2 Papaya	木瓜X17-2抗番木瓜环斑病毒基因（番木瓜环斑病毒外壳蛋白基因）

* 登记病毒基因，而非毒株。

附录 2 FAO JMP 信件

منظمة الأغذية والزراعة للأمم المتحدة | 联合国粮食及农业组织 | Food and Agriculture Organization of the United Nations

Organisation des Nations Unies pour l'alimentation et l'agriculture | Продовольственная и сельскохозяйственная организация Объединенных Наций | Organización de las Naciones Unidas para la Agricultura y la Alimentación

Viale delle Terme di Caracalla, 00153 Rome, Italy   Fax: +39 0657053152   Tel: +39 0657051   www.fao.org

Our Ref.:   Your Ref.:

25 December 2018

To Whom It May Concern

Acknowledgement of comments made by ICAMA on the FAO and WHO Specification Guidelines for Microbial Pesticides

Dear Sir / Madam,

The Secretariat of the FAO/WHO Joint Meeting on Pesticide Specifications hereby acknowledges that, during the process of amendment of the FAO and WHO Specification Guidelines for Microbial Pesticides, the comments provided by Institute for the Control of Agrochemicals, Ministry of Agriculture and Rural Areas, China and the Institute of Plant Protection, Chinese Academy of Agricultural Sciences (by Puguo Zhou, Tiechun Chen, Xiangqun Nong, Shankui Yuan, Yiyan Wang, Zehua Zhang, Junhua Song) was received and considered in November 2018. The revised Specification Guidelines for Microbial Pesticides has been published at the FAO website.

http://www.fao.org/fileadmin/templates/agphome/documents/Pests_Pesticides/Specs/JMPS_Manual_2016/Manual-Revised_Section_9_Final_-_2018_12_05.pdf

Yours sincerely,

Yang Yong Zhen
FAO JMPS Secretariat
Plant Production and Protection Division

附录3　微生物农药产品、毒理、环境标准要点简集

本附录集合了微生物农药产品、毒理、环境标准中的技术要点，突出各标准的规范特点和指标关键，便于读者查询和了解基本概况。不细列雷同要求，如需请详见各标准原文。

一、微生物农药产品标准的主要技术指标及方法

（一）GB/T 21459. 1~5—2008 真菌农药产品系列标准编写规范

该系列标准是我国制定的第一个通用型微生物真菌类农药产品标准编写规范，包括母药、粉剂、可湿性粉剂、油悬浮剂、饵剂，其中油悬浮剂和饵剂标准是微生物农药的新剂型标准。标准规定了有效成分描述、鉴别方法、含量以及各项技术指标和测定方法。

标准由农业部农药检定所和中国农业科学院植物保护研究所制定，对普及和提高微生物类产品标准制定起到促进作用，有利于推进微生物农药的登记和管理。

1. GB/T 21459. 1—2008 真菌农药母药产品标准编写规范

鉴别方法：形态学、生物化学、分子生物学特征或国际公认机构认可的鉴别特征。

有效成分：含菌量采用平板菌落计数法测定，单位为CFU/g，或含孢量采用血球计数板法测定，单位为孢子/g。

表1　真菌农药母药规范项目及指标

项目		指标
含菌量，（单位名称）/g	≥（或规定范围）	
活菌率，%	≥（或规定范围）	
毒力，（LD_{50}、LT_{50}或%等单位名称）（在……条件下）	≤	
杂菌率，%	≤	
化学杂质[a]，%	≤	
干燥减量，%	≤	

（续表）

项目		指标
细度（通过…μm 试验筛）[a]，%	≥	
pH[a]	（规定范围）	
贮存稳定性和/或热贮稳定性[b]，%	≥ （…℃贮存…个月或周的活菌率与其标明值的百分率）	（建议不低于 80%）
注：所列项目可根据真菌的特性、功能和产品具体情况适当增减。 [a]为可选项目；[b] 为定期检测项目。		

验收期：从交货到验收的最长限（以月计）。

附录 A（规范性附录）真菌农药母药有效成分描述；

附录 B（资料性附录）真菌农药母药鉴定、检测方法及示例。

2. GB/T 21459. 2—2008 真菌农药粉剂产品标准编写规范

表 2　真菌农药粉剂规范项目及指标

项目		指标
含菌量，（单位名称）/g	≥（或规定范围）	
活菌率，%	≥（或规定范围）	
毒力，（LD_{50}、LT_{50}或%等单位名称）（在……条件下）	≤	
杂菌率，%	≤	
化学杂质[a]，%	≤	
干燥减量，%	≤	
细度（通过…μm 筛），%	≥	
pH	（规定范围）	
贮存稳定性和/或热贮稳定性[b]，% （…℃贮存…个月或周的活菌率与其标明值的百分率）	≥	（建议不低于 80%）
注：所列项目可根据真菌的特性、功能和产品具体情况适当增减。 [a]为可选项目；[b] 为定期检测项目。		

保证期：从生产日期算起活孢率不低于标明值 80%的期限。

附录 A（规范性附录）产品有效成分描述格式。

其他与 GB/T 21459. 1—2008 标准相同。

3. GB/T 21459.3—2008 真菌农药可湿性粉剂产品标准编写规范

表3　真菌农药可湿性粉剂规范项目及指标

项　　目		指　标
含菌量，（单位名称）/g	≥（或规定范围）	
活菌率，%	≥（或规定范围）	
毒力，（LD_{50}、LT_{50}或%等单位名称）（在……条件下）	≤	
杂菌率，%	≤	
化学杂质[a]，%	≤	
干燥减量，%	≤	
悬浮率，%	≥	
润湿时间，s	≤	
细度（通过…μm筛），%	≥	
pH　（规定范围）		
贮存稳定性或热贮稳定性[b]，% （…℃贮存…个月或周的活菌率与其标明值的百分率）	≥	（建议不低于80%）
注：所列项目可根据真菌的特性、功能和产品具体情况适当增减。 [a]为可选项目；[b]为定期检测项目。		

保证期：从生产日期算起活孢率不低于标明值80%的期限。

附录和其他与GB/T 21459.2—2008标准相同。

4. GB/T 21459.4—2008 真菌农药油悬浮剂产品标准编写规范

表4　真菌农药油悬浮剂规范项目及指标

项　　目			指　标
含菌量，（单位名称）/mL		≥（或规定范围）	
活菌率，%		≥（或规定范围）	
毒力，（LD_{50}、LT_{50}或%等单位名称）（在……条件下）		≤	
杂菌率，%		≤	
化学杂质[a]，%		≤	
水分[a]，%		≤	
悬浮率，%		≥	
倾倒性	倾倒后残余物，%	≤	
	洗涤后残余物，%	≤	
湿筛试验（通过…μm筛），%		≥	
低温稳定性[ab]			合格

（续表）

项　　目	指　标
贮存稳定性和/或热贮稳定性[b]，%　≥ （…℃贮存…个月或周的活菌率与其标明值之百分率）	（建议不低于 80%）
注：所列项目可根据真菌的特性、功能和产品具体情况适当增减，特别需要考虑的是可能影响制剂使用效果、运输和应用所关联油介质的特性参数，如黏度、闪点等。 [a]为可选项目；[b]为定期检测项目。	

保证期：从生产日期算起活孢率不低于标明值 80%的期限。

附录和其他与 GB/T 21459.2—2008 标准相同。

5. GB/T 21459.5—2008 真菌农药饵剂产品标准编写规范

表 5　真菌农药饵剂规范项目及指标

项　　目	指　标
含菌量，（单位名称）/g　≥（或规定范围）	
活菌率，%　≥（或规定范围）	
毒力，（LD_{50}、LT_{50}或%等单位名称）（在……条件下）　≤	
杂菌率，%　≤	
化学杂质[a]，%　≤	
引诱剂含量[b]，%　≤	
干燥减量，%　≤	
细度（通过…μm 试验筛），%　≥	
pH[a]　（规定范围）	
贮存稳定性和/或热贮稳定性[c]，% （…℃贮存…个月或周的活菌率与其标明值的百分率）　≥	（建议不低于 80%）
注：所列项目可根据真菌的特性、功能和产品具体情况适当增减。此表以饵粉为例，其他物理形状的应增减相应指标，如饵粒应去除细度指标、增加粒度指标等。 [a]为可选项目；[b]对属于化学或生物化学成分的引诱剂需要列出；[c]为定期检测项目。	

保证期：从生产日期算起活孢率不低于标明值 80%的期限。

附录和其他与 GB/T 21459.2—2008 标准相同。

（二）HG/T 3616/3617/3618—1999 苏云金（芽孢）杆菌系列标准*

该系列标准是我国首次制定细菌农药产品行业标准，包括原粉（母药）、可湿性粉

* 题目为标准名称，括号中为作者修订字词。以下*处均相同。关于“芽孢”，请参见表6-3 的注释。

剂和悬浮剂，对微生物农药标准的制定起到奠基作用。虽然已有升级版的国家标准，但仍在有效状态。标准由中国农业大学应用化学系、华中农业大学微生物农药国家工程研究中心、济南科贝尔生物工程有限公司联合制定。

1. HG/T 3616—1999 苏云金（芽孢）杆菌原粉（母药）*

鉴别方法：通过凝胶电泳测定有效毒力蛋白的相对分子质量为130 000的方法。

有效成分：采用毒素蛋白和毒力效价2种测定方法，有效成分含量是以毒力效价表示。

毒素蛋白测定原理：用碱性溶液降解苏云金（芽孢）杆菌中伴孢晶体，通过凝胶电泳使毒素蛋白与其他蛋白杂质分离（依据蛋白质相对分子质量差异，对鳞翅目有毒力蛋白的相对分子质量为130 000），用SDS-PAGE电泳图像扫描蛋白区带面积，定量测定毒素蛋白。此方法测定有SDS-PAGE扫描法和SDS-PAGE洗脱比色法两种，由于前者自动化程度高为仲裁法。

表6　苏云金（芽孢）杆菌原粉（母药）控制项目指标

项目		指标	
		一等品	合格品
毒素蛋白（130kDa），%	≥	7.0	6.0
毒力效价（*P. x.*，*H. a.*），IU/mg	≥	50 000	40 000
pH		5.5~7.0	
水分，%	≤	6.0	
细度（45μm），%	≥	98	
注：*P. x.* 和 *H. a.* 分别为小菜蛾（*Plutella xylostella*）、棉铃虫（*Helicoverpa armigera*）缩写。			

验收期：2年内毒力效价和毒素蛋白含量均不得低于标明值的60%。

附录A（提示的附录）电泳凝胶的制备；

附录B（标准的附录）毒力效价的测定。毒力效价测定方法—B1用小菜蛾（*Plutella xylostella*）作试虫的测定方法（仲裁法）、B2以棉铃虫（*Heliothis armigera*）作试虫的测定方法。

2. HG/T 3617—1999 苏云金（芽孢）杆菌可湿性粉剂*

表7　苏云金（芽孢）杆菌可湿性粉剂控制项目指标

项目		指标		
毒素蛋白（130kDa），%	≥	4.0	2.0	1.0
毒力效价（*P. x.*，*H. a.*），IU/mg	≥	32 000	16 000	8 000
pH		6.0~7.5		
水分，%	≤	4.0		

（续表）

项目		指标
悬浮率,%	≥	70
润湿时间，min	≤	3
细度（75μm）,%	≥	98
注：*P. x.* 和 *H. a.* 分别为小菜蛾（*Plutella xylostella*）、棉铃虫（*Helicoverpa armigera*）缩写。		

保证期：2年内毒力效价和毒素蛋白含量均不得低于标明值的70%。

3. HG/T 3618—1999 苏云金（芽孢）杆菌悬浮剂*

表8 苏云金（芽孢）杆菌悬浮剂控制项目指标

项目		指标		
		8 000 IU/μL	4 000 IU/μL	2 000 IU/μL
毒素蛋白（130kDa）,%	≥	0.8	0.4	0.2
毒力效价（*P. x.*，*H. a.*），IU/μL	≥	8 000	4 000	2 000
pH		4.5~6.5		
悬浮率,%	≥	80		
细度（150μm）,%	≥	98		
注：*P. x.* 和 *H. a.* 分别为小菜蛾（*Plutella xylostella*）、棉铃虫（*Helicoverpa armigera*）缩写。				

保证期：1.5年内毒力效价和毒素蛋白含量均不得低于标明值的60%。

（三）GB/T 19567.1~3—2004 苏云金芽胞（孢）杆菌产品系列标准*

该系列标准相当于苏云金（芽孢）杆菌行业标准的升级版，由农业部农药检定所、华中农业大学微生物农药国家工程研究中心、湖北省生物农药工程研究中心制定。

1. GB/T 19567.1—2004 苏云金芽胞（孢）杆菌原粉（母药）*

鉴别方法：/

有效成分：采用毒力效价（比行标增加2个Bt亚种和1个靶标）和毒素蛋白测定方法。

表9 苏云金芽胞（孢）杆菌原粉（母药）控制项目指标

项目		指 标			
		B. t. a		*B. t. k*	
		一等品	合格品	一等品	合格品
毒素蛋白（130kDa）,%	≥	8.0	7.0	7.0	6.0

（续表）

项目	指标			
	B. t. a		*B. t. k*	
	一等品	合格品	一等品	合格品
毒力效价（*P. x.*，*H. a.*），IU/mg　≥			50 000	40 000
毒力效价（S. e.），IU/mg　≥	60 000	50 000		
pH	5.5~7.0			
水分，%　≤	6.0			
细度（75μm），%　≥	98			
注1：*P. x.*、*H. a.* 和 *S. e.* 分别为小菜蛾（*Plutella xylostella*）、棉铃虫（*Helicoverpa armigera*）和甜菜夜蛾（*Spodoptera exigua*）缩写； 注2：*B. t. a* 为苏云金芽孢杆菌鲇泽亚种；*B. t. k* 苏云金芽孢杆菌库斯塔克亚种。				

验收期：2年内毒力效价和毒素蛋白含量均不得低于标明值的70%。

附录A（资料性附录）电泳凝胶的制备；

附录B（规范性附录）毒力效价的测定。毒力效价测定方法—B1用小菜蛾（*Plutella xylostella*）作试虫的测定方法、B2以棉铃虫（*Helicoverpa armigera*）作试虫的测定方法、B3以甜菜夜蛾（*Spodopetera exigua*）作试虫的测定方法。

2. GB/T 19567.2—2004 苏云金芽胞（孢）杆菌悬浮*

表10　苏云金芽胞（孢）杆菌悬浮剂控制项目指标

项目	指标
毒素蛋白（130kDa），%　≥	0.6
毒力效价（*P. x.*，*H. a.*，S. e），IU/mg　≥	6 000
pH	4.5~6.5
悬浮率，%　≥	80
细度（150μm），%　≥	98
注：*P. x.*、*H. a.* 和 *S. e.* 分别为小菜蛾（*Plutella xylostella*）、棉铃虫（*Helicoverpa armigera*）和甜菜夜蛾（*Spodoptera exigua*）缩写。	

保证期：18个月内毒力效价和毒素蛋白含量均不得低于标明值的60%。

附录与GB/T 19567.1—2004相同。

3. GB/T 19567.3—2004 苏云金芽胞（孢）杆菌可湿性粉剂*

表 11　苏云金芽胞（孢）杆菌可湿性粉剂控制项目指标

项目		指标	
毒素蛋白（130kDa），%	≥	4.0	2.0
毒力效价（*P. x.*，*H. a.*，S. e），IU/mg	≥	32 000	16 000
pH		6.0~7.5	
水分，%	≤	4.0	
悬浮率，%	≥	70	
润湿时间，min	≤	3	
细度（75μm），%	≥	98	
注：*P. x.*、*H. a.* 和 *S. e.* 分别为小菜蛾（*Plutella xylostella*）、棉铃虫（*Helicoverpa armigera*）和甜菜夜蛾（*Spodoptera exigua*）缩写。			

保证期：2 年内毒力效价和毒素蛋白含量均不得低于标明值的 70%。

附录与 GB/T 19567.1—2004 相同。

（四）GB/T 25864—2010 球孢白僵菌粉剂标准

该标准主要用于防治林业鳞翅目害虫，由国家林业局森林病虫害防治总站和安徽农业大学、中国林业科学院、华中农业大学微生物农药国家工程研究中心制定。

GB/T 25864—2010 球孢白僵菌粉剂

鉴别方法：形态学、生物化学、分子生物学的特征鉴别或国际公认机构的鉴别。

有效成分：含孢量采用血球计数法测定，单位为亿孢子/g。

表 12　球孢白僵菌粉剂控制项目指标

项目		指 标	
		高孢粉	低孢粉
含孢量，亿孢子/g	≥	1 000	100（±10）
孢子萌发率，%	≥	90	
毒力 LT_{50}，d	≤	5	6
杂菌率，%	≤	5	10
干燥减量，%	≤	10	
细度（160 目筛/35 目筛），%	≥	100	
贮存稳定性（5℃条件下贮存 180d），%	≥	孢子萌发率大于标明值的 80%	

保证期：6 个月内孢子萌发率不得低于标明值的 80%。

附录 A（规范性附录）以松毛虫为目标昆虫的毒力测定；

附录 B（规范性附录）以玉米螟为目标昆虫的毒力测定；

附录C（资料性附录）白僵菌产品分类。

（五）NY/T 2293—2012细菌微生物农药　枯草芽孢杆菌系列标准

该系列标准由农业部农药检定所和中国农业大学制定的微生物细菌产品标准。

1. NY/T 2293.1—2012细菌微生物农药　枯草芽孢杆菌　第1部分枯草芽孢杆菌母药

鉴别方法：形态学和生理生化的特征鉴别。

有效成分：含菌量采用平板菌落计数法测定，单位为CFU/g。

表13　枯草芽孢杆菌母药质量控制项目指标

项目		指标
含孢量（含菌量#），CFU/g	≥	5.0×10^{11}
杂菌率,%	≤	3
干燥减量,%	≤	6
pH		5.0~8.0
细度（45μm）,%	≥	90
贮存稳定性（5℃，2年，20~25℃，1年）[a],%	≥	80
[a]为定期检验项目：3个月检测一次。		

验收期：1年内含菌量不得低于标明值的80%。

附录A（资料性附录）有效成分描述；

附录B（规范性附录）菌种鉴别方法；

附录C（资料性附录）稀释液和培养基制备。

2. NY/T 2293.2—2012细菌微生物农药　枯草芽孢杆菌　第2部分枯草芽孢杆菌可湿性粉剂

表14　枯草芽孢杆菌可湿性粉剂质量控制项目指标

项目		指标
含孢量（含菌量#），CFU/g	≥	1.0×10^{10}
杂菌率,%	≤	3
干燥减量,%	≤	6
pH		5.0~8.0

括号中为作者加注。关于“含孢量”“含菌量”请参见第七章第一节的有关说明。以下相同处均如此

（续表）

项目		指标
细度（45μm），%	≥	90
润湿时间，s	≤	180
悬浮率，%	≥	75
贮存稳定性（5℃，2年，20~25℃，1年）[a]，%	≥	80
[a]为定期检验项目：3个月检测一次。		

保证期：1年内含菌量不低于标明值的80%。

附录A（资料性附录）有效成分描述。

（六）NY/T 2294—2012 细菌微生物农药　蜡质芽孢杆菌系列标准

该系列标准由农业部农药检定所和中国农业大学制定的微生物细菌产品标准。

1. NY/T 2294.1—2012 细菌微生物农药　蜡质芽孢杆菌　第1部分：蜡质芽孢杆菌母药

鉴别方法：形态学和生理生化的特征鉴别。

有效成分：含菌量采用平板菌落计数法测定，单位为CFU/g。

表15　蜡质芽孢杆菌母药质量控制项目指标

项　目		指　标
含孢量（含菌量[#]），CFU/g	≥	1.0×10^{10}
杂菌率，%	≤	3
干燥减量，%	≤	6
pH		5.0~8.0
细度（45μm），%	≥	90
贮存稳定性（5℃，2年，20~25℃，1年）[a]，%	≥	80
[a]为定期检验项目：3个月检测一次。		

验收期：1年内含菌量不得低于标明值的80%。

附录A（资料性附录）有效成分描述；

安全性：使用的蜡质芽孢杆菌要对人畜安全，致病性试验中有溶血反应的株系，应放弃使用。

附录B（规范性附录）菌种鉴别方法；

附录C（资料性附录）稀释液和培养基制备。

2. NY/T 2294.2—2012 细菌微生物农药　蜡质芽孢杆菌　第2部分：蜡质芽孢杆菌可湿性粉剂

表16　蜡质芽孢杆菌可湿性粉剂质量控制项目指标

项目		指标
含孢量（含菌量#），CFU/g	≥	1.0×10^{9}
杂菌率,%	≤	5
干燥减量,%	≤	6
pH		5.0~8.0
细度（45μm）,%	≥	90
润湿时间，s	≤	180
悬浮率,%	≥	80
贮存稳定性（5℃，2年，20~25℃，1年）[a],%	≥	80
[a]为定期检验项目：3个月检测一次。		

保证期：1年内含菌量不得低于标明值的80%。

附录A（资料性附录）有效成分描述。

（七）NY/T 2295—2012 真菌微生物农药　球孢白僵菌系列标准

该系列标准由农业部农药检定所和中国农业科学院植物保护研究所制定的微生物真菌产品标准。

1. NY/T 2295.1—2012 真菌微生物农药　球孢白僵菌　第1部分：球孢白僵菌母药

鉴别方法：形态学、并辅助ITS等基因序列分析。

有效成分：含孢量/含菌量分别采用血球计数板法或平板菌落计数法测定，单位为孢子/g或CFU/g。

表17　球孢白僵菌母药质量控制项目指标

项 目		指 标
活（含）孢量/含菌量#，孢子/g或CFU/g	≥	8.0×10^{10}
杂菌率,%	≤	3
干燥减量,%	≤	8
pH		6.0~8.0
细度（150μm）,%	≥	90
贮存稳定性（5℃，1年，20~25℃，6个月）[a],%	≥	80
[a]为定期检验项目：3个月检测一次。		

验收期：6 个月内含孢量不得低于标明值的 80%。

附录 A（资料性附录）有效成分描述。

2. NY/T 2295. 2—2012 真菌微生物农药　球孢白僵菌　第 2 部分：球孢白僵菌可湿性粉剂

表 18　球孢白僵菌可湿性粉剂质量控制项目指标

项目		指标
活（含）孢量/含菌量#，孢子/g 或 CFU/g	≥	1.0×10^{10}
杂菌率,%	≤	3
干燥减量,%	≤	8
pH		6.0~8.0
细度（150μm）,%	≥	90
润湿时间，s	≤	120
悬浮率,%	≥	80
贮存稳定性（5℃，1 年，20~25℃，6 个月）[a],%	≥	80
[a]为定期检验项目：3 个月检测一次。		

保证期：6 个月内含孢量不得低于标明值的 80%。

附录与 NY/T 2295. 1—2012 标准相同。

（八）NY/T 2296—2012 细菌微生物农药　荧光假单胞杆菌系列标准

该系列标准由农业部农药检定所和浙江大学生物技术研究所制定的微生物细菌产品标准。

1. NY/T 2296. 1—2012 细菌微生物农药　荧光假单胞杆菌　第 1 部分：荧光假单胞杆菌母药

鉴别方法：形态学和生理生化的特征鉴别。

有效成分：含菌量采用平板菌落计数法测定，单位为 CFU/g。

表 19　荧光假单胞杆菌母药质量控制项目指标

项目		指标
含菌量，CFU/g	≥	5.0×10^{11}
杂菌率,%	≤	3
干燥减量,%	≤	15
pH		5.0~8.0

（续表）

项目		指标
细度（45μm），%	⩾	90
贮存稳定性（5℃，1年，20~25℃，6个月）[a]，%	⩾	80
[a]为定期检验项目：3个月检测一次。		

验收期：6个月内含菌量不得低于标明值的80%。

附录A（资料性附录）有效成分描述；

附录B（规范性附录）形态学特征和生理生化鉴别方法。

2. NY/T 2296.2—2012 细菌微生物农药　荧光假单胞杆菌　第2部分：荧光假单胞杆菌可湿性粉剂

表20　荧光假单胞杆菌可湿性粉剂质量控制项目指标

项目		指标
含菌量，CFU/g	⩾	1.0×10^{10}
杂菌率，%	⩽	3
干燥减量，%	⩽	15
pH		5.0~8.0
细度（45μm），%	⩾	90
润湿时间，s	⩽	120
悬浮率，%	⩾	80
贮存稳定性（5℃，1年，20~25℃，6个月）[a]，%	⩾	80
[a]为定期检验项目：3个月检测一次。		

保证期：6个月内含菌量不得低于标明值的80%。

附录A（资料性附录）有效成分描述。

（九）NY/T 2888—2016 真菌微生物农药　木霉菌系列标准*

该系列标准由农业部农药检定所和上海交通大学制定的微生物真菌产品标准。

1. NY/T 2888.1—2016 真菌微生物农药　木霉菌　第1部分：木霉菌母药

鉴别方法：形态学和分子生物学的特征鉴别。

有效成分：含菌量采用平板菌落计数法测定，单位为CFU/g。

---

* “木霉”或“木霉菌”为属名或该属的各种菌的集合，不指定种名，现多用“木霉”简捷表示，不加缀“菌”字。产品登记需确定种名。种名也无需加缀“菌”字，如哈茨木霉等。以下**同。

表 21　木霉菌母药质量控制项目指标

项　目	指　标
含孢量（含菌量#），CFU/g　≥	20×10^{8}
杂菌率，%　≤	1.0
干燥减量，%　≤	12.0
pH　6.0~8.0	

验收期：1 个月。

附录 A（资料性附录）有效成分描述：常见的 3 种木霉：棘孢木霉 *Trichoderma asperellum*、哈茨木霉 *Trichoderma harzianum*、深绿木霉 *Trichoderma atrovirid*；

附录 B（资料性附录）菌种鉴别方法；

附录 C（资料性附录）稀释液和培养基制备。

2. NY/T 2888.2—2016 真菌微生物农药　木霉菌　第 2 部分：木霉菌可湿性粉剂**

表 22　木霉菌可湿性粉剂质量控制项目指标

项　目	指标	
含孢量（含菌量#），CFU/g　≥	2.0×10^{8}	1.0×10^{9}
杂菌率，%　≤	5	1
干燥减量，%　≤	10	
pH	6.0~8.0	
细度（44μm），%　≥	95	
润湿时间，s　≤	120	
悬浮率，%　≥	80	
贮存稳定性（5℃，1 年，20~25℃，6 个月）[a]，%　≥	80	
[a]为定期检验项目：3 个月检测一次。		

保证期：1 年内出厂时各项指标均达标明值。

（十）NY/T 3282.1~3—2018 真菌微生物农药　金龟子绿僵菌系列标准

该系列标准由农业农村部农药检定所和重庆大学、重庆重大生物发展有限公司制定的微生物真菌产品标准。

1. NY/T 3282.1—2018 真菌微生物农药　金龟子绿僵菌　第 1 部分：金龟子绿僵菌母药

鉴别方法：形态学和分子生物学的特征鉴别。

有效成分：含孢量/含菌量分别采用血球计数板法或平板菌落计数法测定，单位为孢子/g 或 CFU/g。

表23　金龟子绿僵菌母药质量控制项目指标

项 目		指 标
含孢量/含菌量，亿孢子/g或CFU/g	≥	250
活孢率,%	≥	85
杂菌率,%	≤	5
干燥减量,%	≤	8
pH		5.5~7.0
细度（175μm）,%	≥	90
贮存稳定性（5℃，1年，15~25℃，6个月）[a],%	≥	80
[a]为定期检验项目：6个月检测一次。		

验收期：1年内活孢率不得低于标明值。

附录A（资料性附录）有效成分描述；

附录B（资料性附录）菌种鉴别方法；

附录C（规范性附录）稀释平板菌落计数法。

2. NY/T 3282.2—2018 真菌微生物农药　金龟子绿僵菌　第2部分：金龟子绿僵菌油悬浮剂

表24　金龟子绿僵菌油悬浮剂质量控制项目指标

项 目			指 标
含孢量/含菌量，亿孢子/mL或CFU/mL		≥	80
活孢率,%		≤	85
杂菌率,%		≤	5
pH			5.5~7.0
细度（湿筛试验，175μm）,%		≥	90
倾倒率	倾倒后残余物,%	≤	10
	洗涤后残余物,%	≤	5
悬浮率,%		≥	80
贮存稳定性（5℃，1年，15~25℃，6个月）[a],%		≥	80
[a]为定期检验项目：3个月检测一次。			

保证期：1年内活孢率不得低于标明值。

附录A（资料性附录）有效成分描述；

附录B（资料性附录）玻璃纸片萌芽孢子显微计数法。

3. NY/T 3282.3—2018 真菌微生物农药　金龟子绿僵菌　第 3 部分：金龟子绿僵菌可湿性剂

表 25　金龟子绿僵菌可湿性粉剂质量控制项目指标

项目		指标
含孢量/含菌量，亿孢子/g 或 CFU/g	≥	50
活孢率,%	≤	85
杂菌率,%	≤	5
干燥减量,%	≤	10
pH		5.5~7.0
细度（175μm）,%	≥	90
润湿时间，s	≤	120
悬浮率,%	≥	80
贮存稳定性（5℃，1 年，15~25℃，0.6 个月）[a],%	≥	80
[a]为定期检验项目：6 个月检测一次。		

保证期：1 年内活孢率不得低于标明值。

附录与 NY/T 3282.2—2018 标准相同。

（十一）NY/T 3279—2018 病毒微生物农药　苜蓿银纹夜蛾核型多角体病毒系列标准

该系列标准是由农业部农药检定所、中国科学院动物研究所和河南省济源白云实业有限公司制定的微生物病毒产品标准。

1. NY/T 3279.2—2018 病毒微生物农药　苜蓿银纹夜蛾核型多角体病毒　第 1 部分：苜蓿银纹夜蛾核型多角体病毒母药

鉴别方法：分子鉴定和生物测定鉴别方法。

有效成分：包涵体数量采用血球计数法测定，单位为 PIB（或 OB）/g 或/mL。

表 26　苜蓿银纹夜蛾核型多角体病毒母药控制项目指标

项 目		指 标
包涵体数量，PIB（或 OB）/g 或/mL	≥	100 亿
生物效价比（标准品 LC_{50}/试样 LC_{50}）,%	≥	80
杂菌菌落总数（杂菌量），CFU/mL	≤	1.0×10^{7}
干燥减量（固体）,%	≤	5.0

（续表）

项 目		指 标
pH		5.0~7.5
细度（75μm 筛），%	≥	95.5

验收期：2 年内包涵体数量和生物效价比均不得低于标明值。

附录 A（资料性附录）有效成分描述；

附录 B（资料性附录）毒种的分子鉴定方法；

附录 C（规范性附录）生物效价比的测定。

2. NY/T 3279.2—2018 病毒微生物农药　苜蓿银纹夜蛾核型多角体病毒　第 2 部分：苜蓿银纹夜蛾核型多角体病毒悬浮剂

表 27　苜蓿银纹夜蛾核型多角体病毒悬浮剂控制项目指标

项目			指标
包涵体数量，PIB（或 OB）/g 或/mL		≥	标示量
生物效价比（标准品 LC_{50}/试样 LC_{50}），%		≥	80
杂菌菌落总数（杂菌量），CFU/mL		≤	1.0×10^{7}
pH			5.0~7.5
悬浮率，%		≥	80
细度（75μm 筛），%		≥	95.0
倾倒率	倾倒后残余物，%	≤	3.0
	洗涤后残余物，%	≤	0.5
持久起泡性量（1min 后），mL		≤	30.0

保证期：2 年内包涵体数量和生物效价比均不得低于标明值。

附录 A（资料性附录）有效成分描述；

附录 B（资料性附录）毒种的分子鉴定方法；

附录 C（规范性附录）毒种的生物测定鉴别；

附录 D（规范性附录）生物效价比的测定。

（十二）NY/T 3280—2018 病毒微生物农药　棉铃虫核型多角体病毒系列标准

该系列标准由农业部农药检定所、湖北中科威睿中科生物技术有限公司和中国科学院病毒研究所制定的微生物病毒产品标准。

1. NY/T 3280.1—2018 病毒微生物农药　棉铃虫核型多角体病毒　第1部分：棉铃虫核型多角体病毒母药

鉴别方法：PCR扩增及DNA测序法对病毒毒种的鉴定。

有效成分：包涵体数量采用血球计数法测定，单位为PIB（或OB）/g或/mL。

表28　棉铃虫核型多角体病毒母药控制项目指标

项目		指标
包涵体数量，PIB（或OB）/g或/mL	≥	100亿
生物效价比（标准品 LC_{50}/试样 LC_{50}）,%	≥	80
杂菌菌落总数（杂菌量），CFU/mL	≤	1.0×10^{7}
干燥减量（固体）,%	≤	5.0
pH		5.0~7.5
细度（75μm筛）,%	≥	95.5

验收期：2年内包涵体数量和生物效价比均不得低于标明值。

附录A（资料性附录）有效成分描述；

附录B（资料性附录）毒种的鉴别；

附录C（规范性附录）生物效价比的测定。

2. NY/T 3280.2—2018 病毒微生物农药　棉铃虫核型多角体病毒　第2部分：棉铃虫核型多角体病毒水分散粒剂

表29　棉铃虫核型多角体病毒水分散粒剂控制项目指标

项　目		指　标
包涵体数量，PIB（或OB）/g	≥	标示量
生物效价比（标准品 LC_{50}/试样 LC_{50}）,%	≥	80
杂菌菌落总数（杂菌量），CFU/mL	≤	1.0×10^{7}
干燥减量,%	≤	5.0
pH		5.0~7.5
悬浮率,%	≥	75.0
细度（75μm筛）,%	≥	95.0
粒径（0.25~1.0mm）,%	≥	90.0
润湿时间，s	≤	120
分散性,%	≥	75.0
持久起泡性量（1min后），mL	≤	25.0

保证期：2年内包涵体数量和生物效价比均不得低于标明值。

附录与NY/T 3280.1—2018标准相同。

3. NY/T 3280.3—2018病毒微生物农药　棉铃虫核型多角体病毒　第3部分：棉铃虫核型多角体病毒悬浮剂

表30　棉铃虫核型多角体病毒悬浮剂控制项目指标

项 目			指 标
包涵体数量，PIB（或OB）/g		≥	标示量
生物效价比（标准品 LC_{50}/试样 LC_{50}），%		≥	80
杂菌菌落总数（杂菌量），CFU/mL		≤	1.0×10^{7}
pH			5.0~7.5
悬浮率，%		≥	80.0
细度（75μm筛），%		≥	95.0
倾倒性	倾倒后残余物，%	≤	3.0
	洗涤后残余物，%	≤	0.5
持久起泡性量（1min后），mL		≤	30.0

保证期：2年内包涵体数量和生物效价比均不得低于标明值。

附录与NY/T 3280.1—2018标准相同。

（十三）NY/T 3281.1—2018病毒微生物农药　小菜蛾颗粒体病毒标准

该标准由农业部农药检定所、中国科学院动物研究所和河南省济源白云实业有限公司制定的微生物病毒产品标准。其病毒实时荧光定量PCR法在我国病毒产品标准中首次出现。

NY/T 3281.1—2018病毒微生物农药　小菜蛾颗粒体病毒　第1部分：小菜蛾颗粒体病毒悬浮剂

鉴别方法：形态学特征和生物测定鉴别方法。

有效成分：包涵体数量采用血球计数法、实时荧光定量PCR法及生物效价比方法的测定，单位为OB/mL及%。

表31　小菜蛾颗粒体病毒悬浮剂控制项目指标

项目		指标
包涵体数量，OB/mL	≥	标示量
生物效价比（标准品 LC_{50}/试样 LC_{50}），%	≥	80
杂菌菌落总数（杂菌量），CFU/mL	≤	1.0×10^{7}
pH		5.0~7.5

（续表）

项目			指标
悬浮率，%		≥	80.0
细度（75μm 筛），%		≥	95.0
倾倒性	倾倒后残余物，%	≤	3.0
	洗涤后残余物，%	≤	0.5
持久起泡性量（1min 后），mL		≤	30.0

保证期：2 年内包涵体数量和生物效价比不得低于标明值。

附录 A（资料性附录）有效成分描述；

附录 B（资料性附录）生物测定法鉴别小菜蛾颗粒体病毒毒种；

附录 C（资料性附录）荧光 PCR 定量小菜蛾颗粒体病毒包涵体浓度；

附录 D（规范性附录）生物效价比的测定。

二、毒理学标准

在微生物农药毒理学系列试验准则中制定了范围、术语、试验概述、方法、数据评价和报告等，现汇总各部分标准中试验要点，详见各标准文本。该准则由农业部农药检定所首次制定。

（一）NY/T 2186—2012 微生物农药毒理学试验准则

1. NY/T 2186.1—2012 微生物农药毒理学试验准则　第 1 部分：急性经口毒性/致病性试验

本部分规定了微生物农药登记时而进行急性经口毒性/致病性试验的基本原则、方法和要求。在短时间经口给药和给药后适当时间观察引起的效应和死亡情况，估计动物体内微生物农药清除情况，最后经大体解剖检查评价微生物农药的毒性、感染性（infectivity）和致病性（pathogenicity）基本信息。

2. NY/T 2186.2—2012 微生物农药毒理学试验准则　第 2 部分：急性经呼吸道毒性/致病性试验

本部分规定了微生物农药登记时而进行急性经呼吸道毒性/致病性试验的基本原则、方法和要求。通过实验动物经（气管或鼻）呼吸道一次给药和给药后适当时间观察引起的效应和死亡情况，估计动物体内微生物农药清除情况，最后经大体解剖检查评价微生物农药的毒性、感染性和致病性基本信息。

3. NY/T 2186.3—2012 微生物农药毒理学试验准则　第 3 部分：急性注射毒性/致病性试验

本部分规定了微生物农药登记时而进行急性注射毒性/致病性试验的基本原则、方法和要求。通过静脉或腹腔注射给药和给药后适当时间观察引起的效应和死亡情况，经最后大体解剖检查。一般较小微生物（细菌、病毒）采用静脉注射方式给药，较大的

(如真菌)采用腹腔注射方式给药。即实验经静脉/腹腔注射给予微生物农药产生有害效应(毒性、感染性和致病性)信息，以了解微生物通过皮肤障碍后引起健康损害作用。

4. NY/T 2186.4—2012 微生物农药毒理学试验准则　第4部分：细胞培养试验

本部分规定了微生物农药登记时而进行细胞培养试验的基本原则、方法和要求。以了解病毒类农药感染哺乳动物细胞，在哺乳动物细胞内复制、转化以及产生毒性的相关信息。

5. NY/T 2186.5—2012 微生物农药毒理学试验准则　第5部分：亚慢性毒性/致病性试验

本部分规定了微生物农药登记时而进行亚慢性毒性/致病性试验的基本原则、方法和要求。实验动物每天给以一定剂量的微生物农药，至少持续90d。在此期间，每日观察动物的毒性和致病性体征，最后经大体解剖检查，定量检查组织、器官和体液中微生物农药的量。即在亚慢性毒性/致病性试验提供暴露于微生物农药(90d)可能引起健康危害信息。

6. NY/T 2186.6—2012 微生物农药毒理学试验准则　第6部分：繁殖/生育影响试验

本部分规定了微生物农药登记时而进行繁殖/生育影响试验的基本原则、方法和要求。在亲代动物交配前和雌雄动物受孕后的妊娠期给微生物农药，观察实验动物反应，定量检查动物体内受试微生物，分娩后检查子代情况，评价对动物生殖机能和胚胎发育等的影响。以了解微生物农药对实验动物生育和胚胎及胎仔发育影响，同时也评价微生物农药的垂直感染作用。

三、环境标准

在微生物农药环境风险评估和增殖系列试验准则中制定了范围、术语、试验概述、方法、报告等，现汇总各部分标准中试验要点，详见各标准文本。该准则由农业部农药检定所和环境保护部南京环境科学研究所首次制定。

(一) NY/T 3152—2017 微生物农药环境风险评价试验准则

1. NY/T 3152.1—2017 微生物农药环境风险评价试验准则　第1部分：鸟类毒性试验

本部分规定了微生物农药登记时而进行鸟类毒性试验的材料、条件、试验操作、质量控制、试验报告等基本要求。主要对鸟类最大危害的经口和腹腔注射暴露量试验：在一定试验条件下，以一定供试物浓度或剂量测试对受试鸟致死毒性和致病性等影响。当供试物最大危害暴露量试验出现对受试生物50%及以上个体死亡或致病性时，还需进行剂量效应试验和致死(病)验证试验。致病毒性以LD_{50}(半数致死量)表征、致病性以ID_{50}表征(半数感染量)，和其数据处理。在此试验中微生物计数方法见表32。

表 32 微生物农药环境风险评价试验准则中的计数方法

微生物类别	计数方法[a]	计量单位[b]
细菌	平板菌落计数法、荧光定量 PCR 法	CFU、基因拷贝数
真菌	血球计数板法、平板菌落计数法	孢子、CFU
病毒	血球计数板法、荧光定量 PCR 法	OB/PIB、基因拷贝数
其他	根据微生物类型和特性选择适当方法	其他单位

注：[a] 不同类别微生物计数可采用所列的方法，但不局限于这些方法；[b] 计量单位要与计数方法相对应。

附录 A（资料性附录）稀释平板菌落计数法；

附录 B（资料性附录）血球计数板法；

附录 C（资料性附录）荧光定量 PCR 法。

2. NY/T 3152. 2—2017 微生物农药环境风险评价试验准则 第 2 部分：蜜蜂毒性试验

本部分规定了微生物农药登记时而进行对蜜蜂毒性试验的材料、条件、试验操作、质量控制、试验报告等基本要求。主要对蜜蜂最大危害的经口和接触暴露量试验：在一定试验条件下，以一定供试物浓度或剂量测试对受试蜜蜂致死毒性和致病性等影响。当供试物最大危害暴露量出现对受试生物 50%及以上的个体死亡或致病性时，则还需进行剂量效应试验和致死（病）验证试验。致病毒性以 LD_{50}表征、致病性以 ID_{50}表征，和其数据处理。在此试验中微生物计数方法（表 32）。

附录与 NY/T 3152. 1—2017 相同。

3. NY/T 3152. 3—2017 微生物农药环境风险评价试验准则 第 3 部分：家蚕毒性试验

本部分规定了微生物农药登记时而进行家蚕毒性试验的材料、条件、试验操作、质量控制、试验报告等基本要求。主要对家蚕最大危害暴露量采用浸叶法试验：在一定试验条件下，以一定供试物浓度或剂量测试对受试生物的毒性和致病性等影响。当供试物最大危害暴露量出现对受试生物 50%及以上的个体死亡或致病性时，则还需进行剂量效应试验和致死（病）验证试验。致病毒性以 LD_{50}/LC_{50}（半数致死量）表征、致病性以 ID_{50}/IC_{50}表征（半数感染量），和其数据处理。在此试验中微生物计数方法（表 32）。

附录 A（资料性附录）稀释平板菌落计数法；

附录 B（资料性附录）血球计数板法；

附录 C（资料性附录）荧光定量 PCR 法；

附录 D（资料性附录）家蚕人工饲料配方。

4. NY/T 3152. 4—2017 微生物农药环境风险评价试验准则 第 4 部分：鱼类毒性试验

本部分规定了微生物农药登记时而进行鱼类毒性试验的材料、条件、试验操作、质量控制、试验报告等基本要求。主要对鱼类接触、饲喂和腹腔注射暴露采用静态或半静态法试验：在一定试验条件下，以一定供试物浓度或剂量测试对受试鱼类的毒性和致病性等影响。当供试物最大危害暴露量出现对受试生物 50%及以上的个体死亡或致病性时，则还需进行剂量效应试验和致死（病）验证试验。致病毒性以 LD_{50}/LC_{50}（半数致死量）表征；致病性以 ID_{50}/IC_{50}（半数感染量）表征，以及其数据处理。在此试验中微生物计数方法（表 32）。

附录 A（资料性附录）受试鱼体长要求及适宜温度条件；

附录 B（资料性附录）稀释平板菌落计数法；

附录 C（资料性附录）血球计数板法；

附录 D（资料性附录）荧光定量 PCR 法。

5. NY/T 3152. 5—2017 微生物农药环境风险评价试验准则　第 5 部分：溞类毒性试验

本部分规定了微生物农药登记时而进行溞类毒性试验的材料、条件、试验操作、质量控制、试验报告等基本要求。主要对溞类接触暴露采用静态或半静态法试验：在一定试验条件下，以一定供试物浓度或剂量测试对受试溞的活动受抑制情况。当供试物最大危害暴露量出现对受试生物 50%及以上具有活动抑制时，则还需进行剂量效应试验和抑制验证试验。活动抑制（immobilisation）以 ED_{50}/EC_{50}（半数抑制量）表征，以及其数据处理。在此试验中微生物计数方法（表 32）。

附录 A（资料性附录）稀释平板菌落计数法：

附录 B（资料性附录）血球计数板法；

附录 C（资料性附录）荧光定量 PCR 法；

附录 D（资料性附录）合格试验用水的部分化学特性；

附录 E（资料性附录）重组水的配制。

6. NY/T 3152. 6—2017 微生物农药环境风险评价试验准则　第 6 部分：藻类生长影响试验

本部分规定了微生物农药登记时而需藻类毒性试验材料、条件、试验操作、质量控制、试验报告等的基本要求。主要采用藻-水混合接触暴露：在一定试验条件下，以一定供试物浓度或剂量测试对受试藻类生长的影响。当供试物最大危害暴露量处理组中较对照组藻类生长影响达到 50%及以上时，则还需进行供试物对藻类剂量效应试验，以测定 EC_{50}值（半效应浓度）及其 90%置信限，和其数据处理。在此试验中微生物计数方法（附表 32）。

附录 A（资料性附录）稀释平板菌落计数法：

附录 B（资料性附录）血球计数板法；

附录 C（资料性附录）荧光定量 PCR 法；

附录 D（资料性附录）培养基配方。

（二）NY/T 3278—2018 微生物农药 环境增殖试验准则

1. NY/T 3278. 1—2018 微生物农药　环境增殖试验准则　第 1 部分：土壤

本部分规定微生物农药登记时而进行除病毒外的微生物在土壤中环境增殖试验的材料、条件、试验操作、质量控制、试验报告等的基本要求。主要测定土壤中环境增殖试验：将供试物接种到无菌土壤中，在适宜条件下培养，定时取样测定其数量，得到供试物在土壤中的动态变化，以及其数据处理。在此试验中微生物计数方法及计数单位见下表（表33）。

试验周期：试验持续时间能反映供试物的延滞期（lag phase）、指数期（log phase）、稳定期（stationary phase）和衰亡期（death phase），或在28d内持续检测供试物含量维持稳定或显著低于接种量，则结束试验。

生长-消亡曲线：以培养时间为横坐标、供试物含量的对数为纵坐标作图，绘制供试物的生长-消亡曲线。

表33　微生物农药环境水和土壤中增殖试验准则的计数方法和单位

计数方法	计量单位	适用范围
稀释平板菌落计数法 绿色荧光蛋白基因标记：平板菌落计数法	CFU	细菌、真菌、放线菌、酵母等
分子标记：荧光定量PCR法	基因拷贝数	细菌、真菌、微孢子[c]等
直接计数法（血球计数板法）	孢子	真菌、酵母、微孢子[c]等

[c]：根据生物分类学，“微孢子虫”由原生动物归为真菌微孢子属，应“微孢子”（见第五章第一节和附录1），以下均同。

附录A（资料性附录）稀释平板菌落计数法；

附录B（资料性附录）绿色荧光蛋白基因标记：平板计数法；

附录C（资料性附录）分子标记：荧光定量PCR法；

附录D（资料性附录）直接计数法（显微镜）。

2. NY/T 3278.2—2018 微生物农药　环境增殖试验准则　第2部分：水

本部分规定微生物农药登记时而进行除病毒外的微生物在水中环境增殖试验的材料、条件、试验操作、质量控制、试验报告等基本要求。主要测定水中增殖试验：将供试物接种到无菌人工水中，在适宜条件下培养，定时取样测定其数量，得到供试物在水中的动态变化，以及其数据处理。

在此试验中微生物计数方法（表33）与附录与NY/T 3278.1—2018相同。

3. NY/T 3278.3—2018 微生物农药　环境增殖试验准则　第3部分：植物叶面

本部分规定了微生物农药登记时而进行除病毒外的微生物在植物叶面上环境增殖试验的材料、条件、试验操作、质量控制、试验报告等基本要求。主要测定植物叶面上增殖试验：将供试物喷施植物叶面上，在适宜条件下培养，定时取样测定其数量，得到供试物在植物叶面上的动态变化，以及其数据处理。在此试验中微生物计数方法及计数单位（表34）。

表34　微生物农药环境植物叶面上增殖试验准则中的计数方法和单位

计数方法	计量单位	适用范围
绿色荧光蛋白基因标记：平板菌落计数法	CFU	细菌、真菌、放线菌、酵母等

（续表）

计数方法	计量单位	适用范围
分子标记-荧光定量 PCR 法	基因拷贝数	细菌、真菌、微孢子[c] 等
直接计数法（血球计数板法）	孢子	真菌、酵母、微孢子[c] 等

附录 A（资料性附录）绿色荧光蛋白基因标记：平板计数法；
附录 B（资料性附录）分子标记：荧光定量 PCR 法；
附录 C（资料性附录）直接计数法（显微镜）。

致　谢

感谢国家重点研发项目（2017YFD0201205，2018YFD0201002，2018YFD0201202）为本书提供了资助。众多专家与老师（孙修炼、刘杏忠、秦启联、张寰、刘国辉、申继忠、冷阳、宋俊华、张永安、奚志勇、黄勃、楼少巍、张小军、张杰、孙漫红、方分分、穆兰、孙雪梅等）给予指教并提出了重要意见，在此一并致以衷心感谢！

后　　记

在本书即将完稿之时，心中百感交集。经过一年多的撰稿，实际上是给了自己一个全面学习、重新了解微生物农药相关理论和研发进展的机会。从最早人们发现微生物的控害作用、投入兴趣、研究其性能及控害机理，到赋予人工增殖、优化产品制剂、进一步推广应用，微生物农药逐渐形成了当今学科与技术交融的专业、产业和行业。近 30 年来，基础研究长足进展，陆续发现了微生物控害的相关分子和多样化机制，生产工艺和应用技术研究也取得新进展，然而微生物农药控害机理还有待深入揭示，生产与应用仍存在技术瓶颈，质量管理也需要根据微生物农药的特性进一步规范。本书参考了大量公开文献和资料，因篇幅有限未能一一列出，在此真诚感谢文献资料的所有作者。由于我们的学识和时间所限，缺点和错误在所难免，相信同行里有许多专家、大咖对微生物农药有更深入的了解和掌握，不同读者也会有更多期待，恳请提出宝贵意见（电子邮箱：nongxiangqun @ caas. cn；yuanshankui@ agri. gov. cn）。真心希望本书对从事微生物农药研发、生产、应用和管理的读者有所裨益。

作者

2021 年 6 月于北京

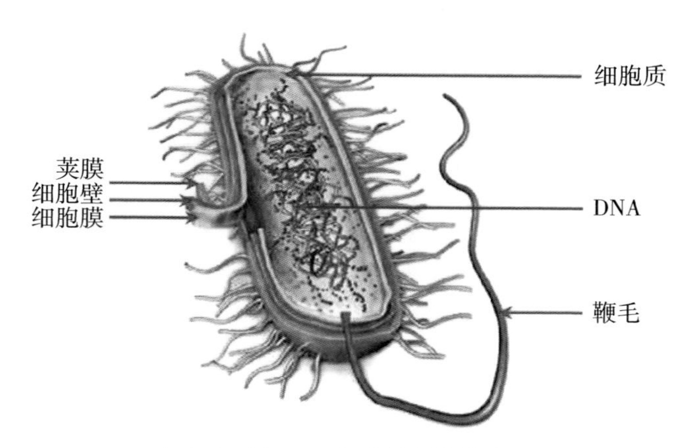

图版I　图2-1　细菌的结构模式

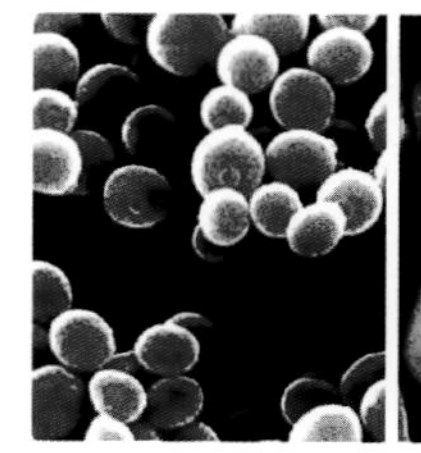

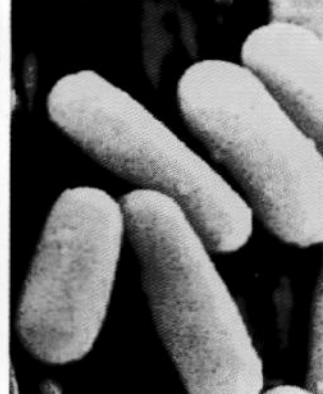

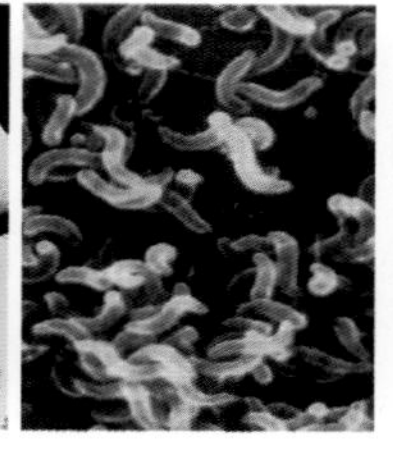

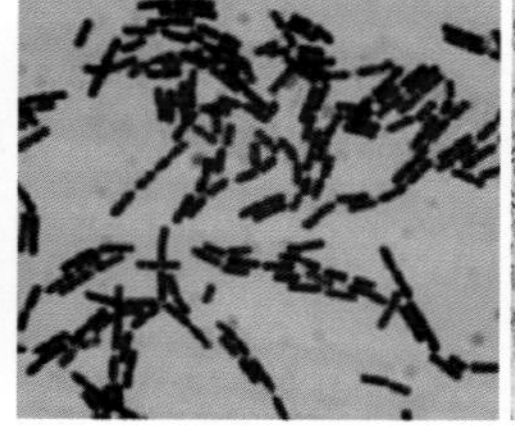

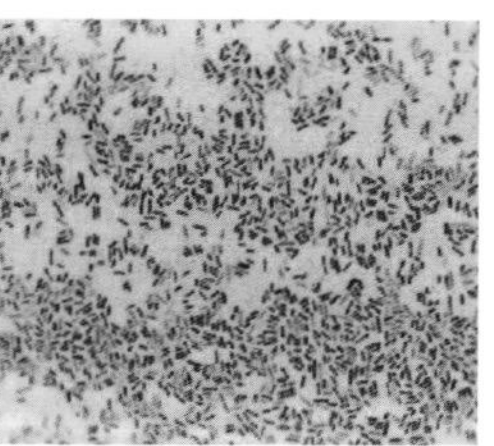

球菌　杆菌　螺旋菌　革兰氏阳性菌　革兰氏阴性菌

图版II　图2-2　细菌的3种基本形态

图版III　图2-3　革兰氏阳性菌和革兰氏阴性菌

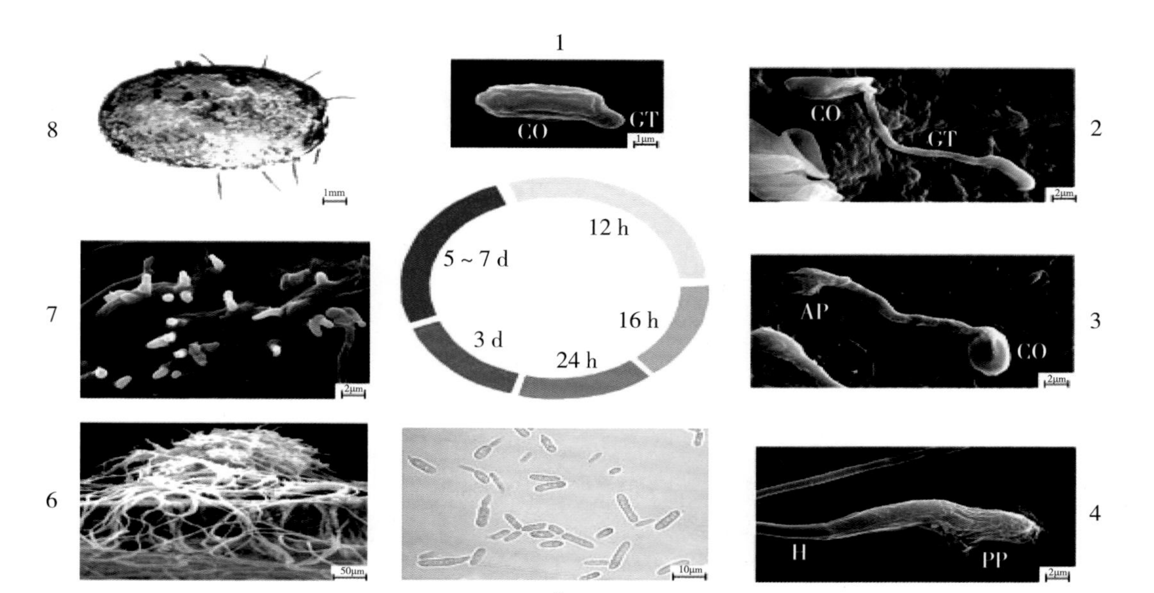

图版IV　图 3-3　金龟子绿僵菌感染寄主过程各阶段

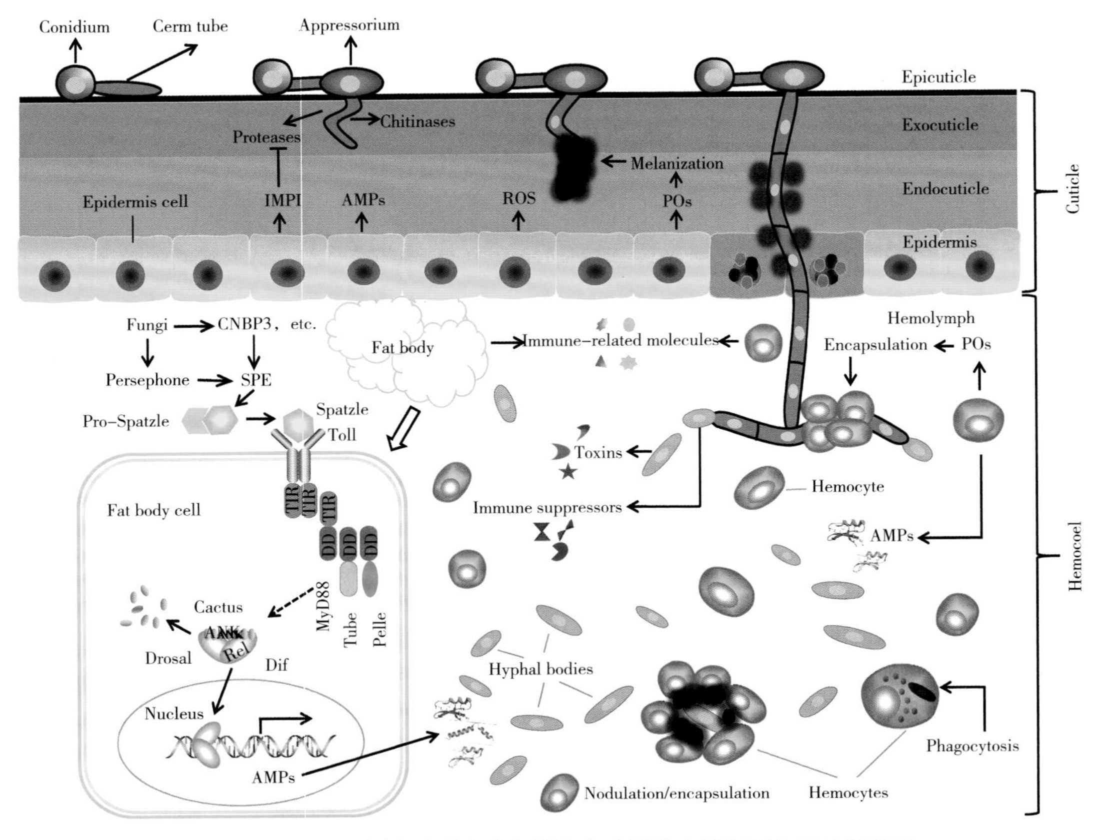

图版V　图 3-4　昆虫病原真菌与昆虫免疫反应之间相互作用的示意图

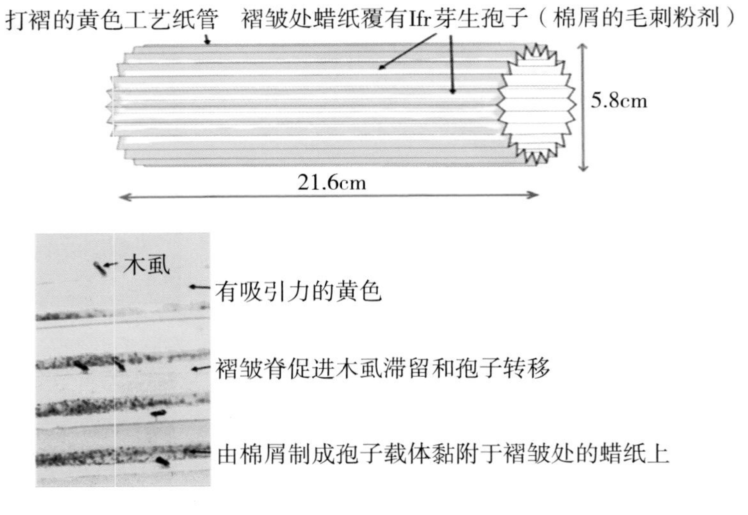

图版VI　图 3-8　孢子自动散布器的示意图

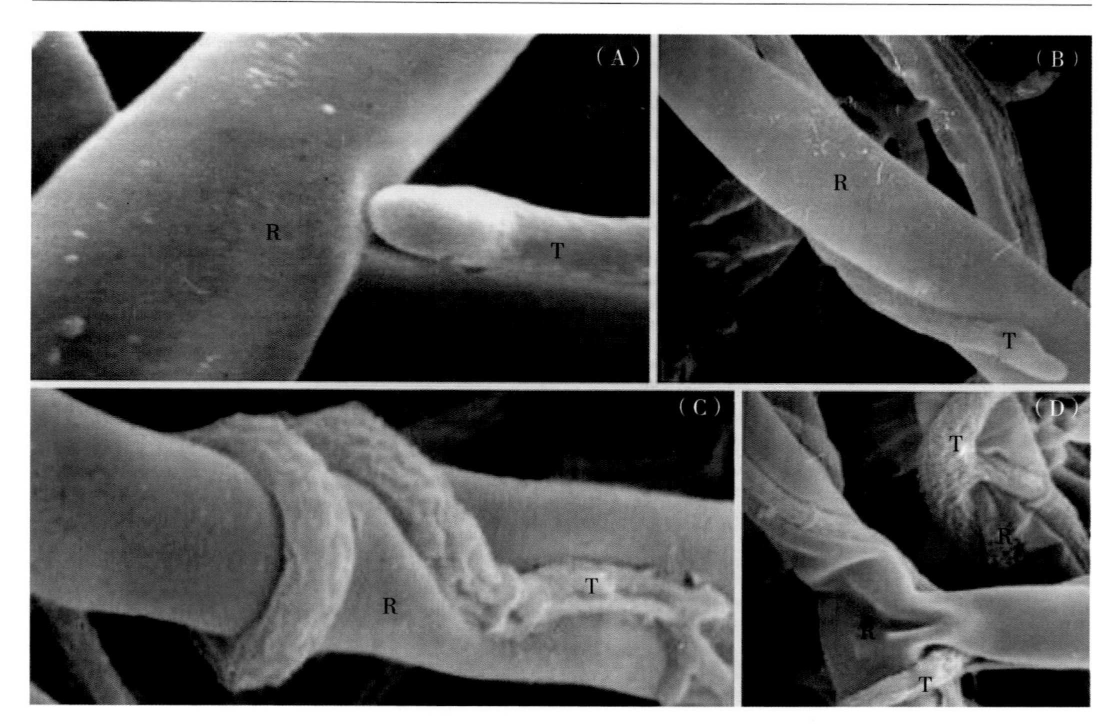

图版VII 图 3-9 绿色木霉（T）在立枯丝核菌（R）上重寄生

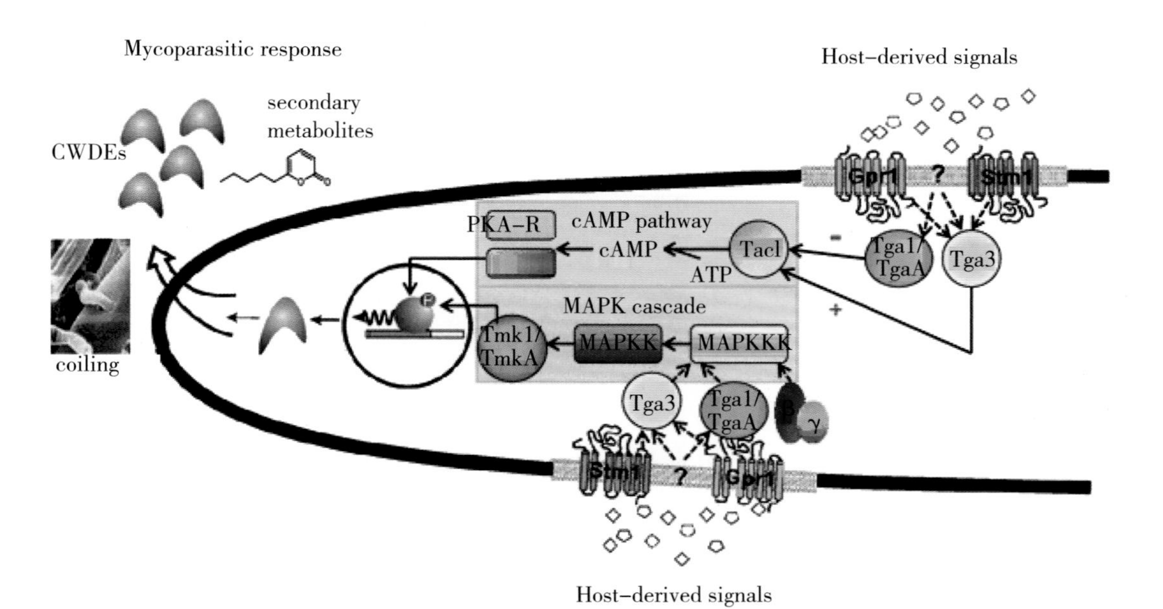

图版VIII 图 3-10 深绿木霉/ 绿木霉（*T. atroviride* / *T. virens*）重寄生真菌的信号传导途径

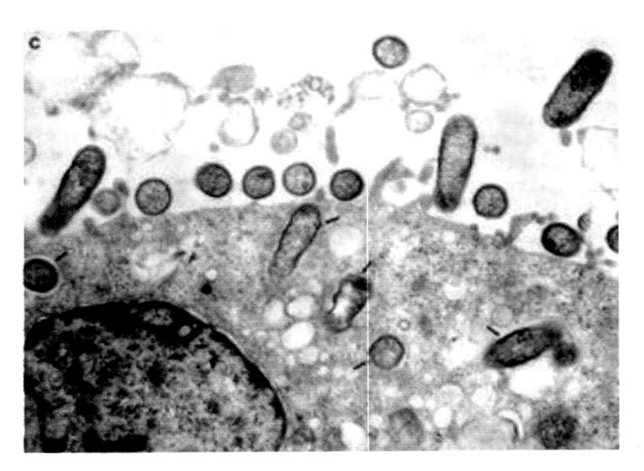

图版IX　图5-2　立克次氏体

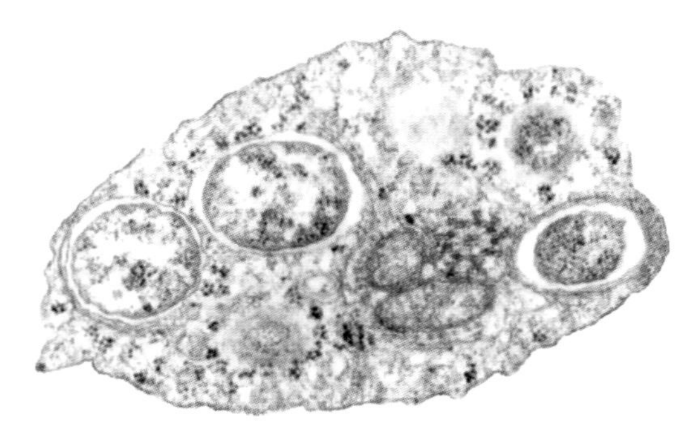

图版X　图 5-3　沃尔巴克氏体

图版XI　封面图之一　布氏白僵菌（农向群提供）

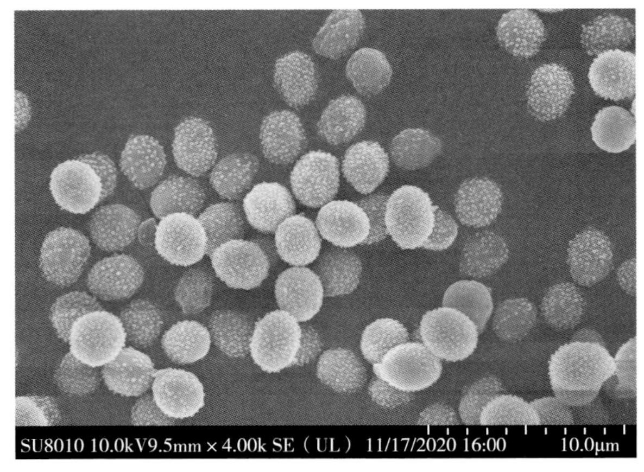

图版XII　封面图之二　棘孢木霉分生孢子（李梅提供）

图版XIII　封面图之三　苏云金芽孢杆菌伴孢晶体（王广君提供）

图版XIV　封面图之四　苏云金芽孢杆菌伴孢晶体（张杰提供）